华支睾吸虫的生物学和华支睾吸虫病防治

第2版

刘宜升（徐州医学院）
陈　明（徐州医学院附属医院）　编著
余新炳（中山大学中山医学院）

科学出版社

北　京

内 容 简 介

本书从华支睾吸虫的生物学和华支睾吸虫病两个范畴详细介绍了有关华支睾吸虫的发现和研究历史；华支睾吸虫的一般形态、超微结构、发育过程、生活史和生态、生理和代谢、组织化学和酶学、基因组学和蛋白组学；华支睾吸虫病的发病机制、免疫应答、病理变化、临床表现和分型、误诊原因及分析、临床诊断和实验室诊断、免疫学检测和病原检查；华支睾吸虫病的化学药物治疗和临床治疗；华支睾吸虫病的流行现状和趋势，影响流行的因素、综合防治措施和华支睾吸虫病常用实验方法等内容。该书反映了不同时期有关华支睾吸虫和华支睾吸虫病的研究成果，特别是近15年来的研究进展。

本书是医学、动物医学和生物学专业的教师和研究生、从事寄生虫学研究和寄生虫病防治的科研人员、相关学科的大学生进行华支睾吸虫研究的系统参考书，是各级临床医师、卫生防疫人员、兽医师进行华支睾吸虫病防治必备的，具有指导价值的专著。

图书在版编目（CIP）数据

华支睾吸虫的生物学和华支睾吸虫病防治／刘宜升，陈明，余新炳编著．—2版．—北京：科学出版社，2012.5

ISBN 978-7-03-033942-3

Ⅰ．华…　Ⅱ．①刘…　②陈…　③余…　Ⅲ．①华支睾吸虫-生物学　②华支睾吸虫病-防治　Ⅳ．①Q959.152　②R532.23

中国版本图书馆CIP数据核字（2012）第055859号

责任编辑：胡治国／责任校对：包志虹
责任印制：赵　博／封面设计：范璧合

科学出版社 出版
北京东黄城根北街16号
邮政编码：100717
http://www.sciencep.com
北京厚诚则铭印刷科技有限公司印刷
科学出版社发行　各地新华书店经销
*
1998年11月第　一　版　　开本：787×1092　1/16
2012年5月第　二　版　　印张：27　插页：4
2024年8月第四次印刷　　字数：639 000

定价：198.00元

（如有印装质量问题，我社负责调换）

第2版序

经过近半个多世纪不懈努力，中国的寄生虫病防治取得了举世瞩目的成就，晚近，已达到在全国消除丝虫病的目标，在控制血吸虫病、疟疾、黑热病的危害、流行范围与流行程度方面取得了傲人的业绩。1992年完成全国人体寄生虫分布调查以后，中国在继续巩固发展血吸虫病、疟疾、丝虫病、黑热病防治成果的同时，寄生虫病防治的重点逐步扩展到包虫病、土源性线虫病、食源性寄生虫病等寄生虫病，寄生虫病防治工作进入了一个新的征程。但迄今寄生虫病仍然是我国重要的公共卫生问题之一，2001年6月至2004年底在全国（除台湾、香港、澳门外）开展的第二次全国人体重要寄生虫病现状调查，蠕虫总感染率仍高达21.74％。值得注意的是，与第一次全国人体寄生虫病分布调查比较，土源性线虫感染率已大幅下降，但食源性寄生虫感染率却大幅上升，其中，华支睾吸虫感染率在某些省市上升了100％～600％。其实，早在第一次全国人体寄生虫分布调查（1988～1992年）以后，食源性寄生虫感染新的流行态势已引起业界高度关注，食源性寄生虫感染相关专著迭次问世，及时为在医疗和预防，以至公共卫生实践中的专业人员提供了相关的新鲜知识，由刘宜升、陈明主编的《华支睾吸虫的生物学和华支睾吸虫病防治》（科学出版社，北京，1998）便是其中的一本专为系统介绍华支睾吸虫及华支睾吸虫感染的参考书。今次以刘宜升、陈明、余新炳教授为主编的该书第2版即将问世，因其是作者通过对大量新资料的梳理、总结和提炼，得以把最新、最有价值的研究成果展现给读者，凸显该版与时俱进的时代感。从两次全国调查结果看，第2次调查华支睾吸虫总感染率（0.58％）比第1次调查（0.31％）上升了74.85％，足见华支睾吸虫感染在我国食源性寄生虫感染控制努力中的防治优先紧迫性，因此说，经过内容更新与拓展的第2版出版正是恰逢其时。

《华支睾吸虫的生物学和华支睾吸虫病防治》（第2版）的编撰特点是既保留第1版的风格，又有许多体现现代发展的更新与拓展；在侧重阐述华支睾吸虫病防治实践知识的同时，又通过华支睾吸虫的生物学部分，对相关寄生虫学的基本知识，尤其是华支睾吸虫的分子生物学和华支睾吸虫病的分子免疫学作了铺垫，方便读者一书在手，既能满足阅读主要目的所需，又能较系统地了解相关寄生虫学背景，既适用于临床一线的医务人员，又适用于寄生虫病防治与教学工作者，具有较高的可读性和实用性。我特别赞赏编著者在搜集、整理、采纳和分析文献资料中的周到、细致和严谨的科学态度，使该版更具文献价值。

期待该书的出版有利于进一步提高我国华支睾吸虫病临床诊治水平，并在我国华支睾吸虫病预防控制的努力中发挥实实在在的作用。

如果你在学习和工作中需要获取华支睾吸虫的生物学和华支睾吸虫病的相关信息，我郑重地向你推荐此书。

吴观陵

2012年1月

第1版序

华支睾吸虫在十九世纪后期发现于国外华侨体中。国内是在二十世纪初才记录于广东，于是在南方的几个教会医院对华支睾吸虫有所认识和研究，并发表过论文。1918年北京协和医院及医学校成立，人员和设备都有较好基础，各种医学研究已起始运作，于是1927年才有《华支睾吸虫研究》一书出版。该书的扉页上署名的作者虽由美国Ernest Carroll Faust领衔，但第二作者则为华侨许雨阶（Oo-KehKhaw），又加上助理姚克方（Yao Ke-Fang）和Chao Yung-An（未能查到中文名）。这说明早在二十世纪初中国人已参与了寄生虫和寄生虫病的研究，他们可能是我国最早的寄生虫学家。

时过七十年，在本世纪末，我们见到刘宜升、陈明两教授的专著。为展示我国学者走过的道路，总结已获得的经验和成就，作者参考了大量我国有关华支睾吸虫的文献，积累我国近三四十年的有关华支睾吸虫生物学、医学、防治等研究成果于一册。着重在各方面的进展，如超微结构、生理、生化、生态以及中间宿主都有新的发现，对带虫者及患者的免疫及诊断已建立了有关理论体系，该病的流行和治疗也有良好的进展和效果。因此该书在基础研究及临床和防疫的实践中均有参考和指导价值，有较强的实用性，也起到激励后学者继续前进，探索新问题的力量和智慧。

解放以来，我国以防治五大寄生虫病为重点，几十年来已先后收到控制或基本消灭的成果。“九五计划”中又将华支睾吸虫病作为重点防治的寄生虫病之一，刘宜升、陈明两教授编著此书无疑将起到应有的作用。

我们也希望能见到有关我国其它重要寄生虫病的专著。

金大雄于贵阳医学院

1997年12月　时年85岁

前　言

《华支睾吸虫的生物学和华支睾吸虫病防治》(第1版)于1997年底定稿,较为全面地收集和采用了1997年以前国内外有关华支睾吸虫的研究资料,系统介绍了华支睾吸虫的研究历史、有关华支睾吸虫和华支睾吸虫病研究的最新成就、我国华支睾吸虫病流行状况、华支睾吸虫病的诊断与治疗及我国华支睾吸虫病防治取得的经验。该书于1998年出版后,得到了老一辈寄生虫学家的充分肯定,也得到从事寄生虫学研究和寄生虫病防治同行的欢迎。14年来,随着科学技术的发展、生命科学研究方法和技术的创新以及华支睾吸虫病流行情况的变化和临床诊治的深入,国内外学者对华支睾吸虫和华支睾吸虫病进行了更为广泛和精深的研究,发表了大量的研究论文,积累了丰富的资料,部分领域取得了突破性的成果。特别是中山大学中山医学院在华支睾吸虫的蛋白质组学和基因组学方面进行了深入系统和全面的研究,研究成果处于国际领先水平。为反映14年来有关华支睾吸虫的研究进展、华支睾吸虫病的流行趋势,总结华支睾吸虫病现场防治和临床诊疗经验,为从事寄生虫学教学科研人员提供有关华支睾吸虫研究的参考书,为临床医生和寄生虫病防治工作者提供具有指导作用的专著,因而对《华支睾吸虫的生物学和华支睾吸虫病防治》进行修订再版。第2版保留了第1版中的基本内容,修订重点是补充第1版定稿后的新资料,修正第1版中已被证明是不恰当或是不确切的内容,也补充了少量因当时条件所限未能收集到的资料,并增加了较多的图片。本版力求在学术上体现出科学性、先进性和前瞻性,在方法和技术上体现出全面性和实用性。全书将全面反映华支睾吸虫的研究历史和进程、科研成果和发展趋势、当前华支睾吸虫病的流行特点、临床诊断治疗及现场防治技术和经验、预防控制策略等,把最新研究成果展现给读者。

有关华支睾吸虫研究的文献十分丰富,更新极快,加之作者水平所限,故资料收集和取舍存在疏漏和不足,在写作方面也会存在一定错误,祈望读者批评指正。

刘宜升

2012年1月

前 言

目　录

第一章　绪　　论

华支睾吸虫(*Clonorchis sinensis*)俗称肝吸虫，主要寄生在人体和多种哺乳动物肝胆管内。该虫所致的华支睾吸虫病(肝吸虫病)是一种食源性和人兽共患的寄生虫病，该病流行于我国的大部分地区、韩国、日本及越南北方等地。华支睾吸虫寄生能致宿主发生胆管胆囊炎症、胆结石，严重者可致肝硬化，甚至危及生命。华支睾吸虫病是我国重点防治的寄生虫病之一。

一、华支睾吸虫的发现

华支睾吸虫 1875 年首次由 McConnell 进行描述。1874 年，一位居住在印度加尔各答的华侨木匠因患重病住进加尔各答大学医学院，并在住院后不久死亡。在进行尸体解剖时发现肝脏肿大、发硬，胆管扩张，在肝脏切面上，胆管周围有明显的病理改变。切开肝脏时，见有许多小的虫子随胆汁一起流出，进一步检查发现，肝内胆管内也充满了这样的虫子，而胆囊内却没有虫。这些虫被认为是双盘类吸虫，较寄生于羊的肝吸虫(肝片吸虫)要小得多，但在许多方面类似于枝双腔吸虫，但又不同于枝双腔吸虫。MoConnell 认为是这些虫子引起了肝脏的病变，并绘制了成虫和虫卵图，对该虫的形态作了初步描述。尽管 McConnell 对该虫受精囊和睾丸的认识有所偏差，但根据他对虫体器官排列的基本描述，也足以证明他所报道的是一个新的虫种。MacGregor(1877 年)在毛里求斯进行尸体解剖时，在 3 例中国病人体内也发现了同样的虫子，但他却认为这些虫与某种致死性的中风有联系。一年后，MoConnel(1878)又报道香港的一位中国厨师有华支睾吸虫感染，同年 Ishizaka 报道在日本 Okayana Prefecture 也发现了一日本农民感染了华支睾吸虫。Taylor(1884 年)报道在日本 1875 年已发现华支睾吸虫感染病例。

此后，在世界许多地方有华侨感染华支睾吸虫的报道，如 McConnal 1878 年在印度，Biggs 1880 年在美国，Tamieson 1897 年在澳洲，Looss 1907 年在德国和埃及的波塞港，Gluzinshi 1909 年在波兰。

中国国内于 1908 年在广东等地先后发现华支睾吸虫，如 Whyte 1908 年在广东潮州检查 257 人的粪便，虫卵阳性者 43 人，阳性率达 17%。Heanley 1908 年在广州发现华支睾吸虫感染者，Jeffreys 和 Day 在上海检查 500 人的粪便，查出有该虫虫卵者 2 人。1910 年 Fischer 在上海检查 100 人的粪便，有 4 人阳性。Both1909 年在汉口亦发现该虫的存在。1927 年 Faust 和 Khaw(许雨阶)报道华支睾吸虫的感染率在广州为 3.2%～36.3%，在广东小揽镇为 3.2%～100%，在汕头为 3.1%。1929 年 Faust 报道北京协和医院对 13 617 例病人粪检，华支睾吸虫卵阳性者占 0.6%。1934 年 Hiyeda 报道沈阳当地儿童有华支睾吸虫感染。1937 年，梁伯强和杨简在广州解剖 250 具尸体，123 具尸体的肝脏中有华支睾吸虫，感染率为 49.02%，虫数一般为十余条到数十条，最多的 4 例分别有 1050、1074、1234 和 1805 条。以后在香港九龙(Uttley,1937)，广西宾阳县(姚永政,1938)，上海(Andrews,1938)等地分别发现了华支睾吸虫感染病例。

二、华支睾吸虫的命名

1875年，当时英国著名的蠕虫学家Cobbold对该虫进行了鉴定，并建议将该虫命名为Distoma sinense。1876年，Leuckart在不知道Cobblod已将该虫命名时，又把现在认为是华支睾吸虫同一种的虫体命名为Distomun spathulatum。Bealz(1883)在东京大学医院一例尸体解剖中得到华支睾吸虫，首先提出，在日本Distoma sinense有大小不同的两种虫体，一种虫体较小，具有致病力的称为Distoma hepatis endemicum sive perniciosum；另一种虫较大，无致病力的称为Distoma hepatis endemicum innocuum。对于此种命名方法，存在着不同的看法并引争论。Baelz在发表了关于日本的肝吸虫是两种不同的虫体后不久，又改变了他自己的看法，认为这两种虫实际上是一样的。Iijiima(1886)也认为它们是相同的虫体，并将此种虫命名为Distomun endemicum。

Blanchard(1895)创立了后睾属，该属包括了那些虫体较长而扁、虫体前端较尖、吸盘小、肠支不分支、卵黄腺位于体侧，散在分布而不超过腹吸盘的水平、睾丸在虫体后部呈前后排列的双盘吸虫，Distoma sinense也被列入此属中。Looss(1907)同意有两种不同虫体的看法，并为具有分支状睾丸而不是分叶状睾丸的远东肝吸虫创立了支睾属，把较大的一种，主要流行于中国境内的华支睾吸虫称作*Clonorchis sinensis*，把较小的一种，主要流行于日本和法属印度支那的华支睾吸虫统称为Clonorchis endemicus。Kobayashi(1912)推断，两种虫体在自然大小，虫卵的形状等方面并无本质上的区别，Grall 1887年报道在印度支那发现的虫体，Heanley 1908年报道的在世界不同地区华人体内发现的虫体均为一个虫种，即*Clonorchis sinensis*。直到1923年，我国陈氏(Chen Pang 1923)经过大量的研究，对虫体的形态结构反复比较后认为，上述两种虫体并无形态上的差别，虫体的大小与宿主的类型、宿主体内虫数量的多少，虫体的发育情况等因素有关，远东地区的华支睾吸虫仅有一种，即*Clonorchis sinensis* [(Cobbold,1875) Looss,1907]，此种观点普遍为人们所接受，并一直沿用至今。

三、有关华支睾吸虫的研究简史

从发现华支睾吸虫至今的100多年来，中外学者从不同的方面对该虫进行了深入细致的研究。McConnel首先发现华支睾吸虫，并对其形态作了初步描述，他发现和所报道的病例均是华人或华裔，再进一步观察华人的生活习惯，他提出这种肝内吸虫的感染与食入半生的鱼类有关。

Saito1898年首先研究了活的虫卵和活的毛蚴。Kobayashi(1910)首先发现淡水鲤科鱼类中的鲤鱼是华支睾吸虫的第二中间宿主，Muto于1918偶然发现纹沼螺日本变种(*Parafarulus striatulus var japonicus*)是华支睾吸虫的第一中间宿主。1920～1925年期间，Faust在中国的北部和中部调查证实狗和猫均可被华支睾吸虫所感染。Nagaro、Faust和Khaw(许雨阶)分别于1925年和1927年报道了华支睾吸虫幼虫期的发育过程。Hsu在1936～1940年期间对华支睾吸虫幼虫期的发育进行多次修正和补充。经过众多学者长时期的共同努力，华支睾吸虫生活史各个环节都已基本被阐明。

Faust 和许雨阶(1929)、徐锡藩和周钦贤(1936～1940)、陈超常(1935)等对华支睾吸虫病的流行特点进行研究,证实华南地区的居民喜食鱼生粥,华南和杭州居民喜食醋鲤鱼是感染华支睾吸虫的重要原因。

20 世纪 60 年代后,唐仲璋、陈泽深、沈阳医学院寄生虫学教研室等分别报道米虾、沼虾和另外一种淡水虾(*Leander miyadii kubo*)体内也有华支睾吸虫囊蚴的寄生,均可作为该虫第二中间宿主。

Hoeppli(1933)、杨简(1937)、侯宝璋(1955,1964)等通过大量尸体解剖和临床病例分析,证实华支睾吸虫寄生引起患者胆管上皮腺瘤样增生,胆管扩张、阻塞,胆汁淤积引起胆管炎是华支睾吸虫病的基本病变,华支睾吸虫的寄生与胆结石、肝癌的发生也有一定关系。

由于免疫学的发展和免疫学检测方法的创新和改进,促进了对感染华支睾吸虫后,宿主对该虫免疫应答的研究,对华支睾吸虫感染后特异性抗体产生的规律,参与细胞免疫的细胞亚群和细胞因子及免疫调节的机制都有较为清楚的认识。最有价值的是华支睾吸虫病免疫学诊断方法的敏感性和特异性不断提高,实用性不断增强。20 世纪 50 年代,钟惠澜首先将抗原皮内试验用于华支睾吸虫感染的免疫学诊断。从 1970 年代起,以 ELISA 为代表的免疫学检测技术和免疫学诊断技术在华支睾吸虫病的临床诊断和流行病学调查中得到普遍应用,并在应用过程中不断发展和创新。更有学者开始尝试筛选或合成有关华支睾吸虫的疫苗。

20 世纪 70 年代起,随着科学技术的发展,人们对华支睾吸虫的研究进入了现代研究阶段。最突出的是国内外学者应用电子显微镜对华支睾吸虫不同发育时期虫体超微结构的观察,比较清楚地了解了华支睾吸虫体表、皮层、消化系统和生殖系统电镜下的形态和结构。在此基础上,对虫体的感觉、运动、营养代谢、生殖等生理功能与形态的联系有了新的认识,应用生物化学、组织化学和遗传学等研究手段,对华支睾吸虫的蛋白质组分、组织化学物质的种类和在虫体内的分布、同工酶的种类、染色体核型也进行了深入的研究。

进入 21 世纪,利用分子生物学、分子免疫学和生物信息学技术,韩国和我国中山大学中山医学院等单位的专家对华支睾吸虫进行了系统深入研究。制备华支睾吸虫成虫基因表达谱芯片,构建了华支睾吸虫成虫全长基因表达文库,完成了华支睾吸虫全基因绘测序工作。研究了华支睾吸虫发育过程中基因表达的规律,对新发现的基因进行克隆和序列分析,识别华支睾吸虫新基因和种系进化的分子标志,从分子水平研究华支睾吸虫的能量代谢基因、分泌蛋白基因、导致胆管上皮增生和腺瘤样病变及肝纤维化的相关基因、诊断和疫苗候选抗原、药物靶标分子。利用 PCR 技术和 RT-PCR 检测华支睾吸虫感染亦显示出极高的准确性、敏感性和特异性。

伴随基础研究的深入和临床资料的积累,人们对华支睾吸虫病的病理过程、病理解剖、临床分型、合并症和并发症及临床诊断和治疗的研究也取得新进展并积累了丰富的经验,特别是华支睾吸虫感染与肝癌发生关系的研究有新的发现。自 20 世纪 80 年代以来,CT、B 型超声波、核磁共振、逆行胆管造影和同位素技术等先进的物理学检查方法也逐步用于华支睾吸虫病的辅助诊断,并不断得到普及,提升了对华支睾吸虫病的临床诊断水平。

在病原治疗方面,吡喹酮以其服用方便,用药量少,副作用小,对急性病人、慢性病人、重症病人甚至晚期病人均有满意疗效等优点,从 20 世纪 70 年代起开始广泛应用,至今仍为驱治华支睾吸虫的首选药物。阿苯哒唑作为广谱驱虫药，在华支睾吸虫病流行区大规模防治中发挥了重要作用。通过动物试验，我国自行研制的一类新药三苯双脒在治疗华支睾吸虫病方面显示出其极具推广应用的前景。

20 世纪 70 年代中后期开始，流行区各国对华支睾吸虫病的流行病学开展系统研究，我国大部分地区也开展了对华支睾吸虫病的普查，新发现一些流行区、华支睾吸虫的中间宿主和保虫宿主，掌握了不同地区华支睾吸虫病的流行特点和流行规律。我国分别于 1988～1992 年进行全国人体寄生虫分布调查，2001～2004 年进行全国重要人体寄生虫病现状调查，对我国华支睾吸虫病的分布情况和流行趋势有了全面了解，据此制定了科学的防治规划，各地还探索针对不同流行特点采用具有特色的综合防治措施。

四、古尸中华支睾吸虫的记载和研究

尽管从发现华支睾吸虫至今已有 100 多年的历史，但通过对古尸中寄生虫的研究证实，华支睾吸虫病在我国至少存在 2000 多年。如湖北江陵马山砖厂一号出土的女尸距今已有 2300 多年，在其肠内容物中发现了华支睾吸虫卵。在湖北荆门郭家岗出土女尸体内也发现了华支睾吸虫卵，对尸棺和椁板用放射性同位素 ^{14}C 断代检测，推测埋葬年限为(2340±170)年(算至 1950 年)，说明荆门郭家岗古代女尸距今约有 2400 年甚至更久(武忠弼等 1995)。根据公开发表的资料总结，我国古尸华支睾吸虫感染情况见表 1-1。

从表中可以看出，古尸中所发现的寄生虫除华支睾吸虫外，还有其他寄生虫，说明早在 2300 多年前，华支睾吸虫和其他几种寄生虫就流行于我国的广州、江汉平原和福建等地区。凡保存较好的古墓或古尸均为当时社会的上层人物，他们感染了华支睾吸虫等寄生虫，足以说明我国古代在上述地区寄生虫病流行的普遍性。对江陵马山砖厂一号女尸内脏残渣检查时，在过滤液的沉淀中，每个显微镜视野可以见到华支睾吸虫卵多达 57 个，并有许多聚集成团的卵块(雷森 1984)。在江陵凤凰山 168 号墓西汉古尸胆管、胆囊和胆总管的冲洗液中，以及在胆结石颗粒压片中，均发现大量华支睾吸虫卵，在肝左叶、右叶组织的压片中也发现大量的华支睾吸虫卵。华支睾吸虫卵成堆成串，数目成千上万，明显系沿胆管分支排列，在胆管、胆囊、十二指肠以下的肠腔也有分布。古尸中的华支睾吸虫卵大小为(24.92～29.16)μm×(12.82～16.02)μm，平均 28.89μm×14.21μm，淡黄色，外形略似旧式电灯泡，一端较窄，有明显的小盖与肩峰，少数虫卵的小盖脱落，另一端较宽、钝圆，末端有疣状小结节，与现代所见虫卵十分相似。在古尸中发现的华支睾吸虫卵，有的内部结构模糊不清，有的萎缩成团，有的呈泡状颗粒，有的完全空虚无物，有的则具有形似毛蚴的轮廓(魏德祥等 1980)。

用扫描电镜观察，古尸中华支睾吸虫卵的外形和大小与现代所见华支睾吸虫卵一致，卵体、卵壳、卵盖与肩峰完整，卵壳表面呈钩错交连的立体网络状纹理，并与卵盖上的纹理相连。也有虫卵的纹理结构部分脱落，但仍清晰可辨。有的卵盖脱落，虫卵内中空，似花瓶状。卵后端有一小突起，有的呈不同程度的塌陷或变形(陈良标等 1981，武忠弼等 1995)(表 1-1)。

表 1-1　中国古尸华支睾吸虫感染情况

古尸名称	性别	年龄(岁)	身份	发现地点	埋葬时代	发现年代	距今年限	其他寄生虫卵	报告者
战国古尸	女	60～70	不明	湖北荆门郭家岗	不详	1994	约 2400 年	鞭虫	武忠弼(1995)
战国古尸	女	不详	不详	湖北江陵	战国中期	1982	2300 多年	鞭虫 蛔虫	雷森等(1984)
战国古尸	女	不详	不详	湖北江陵	公元前 278 年	1982	2289 年	鞭虫	杨文远(1984)
遂少言	男	约 55	五大夫	湖北江陵	公元前 167 年	1975	2178 年	日本血吸虫 鞭虫 带绦虫	魏德祥等(1980)
北宋古尸	男	约 50	不明	衡阳何家皂	北宋	1973	800 多年		衡阳医学院(1977)
宋代古尸	男	40 余岁	不明	福州北郊	不详	1988	不详	蛔虫 鞭虫	郭延飞(1988)
宋代古尸	女	30 余岁	不明	同上	不详	1988	不详	同上	同上
南宋古尸	男	45	武官	福州茶园山	1235 年	1986	776 年	鞭虫 猫后睾吸虫	林莺娇(1990)
南宋古尸	女	38	武官妻	同上	1235 年	同上	同上	蛔虫	同上
戴周氏	女	80	工部尚书之妻	广州	明弘治 15 年	1956	509 年	鞭虫 姜片虫	黄文宽(1957)
福建古尸	男	约 50	不明	福建福清	明嘉靖 37 年	1980	453 年	蛔虫 姜片虫 鞭虫	林金祥等(1982)
陈妙贞	女	50～60	户部尚书之妻	福州	明代	1980	400 多年	鞭虫	同上
明代古尸	女	不详	四品官夫人	东莞市桥头	不详	1993	不详	蛔虫 姜片虫 鞭虫	黄绪强 (1995)
明代古尸	男	不详	不明	东莞市大岭山	不详	同上	不详	蛔虫 鞭虫	同上
清代古尸	男	不详	四品官	中山市五桂山	不详	同上	不详		同上

五、华支睾吸虫在动物界中的地位

按动物的分类阶元，华支睾吸虫(*Clonorchis sinensis*)的分类地位如下：

动物界 Kingdom Animalia
　扁形动物门 Phylum Platyhelminthes
　　吸虫纲 Class Trematoda
　　　复殖目 Order Digenea
　　　　后睾科 Family Opisthorchiidae
　　　　　支睾属 Genus *Clonorchis*
　　　　　　中华种 Species *sinensis*

〔关于华支睾吸虫的早期研究资料部分间接引自 Faust(1927)，姚永政(1953)，Dawes(1966)，吴宗泉(1987)，唐崇惕(2005)〕。

（刘宜升）

第二章　华支睾吸虫的形态和超微结构

一、华支睾吸虫的一般形态

（一）成虫

活虫体形态不甚规则，体柔软，肉红色，体内器官清晰可见，睾丸呈白色分支状，子宫内有虫卵，故呈棕褐色或黄褐色，2 根肠管呈深色，从体前部沿体侧至体后部。刚从宿主肝脏内取出的虫体，放入温度适宜的生理盐水中，或在培养基中培养，均可见虫体不断运动，体前部不断向前方伸出，使体前端变得细长，后端较为粗大(图 2-1)。前端伸出的细长部可向左右方向缓慢摆动，或是以其口吸盘吸附于培养基底部，体后部可随之向虫体前端方向移动。

图 2-1　华支睾吸虫成虫

A.活体（引自安春丽）；B.死亡后自然状态（未染色）；C.模式图（引自张进顺）；D.染色标本（引自 Thomas）

图中 A，B，D 可见文后彩图

成虫死亡后一般自然伸展，半透明，形态规则，似葵花子仁状，体扁平，前端较细，后端钝圆。长约10～25mm，宽约3～5mm，内部器官仍清晰可见。腹吸盘位于虫体前约五分之一处，口吸盘位于虫体前端，略大于腹吸盘，口开口于口吸盘内。消化道包括咽、食道和肠支。咽为肌肉性，呈球形，直径0.2～0.3mm，食道短，肠支分为左右两支沿体两侧几乎延伸至体后部，末端为一盲端。排泄囊为一略带弯曲的长袋，呈"Ⅰ"型，前端到达受精囊处，向左右发出两支分支，为集合管，在不同的水平上，左边的分支稍稍高于右边的分支。在肠分支的水平上，排泄系统的分支形成前后排泄管，再进一步分支连接着由焰细胞发出的排泄小管。排泄孔开口于虫体的末端，其壁上有括约肌。雄性生殖器官有睾丸一对，呈树枝状分枝，前后排列于虫体的后三分之一处。两个睾丸各发出一根输出管，在虫体的中部两根输出管汇合成很短的输精管，向前逐渐膨大形成储精囊，储精囊接射精管，开口于腹吸盘前缘的生殖腔。华支睾吸虫无阴茎袋、前列腺和阴茎。雌性生殖器官有卵巢一个，细小，分叶状，位于虫体中、后三分之一交界处。输卵管从卵巢发出后，在连接了受精囊、劳氏管和卵黄囊后，远端接卵模。受精囊较大，呈椭圆形，位于睾丸和卵巢之间。劳氏管细长弯曲，开口于虫体的背面。卵黄腺为滤泡状，分布在虫体的两侧，由受精囊的水平线起，向上至腹吸盘的水平止。左右两侧的卵黄腺各发出一根卵黄管，左右卵黄管在中间汇合成卵黄囊。子宫从卵模开始弯曲盘绕向上，开口于腹吸盘前面的生殖腔(图2-1)。

（二）虫卵

虫卵黄褐色，低倍显微镜下观察似芝麻粒状，高倍显微镜下似小的西瓜籽状，前端较窄，有一小盖，小盖两侧的卵壳略突起，形成肩峰，后端钝圆，最末端有一疣状突起。虫卵的大小为(27～35)μm×(12～20)μm，平均为29μm×17μm。卵壳较厚，卵内含一成熟毛蚴(图2-2)。

能够寄生于人体，其虫卵在外形与大小上同华支睾吸虫卵相似的吸虫有东方次睾吸虫(*Metorchis orientalis*)、猫后睾吸虫(*Opisthorchis felineus*)、钩棘单睾吸虫(*Haplorchis pumilio*)、扇棘单睾吸虫(*Haplorchis taichui*)、台湾棘带吸虫(*Centrocestus formosanus*)、异形异形吸虫(*Heterophyes heterophyes*)和横川后殖吸虫(*Metagonimus yokogawai*)等。徐秉锟(1964)在对74例疑是华支睾吸虫病人检查时发现，有6例是华支睾吸虫与异形类吸虫混合感染，2例为异形类吸虫感染，66例为华支睾吸虫感染。这些虫卵在形态、大小上极为相似，很容易把异形吸虫卵误认为华支睾吸虫卵。林金祥(2006)指出，东方次睾吸虫、钩棘单睾吸虫、扇棘单睾吸虫和台湾棘带吸虫同属于鱼源性寄生虫，亦都是人兽互通的寄生虫，这4种吸虫的虫卵与华支睾吸虫卵大小相差甚微，在卵盖和外壳的光洁度有少许差异，见图2-3。几种小型吸虫卵可从以下方面鉴别，见表2-1。王运章(1994)认为华支睾吸虫卵与猫后睾吸虫卵、异形吸虫卵和横川后殖吸虫卵在大小及形态等方面存在细微差异，可供参考的鉴别特征见表2-2。

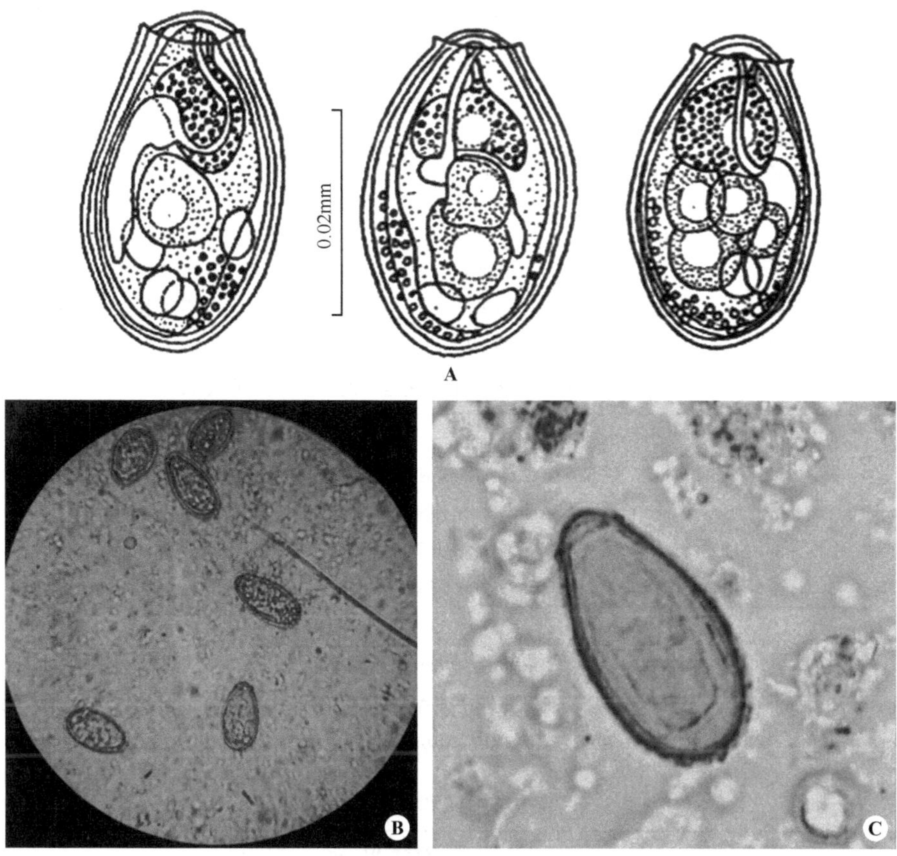

图 2-2　华支睾吸虫卵

A.模式图(引自唐仲璋)；B.自然形态(吴中兴提供)；C.放大(引自 Thomas)

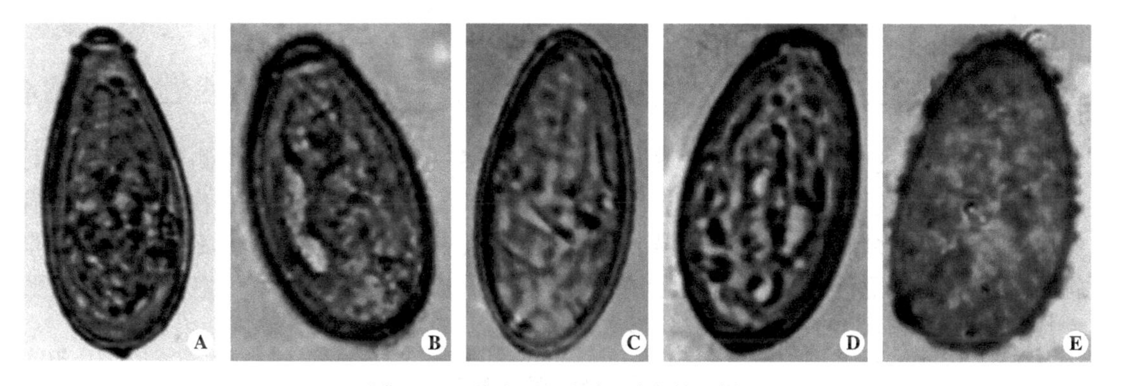

图 2-3　5 种小型吸虫卵(采自林金祥)

A. 华支睾吸虫卵；B. 东方次睾吸虫卵；C. 钩棘单睾吸虫卵；D. 扇棘单睾吸虫卵；E. 台湾棘带吸虫卵

表 2-1　华支睾吸虫卵与东方次睾吸虫卵等虫卵的比较

项目	华支睾吸虫卵	东方次睾虫卵	钩棘单睾虫卵	扇棘单睾虫卵	台湾棘带吸虫卵	横川后殖吸虫卵
长(μm)	29	31.3	31.2	29.5	34.3	27.2
宽(μm)	17	15.5	16.7	15.7	18.5	15
宽∶长	1∶1.7	1∶2	1∶2	1∶1.74	1∶1.68	1∶1.8

续表

项目	华支睾吸虫卵	东方次睾虫卵	钩棘单睾虫卵	扇棘单睾虫卵	台湾棘带吸虫卵	横川后殖吸虫卵
形态	短椭圆	长椭圆	长椭圆	长椭圆	卵形	卵圆
颜色	深褐色	橙黄色	淡黄色	淡黄色	淡黄色	黄褐
外壳	厚而粗糙	薄而光滑	薄而光滑	薄而光滑	表面格子状	厚而光滑
卵盖	突出	稍突出	不突出	不突出	极小不突出	不突出
肩峰	明显	不明显	不明显	不明显	不明显	无
毛蚴	较清晰	清晰	清晰	清晰	不清晰	清晰
壳底	有1点状突起	有1小结	稍增厚	稍增	不增厚	不增厚

表 2-2　华支睾吸虫卵与几种小型吸虫卵的鉴别要点

虫卵	大小(μm)	主要形态特征
华支睾吸虫卵	(27.7～35)×(11.7～19.5)平均 29×17	芝麻形或梨形,卵盖突出,肩峰明显,卵盖对侧有一疣状突起
猫后睾吸虫卵	30×11	外形与华支睾吸虫卵相似,仅长短比例不同
异形吸虫卵	(28～30)×(15～17)	卵圆形,无肩峰,卵盖对侧无明显突起(或偶可见一小突起)
横川后殖吸虫卵	(26.5～28)×(15.5～17)	卵圆形或梨形,卵盖不清楚,无肩峰,卵盖对侧无突起

由于这些吸虫卵的大小在一定范围具有重叠,不能单纯依靠大小与华支睾吸虫卵进行鉴别,通过对5种类似的吸虫卵的外形用测量数值的方法进行分析、分类和排队,并根据卵盖的宽度、高度和盖缘肩峰的明显程度将虫卵分为1外、1、2、3、4、5、6、7、7外等9种类型,见表2-3。

表 2-3　吸虫卵肩峰和卵盖分型及数值

分型标志	各型测量数值 (μm)								
	1外	1	2	3	4	5	6	7	7外
卵盖宽	<4.5	4.5～	5.5～	6.5～	7.5～	8.5～	9.5～	10.5～	>11.5
卵盖高	>3.5	3.5～	3.0～	2.5～	2.0～	1.5～	1.0～	0.5～	0
肩　峰	>1.8	1.8～	1.5～	1.2～	0.9～	0.6～	0.3～	0.1～	0

将每种(属)的吸虫卵各随机抽取100个测量上述三种分型标志,根据测量数据分别列入9种类型进行统计,见表2-4。华支睾吸虫卵绝大多数属于1～3型,东方次睾吸虫卵和横川后睾吸虫卵大多数属于2～3型,异形异形吸虫卵大多数属于3～5型,单睾吸虫属的虫卵属于4～5型,出现了从华支睾吸虫到单睾吸虫,虫卵从卵盖高窄、肩峰明显凸出到卵盖平宽、肩峰不明显这样一个总的倾向(徐秉锟 1980)。

表 2-4　华支睾吸虫卵与类似吸虫卵在分型数值中的分布

形状编号	虫卵数(个)				
	华支睾吸虫	东方次睾吸虫	横川后殖吸虫	异形异形吸虫	单睾属吸虫
1外	2	1	—	—	—
1	25	10	9	4	—
2	38	40	28	8	5
3	29	29	42	20	17
4	5	16	15	45	28
5	1	4	5	19	35

续表

形状编号	虫卵数(个)				
	华支睾吸虫	东方次睾吸虫	横川后殖吸虫	异形异形吸虫	单睾属吸虫
6		—	1	4	13
7	—	—	—	—	2
7外	—	—	—	—	—
合计	100	100	100	100	100

（三）毛蚴

毛蚴呈卵圆形或梨形，前端钝圆，后端较尖，体长为26～34μm，体宽12～17μm。毛蚴体表纤毛上皮有4横列，从上到下的纤毛板数为5、4、4、3，纤毛板上有一层纤毛细胞，上长出许多长纤毛，纤毛长约16μm，前端的纤毛也可略长一些。毛蚴的体前端有一乳突，其前端又具有长约2μm的突起一根。乳突的后方有一个发育不全的小管为消化器官的雏型。体内前端具有含4个核，大而圆的腺体，开口于前端乳突的右方，其后端达到体后1/3处。体中部还具有大而显著的穿刺腺，穿刺腺管通于前端乳突的左方。毛蚴的体后部还可看到生殖原基和8～20个胚细胞。体左侧有一对焰细胞，各通排泄管，并在体中部会合为一管，开口于体中后部的左方。有时亦可见原始的中枢神经节。毛蚴无眼点，也见不到其他的感觉器官(图2-4)。

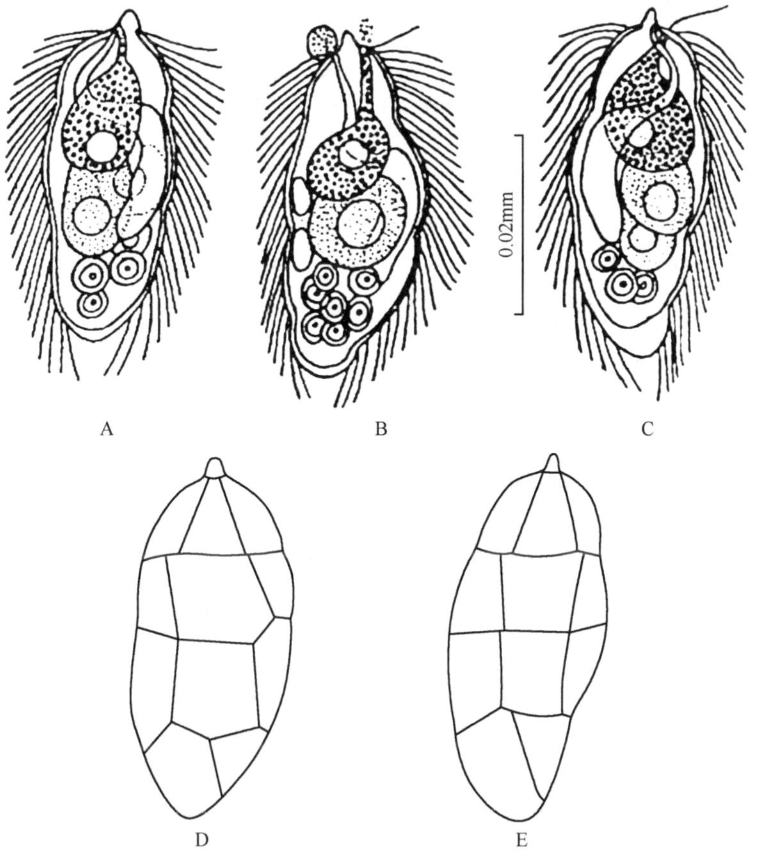

图2-4　华支睾吸虫毛蚴（引自唐仲璋）

A～C.模式图；D、E.毛蚴体表纤毛板排列方式

（四）胞蚴

胞蚴呈袋状，无口和消化道，由体壁直接吸收宿主组织液为营养。早期胞蚴的大小约 90μm×65μm，体后部有近乎实质性的生殖细胞团，生殖细胞团在胞蚴体积变大时开始分裂。在胞蚴的一端，形成一个凹陷，在胞蚴长大成熟时，该凹陷形成一个明显的凹槽，在生殖细胞团开始分化向雷蚴阶段发育时，这个凹陷始终保持不变。在感染后的第 17 天，胞蚴体内的雷蚴均已发育成熟，在感染后的第 16 天，就可见到雷蚴从胞蚴内释放出来，成熟的胞蚴内含有若干雷蚴(图 2-5)。

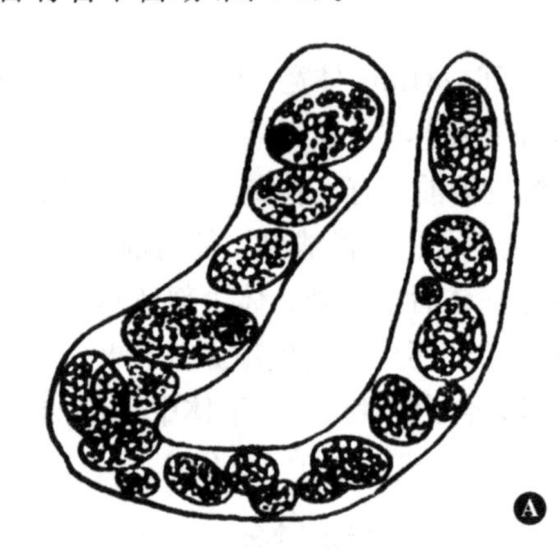

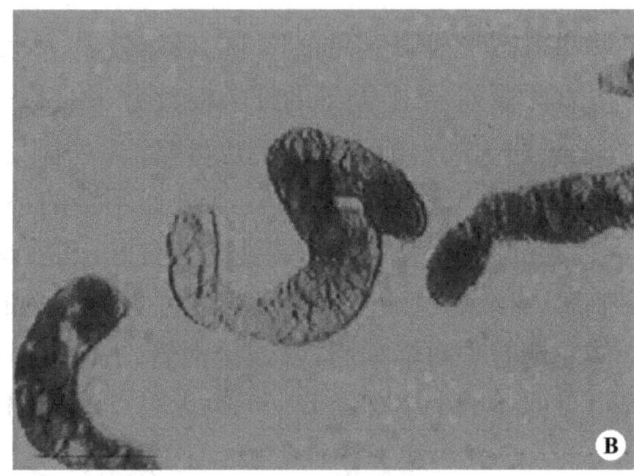

图 2-5　华支睾吸虫胞蚴

A.模式图（引自毛守白）；B.活体照片

图中 B 可见文后彩图

（五）雷蚴

雷蚴成熟后，自胞蚴中逸出，在螺体内发育长大。雷蚴寄生在螺体的食管、咽周围的淋巴间隙和口囊内，甚至可寄生在外套膜和足部。新生成的雷蚴大小约为 0.35mm×0.09mm，成熟雷蚴大小约为 1.70mm×0.17mm。雷蚴长袋状，具有口和咽。咽的直径约为 22μm，咽后为一囊状的原始肠管，肠内常含有棕色的内容物。在口的周围，有 8 根可能具有感觉功能的纤毛。雷蚴体内的胚细胞团逐渐发育成为 5～15 个尾蚴，发育较成熟的尾蚴靠近雷蚴的体前端。尾蚴发育到一定阶段时出现眼点和分散在体内的色素块，这些尾蚴将要从雷蚴体内逸出进入螺的消化腺内，许多尾蚴在此处才长出尾部，最终发育成熟(图 2-6，图 2-7)。

唐崇惕(2005)认为，雷蚴体内可产生许多子雷蚴，子雷蚴逐渐移行至螺的消化腺间隙中继续发育。成熟子雷蚴呈长袋状，大小为(0.37～1.80)mm×(0.12～0.17)mm。

（六）尾蚴

尾蚴在水中静止时略呈烟斗状，虫体分为圆筒形的体部和弯曲的尾部(图 2-8)。体长 137～240μm，体宽 62～90μm。尾长 320～470μm，尾宽 21～34μm。体前端的背面有眼点一对，体内还散在分布着一些棕灰色的色素颗粒。口吸盘位于体前端，口孔椭圆形，大小为(27～36)μm×(23～33)μm。腹吸盘位于虫体中线前，大小约为口吸盘的三分之一。消化道不完全，有咽和前咽。穿刺腺 7 对，分为左右两群，有 3 对穿刺腺管通到口的背侧。生殖原基由一团生

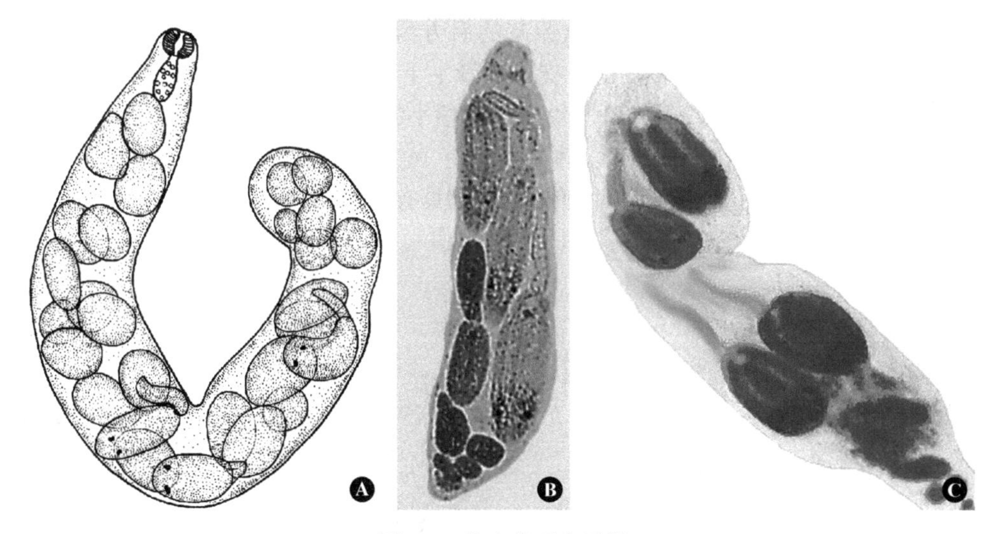

图 2-6　华支睾吸虫雷蚴

A. 模式图(引自唐仲璋 1963)；B、C.染色标本

图中 B,C 可见文后彩图

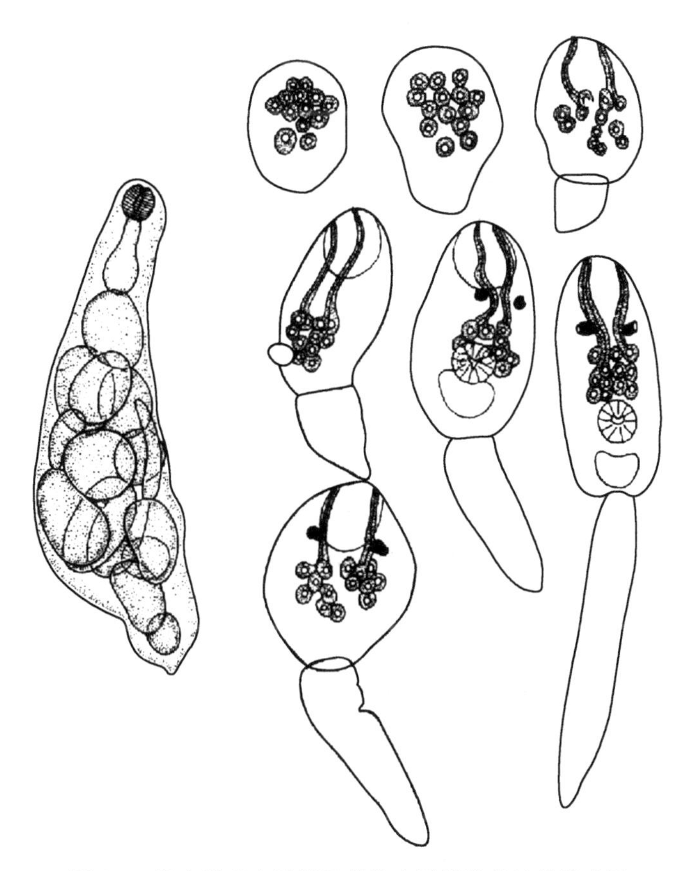

图 2-7　华支睾吸虫雷蚴及其体内尾蚴发育过程模式图

(引自唐仲璋 1963)

殖细胞组成，位于腹吸盘的背侧。在生殖原基的后方为一排泄囊，略呈三角形，大小为(30～34)μm×(28～33)μm，从其前侧各发出一支排泄管主干，向前伸展，到体中线时即分为前后两支集合管，每支集合管又分成2～3支小的分支，每根小的分支分别与焰细胞相连，所组成的焰细胞公式为2×[(3+3)+(3+3+3)]。体的两侧有14对成囊腺细胞。尾部有由皮层形成的横行弯曲的皱褶，其腹面也有数条纵行的皱褶，尾部具有背鳍、腹鳍和尾鳍。

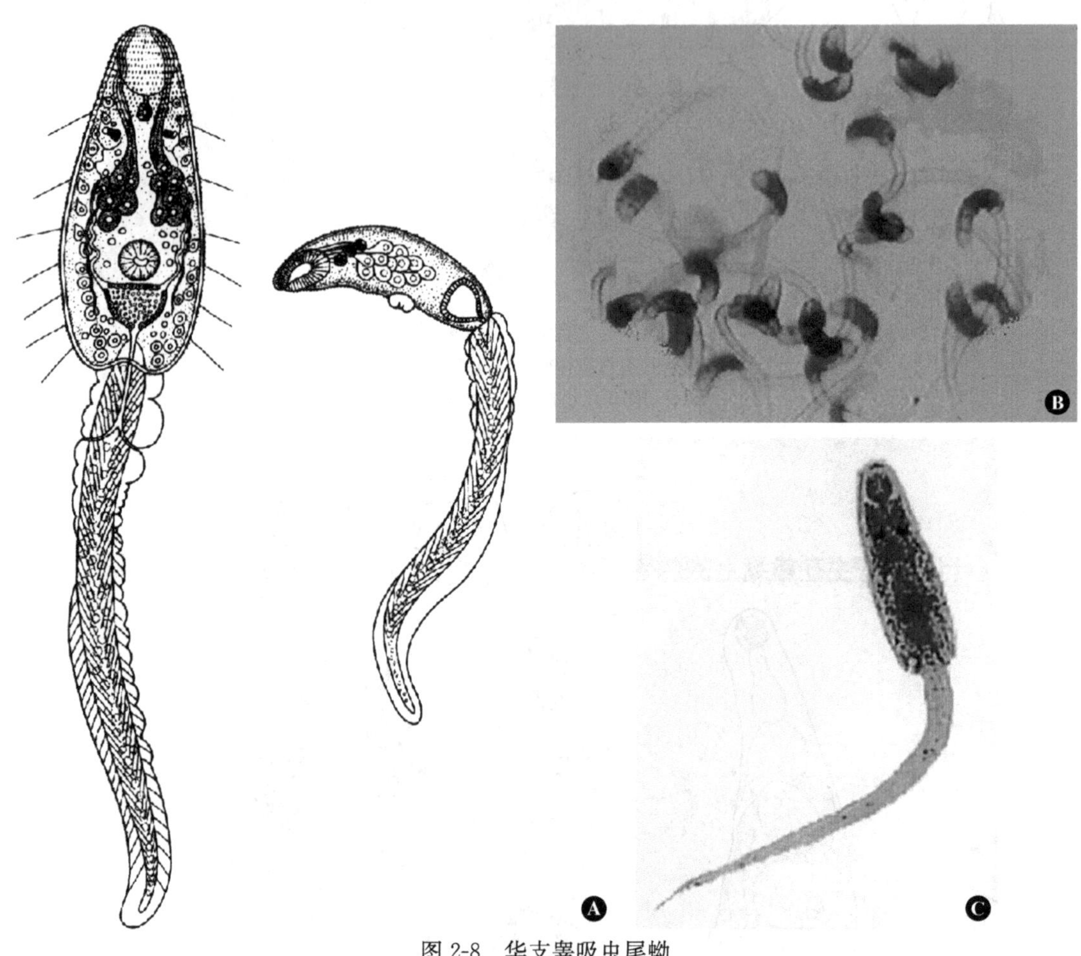

图 2-8　华支睾吸虫尾蚴

A.模式图 正面、侧面(引自唐仲璋)；B.自然形态；C.染色标本(引自高兴政)

图中B,C可见文后彩图

（七）囊蚴

囊蚴圆形或椭圆形(图2-9)，平均大小为(121～150)μm×(85～140)μm。有两层囊壁，外壁较厚，约3～4μm，内壁较薄，囊内有迂曲幼虫，充满囊中，并在囊中回旋运动。幼虫具口吸盘和腹吸盘，口吸盘大小为43.5～50.6μm，腹吸盘大小为50.5～53.1μm，排泄囊大而明显，囊内含有黑色的钙质颗粒，每个颗粒的直径约为4.1～8.5μm。囊蚴初形成时仍留有眼点，后逐渐消退，至15天囊蚴成熟时，眼点完全消失。

在淡水鱼体内，常有东方次睾吸虫囊蚴与华支睾吸虫囊蚴同时寄生，两种囊蚴的形态十分相似，吴中兴等(1987)从徐州市郊区农村采集的麦穗鱼中分离东方次睾吸虫囊蚴与华支睾吸虫囊蚴，对两种囊蚴的形态、结构特点进行了比较，见表2-5。

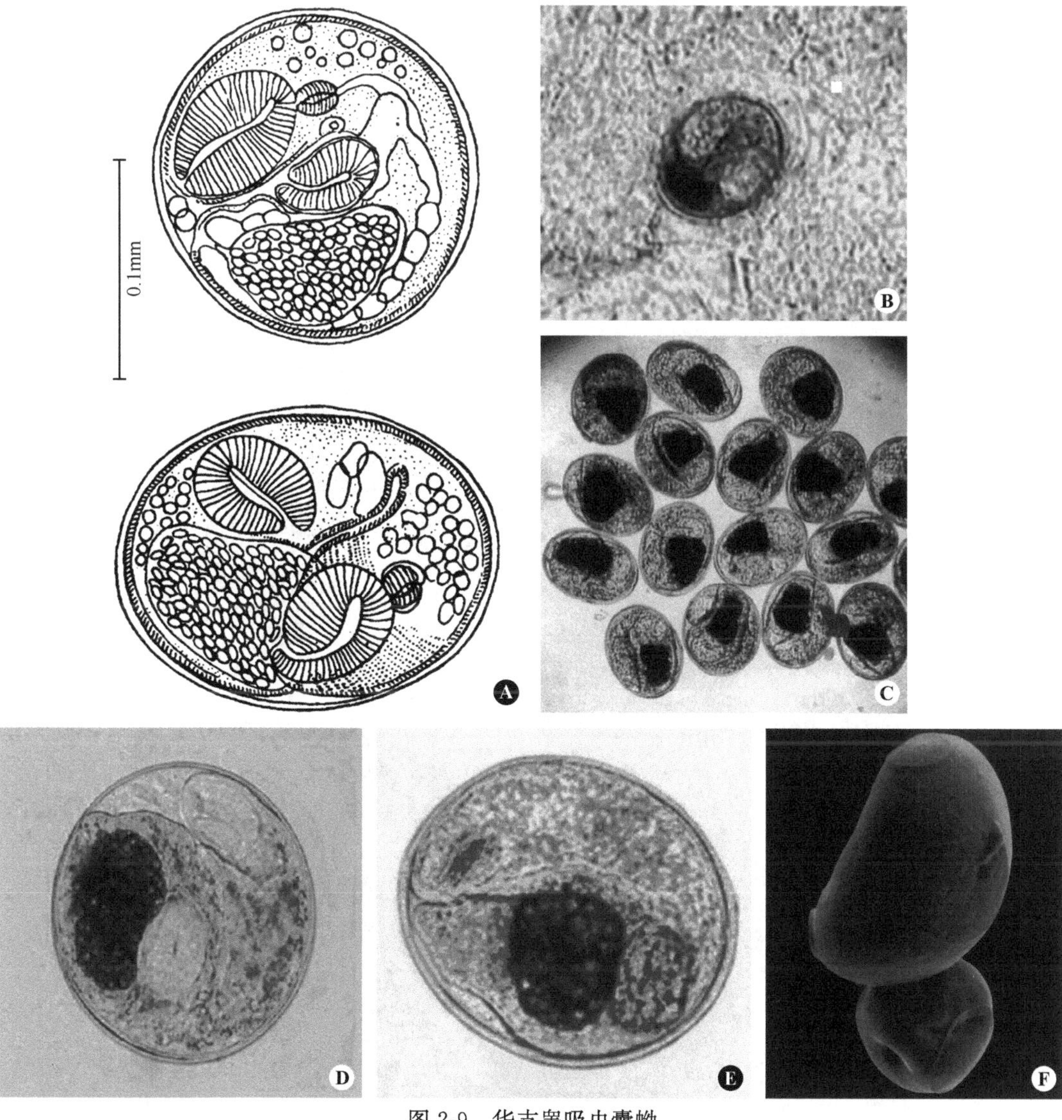

图 2-9 华支睾吸虫囊蚴

A.囊蚴模式图(引自唐仲璋);B.鱼肉中的囊蚴;C. 从消化鱼肉中分离的囊蚴 (引自林金祥);D. 囊蚴放大(引自 Li);E. 囊蚴卡红染色照片(引自安春丽);D 和 E 均可清楚看到口吸盘、腹吸盘和排泄囊;F.囊蚴扫描电镜照片,凹陷处为附着鱼肉组织的痕迹(引自贺联印)

图中 E 可见文后彩图

表 2-5 华支睾吸虫囊蚴与东方次睾吸虫囊蚴的比较

项目	华支睾吸虫囊蚴	东方次睾吸虫囊蚴
长度(μm)	127.5～170.0	147.0～176.8
宽度(μm)	110.5～156.0	122.0～163.0
囊壁的厚度(μm)	1.7～5.1	8.5～20.4
口吸盘大小(μm)	43.5～50.6	49.2～58.9
腹吸盘大小(μm)	50.5～53.1	47.1～54.7
排泄囊颜色	黑褐色	棕黄色
颗粒的大小	4.1～8.5	1.7～4.7

除东方次睾吸囊蚴外，钩棘单睾吸虫、扇棘单睾吸虫等几种小型吸虫的囊蚴也多寄生在鱼肉内，特别是鱼鳍基部与鱼体连接的肌肉内分布最多，台湾棘带吸虫囊蚴多寄生在鱼鳃上的鳃丝外。钩棘单睾吸虫囊蚴近圆形，直径平均为168.5μm，囊壁厚度平均为4.7μm，囊内后尾蚴体表布满小棘，生殖盘上可见40～48枚呈锯齿状的小棘。扇棘单睾吸虫囊蚴与钩棘单睾吸虫囊蚴外形几乎相同但较小，直径平均为119μm，不同点在于生殖盘上的小棘呈杆状，有14～21根，呈葵扇状排列。台湾棘带吸虫囊蚴呈椭圆形，长宽平均为176 μm×122 μm，囊壁厚度仅为2μm；囊内后尾蚴的体表布满鳞状细棘；排泄囊呈"工"字形。5种吸虫囊蚴的比较见图2-10。

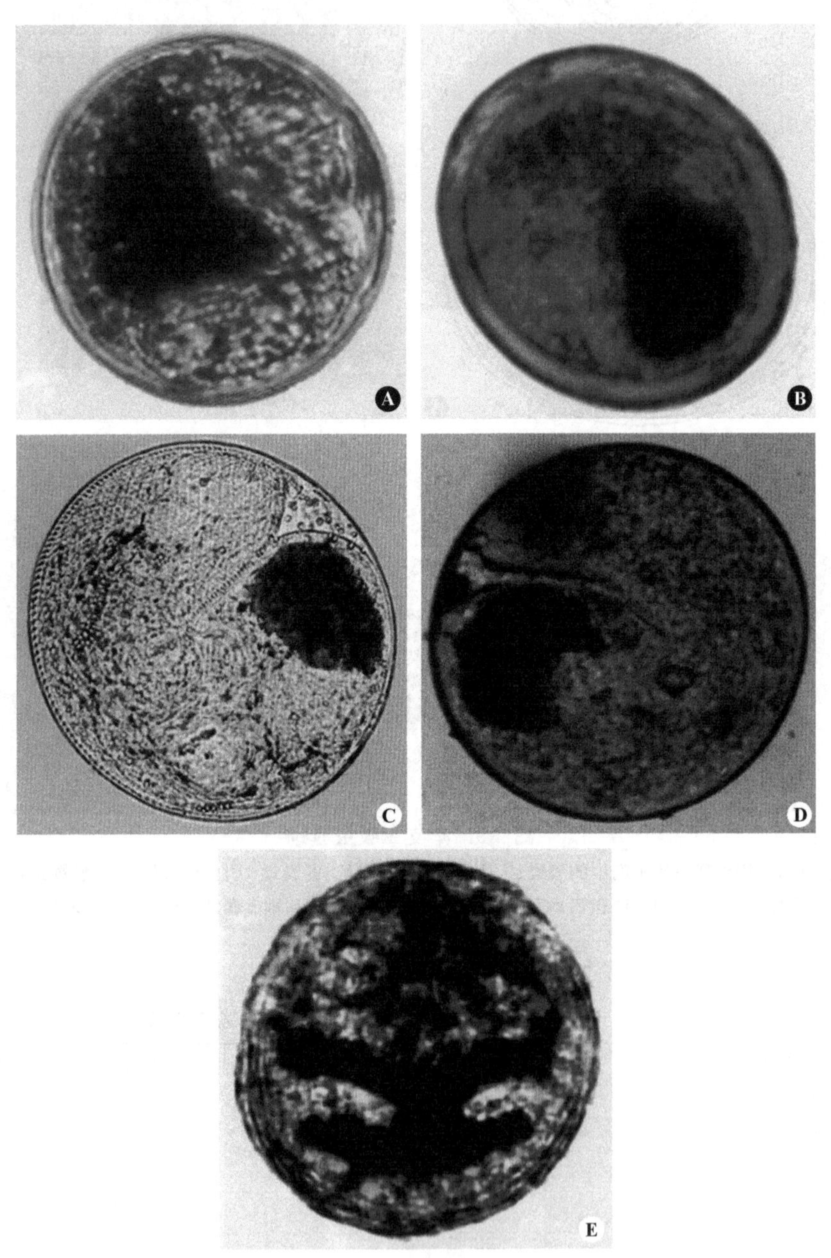

图2-10　5种小型吸虫囊蚴(引自林金祥)

A.华支睾吸虫囊蚴；B.东方次睾吸虫囊蚴；C.钩棘单睾吸虫囊蚴；D.扇棘单睾吸虫囊蚴；E.台湾棘带吸虫囊蚴

（八）后尾蚴

囊蚴里的幼虫从囊内逸出后被称之为后尾蚴(图 2-11,图 2-12)。虫体大小为(480～600)μm×140μm。除虫体的前端、末端和口、腹吸盘外,虫体各处的体表皆被有单生皮棘,每个皮棘均有纵裂,前端有 2～4 个尖齿。口吸盘大小为(52～65)μm×(55～52)μm,腹吸盘在虫体的中部,大小为(68～70)μm×(65～68)μm。在口吸盘、腹吸盘各有两环细小的乳头,其中口吸盘每环 6 个,腹吸盘外环 6 个,内环 3 个。消化道有咽、食管和伸到体后端的肠支,咽大小为(25～30)μm×(20～22)μm,食道长 120～150μm,肠腔内有许多盘状颗粒。在食道的前背侧有一横马鞍状的神经联合,其二侧有向前和向后延伸的主神经干。虫体内部有两种腺体,一种为头腺,头腺细胞共有 12～14 个,位于肠管分叉后和腹吸盘前的中区,各有导管前行至口吸盘的背侧前缘向外开口,每个开口上有一尖刺。另一种为皮腺,位于口、腹吸盘的背面和腹面,腹面有 8～20 个,背面有 2～8 个,各有小孔通体外。排泄系统包括排泄囊、收集管和焰细胞。排泄囊显著,长椭圆形,大小为(120～150)μm×(65～70)μm,囊内充满许多颗粒,排泄孔在虫体末端。焰细胞的公式和尾蚴的焰细胞公式相同(唐崇惕,2005)。

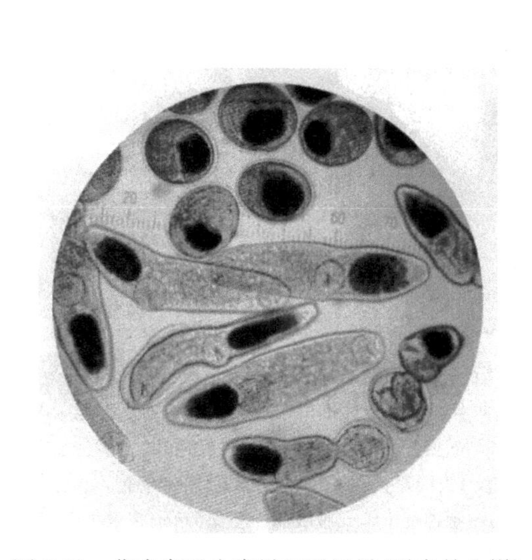

图 2-11　华支睾吸虫囊蚴和后尾蚴(引自林金祥)

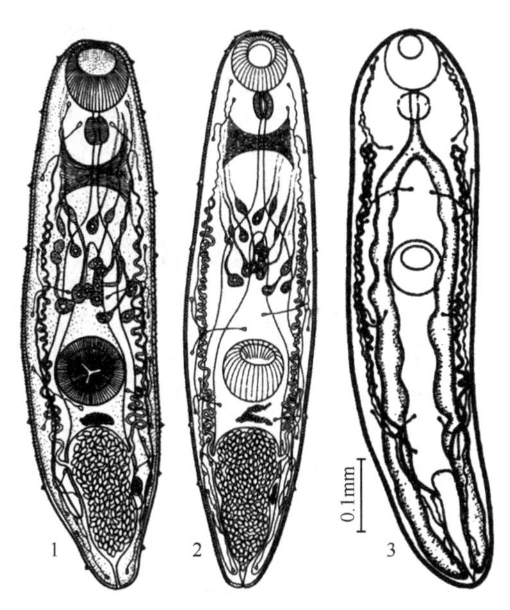

图 2-12　华支睾吸虫后尾蚴体内器官结构模式图(引自唐仲璋 1963)

二、华支睾吸虫的神经系统

何毅勋(1991)和叶彬(1993)分别用乙酰胆碱酯酶定位显示华支睾吸虫成虫的神经系统,整个神经系统呈左右对称分布,在咽下方的两侧为明显膨大的中枢神经节,由粗大的神经联合将其连接(图 2-13,图 2-14)。

1. 从中枢神经节向体前端伸出 4 对神经干　分别为:

(1) 咽神经干:为最内侧的一对粗短神经,从咽的后侧伸入咽部。

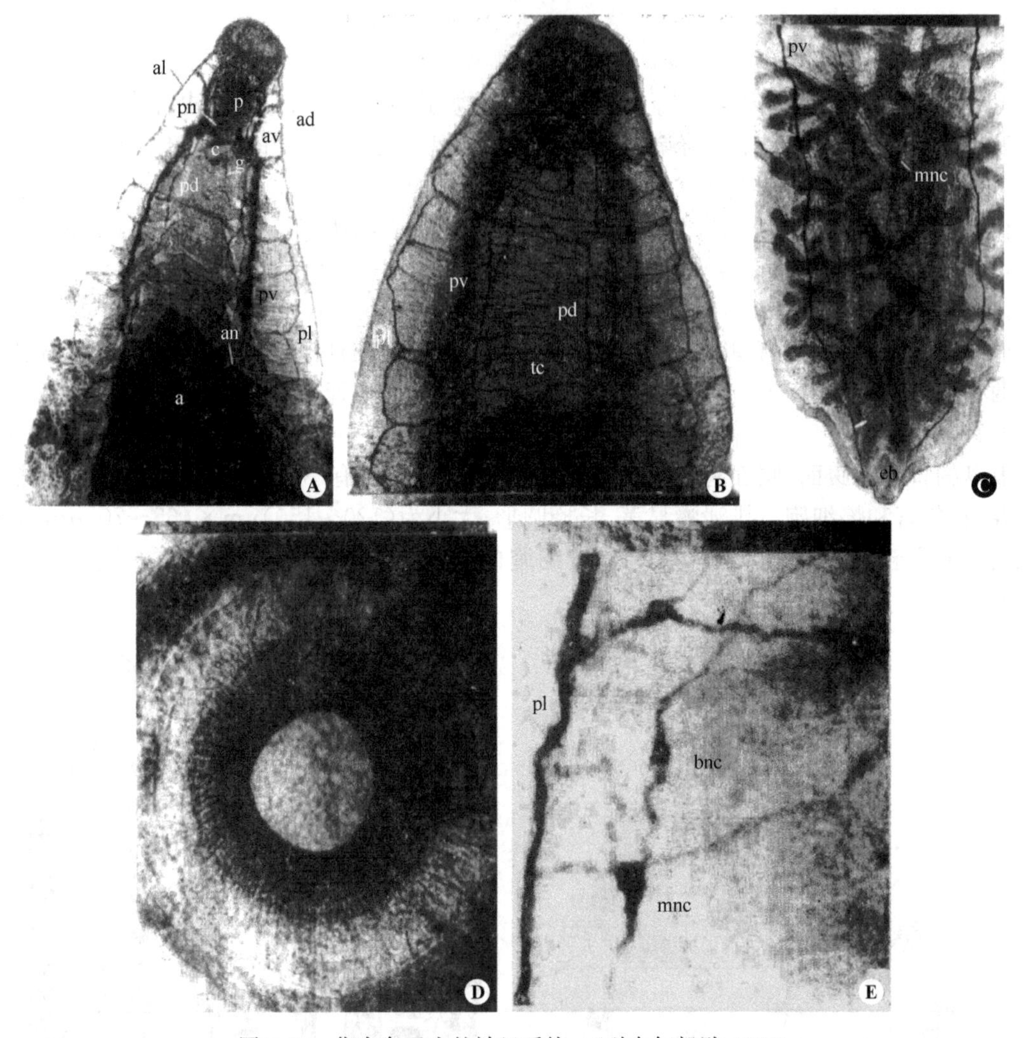

图 2-13 华支睾吸虫的神经系统一(引自何毅勋 1991)

A. 虫体前半段,示中枢神经节及神经联合并从神经节向前及向后各伸出 4 对和 3 对神经干;B. 3 对后神经干与许多横向神经联系相接构成虫体前端的神经网;C. 两条平行的后腹神经干及其在体后端的神经网;D. 神经分支在腹吸盘中的分布情况;E. 虫体前部放大,示双极和多极神经细胞;a.腹吸盘, c.神经联合, pd.后背神经干, ad.前背神经干, eb.排泄囊, pl.后侧神经干, al.前侧神经干,g.神经节, pn.咽神经干, an.腹吸盘神经支, mnc.多极神经细胞, pv.后腹神经干, av.前腹神经干, P.咽,tc.横向神经联系, bnc.双极神经细胞

(2) 背神经干:从中枢神经节背部于咽神经干和前腹神经干之间伸出一对纤细纵行神经,径直汇合于口吸盘顶部。

(3) 前腹神经干:从中枢神经节的前腹部伸出的一对粗壮神经干,在咽的两侧,该神经干又分为前中腹神经支和前外腹神经支。前者从口吸盘的底部伸入口吸盘,后者伸向体外侧,与体壁平行后从口吸盘的侧部进入口吸盘。

(4) 前侧神经干:为最外侧的一对纤细神经干,沿体壁平行分布,并与前外腹神经干连接后进入口吸盘。

除咽神经干外,上述三对神经干细支伸入口吸盘后,围绕口唇形成一圈环状的神经,伸

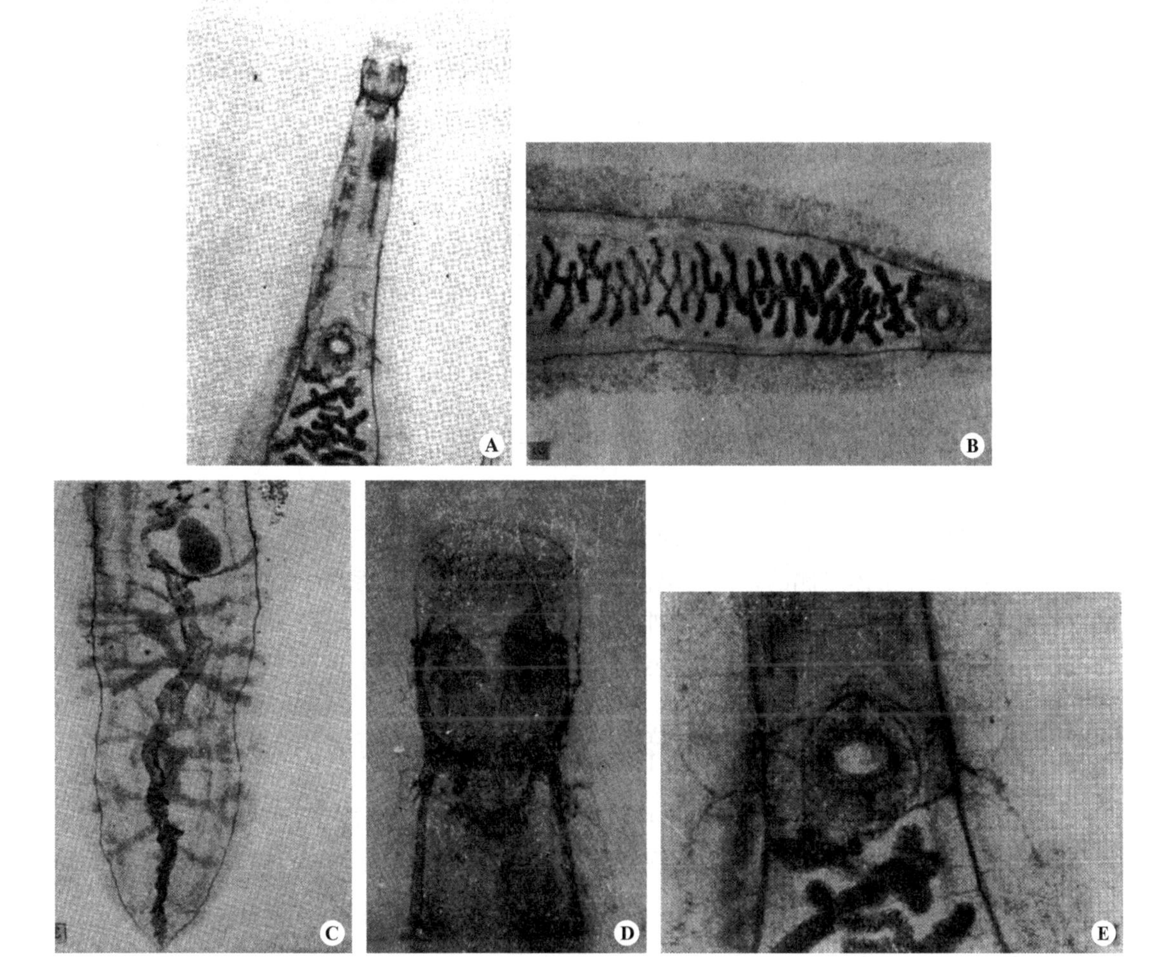

图 2-14　华支睾吸虫成虫的神经系统二(引自叶彬 1993)

A.虫体前段,示中枢神经节、神经联合以及四对向前的神经干和三对向后的神经干;B.虫体中段,示后行的三对神经干及其间的神经网;C.虫体后部的神经分布;D.虫体前端放大,示前行的神经在口吸盘内形成神经环;E.腹吸盘内神经分布的放大

入口吸盘内的神经纤维互相连接吻合。

2. 从中枢神经节向体后伸出三对长的纵行神经干　分别为:

(1) 后背神经干:从每侧中枢神经节的中部各自发出一条细长的神经干,于体中轴的两侧径直地向体后方延伸,约在体后 1/3 处的前睾丸水平线,左右两条汇合在一起。两条后背神经干在向体后方延伸时,沿途有许多纤细的横向神经联系将其相连,这些神经联系又与数支纤细的纵向神经联系进一步相接,构成虫体前半段背面中部的神经网。每条后背神经干又由一组横向神经联系与同侧的后侧神经干相连,构成虫体前半段背面侧部的神经网,但不如中部神经网细密。

(2) 后腹神经干:该神经干是华支睾吸虫神经系统中最长、最粗和最为显著的一对神经干。从中枢神经节后侧部伸出,向体后端延伸,神经干越向体的后方越为纤细,最后在尾端分出细支并分布于排泄囊。在向体后方伸展中,沿途有许多纤细的横向神经联系将其相连,这些神经联系又与若干纤细的纵向神经相连，构成虫体腹面中部的神经网。在虫体的前半段，每条后腹神经干又由许多横向神经联系与同侧的后侧神经干相连，构成前半段腹面侧部的神经网。在虫体的后半段，因后侧神经干消失，故从后腹神经干向体外侧伸出的若干神经细支直接分布于体侧。而后腹神经干向体中轴伸出的若干神经细支则与后背神经干汇合后延伸细支的纤细神经联系互相连接，构成体后半段中部的松散神经网。虫体前半段的神经网较后半段的密。当后腹神经干延伸至腹吸盘水平线时，分出一对横行的短粗神经干伸向腹吸盘，则为腹吸盘神经支。它又分出若干细支环绕腹吸盘周围，并呈辐射状地伸入其中的肌肉组织，可能构成肌神经接点。沿腹吸盘的孔还有一明显的神经环。从后腹神经干又发出分布于消化道、卵黄腺和生殖器官的神经分支。

(3) 后侧神经干：后侧神经干是从每侧中枢神经干的最外侧伸出的一条沿着体壁向体后伸展的神经干，故分布在体外侧的最边缘位置。当延伸至受精囊水平线处，转向体内侧并与后背神经干相接而消失。两条后侧神经干向体后伸展，沿途各有许多横向神经联系分别与同侧的后背神经干及后腹神经干相连，构成虫体前半段背、腹两侧的神经网。

华支睾吸虫神经分布的特点是腹面的神经网较背面的密，前部的神经较后部的密，虫体中央部位的神经较虫体二侧的密。除纵向神经干和横向神经联系外，在全身尚广泛分布许多双极和多极神经细胞，它们与纤细的神经联系相连，关系密切。双极神经细胞的大小平均为 15.6μm×8.3μm，数目多。多极神经细胞稍大，平均为 27.3μm×15.8μm，但数目较少。

三、华支睾吸虫的超微结构

从 20 世纪 70 年代末期至 90 年代，中外学者共同努力，对华支睾吸虫生活史各个阶段的超微结构进行研究，从体表到内部组织，从成虫到各幼虫期，无论是扫描电镜观察还是透射电镜下的细微结构都得到详尽的描述。

(一) 成虫

1. 扫描电镜观察

(1) 体表：低倍放大，虫体背腹扁平，前端较尖，后端钝圆，表面有许多不规则的横行嵴和皱折。高倍放大，可见虫体表面有许多结节状或泡状突起（有的学者称为马铃薯样结节），在这些结节的表面又生出指状、逗点状或枝状的小突起。这些带小结节的突起在虫体的体表分布不具规律性，不但在不同虫体的相应部位分布不一致，即使在同一虫体的不同部位分布也不同。逗点状突起很短，指状突起较长，枝状突起最长，偶可见纤细的丝状突起。一些突起可连接成网状，或聚集成花朵状，每一枝突起中含 1～2 个密度较大的球形结构（图 2-15）。

(2) 吸盘：口吸盘位于体前端，椭圆形，与腹面呈 110° 的角度，口孔直径为 45μm×34μm，口吸盘的唇较肥厚，其表面的质膜内陷形成许多放射状沟纹。口吸盘唇周围的皮层隆起，形成两圈环状突起，内环较外环宽，上面可见密集的感觉乳突。腹吸盘位于虫体腹面前端 1/5～1/4 处，圆形，较口吸盘略小，唇表面似口吸盘，也具有放射状沟纹。腹吸盘盘腔的直径约为 9μm×13μm，腔的底部可见较粗大的枝状物，相互连接成网，唇上也可见乳突（图 2-16）。华支睾吸虫成虫在不同环境下个体发育差别较大，有学者测得腹吸盘直径为

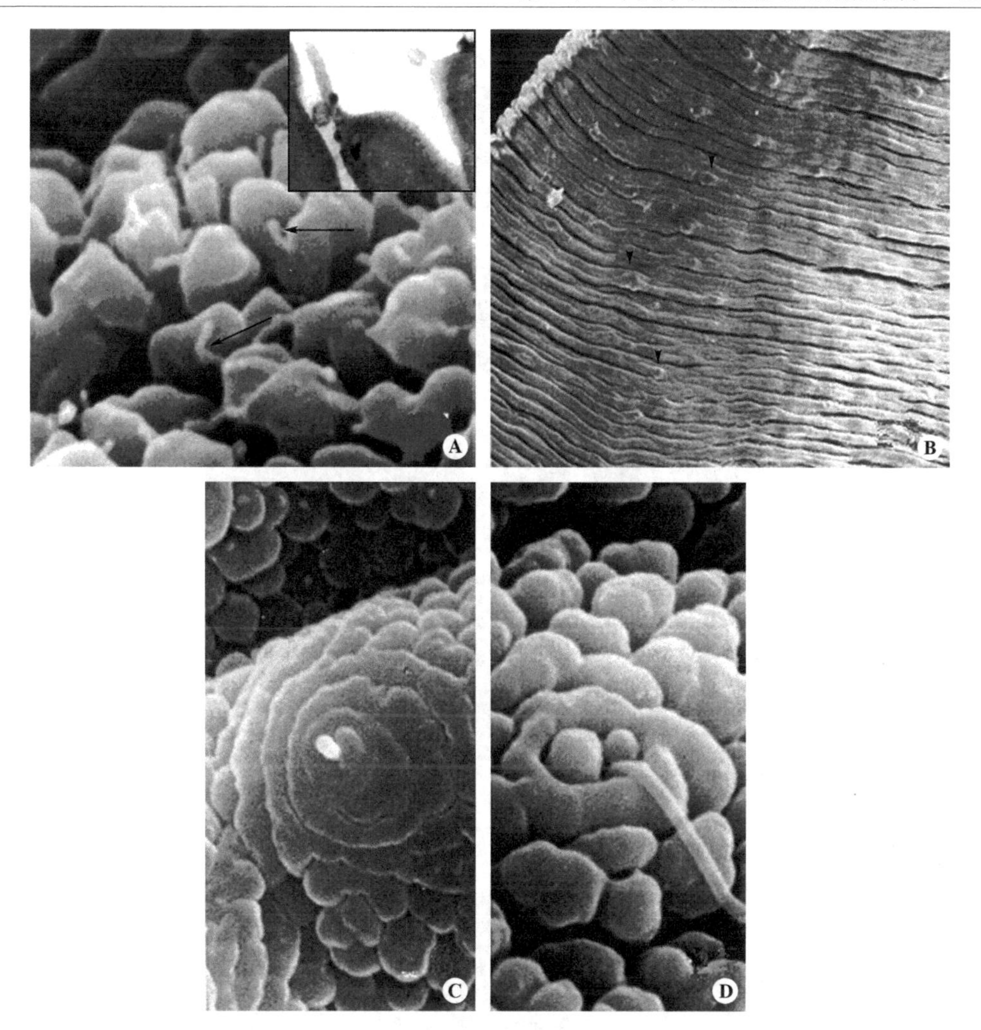

图 2-15　华支睾吸虫成虫体表(引自 Fujino 1979)

A.成虫体表皮层高度放大,示瘤状(马铃薯样)结节,箭头所指为突起表面的丝状延伸(插入图为皮层突起纵切面的扫描电镜结构);B.成虫腹面中部,有不规则分布的乳突(箭头所指);C.位于成虫腹吸盘周围具短纤毛纽扣状乳突;D.成虫背面具长纤毛的乳突

30μm(Fujino 1979)。

(3) 排泄孔:排泄孔位于虫体末端,内陷呈漏斗状,孔口似梨形(图 2-17)。

(4) 感觉乳突:在口、腹吸盘的唇上及口、腹盘周围的体表分布有感觉乳突,尤以两吸盘的唇上及周围分布的较为密集,其他部位少见或仅有零星分布。按感觉乳突的外形,可将其分为 5 种类型:

1) 有纤毛的花朵型:由数层皮层重叠形成的同心圆围绕一凹窝,并从其中伸出一根纤毛,此型乳突数量较多,分布于口、腹吸盘上和其周围的体表[图 2-15(C、D)]。

2) 有纤毛的螺旋型:由皮层的隆起围绕一凹窝形成螺旋,凹窝中伸出一根纤毛,该型乳突位于排泄囊周围的皮层。

3) 无纤毛的圆丘型:该型乳突较大,为皮层的球形突起,圆丘形,其上无凹窝,也无纤毛,表面亦不甚光滑,数量较少,见于吸盘上及体表[图 2-16(F)]。

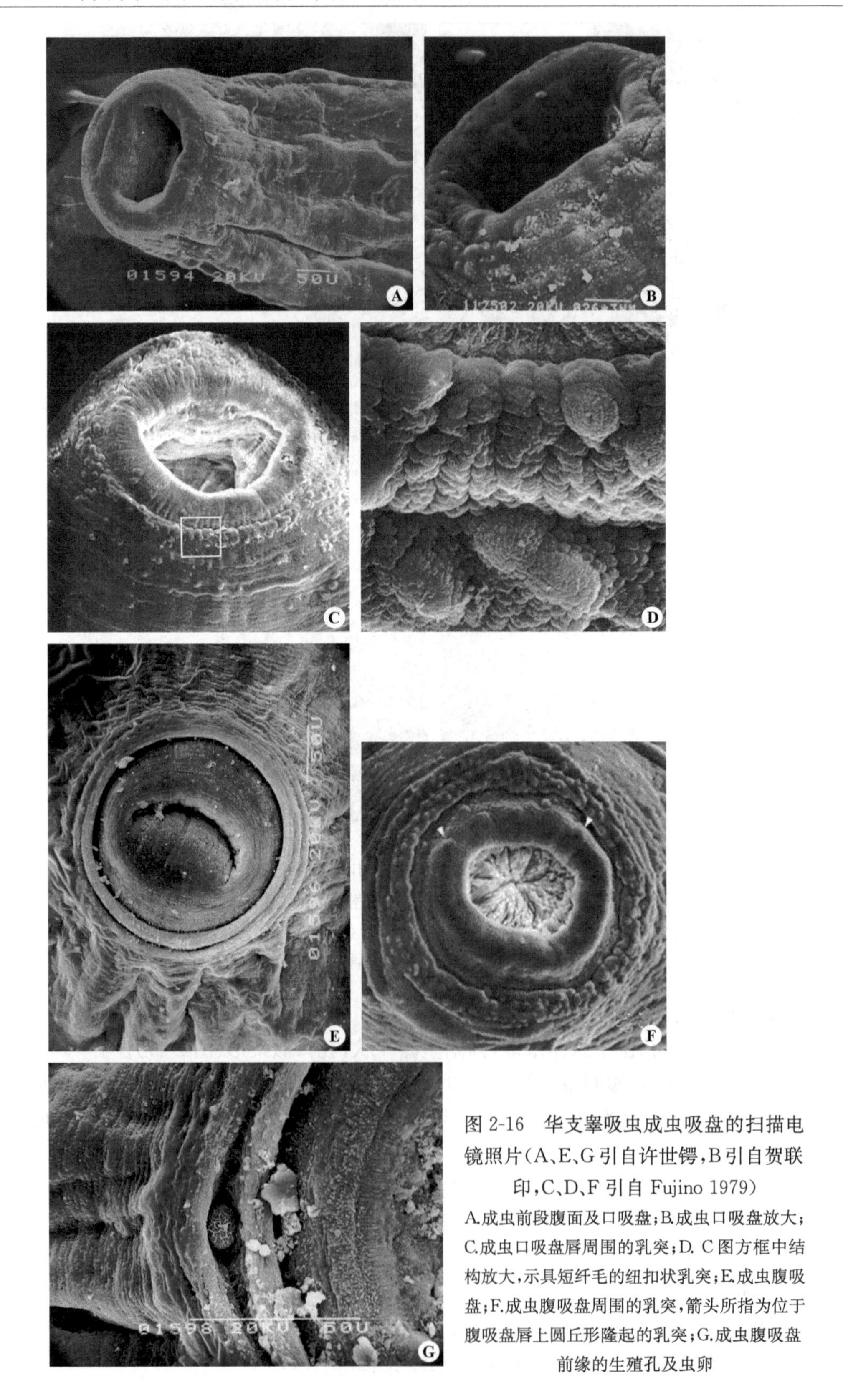

图 2-16　华支睾吸虫成虫吸盘的扫描电镜照片(A、E、G 引自许世锷，B 引自贺联印，C、D、F 引自 Fujino 1979)

A.成虫前段腹面及口吸盘；B.成虫口吸盘放大；C.成虫口吸盘唇周围的乳突；D. C 图方框中结构放大，示具短纤毛的纽扣状乳突；E.成虫腹吸盘；F.成虫腹吸盘周围的乳突，箭头所指为位于腹吸盘唇上圆丘形隆起的乳突；G.成虫腹吸盘前缘的生殖孔及虫卵

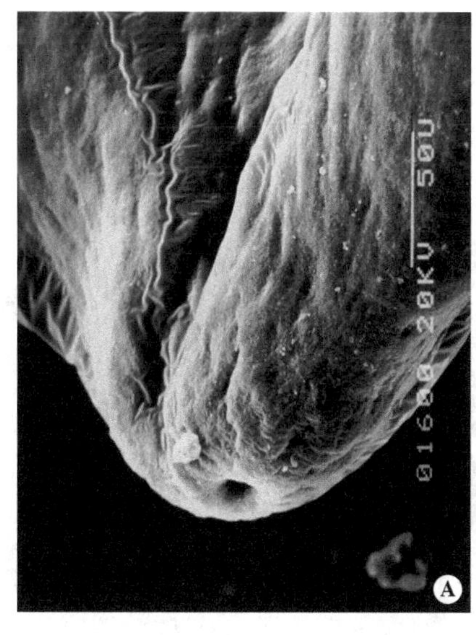

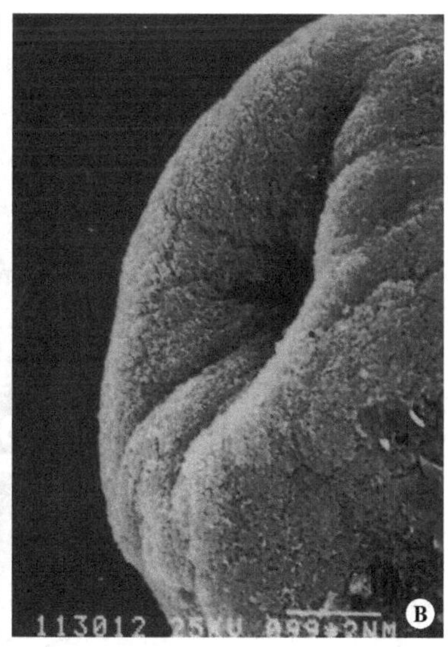

图 2-17　华支睾吸虫的排泄孔

A.华支睾吸虫成虫的排泄孔（引自许世锷）；B. 排泄孔局部放大（引自贺联印）

4）无纤毛的螺旋型：由皮层隆起围绕一凹窝形成螺旋，凹窝中有一扁圆形突起，位于口吸盘周围的体表。

5）无纤毛的纽扣型：为皮层的扁圆形隆起，中心有一凹窝，其中有数个略扁圆形的突起，位于口吸盘的体表。

邓立军(1990)等将华支睾吸虫的乳突分为 4 种不同的类型，除有纤毛的花朵型和无纤毛的圆丘型与上述一致外，另有无纤毛的类环型和无纤毛的扁平型。类环型由少数几层皮层隆起形成的圆环和中央纤毛组成，多分布在体表；扁平型为皮层的扁平隆起，表面光滑，偶见于体表。

（5）体棘：根据虫体成熟程度不同，华支睾吸虫体表的体棘数量多少不一，如从感染后 23 天大鼠体内获取的虫体其口吸盘周围及体表有体棘，而感染后 60 天所获取的虫体，其体表的体棘则大部分消失。华支睾吸虫的体棘主要为扁平皮棘，基部较宽，远端较窄，棘的末端朝向体后方(Fujino 1979，冯兰湘等 1983，邓立军等 1990)。

（6）虫体冷冻断面超微结构：对虫体冷冻断面扫描，从虫体的断面观察，虫体器官的立体结构、组织的分层和排列均清晰可分(图 2-18)。

2. 透射电镜观察　从实验动物体内获取成虫，按要求固定包埋后进行超薄切片，通过透射电镜观察，研究华支睾吸虫的亚显微结构(图 2-19)。

（1）体壁(黄素芳等 1990，李秉正等 1988)：体壁由皮层、间质层、肌层和实质层组成。

1）皮层：皮层为表皮的最外层，为合胞层，厚 1～3μm，体侧的皮层略厚，约 3.5～4.5μm。皮层覆盖着整个虫体体表，由外向内可将皮层分为外质膜、基质、基质膜和基层。外质膜和基质膜均为单位膜。皮层表面向外延伸形成大小不等的突起，突起上还有长丝状的微绒毛。体侧皮层上的突起较大，背侧和腹侧的突起较小且平坦。皮层肌质内含有大量线粒体，线粒体的大小不等，线粒体嵴数量多少也不相同。皮层基质内有囊泡状及管状的光面内质网，以及圆盘状和短管状的分泌颗粒，两种分泌颗粒均由单位膜包囊。此外还有卵形

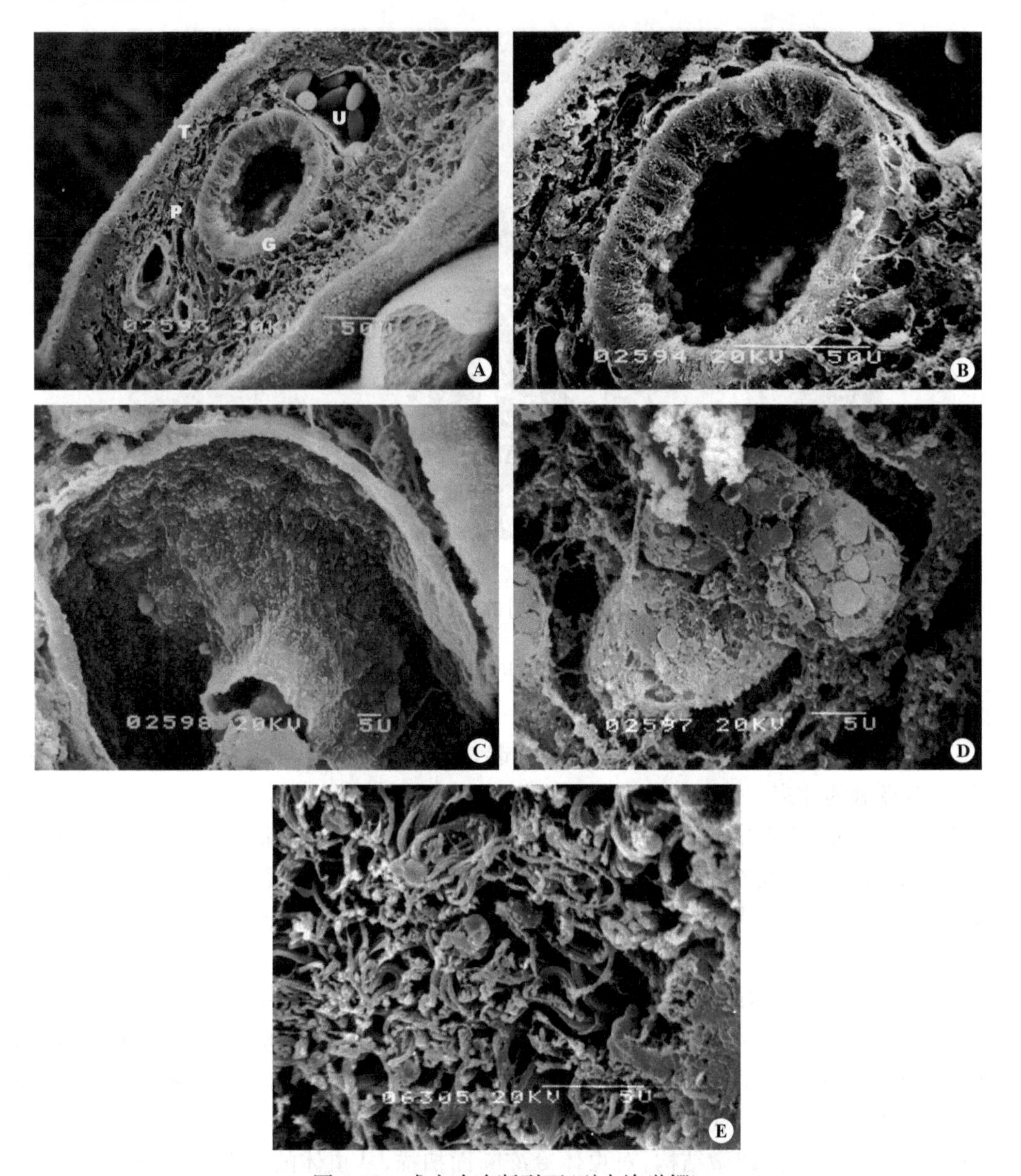

图 2-18　成虫冷冻断裂面(引自许世锷)

A.成虫冷冻断裂面,生殖孔附近;B.成虫肠管的冷冻断裂面;C.成虫子宫内壁的冷冻断裂面;D.成虫卵黄腺的冷冻断裂面;E.成虫睾丸冷冻断裂面;T.皮层;P.实质层;G.肠管;U.子宫和子宫内的虫卵

和圆形、密度不等的膜样小泡。小泡可能是输送的营养物质。基底膜为一层薄的胶原纤维层,厚约 0.3～0.45μm,向皮层方向有束状的微丝(图 2-19A)。

2) 表皮细胞:表皮细胞位于体壁的实质层之间。细胞体较大,形态不规则,有一个细胞核,偶见 2～3 个核。核呈圆形或椭圆形,有核仁和分散于核膜内缘的小块异染色质。细胞质中细胞器丰富。有线粒体、粗面内质网、滑面内质网,高尔基体和多聚核糖体。细胞在发育过程中,在其胞质内形成膜样小泡、杆状及盘状颗粒。胞质向皮层方向突起延伸形成多条胞质小泡,经基底膜进入皮层,管径粗细不一,越接近皮层越细。在实质区,还可见到不同程度排空的皮层细胞。

3) 皮层分泌细胞：皮层分泌细胞也位于实质区，长形，大小约为 3.7μm×1.2μm。胞质中有密集的分泌颗粒，胞膜内缘有排列整齐的膜下微管。分泌细胞通至基底膜(图 2-19B)。

4) 间质层：间质层位于基底膜下，为不规则的丝状结构，向实质区延伸，在实质细胞之间起支架作用。

5) 肌层：肌层位于间质层中。外层为环肌，内层为纵肌，联系背面和腹面体侧部的肌纤维为束状，在实质细胞之间尚有分布不规则的肌束，为实质肌。内外肌原纤维均由粗细两种肌纤丝组成。

6) 实质细胞：实质细胞体形大，形态多不规则，有核。胞质中广泛分布着糖原颗粒，偶可见少量的光面内质网。线粒体凝固状，嵴少。

(2) 吸盘(黄素芳等 1990)：吸盘自外向内依次为皮层、皮下层、间质层、肌层和实质层。

1) 皮层：皮层结构与体壁的皮层相似。

2) 皮下层：皮下层以基底膜与皮层为界，皮下层约厚 14～16μm，其中交杂地分布着环束肌和纵束肌。在此层中尚可看到以下两种细胞：①分泌细胞：此类细胞位于皮下层及实质区靠近肌纤维附近，一种为近圆形，直径约 5μm，胞质中有少量线粒体及大量分泌囊泡，泡中内有密度高的物质；另一种，近卵圆形，核大，核仁较小，胞质内有线粒体、光面内质网和丰富的粗面内质网，以及较多的致密度高的分泌颗粒(图 2-19C)。②双核仁细胞：体形较大，有一个大的核，核内有两个大小相等，但致密度不同的核仁，胞质中有少数线粒体及较多泡状体，大量单个的核糖体成群分布(图 2-19D)。

3) 间质层位于皮下层内面。

4) 肌层：吸盘的肌层较为特殊，有两个肌层区，一是位于皮下层中的肌纤维束，另一是位于间质的环肌、纵肌和斜肌，后二者成束状，规则的相间排列。斜肌并向内延伸至实质区的深部。

5) 实质区：实质区由实质细胞组成，可见到如下两种细胞：①"动力细胞" 靠近肌纤维束附近，胞质内有大量线粒体，有的细胞几乎全部充满线粒体。②"多突起细胞"个体大，形状不规则，胞质延伸形成许多突起，核形不规则，胞质内有较多异染色质块，分布均匀。胞质中有大量椭圆形泡状体及光面内质网、线粒体、游离型多聚核糖体。胞质致密度较高(图 2-19E)。

(3) 感觉乳突：据 Fujino 等(1979)描述，华支睾吸虫的感觉乳突在结构上与感觉神经末梢相似。每个感觉乳突包含纤毛、线粒体和小球膜状囊。感觉受体位于球细胞的神经元末梢，球细胞通过具隔膜的结合体与皮层相连。球细胞含大量小的以隔膜隔开的管道、线粒体和颗粒。它与具有微管、小泡及少量线粒体的神经纤维相接，并通过肌层伸展到实质细胞(图 2-15A)。

(4) 消化系统

1) 咽部：咽位于口吸盘的下方，横断面为圆形或卵圆形，咽腔狭窄，有放射状裂隙。咽壁为合胞层，其可分为二层，内腔面为上皮层，外层为间质层。肌层位于间质层中，上皮层较厚，约 3.08～3.32μm，向腔内突出呈宽大的叶状突起，突起的结构与体壁皮层相似。除基质外，大部分为管状和囊泡状光面内质网及致密度不同的大小囊泡，线粒体为近圆形，较小，末见杆状和盘状颗粒。间质层为胶原纤维样物质，向上皮层发出丝状突起，可达叶状突起部分，对上皮起支持作用。上皮层与间质层之间有基膜，基膜和基质一起突入上皮层(图 2-19F)。肌肉层甚厚，可达 38.5～40.5μm，主要是咽横断面呈放射状的肌纤维束，在其外周，有一层排列整齐的纵肌束。在放射状肌束之间除有大量线粒体外，尚有一种大的长型细胞，长径约 30.5～32.5μm，有一个很大的核。其特征是异染色体成颗粒状，整齐紧密地排列在核膜的内面。胞质中除大量的线粒体外，主要为线形的光面内质网，呈不规则的网络状。此外，可见短的粗面内质网和分散的游离型多聚核糖体。在咽周的实质组织细胞之间有一种胞质致密度甚高的细胞，其胞质的突起多而且伸展甚长，细胞突起可互相连接，连接处有清晰可见的紧密连接装置，形成网络状。其细胞质中有线粒体、粗面内质网及囊泡。

2) 食道：咽以下为食道，其上皮层与咽部相似，有基膜与间质层为界，但上皮层中的线粒体多位于叶状突起的下方。间质层较咽部的厚，约 56.5～58.5μm，无向上皮层伸延的丝状突起。肌纤维束位于间质中，自上皮层向外，首先为外环肌，较粗大，但未连接成层。中间部分有纵肌束与横向走行的肌束，围绕食道呈一圈，其外又有环肌束群(图 2-19G)。间质中除大量的肌纤维束外，尚可见多数线粒体及与在咽部所见相同的长型细胞，但此细胞数量明显少于咽部。另外还有一种细胞，形状不规则，有长的细胞质突起，其核具有 1～2 个核仁，若有两个，则一个密度高，一个密度低，异染色质分散于核质中。胞质致密度较高，并有较多的线粒体、光面内质网和粗面内质网及大小不等的囊泡。在间质中还可以看到小的管道。

3) 肠壁：肠壁从肠腔向外，依次为上皮层、基膜、间质层及埋于间质中的肌纤维束。上皮为单层细胞组成，无明确的细胞界限，以基膜和间质为界。上皮细胞游离面向肠腔内伸出许多树枝状突起，再从此种突起伸出数目繁多、细长丝状突起。部分突起的质膜表面附有絮状的细胞外被，而中心部常见一根轴样细丝。少数丝状突起似乎尚有相互汇合而形成膨大的部分，其内容物与上皮中的相同。推测这些丝状突起相当于高等动物肠上皮的微绒毛，可能具有吸收作用。上皮细胞的基质呈颗粒状，并有丰富的细胞器。如管状及囊泡状的光面内质网，粗面内质网、游离型多聚核糖体、线粒体、初级和次级溶酶体(图 2-19H)。胞核多位于上皮细胞树枝状突起的基部，体形大，形状不规则，有一较大的核仁。核异染色质凝集成块状，致密度甚高，分散于核质中，在核质与胞质中均发现有“病毒样晶状体”。肌纤维束分布在间质中，有环肌束和纵束交杂排列，但靠近上皮层多为环束肌(黄素芳等 1993)。

(二) 虫卵

在扫描电镜下观察，虫卵的表面有明显的瓜络状的纹理样结构，形态不规则，互相连接，交错走行。瓜络状的纹理移行至卵盖处中断，与卵盖上的隆起并无联系。纹理主干粗 0.14～0.28μm，长度均＞3μm，主干下又分布着 0.5μm 以下的短小纹理或颗粒。卵盖圆形，直径 6～6.5μm。卵盖与卵体连接处，有与纹理结构相连的膜状突起，形成肩峰，肩峰宽 0.2～0.3μm。有的卵盖与卵体连接处有一清晰的狭缝，其宽度不超过 1μm，为卵盖沟。与卵盖的对应端即卵的后端可见一突出的结节，高约为 11.5μm(图 2-20)。卵壳仅有一层，厚为 0.7～1.0μm。

苏天成等(1986)对出土古尸体内华支睾吸虫卵进行扫描电镜观察，发现形态与现代虫卵相似。大小为 30.80μm×16.73μm，前端有明显外突的卵盖，其相邻有显著增厚的肩峰。如卵盖脱落，则肩峰如瓶口状，光滑整齐，整个圆周增厚明显。卵的外表被有许多大而弯曲的膜状隆起物，在凹陷内还可清晰见到有较低平的小型膜状隆起结构分布。

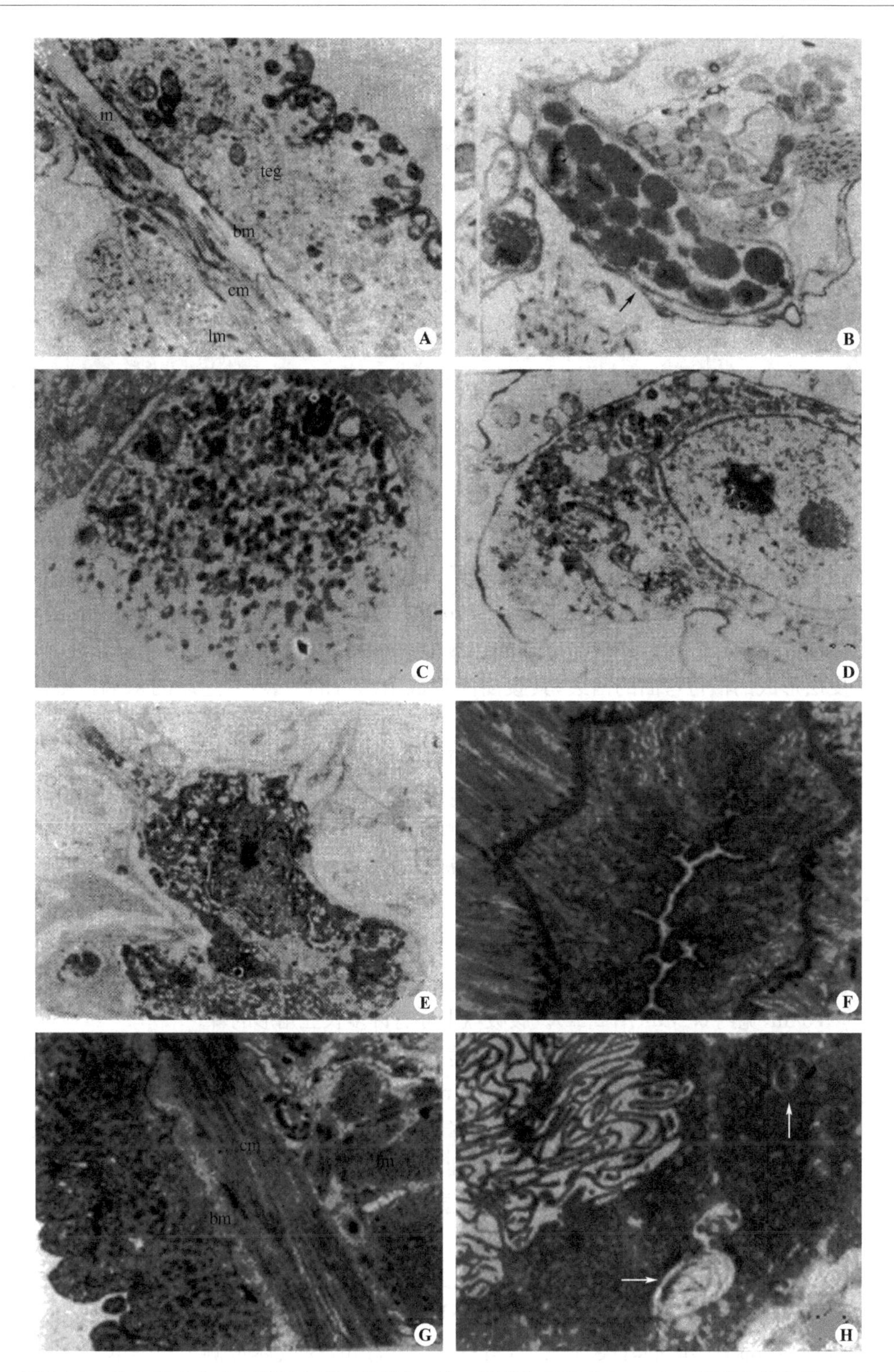

图 2-19　华支睾吸虫成虫透射电镜下的结构（A～E 引自黄素芳 1990，F～H 引自黄素芳 1993）
A.体壁(背腹面)；B.体壁皮层分泌细胞；C. 吸盘皮下层分泌细胞；D. 吸盘皮下层双核仁细胞；E. 吸盘实质区多突起细胞；F. 咽；G. 食道壁上皮层；H. 肠上皮内的溶酶体(↑)；bm 基膜；cm 环肌；in 间质层；lm 纵肌；teg 皮层

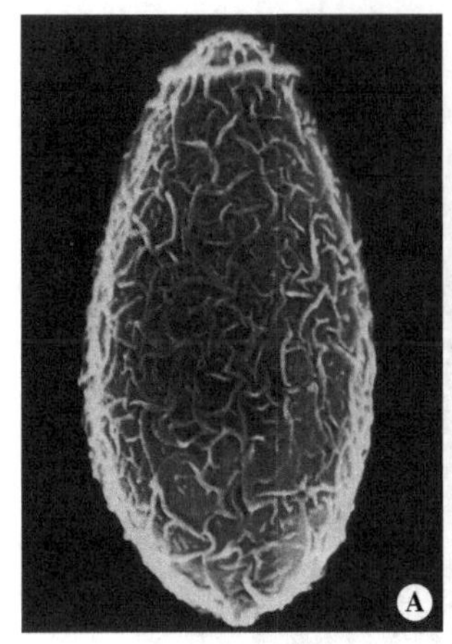

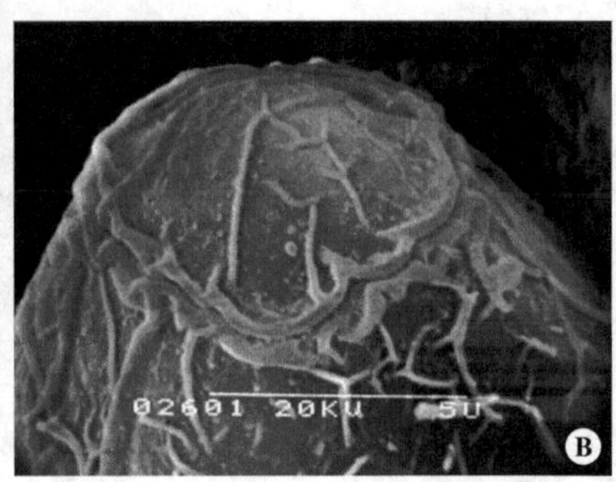

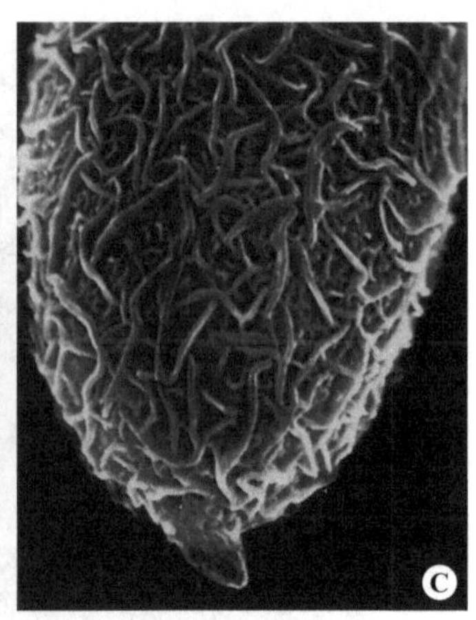

图 2-20　华支睾吸虫卵扫描电镜照片

A.虫卵（引自黄素芳）；B.虫卵前端的卵盖（引自许世锷）；C. 虫卵末端结节状小突起（引自许世锷）

（三）尾蚴

通过扫描电镜观察(Fujino 1979，李秉正等 1991)，可见尾蚴体部呈圆筒形，前端略尖，体长 137～240μm，体宽 62～90μm。尾长 320～470μm，尾宽 21～43μm，尾蚴停在水中的姿势似烟斗状。体前部有眼点一对。体部与尾部的连接处有一圆环状开口，尾部的基部套在其中。尾部有由皮层形成的横行弯曲的褶襞，其腹面尚有数条纵行的褶襞，直达尾的末端。尾部背、腹两面分别有背鳍和腹鳍，前者从尾前端开始达尾部的后 2/3 处，后者延伸至尾部的后 1/3 处。尾鳍呈膜状，与尾部的皮层相连，其上有折叠而成的横褶。尾部有排泄管的开口(图 2-21)。

1. 体表、吸盘与体棘　口吸盘位于体前端，口孔椭圆形，大小为(27～46)μm×(23～33)μm，在口吸盘的背侧缘有 4 排小的齿状结构。腹吸盘在体后部，发育较差，明显小于口吸盘。尾蚴体部两侧布满小棘，所有小棘均朝向体后方，有 6 对长的和 7 对短的感觉纤毛。口吸盘上有 4 行较大的棘，呈三角形，尖端锐利，均指向口孔的外方。距口孔最近的 1 行棘最大，第 2、3、4 行的棘依次变小，各行棘的数目分别为 12、18、19 和 18 个。Fujino 观察到尾蚴口吸盘内第一行有 4 个强大的齿，齿长约 1.3μm，宽约 0.3μm。第二行 8 个齿，第三行 9 个齿，第四有 6 个齿，这些齿的大小相似，长约 1.3μm，宽约 0.2μm(图 2-22)。腹吸盘上亦有许多长三角形的棘。

体表由皮层隆起的横行嵴环绕，嵴上覆盖着圆形、椭圆形或形状不整的结节，结节上可见点状小突起。体前端的棘较小，长约 0.5μm，宽约 0.15μm，末端较钝，密集地平伏在体表。体中部和体后部的棘呈三角形，较大而锋利，斜竖于体表。腹面的棘较背面的棘大，长约 0.5μm，宽约 0.15μm，或更长更细，但腹面的棘没有背面的棘多，腹面后部的棘不规则(图 2-23A)。通过透射电镜观察尾蚴体部皮层，可见皮层内具有两种不同类型的分泌体、体棘的基部、线粒体和位于皮层下的环肌、纵肌、线粒体及大的胞核等(图 2-23B)。

2. 感觉器　华支睾吸虫尾蚴的感觉器至少有三种类型：

(1) 具纤毛的感觉乳突：基部呈球形或环形，从中伸出 1 根纤毛。基部呈球形的乳突纤毛一般较短，基部呈环形的乳突纤毛长，有的达 14.7μm，在虫体每侧可见具长纤毛乳突 26 个，多排列成行。在虫体腹面可见具长纤毛乳突 24 个，其中 12 个在口吸盘周围，其余的散于体表，虫体背部的乳突多为具长纤毛的乳突，但其数目较虫体侧面和腹面的少。具短纤毛的乳突 17 个，多分布于口孔内部，少数在体部和尾部。

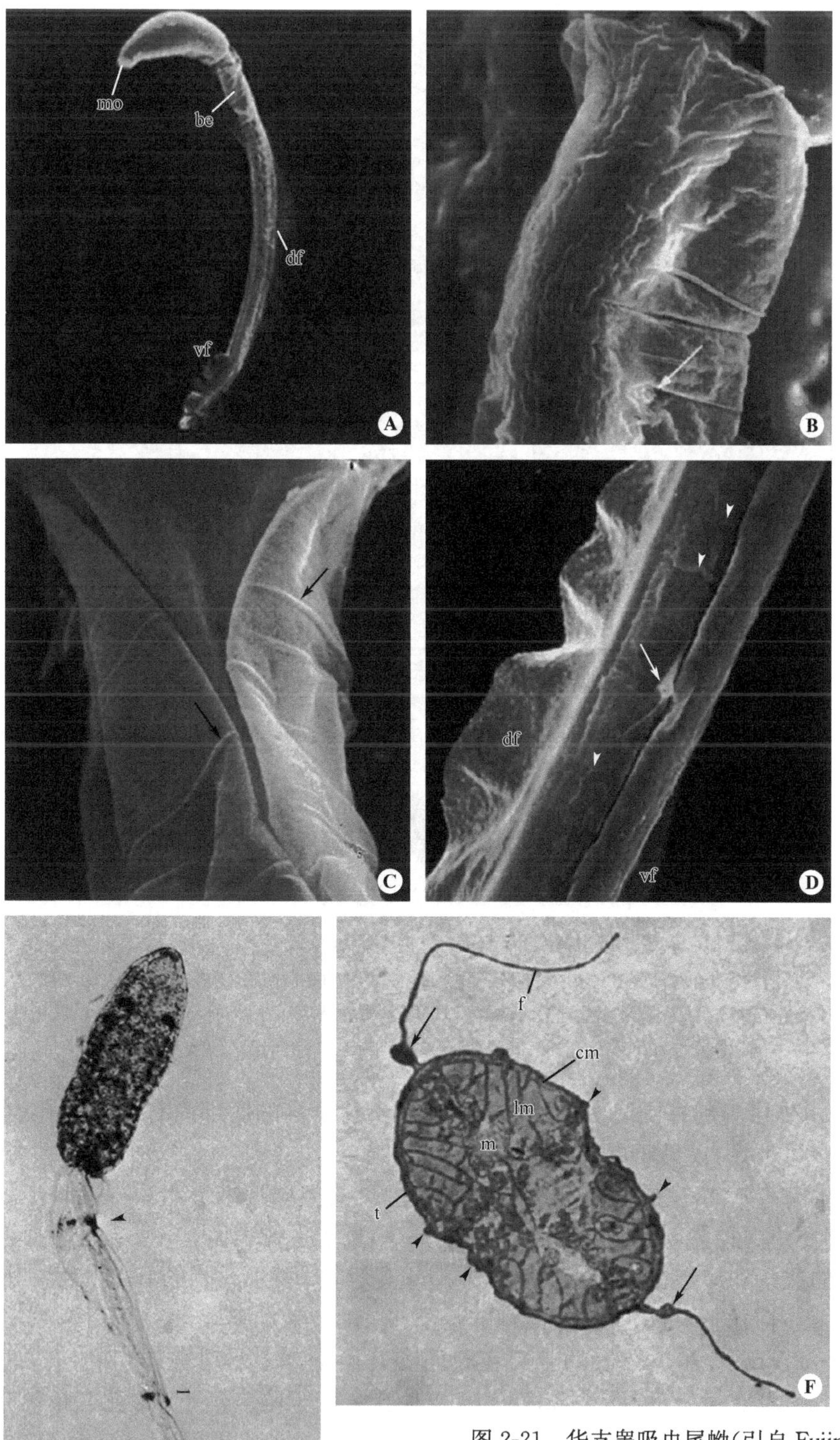

图 2-21　华支睾吸虫尾蚴(引自 Fujino 1979)

A.尾蚴侧面观；B.尾蚴尾基部的背外侧观，上端为与体部连接处，下方箭头所指为排泄管开口；C.尾基部膨大处腹面观，前头所指为横嵴；D.部分尾部侧面观，↓所指为尾部第一个感觉乳突，▼所指为皮层细胞突起；E.银染色示尾蚴背面有 4 对尾乳突(标数字处)和排泄管开口(箭头所指)；F.尾蚴尾部的横切面，↓所指为鳍根部的膨大部位，▼示皮层的突起；Mo.口；be.尾基部；df.背鳍；vf.腹鳍；f.鳍；t.皮层；cm.环肌；lm.纵肌；m.线体

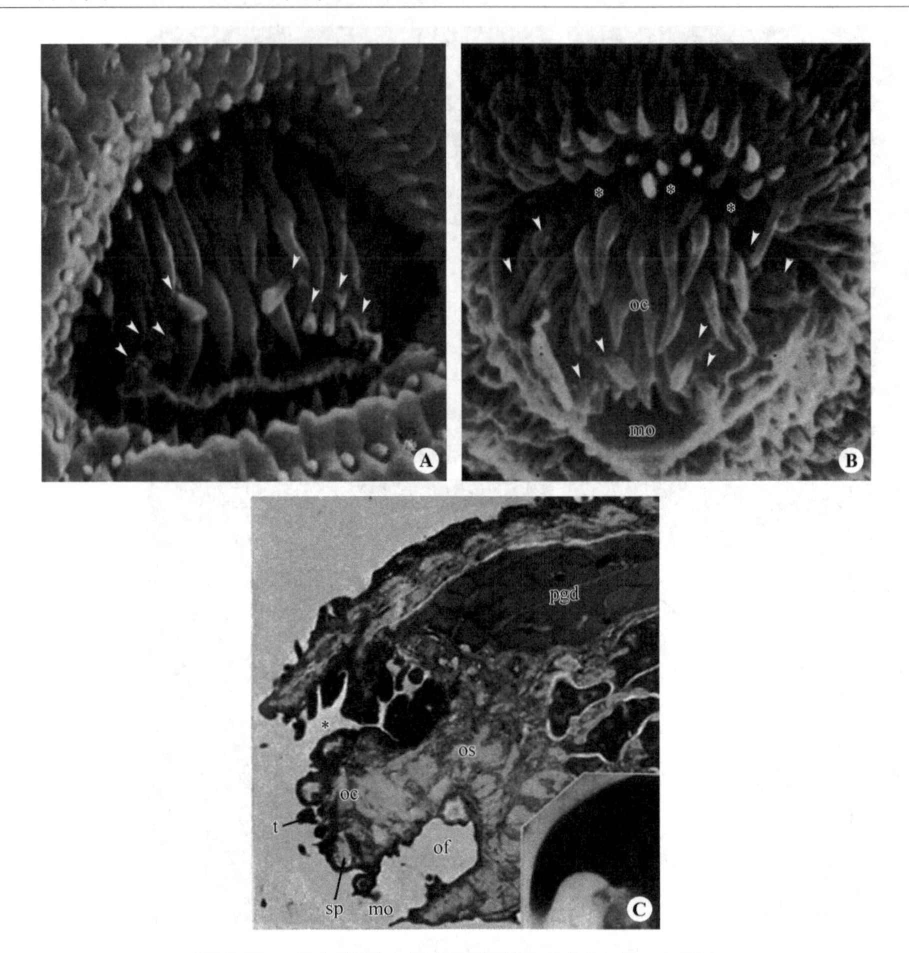

图 2-22　华支睾吸虫尾蚴体前端(引自 Fujino 1979)

A.收缩状态下的尾蚴口吸盘,口孔前有棘和强壮的齿,箭头所指为齿两侧成对的感觉乳突;B.扩张状态下的尾蚴口吸盘,口孔前缘隆起的口锥上有棘,箭头所指为感觉乳突,* 处为口凹陷形成的裂隙;C.尾蚴前端纵切面,右下插入图示口内第一排大齿中一个齿的纵切面;Mo.口孔;*.口裂隙;of.口漏斗;oc.口锥;os.口吸盘;pgd.穿刺腺管

(2) 感觉小窝:由皮层隆起并围绕中心形成下陷的小窝。小窝的底部尚有数个微孔,小窝的大小为 1.0μm×0.6μm,仅见于尾部。

(3) 具结节的环状乳突:由皮层隆重起的圆环和其中央的类球形结节组成。圆环上还有一圈小点状物,圆环的内径为 0.5μm。此型乳突较少,只见于虫体表面。

不同尾蚴乳突的数量和形态也有所差异,据 Fujino 观察,口吸盘周围的乳突在第一排齿的两侧可见 4 对,最内面的一对位于最外面棘的基部,并向内伸出,其余 3 对互相靠近,位于口孔的前缘(图 2-22A,B)。虫体体表的乳突在腹面和背面基本上是对称排列的,背面 6 对,其中 5 对位于前端,具有短纤毛(图 2-23C)。第 3 对乳突位于眼点附近,两乳突距离很近,最后一对位于虫体后部 1/3 处,具有长约 10μm 的长纤毛(图 2-23D,E)。在虫体的两侧,有 30～37 个乳突,每侧乳突排列均不规则,分布于从虫体前端到虫体末端附近。体后部的大多数乳突具有长纤毛。除口吸盘外,腹面还有 7 对乳突,具有长短不等的纤毛,长约 3μm 左右。

通过透射电镜观察到,感觉乳突呈长球状,与皮层垂直,位于神经纤维的末端(图 2-23F)。

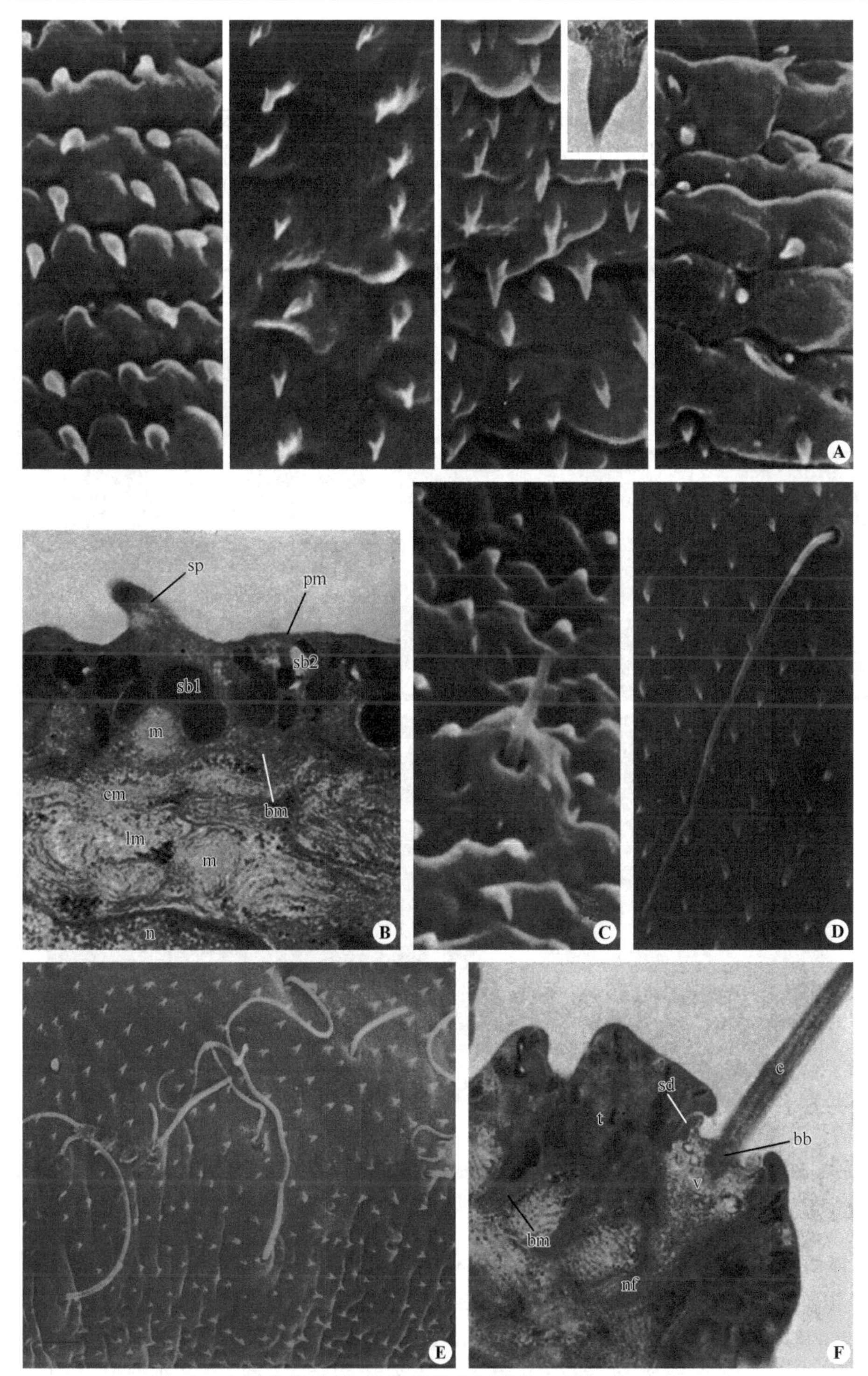

图 2-23　尾蚴的体棘、感觉器和皮层结构（引自 Fujino 1979）

A.尾蚴体表的体棘 从左至右依次为尾蚴背面前部的体棘、背面后部的体棘、腹面前部的体棘(插入图示体棘的纵切面)和腹面后部的体棘；B.尾蚴体部皮层的纵切面、皮层内两种不同类型的分泌体(sbl 和 sb2)；C.体表背面后部具短纤毛的感觉乳突；D.体表中部腹面具长纤毛的感觉乳突，纤毛越向远端越细；E.体表侧面的具长纤毛的感觉乳突(bar＝1μm)；F.尾蚴感觉纤毛的纵切面；pm.浆膜层；sp.体棘；m.线粒体；bm.基膜；cm.位于皮层下的环肌；lm.纵肌；n.胞核；bb.基体；c.纤毛；v.纤毛囊；nf.神经纤维；cd.细胞间桥小体；t. 皮层

（四）后尾蚴

华支睾吸虫后尾蚴形态结构是研究该虫在终宿主体内发育过程的形态学基础。扫描电镜下后尾蚴呈圆筒形，大小为145μm×57μm。口吸盘位于虫体前端，口腔大小为6.8μm×7.5μm。腹吸盘在虫体中部稍前，开口约为13.0μm×11.3μm，排泄孔位于虫体末端。尽管华支睾吸虫成虫体表几乎看不到体棘，但扫描电镜可观察到，后尾蚴除体前端、末端和口、腹吸盘外，虫体其余部分的体表均有密布的体棘（图2-24）。在两个吸盘上、虫体的腹面、背面和两侧面有不同类型的感觉乳突（Fujino 1979，李秉正等 1988）。

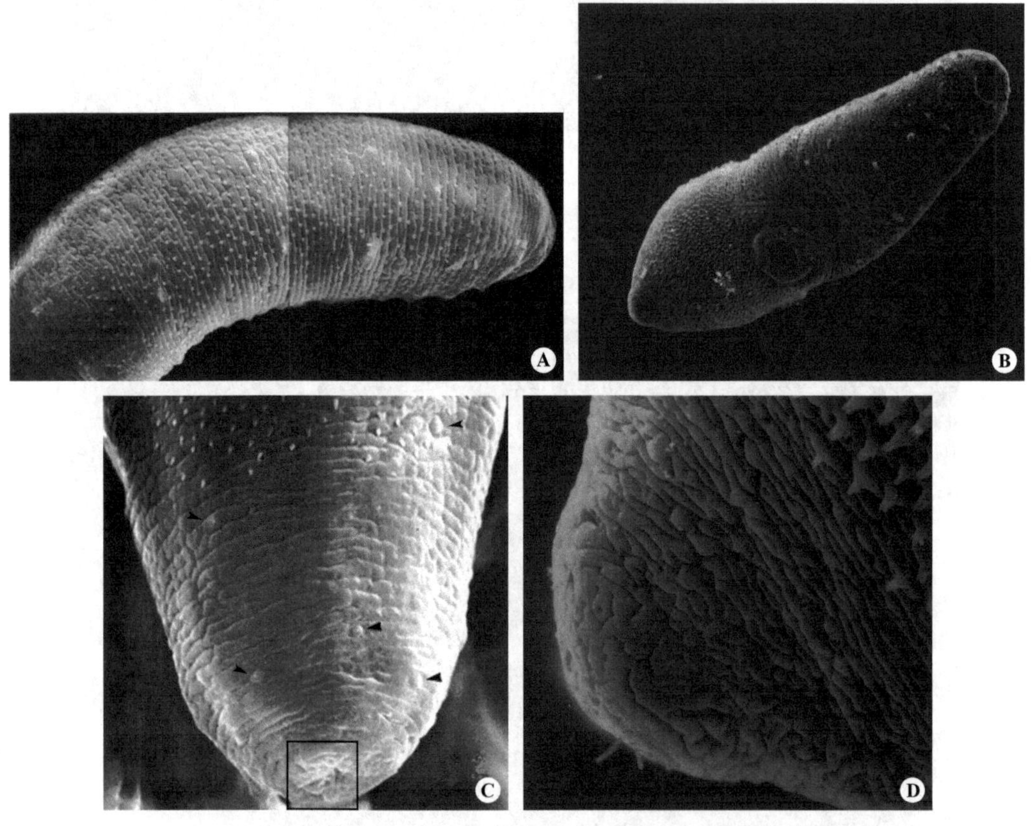

图2-24　后尾蚴的体表（A、D引自贺联印，B、C引自Fujino）

A.后尾蚴；B.后尾蚴腹面有许多横行的皱褶、小棘和成行的乳突；C.后尾蚴体后部腹面，体棘逐渐消失，箭头所指为单个具纤毛乳突；D.体末端放大，末端无体棘，有数根感觉纤毛

1. 体棘　体棘扁平，有三尖棘、二尖棘和单尖棘三种。体棘长约0.7μm，从皮棘的突起上发出，以约1.5μm的间隔分布，至虫体末端体棘消失。三尖棘形似合拢的手指，各尖端之间有明显的纵缝。二尖棘还可分为两种不同类型，一种尖端呈指状或截平，两尖端之间纵缝明显（A型），另一种尖端锐利，两尖之间的纵缝不甚明显（B型）。单尖棘呈尖状，基部窄。虫体体部的棘以一定间隔排列，尖端指向体后方，口、腹吸盘周围棘的尖端指向不定。在虫体腹面口吸盘至腹吸盘之间的为三尖棘，腹吸盘后方有三尖棘和二尖棘（A型棘）2种，腹吸盘后面的棘主要为二尖棘（B型），近尾端除B型二尖棘外，间有少数单尖棘，棘越向后越小，

至虫体末端已消失不见。虫体背面，前端的棘为三尖棘，排列比较稀疏，其大部深埋在皮层里，虫体前半部的棘为三尖棘和A型二尖棘，后半部多为B型二尖棘和少数单尖棘，棘往后变小，数量减少，在排泄孔的前方未见棘存在。虫体侧面棘的排列方式与腹面、背面的体棘基本相似(Fujino 1979)。不同部位体棘形态和排列见图 2-24 和图 2-25。

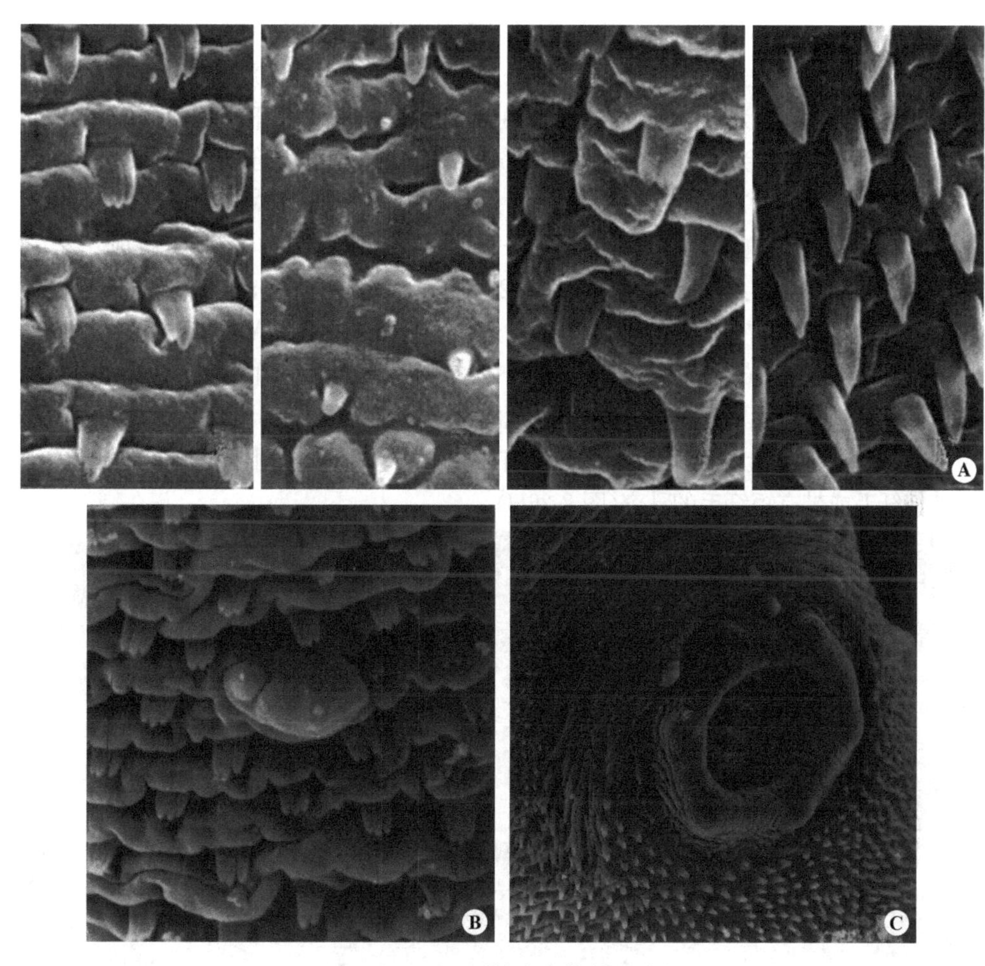

图 2-25　后尾蚴体表的体棘和乳突

A.体表的体棘：从左至右分别为后尾蚴背面前部、背面后部、腹面前部和面后部的体棘(引自 Fujino 1979)；B.口吸盘和腹吸盘间的2尖棘、3尖棘和感觉乳突(引自贺联印)；C.腹吸盘周围的体棘和两种类型感觉乳突(引自贺联印)

2. 感觉乳突　虫体表面可见四型感觉乳突。A型：带长纤毛或短纤毛的高起脖套状乳突；B型：无纤毛的较大圆丘状乳突，乳突圆形或椭圆形；C型：无纤毛的大圆形扁平乳突，表面光滑；D型：中心带小结节的椭圆形乳突，表面叠层样膨隆(李秉正 1988)。

在口吸盘唇上、口腔入口处分别有4～6对和2对A型乳突，另有10多个环绕在口吸盘的周围。在腹吸盘的唇上有6个C型乳突，以一定间隔排列，此型乳突也可见于口吸盘的唇上。在腹吸盘的前缘有两个D型乳突。在口吸盘附近还有一种大的球状物。在虫体的腹面通常有14对乳突，对称排列于虫体两侧，其中A型乳突占多数，B型乳突夹杂在其中，这些乳突多分布于口、腹吸盘之间的体表上。腹面后半部的乳突零散存在，多为A型乳突，单个、少数两个、三个或四个在一起。虫体背部也有十多对乳突，大致平行排列于背面两侧，以A型乳突占多数，间有少数B型乳突。这些乳突主要以较密的间隔排列在虫体的前半部，虫体后半部乳突较少，A型乳突单个分布，偶可几个在一起。虫体两侧面各有10个以上的乳突，为A型和B型乳突，乳突的排列方式与虫体腹面和背面的大体相似。在排泄孔周围有12～16个带长纤毛或短纤毛的乳突。

不同学者所报道虫体体表的乳突数目和形态不同，可能也与虫体的个体差异有一定的关系。Fujino(1979)将乳突分为三型，A型：隆起的带有长纤毛或短纤毛的乳突(图2-26A)；B型：稍隆起的碟状无纤毛乳突；C型：大圆形无纤毛乳突。在后尾蚴体两侧，大致平行排列着15～19对A型和B型乳突，以A型乳突为主，乳突相互间无固定的联系。A型乳突可以是单个或几个一组的分布，以体前部较多(图2-24)。B型乳突呈圆形或方形，稍隆起，偶不成对(图2-26B,C)。体后部的3对A型乳突具有纤毛，通常是不规则的单个分布。体侧面大约有20个乳突，排成几排，单个、2个或3个分布(图2-24)。虫体腹面两侧有14～20对A型和B型乳突，A型乳突主要位于腹吸盘的前面，多为单个分布，也有2个、3个，甚至4个分布在一起(图2-26A)，B型乳突不规则的分布于A型乳突之间。有5～6个A型乳突成对或不成对，不规则地排列在腹吸盘以后的体表。在口吸盘的唇上可发现6对A型乳突，2对位于口孔的边缘，1对单个排列（图2-26D～F)。6个扁圆形的C型乳突位于腹吸盘唇的外缘，唇的内缘有一些带纤毛的乳突(图2-26G)。在排泄孔开口的周围有带长纤毛或带有短纤毛的乳突(图2-26H)。

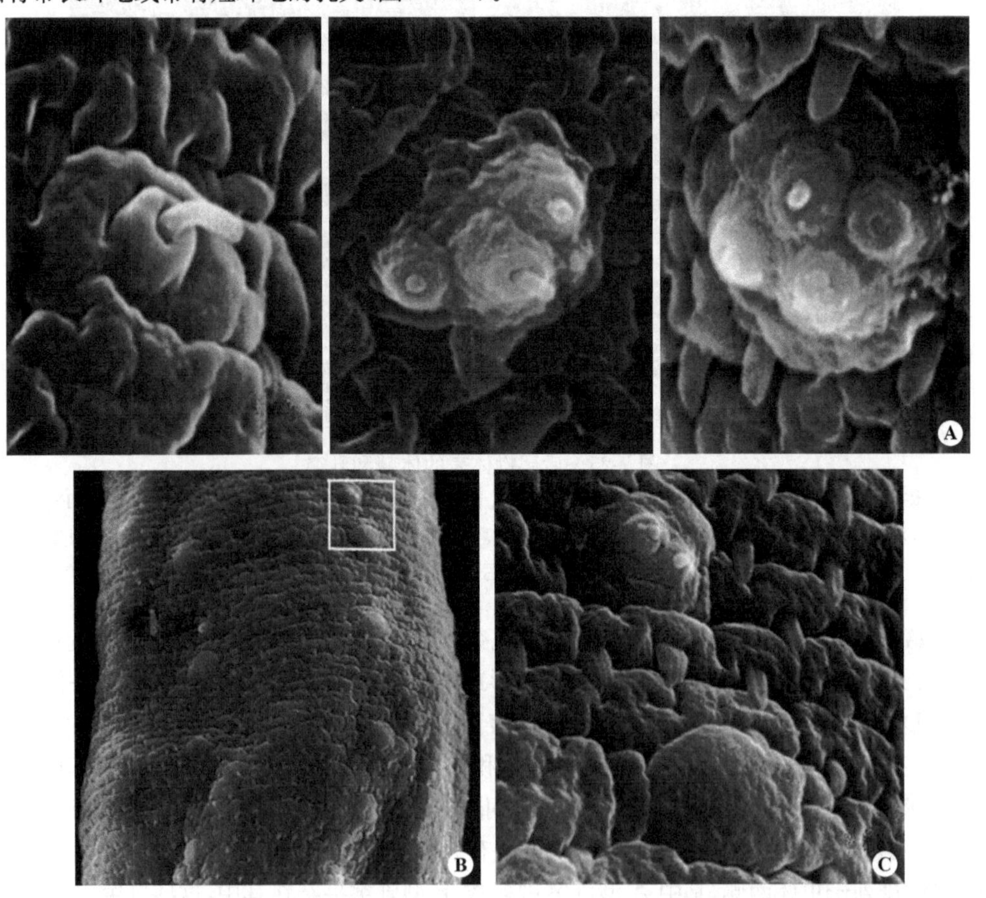

图2-26 后尾蚴体表的乳突(A～C,F～H引自Fujino 1979,D、E引自贺联印)

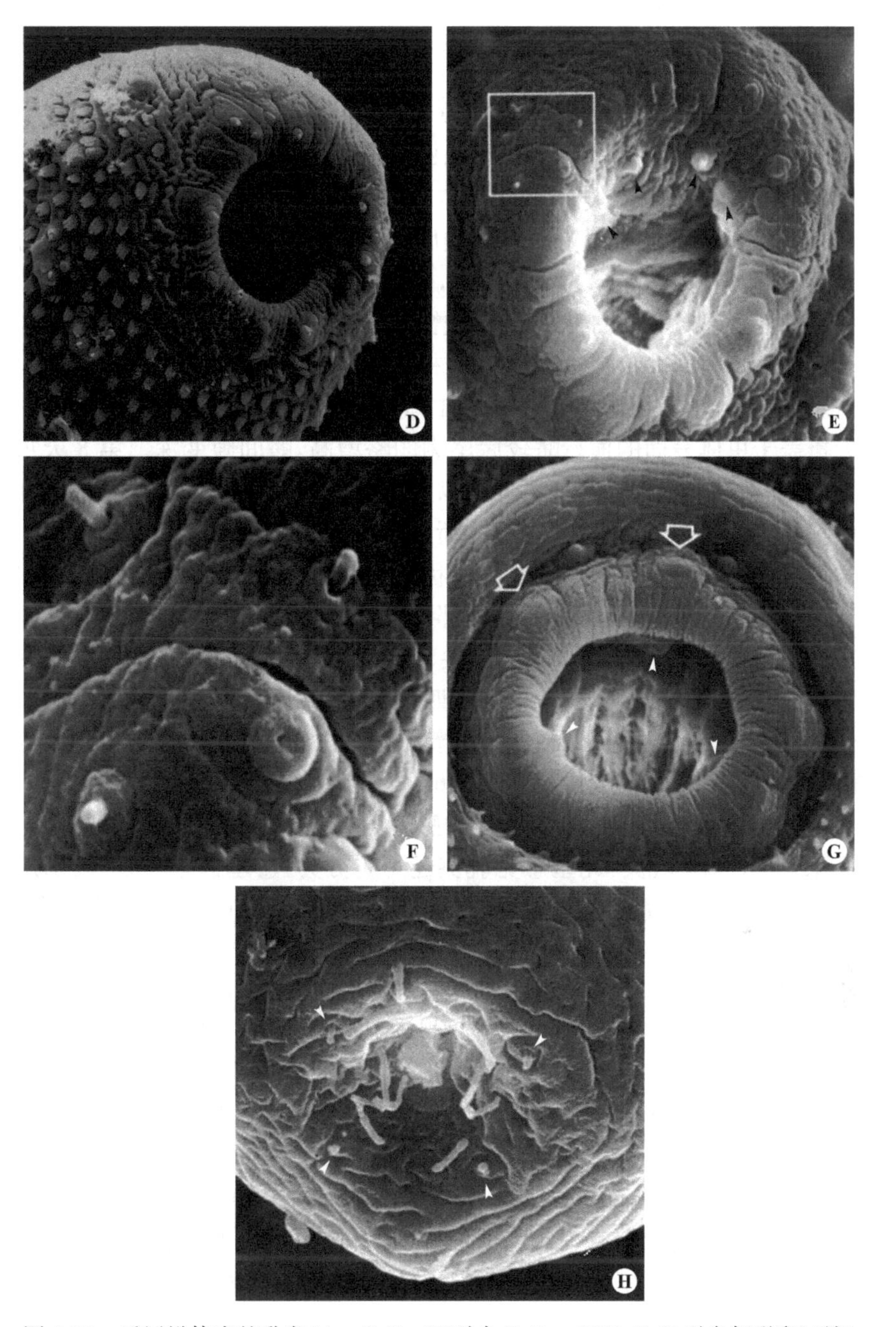

图 2-26 后尾蚴体表的乳突(A～C,F～H 引自 Fujino 1979,D、E 引自贺联印)(续)

A.具纤毛的孔突。从左至右分别为腹面前端单个具纤毛的孔突,腹面前端 3 个一组具纤毛的孔突,腹面前端 4 个一组具纤毛的孔突;B.体中部背面成对的具纤毛乳突和扁平乳突;C. B 图方框中具纤毛乳突和扁平乳突放大;D.口吸盘周围的乳突和体棘;E.口吸盘唇周围和内缘的乳突(箭头所指);F.E 图方框中结构放大,示具短纤毛的乳突; G.腹吸盘上的乳突,大箭头所指为位于唇上隆起的乳突,小箭头所指为唇内具短纤毛乳突;H. 图 2-24C 图方框中结构放大,示排泄孔开口周围具长纤毛或具短纤毛乳突

(五)华支睾吸虫在终宿主体内发育过程中体表细微结构的演变

华支睾吸虫进入终宿主后,由于环境的改变,囊蚴脱囊,随着虫体的发育增大,虫体体表的细微结构有一个明显的变化过程(李秉正 1991,叶彬 1996)用华支睾吸虫囊蚴感染大鼠,在感染后分批剖杀动物,用扫描电镜观察虫体体表结构的演变过程。

1. 外形与体壁的演变 囊蚴进入终宿主后,脱囊为童虫,24 小时即到达其寄生部位肝脏。第 5 天童虫的体长为后尾蚴的 3 倍以上,体前 1/3 部分呈圆筒状,后 2/3 为扁平状。第 7 天体长为后尾蚴的 6 倍多,以腹吸盘后部增长最为明显。第 10 天童虫体前部已呈扁平状,整个虫体呈叶状,前部较狭窄,后部较宽,末端钝圆。第 20 天虫体已发育成熟。第 1～5 天虫体的口、腹吸盘大小相近,7 天后各日龄虫体的口吸盘均略大于腹吸盘。

第 1 天覆盖于虫体表面的横行嵴较后尾蚴的略增高,嵴间隙变深。第 3 天虫体体表上的嵴高起,形成许多马铃薯样结节。第 5 天以后,虫体体表上的结节逐渐长大,并从其表面发出点状或丝状的突起。此后,丝状突起逐渐变粗变长,呈指状或树枝状。第 20 天以后,虫体体壁已发育成熟,体表上点状、指状或树枝状突起结节的分布缺乏规律性,不仅在同一虫体的不同部位不同,而且在不同虫体的相同部位也不相同。

2. 体棘的演变 体棘有单尖、二尖、三尖、四尖和多尖棘等 5 种。单尖棘尖端锐利,似尖刀状;二尖棘两尖之间纵缝明显;三尖棘和四尖棘似合拢的手指状,各尖之间纵隙明显;多尖棘有 5 个尖以上,基部多宽短,似梳状。随着虫体日龄的增加,体棘的类型和分布发生改变,体棘逐渐减少或消失,其演变情况见表 2-6。

3. 感觉乳突的演变 第 1～23 天虫体的感觉乳突至少表现出 4 种类型:

(1) 具有纤毛的感觉乳突:此型感觉乳突还可再分为:①基部呈环状,周围皮层呈重叠样隆起,似花朵型,较大,数量多,有时几个在一起,多数分布在口、腹吸盘上及周围,少数分布在体表;②基部呈环状或类环状,周围皮层不隆起,较小,纤毛短小,数量较多,多分布在口、腹吸盘唇上及周围,也可见于体表;③基部似球形,较小,数量较少,多散在于体表,有时成堆存在;④基部似环状,周围皮层不隆起,较小,数量较少,有一根长纤毛或短纤毛,仅分布于排泄孔周围的皮层上。

(2) 圆丘状乳突:该型乳突较大,椭圆形或圆形,数量少,分布在体表或晚期幼虫和成虫的口吸盘上。

(3) 大圆形扁平乳突:表面光滑,6 个,仅存在于后尾蚴及早期幼虫的腹吸盘唇上。

(4) 中心具结节的椭圆形乳突:仅有 2 个,分布在后尾蚴及早期幼虫腹吸盘的前缘。1～23 天虫体口吸盘和腹吸盘上、腹吸盘周围和体表上虫体部分结构演变见图 2-27 和表 2-6。

从表 2-6 可以看出,随着虫体日龄的增加,华支睾吸虫体表上的横行嵴由原先比较平坦逐渐增高,继而生出许多结节及结节上的指状突起或树枝状突起。第 3 天后,随着虫体日龄的增加,体棘变得越来越少,乃至消失,第 23 天的成熟虫体仅残留一些零散的棘。体后部的棘较体前部的棘消失早,体背面的棘较体腹面的棘消失的早。推测虫体体棘逐渐减少乃至消失,可能有利于减少虫体活动的阻力,以便更好地适应其寄生生活。

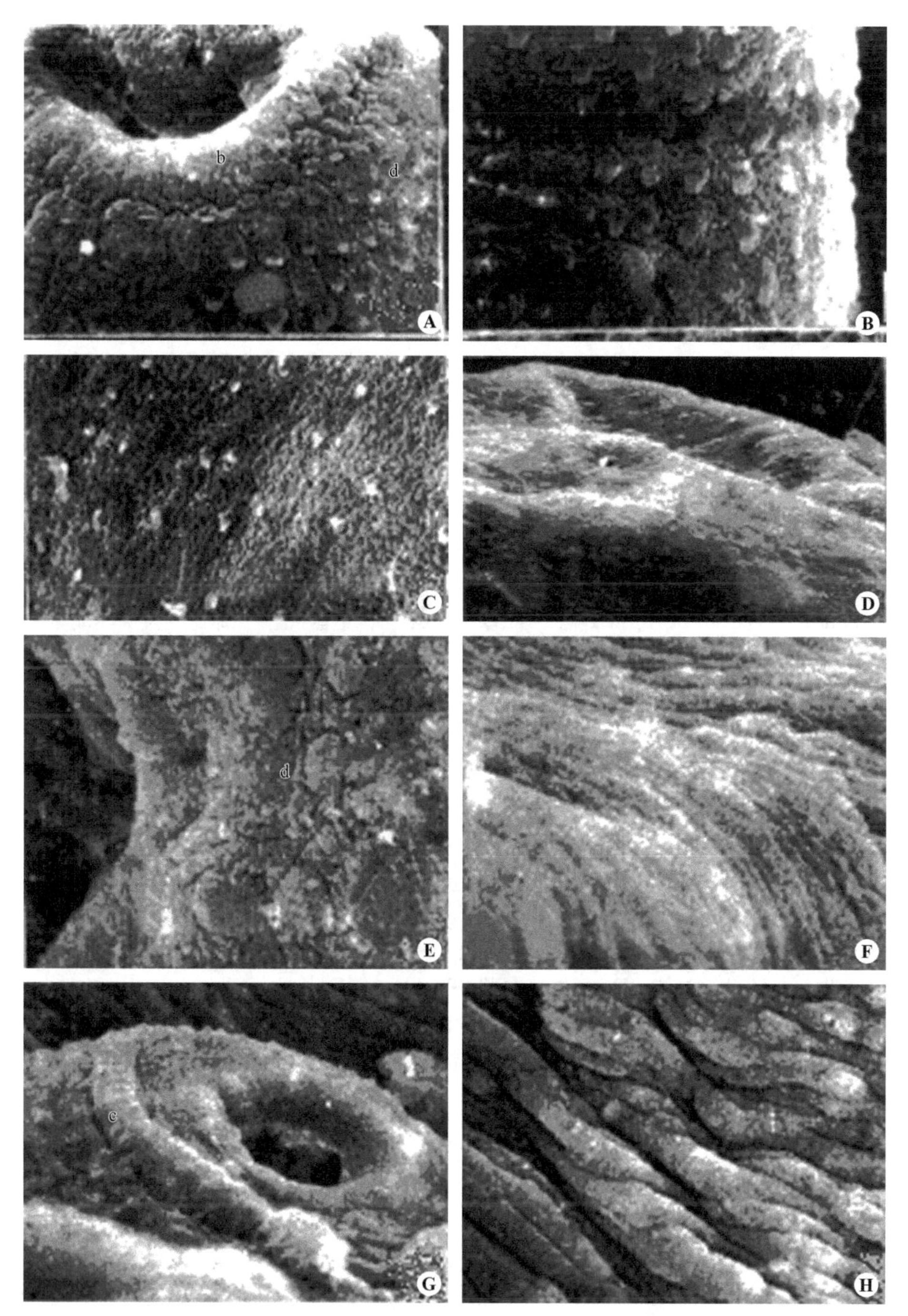

图 2-27　童虫发育过程中体表部分结构的变化（引自叶彬）

A. 5 天童虫口吸盘唇上及周围的棘和乳突；B. 5 天童虫背面前部的棘；C. 5 天童虫腹面后部的棘；D. 10 天童虫背面前部的棘；E. 15 天童虫口吸盘上的乳突；F. 20 天童虫体前侧的稀疏体棘；G. 20 天童虫腹吸盘唇上及周围的圆丘形乳突；H. 25 天成虫体表无棘，皱褶增多

a.A 型乳突，b.B 型乳突，c.C 型乳突，d.D 型乳突

表 2-6　华支睾吸虫的体棘和感觉乳突在大鼠体内的演变情况

结构	虫体部位	虫体日龄							
		1天	3天	5天	7天	9天	13天	16天	20～23天
体棘	体前部腹背面	成行排列的2尖棘和3尖棘，间或少数4尖棘	与1天虫相似，但体后1/5～1/4体棘稀少或消失	成行排列的3尖棘及4尖棘，少数为2尖棘和3尖棘，并开始出现多尖棘	成行排列的3尖棘和4尖棘或多尖棘，少数为2尖棘和3尖棘	与7天虫体相似	与9天虫体相似，出现一些萎缩变形的棘	与9天虫体相似，但竦排列稀疏	只见一些零散的棘
	体后部腹背面	成行排列的2尖棘和单尖棘		成行排列的2尖棘和单尖棘，体后1/3的棘多消失	稀疏的2尖棘和3尖棘，或消失				
感觉乳突	口吸盘唇上	8～10个具有纤毛的乳突	与1天虫相似	与1天虫相似	与1天虫相似	与1天虫相似	与1天虫相似	8～12个具有纤毛的乳突和圆丘状乳突	与16天虫相似
	口吸盘周围	10余个具有纤毛乳突	与1天虫相似	多达20多个具有纤毛的乳突	与5天虫相似	明显增多	明显增多	明显增多	明显增多
	腹吸盘唇上	6个大型扁平乳突及2个具结节的乳突	与1天虫相似	与1天虫相似	前述乳突消失，出现少数具有纤毛的乳突	少数具有纤毛的乳突	略增多	略增多	略增多
	腹吸盘周围	少数具有纤毛的乳突	与1天虫相似	多达30多个具有纤毛的乳突	形成环状隆起，其上有许多具纤毛乳突	明显增多	明显增多	明显增多	明显增多
	体表背腹面	在两侧成行排列着具有纤毛的乳突和圆丘状乳突	零散或成行排列	与3天虫相似	与3天虫相似	与3天虫相似	与3天虫相似	与3天虫相似	与3天虫相似
	排泄孔周围	6～14个具有长纤毛和短纤毛的乳突	与1天虫相似	与1天虫相似	与1天虫相似	与1天虫相似	与1天虫相似	与1天虫相似	与1天虫相似

注:体前部腹面:口吸盘与腹吸盘之间；体前部背面:与体前部腹面相应之部位；体后部腹面:腹吸盘与虫体末端之间；体后部背面:与虫体后部腹面相应之部位

3～23 天虫体体表的乳突无明显变化。9 天以后腹吸盘上及口、腹吸盘周围的乳突明显增多，这些乳突属于接触和液流感受器，可能更有助于虫体探知其所寄生的适宜部位。

4. 排泄孔的演变 第 1 天虫体的排泄孔与后尾蚴的排泄孔无明显不同，第 3 天后，虫体的排泄孔逐渐变大。第 16 天后，排泄孔更大，周围皮层明显内陷，呈漏斗型。各日龄虫体排泄孔的周围可见 6～14 个具有长纤毛和短纤毛的感觉乳突。

（六）华支睾吸虫精细胞的形成、分化及超微结构

黄素芳等（1998，1999）对华支睾吸虫精子和精子发生过程中形态变化的亚显微结构进行了研究。

扫描电镜下观察，可见睾丸有被膜，被膜中有线粒体及内质网。靠近被膜内面排有许多精原细胞，间或有单个的支持细胞，睾丸腔内充满成簇的、不同分化时期的精母细胞、精细胞及精子，其代表雄性生殖细胞在形态上可以区分的连续的分化时期。

1. 支持细胞 靠近睾丸被膜下，精原细胞之间可见支持细胞，其与精原细胞相似或稍大，核质比相当，核呈卵圆形，核膜清晰，异染色质呈碎块状分布在核膜内面及核质中。胞质的电子密度低，其中分布有线粒体、核糖体和较多的糖原，可供精原细胞发育所需营养。

2. 精原细胞 精原细胞多靠近睾丸被膜的内面排列，少数游离于睾丸腔内的外周，形态呈类圆或长圆形，胞质较致密，胞质中有大量多聚核糖体及圆形或长形线粒体，其嵴明显，内质网少见。核与胞质的比例大，胞核类圆形，位于细胞的中央，异染色质团块状，着色深，分布于核膜的内面及核质中。

3. 精母细胞 一个精原细胞经 3 次有丝分裂进入生长期，体积增大，形成 8 个初级精母细胞，由于细胞的不完全分裂，从而使初级精母细胞之间以胞质间桥连接。初级精母细胞较大，核质比例大于精原细胞，胞核几乎占据了整个细胞，异染色质呈碎块状，较均匀地分布在细胞核中，并有一个致密、边缘整齐的核仁。细胞质很少，有线粒体、核糖体及较多的糖原颗粒分布其中。

初级精母细胞经第一次减数分裂形成 16 个次级精母细胞。次级精母细胞较初级精母细胞小，核质比也明显小于初级精母细胞。核位于细胞中央，核膜清晰，核质较致密，核内染色质凝聚，或呈团块状或呈粗短线状，示细胞处在不同分裂期。核仁可见。胞质中有大量核糖体、线粒体、少量粗面内质网、糖原，线粒体和内质网多聚集在胞质间桥内。

当精母细胞减数分裂至终变期可见核膜及核仁消失，染色体进一步螺旋而变得粗短。

4. 精细胞 次级精母细胞经二次减数分裂形成 32 个精细胞，其一端仍与胞质间桥连接，另一端游离，呈玫瑰花状。发育早期的精细胞呈圆形或近圆形，胞质均匀一致，电子密度较低，其中可见线粒体、核糖体及大量的糖原，可能为精细胞形成精子时自供营养。精细胞胞核较小，异染色质少，具有一明显的核仁。精细胞进一步发育，形成分化区，开始精细胞变形阶段。

5. 精细胞的发育 当精原细胞分裂形成初级精母细胞时，由于细胞的不完全分裂，使得细胞的一端由细胞间桥连接在一起，另一端游离，精细胞以 32 个为一簇排列成玫瑰花状（图 2-28），精细胞的变形则是在此状态下进行，一直到精子形成，才脱离细胞间桥的连接。

精细胞变形的初始是细胞核向细胞的游离端移动，直到靠近细胞膜，同时核质电子密度增强、核膜清晰、染色质凝聚。在胞核移向细胞游离端的同时，可见游离端的细胞质膜局部

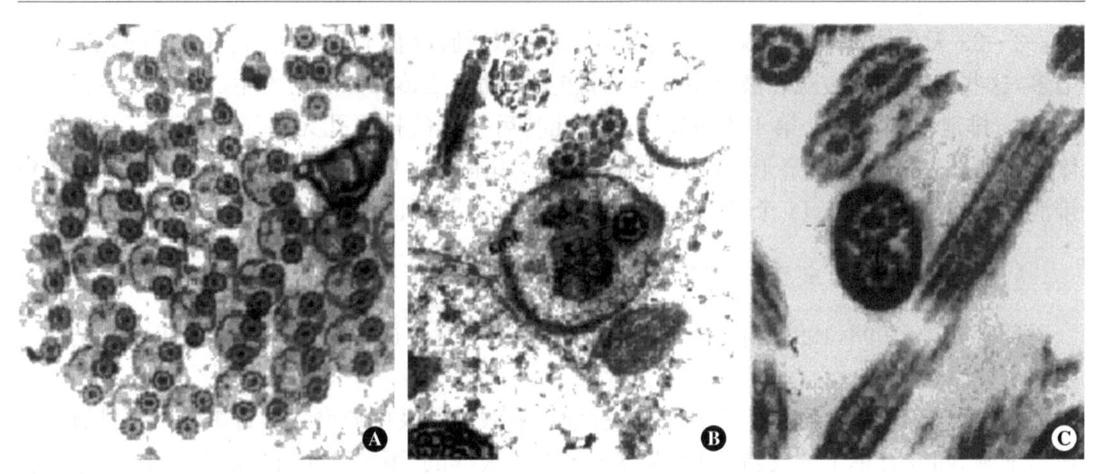

图 2-28 精子断面结构(引自黄素芳)

A.精子杆状体横断面;示 32 个精子;B.精子头部横断面;C.精子尾部横断面

增厚,膜的内面有深染的絮状物,并自增厚的中间部位形成一突起,伸向游离端。在突起内可见中心粒及与其呈垂直方位的左右各一个基体,此部位为分化区。中心粒呈圆柱状,共 3 对,相互平行排列,两侧对称,最外侧一对由疏松的颗粒状物质组成,界限不清晰,其内侧一对宽度较窄,电子密度略高,中间一对最窄,电子密度最高,基体为三联微管结构。而突起的基部两侧,原已增厚的质膜向细胞核方向呈 C 形凹陷,形成领状结构。在继续分化的精细胞纵断面中可观察到两个基体发生了 90°方向的扭转,即由分化早期的基体与中心粒相互垂直的方位转变成为基体与中心粒平行的位置。每个基体与一条根丝相连,根丝向细胞核方向伸延,并逐渐变细,根丝具有明显的明暗条带。当精细胞分化至一定程度时,胞质突起延长呈柱状,且顶部变细伸延为中央突起,自中央突起的两侧发出两根侧突起,它们与中央突起平行,其基部与基体相连。侧突起横断面为“9+1”鞭毛结构,鞭毛外周有质膜包围。

精细胞在变形过程中胞核发生明显的变化,核由圆形变为细长形,并发生 8 字形扭转,染色质凝聚,核纵断面呈丝状或板层状,横断面呈编织网状,核膜厚,未见核孔。随后长形细胞核移向分化区并至中央突起,中央突起与两侧突起融合,融合时可以从横断面观察到中央突起的两侧,质膜向内凹陷,凹陷处膜下微管消失,并出现电子密度较高的絮状物,精细胞的两个侧突起向凹陷处靠拢,继之凹陷加深,最终将两条侧突起融合到中央突起内。原来包围在侧突起即鞭毛外周的质膜消失。当精细胞核进入中央突起时,线粒体亦随之进入,但仍有少数线粒体残留于胞质间桥内,而中心粒,根丝小体则留在精子体内,至此精子基本形成,随即自领状结构的水平处与胞质间桥脱离,形成游离的精子进入睾丸腔。

对不同的精细胞及精子不同的横断面观察,可以有以下形态:①横断面呈圆形,外有质膜包围,质膜下有排列整齐的微管 50~60 根,基质中有中心粒、一对基体、核,未见线粒体,基体对称排列,视为精子头部。同时说明膜下微管在分化区形成时就已经出现(图 2-28)。②横断面呈近圆形,质膜及膜下微管被位于中间的两根鞭毛分为前、后两组,一组微管为 17 根,另一组为 9 根,呈前后排列,基质中可见线粒体,两根鞭毛轴丝,无核,视为精子的中部。③横断面呈椭圆形,背腹扁平,两根鞭毛轴丝靠紧、左右排列。膜下微管 25 根。未见核及线粒体,视为精子的尾部(图 2-28)。通过多个断面比较,可以看出华支睾吸虫精子自头部至尾部呈前粗后细的线形,尾部的背腹面扁平。

（七）卵巢、卵细胞的发育及超微结构

电镜下观察，可见卵巢外被基膜，基膜外为肌层，靠近基膜内面排列着卵原细胞，间或有单个的支持细胞（图 2-29）。

1. 支持细胞　靠近卵巢基膜内面卵原细胞间可见支持细胞，其胞质及核的电子密度均较卵原细胞为低，胞质内有线粒体、核糖体及较丰富的糖原。胞质突起延伸成网状，围绕于卵原细胞之间，其功能与输送营养供卵原细胞发育有密切关系。

2. 卵原细胞　卵原细胞类圆形，体积较卵母细胞小，核质比例大，胞质甚少，其中分布有少数线粒体及核糖体。胞核大，几乎占据整个细胞，核内异染色质呈团块状，分布于核膜内面及核质中。

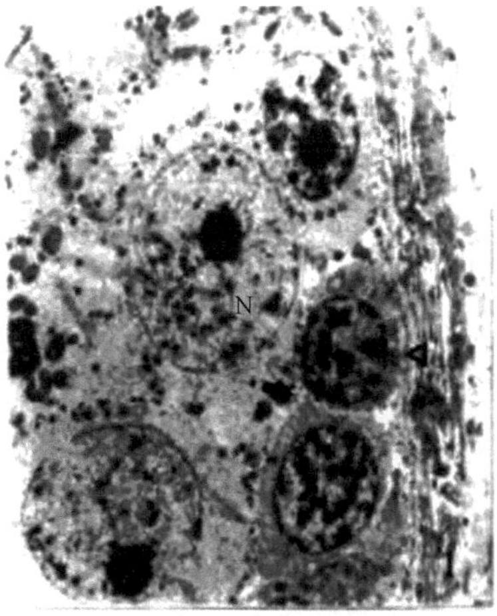

图 2-29　卵巢内的卵原细胞和未成熟的卵母细胞（引自黄素芳）
N.核，△.卵巢被膜

3. 卵母细胞　卵巢中卵母细胞的分布表现为由卵巢基膜向中央区逐渐成熟，依据形态特征可分未成熟卵母细胞和成熟卵母细胞。未成熟卵母细胞与卵原细胞相似，体积略大，核质比例变小，胞质内有较多的线粒体、粗面内质网及高尔基复合体。细胞核圆形或椭圆形，核仁明显并偏位，核内异染色质呈细碎的团块状，分散于核质中，少数在核膜内面。成熟卵母细胞较未成熟卵母细胞体积大，核质比例进一步变小，细胞呈多边形或圆形，排列紧密，胞质内有较多线粒体及少数内质网和游离型核糖体，细胞核特征与未成熟卵母细胞无甚差别。细胞的质膜下排列有单层的、高致密度的圆形皮质颗粒。此外在胞质中有时尚可见到外形不规则，电子密度高，无膜结构，且具大小不等的空泡小体，称之为核仁样小聚体。

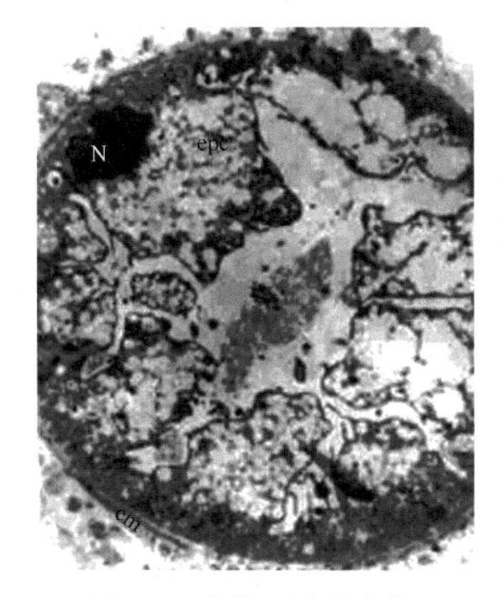

图 2-30　卵模（引自黄素芳）
epc. 上皮细胞；N.核；cm. 环肌

（八）卵模、梅氏腺、子宫、受精囊的超微结构

1. 卵模　卵模的直径依其不同的位置而有所变化，近输卵管端较细，中段及近子宫段较粗，上皮细胞数目随管径的增粗而增多。卵模壁最外层有环肌包围，其内为基膜层，基膜的腔面附有单层立方上皮细胞，其腔面不整齐，并有少数指状的细胞质突起，形成微绒毛。胞质内含大量空泡，偶可见极少量内质网。细胞核外形不规则，核质电子密度高，核仁不清晰，居中，异染色质少而分散（图 2-30）。卵模腔的各个方位均可见梅氏腺细胞小管通入。

2. 梅氏腺　梅氏腺位于卵模周围，梅氏腺细胞有两种类型，一型呈梭形或纺锤形，胞质内含丰富内质网及少量线粒体和高尔基体，胞质内有许多膜样小体和空泡。核椭圆形，核内异染色质少，多沿核膜内缘分布，核仁明显且偏位，称此型腺细胞为膜样小体细胞（membranous bodies cell），即 MB-细

胞。另一型细胞呈带状，胞质中细胞器甚少或缺如，只见少量糖原颗粒，大量圆形致密的分泌颗粒分布在细胞质中。核圆形，位于细胞的一端，核膜清晰，核仁偏位，核质致密度低，异染色质少见，称此型细胞为DB-细胞(Dense bodies cell)。梅氏腺细胞的胞质突起形成小管，穿过卵模壁通至卵模腔，系梅氏腺分泌物输送至卵模的通道。小管壁有膜下微管支撑。

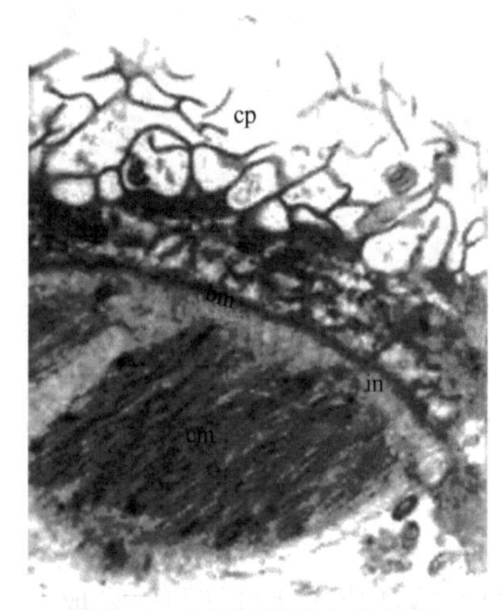

图 2-31　子宫壁(引自黄素芳)
ep.上皮层；cp. 胞质突起；bm. 基膜；in. 间质；rm. 放射状环肌

3. 子宫　子宫壁从其腔面向外，依次为上皮层、基膜、间质及埋于间质中的肌纤维束。上皮为单层细胞组成，无明显的细胞界限，以基膜与间质为界。上皮细胞游离面向子宫腔伸出许多细长突起，突起可有分支。突起的摆动可能与卵向子宫的远端移动有关。上皮细胞的基质内有大量空泡和少量内质网(图 2-31)。细胞核少见，形状呈近圆形，核仁位于核的近中央处，核内异染色质少。肌纤维束分布在靠近基膜处的间质中，与子宫壁的方位呈放射状排列，在子宫腔内可见不同发育阶段的虫卵、少数的卵黄细胞及精子。

4. 受精囊　囊壁由合胞层和间质层组成。前者膜质密度高，内有大量囊泡状内质网和线粒体，表面有树枝状细胞突起伸入腔内。合胞层之外的间质层中有强大的肌纤维束。

(九) 卵黄腺和卵黄细胞发育过程中的形态

卵黄腺由许多卵黄小叶或滤泡组成，小叶外周有间质层包被，内含若干不同发育阶段的卵黄细胞和1～2个营养细胞，营养细胞多靠近小叶浅表部的卵黄细胞之间。该细胞有较多细长的胞质突起，突起相互交通连成网状，围绕卵黄细胞。突起内有大小不等、致密度不同的泡状结构。细胞体含有丰富的线粒体及糖原颗粒，并有高尔基复合体、游离型核糖体和少量粗面内质网。核内异染色质呈细碎的斑块状。

卵黄小叶内有不同发育阶段的卵黄细胞，小叶的表浅处多为未分化的卵黄细胞，越靠近小叶的深部，细胞越趋于成熟。依卵黄细胞发育的程度，可分为3期。

1. 一期卵黄细胞　为未分化的卵黄细胞(S1)，多见于卵黄小叶的表浅部位，细胞体积小，核大，核仁明显，异染色质呈粗大的斑块状，分布于核质及核膜内缘，胞质中有圆形和长形线粒体，丰富的游离型核糖体，粗面内质网极少或缺如。

2. 二期卵黄细胞　为未成熟的卵黄细胞(S2)，其形态随发育进程而变化。早期细胞体积较S1增大，核质比例减小，细胞常呈不规则状，胞核结构与S1无甚差别，胞质内可见高尔基复合体，少量粗面内质网，并开始有单个或三、五成簇，大小不一的卵黄颗粒形成。细胞进一步发育，体积继续增大，形状由不规则形变为近圆形或卵圆形，胞质内粗面内质网大量增多，并聚集成多个卵黄球，每个卵黄球可含几粒至20余卵黄颗粒。在少数细胞内也可见到1～2滴脂滴。

3. 三期卵黄细胞　为成熟的卵黄细胞(S3)，体积较S2增大，类圆形，胞质内细胞器明显减少或消失，或在少数细胞内仍有极少量的粗面内质网及线粒体。卵黄球数目明显增多，每个卵黄球所含卵黄颗粒平均27粒，多者可达59粒。卵黄细胞的胞质中出现大量α和β

糖原颗粒，可见1～2滴脂滴。高尔基复合体及粗面内织网减少或消失，糖原颗粒大量出现。

除3个连续发育时期的卵黄细胞外，一些卵黄细胞开始衰老。核首先退变，核周隙增宽及至核膜消失，染色质固缩，核质混浊且电子致密度增高。细胞质内的卵黄球松散，卵黄颗粒之间空隙增大，颗粒由多边形变为球形。胞质内可见由游离核糖体排列组成的椭圆形核糖体聚合物。衰老的卵黄细胞不仅存在于卵黄腺内，也可在子宫的近输卵管端发现。胞质进一步减少、固缩，卵黄球向细胞的外周聚集固缩，卵黄颗粒崩解、消失，细胞凋亡(黄素芳等1998)。

四、华支睾吸虫的染色体

动物的染色体及核型是动物分类和形态鉴别的重要依据之一，对于研究同种动物的不同地理株或具有不同核型的同种寄生虫的致病性都有十分重要的意义。

据李建华(1989)报道，从四川省垫江县白家乡采集的麦穗鱼中分离华支睾吸虫囊蚴，经口感染豚鼠后于第68天从其肝内获得成虫，进行染色体分析。在随机观察的100个细胞中，含14条染色体的细胞占69%，即$2n=14$，$n=7$，除二倍体外，还可见少量的四倍体。

根据细胞分裂中期染色体的相对长度、臂比指数和着丝粒指数的测量值，将14条染色体配成7对同源染色体，按染色体大小递变顺序，将其分为二组，第一组为第1、第2对染色体，属大型中部着丝粒染色体(M)。第二组是第3～7对，为小型染色体。其中第3对为中部着丝粒染色体(M)，第4～6对为亚中部着丝粒染色体(Sm)，第7对为端部着丝粒染色体(T)。未发现决定性别的异型染色体，7对染色体的核型模式见表2-7。

表2-7　华支睾吸虫染色体相对长度、臂比指数、着丝粒指数和类型

组别	染色体编号	相对长度	臂比指数	着丝粒指数	染色体类型
一	1	30.17±2.05	1.46±0.14	39.28±0.04	M
	2	25.83±1.72	1.21±0.23	44.92±4.47	M
二	3	10.26±0.94	1.51±0.59	39.27±6.76	M
	4	8.92±1.07	2.08±0.74	33.07±6.65	Sm
	5	8.24±0.89	2.37±0.98	29.54±6.64	Sm
	6	7.56±0.81	2.77±0.65	26.44±3.39	Sm
	7	7.36±1.37	∞	0	T

高隆声等(1993)报道，华支睾吸虫的染色体单倍体为7($n=7$)，二倍体为14($2n=14$)。其核型为：第一号染色体为大型亚中部或中部着丝粒染色体；第二号染色体为大型亚中部着丝粒染色体；第3～7号染色体为5对小型的亚中部或中部着丝粒染色体。在生殖细胞进行有丝分裂或减数分裂时，染色体都常呈多倍体的形式出现。多倍体有三倍体、四倍体、五倍体、六倍体、七倍体和八倍体，但最多见的是八倍体。华支睾吸虫生殖细胞进行第一次减数分裂时，也可观察到前期形态具有细线期、偶线期、粗线期、双线期和终变期等5个阶段。

五、华支睾吸虫的形态变异及数学分类

华支睾吸虫在不同宿主或在不同地区相同宿主体内，其形态存在着一定的差异，即使在

同一宿主体内的不同部位，虫体的形态也有所不同。

王文兰(1987)曾报道猫体内华支睾吸虫形态的变异情况。在96只感染华支睾吸虫家猫中，有4只猫除在肝胆管和胆囊内找到成虫外，在其胃、幽门和十二指肠内也发现华支睾吸虫成虫，共280条。这些虫体中有30%的形态发生了变异，虫体一般较小，有些睾丸未发育成熟，并呈现不同的变化。胃内检出成虫93条，形态变异者占35.4%，表现在分支的睾丸中间形成1～2个团状物，或者睾丸没有分支，均呈圆形或椭圆形。虫体的受精囊较一般虫体的为小，有的形态呈不规则状，虫卵也较小。幽门处检虫99条，形态变异者占31.6%，形态特征与胃内变异虫体相似。十二指肠内检虫88条，形态变异者占31.6%，形态特征与上述相似。从一只猫的肝胆管内检获成虫7539条，其中也有形态变异者，虫体仅有正常虫体的1/4大小，统计300条，仅有3.3%发育成熟，未成熟者占76.7%，形态变异者占20%，表现为睾丸没有分支，形成1～2个圆形的团块。成熟的虫卵较正常的华支睾吸虫卵小，部分虫卵呈未成熟状态，形态短小，无卵盖，卵内尚未形成毛蚴。对从胃内等处所获虫体及虫卵进行测量，与正常虫体作比较，结果见表2-8。

表2-8 寄生于不同部位华支睾吸虫成虫、部分结构及虫卵大小

寄生部	成虫(mm×mm)	受精囊(μm×μm)	睾丸团块(μm×μm)	虫卵(μm×μm)
肝胆管、胆囊	(10.0～25.0)× (3.0～5.0)	(598.6～1350.0)× (422.8～770.0)		(27.3～35.4)× (11.7～19.5)
胃、幽门	(5.3～8.9)× (1.1～2.3)	(442.9～896.5)× (229.9～541.1)	(236.9～697.1)× (341.9～700.0)	(24.1～34.9)× (11.7～18.5)
十二指肠	(5.2～8.8)× (1.2～2.4)	(438.6～796.5)× (217.5～541.1)	(212.1～588.8)× (341.1～712.8)	(24.1～39.9)× (11.4～17.0)
肝胆管、胆囊*	(3.4～6.2)× (0.7～1.7)	(221.8～541.9)× (124.6～287.0)	(120.0～381.1)× (131.9～950.0)	(19.9～31.1)× (10.0～17.5)

*从一只猫的肝胆管和胆囊内取出虫体7539条，表中系300条的统计值

当虫体在非正常的组织或器官内寄生，或者在正常部位寄生的虫数过多，使华支睾吸虫的寄生环境和营养条件等发生改变，从而出现形态上的变化。

为了研究华支睾吸虫的形态变异是否与其种下分类有关，刘正生等(1991)用数学分类的方法对不同地区、不同宿主的华支睾吸虫进行研究。

从江西省瑞昌市、广东省小榄镇和安徽省怀远市的水塘中捕获麦穗鱼，分离囊蚴，用于感染兔、豚鼠和犬，40天后剖杀动物，获取成虫。测量7项分类指标，即虫体长、虫体长与宽的比例、口吸盘与腹吸盘的比例、腹吸盘到体前相对距离、卵黄腺长度与体长比例、子宫长度与体长比例和睾丸长度与体长比例。然后求出不同地区和不同宿主虫体每一特征的平均数作为运筹分类单位(OTU)参加运算。对OTU值用最大相关系数进行聚类分析和主成分分析。分析结果表明，不同地区和不同宿主的华支睾吸虫的7个分类特征均不相同，似乎说明不同来源的华支睾吸虫形态有差异，其中大鼠体内虫体的个体明显较小，见表2-9。

表 2-9　不同地区和不同宿主的华支睾虫的 OTU 数值

虫体来源		序号	体长(mm)	体长/体宽	口吸盘/腹吸盘	腹吸盘到体前相对长度	卵黄腺长/体长	子宫长/体长	睾丸长/体长
江西	兔	1	10.38	4.38	1.19	0.19	0.46	0.44	0.26
	狗	2	9.91	3.0	0.95	0.26	0.45	0.37	0.25
	大鼠	3	7.14	3.00	1.08	0.23	0.38	0.34	0.28
	豚鼠	4	10.08	5.39	0.97	0.20	0.50	0.45	0.24
广东	兔	5	8.30	4.07	1.31	0.21	0.39	0.38	0.26
	狗	6	10.85	4.45	1.00	0.21	0.47	0.43	0.24
	豚鼠	7	8.73	3.62	1.13	0.19	0.44	0.44	0.28
安徽	兔	8	12.50	4.05	1.11	0.21	0.43	0.42	0.24
	大鼠	9	8.01	4.22	0.92	0.22	0.34	0.36	0.27
	豚鼠	10	13.73	4.59	1.14	0.18	0.45	0.45	0.25

计算样品相关系数，所有相关系数都大于 0.989，说明这些虫体的形态非常相似，应属同一物种，见表 2-10。

表 2-10　不同来源华支睾吸虫相关系数

连接指标	相关系数
8-10	0.9999
1-7	0.9999
10-9	0.9997
1-6	0.9997
2-8	0.9995
1-3	0.9994
4-5	0.9975
1-2	0.9960
1-4	0.9897

对主成分所占信息量进行分析，前两个主成分量占全部信息量的 94%，即不同地区和不同宿主的华支睾吸虫形态上的差异，主要表现在前两个主成分上(体长，体长/体宽)。以第一主成分作为横坐标，以第二主成分作纵坐标，按 7 个形态特征对 7 个主成分上的负荷量(见表 2-11)，在以上坐标上标出不同地区和不同宿主的华支睾吸虫的位置，在排序图上不同来源的华支睾吸虫呈现无一定规律地紧密排列在一起。因此，从数学分类角度来看，不同来源的华支睾吸虫都属于同一个种。

表 2-11　华支睾吸虫成虫的 7 个形态特征对 7 个主成分上的负荷量

形态特征	第一	第二	第三	第四	第五	第六	第七
体长	7.70	−1.42	−0.06	−0.10	−0.10	0.01	0.00
体长/体宽	2.78	3.72	0.03	−0.13	0.06	0.01	0.01
口吸盘/腹吸盘	0.09	−0.20	1.86	−0.01	0.18	0.00	0.01

续表

形态特征	第一	第二	第三	第四	第五	第六	第七
腹吸盘到体前相对距离	0.74	0.17	−0.12	0.90	0.18	0.08	−0.10
卵黄腺长/体长之比	0.85	0.35	0.20	0.51	0.29	−0.12	0.03
子宫长/体长	−0.42	−0.36	−0.44	−0.06	0.42	−0.03	0.07
睾丸长/体长	−0.52	−0.09	0.18	−0.04	−0.38	0.11	0.06

六、华支睾吸虫的基因变异和虫株

我国有可能在不同地区存在不同的华支睾吸虫虫株。徐秉锟(1979)用螺蛳感染实验证明,以本地区华支睾吸虫卵感染本地区螺蛳宿主与感染其他地区螺蛳的结果有可能出现显著的差别,例如用纹沼螺进行试验,前者感染成功率可以达到6%～10%,而后者仅为2%左右。用长角涵螺进行试验,前者感染成功率可以达到11%～13%,而后者为3%～5%。华支睾吸虫对本地螺蛳易感而对外地螺蛳不太易感,提示华支睾吸虫可能存在地理上的差别。但用华支睾吸虫尾蚴感染麦穗鱼或用华支睾吸虫囊蚴感染家兔和豚鼠,不同地区华支睾吸虫在宿主内的发育均未显示出显著性的差异。

ITS序列存在于核糖体DNA(rDNA)中,它的进化速度快而且长度较小,在核基因组中高度重复、不同ITS拷贝间的序列相近或完全一致,协同进化使该片段在基因组不同单元间相对保守。ITS的序列信息可以提供比较丰富的变异位点和信息位点,因而适合采用分子技术研究物种间的遗传关系。ITS1位于核糖体中18S与5.8S之间,从细菌、真菌、植物到高等动物的18S、5.8S和28S的序列都高度保守,ITS1片段可作为遗传标记用以鉴定物种科内属间遗传关系和属下种间的遗传关系。通过ITS1基因片段比较,不同地区的华支睾吸虫存在少数碱基的差异,但还不足以说明华支睾吸虫产生了新的种群。

唐颖等(2011)用采自我国东北大庆、泰来、宾县、海伦、双城、同江和长春等7个不同地区的华支睾吸虫各5条,采用DNA序列分析方法研究其ITS1基因的变异情况。上游引物为5′-CCTGCGGAAGGATCATTAC-3′;下游引物为5′-ATCCACCGCTCAGAGTTGTAC-3′,PCR扩增产物进行正反链双向3次序列测定。序列与GenBank登录的吸虫序列进行比对,通过排序并绘制系统进化树。

7株华支睾吸虫成虫ITS1基因经PCR扩增,均可见约700 bp的条带,与预期目的片段(699 bp,其中包括5.8S部分序列17 bp、ITS1全序列661 bp、28S部分序列21 bp)相符,无非特异性条带。7株华支睾吸虫ITS1序列扩增片段的大小均为661 bp,碱基变异均小于6 bp。以宾县株序列作为参照对象,大庆株、海伦株、泰来株碱基突变均为$T^{114}A$;海伦株、同江株碱基突变均为$C^{293}T$;大庆株、海伦株、泰来株、同江株、长春株碱基突变均为$C^{339}T$,大庆株碱基突变为$T^{461}A$、$C^{615}T$。将测序获得的不同地区华支睾吸虫ITS1基因序列录入GenBank中,序列登录号分别为:宾县株(CsBX)HQ186253、大庆株(CsDQ)HQ186254、海伦株(CsHL)HQ186255、双城株(CsSC)HQ186256、泰来株(CsTL)HQ186258、同江株(CsTJ)HQ186259和长春株(CsCC)HQ186260。经DNAStar软件和DANMAN软件分析,ITS1序列的核苷酸同源性在99.4%～100%之间,遗传距离在0～0.006之间,宾县株与双城株、海伦株与泰来株、同江株与长春株序列核苷酸同源性均为100%。

用NJ法构建的系统发生树显示(图2-32)，东北8个株自身差异较小，海伦株与泰来株，大庆株与沈阳株，长春株与同江株，双城株与宾县株位于同一分支，韩国株与东北8个株相隔较近，广西株与其他区域华支睾吸虫株分支相隔较远。

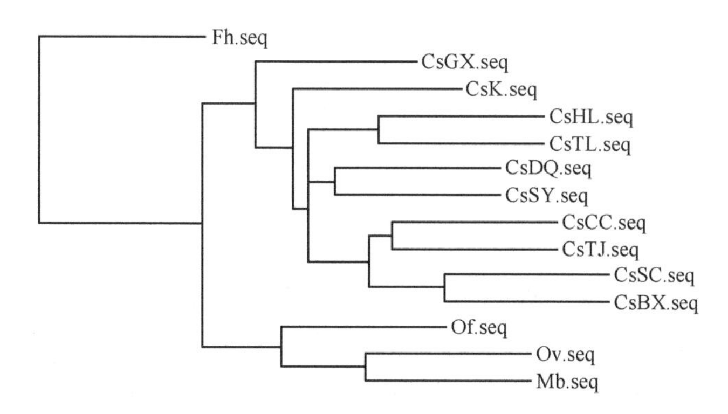

图2-32　基于华支睾吸虫ITS1序列构建的进化树(引自唐颖)

Fh肝片吸虫(EF612469)，CsGX广西株(AF181892)，CsK韩国株(AF181891)，CsHL海伦株，CsTL泰来株，CsDQ大庆株，CsSY沈阳株(AF192414)，CsCC长春株，CsTJ同江株，CsSC双城株，CsBX宾县株，Of猫后睾吸虫(DQ456831)，Ov麝猫后睾吸虫(EU038153)，Mb胆囊次睾吸虫(EU038154)

刘娟(2011)分别提取来自武汉和广东华支睾吸虫成虫的基因组DNA，PCR特异性扩增18S rDNA V4区，上游引物为5′-TGGTTGATCCTGCCAGATGTCATATGCTTG-3′，下游引物为5′-GTCCTTGGATGTGGTAGCCATTTCTCAGGC-3′。以上游引物作为测序引物，采用Sanger双脱氧末端终止法对PCR扩增产物进行测序。广东、湖北两地华支睾吸虫的18S rDNA V4区的PCR产物电泳条带示其碱基数分别为392 bp和440 bp。用在GenBank检索出的中国辽宁(AF217100)、韩国(AF408144)华支睾吸虫和*Choanocotyle hobbsi*(AY116868作为种外群)的18S rDNA的登录序列。4地华支睾吸虫18S rDNA V4区基因序列的242个碱基中有5个位点的碱基发生了变异，均为点突变，变异方式为插入-缺失，转换-颠换。在39、46、113、223、233位点上，湖北株为C、—、A、T、A，广东株为C、—、A、T、A，辽宁株为T、—、A、C、C，韩国株为C、C、—、C、C。湖北株与广东株、辽宁株和韩国株的同源性分别为100%、98%和98%；广东株、辽宁株和韩国株间的同源性均为98%；辽宁株和韩国株的同源性为99%。华支睾吸虫湖北株与广东株、辽宁株及韩国株的遗传距离分别为0、0.008和0.013；广东株与辽宁株及韩国株的遗传距离分别为0.008和0.013；辽宁株与韩国株的遗传距离为0.04。在分子系统发生树中，湖北株、广东株两地华支睾吸虫形成一个支系，辽宁株和韩国株华支睾吸虫形成另外一个支系(图2-33)。4个地域株华支睾吸虫18S rDNA V4区基因序列虽有差异，但基因差异范围为0～2%，仍属地域株之间的差异。

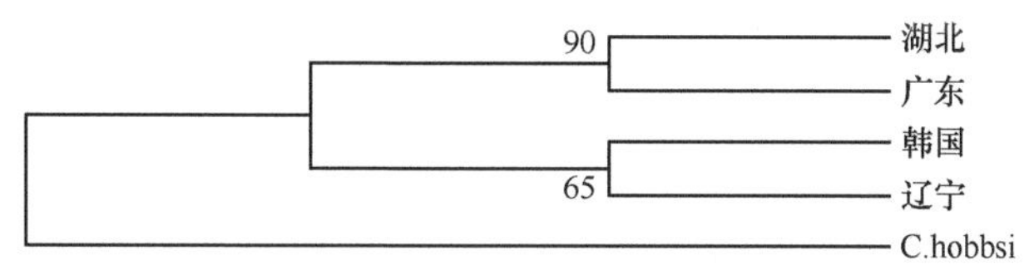

图2-33　根据18Sr DNA V4序列绘制的系统发生树(UPGMA法)(引自刘娟)

华支睾吸虫株的遗传变异和遗传变异系统发生树的分支情况与地理相隔远近相关,属于同域遗传和株特异性遗传标记,并没有因为生殖隔离而产生新的种群,没有发生同域物种形成的情况,不同程度的分化可能与生态环境和地理环境有关。湖北、广东、广西位于中国内地的中南部,处于纬度较低地区,气候温暖湿润,属亚热带湿润季风气候。我国东北位于亚洲大陆的东北部,处于纬度较高地区,属温带大陆性气候,与韩国基本一致。由于气候条件以及华支睾吸虫的第一中间宿主和第二中间宿主的生活环境相似,因此我国东北多地华支睾吸虫与韩国株亲缘关系最近,而与我国南方华支睾吸虫株亲缘关系相对较远。南方各地华支睾吸虫株亲缘关系相对较近。

刘国兴等(2011)从购自吉林省白城市月亮泡镇的麦穗鱼体内分离囊蚴,提取囊蚴的基因组,以此基因组 DNA 为模板,进行多重 PCR 和套式 PCR。以上述囊蚴的基因组 DNA 为模板,用华支睾吸虫的种特异性引物(F:TTAGAGGAGTTGGTGTCCCC,R:AGCGT-CACTGAACCACACCCAC,目的片段 612bp)和麝猫后睾吸虫的种特异性引物(F:TACG-CAGGTGGTTTGGTTG,R:AGCAGCGATAACACGACAGC,目的片段 1357bp) 进行多重 PCR 扩增,同时用华支睾吸虫的基因组 DNA 为阳性对照。在含有华支睾吸虫种特异性引物序列组中,大约 610bp 处可获得 DNA 片段,与预期设计的长度 612 bp 相符。将测序后的序列与 NCBI 核酸数据库进行比对发现,其与越南株华支睾吸虫线粒体 nad2(GenBank 登录号:DQ116944)的序列完全一致,说明华支睾吸虫中国吉林株的种特异性基因与越南株相比并没有发生任何变异。

套式 PCR 采用的特异性引物序列分别为 F:CCAACCGAGTTGGTCAAGTT,R:CAATCCAACGCACTCTCTGA,目的片段 283bp;F(N):ACGATTCACACGCACT-GAAC,R(N):GTTGTGTCAAGTAGGCTATGG,目的片段 153bp。两轮扩增产物的大小分别在 280 bp 和 150 bp 左右,与预期设计的 283 bp 和 153 bp 长度一致。测序后的序列与文献提供的序列进行比对,也与我国南方地区的华支睾吸虫分离株的序列完全一致,说明华支睾吸虫吉林株与我国南方株相比,其特异性基因片段也没有发生变异,该株华支睾吸虫与越南及中国南方分离株系为同一基因型,其起源也可能为同一地区。

Liu(2007)用 1975 年从湖北江陵出土的埋葬于公元前 167 年古尸中发现的虫卵 200 个,从江陵现症华支睾吸虫病人十二指肠引流液中获取的虫卵 100 个,分别从中提取 DNA 作为模板 DNA,用 PCR 法扩增华支睾吸虫 ITS1 和 ITS2 基因。ITS1 的上、下游引物分别为 5′-CGATTCTAGTTCCGTCATCT-3′ 和 5′-CCGCTCAGAGTTGTACTCAT-3′,ITS2 的上、下游引物分别为 5′-GGCGGAGCGATCCTAGTTCC-3′ 和 5′-AGTGATCCACCGG-TACCACG-3′。古代虫卵和现代虫卵 ITS2 的 PCR 产物均为 498bp,而且碱基序列完全一致。虽然 2 个时代虫卵 ITS1 的 PCR 产物均为 464bp,但有 15 个位点的碱基存在差异,在 392、405、415、419、426 发生了碱基转换,在 412、413、427、431、440、443、451、454、455 和 456 出现碱基颠换。该研究表明从出土的古代寄生虫卵中仍可提取其 DNA,另一方面也表明经过 2000 多年,华支睾吸虫的 ITS1 基因的变异较 ITS2 的变化快,碱基颠换占优势。

(刘宜升)

第三章　华支睾吸虫的发育、生活史和生态

一、华支睾吸虫生活史的基本过程

华支睾吸虫成虫主要寄生在人、犬、猪、猫等哺乳动物的肝胆管内，虫体发育成熟后产卵，虫卵随宿主胆汁进入肠道，然后随终宿主粪便排出体外。如虫卵入水，则可被第一中间宿主淡水螺食入。在螺蛳的消化道内，在一系列理化因素的作用下，卵内毛蚴活动增强，顶开卵盖脱壳而出，并穿过螺蛳的肠壁到达其肝脏。在螺蛳体内，一个毛蚴发育成为一个胞蚴。胞蚴体后部的胚细胞分裂繁殖，发育成为许多雷蚴。雷蚴体内的胚细胞又分批进行分裂繁殖，形成大量的尾蚴，自雷蚴体内产出。成熟的尾蚴自螺体内逸出后在水中游动，当遇到第二中间宿主淡水鱼时，钻入其体内，在鱼体内分泌成囊物质，形成囊蚴。当终宿主食入含有活囊蚴的鱼肉时，囊蚴经胃蛋白酶和胰蛋白酶的作用，在十二指肠内囊内幼虫脱囊而出，经胆总管进入肝胆管发育为成虫(图 3-1)。从终宿主食入囊蚴到粪便中可查到虫卵需要 20～40 天。成虫的寿命一般为 10～15 年。

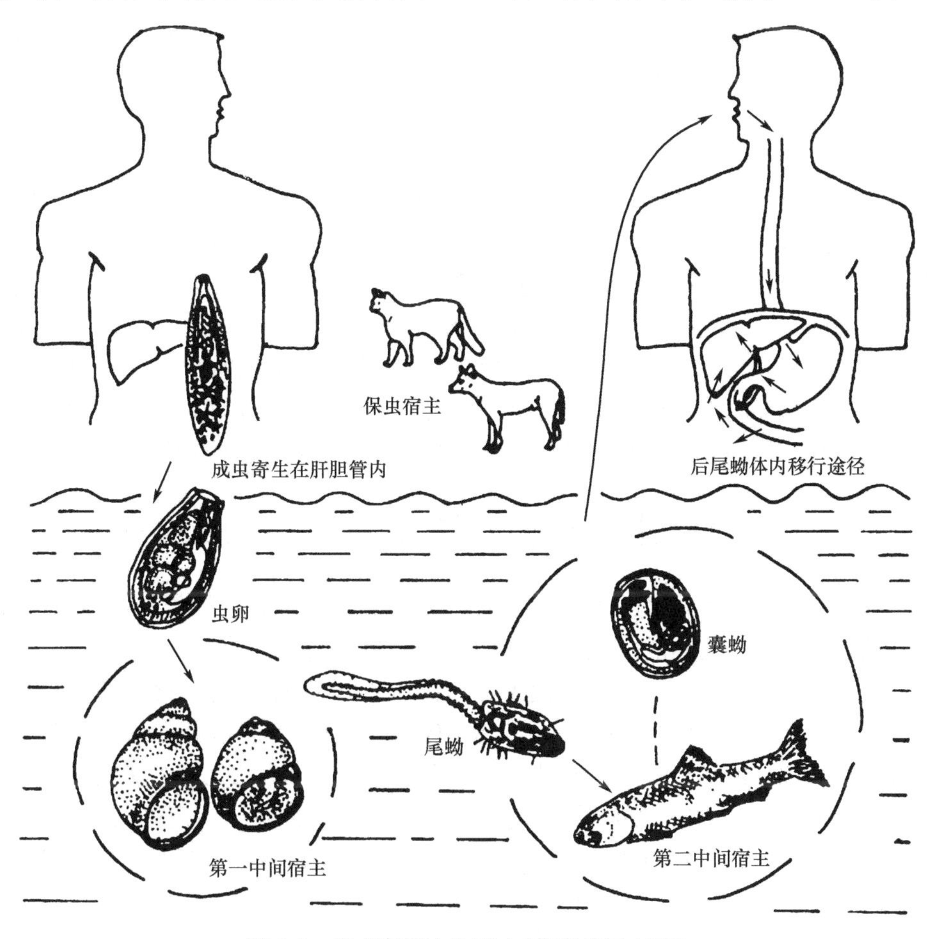

图 3-1　华支睾吸虫生活史(仿李桂云 1995)

二、华支睾吸虫的受精及虫卵发育

（一）交配与受精

华支睾吸虫具有射精管，但无真正的交合刺和阴茎袋，因此交配现象很少发生。虫体可以通过劳氏管进行周期性的异体受精，也可常发生自体受精。精子要通过整个子宫进入卵模，在卵模内与成熟的卵细胞相遇并受精。受精有时也可在虫卵形成以前在输卵管内完成。因为精子数量多，其与卵细胞相遇并受精可以发生在从精子进入输卵管到卵盖形成这段时间内。

（二）卵壳的形成

根据 Ujiie 观察，在输卵管和卵黄腺有节律地收缩下，生殖细胞发生运动，卵黄腺推动卵黄细胞一个接一个地进入卵模。当 5～7 个卵黄细胞进入卵模并排列在卵细胞周围时，生殖道停止一系列运动，卵模的开口立即关闭，卵模开始胀大。在卵模里，由卵黄细胞分泌的卵壳形成物质以小滴状围绕着卵细胞和卵黄细胞并形成卵壳。梅氏腺细胞的胞质突起所形成的小管可穿过卵模壁通至卵模腔，将梅氏腺的分泌物输送至卵模，该物质可能也参与了卵壳的形成。由于输卵管末端收缩形成一个小空间，故有时在卵壳末端亦形成一个小的突起。卵盖在有碟状开口的一端形成，其物质来源同卵壳。

（三）胚胎的发育

在靠近卵盖的一端，受精卵开始分裂，在桑椹期仅有一个细胞再分裂并移至虫卵的后部，形态变的扁平，在胚胎的周围逐渐形成一层膜。根据 Komiya 和 Suzuki（1964）观察，卵内另 2 个细胞开始分裂，形成泡沫状结构，吸附在胚胎周围的膜上。胚细胞开始生长分化。表面的细胞变的扁平，并演变成具有纤毛的上皮。在胚胎后端的臂裂中分化出中胚层组织及毛蚴的一些器官，如原肠、分泌腺、神经系统。具有一对焰细胞的排泄系统和生殖细胞也已形成。在子宫的不同部位可以看到含有不同发育阶段毛蚴的虫卵，中段为含胚胎的虫卵。随着虫卵的发育，卵内的卵黄细胞逐渐分解，其分解产物被胚胎吸收利用（Dawes 1966）。

三、虫卵感染螺蛳及幼虫在螺体内的发育

华支睾吸虫卵被螺蛳吞食进入螺的消化道，受螺消化道内理化因素的影响，特别是某些化学物质进入卵内刺激毛蚴活动，最后毛蚴顶开卵盖脱壳而出。在螺食入虫卵后 1 小时，最快仅 15 分钟即可在其体内看见游离的毛蚴。毛蚴体内有两类细胞，一类是体细胞，另一类为生殖细胞。体细胞发育成为胞蚴的体壁，生殖细胞分裂繁殖后形成雷蚴。在感染后 4 小时，毛蚴在螺的肠壁、胃和食管周围的淋巴组织内或其他器官内已发育为胞蚴。在感染后第 11 天，可见胞蚴体内含有许多胚细胞团，感染后 17 天，螺体内可见游离的雷蚴，大部分雷蚴移向螺的肝脏淋巴间隙，一部分向直肠移动。在感染后第 23 天，雷蚴体内的胚细胞团逐渐分裂发育成为尾蚴。在螺体内移行和发育的过程中，一个毛蚴只能发育成为一个胞蚴，胞蚴体后部的胚细胞分裂繁殖形成许多雷蚴。而雷蚴体内的胚细胞多次分批分裂繁殖，因而可

以分批多次产出尾蚴。雷蚴和尾蚴的增殖是分批进行的，有明显的周期性，两次分裂之间有一长短不等的休止期，休止期的长短以及每期增殖的数量与水温、营养条件等有关。大约在感染后 100 天，成熟的尾蚴开始出现，一个雷蚴可产生 5～50 个尾蚴。

唐崇惕和唐仲璋(2005)认为，胞蚴体内含有许多母雷蚴，母雷蚴成熟后，自胞蚴体内逸出。母雷蚴在螺体内继续发育，又可产生许多子雷蚴。子雷蚴逐渐移至螺的消化腺间隙中继续发育，成熟子雷蚴的体内含有发育中的胚球、尾蚴胚体和已成熟的尾蚴。

华支睾吸虫卵感染螺蛳的能力与水温的关系十分密切。据徐秉锟(1979)报道，水温在 15℃以下和在 35℃以上时，成熟虫卵感染长角涵螺的成功率很低，在 20～30℃时最容易感染成功，25℃时的感染成功率最高，见表 3-1。

表 3-1 水温对华支睾吸虫感染长角涵螺的影响

水温(℃)	感染成功率(%)			
	第一批	第二批	第三批	平均
5	0	0	0	0
10	0	0	0	0
15	2.01	1.53	0.85	1.46
20	4.89	6.03	5.56	5.49
25	1.26	10.10	14.67	12.01
30	8.74	7.03	8.21	7.09
35	3.85	1.08	2.11	2.35

注:每批用涵螺 100 个

幼虫期在螺体内的发育时间(即从螺食入虫卵到尾蚴从螺体内逸出的时间)也与水温有密切关系，在实验室里，将豆螺放入 25℃水中，用成熟的华支睾吸虫卵感染，然后将这些被感染的螺蛳放在不同的水温中进行饲养，尾蚴逸出的温度仍保持在 25℃。在低于 15℃的环境下，从豆螺食入虫卵到尾蚴发育成熟并从螺体内逸出需要 100～200 天；在 25℃的环境中，完成上述过程只需 80 天(徐秉锟，1979)。梁炽等(2009) 将华支睾吸虫卵放入人工建立的室内生态池，自然感染纹沼螺和长角涵螺，在水温 24.3～37.2℃时，螺被感染后 95 天，开始有尾蚴逸出。适宜的温度有利于华支睾吸虫幼虫期在螺体内的发育。

四、华支睾吸虫尾蚴的生态

(一) 华支睾吸虫尾蚴从螺体内逸出的方式和数量

华支睾吸虫尾蚴均是从沼螺或豆螺触角的右后方肛孔内逸出。每次逸出的尾蚴数一般为 1～3 条，每分钟可逸放 20～24 次。白天逸出的尾蚴较多，夜间较少。阳性螺在培养皿内可生存 10～14 天，在存活期间每天都能逸出大批尾蚴(表 3-2，李雪翔 1982)。梁炽(2009)也观察到，尾蚴的逸出是间歇性的，每次逸出可持续 4～5 天，停止 2～3 天，然后仍可再逸出。

表 3-2　华支睾吸虫尾蚴从自然感染沼(豆)螺体内逸出情况

编号	螺种	观察日期时间	观察时长(分钟)	逸放尾蚴数(条)	逸放次数
1	长角涵螺	1964.7.17　下午 2 时	5	344	118
		晚上 9 时	5	102	56
2	长角涵螺	1964.8.13　下午 8 时	2	61	33
		8.20　下午 1 时	2	151	84
		晚上 9 时	2	67	37
		8.27　上午 10 时	2	139	95
		晚上 8 时	2	61	33
3	纹沼螺	1965.7.20　上午 10 时	2	129	68
		晚上 8 时	2	51	27
		7.21　下午 1 时	1	71	25
		晚上 8 时	1	22	13
		8.4　下午 1 时	1	76	31
		晚上 9 时	1	21	11
4	长角涵螺	1975.6.20　上午 10 时	2	138	42
		晚上 8 时	2	47	27
		7.1　上午 10 时	1	81	27
		7.2　上午 10 时	1	74	25
		晚上 8 时	1	31	16

(二) 温度对华支睾吸虫尾蚴逸出的影响

华支睾吸虫尾蚴逸出明显受温度的影响，将同一阳性螺放在不同温度的水中，逸出尾蚴的数量也明显不同(图 3-2，徐秉锟 1979)。李雪翔(1982)在温度分别为 32℃、28℃、24℃、20℃和 16℃的条件下观察长角豆螺逸放华支睾吸虫尾蚴的情况，在 5 分钟内，逸出的尾蚴数分别为 52 条、344 条、391 条、199 条和 26 条；在温度为 12℃时，6 分钟未见有尾蚴逸出。据梁炽(2009)观察，在室内人工建立的生态系统内，当水温降至 20℃时，尾蚴停止逸出。

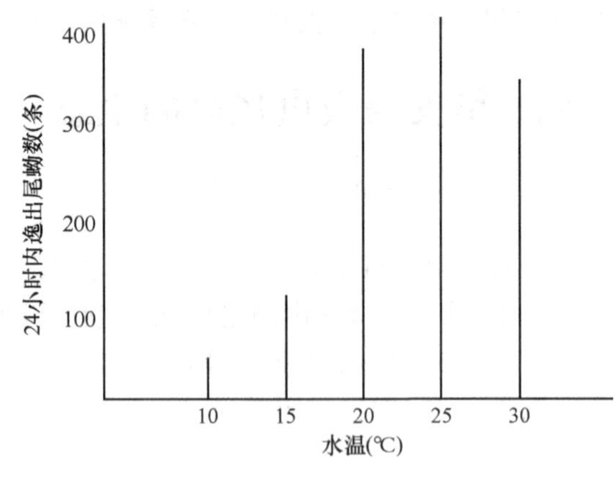

图 3-2　水温对华支睾吸虫尾蚴逸出的影响

(三) 华支睾吸虫尾蚴的活动及生存时间

华支睾吸虫尾蚴在水中一般以尾部向上,体部向下,犹如悬吊于水中,有时可见体尾与水面呈平行状态,尾蚴在水中上升或下降的活动无一定的规律。在水面静止的情况下,尾蚴体部接触平皿的底部或平皿壁,尾部向上,微呈弯曲,状如“倒挂的黄豆芽”。水面振动时,尾部即剧烈运动,整个身体借以向前、向上或向下运动。尾蚴在从螺体逸出后的前12小时内最为活跃,12小时后活动能力明显减弱,24小时后可见部分尾蚴死亡,48小时后开始溶解液化,72小时后几乎全部溶解或死亡。

(四) 淡水螺感染华支睾吸虫尾蚴的季节消长

华支睾吸虫感染其第一中间宿主具有一定的季节性,并受地域的影响。根据杨连第等(1994)观察,在湖北省中部的江汉平原仙桃市农村和该省东部的丘陵地区蕲春县,不但螺种的分布有差异,螺体内尾蚴检出的时间也不同。在仙桃市以纹沼螺密度高,从5月上旬开始即可从螺体内检出尾蚴,感染率为0.8%,8月达高峰1.0%,9月下降至0.5%。10月后查不到尾蚴。鄂东丘陵地区4月中旬开始即可从纹沼螺和长角涵螺体内查到尾蚴,感染率分别为1.6%和3.3%。5月上升,6月达高峰,7月开始下降,10月以后也查不到尾蚴(见表3-3)。

表3-3 淡水螺感染华支睾吸虫尾蚴的季节性变化

月份	鄂东丘陵地区				江汉平原地区	
	纹沼螺		长角涵螺		纹沼螺	
	检查数	感染数(%)	检查数	感染数(%)	检查数	感染数(%)
4	127	2(1.6)	120	4(3.3)	410	0
5	126	2(1.6)	105	6(5.7)	534	4(0.8)
6	263	9(3.4)	208	13(6.3)	470	3(0.6)
7	316	5(1.6)	292	16(5.5)	550	1(0.2)
8	278	14(5.0)	277	8(2.9)	413	4(1.0)
9	210	2(1.0)	230	1(0.4)	428	2(0.5)

根据李雪翔(1982)观察,安徽阜阳地区的纹沼螺和长角涵螺于4月份始于沟塘靠近岸边的泥土中爬行,以向阳的一侧为多,随着气温的升高而渐渐增多;6、7月间可见大量的螺栖息在水草上;9月份逐渐减少;10月份以后很少能在塘边、草上找到豆螺或沼螺,只能在塘底的泥中捕获。在夏季螺的感染率高,而在秋冬季则未发现有感染,见表3-4。

表3-4 安徽省阜阳地区纹沼螺和长角涵螺感染华支睾吸虫尾蚴的季节性变化

螺种	检查日期	检查螺数	阳性螺数	阳性率(%)
长角涵螺	4月12日~5月5日	682	4	0.58
	6月3日~7月31日	2246	34	1.51
	9月15日~10月15日	743	0	0.00
	11月20日~12月31日	386	0	0.00
纹沼螺	4月12日~5月5日	189	2	1.05
	6月3日~7月31日	110	17	15.45
	9月15日~10月15日	27	0	0.00
	11月20日~12月31日	232	0	0.00

周维光等(1985)对四川省内江地区安岳县境内的赤豆螺进行连续一年的观察,逐月检查螺体内的尾蚴,从4月至10月均可检出尾蚴、以7月检出率最高,为2.11%,6月次之,为1.96%。4月至5月和8月至10月的检出率波动于0.18%~0.67%,11月至次年3月则查不到尾蚴。根据检出情况,发现螺体内尾蚴的阳性率主要与气温有密切关系,在气温低于15℃时,不易查出尾蚴,在气温高于15℃时,可查到尾蚴,且检出率随着气温的升高而增高(表3-5)。

表3-5 四川省安岳县赤豆螺体内华支睾吸虫尾蚴逐月检查结果

日期	月平均气温(℃)	检查螺数	阳性数	阳性率(%)
7月26日	27.0	380	8	2.11
8月26日	26.4	474	1	0.21
9月18日	21.4	1140	2	0.18
10月10日	15.6	1080	7	0.65
11月21日	12.2	1188	0	0
1月8日	7.1	414	0	0
2月16日	7.9	268	0	0
3月16日	13.3	744	0	0
4月26日	16.0	1080	2	0.19
5月27日	22.9	889	6	0.67
6月16日	24.0	868	17	1.96

李秉正等(1986)于在辽宁铁岭观察纹沼螺体内华支睾吸虫尾蚴的动态变化。尾蚴于6月开始在螺体内出现,感染率为4.8%,7月即达高峰,感染率为13.2%,8月和9月明显下降,10月未见有螺感染(见表3-6)。若以旬计算,6月下旬和7月上旬感染率最高,分别为15.8%和19.1%。

表3-6 辽宁铁岭纹沼螺感染华支睾吸虫尾蚴的季节性变化

观察时间	雄螺		雌螺		合计	总阳性数(%)
	检查数	阳性数(%)	检查数	阳性数(%)		
5月10日~5月25日	465	0	435	0	900	0
6月5日~6月26日	471	19(4.0)	580	31(5.3)	1051	50(4.8)
7月8日~7月26日	130	12(9.2)	300	45(15.0)	430	57(13.2)
8月10日~8月26日	340	3(0.9)	381	17(4.4)	721	20(2.8)
9月5日~9月28日	456	4(0.9)	473	14(2.0)	929	18(1.9)
10月8日~10月20日	318	0	401	0	719	0
11月20日	21	0	243	0	264	0

黄苏明(1990)于1987年4月至12月在福建龙海共检查纹沼螺3790只,发现23只螺感染了华支睾吸虫尾蚴,平均感染率为0.61%。4、5、6、7、8、9、10、11和12月纹沼螺尾蚴阳性率分别为0.47%(2/432)、0.75%(4/530)、1.29%(6/456)、0.45%(3/672)、0.99%(6/

604)、0(0/100)、0.48%(1/208)、0.35%(1/289)和0(0/499)。在4～7月所查获阳性螺中越冬螺的尾蚴检出率高于当年的新螺。

（五）不同性别螺感染华支睾吸虫尾蚴的情况

李秉正等(1986)在辽宁铁岭华支睾吸虫尾蚴感染纹沼螺的季节观察，在该时间段内共检查雄螺1397个，华支睾吸虫尾蚴螺阳性螺38个，感染率为2.8%，检查雌螺1734个，阳性螺107个，感染率为6.1%。雌螺的感染率明显高于雄螺的感染率(表3-6)。

（六）华支睾吸虫尾蚴的活动及侵入鱼体

通常情况下，尾蚴体部朝下挂在水面，尾部略弯曲，呈烟斗状，整个身体全部浸入水中，保持静止状态。当尾蚴身体的某一部分接触到水底或某些固体物时，尾蚴受到刺激迅速从水中浮起，立即又保持原来的状态，即使是小的水浪也能引起尾蚴的这种反应。华支睾吸虫尾蚴并不主动寻找和侵袭其第二中间宿主，但鱼类引起十分轻微的水波都可刺激尾蚴，使其频繁地运动，从而有可能与鱼体接触。一旦尾蚴接触到鱼体，尾蚴立即通过吸盘吸附在鱼体上。在吸附的过程中，尾蚴的尾部抬起，使其与鱼体保持在一个合适的角度，或者同鱼体平行，以保证尾蚴的腹面全部吸附在鱼体的表面。

李树华(1982)在实验室里将体长3～5毫米的麦穗鱼苗放在盛有清水的玻皿内，然后放入自纹沼螺体内逸出的华支睾吸虫尾蚴，在27～32℃的条件下，观察尾蚴侵入鱼体的过程。只有当麦穗鱼游近尾蚴，或当尾蚴在活动过程中接近鱼体时，尾蚴突然一跃而吸附于鱼体表面，继而尾蚴吸盘前区不断伸缩，并开始分泌透明质酸酶、蛋白水解酶等物质，此时尾部立即从体部脱落。侵入鱼体开始时，尾蚴体部进入鱼体的速度很慢，待其体前段至眼点水平已进入鱼体组织后。整个体部便很快跟着进入。从尾蚴开始吸附鱼体到完全侵入鱼体组织，整个过程约需3～4分钟。当尾蚴侵入鱼体后，到达肌层以后便停留下来，有的也可继续深入到接近脊椎的深层肌肉内，在那里进一步发育。

鱼苗体表被尾蚴侵入处，有少量液体外流，凝成细柱状晶状物，附在体表伤口处，在尾蚴侵入12～24小时后即可见到。当大量尾蚴侵入时，有的鱼苗血管被尾蚴钻破出血，严重时可立即引起鱼苗死亡。

麦穗鱼苗在水中游动时，水流形成漩涡，尾蚴在水漩涡中上下“跳跃”，尾蚴最容易侵入的部位是鱼的尾部，靠近尾鳍基部的区域。可能因为尾鳍是鱼体主动运动的器官，其活动激惹了尾蚴，引发了尾蚴的运动、吸附和侵入。尾蚴侵入鱼体后的发育不因其侵入的部位不同而有差异。

李雪翔(1982)报道，当鱼体和华支睾吸虫尾蚴接触时，尾蚴先用其尾部末端勾住鱼体表面，然后弯过其体尾，以其顶端的口吸盘向鱼体表面寻找适当的部位，微微蠕动而钻入。尾蚴钻入鱼体时，尾蚴体前部的穿刺腺可能分泌一种酶类物质，溶解鱼体表面的黏液、表皮和肌肉，钻入过程约5～10分钟。待尾蚴体部完全钻入鱼体皮鳞后，尾部作剧烈地摆动而脱落，游离于水中。亦可见鱼在张口呼吸时，大量尾蚴从鱼口被吸入，很多尾蚴的残断尾巴由鱼的鳃孔逸出，因此，在鱼的鳃部检获的华支睾吸虫囊蚴可能是通过鱼口吸入的尾蚴发育成的。

温度对华支睾吸虫尾蚴侵入鱼体有明显的影响。在几种恒定的水温下用华支睾吸虫尾蚴感染鲩鱼苗，试验时，每个培养皿放鱼苗 5 条，华支睾吸虫尾蚴 200 条，24 小时后计算没有钻入鱼体的尾蚴数，以估计钻入鱼体内的尾蚴数。在 10℃以下没有尾蚴侵入鱼体，15℃可有部分尾蚴侵入鱼体，20～30℃时是适宜尾蚴侵入鱼体的温度，在此温度范围内，侵入鱼体的尾蚴最多，见表 3-7（徐秉锟 1979）。

表 3-7　不同温度下华支睾吸虫尾蚴感染鲩鱼苗情况

水温(℃)	未侵入鱼体的尾蚴条数(%)			
	第一批	第二批	第三批	总计
5	200(100.0)	200(100.0)	200(100.0)	600(100.0)
10	200(100.0)	200(100.0)	200(100.0)	600(100.0)
15	125(62.5)	98(49.0)	157(78.5)	380(63.3)
20	5(2.5)	7(3.5)	12(6.0)	24(4.0)
25	7(3.5)	0	1(0.5)	8(1.3)
30	15(7.5)	9(4.5)	3(1.5)	27(4.5)
35	83(41.5)	97(48.5)	52(26.0)	232(38.7)

注：每批用鱼苗 5 条，尾蚴 200 条

（七）华支睾吸虫尾蚴侵入虾体

黄苏明(1990)在实验室进行华支睾吸虫尾蚴感染米虾的实验，将从纹沼螺体内逸出的华支睾吸虫尾蚴放入盛有阴性米虾的烧杯中，观察尾蚴侵入虾的过程。当华支睾吸虫尾蚴接近虾的口器附近时，被虾的口器吸入。推测在人工感染米虾的鳃部及其附近肌肉中检获的华支睾吸虫囊蚴可能是尾蚴通过虾的口被吸入，侵入鳃部成囊的。93%的囊蚴从虾鳃及附近的肌肉中查到，可能是米虾全身被甲壳所包裹，对华支睾吸虫尾蚴的入侵起到屏障作用，而鳃部裸露则易被尾蚴侵入。实验 4 次，共投入 111 只米虾，有 9 只虾被感染。感染的虾最少的仅获 1 个囊蚴，最多的查到 14 个囊蚴。

五、华支睾吸虫囊蚴在鱼、虾体内的形成和发育

（一）囊蚴形成的过程

尾蚴进入鱼的皮下组织或肌肉内，并在鱼体内移行，入侵后数小时内即可形成囊状的结构。入侵后 18～23 小时，囊内幼虫体内出现大而透明的泡状物，但这些泡状物很快消失。当囊蚴的大小为 83～110μm，囊壁的厚度约为 2μm 时，因鱼体组织反应，在囊壁外开始出现较厚的宿主组织反应层。在囊内的幼虫可以通过身体的收缩和伸长而自由地活动。此时虫体内部仍有散在的色素颗粒，眼点出现崩解的倾向。口吸盘从尾蚴时期的不规则口器状发育为规则的吸盘状，但腹吸盘仍没有变化。排泄囊发育为卵圆形的囊状，囊壁厚度明显增加，排泄囊内含有一些排泄颗粒，此时在鱼体的实质组织内也出现少量脂粒。在感染后的第 3 天，囊蚴继续增大，大小为(84～114)μm×(108～109)μm，眼点依然存在。在感染后的第 5 天，囊蚴的体积仍继续增大，体积达(92～100)μm×(100～140)μm，眼点开始崩解消失，

排泄囊为许多颗粒所充满，肠支内还可以看到众多的盘状颗粒，口吸盘依然大于腹吸盘。至感染后的第 10～15 天，囊蚴的体积又有增大，最大可达(97～132)μm×(110～140)μm。囊内的幼虫活动仍很活跃，也已具有华支睾吸虫囊蚴的典型形态特征，眼点消失，两个吸盘的大小基本相等，排泄颗粒直径为 7μm，完全充满排泄囊。如果将这个时期的囊蚴放入 37℃ 的胃液中 20 分钟，然后再放入人工肠液中，也可发生脱囊现象。尽管多数学者认为尾蚴侵入鱼体后，一般需要 30～35 天才能发育为成熟囊蚴，但从鱼体内分离出的感染后 23 天的囊蚴已能感染家兔和豚鼠(Komiya 1965)。

李树华(1982)把囊蚴形成的过程分为以下 7 个时期：

1. 尾蚴脱尾　尾蚴吸附鱼苗体表后，尾部即自行脱落。此期最明显的变化是钻刺腺开始分泌。虫体进入鱼苗组织后 6～7 小时内，显微镜下见其排泄囊的上皮细胞胀大，形成一透明亮圈，排泄囊也见扩大。

2. 囊蚴壁出现　经甲苯胺蓝染色可以看出，尾蚴自沼螺体内逸出时，体表即有一薄膜存在，呈 r-异染，其中并有许多 r-异染颗粒；而囊蚴壁无论是刚形成的还是形成较久的，亦显示 r-异染反应。说明尾蚴体表的薄膜与囊蚴壁具有相同的组织化学成分，同时也说明尾蚴早在未侵入鱼体组织以前，已开始分泌与囊蚴壁形成有关的物质。尾蚴侵入鱼体后不久，不经甲苯胺蓝染色，在显微镜下也能看见薄层囊蚴壁的存在。鱼苗被感染后 12～30 小时，囊蚴壁的厚度已达 3.6μm 左右。此时它还保持一定黏性，用解剖针触及时易于粘着，说明囊蚴壁形成的物质尚聚合不久。此期排泄囊更见扩大。

3. 囊蚴壁外纤维层出现　尾蚴侵入鱼体组织 36 小时，囊蚴壁外出现鱼组织反应形成的纤维组织层。此层与囊蚴壁之间有一空隙并充满液体，其中有散在的纤维母细胞样细胞。成囊初期，纤维层很薄，囊蚴从鱼组织分离过程极易破裂，此期虫体肠支内以及排泄囊内壁上出现细小颗粒状物。

4. 排泄囊壁上皮细胞缩小　尾蚴脱尾期排泄囊上皮细胞开始胀大。约在尾蚴侵入鱼体组织后 6 天，排泄囊壁上皮细胞明显缩小，虫体内各种结构都较前有所长大。

5. 眼点消失　感染初期，眼点色素颗粒分布相当紧密，呈黑色块状，此后色素颗粒分布逐渐疏松并不断分散。至感染后 6 天，因其色素颗粒分散而眼点扩大，颜色稍浅。至感染后 9 天，眼点色素颗粒继续分散并向前后方伸展。至感染后 10～11 天，眼点色素颗粒极度分散，并与虫体体躯色素混杂而无法辨认，于是眼点消失。

6. 囊内颗粒充满　排泄囊内的颗粒开始出现时非常细小，并只出现在排泄囊内壁上。然后随着虫体的发育而不断变得粗大，先为不规则形，再为长方形，最后为卵圆形或类圆形，大小不等，数量也不断增多。排泄囊前部先被充满，仅后段稍有空隙，直至感染后 11～12 天，整个排泄囊完全被颗粒充满。由于颗粒不断增多，整个排泄囊逐渐变成暗黑色。

7. 体躯色素颗粒变粗变深　尾蚴自螺体内逸出时，即具有色素颗粒，呈浅黄色。侵入鱼体后，虫体逐渐长大，但躯体色素颗粒未见增加，因此成囊早期虫体接近无色。待发育至眼点色素颗粒不断分散，或至眼点消失前后，体躯色素颗粒明显增多且变粗，而在原来眼点位置附近、肠支分叉处，腹吸盘前后，排泄囊侧及其前后缘等处，色素颗粒分布最多最明显。由于色素颗粒增多增粗，虫体便逐渐由无色而变为棕黄色。此情况最早见于尾蚴侵入鱼体组织的 23 天。第 28 天，囊蚴的形态未见进一步改变，与自然感染的成熟囊蚴也没有明显区别。因此，囊蚴的整个成囊过程约在感染后的 23 天完成，见表 3-8。

表 3-8　华支睾吸虫囊蚴在麦穗鱼苗组织内形成过程中的形态变化

	尾蚴侵入鱼体组织后时间						
	0～6 或 7 小时	12～30 小时	36 小时	6 天	10～11 天	11～12 天	23 天
主要发育特征	尾蚴脱尾	囊蚴壁出现	囊蚴壁外纤维层出现	排泄囊壁上皮细胞缩小	眼点消失	排泄囊内充满颗粒	虫体体躯色素颗粒变粗变深
囊蚴大小(μm)		75×99	(82～92)×106.5	142×167	149×160	163×142	178×185
囊蚴壁厚度(μm)		2.8～3.6	3.6	1.8～2.9	1.8～2.9	3.6	3.6
纤维层厚度(μm)			很薄(5μm 左右)				
口吸盘大小(μm)			24.8×24.8	28.9×28.9	35.5×35.5	35.5×49.0	39.1×42.6
腹吸盘大小(μm)			16.9×21.9	28.4×39.1	35.5×42.6	39.1×46.0	71.1×64.0
咽与食道				开始看出	明显	明显	明显
肠支及肠支内颗粒		不明显	肠支内有小颗粒	颗粒稍大	颗粒直径约为 7μm	颗粒直径约为 8μm	颗粒直径为 10μm
眼点	块状,深黑色	块状,深黑色	呈颗粒状,构成眼点的色素颗粒开始分散,颜色较浅	色素颗粒继续分散,眼点扩大,颜色更浅	眼点消失	无眼点	无眼点
排泄囊	囊壁上皮细胞胀大,排泄囊也稍扩大	同左	同左,囊壁上出现颗粒	排泄囊壁上皮细胞缩小,囊内颗粒增大	囊内颗粒增粗增多,但未充满排泄囊	颗粒变粗增多,充满排泄囊	颗粒增多,排泄囊呈暗黑色
虫体体躯色素颗粒	细小,色浅,虫体呈浅黄色或近无色	同左	同左	色素颗粒稍粗,虫体几乎无色	色素颗粒更粗,虫体浅黄色	色素颗粒继续增多,虫体显黄色	色素颗粒增粗增多,虫体呈棕黄色

华支睾吸虫囊蚴在鱼体内的发育也与水温有关。据徐秉锟(1979)报道，在水温15℃的条件下，华支睾吸虫尾蚴侵入白鲩后40天，尚无发育成熟的囊蚴，至侵入后50天，有75.6%的发育为成熟囊蚴，60天有99.7%的发育成熟。而在水温25℃的条件下，侵入后鱼体后10、20、30和40天分别有51.6%、84.5%、98.3%和99.4%的尾蚴发育为成熟囊蚴。

（二）鱼体内华支睾吸虫囊蚴的发育

叶春艳(2009)在光镜下观察囊蚴的成熟情况。未成熟囊蚴囊内细胞质均匀或囊内出现蚴体雏形，成熟囊蚴可见囊内虫体具活力，变形囊蚴囊内虫体丧失活动能力，出现裂解及囊内出现大面积空泡，虫体萎缩成不透光的残体。根据上述标准，吉林白城地区淡水鱼华支睾吸虫感染及囊蚴成熟情况见表3-9。

表3-9　吉林省白城地区淡水鱼华支睾吸虫囊蚴感染及发育情况

鱼种	未成熟囊蚴	成熟囊蚴	变形囊蚴	成熟率(%)
麦穗鱼	49	660	11	91.7
船丁鱼	24	330	9	90.9
鲫鱼	9	90	7	84.9
草鱼	4	77	6	88.5

注：成熟率＝成熟囊蚴数/(未成熟囊蚴数＋变形囊蚴数)

吴军等(2004)用胃蛋白酶消化法分离采自广东顺德杏坛镇的草鱼和鳙鱼体内华支睾吸虫囊蚴，观察囊蚴在鱼体的发育状态(表3-10)。鳙鱼体内囊蚴的成熟率和存活率都大于草鱼，华支睾吸虫囊蚴群落比草鱼体内囊蚴较为年轻，其中未发育囊蚴和未成熟囊蚴占整个群落囊蚴数量的大多数；草鱼体内变形囊蚴和死亡囊蚴的数量占整个群落数量的50%。

鱼体同时存在不同发育状态的囊蚴和变形的囊蚴，可能是多批尾蚴在不同时间侵入鱼体所致，也可能与鱼的种类也有一定关系。

表3-10　草鱼及鳙鱼体内华支睾吸虫囊蚴发育及存活情况

鱼种	观察囊蚴数	未发育囊蚴	未成熟囊蚴	成熟囊蚴	变形囊蚴	成熟率(%)	存活率(%)
草鱼	1000	145	250	105	500	10.5	50.0
鳙鱼	1000	306	310	214	170	21.4	83.0

（三）虾体内华支睾吸虫囊蚴的发育

在实验室内用华支睾吸虫尾蚴感染米虾，在感染后16～19天，虾体内的囊蚴大小为(130～140)μm×(105～110)μm，囊蚴外壁厚1.50～1.98μm 。囊内蚴体折叠于囊内，眼点消失，排泄囊占虫体的比例较大，三角形，其内充满许多暗黑色的细小排泄颗粒，黑褐色，可见到2条上行的排泄管。虫体呈浅黄色。感染后23、26和33天的囊蚴发育成熟，其结构与16～19天的囊蚴基本相同，但排泄囊内的颗粒逐渐增大，囊内的后尾蚴呈棕黄色。米虾体内成熟的囊蚴大小为(136～160)μm×(105～135)μm，平均146μm×116μm，囊蚴壁厚1.98～2.50μm。人工感染米虾体内的囊蚴的形态与自然感染麦穗鱼体内囊蚴形态基本一致，但比麦穗鱼体内寄生的囊蚴略小，囊壁也比较薄。米虾体内的囊蚴多在米虾鳃的基部和其周围肌肉中寄生，少数达到腹部肌肉、头胸甲肌肉及触角的触鞭基节(黄苏明 1990)。

六、华支睾吸虫胞囊蚴的发现与研究

(一) 华支睾吸虫胞囊蚴的发现

程荣联等(2009)报道，在流行区现场调查和实验室内观察过程中，在自然感染的麦穗鱼肌肉中均发现一个囊蚴的胞囊内存在 2 个或 2 个以上不同成熟度的华支睾吸虫囊蚴，故将此种个体称为"胞囊蚴"。在显微镜下观察胞囊蚴，由于压片受力不一致，形态多样，一般为球形囊状和腊肠样。胞囊蚴具有清晰的外囊壁，内有 2 个以上的华支睾吸虫囊蚴，囊内的囊蚴层次分明，排泄囊随发育的成熟度不同，颜色由浅到深(图 3-3)。

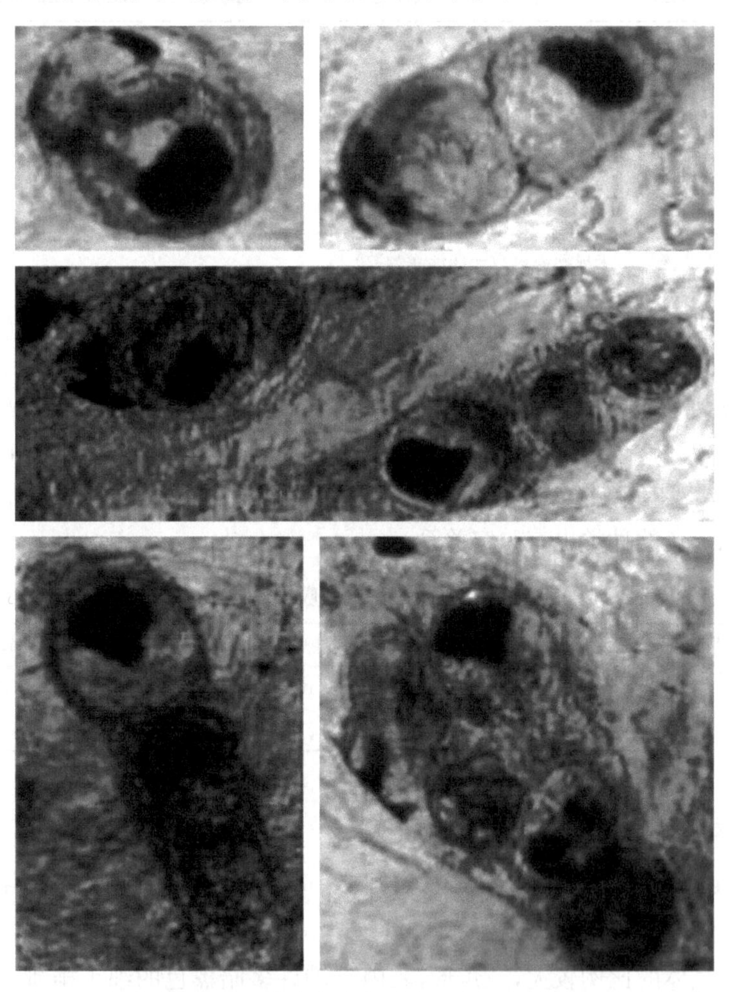

图 3-3　自然感染麦穗鱼体内华支睾吸虫胞囊蚴的形态(引自程荣联)

(二) 麦穗鱼华支睾吸虫胞囊蚴的自然感染状况

程荣联等在 1982～1986 年期间检查感染了华支睾吸虫囊蚴的麦穗鱼 627 条，其中有胞囊蚴感染的 274 条，胞囊蚴总感染率为 43.70%；各年度胞囊蚴感染率分别为 52.52% (73/139)、67.24% (78/116)、34.01%(67/197)、46.48% (33/71)和 22.12% (23/104)，胞囊蚴总感染率差异、不同体重麦穗鱼胞囊蚴感染率差异均有统计学意义。麦穗鱼胞囊蚴感染率、华支睾吸虫囊蚴中位数，均随麦穗鱼体重增加而升高，并呈正相关关系(表 3-11)。

表 3-11　1982～1986 年重庆市垫江县白家乡不同体重麦穗鱼胞囊蚴感染情况

麦穗鱼体重(g)	麦穗鱼胞囊蚴感染率			华支睾吸虫囊蚴(个/尾)		
	调查尾数	感染尾数	感染率(%)	中位数	最小值	最大值
<0.1	14	0	0.00	2.00	1	9
0.1～	56	10	17.86	6.00	1	877
0.2～	124	31	25.00	24.00	1	985
0.4～	145	62	42.76	54.00	1	3 176
0.6～	78	42	53.85	101.00	1	2 858
0.8～	47	28	59.57	161.00	1	3 208
1.0～5.0	163	101	61.96	149.00	2	5 764
合计	627	274	43.70	47.00	1	5 764

如果按麦穗鱼华支睾吸虫囊蚴感染度分组，胞囊蚴感染率也存在显著差异。将感染度组别和胞囊蚴感染率转换成为对数作相关分析，胞囊蚴感染率随华支睾吸虫囊蚴感染度增加而增高，呈正相关关系(表 3-12)。

表 3-12　不同感染度麦穗鱼胞囊蚴感染状况

华支睾吸虫囊蚴(个/条鱼)	调查条数	胞囊蚴阳性条数	阳性率(%)	构成比(%)
1～	368	27	7.34	9.85
100～	82	73	89.02	26.64
200～	37	34	91.89	12.41
300～	31	31	100.00	11.31
400～	14	14	100.00	5.11
500～	54	54	100.00	19.71
1000～	27	27	100.00	9.85
2000～	7	7	100.00	2.55
3000～5764	7	7	100.00	2.55
合计	627	274	43.70	100.00

程荣联于 1991 年和 1995 年两次采集麦穗鱼并隔离饲养，对隔离饲养的麦穗鱼检查，华支睾吸虫囊蚴感染率为 98.73%(155/157)，囊蚴中位数为 24 个/条，算术平均数为 135.71 个/条；胞囊蚴感染率分别为 12.20%(15/123)、85.29%(29/34)，平均感染率为 28.03%。隔离饲养 100、200、300 和 1038 天，胞囊蚴感染率分别为 16.39% (10/61)、57.70% (29/54)和 12.50% (5/40)。隔离饲养后 379、762 和 1038 天，分别从带有胞囊蚴的麦穗鱼分离出囊蚴，各感染 1 只猫，获虫率分别

为 85.45％（94/110）、4.51％(11/244)和 9.80％（5/51)，平均获虫率为 27.16％（110/405)。

（三）麦穗鱼感染华支睾吸虫胞囊蚴判定

程荣联认为，确认麦穗鱼体内存在华支睾吸虫胞囊蚴的依据如下：①麦穗鱼采集地重庆市垫江县白家乡属华支睾吸虫病中度流行区，现场流行病学调查证明该地麦穗鱼不存在有与华支睾吸虫囊蚴形态类似的其他吸虫囊蚴感染；②用含有胞囊蚴的麦穗鱼肉感染猫，均获得华支睾吸虫成虫，证实胞囊内的囊蚴确为华支睾吸虫囊蚴；③现场采集和隔离饲养麦穗鱼胞囊蚴感染率有较好的重现性，排除偶然现象；④麦穗鱼隔离饲养 100 天后仍有胞囊蚴存在，囊内有不同成熟度的囊蚴，这些囊蚴应是在麦穗鱼隔离饲养期间形成；⑤胞囊蚴内的囊蚴形态清晰，结构完整，排泄囊和囊壁界限分明，是完整的具有生命力的个体。

（四）麦穗鱼感染华支睾吸虫胞囊蚴的特点

麦穗鱼是华支睾吸虫最易感染的宿主，比其他鱼类对华支睾吸虫更有亲和力，华支睾吸虫对麦穗鱼的适应性更强，可能与胞囊蚴的发生有关。麦穗鱼感染胞囊蚴具有以下特点和可能：①不同年份胞囊蚴感染率明显不同，表明其发育受气候等因素的影响；②胞囊蚴发生率与华支睾吸虫囊蚴感染度一致，并随麦穗鱼体重增加而增高；③尾蚴进入麦穗鱼体内后，形成胞囊蚴需要一定时间，故体重小的麦穗鱼无胞囊蚴感染；④胞囊蚴的囊壁较脆弱易破裂，捣碎消化法往往检查不到胞囊蚴，因此必须用压片检查鱼肉方可查见胞囊蚴；⑤早期幼体麦穗鱼均为雌性，随鱼龄增长逐步变为雄性，这一特性是否与胞囊蚴的形成有关？

（五）胞囊蚴在麦穗鱼体内的无性生殖

为证实华支睾吸虫囊蚴阶段是否具有无性生殖的生物学现象，程荣联等在实验室内进行了一系列的人工感染观察。

实验分为：①整群麦穗鱼定量尾蚴感染组(A 组)，将 30 条麦穗鱼放在有水草生长的玻璃鱼缸内，然后再分批将 282 条华支睾吸虫尾蚴放入鱼缸内，让其自然感染麦穗鱼；②单条麦穗鱼定量尾蚴感染组(B 组)，将 34 条麦穗鱼分别放入盛有 300 ml 水的玻璃杯中，每杯一条麦穗鱼，各放入 30 条华支睾吸虫尾蚴，让其自然感染麦穗鱼。感染后，将麦穗鱼置大的鱼缸中饲养。

1. 麦穗鱼感染率与感染度 于感染后 98～234 天分别对麦穗鱼先进行鱼肉直接压片，在显微镜下计数囊蚴；再收集检查过的鱼肉，与鱼头、鱼肠等一起捣碎，水洗沉淀，取沉渣镜检。检查 A 组 29 条麦穗鱼，均检出华支睾吸虫囊蚴，感染率为 100％；检查 B 组 31 条麦穗鱼，24 条检出华支睾吸虫囊蚴，感染率为 77.42％。A 组的 29 条麦穗鱼中，检出 19 个囊蚴的 22 条，检出 14 个囊蚴的 2 条，检出 13、15、23、127、290 个囊蚴的各 1 条，共计检出囊蚴 587 个，是总感染尾蚴数(282 条)的 2.08 倍。囊蚴数最多的 2 条鱼的感染日龄分别为 98 天和 211 天。B 组的 24 条麦穗鱼中，检出 1 和 2 个囊蚴的各 8 条，检出 3 个囊蚴的 3 条，检出 4、5、6、8、968 个囊蚴的各 1 条，共检出囊蚴 1 024 个。单条鱼检出囊蚴 968 个是感染尾蚴数(30 条)的 32.27 倍，该鱼感染日龄为 234 天。A 组和 B 组检出囊蚴数的 G 值分别为 5.84 和 2.53，差异具统计学意义。

2. 当年生与非当年生麦穗鱼感染率与感染度 在两组实验感染的麦穗鱼中，当年生麦穗鱼感染率为 100.00% (18/18)，非当年生麦穗鱼为 83.33% (35/42)，感染率差异无统计学意义；但当年生与非当年生麦穗鱼检出囊蚴数的 G 值分别为 6.79、3.07，其差异具统计学意义。

3. 尾蚴感染成功率和在鱼体内的无性生殖　A 组平均每条麦穗鱼投放尾蚴 9.4 条，29 条麦穗鱼中有 7 条超过 10 个囊蚴，其余 22 条麦穗鱼平均尾蚴感染成功率为 54.09%(119/220)，单条在 4.55%～40.91%之间。B 组麦穗鱼检出囊蚴数超过 30 个的有 1 条，其余 30 条麦穗鱼平均尾蚴感染成功率为 6.22% (56/900)，单条在 0～26.67%之间。华支睾吸虫在 2 组鱼体内有无性生殖发生率为 13.33% (8/60)。

胞囊蚴具有无性生殖的生物学功能，最早出现无性生殖时是在麦穗鱼感染后的 98 天，产生无性生殖的种原可能来源于囊蚴内具有生物活性的游离颗粒。在鱼体内进行无性生殖的方式可能有 2 种：①囊蚴内繁殖-囊蚴内具有生物活性的游离颗粒，在一定的条件下，逐步分化发育为 2 个，或 2 个以上的幼体，幼体在胞囊蚴内发育成熟后，从胞囊蚴中分离、移出成为新的囊蚴个体；②囊蚴外繁殖-通过发育，囊蚴外囊壁逐渐向左右扩张形成空腔，囊蚴体居中形成“正眼囊蚴”。空腔为生殖新生囊蚴准备了空间，发育到一定程度后，囊蚴体偏向一方，囊蚴内囊壁的某一方位变模糊，形成“偏眼囊蚴”。变模糊的地方组织松软，为释放具有生物活性的游离颗粒提供了方便，具有生物活性的游离颗粒从囊蚴内囊壁变模糊处释放出，经过一定时间发育成为“黑点囊蚴”。黑点囊蚴的黑点，是新生囊蚴的排泄囊雏形，进一步发育成“双姊囊蚴”，“双姊囊蚴”发育成熟后一分为二，完成整个无性生殖过程(图 3-4)。

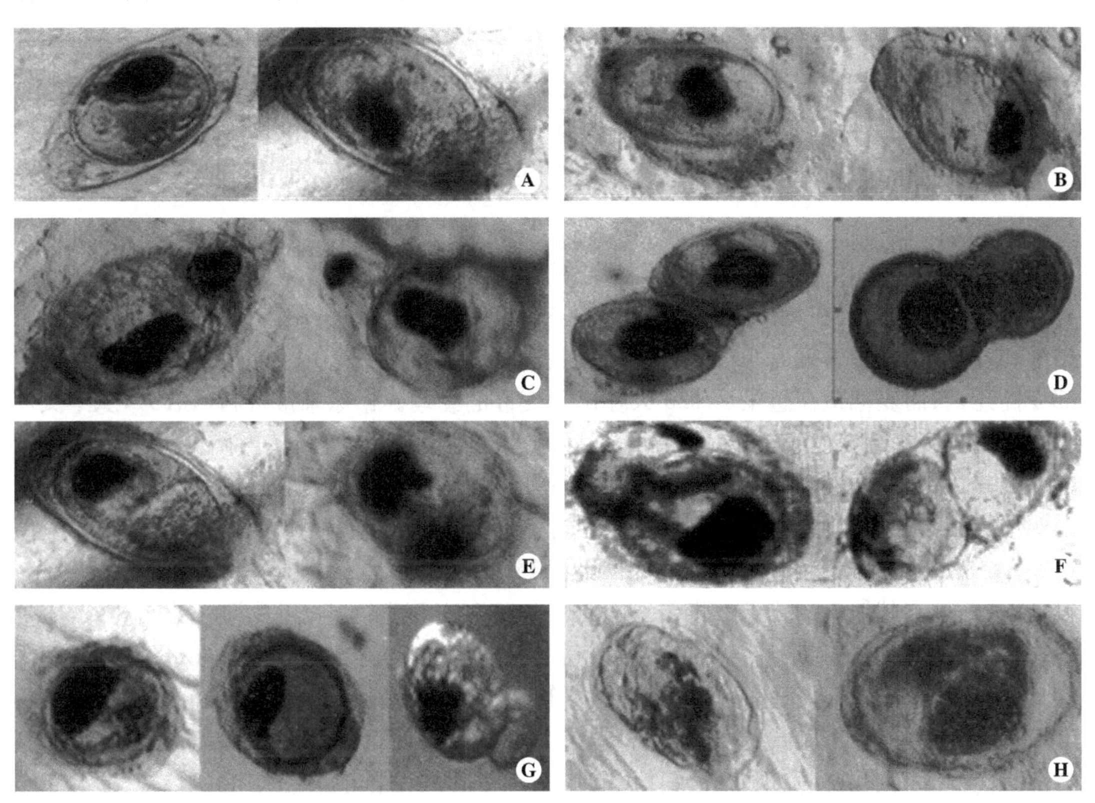

图 3-4　典型华支睾吸虫囊蚴及发育中的华支睾吸虫囊蚴(引自程荣联)

A.正眼囊蚴；B.偏眼囊蚴；C.黑点囊蚴；D.双姊囊蚴；E. 胞囊；F.胞囊蚴；G.衰老囊蚴；H.死亡囊蚴

（六）影响鱼体感染及胞囊蚴形成的因素

胞囊蚴实验观察是在实验室内进行，不是真正的自然环境，因此实验条件会影响胞囊蚴形成。①温度和尾蚴量：实验是在气温39℃左右情况下进行，一次性投放较少尾蚴感染麦穗鱼，如果气温在25℃左右，麦穗鱼长期处于疫水中，有大量尾蚴重复感染，无性生殖的发生率应当会提高；②感染环境：如在自然水体内，水容量大且有水生植物生长，华支睾吸虫胞囊蚴的感染率与感染度可能会更高；③鱼类：当年生的小型麦穗鱼可能更易被感染；④检查时间与检查方法：感染200天后，麦穗鱼体内出现衰老死亡囊蚴，衰老死亡囊蚴随日龄增加而增多(表3-13)，已不具备进行第二次无性殖的条件，推论其寿命可能为200～250天。衰老囊蚴抗冲击力低，检查鱼肉中的华支睾吸囊蚴，应选用直接压片法。

表3-13　不同感染日龄麦穗鱼出现衰亡华支睾吸虫囊蚴情况

感染日龄	检查条数	出现衰亡囊蚴的鱼		未出现衰亡囊蚴的鱼	
		条数	%	条数	%
98～	5	0	0.00	5	100.00
200～	12	6	50.00	6	50.00
220～	37	22	59.46	15	40.54
240～259	6	6	100.00	0	0.00
合计	60	34	56.67	26	43.33

七、华支睾吸虫囊蚴在鱼体内的存活时限

（一）华支睾吸虫囊蚴在活鱼体内的生存情况

华支睾吸虫囊蚴在鱼体内存活时间相对较长。曾有日本学者用华支睾吸虫尾蚴感染宽鳍鱲和麦穗鱼，前者感染后30天，囊蚴即大量出现变性和死亡，在感染后的105天，囊蚴全部变性死亡；而麦穗鱼在感染后125天才出现变性的囊蚴。据徐秉锟资料(1979)，从华支睾吸虫病流行区采集自然感染了华支睾吸虫囊蚴的白鲩鱼苗，在实验室内确保无再感染的情况下饲养，从第3个月开始鱼体内囊蚴数目逐渐减少，一年后基本消失。

华支睾吸虫囊蚴在鱼体内存活时间可能还会更长。杨连第(1991)从自然河流中采回140条麦穗鱼，抽查其中的20条，华支睾吸虫囊蚴的感染率为100%，平均感染度为732个/克鱼肉，未见有其他囊蚴感染。将余下的120条鱼在实验室饲养，其后每月处死3条，压片检查囊蚴的存活情况和数量。从首次观察到实验结束共20个月，所检查的65条鱼全部阳性，期间自然死亡的55条鱼也均为阳性。尽管鱼体内的囊蚴有逐月减少的趋势，但减少幅度不大，一般较前一个月减少1～3个。在第20个月时，处死一条重2.5克的麦穗鱼，取其背部肌肉0.05克检查，发现32个囊蚴，其中有1个囊蚴的排泄囊呈空泡状，1个囊蚴完全变形，其余30个囊蚴活力尚可。将此鱼全部喂饲从未感染过华支睾吸虫的家猫，40天后解剖该猫，共获华支睾吸虫成虫350条，所有虫体发育良好，虫体回收率约为50%。据此推测，华支睾吸虫囊蚴在麦穗鱼体内可存活20个月以上。

（二）华支睾吸虫囊蚴的简略生命表

程云联(1995)观察在实验室内饲养从流行区捕回的麦穗鱼，在无新感染的情况下，在0、2、4、6、8、10及12个月分别进行检查，每条鱼含囊蚴的算术平均数分别为38、25、40、28、29、24和18个，几何平均数分别为24、19、18、19、14、10和7个。饲养1年后每条鱼含囊蚴的算术平均数下降52.63%，几何平均数下降70.83%，因此说明华支睾吸虫囊蚴在麦穗鱼体内至少可以存活1年。根据一年内的7次检查，每次检查30条鱼共210条的结果，以每次检查每条鱼所含囊蚴的几何平均数(2、4月龄增加1个标准差)为基础，求出各月龄囊蚴成活数、各月龄囊蚴死亡数，从而计算出华支睾虫囊蚴的生命表。见表3-14。

表3-14　华支睾吸虫囊蚴的简略生命表

月龄	各月龄几何均数(2)	月龄存活数(3)＝(2)×210	开始存活分数(4)	死亡个数(5)	死亡率(6)	月龄存活数(7)	累积存活数(8)	生存期望余月(9)
0	24	5040	1.000	420	0.0833	4830	19 005	3.77
2	22	4620	0.917	210	0.0455	4515	14 175	3.07
4	21	4410	0.875	420	0.0925	4200	9600	3.19
6	19	3900	0.792	1050	0.2632	3465	9240	2.32
8	14	2940	0.583	840	0.2857	2520	5775	1.96
10	10	2100	0.417	630	0.3000	1785	3255	1.55
12	7	1470	0.292	0	0.0000	1470	1470	1.00

（三）华支睾吸虫囊蚴在死亡鱼体内的存活时间

根据程云联等(1995)观察，在室温10～18℃的条件下，麦穗鱼自然死亡后4天，鱼肉已基本腐烂，但其中的囊蚴100%的存活，在鱼死后的7、9、12、15和16天，囊蚴的死亡率分别为2%、23%、58%、83%和100%。表明华支睾吸虫囊蚴能经受鱼体腐烂后所产生的各种酶的影响，在短时间内仍具有一定的活力，并可以顺利地从腐烂的鱼肉中分离出来，保持囊蚴的完整。因此在自然界水体中，囊蚴从死亡腐烂鱼体内分离出来进入水中，并保持一定活力，如果饮用这种沟河内的生水，有引起感染的可能。

Zhang等(2003)将新鲜麦穗鱼放置在4℃冰箱，使其自然腐败。在放入后的5、10、20和30天，各取3条鱼用0.5%胃蛋白酶溶液消化获取囊蚴，再经口感染体重约150g的SD大鼠，1个月后处死大鼠并从肝脏中取虫。同时测定在4℃冰箱放置5、10、20和30天鱼肉内的氨含量。放置5、10、20和30天鱼肉内囊蚴感染大鼠的成虫回收率分别为58%、48%、44%和2%。同期保存鱼肉中的氨含量分别为0.440、0.347、0.632和1.137g N/l。成虫回收率与鱼肉内的氨含量负相关，并具有统计学意义，说明4℃冰箱保存1个月的鱼体中所产生的内源性氨可致囊蚴失去感染活性。

（四）华支睾吸虫囊蚴在冷冻鱼体内的存活时间

Fan(1998)将平均体重10.1g(9～11g)，体长7～11cm的75条麦穗鱼中的25条在－12℃冷冻10～20天，20条在－20℃冷冻3～7天。用人工消化法从上述冷冻后的鱼中分离华支睾吸虫囊蚴。30只大鼠和40只家兔每只分别通过灌胃接种40个和80～150个从冷冻鱼中分离的囊蚴，在感染后的25～156天，剖杀动物，从肝脏中找虫。实验结果见表3-15。麦穗鱼在－12℃冷冻10～18天，在－20℃冷冻3～7天，部分华支睾吸虫囊蚴仍具有感染力，－12℃冷冻20天，或－20℃冷冻3天，解冻后再冷冻4天则可使囊完全失去感染力。

表3-15 冷冻麦穗鱼中华支睾吸虫囊蚴的活性

实验动物	感染动物数	囊蚴冷冻温度(℃)	囊蚴冷冻天数	每只动物感染囊蚴个数	感染天数	阳性动物数(%)	共获虫数(条)	获虫率(%)
家兔	2	－12	10	150	94、98	2(100)	94	31
家兔	4	－12	18	90	25～86	3(75)	85	24
家兔	2	－12	20	80	80、156	0	0	0
大鼠	10	－20	7	40	27～32	10(100)	123	41
大鼠	10	－20	3	40	27～35	10(100)	184	46
大鼠	10	－20	7*	40	27～35	0	0	0

*：－20℃冷冻3天，第3天取出解冻后放入－20℃再冷冻4天

亦有实验表明华支睾吸虫囊蚴对冷冻的耐受力并非如此。方悦怡等(2003)取鱼肉5份分别贮存于－20～－18℃的冰箱中冷冻3、7、14、21、28天后取出，用鱼肉压片法镜检观察囊蚴结构和囊内幼虫活动能力发现，冷冻3天，囊蚴结构仍较完整，部分囊内幼虫的口、腹吸盘不清晰，排泄囊模糊，致密度较差，活动减少。冷冻7天，囊蚴内外壁分界不清，囊内充满浅灰色颗粒，口、腹吸盘不清，排泄囊不明显，未见幼虫活动。冷冻14天及以上囊蚴内外壁分界不清，口、腹吸盘不见，排泄囊不明显，未见幼虫活动。将冷冻后的鱼肉消化，分别用每个冷冻时间组的囊蚴感染新西兰兔，每只兔感染囊蚴200个。饲养45天后解剖，用在鱼肉内冷冻3、7、14、21和28天后囊蚴感染的5组家兔，每组6只，共30只，全部动物的肝胆器官均未见任何病变，未发现华支睾吸虫，胆汁检查未见虫卵。说明华支睾吸虫囊蚴在－20～－18℃冷藏3天后，已失去对宿主的感染能力。

(五) 华支睾吸虫囊蚴在盐腌制鱼体内的存活时间

Fan(1998)将平均体重10.1g(9～11g)，体长7～11cm的30条麦穗鱼在26℃温度下用盐(3g盐/10g鱼) 腌5～15天，再用人工消化法从腌制后的鱼中分离华支睾吸虫囊蚴。每只大鼠分别经口感染30个从腌过麦穗鱼中分离的囊蚴，共感染33只大鼠。在感染后的42～72天，剖杀动物，从肝脏中找虫。实验结果见表3-16。腌制5天，囊蚴的感染力未受明显影响，腌制7天，囊蚴已基本上失去了感染力，超过7天，则不可能再感染动物。

表3-16 从盐腌麦穗鱼中分离的华支睾吸虫囊蚴的活性

感染大鼠数	鱼体腌制天数	每只动物感染囊蚴数	感染天数	阳性动物数(%)	共获虫数(条)	获虫率(%)
3	5	30	68	3(100)	39	43
3	6	30	71	3(100)	18	20
3	7	30	51	1(33)0	1	1
12	8～11	30	54～72	0	0	0
12	12～15	30	42～54	0	0	0

八、理化因素对离体华支睾吸虫囊蚴发育和存活的影响

（一）温度对华支睾吸虫囊蚴发育存活的影响

吴军等(2004)将取自鳙鱼的华支睾吸虫囊蚴置生理盐水中，分别置4℃冰箱和30℃室温中保存。在保存后的第1、第10和第20天观察囊蚴生存和发育情况(表3-17)。低温(4℃)使华支睾吸虫囊蚴出现一定程度的滞育，但可使囊蚴的保存期明显延长。30℃保存的囊蚴发育成熟较快，初期较大数量的成熟囊蚴出现，20天后其囊蚴基本脱囊或死亡，仅有少数囊蚴存活。

表3-17　不同温度下华支睾吸虫囊蚴的发育和生存情况

实验天数	4℃				30℃			
	成熟前囊蚴	成熟囊蚴	变形囊蚴	囊蚴总数	成熟前囊蚴	成熟囊蚴	变形囊蚴	囊蚴总数
1	1780	400	320	2500	1820	380	300	2500
10	1500	150	40	1690	440	400	20	860
20	1110	120	10	1240	20	40	0	60

注：成熟前囊蚴为未发育囊蚴与未成熟囊蚴之和

据袁维华等(1988)报道，将用人工消化液从麦穗鱼体内分离出的囊蚴分别置于生理盐水和细胞培养液中，在－4℃、3～4℃冰箱内、8～24℃室温和37℃恒温箱内保存。在－4℃生理盐水或细胞培养液中的囊蚴，第4天有2/3的死亡，至第10天全部死亡；在37℃恒温保存条件下，细胞培养液中的囊蚴第2天有一半死亡，培养液开始发臭，第3天囊蚴全部死亡；在生理盐水中第2天，约有一半囊蚴死亡，第3天盐水开始发臭，第4天囊蚴全部死亡。两种液体中均有大量细菌繁殖。8～24℃的条件下，囊蚴在细胞培养液中存活至74天，在生理盐水中存活至104天。当室温增高时，细菌和原生动物繁殖迅速，保存液变臭加剧，囊蚴死亡加快，保存时间亦随之缩短，尤以细胞保存液为甚。但在生理盐水中，脱囊现象则较为明显。3～4℃是华支睾吸虫囊蚴生存较为适宜的温度。在此温度下，不同培养液中囊蚴存活情况见表3-18。王翠霞等(1988)报道了低温、高温对华支睾吸虫囊蚴存活的影响(表3-19)。

表3-18　3～4℃条件下不同培养液中囊蚴存活时间

保存天数	细胞培养液			生理盐水		
	检查数	活囊数	活囊率(%)	检查数	活囊数	活囊率(%)
1～69	622	539	86.66	984	858	87.20
70～129	691	370	53.55	657	329	50.08
130～168	501	160	32.53	602	175	29.07

表3-19　华支睾吸虫囊蚴在不同温度中存活情况

温度	作用时间	存活数	死亡数	死亡率(%)
－4℃	12小时	50	0	0
	15天	16	34	68
	30天	0	50	100
	全鱼30天	17	33	66

续表

温度	作用时间	存活数	死亡数	死亡率(%)
50℃	30 分钟	10	40	80
	50 分钟	0	50	100
55℃	5 分钟	5	45	90
	7 分钟	0	50	100
60℃	30 秒	50	0	0
	1 分钟	50	0	0
	2 分钟	0	50	100
70℃	5 秒	40	10	20
	10 秒	0	50	100

注:各组实验囊蚴数均为 50 个

(二) 化学药剂和调味品对华支睾吸虫囊蚴存活的影响

王翠霞等(1988)报道了在 20℃±1℃环境中,华支睾吸虫囊蚴对不同化学药剂和多种调味品的耐受力(表 3-20,表 3-21)。Shimazono 和 Hasui 也观察了华支睾吸虫囊蚴对不同化学试剂的抵抗力,结果见表 3-22。

表 3-20 华支睾吸虫囊蚴在各种不同浓度化学药剂中存活情况

药物	作用时间	存活数	死亡数	死亡率(%)
0.1%苯扎溴铵溶液	48 小时	50	0	0
1%福尔马林溶液	1 小时	25	25	50
	2 小时	0	50	100
70%乙醇溶液	1 小时	50	0	0
	6 小时	20	30	60
	12 小时	0	50	100
3%苯酚溶液	15 分钟	15	35	70
	35 分钟	0	50	100
5%苯酚溶液	15 分钟	1	49	98
	30 分钟	0	50	100

注:各组实验囊蚴数均为 50 个

表 3-21 华支睾吸虫囊蚴在家用调味品中生存情况

调味品	作用时间	存活数	死亡数	死亡率(%)
食醋	40 小时	48	2	4
	4 天	0	50	100
酱油	15 小时	5	45	90
	30 小时	0	50	100
纯大蒜汁	12 小时	4	46	92
	36 小时	0	50	100
辣椒浸液(1∶6)	10 小时	48	2	4
	24 小时	0	50	100

注:各组实验囊蚴数均为 50 个

表 3-22　华支睾吸虫囊蚴对不同化学试剂的耐受力

化学试剂	囊蚴存活时间及虫体状态	
自来水	54 小时	
5%盐水	3 小时	
	5 小时	
Lugol 碘液	5 分钟	囊蚴壁完整
1%甲基蓝溶液	4 小时	
1%曙红溶液	1 小时	
木醇	10 分钟	
1%氢氧化钠溶液	20 分钟	20 分钟后幼虫死亡
1/10mol/L 氢氧化钠溶液	2 小时	19 小时后脱囊幼虫存活
1/15mol/L 氢氧化钠溶液	2 小时	脱囊时幼虫仍存活，但很快死亡
10%碳酸钠溶液	19 小时	
1%碳酸钠溶液	21 小时	
0.5%碳酸钠溶液	48 小时	
20%盐酸溶液	2.5 小时	囊蚴壁完整
1/5mol/L 盐酸溶液	24 小时	
1/10mol/L 盐酸溶液	48 小时	
3%乙酸溶液	6 小时	

引自 Daews(1966)

Zhang 等(2003)进一步研究氨对离体囊蚴的影响，将囊蚴分别放入生理盐水和 0.05、0.2、1 和 2g N/l 的碳酸氢铵中。放置 1、3 和 7 天后，用这些囊蚴再感染大鼠，获虫情况见图 3-5。囊蚴保存在 0.05g N/l 碳酸氢铵中 7 天，仍能保持正常的感染力。

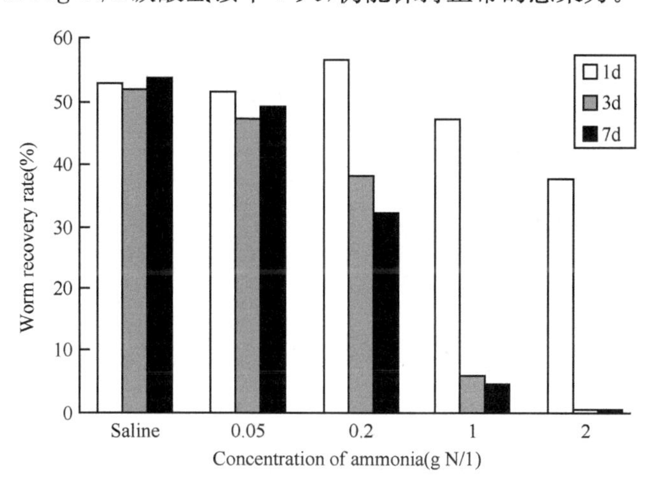

图 3-5　不同氨浓度对华支睾吸虫感染力的影响(引自 Zhang)

（三）离体华支睾吸虫囊蚴在不同保存方法中的存活时间

为教学或科研的需要，有时要尽可能延长囊蚴的保存时间。Li 等(2006)将囊蚴分别放入 PBS(pH 8.0)、PBSA(PBS 含 200U 青霉素，200μg 链霉素和 0.05μg 两性霉素)、PBSI(PBS 含 10μmol/L 的碘乙酸)和 PBSAI(含 PBSA 和 PBSI)，保存于 4℃环境中。保存后的 1、3 和 6 个月在显微镜下观察囊蚴的形态和活动，计算囊蚴存活率，同时另取部分囊蚴通过灌胃感染大鼠，并在感染后 4 周从大鼠肝脏取虫，计算成虫回收率以判断在不同保存条件下囊蚴的感染性。在每种保存方法中，又分为不更换保存液和每月更换保存液 2 组。在不同保存液中保存不同时间囊蚴的存活情况和感染力见表 3-23，囊蚴形态变化见图 3-6。在显微镜下，可见新鲜囊蚴内幼虫活跃，口吸盘和腹吸盘清晰，排泄囊中的排泄颗粒呈黑色、集中成团。在 PBS 中，随着保存时间的延长，虫体吸盘逐渐变得模糊，排泄颗粒颜色变浅，囊内虫体结构消失。囊蚴在 PBS 中保存 1 月，对其活性活力影响不明显，但如果加入抗菌类药物，能延长囊蚴的保存时间，有利于保持囊蚴的感染力。

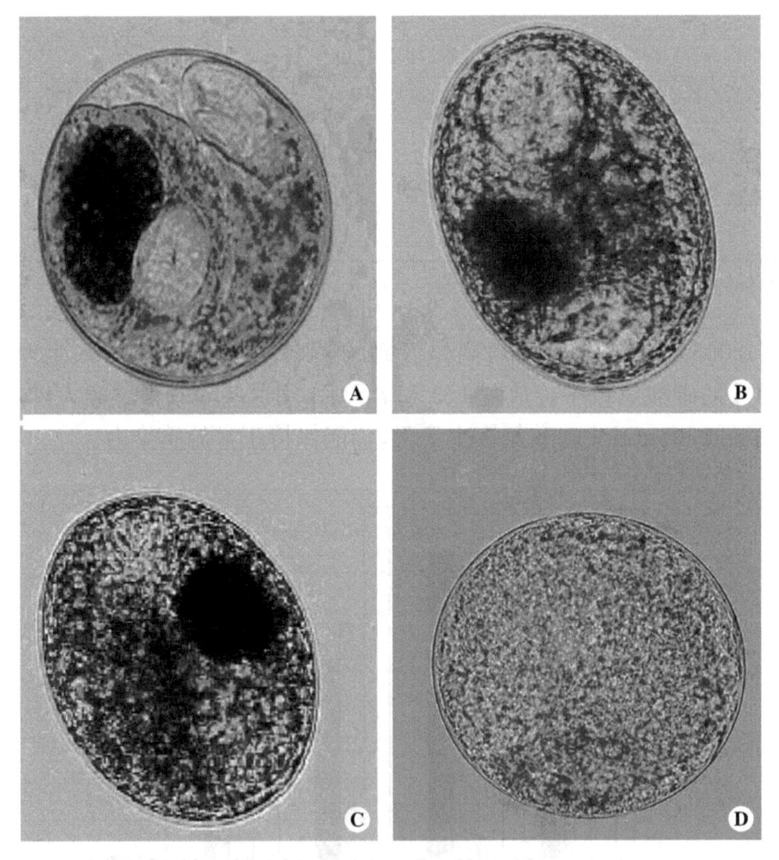

图 3-6　在 PBS 中保存不同时间囊蚴的形态（引自 Li）

A.新鲜囊蚴；B.保存 3 个月；C.保存 6 个月；D.保存 6 个月后

表 3-23　囊蚴在不同保存液中存活率(%)和感染大鼠后的成虫回收率(%)

保存时间		PBS		PBSA		PBSI		PBSAI	
		A	B	A	B	A	B	A	B
1个月	存活率	81.9	—	83.2	—	48.0	—	47.3	—
	回收率	47.2	—	45.5	—	23.0	—	25.5	—
3个月	存活率	48.8	68.0	71.3	73.8	31.2	41.4	31.0	50.7
	回收率	27.0	35.6	41.8	39.0	22.4	20.4	23.2	24.7
6个月	存活率	23.4	45.6	30.9	63.7	14.2	18.7	13.2	23.3
	回收率	10.7	23.4	22.5	30.9	6.5	14.2	2.9	13.2

注:A. 保存液不更换;B. 每月更换新鲜保存液

李秉正等(1984)将从麦穗鱼体内分离出的华支睾吸虫囊蚴分别放在阿尔塞弗氏溶液(Alsever's 溶液)和复方氯化钠溶液中,置 4～5℃冰箱中保存。定期分别从各保存液中取出 25 个囊蚴,在 40℃温箱中先用人工胃液孵化 1 小时,后移入人工肠液中孵化 2 小时,以脱囊孵出活动的后尾蚴为囊蚴在保存液中存活的指标。同时从各保存液中再分别取出 30 个囊蚴经口感染家兔,一定时间后解剖家兔检查成虫,以观察不同时间和不同保存液对囊蚴存活和感染力的影响。

在阿尔塞弗氏液中,囊蚴被保存至 240 天时,脱囊率已明显降低,后尾蚴活动能力减弱,排泄囊颜色变浅,有的后尾蚴排泄囊内的色素颗粒消失。在该液中,华支睾吸虫囊蚴的保存时限为 270 天。在复方氯化钠溶液中,保存至 90 天及以后的囊蚴,其外形变长或不规则,孵出的后尾蚴活动力开始减弱,有的排泄囊颜色变浅,或色素颗粒消失,保存时限为 135 天(表 3-24)。华支睾吸虫囊蚴在离体保存的条件下,对终宿主仍有感染能力的时限在阿尔塞弗氏液为 240 天,在复方氯化钠溶液少于 60 天(表 3-25)。

表 3-24　华支睾吸虫囊蚴在不同保存液中存活情况

保存天数	脱囊数(脱囊率%)					
	阿尔塞弗氏液			复方氯化钠溶液		
	1 小时	2 小时	3 小时	1 小时	2 小时	3 小时
15	0	24(96)	25(100)	0	23(92)	24(96)
30	0	23(92)	24(96)	0	22(88)	22(88)
45	0	23(92)	25(100)	0	25(100)	25(100)
60	0	25(100)	25(100)	0	21(84)	25(100)
75	0	23(92)	23(92)	4(16)	20(80)	20(80)
90	0	22(88)	22(88)	0	17(68)	17(68)
105	0	25(100)	25(100)	24(96)	24(96)	24(96)
120	0	23(92)	23(92)	25(100)	—	—
135	0	24(96)	24(96)			
150	0	24(96)	24(96)			
180	0	22(88)	22(88)			
210	0	20(80)	20(80)			
240	0	7(28)	7(28)			
270	0	0	2(8)			

注:每组囊蚴数均为 25 个

表 3-25 保存不同时间的华支睾吸虫囊蚴接种家兔后的获虫情况

保存天数	阿尔塞弗氏液		复方氯化钠溶液	
	获虫数	获虫率(%)	获虫数	获虫率(%)
15	9	30.0	12	40.0
30	5	16.7	—	—
45	—	—	—	—
60	—	—	0	0
75	12	40.0	0	0
90	5	16.7	0	0
105	9	30.0	0	0
120	10	33.3	0	0
135	11	36.7		
150	5	16.7		
180	4	13.3		
210	4	13.3		
240	1	3.3		
270	0			

注:每兔感染囊蚴 30 个;"—":接种后家兔死亡

左胜利等(1994)将未经消化直接从鱼肉中分离的囊蚴放入盛有自然湖水的烧杯中。在28～30℃条件下,囊蚴第 2 天即出现死亡,第 4 天死亡数达 50%以上,虫体多在脱囊后发生死亡。湖水第 4 天开始发臭,有大量细菌和原生动物生长繁殖,囊蚴生存时限最多为 9 天。将同样的囊蚴放入 0.4%盐水的烧杯中,4℃冰箱内保存,每隔 10 天换液 1 次,第 2 天出现极少数空壳,第 6 天出现死囊蚴,保存后的前 30 天,囊内幼虫运动活跃,多以排泄囊溃散形式在囊内死亡,死亡率波动在 1%～8%之间;保存至 100 天后,大部分囊蚴变形,脱囊,色素颗粒减少甚至消失,排泄囊颜色变淡,活动力明显减弱,缓慢无力,最后衰竭;第 164 天全部死亡。

用在 0.4%盐水中保存至第 20 天的囊蚴感染豚鼠 2 只,每只感染囊蚴 60 个,感染后 1 个月后分别获虫 12 条和 11 条,获虫率为 19%;用 0.4%盐水中保存至第 53 天的囊蚴感染豚鼠 2 只,每只感染 50 个,感染后 1 个月后共检获成虫 1 条,获虫率为 1%;而用刚从鱼肉内分离出的新鲜囊蚴感染豚鼠 5 只,每只感染 50 个,感染后 1 个月,获虫数为 16～24 条,共获虫 100 条,获虫率为 40%。

九、生物化学因素对华支睾吸虫囊蚴脱囊的影响

(一) 大鼠消化液对脱囊的影响

叶春艳等(2008)将新分离出的华支睾吸虫囊蚴分别放入取自大鼠不同部位的消化液中,于 37℃培养 30 分钟,观察脱囊情况,计算脱囊率。脱囊率＝脱囊幼虫数/(成熟囊蚴数＋脱囊幼虫数),结果见表 3-26,作用 30 分钟后,在不同肠液中,均有较高的脱囊率,且脱囊

后的虫体活力较好。在大鼠胃液中 30 分钟未见脱囊，将作用时间延长至 4 个小时，仍没有虫体脱囊。此实验说明，华支睾吸虫囊蚴能通过终宿主胃部，到达肠内再脱囊，有利于顺利到达寄生部位。

表 3-26　华支睾吸虫囊蚴在不同脱囊液中作用 30 分钟的脱囊情况

脱囊液	未脱囊囊蚴数	未成熟囊蚴数	变形囊蚴数	成熟囊蚴数	脱囊幼虫数	脱囊率(%)
大鼠胃液	4	2	0	47	0	0
大鼠十二指肠液	4	3	0	1	43	97.7
大鼠小肠上段液	7	3	1	3	53	94.6
大鼠小肠中段液	4	1	1	2	47	95.9
大鼠小肠下段液	5	2	0	4	44	91.7
大鼠大肠液	7	3	1	3	45	93.8

（二）胰蛋白酶、胆汁酸和还原剂等对华支睾吸虫囊蚴脱囊的影响

Fumio(1998)研究胰蛋白酶浓度、胆汁酸和还原剂对华支睾吸虫囊蚴脱囊的影响。以三甲基氨基乙磺酸-NaCl 缓冲液(TES-NaCl)作为基本培养液，培养温度为(37±0.5)℃。每次试验取 10～20 个囊蚴放入 pH7.5 的 TES-NaCl 中预培养 5～10 分钟，然后移至含有胰蛋白酶的脱囊液中。每隔 30 秒或 60 秒，用体视显微镜观察虫体活动情况，共观察 30 分钟。每次观察 20 个囊蚴，试验重复 3 次，如果每次观察 10 个囊蚴，则实验重复 6 次。

1. 胰蛋白酶浓度的影响　用于脱囊的胰蛋白浓度调整为 4^{-7}%～4^{-6}%。在此浓度中作用约 10 分钟，有 50%的囊蚴脱囊；作用 20 分钟，100%的囊蚴脱囊。选用的胆酸盐为牛磺胆酸钠和脱氧胆酸钠(4^{-5}%～1%)，选用的还原剂为抗坏血酸钠(0.01mol/L)、连二亚硫酸钠溶液(0.01mol/L)、半胱氨酸盐酸盐溶液(0.000 4～0.05mol/L)或二巯基乙醇溶液(0.01mol/L 和 0.05mol/L)。还原剂在临用前加入，用 0.3mol/L NaOH 溶液调整至 pH7.5。

在胰蛋白酶浓度为 4^{-5}%、4^{-6}%和 4^{-7}%时，50%的囊蚴脱囊时间分别为 1.3±1.0 分钟、3.6±0.4 分钟和 12.0±1.0 分钟。在 5～30 分钟时间内，100%的囊蚴脱囊。VE-50(%/min)(VE-50＝50/50%囊蚴脱囊所需时间)分别为(39.2±11.8)%/min、(14.1±1.5)%/min 和(4.2±0.4)%/min。囊蚴壁外层在胰蛋白酶中培养液中发生肿胀。在 34℃条件下，囊壁外层的变化更为典型，在胰蛋白酶作用下，2.5～5.5 分钟开始肿胀，开始肿胀后的 1～2 分钟，囊壁厚度达到最大值，之后由于虫体运动挤压囊壁，外壁厚度处于变动之中。未经脱囊液作用的外壁厚度为 1.9～3.1μm，外壁的消化速度与初始厚度并无相关关系(图 3-7，图 3-8)。

2. 胃蛋白酶预处理的影响　经过 0.9%NaCl 溶液(37℃)预作用 2 小时的囊蚴在 $4^{-6.5}$%的胰蛋白酶中不脱囊，而经过酸或胃蛋白酶预处理过的囊蚴，尽管其在形态上观察不到差异，但在上述浓度的胰蛋白酶作用下，25 分钟内分别有 88%和 98%的发生脱囊。如果将经 0.9%NaCl 溶液(37℃)预作用 2 小时的囊蚴放入 4^{-3}%的胰蛋白酶液中，所有囊蚴在 2 分钟内全都脱囊。

3. 胆汁酸的影响　囊蚴在仅有胆汁酸但没有胰蛋白酶的培养液中不发生脱囊。但在

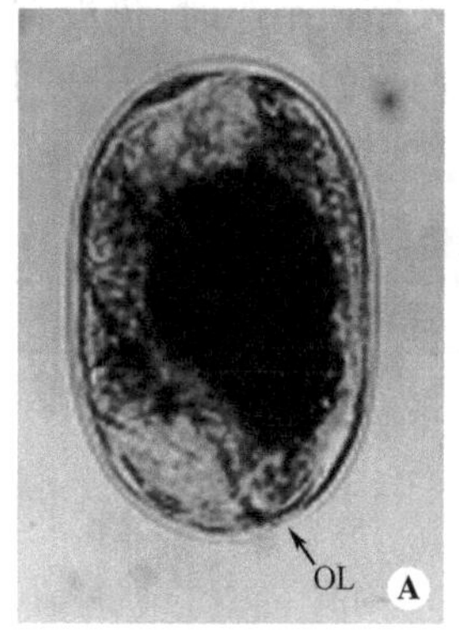

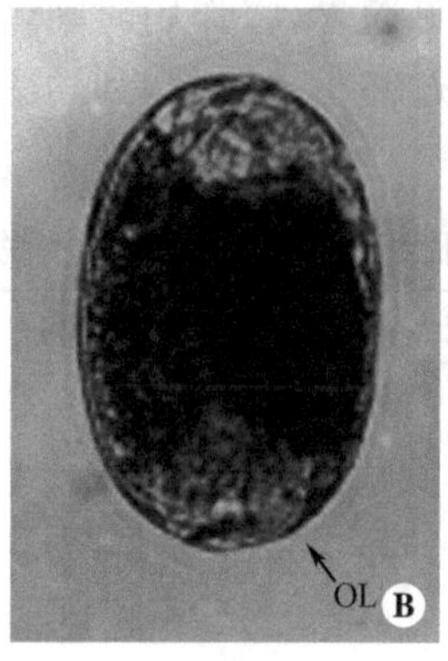

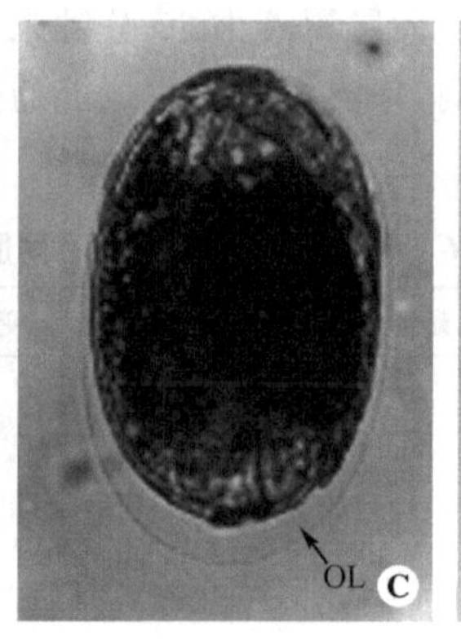

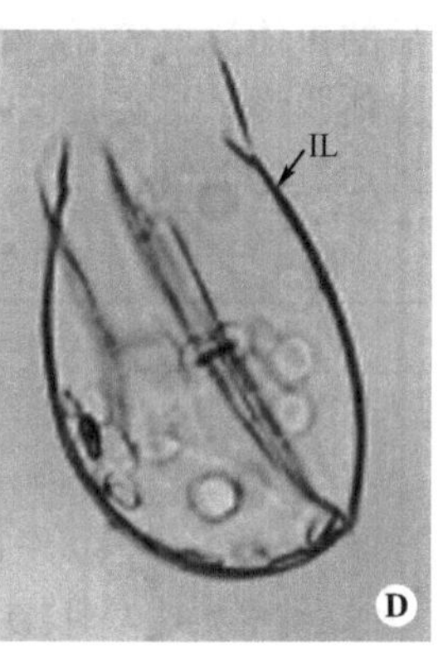

图 3-7 经胃蛋白酶预处理后的华支睾吸虫囊蚴外壁在 4^{-6}% 的胰蛋白酶(pH7.5,25℃)作用下的变化(引自 Fumio 1998)

A. 胰蛋白酶作用前;B. 作用 3 分钟,囊蚴外壁出现肿胀;C. 作用 12 分钟,由于囊内的虫体的漂浮运动,囊蚴外壁的上下两端变得厚薄不匀;D. 作用 17 分钟,虫体脱囊,外壁完全被消化,但内层囊壁依然存在;OL.外壁;IL. 内壁

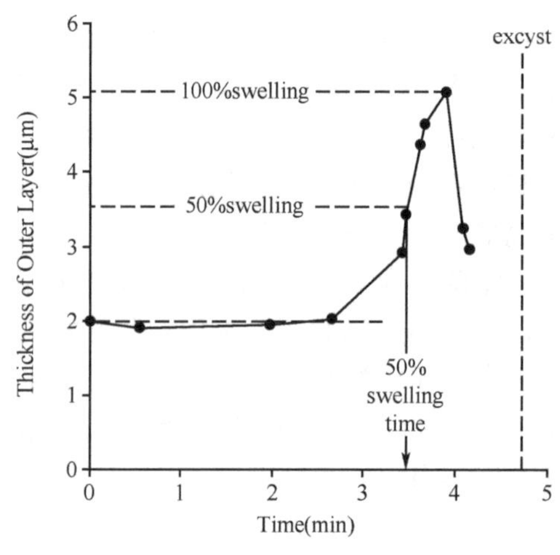

图 3-8 经胃蛋白酶预处理后的华支睾吸虫囊蚴外壁在 4^{-5}% 的胰蛋白酶(pH7.5,34℃)作用下的变化(引自 Fumio 1998)

含胰蛋白酶的脱囊液中,牛磺胆酸加快囊蚴外壁的消化速度和囊蚴脱囊的速度,并呈现出浓度依赖性,在其浓度为 1%时,VE-50 和囊壁的消化速度分别为无牛磺胆酸对照组的 261%和 253%。胰蛋白酶的活性却几乎不受牛磺胆酸浓度的影响。

在含胰蛋白酶的脱囊液中,低浓度的脱氧胆酸加快脱囊和外壁的消化速度,尤其在其浓度为 4^{-2}%时,脱囊的速度为无牛磺胆酸对照组的 330%,达最高峰。当脱氧胆酸浓度高于 4^{-2}%时,其对脱囊和囊壁消化的加速作用开始降低。在低浓度脱氧胆酸中,胰蛋白酶的活性相对稳定,为无牛磺胆酸对照组的 84%～109%,当脱氧胆酸浓度高于 4^{-2}%,胰蛋白酶的活性下降,脱氧胆酸浓度为 1%时,仅为对照组的 26%。

在含胰蛋白酶的脱囊液中,在任何浓度的牛磺胆酸和低浓度的脱氧胆酸中,囊蚴均能脱囊。当脱氧胆酸的浓度为 4^{-1}%和 1%时,有 10%～15%的囊蚴不脱囊。如果将囊蚴在含 1%脱氧胆酸的脱囊液中的作用时间延长至 10 分钟以上,未脱囊的囊蚴不但依然很少脱囊,而且已脱囊和未脱囊的幼虫除极少数有微弱运动外,均不再活动。

4. 还原剂的影响 在没有胰蛋白酶的条件下,0.05mol/L 的半胱氨酸和二巯基乙醇能诱发脱囊,但脱囊率很低,EV-50 的值分别 2.8%/min 和 1.7%/min;连二亚硫酸钠和抗坏血酸盐不能刺激囊蚴脱囊。

在 4^{-6}%胰蛋白酶溶液中加入 0.01mol/L 的半胱氨酸或二巯基乙醇,与不加半胱氨酸或二巯基乙醇的对照组相比,脱囊速度分别加快了(195±78)%和(193±34)%。在脱囊液中添加 0.01mol/L 的抗坏血酸，脱囊速度没有变化，在含有 0.01mol/L 连二亚硫酸钠的脱囊液中，没有囊蚴脱囊。

在 $4^{-6.5}$%胰蛋白酶溶液中加入浓度为 0.0004、0.002 和 0.01mol/L 的半胱氨酸盐酸盐溶液，与对照组相比，脱囊率可升高(151±9)%，浓度为 0.05mol/L 时，又降至(119±17)%。半胱氨酸盐酸盐浓度为 0.002mol/L 时，胰蛋白酶的活性下降至(88±3)%，浓度为 0.01mol/L 时，急剧降至(11±1)%。

在不含胰蛋白酶的 0.05mol/L 的半胱氨酸培养基或 0.05mol/L 的二巯基乙醇中，囊蚴的外层壁逐渐肿胀变形(图 3-9B,E)，囊内虫体经过剧烈运动后，最终从囊内脱出(图 3-9C,F)。半胱氨酸和二巯基乙醇能单独诱发囊蚴脱囊，表明如果没有胰蛋白酶的作用，只要机械强度到达一定程度，致囊蚴的壁变薄破裂，也可使其脱囊。连二亚硫酸钠和抗坏血酸钠分别单独作用，囊蚴的外层壁均不发生肿胀。

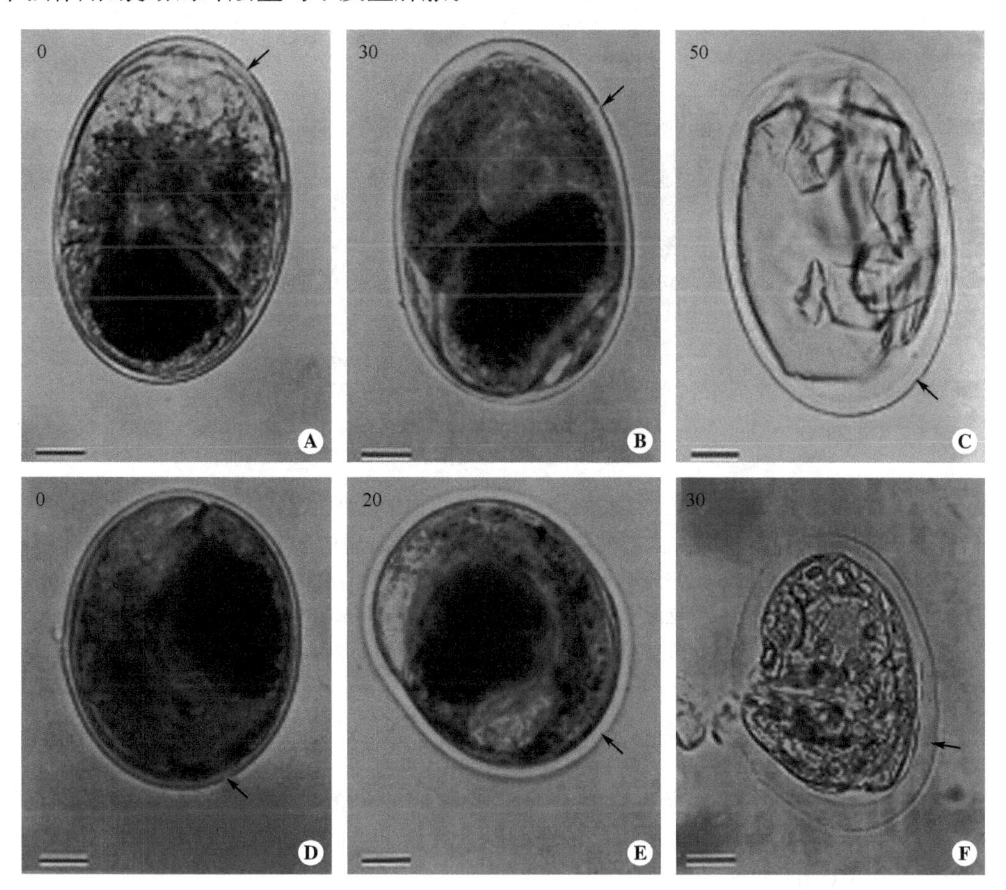

图 3-9 经胃蛋白酶预处理后的华支睾吸虫囊蚴在无胰蛋白酶的 0.05mol/L 半胱氨酸盐酸盐(A、B、C)或 0.05mol/L 二巯基乙醇(D、E、F)培养液中的形态变化(引自 Fumio 1998)

A、D.加入培养液前；B.培养 30 分钟后，外层囊壁未见肿胀；C.培养 50 分钟后，虫体已脱囊；E.培养 20 分钟后，外层囊壁肿胀，囊蚴变形；F.培养 30 分钟后，虫体已脱囊；图中数字表示囊蚴在培养液中的作用时间

在含有胰蛋白酶的 0.01mol/L 的抗坏血酸钠培养液培养后，囊蚴外层囊壁肿胀变形(图 3-10A)，但虫体未见漂浮，内层和外层的囊壁在虫体的运动下破裂(图 3-10B)。培养 150 分钟后，外层囊壁仍然可以见到，但肿胀加剧(图 3-10C)；在含有胰蛋白酶的 0.01mol/L

连二亚硫酸钠培养液中，囊壁肿胀速度很慢，作用 30 分钟后，方可见囊壁肿胀和虫体活动（图 3-10D,E）。

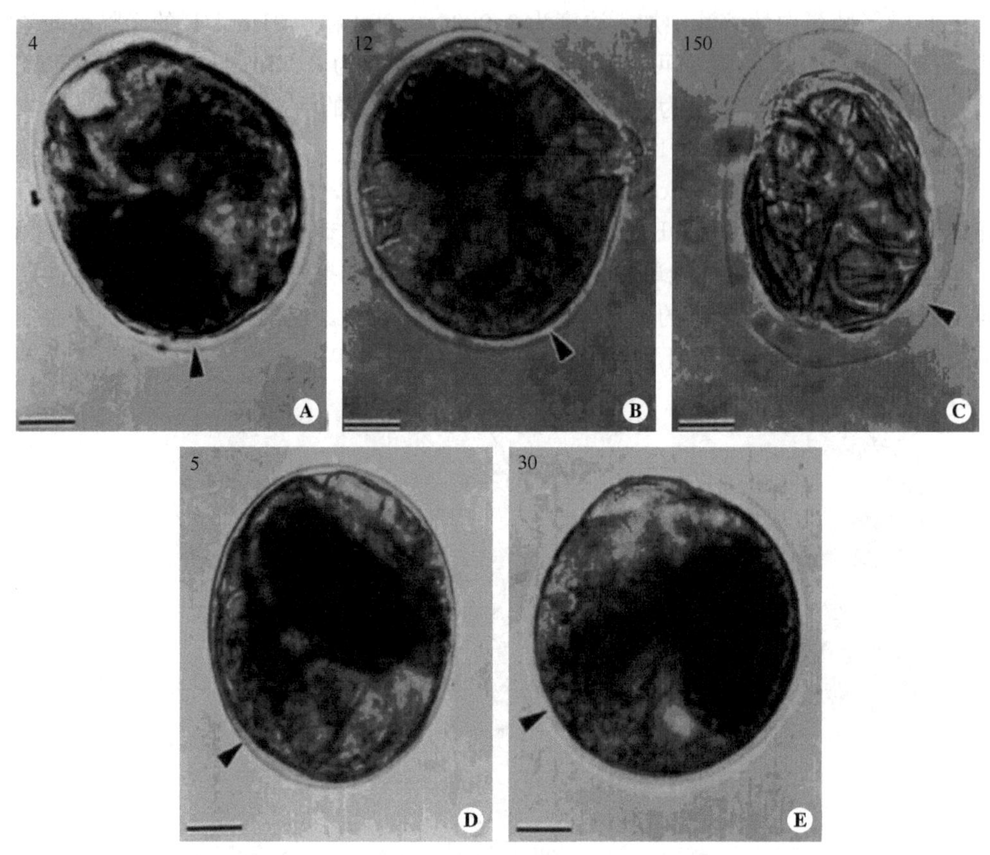

图 3-10　经胃蛋白酶预处理后的华支睾吸虫囊蚴在胰蛋白酶浓度为 4^{-6}%的 0.01mol/L 抗坏血酸钠（A、B、C）和 0.01mol/L 连二亚硫酸钠（D、E）培养液（34℃）中的形态变化（引自 Fumio 1998）

A.培养 4 分钟后，囊壁肿胀变形，B.培养 12 分钟后，示虫体脱囊前的瞬间，虫体运动已使囊壁虫体破损，出现缺口；C.培养 150 分钟后，可见外层囊壁的厚度增加；D.培养 5 分钟后，外层囊壁未见肿胀，E.外层囊壁肿胀变形。图中数字表示囊蚴在培养液中的作用时间

（三）囊蚴分泌内源性物质对脱囊的影响

Li 等（2004）报道，华支睾吸虫囊蚴自身能分泌促脱囊的内源性物质，即囊蚴的排泄分泌物（excretory-secretory products ESP）。将囊蚴培养 1、2、12 周，分别收集 ESP，即为 ESP-1W，ESP-2W 和 ESP-12W。

在仅含 ESP-1W，ESP-2W 培养中 3 小时，很少有囊蚴脱囊，但用 ESP-12W 培养，脱囊率能达到 32%。在 ESP 中培养时，囊蚴的壁基本保持完整，但可在囊壁出现边缘清晰的小孔，表明该损伤不是由化学作用或酶促作用所致，而是由囊内幼虫机械性运动引起的。华支睾吸虫囊蚴仅能产生微量的内源性促脱囊物质，培养至 12 周才能产生足够的量并具备一定的活性，可刺激虫体脱囊。经 SDS-PAGE 分析，囊蚴的 ESP 是分子量为 28 和 40kDa 的有活性的蛋白酶。这种酶活性可以被半胱氨酸蛋白酶抑制剂 IAA 特异性抑制，但不被丝氨酸蛋白酶抑制剂 DFP 抑制，故此内源性物质应是半胱氨酸蛋白酶。在脱囊过程中，囊蚴分泌的内源性物质的作用可能是激发囊内幼虫肌肉运动，同时使内层囊壁变得比较脆弱，在机械性力量的作用下容易破裂。在侵入宿主的过程中，内源脱囊因子仅起很次要作用，因为胰蛋白酶的活性远强于半胱氨酸蛋白酶的活性，囊蚴在含胆汁的胰蛋白酶培养液中，整个囊壁很快被完全被破坏，幼虫很容易从囊内钻出（图 3-11）。

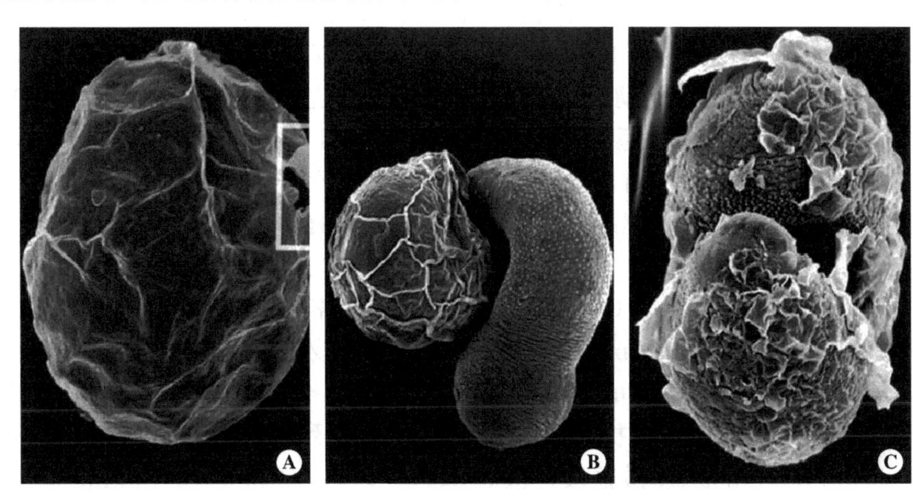

图 3-11　华支睾吸虫囊蚴脱囊的扫描电镜形态（引自 Shunyu）

A.囊壁完整，可见有一边缘锐利的小孔；B.在 5mmol/L DTT 中培养，童虫从囊壁上的小孔钻出，空囊壁有皱褶，仍保持完整；C.在含胆汁的胰蛋白酶培养液中，囊壁完全被破坏

但囊蚴分泌的半胱氨酸蛋白酶不利于囊蚴从鱼肉内分离后长时间的保存，因其可以诱导脱囊的发生。一般认为，华支睾吸虫囊蚴脱囊一般要经过 3 个步骤，首先要由胃蛋白酶消化源于宿主的囊壁外层的物质，再由胰蛋白酶消化囊蚴的外层囊壁，而保留下来的内层要通过囊内虫体的运动，使内层壁破裂。在低浓度的胰蛋白酶培养液中，没经过胃蛋白酶预作用的囊蚴不能脱囊，但能在高浓度的胰蛋白酶培养液中脱囊。用酸或胃蛋白酶预处理囊蚴并不是脱囊所必需的，但其可促进脱囊。其机理可能是改变对胰蛋白酶敏感蛋白的活性，从而启动脱囊的第二步即外层囊壁的消化。华支睾吸虫囊蚴的壁具有较低的通透性，内层囊壁对胰蛋白酶有一定的抵抗力。在终宿主的十二指肠内，华支睾吸虫囊蚴对胰蛋白酶的敏感性增加，外层囊壁连同鱼类宿主的组织很容易被消化去除。

胆汁酸单独作用并不能使囊蚴脱囊，但可以加快囊蚴在胰蛋白酶溶液中的脱囊速度，是因为牛磺胆酸和脱氧胆酸能促进脱囊第二步，即囊壁的消化。胆汁酸具有去污作用，有助于清除胰蛋白酶水解华支睾吸虫囊蚴外壁时所产生的多肽片段。在吸虫幼虫脱囊时，胆汁酸通过与宿主的胰蛋白酶的协同作用来增强溶解外层囊壁的作用。囊蚴在含高浓度的脱氧胆酸的培养液中超过 10 分钟，脱囊或未脱囊的幼虫几乎不再活动，这是因为脱氧胆酸能通过囊蚴内层壁上的微孔进入囊内，从而抑制了虫体的运动，因而，胆汁酸也影响囊蚴脱囊的第三步。

因华支睾吸虫囊蚴壁的通透性非常低，还原剂对脱囊第二步中的囊蚴内壁的外侧产生一定影响。虽然半胱氨酸抑制了胰蛋白酶对于外层囊壁的水解作用，表现为外层囊壁的不完全消化和胰蛋白酶的水解活性受抑制，但外层囊壁中蛋白质的二硫键的作用也大为削弱，使外层囊壁的强度明显减弱，随之而来的是加快了脱囊的速度。二巯基乙醇对脱囊的影响与之相似。

十、后尾蚴的活动及其生存力

脱囊后的后尾蚴在35℃的人工肠液中，能进行伸缩活动，虫体拉成细长条，每动10次的平均时间为32秒。活虫体内部结构清楚，排泄囊及肠管内颗粒流动。24小时后，有部分后尾蚴进行伸缩活动或原地活动，排泄囊内不时排出圆形透明颗粒（陈有贵等 1988）。后尾蚴的生存时间与温度有密切关系，在生理盐水中，4℃时24小时的存活率为68.0%，37℃时的存活率为36.4%。至36小时，4℃生理盐水内后尾蚴的存活率仅为4%，而37℃内的后尾蚴存活率则为0。如果将后尾蚴置室温（21℃）12小时，经昼夜温度变化（温差约10℃），其全部死亡（陈锡慰 1984）。

Li等（2008）将囊蚴放入含0.05%胰蛋白酶的1×洛克液中脱囊收集新脱囊的幼虫。在24孔板中的各孔分别加入1ml不同的培养液，每孔放入20条新脱囊的幼虫，在37℃条件下培养至72小时。在培养后的2、4、6、8、16、24、32、40、48、56、64和72小时，在解剖显微镜下观察虫体存活情况，幼虫对机械性刺激没有反应判为死亡。选择的培养液包括：①基本培养液：0.85%NaCl溶液、磷酸盐缓冲液（PBS）、0.5×、1×和2×的洛克液、NCTC109、DMEM、RPMI1640、Eagle培养液和0.1%葡萄糖溶液；②含氨基酸的培养液：在1×的洛克液中分别加入不同的氨基酸，使之浓度为0.1%，20种氨基酸分别是甘氨酸、苏氨酸、丝氨酸、酪氨酸、赖氨酸、色氨酸、苯丙氨酸、缬氨酸、亮氨酸、丙氨酸、组氨酸、蛋氨酸、谷氨酸、谷氨酰胺、半胱氨酸、*L*-脯氨酸、精氨酸、天门冬氨酸、天冬酰胺和腺嘌呤；③含胆汁培养液：以1×洛克液作为培养液的基质，在其内加入胆汁成分，使其分别含有0.001%、0.005%、0.01%、0.05%、0.1%和0.5%的胆盐。新脱囊的幼虫先在0.001%或0.01%的胆汁中培养6小时，然后放入更高浓度含有胆酸或胆酸盐的培养液中；④含胆酸或胆汁酸盐的培养液：以1×洛克液作为培养液的基质，这些培养基为分别含100μmol/L的胆酸（CA）、脱氧胆酸（DCA）、鹅去氧胆酸（CDCA）、脱氢胆酸（DHCA）、石胆酸（LCA）、鹅脱氧胆酰甘氨酸钠（Na-GCDC）、甘胆酸（GCA）、甘氨胆酸钠（Na-GCH）、牛磺鹅脱氧胆酸钠（Na-TCDC）、牛磺胆酸钠（Na-TC）和牛磺脱氧胆酸钠（Na-TDCH）。

1. 基本培养液 在0.5×和1×的洛克液、DMEM、NCTC109、Eagle培养液及RPMI1640中培养72小时，超过80%的幼虫仍存活并保持着活力，与1×的洛克液比较，差异无统计学意义。在2×洛克培养液中，虫体萎缩，排出暗色颗粒。随着培养时间的延长，排出的颗粒增多，培养8小时，虫体停止运动，培养32小时，虫体全部死亡。在0.85% NaCl溶液和PBS中培养的前8个小时，虫体的运动能力急剧下降并发生死亡，至培养后的64小时，虫体全部死亡。

2. 含氨基酸培养液 在绝大多数的含氨基酸的培养液中，虫体可存活72小时以上。但在含天冬氨酸和谷氨酸的培养液中，虫体萎缩、运动缓慢，很快死亡，至培养后2小时，全部死亡。在0.1%腺嘌呤培养液中，虫体迅速肿胀，培养2小时，77%的虫体死亡，至16小时，全部死亡。死亡的虫体排出颗粒，虫体拉长，组织疏松，吸盘不易分辨。在0.1%葡萄糖溶液中，幼虫的生存较好，至64小时才开始有虫体死亡，72小时始有较多虫体死亡，其对虫体生存的影响与1×洛克液相似。

3. 含不同浓度胆汁的培养液　0.5%胆汁培养液中，所有虫体在2小时内死亡。在0.1%胆汁中培养在4小时，虫体大部分死亡，至6小时全部死亡。在0.05%胆汁培养液中，从8小时起活虫体逐渐减少，至64小时全部死亡。在0.01%的胆汁中，90%以上的虫体存活至48小时，48小时后，死亡虫体数剧增，至72小时，只有20%的虫体存活。在0.001%和0.005%的胆汁中，培养32小时，虫体少见死亡，生存率保持在较高水平，32小时后有少量虫体死亡。至培养后的72小时，0.005%胆汁中在近80%的虫体存活，而在0.001%的胆汁中，仍有约90%的虫体存活，与在1×洛克液中的存活率相近。

4. 含胆酸或胆汁酸盐中的培养液　在浓度均为100μmol/L时，所有虫体在LCA中停止运动，虫体萎缩，2小时内全部死亡。而在CA、DCA、CDCA中，虫体的存活时间与在对照组1×洛克液中的相同。在DHCA，虫体在培养40小时后存活率开始下降，至72小时，仅有40%的虫体存活。培养48小时后，虫体在Na-GCDC和Na-TC中的存活率低于GCA、Na-GCH和Na-TCDC。在含结合性胆汁酸的培养液中培养至64小时，虫体存活率为80%～90%，与在1×洛克液的中的相似。

虫体在1×洛克液中的存活率与在含有营养成分的NCTC190、DMEM、RPMI1640和Eagle液中相同。由于洛克液仅含无机盐，故1×洛克液不但适于华支睾吸虫脱囊幼虫的生存，也是观察虫体活动，研究虫体物质生物活性的最佳载体。

十一、囊蚴在第二中间宿主体内的季节消长

华支睾吸虫囊蚴在鱼体内的数量有明显的季节性。其主要原因是因为在夏季雨水较多，加之粪便管理不当，使粪中的虫卵容易被水冲至沟河之中。夏天气温偏高，适宜华支睾吸虫的幼虫在其第一中间宿主淡水螺体内进行发育和增殖，因此淡水螺的感染率高。当大批尾蚴从螺体内逸出后，又造成第二中间宿主的感染。在水温25℃的条件下，从虫卵进入螺体到尾蚴从螺体内逸出需2～3月，故在不同纬度区，鱼类感染的季节、感染的高峰季节也都明显不同。在辽宁的铁岭市，麦穗鱼和爬地虎鱼(俗称)体内囊蚴感染度以8、9两月最高，10月以后逐渐降低，到次年1月降至最低水平。在山东省，鱼类的感染率从9月份开始上升，11月份达高峰。

在台北，6～8月份麦穗鱼的感染率为100%，每条鱼平均感染囊蚴418个；9～11月份的感染率为96.6%，平均感染囊蚴309个；12月至次年2月感染率为80%，平均感染囊蚴96个；3～5月感染率为83.3%，平均感染囊蚴227个。4月份每条鱼体内的囊蚴数平均为152个，至5月份增至313个，可能是4月份当地气温已变暖，尾蚴侵入鱼体后，经过一段时间的发育形成囊蚴，使鱼体内的囊蚴增多(王运章 1994)。

按农历分季节，春季、夏季、秋季和冬季，广西柳江河河道内鱼类华支睾吸虫感染率分别为9.2%(443/4832)、12.7%(530/4162)、12.8%(581/4529)和5.3%(143/2681)，四季的感染率差异有统计学意义($\chi^2=133.795$，$P<0.01$)。其中春季与夏季，春季与秋季，春季与冬季，夏季与冬季和秋季与冬季的感染率均分别具有统计学意义(申海光等 2010)。

十二、不同龄期华支睾吸虫囊蚴对猫的感染力和相关数学模型

程云联(2004)根据概率论模型(stochastic model)原理，把华支睾吸虫囊蚴感染终宿主

的获虫率定义为寄生力，据此建立计算华支睾吸虫囊蚴寄生力的数学模型。

将采自四川省垫江县流行区的当年麦穗鱼放置在鱼缸内长时间饲养，以第一次从麦穗鱼中获取囊蚴的时间为0日龄。将不同日龄的囊蚴分别感染猫，并于感染后的30天解剖收集成虫，猫感染不同日龄华支睾吸虫囊蚴的获虫率的差异具有统计学意义（表3-27）。

表3-27 不同日龄华支睾吸虫囊蚴感染猫获虫率

编号	囊蚴日龄	感染囊蚴数	获虫数	获虫率(%)	95%可信区间下限(%)	可信区间率的定基比(%)
1	0	137	59	43.07	50	100
2	379	110	94	85.45	40	80
3	762	244	11	4.51	7	14
4	1038	51	5	9.80	2	4

华支睾吸虫囊蚴进入终宿主体内后，寄生力主要受三个因素的影响，一是终宿主机体的屏障作用和免疫作用，即环境阻力（environmental resistance）；二是华支睾吸虫囊蚴脱囊后移行到达肝胆管定居的能力，受其龄别影响，即龄别存活率（age-specific survival rate）；三是随着感染囊蚴数的增加多，获虫率减少，即密度效应（density effect）。

假设一只猫感染100个当年成熟的0日龄华支睾吸虫囊蚴是最适感染量，如在正常环境阻力，没有龄别影响和密度效应影响情况下，所有成熟囊蚴均进入终末宿主，并全部到达肝胆管发育为成虫，即获虫率为100%。由此建立华支睾吸虫囊蚴寄生力数学模型：$p=(n\cdot V_e\cdot V_a\cdot V_d)/n$，其中$p$为获虫率，$n$为感染华支睾吸虫囊蚴数，$V_e$为环境阻力系数，$V_a$为龄别存活系数，$V_d$为密度效应系数，括号内的乘积表示感染$n$个囊蚴在具有三因素作用下的获虫数。

假设环境阻力系数(V_e) $=1-$获虫率，即$V_e=1-p$，根据表3-27中感染0日龄囊蚴获虫率的95%可信区间为50%，其V_e为0.5。

麦穗鱼体内不同龄期的华支睾吸虫囊蚴感染猫的获虫率，随日龄增加而下降，据表3-27中囊蚴日龄与可信区间率的定基比的数据作相关分析，表明两者具负相关关系($r=-0.97$，$P<0.05$)，回归方程$Y=105.0815-0.102\,03\,X$。用这一方程式推算龄别存活系数(V_a) $=Y/100$。按表3-27中的囊蚴日龄推算，V_a分别为1.050 82、0.661 42、0.273 35及0.030 52。

随感染囊蚴数的增加获虫率下降，以表3-28中感染囊蚴数与定基比作相关分析，表明两者具负相关关系($r=-0199$，$P<0.01$)；回归方程$Y=121.125-0.2357\,X$。采用这一方程式推算$V_d=Y/100$。按表3-28感染囊蚴数推算V_d分别为0.975 55、0.739 85、0.504 15及0.268 45。

表3-28 猫感染华支睾吸虫囊蚴后的获虫率

动物编号	感染囊蚴数	获虫率(%)	定基比	95%可信区间(%)
1	100	61.94	100.00	52.42～71.46
2	200	45.07	72.76	38.17～51.97
3	300	28.20	45.53	23.11～33.29
4	400	18.90	30.51	15.06～22.74

根据计算出的$V_e \cdot V_a \cdot V_d$的数值，以表3-27中的数据进行数学模型拟合，代入公式计算各组的寄生力。编号为1的寄生力为$p=(137\times0.5\times1.05\times0.975\ 55)/137=0.512\ 56$(51.26%)，依次计算其他组的寄生力分别为24.47%、6.33%及4.10%。表3-28的数据只包含密度效应的数据，数学模型可简化为：$p=(n \cdot V_e \cdot V_d)/n$。将上述计算出的系数代入公式进行数学模型拟合，编号为1的寄生力为$p=(100\times0.5\times0.975\ 55)/100=0.487\ 775$(48.78%)，依次计算其他组寄生力分别为36.99%、25.21%及13.42%。

十三、华支睾吸虫在终宿主体内的发育

（一）华支睾吸虫的终宿主

除人外，华支睾吸虫还有多种终宿主，被华支睾吸虫自然感染的动物有狗、猫、猪、鼠类、家兔、牛等多种哺乳类动物。而禽类是否可作为华支睾吸虫的终宿主，一直存在着不同的观点和不同的实验结果。早在1920年，Asada检查了6只夜苍鹭(*Nycticorax nycticorax*)，在其中一只的胆囊内了发现了13条华支睾吸虫成虫。之后他又给夜苍鹭和家鸭感染华支睾吸虫囊蚴，虽然感染成功，但仅获得较小虫体。Komiya和Kondo(1951)从家鸭胆囊内得到17条发育不良的华支睾吸虫，但接下来的实验感染并未获得成功，因此认为家鸭不是华支睾吸虫的适宜终宿主(Dawes 1966)。

国内也有关于禽类可以作为华支睾吸虫终宿主的报告。浙江省杭州市江干区卫生防疫站潘心悟于1984年7月在当地自由市场购鸭一只，剖杀后在该鸭的肝胆管内获得华支睾吸虫成虫11条，并从其胆汁中检出华支睾吸虫卵，表明虫体发育成熟并可以产卵。袁维华(1994)人工感染5只星布罗鸡，结果5只鸡的胆管内均发现华支睾吸虫成虫，在胆汁中也发现了虫卵；感染家土鸡5只，有2只感染成功，也获得较多成虫，其中一只鸡的胆囊内有许多钙化样结石，胆汁中查到虫卵。这些感染成功的动物体重明显减轻，肝脏和胆囊有不同程度的肿大，肝脏表面出现结节，硬度不同。易明华(1981，1983)用华支睾吸虫囊蚴实验感染鸡和鸭，在感染后的37天，在被感染的鸡和鸭的肝脏内均发现发育成熟的华支睾吸虫成虫及华支睾吸虫卵。在江西上高检查到2只感染了华支睾吸虫的水鸭。易明华(1992)再次报道，他们用华支睾吸虫囊蚴感染15只鸡、6只鸭、8只鹌鹑和15只兔，感染后37～40天解剖，有2只鸡、2只鸭和8只兔感染了华支睾吸虫。陈翠娥(1983)在湖南澧县检查2只水鸭，其中1只感染了华支睾吸虫。邱丙东(1998)在山东临沂调查，鸭的感染率为49%，鹅和鸡均为阴性。青岛市卫生防疫站1980年在崂山县马戈公社进行华支睾吸虫保虫宿主调查时，发现鸡和鸭均可作为华支睾吸虫的保虫宿主。

但也有不少学者对禽类作为华支睾吸虫的终宿主持怀疑或否定态度。如高隆声(1981)认为青岛市卫生防疫站所报道的在鸭体内发现的虫卵可能是细颈后睾吸虫卵。翁约球(1993)在广东省的华支睾吸虫病重流行区对该虫的保虫宿主进行调查，猫、狗和家鼠的感染率分别为89.7%、84.2%和18.3%。但检查了41只鸡、36只鹅和60只鸭，其肝脏内均未发现华支睾吸虫成虫或华支睾吸虫卵，因此他认为鸡、鸭、鹅均不是华支睾吸虫的适宜终宿主。李树林(2002)在广西44个县调查时共检查鸭278只，未发现有华支睾吸虫感染。山东省寄生虫病研究所邵其峰等(1991)报道，该所曾于1965年用同一批华支睾吸虫囊蚴感染鸡、鸭、兔各5只，仅兔感染成功。25年后，用同种方法再次感染鸡、鸭各5只，家兔20只，

结果鸡、鸭仍未感染成功，而 20 只家兔均感染成功，并获取大量的成虫。该所在胶东和鲁西南华支睾吸虫病流行区检查鸡、鸭、鹅共 200 余只，仅在 1 只鸭和 1 只鹅的粪便中发现疑是华支睾吸虫的虫卵。后经解剖，在该鸭和鹅的胆管内检获的是东方次睾吸虫的成虫，而不是华支睾吸虫成虫，因而也认为鸡、鸭、鹅等均不是华支睾吸虫的易感宿主。广东医药学院黄绪强人工感染 5 只鸭、2 只鸡，每只感染华支睾吸虫囊蚴 300 个，感染后 40 天，所有被感染的动物发育良好，体重增加。感染后第 40 天和第 50 天剖杀动物找虫，收集胆汁查虫卵，既未发现成虫，也未发现虫卵。

因东方次睾吸虫和细颈后睾吸虫的虫卵与华支睾吸虫卵的形态相近，较难区别，人工感染禽类又存在着截然不同的结果，这些都是引起争论的重要原因。禽类究竟能否作为华支睾吸虫的保虫宿主，与禽类的品种、禽龄有无内在的联系，还有待进一步研究。证实家禽是或不是华支睾吸虫的适宜宿主，在医学上对深入研究华支睾吸虫病的流行有着重要意义，在经济上与家禽的饲养生产有着密切关系。

（二）华支睾吸虫囊蚴进入终宿主肝脏的途径

一般认为，华支睾吸虫囊蚴经口感染终宿主后，在终宿主的肠内，由于消化液的作用，童虫从囊内脱出，从十二指肠内先移行至胆总管，然后进入肝脏的小胆管内发育为成虫。据 Kobayashi(1912)观察，用华支睾吸虫囊蚴感染家猫，感染后 15～24 小时即可在胆囊内找到华支睾吸虫童虫；用华支睾吸虫囊蚴感染家兔，感染后 6 小时可在胆管内发现部分虫体，感染后 10～40 小时可在胆囊内可发现很多虫体。在狗和豚鼠，也可有相似的实验结果(Mukoyamao 1921)。用华支睾吸虫囊蚴感染结扎了胆总管的家兔，感染后 9 天，尽管在十二指肠内可见许多脱囊后的幼虫，但检查肝脏、胆管和腹腔均未发现虫体。如果将脱囊的后尾蚴直接放入家兔的腹腔，24 天后，在其肝脏和胆管内也不能发现任何虫体，因此 Makoyama 认为脱囊的后尾蚴不能通过终宿主的肠壁。但 Wykoff 和 Lepes(1957)也进行了结扎兔的胆总管再感染的实验，却得出与上述相反的结论。

华支睾吸虫童虫在终宿主体内游走移行已被证实，童虫不但可以从十二指肠胆道开口处进入肝脏，也可以通过其他途径进入肝脏。如徐秉锟(1979)经口感染 3 只过去未感染过华支睾吸虫的猫，感染后 2 天后，解剖发现部分童虫已经从消化道进入了腹腔(表 3-29)，因而推测华支睾吸虫童虫可经腹腔进入肝脏。

表 3-29 华支睾吸虫囊蚴感染家猫后 2 天童虫在不同器官的分布(条)

动物编号	感染囊蚴数(个)	检获虫数(条)				
		胆总管	十二指肠			腹腔
			上部	降部	下部	
1	431	2	12	3	8	38
2	253	0	5	8	2	28
3	318	0	14	1	9	41

四川省寄生虫病研究所吸虫病研究室(1976、1977)以狗和大鼠作为实验动物，从腹腔内感染华支睾吸虫囊蚴也获得成功。感染华支睾吸虫阴性的犬 3 只，用 20ml 注射器分别向每条犬腹腔注入 300 个囊蚴。感染后 153、139 和 139 天解剖家犬，分别获华支睾吸虫成虫

178、18 和 371 条。用同样方法感染大鼠 20 只,每鼠感染华支睾吸虫囊蚴 50 个,感染后 53 天解剖,在 4 只大鼠的肝脏内找到华支睾吸虫成虫,获虫数分别为 2、3、1 和 4 条。再次感染大鼠 11 只,每只仍从腹腔注射华支睾囊蚴 100 个。感染后的 44 天解剖,有 5 只大鼠感染,获虫数分别为 87、44、1、39 和 36 条。据此认为囊蚴进入腹腔,囊外壁可不经胃酸和胰蛋白酶及胆汁等的作用而发生溃破,幼虫从囊内逸出后进入小胆管发育为成虫。以这种方式感染,幼虫必须通过宿主肠壁才能到达肝脏,所以脱囊后的华支睾吸虫幼虫是能够穿过终宿主肠壁的。但是否存在着脱囊后的幼虫直接从肝脏表面进入肝脏的可能也值得研究。Wykoff 和 Lope(1957)通过实验证明,华支睾吸虫脱囊后的幼虫可以通过血管或肠壁到达肝脏,最终寄生在肝脏的小胆管内发育为成虫。

有实验证明华支睾吸虫囊蚴还可通过皮下感染终宿主。胡文庆等(1996)用华支睾吸虫囊蚴分别经口、腹腔或皮下感染大鼠,均获得成功。经口感染 10 只大鼠,每鼠感染囊蚴 50 个,感染成功率为 100%,于感染后 30～45 天解剖,获成虫数 10～26 条,平均获虫 19 条,获虫率 38.0%。经皮下感染 10 只大鼠,每鼠感染囊蚴 80 个,其中 5 只分别于感染后的 28、30、31、31 和 35 天粪检虫卵阳性,感染成功率为 50%。于感染后 28～203 天解剖,获成虫数依次为 4、6、5、5 和 3 条,获虫率 2.9%。经腹腔感染 10 只大鼠,每鼠感染囊蚴 100 个,其中仅 3 只于感染后的 30、33 和 36 天粪检虫卵阳性,感染后 40～50 天解剖,获成虫数依次为 6(其中腹腔内 1 条未成熟)、3、4 条,获虫率 1.3%。此实验结果说明,经口感染是华支睾吸虫最有效的感染方式,但也存在着其他的感染途径。非经口感染虫体发育成熟的时间要较经口感染的长,非经口感染也可能会使某些童虫在肝外组织中发生滞育现象。该实验结果同时也提示,当人接触鱼虾时,囊蚴有从皮肤伤口入侵的可能。从皮下感染的囊蚴进入宿主后,童虫是如何到达肝脏的,其移行途径有待探讨。

(三) 华支睾吸虫在终宿主体内的寄生部位

华支睾吸虫的成虫通常寄生在终宿主的肝内胆管,极重度感染可因胆管内虫体溢满而在胆囊和胆总管内寄生,偶然也可在胰腺内寄生,如陈约翰(1963)曾在一例患华支睾吸虫病死亡儿童的胰腺中挤出虫体 1348 条。早期的研究认为,在家兔,大部分虫体分布在肝的右叶,特别是前上叶,当寄生虫数较少时,虫体仅限于靠近肝门处的较大的肝胆管内,当虫数较多时,则大、中、小型肝胆管内均有虫体分布。但大多数的资料表明华支睾吸虫成虫多寄生在终宿主的肝左叶,因而左叶的病变也较右叶严重。据刘晓明(1995)观察,10 份阳性猪肝内华支睾吸虫的分布情况为:左叶 1～49 条/叶,平均 12.1 条/叶,右叶 0～24 条/叶,平均 4.5 条/叶,经 Wilcoxo 序值法和 t 检验,左叶寄生的虫数明显高于右叶所寄生的虫数。虫体检出率左叶为 100%(10/10),右叶为 30%(3/10),经配对卡方检验,也有显著差别。解剖 203 只动物(猫 97 只、狗 23 只、褐家鼠 51 只、黑家鼠 32 只),共获 8418 条华支睾吸虫成虫,寄生在肝管、胆管、胆总管、小肠前段、小肠中段和小肠后段的虫体分别为 6446 (76.57%)、1261 (14.98%)、682 (8.10%)、24(0.92%)、5(0.06%)和 0 条(Ito and Muto 1925)。王文兰(1987)解剖 100 只家猫,有 4 只家猫除在肝胆管和胆囊内找到成虫外,在胃、幽门和十二指肠内也发现成虫。其中在胃内检虫 93 条,成熟虫体占 30.1%;十二指肠检虫 88 条,成熟虫体占 18%;幽门处检虫 99 条,成熟虫体占 19%,可见这些器官不是华支睾吸虫的正常寄生部位。

练炳生(1990)用华支睾吸虫囊蚴感染豚鼠，观察虫体在移行和发育过程中的寄生情况。在感染后的前24小时，童虫尚未到达肝胆管，在感染后的第25天，虫体均发育成熟，全部集中在肝胆管内(表3-30)。

表3-30　华支睾吸虫在豚鼠体内移行和发育过程中的寄生部位

感染动物数	每只豚鼠感染囊蚴数	感染后时间	不同器官寄生虫数(条)				回收虫体总数(%)
			小肠	胆总管	肝胆管	胆囊	
3	200	1小时	96	—	—	—	106*(17.7)
7	200	3～24小时	122	370	—	78	750(40.7)
12	200	5～10天	—	537	620	—	1157(48.2)
8	100	15～20天	—	71	286	45	402(50.3)
12	100	25～30天	—	—	611	—	611(50.9)

*包括在胃和在小肠内检获的囊蚴各5个

(四) 华支睾吸虫在终宿主体内的发育过程

华支睾吸虫囊蚴感染终宿主后1小时，囊蚴已在小肠中脱囊。童虫呈长圆形，大小为234.6μm×82.8μm，近似后尾蚴，口吸盘位于虫体前端，直径为41.4μm，腹吸盘位于虫体中线后，直径为58μm，体内含有大量棕黄色颗粒。口吸盘下方有咽连接食道，食道在咽与腹吸盘之间分为两肠支，沿体侧直达后端。排泄囊较大，卵圆形，充满虫体后部，其内为黑色颗粒，其形态结构与后尾蚴相似。

感染后第5天，虫体明显增大，肝胆管内的虫体较胆总管内的虫体约大1/3(0.81mm×0.15mm:0.6mm×0.08mm)，口吸盘开始大于腹吸盘(58μm:55μm)。Dawes (1966)报道，在感染后的前4天，腹吸盘较大，第5～7天两个吸盘大小一致，从感染后的第10天开始，口吸盘大于腹吸盘。第8天胆总管内的虫体仍很小，除消化器官外，其他结构不清。肝胆管内的虫体仍较大，并开始出现睾丸雏形，卵巢、输卵管和子宫隐约可见，子宫开始形成侧弯。第9天睾丸出现分支，前睾丸为4个主支，后睾丸为5个主支，各主支再有二级分支，卵巢边缘出现浅沟，卵巢后出现小囊，为受精囊雏形，子宫明显可见。

第10天可见卵巢分3叶，子宫变粗，睾丸主支出现三级分支。但仍有少数虫体发育较慢，个体很小，仅为0.7 mm×0.1 mm，内部结构与刚脱囊的童虫相似。第11天口吸盘开始明显增大。第13天子宫内开始出现虫卵，睾丸分支变粗，腹吸盘与卵巢之间的虫体两侧出现卵黄腺。第15天受精囊明显，子宫内已充满虫卵，卵黄腺排列整齐。第20～35天，虫体大小变化幅度较大，各器官基本成熟，具有典型的成虫形态和结构。在感染后的第20～23天，整个子宫已为虫卵所充满，感染后第22天开始，从豚鼠的粪便中查到华支睾吸虫卵，表明虫体发育成熟，开始排卵(练炳生 1990)。

华支睾吸虫囊蚴感染豚鼠后第1个月，童虫发育过程的大小变化见表3-31(Dawes 1966)。

表 3-31　华支睾吸虫囊蚴感染豚鼠后虫体大小变化

日龄	虫体大小(mm×mm)	日龄	虫体大小(mm×mm)
2	(0.27～0.36)×(0.07～0.08)	10	(1.50～2.00)×(0.30～0.40)
3	(0.30～0.40)×(0.07～0.10)	16	(3.20～4.00)×(0.56～0.60)
4	(0.50～0.60)×(0.10～0.12)	19	(4.50～5.00)×(1.00～1.20)
5	(0.60～0.70)×(0.14～0.16)	26	(6.50～7.50)×(1.50～2.50)
7	(1.10～1.20)×(0.20～0.26)		

（五）华支睾吸虫神经系统的发育和演变

华支睾吸虫的后尾蚴尚不具备神经系统的雏形，在终宿主体内的发育过程中，随着虫体的发育，神经系统也在同步发育并不断地完善。庞昕黎等(1993)、叶彬和郎所(1994)用乙酰胆碱酯酶组织化学定位的方法观察了华支睾吸虫后尾蚴、在终宿主体内不同发育阶段虫体及成虫神经系统的发育过程。

后尾蚴：不具神经系统，仅有一些散在的、无规律的乙酰胆碱酯酶阳性颗粒。

第 3 天幼虫：部分腹神经干隐约可见，腹吸盘处已有乙酰胆碱酯酶颗粒的存在。

第 5 天幼虫：吸盘均较明显，在口、腹吸盘和咽有明显的乙酰胆碱酯酶分布，中枢神经节和部分后腹神经干已经形成。一对脑神经节紧靠咽后两侧，呈团状，其间由一条神经索相连。脑神经节向前、向后发出三对神经干，分布于腹面、背面及侧面，即腹神经干、背神经干和侧神经干；未观察到向前的第四对神经干(咽神经干)。三对后神经干两侧对称，呈立体排列，其中后腹神经干最为粗大，直达虫体末端，并在此处呈弧形连接。背神经干在虫体背面后部汇合为一个较大的神经节，然后再伸出一条神经至末端。侧神经干最细小，约达虫体中部消失。前行的三对神经干在口吸盘内可形成神经环，腹吸盘内有来自后腹神经干的两对神经分支形成较稀疏的神经网。腹神经干之间在腹吸盘前可有四条横向神经，腹吸盘后约有十条横神经。背神经干之间及每侧腹神经干与侧神经干之间、背神经干与侧神经干之间，横神经的分布和数目与腹神经干之间的情况类似。虫体背面与腹面及前部与后部的神经网，具有成虫神经系统的雏形(图 3-12A)。

第 7 天幼虫：神经系统迅速发育，中枢神经节增大，神经联合延长。可见由中枢神经节发出三对纵行的神经干：后腹神经干继续延伸已达体后 1/7 处；一对后背神经干较纤细，位于体中轴的两侧，径直伸向体后，在前后睾丸间的水平处(约体后 1/5 处)二条神经干汇合，与一双极神经细胞连接；另一对后侧神经干非常纤细，沿体壁向后伸展，分布在虫体两侧缘，至受精囊水平时转向体内侧，终止于卵巢处。上述三对纵神经干向体后伸展时，沿途有许多纤细的横向神经连接。除纵向神经干和横向神经联系外，整个虫体尚可看到 6～8 个双极和多极神经细胞，神经细胞基本上左右对称，其中最显著的 2 个双极神经细胞分别位于后腹神经干上的体后 1/5 处。虫体后 1/7 处尚见不到任何神经纤维细胞。

第 9 天幼虫：虫体的神经干已基本形成，除从中枢神经节向后发出的 3 对纵神经干外，又向前发出 4 对神经干，分别进入口吸盘和咽。3 对后神经干中最粗大的后腹神经干一直延伸至虫体的末端，行至腹吸盘水平时还分出 1 对横行的短粗神经干达腹吸盘，进而发出若干细支环绕腹吸盘周围。此时虫体神经干之间的横向神经联系明显增加，神经细胞增至

10～12 个,开始见到贮精囊壁。

第 10 天幼虫:虫体外形近似成虫,虫体内部已可见两个分支状睾丸前后排列,神经系统各部分基本形成。此时咽尚不大,但咽后两侧的一对脑神经节明显增大,各神经干清晰可辨。后腹神经干仍是最粗长的一对神经索,而后背神经干及侧神经干比 5 日龄童虫的要发达得多。各神经干之间的横向神经亦更清楚可见,数目并未有较大增加。口腹吸盘内的神经分布与 5 日龄童虫类似,10 日龄童虫体内已形成明显的立体神经网络,体表下可见少量神经末梢分布,排泄囊后部可见由后腹神经干分支与后背神经干延伸分支交织形成的神经网(图 3-12B),

第 11 天幼虫:与第 9 天虫体基本相同,神经干更粗,最粗和最突出的仍为后腹神经干。3 对纵行神经干之间的神经联系丰富,神经纤维以横向为主,口吸盘至腹吸盘之间的前半段神经网排列规整。呈现 6～8 个环状结构,腹吸盘至卵巢水平的中段神经网排列细密,卵巢至虫体末端的后段神经网较稀疏,神经细胞增至 13～15 个,多与纤细的神经纤维连接。

第 20 日虫体:该龄虫体与 10 日龄童虫的神经系统类似,但口腹吸盘内神经分布较为发达,向前的三对神经干,即前腹神经干、前背神经干及前侧神经干在口吸盘内形成一较细的神经环,入咽的一对短小神经也已可见(图 3-12C)。

第 30 天龄成虫:内部生殖器官清晰可见,子宫内充满虫卵,已进入成虫期。虫体的神经系统达到成熟状态,包括咽后两侧的一对脑神经节,向前发出四对神经干和向后发出三对神经干(图 3-12D)。

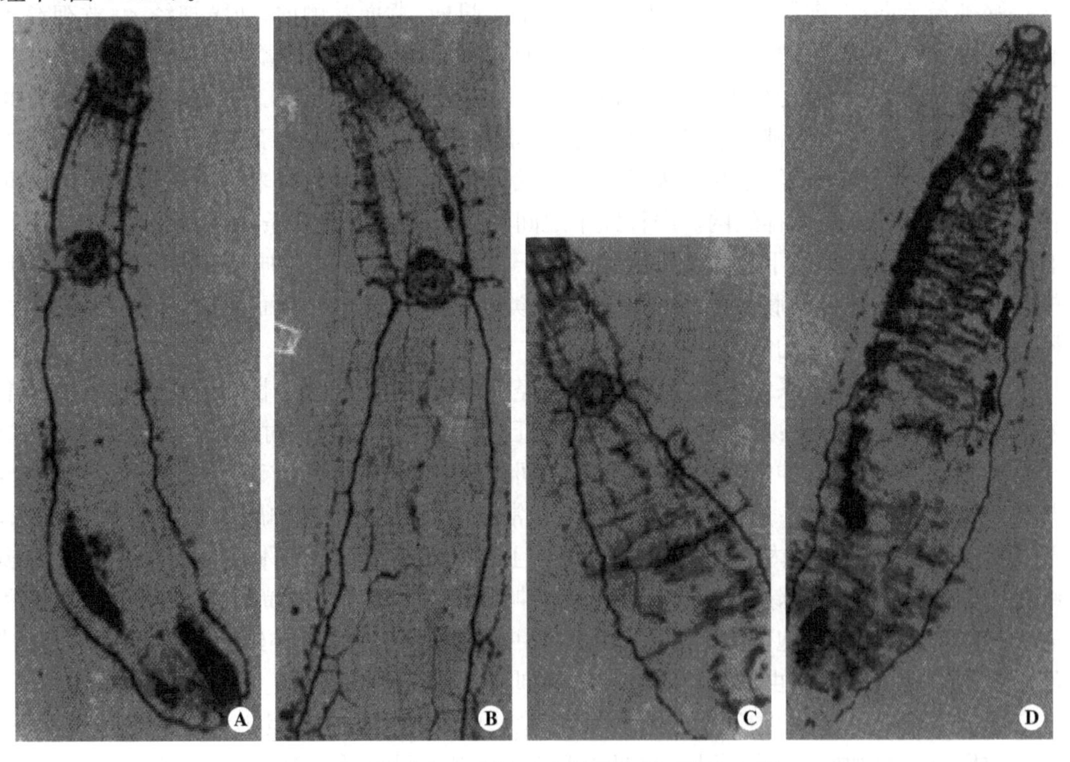

图 3-12 华支睾吸虫神经系统的发育(引自叶彬)

A. 5 天龄童虫已具备成虫神经系统的雏形;B. 10 天龄童虫的前半段,示脑神经节、纵神经干、横向神经和腹吸盘神经的分布;C. 20 天龄童虫的神经发育已较为完善;D. 30 天虫体发育成熟,神经系统与童虫神经系统相比无大的差异

（六）华支睾吸虫排泄系统的发育

在虫体的发育过程中，排泄系统有着十分明显的变化。通过对鼠体内不同发育时期的虫体进行观察，在感染后的第5天，焰细胞的排列方式同尾蚴的排列方式完全一致，为2[(3+3)+(3+3+3)]。在感染后第10天，焰细胞数量增加，焰细胞公式为2[(4+4)+(3+3+3)]，至感染后的第12天，虫体大小为2.9mm×0.45mm，虫体每侧原有的各组焰细胞都明显地增多，两侧焰细胞公式均为[(4+4+5)+(6+5+9)]+[(3+6+3)+(3+3+5)+(3+6+5)]。至感染后的24天，焰细胞的数量继续增加，以至于不能准确地排列出焰细胞的公式(Dawes 1966)。

十四、华支睾吸虫成虫排卵规律及产卵量

（一）宿主感染后粪便中排出虫卵的时间

通过实验观察，终宿主感染华支睾吸虫囊蚴后20天，可在其粪便中查到虫卵。Shao(1966)报告，大鼠粪便虫卵阳性时间在感染后的第17～26天，平均为21.1天。Yoshimura(1966)报告，大鼠感染后，虫卵阳性的时间为19～30天。椐高广汉(1990)的观察，轻度感染的长爪沙鼠感染后21～26天粪便虫卵阳性，平均24天；中度感染组虫卵阳性的时间为21～40天，平均25.7天。Kim (1992)用华支睾吸虫囊蚴分别感染ICR、DDY、GPC、BALB/C、nude和DS6等6种不同品系的小鼠，粪便虫卵阳性时间在感染后的21～25天。徐州医学院寄生虫学教研室发现，豚鼠粪便中华支睾吸虫卵最早可在感染后的第17天查出。

（二）华支睾吸虫的产卵量

华支睾吸虫发育成熟后产卵，虫卵随着胆汁到达肠内随粪便排出终宿主体外。根据Faust和Khaw(1927)实验观察，虫体的产卵量因宿主而异，在狗体内，每虫每天平均产卵1125个，最高可达2000个；在豚鼠、大鼠和家猫体内，每虫每天平均产卵数分别为1600、2400和2400个。在家兔体内，每虫每天产卵约4000个，每虫约折合每克粪便中有虫卵100个(Wykoff 1959)。在实验感染的狗体内，每虫每日最高产卵量为2000个。依据Satio的报道，每虫每克粪便中的平均虫卵数在不同的感染度保持着相对稳定的状态，当虫数分别为19、77和444条时，粪便中的虫卵数为260、216和231个(Dawes 1966)。

（三）虫卵排出的规律

虫卵排出是一个动态的变化过程。高广汉(1992)实验感染长爪沙鼠，每鼠感染华支睾吸虫囊蚴30～50个。感染后10天起每天用小瓶倒置法进行粪便检查，用司徒氏虫卵计数法计数。在感染后第21天，有12只沙鼠开始排卵，此后排卵量呈上升趋势。开始排卵后的第5天，平均虫卵数为1923个，第9天达到3155个，至第14天已超过7000个。在感染后的3个月，排卵量达高峰，至4个月虫卵又降到总体水平的均数。再连续观察6个月，排卵在均数水平上下波动，波谷和波峰期虫卵数相差在2000左右，但始终达不到感染后3个月高峰时的水平。

左胜利等(1992)实验感染6只家猫，粪便中最早发现虫卵是在感染后的第25天，感染

后的第36天,6只猫粪检全部为阳性,并分别在感染后的第45、47和65天出现排卵高峰,以后是有规律的波动,每隔22～34天出现一次排卵高峰。随着时间的延长,产卵周期中的峰值相对不明显,波动渐小。在感染后的第1、第2两个月的排卵数低于以后各月的排卵数(表3-32)。尽管感染囊蚴数相等,感染条件和饲养环境相同,不但每只猫排出的虫卵量有明显差别,而且同一只猫在不同时间的排卵量也有十分明显的差别,1号猫EPG的差值(最高与最低排卵量之差)为19 400(20 400－1000),2号猫为27 200(30 800－3600),3号猫为24 600(28 400－3800),4号猫为23 200(24 800－1600)。

表3-32 家猫感染华支睾吸虫后逐月排卵数(EPG几何平均数)

家猫编号	感染后时间						
	1个月	2个月	3个月	4个月	5个月	6个月	7个月
1	860	2135	3896	4145	6131	5651	5986
2	7430	7289	9954	9107	11134	10267	11983
3	3703	6081	6900	9084	8878	8209	8638
4	3583	3415	5790	5705	7147	5514	6478

注:EPG:每克粪便中虫卵数

由于虫卵排出处于波动状态,在排卵的波谷期,排出的虫卵量相对减少,虫卵检出率低,检获虫卵少,波峰期查出虫卵的机会性则较多。华支睾吸虫的排卵规律提示,对疑似华支睾吸虫病患者,有必要反复多次检查粪便,才得到较准确结果。

十五、华支睾吸虫在终宿主体内的寿命

多数学者认为,华支睾吸虫在终宿主体内的寿命一般为10～15年。Kobayashi 1922年报告,他本人于1910年感染华支睾吸虫囊蚴,于感染后的1个月,在粪便中发现虫卵。到1919年,虫卵计数明显减少,他推断华支睾吸虫在人体内最少可活8年以上。Attwood(1978)报道,一位中国人1949年从香港移居到澳大利亚的维多利亚州后,从未离开过该地,1975年75岁时死于呼吸道疾病,经尸体解剖,在其胆管内发现大量华支睾吸虫成虫。根据该例推测华支睾吸虫在人体内能存活26年以上。Seah(1973)报道在加拿大蒙特利尔有一老年华裔病人,系50年前离开中国移民至此,以后再未回过中国,在其粪便中仍经常可查到华支睾吸虫卵。由于当地没有华支睾吸虫适宜寄生的螺类宿主,因此不可能在加拿大感染华支睾吸虫。按该病例推测华支睾吸虫在人体内存活时间可长达50年。

(刘宜升)

第四章　华支睾吸虫的生理、生化和组织化学

一、华支睾吸虫的生理

（一）华支睾吸虫的血液摄取作用

华支睾吸虫肠支内含有黑色素，经联苯胺反应，证明其为血红蛋白产物。用电镜观察，虫体肠腔内有许多红细胞，其形态与宿主的红细胞相同。Chu 等（1982）检测 658 份收集于人工感染大鼠肝内的华支睾吸虫发育早期童虫，观察虫体肠腔内血红素分解的黑色素外观及其含量。结果表明，虫体在终宿主胆管内，于感染后 2 周开始摄取血液，并逐渐增加摄入量，至第 5 周，虫体大部分肠腔中均充满以血液成分为主的肠内容物。Chu 认为，虫体肠支内的白细胞在显微镜下较红细胞易于识别，因白细胞还保持其正常形态，而红细胞已发生明显破坏。另外在华支睾吸虫的肠内容物中，还有较多量的碎片状物，经研究发现，这些是红细胞的成分，表明华支睾吸虫有消化宿主红细胞的能力。Kim 等（1982）用放射性同素^{51}Cr 示踪法观察到华支睾吸虫在家兔胆管内摄取宿主的血液作为自身的营养。Hou（1955）发现，华支睾吸虫重度感染病例胆管周围血管丛和门静脉细支产生明显变化，许多小血管分布于近胆管管腔的表面。当内膜上皮细胞脱落时，一些红细胞即从血管内脱出，游离于宿主胆管腔中，因此虫体肠腔内就会发现红细胞。用电镜观察，在华支睾吸虫的肠支内，不仅有红细胞，也有白细胞。

Lee（1983）报道，用电镜观察从人工感染大鼠胆管中取出的华支睾吸虫成虫肠支中的黑色颗粒，这些大鼠分别是用不同药物治疗后 24 小时剖杀取虫。在用单剂 Hetol（400mg/kg 体重）治疗组，94.1％的虫体肠管中未见黑色素颗粒，吡喹酮单剂（600mg/kg 体重）和阿苯咪唑（200mg/kg 体重）治疗组，分别有 81.9％和 73.0％的虫体肠管中未见到具有黑色素的肠内容物。因此认为，华支睾吸虫在宿主胆管中摄取宿主的血液作为其营养，如环境不利时，如在宿主服用化学驱虫药的情况下，虫体即刻吐出其肠内容物，并且停止摄入宿主的血细胞。

（二）华支睾吸虫摄取营养的方式

华支睾吸虫的皮层和肠支是吸收营养的两个界面。皮层内含有黏多糖和黏蛋白，具有抗御宿主体内多种酶的作用，同时也具有摄取营养物质的作用。在虫体的表面有许多不规则的横行嵴，皮层的表面也布满了结节状突起，这些突起也可能起到增加体表吸收面积的作用。虫体肠壁细胞质突出伸向肠腔并伸出许多树枝状突起，从此种突起中再伸出数目繁多、细长的丝状突起，有的突起甚至可从上皮细胞上直接发出，所有这些突起可能相当于高等动物肠上皮的微绒毛，不但具有吸收营养的作用，而且也能显著扩大肠的吸收面积（Fujino 1979，黄素芬 1993，王运章 1994）。

（三）虫体的运动

吸盘是虫体运动的主要器官，低倍显微镜下观察，可见两个吸盘交替地收缩和扩张，从而带动整个虫体的运动。虫体背腹面的肌肉发达，有环肌和纵肌，是运动的主要动力。吸盘的肌层发达，其强大的肌层与其固定和运动的功能相一致。在吸盘的肌纤维之间有充满线粒体的“动力细胞”，可能是肌肉运动能量的来源。

华支睾吸虫幼虫期体表分布着不同的体棘，这些体棘对虫体的运动起着十分重要的作用。如尾蚴的吸盘上有 4 行大棘，这些棘在尾蚴侵入鱼体时有助于其钻入鱼的体内。后尾蚴的皮棘参与虫体的蠕动，在其完成从小肠沿着胆总管向肝胆管移行的过程中，皮棘和吸盘的共同作用，使其顺利到达最终寄生部位。

（四）虫体的感觉功能

华支睾吸虫成虫和幼虫期的体表都具有乳突，这些乳突是虫体的各种感觉器，以感受不同的刺激。Fujiuo(1979)认为，成虫体表上具有纤毛的乳突可能是接触感受器，接受作用于虫体皮层上的压力，并传至运动器，使虫体运动；无纤毛类圆丘乳突则可能是接触和液流感受器。李秉正等(1991)根据虫体电镜下的形态，认为尾蚴体部具长纤毛的感觉乳突可能是液流感受器，具短纤毛的感觉乳突可能是接触或液流感受器。这些感受器的功能与尾蚴在水中游动时探知周围环境以及附着物有密切关系。尾部的感觉小窝则可能是一种化学感受器，用于探知所接触基质的化学特性。后尾蚴体表的脖套状乳突和无纤毛的圆丘形乳突是接触感受器或液流感受器；中心带结节的椭圆形乳突则可能是接触感受器。

二、华支睾吸虫的蛋白质

（一）成虫的蛋白质

左迅等(1990)从吉林省德惠县的麦穗鱼体中分离获华支睾吸虫囊蚴，用其感染家兔，3 个月后解剖家兔，从肝胆管中收集成虫。采用聚丙烯酰胺凝胶盘状电泳(DE)和薄层水平等电聚焦(IEF)对虫体成分进行电泳，分析其可溶性蛋白。用 DE 法共分离出 18 条蛋白带，其中 15 条高度可重复。所有的胶柱均出现 4 条主带，其平均 *Rf* 值分别为 0.268、0.409、0.709 和 0.939。在靠近阳极端有一条明显主带，为华支睾吸虫最明显的特征带。IEF 法共分离出 22 条蛋白带，其中酸性、中性和碱性带分别为 13、7 和 2 条，在酸性带中有 3 条主带，其 PI 值分别为 4.47、4.65 和 4.93。

（二）不同虫期虫体蛋白质

从广西横县华支睾吸虫病流行区的麦穗鱼中分离华支睾吸虫囊蚴，经口感染大鼠，分别于感染后 10、20、30、60、90 天杀鼠取虫，应用十二烷基硫酸钠-聚丙烯酰胺凝胶电泳(SDS-PAGE)分离蛋白质(PT)，分析蛋白带的迁移率、相对浓度等。相对蛋白含量＞20％，为一级带，表示蛋白含量高；相对蛋白含量 10％～20％为二级带，表示蛋白含量较高；相对蛋白含量＜10％，为三级带，表示蛋白含量低。

PT 显示 19 条带，5 个虫龄期虫体的蛋白带数分别为 14、13、16、16 和 16 条，分子量 6.0～

169.8kDa，有8条带稳定出现于生活史各阶段，分别为PT-1、PT-2、PT-4、PT-8、PT-11、PT-13、PT-16和PT-19，分子量分别为6.0、7.3、9.6、15.4、26.2、39.9、68.2和169.8kDa。PT-3为8.2kDa，仅见于30和90天虫龄期；PT-5和PT-17分别为10.6kDa和95.9kDa，见于10、30和60天虫龄期；PT-6为11.9kDa，见于10、20、30和90天虫龄期；PT-7和PT-18分别为13.5kDa和141.9kDa，见于20、30、60和90天虫龄期；PT-9为18.1kDa，见于10、20、60和90天虫龄期；PT-10为22.0kDa，见于20、60和90天虫龄期；PT-12为36.1kDa，见于10、30和90天虫龄期；PT-14为41.5kDa，见于30、60和90天虫龄期；PT-15为45.2kDa，仅见于10和60天虫龄期。30日龄后成虫阶段蛋白带较多，可能是在成虫阶段，一些组织器官，如睾丸、卵巢、卵黄腺等的发育成熟，生殖功能旺盛，使得蛋白成分较多所致。

蛋白带的相对蛋白含量在各虫龄期以PT-1、PT-2和PT-8为高，10天虫龄期为0.1%～41.6%，PT-1和PT-2为一级带；20天虫龄期分别为0.2%～36.2%，PT-1和PT-2为一级带；30天虫龄期分别为0.9%～24.7%，PT-8为一级带；60天虫龄期分别为0.1%～28.1%，PT-1和PT-11属一级带；90天虫龄期分别为0.9%～16.3%，PT-2和PT-8为二级带，无一级带（胡文庆等2007）。

（三）不同地区及不同宿主虫体蛋白质

从采自江西省瑞昌市、广东省小榄镇和安徽省怀远市三地的麦穗鱼中分离囊蚴，分别感染犬、家兔、豚鼠和大鼠，40天后剖杀动物取虫测定蛋白质含量。采用不连续聚丙烯酰胺凝胶电泳（PAGE）和SDS-PAGE，同时采用梯度PAGE和梯度SDS-PAGE，对不同地区和不同宿主的华支睾吸虫的蛋白质进行分析（刘正生1991）。

1. PAGE和梯度PAGE　用PAGE和梯度PAGE分离，不同地区和不同宿主的华支睾吸虫蛋白质条带数基本一致，且深带和浅带的位置也基本相同。PAGE结果表明，感染来自广东囊蚴的犬和豚鼠，感染来自安徽囊蚴的豚鼠体内的虫体，都在电泳分离胶的起始部多一条窄而染色浅的区带。梯度PAGE则显示大鼠体内的虫体在电泳的起始部缺失一条浅带，而豚鼠体内的虫体则在起始部和中部各增加一条浅带。

2. SDS-PAGE和梯度SDS-PAGE　不同地区和不同宿主的华支睾吸虫蛋白质总条带数相近，深带数目和迁移率完全一致，浅带略有不同。多肽区带分布的分子量范围分别为14～93kDa和11～94kDa，其浅带的差异表现为：在SDS-PAGE，兔源虫体在分子量94～118kDa区内增加了浅带，其中来自江西的有3条，广东和安徽的各有一条；犬源虫体在24kDa处多一条浅带；豚鼠源虫体在25kDa附近增加了浅带，其中江西的增加一条，广东和安徽的增加2条。在梯度SDS-PAGE，兔源虫体在27kDa处增加一条浅带，在94～128kDa区域内，广东和安徽的虫体多3条浅带，而江西的虫体则多4条；犬源虫体在27.5kDa和95.5kDa附近分别多2条浅带；豚鼠源虫体在16kDa附近，来自江西和广东的分别增加1条和2条浅带，安徽的虫体则在96.5kDa处增加1条浅带；大鼠体内来自广东的虫体在96kDa处多1条浅带。

3. 等电点聚焦　等电点聚焦（isoelectricfocusing IEF）显示的蛋白带数量多而且清晰，蛋白带几乎是均匀地分布于等电点4.05～7.35区域内，不同地区和不同宿主虫体的带数略有差别，但深带数目和等电点完全一致，浅带的差异与上述几种方法结果相似，总的趋势是兔源虫体条带数较多（50条），大鼠源虫体条带数目较少（44条）。

来自不同地区和不同宿主的华支睾吸虫所有蛋白质深带和多数的浅带一致，说明它们具有共同的主要蛋白组分；而不同宿主的虫体之间所表现出的微细差异则说明，由于宿主内环境差异和生理特性的差异，可能导致该虫的某些遗传物质发生改变，从而引起不同来源的虫体可能存在着特有的蛋白质组分。同种宿主不同地区的华支睾吸虫的蛋白组分相同、分子量在 11～94kDa 之间，等电点位于 4.05～7.35 区域内。

（四）囊蚴的蛋白质

吴中兴等(1987)用聚丙烯酰胺凝胶电泳比较华支睾吸虫和东方次睾吸虫囊蚴的蛋白质组分，2 种囊蚴各只显示出 1 条蛋白区带，*Rf* 值为 0.013。

三、华支睾吸虫的同工酶

生物新陈代谢中的化学变化绝大多数是依靠酶的催化作用来进行的。而酶的发生与基因进化和种的演变有着密切关系，因此，应用同工酶电泳技术研究寄生虫分类中的一些问题，如在形态上相似的种间鉴别，种下阶元的分类，研究自然群体之间的遗传关系以及探讨寄生虫各生活史期的发育规律，各种同工酶谱能提供极有价值的标记，从而使寄生虫的分类更为合理，解决形态分类学所不能解决或不能解释的某些问题。

（一）囊蚴的同工酶

从江苏邳州流行区捕获麦穗鱼，分离囊蚴。用聚丙烯酰胺圆盘凝胶电泳技术对该囊蚴的同工酶进行分析。华支睾吸虫囊蚴乳酸脱氢酶(DH)同工酶呈现 3 条酶带，其 *Rf* 值分别为 0.05、0.06 和 0.11；东方次睾吸虫囊蚴也有三条 DH 带，仅第三条带的 *Rf* 值为 0.15，与华支睾吸虫囊蚴的不同。华支睾吸虫囊蚴苹果酸脱氢酶(MDH)同工酶呈现 4 条酶带，*Rf* 值分别为 0.05、0.125、0.25 和 0.40；东方次睾吸虫囊蚴的 MDH 呈显三条带，*Rf* 值为 0.06、0. 18 和 0.26。华支睾吸虫囊蚴酯酶(EST)同工酶呈 3 条带，其 *Rf* 值分别为 0、0.013 和 0.096；东方次睾吸虫的 EST 囊蚴有四条带，*Rf* 值分别为 0.013、0.026、0.051 和 0.064(吴中兴 1987)。

（二）不同虫龄期虫体同工酶

胡文庆等(2007)用采自广西横县华支睾吸虫囊蚴感染大鼠，以浓度梯度-聚丙烯酰胺凝胶电泳(CG-PAGSE)分别对感染后 10、20、30、60 和 90 天 5 个虫龄期华支睾吸虫的 DH、MDH、EST、过氧化物酶(PO)和超氧化物歧化酶(SOD)同工酶进行分离。酶相对蛋白含量＞20%，为一级带，表示酶活性高，相对蛋白含量 10%～20%为二级带，表示酶活性较高；相对蛋白含量＜10%，为三级带，表示酶活性低。

1. 乳酸脱氢酶 乳酸脱氢酶共显示 DH-1～DH-5 等 7 条酶带，其中 DH-3 有 3 条亚带，5 个虫龄期酶带数分别是 5、5、4、5 和 5 条。共有酶带为 DH-1、DH-4 和 DH-5，其相对迁移率(*Rm*，*Rm*＝各带到原点的距离/从原点起到阴极最远带的迁移距离×100%)分别为 100、36.2 和 31.9。DH-2 见于 30、60 和 90 天虫龄期，*Rm* 均为 76.6；DH-3-1 见于 10 和 90 天虫龄期，*Rm* 为 56.4；DH-3-2 见于 20 和 60 天虫龄期，*Rm* 为 44.8；DH-3-3 见于 10 和 20

天虫龄期，*Rm* 为 42.1。

10 天虫龄各 DH 的相对蛋白含量为 2.5%～54.3%，20 天虫龄期为 3.0%～47.7%，30 天虫龄期为 0.8%～49.9%，60 天虫龄期为 0.2%～85.4%，90 天虫龄期为 0.8%～86.0%。各虫龄期的 DH-5，10、20 和 30 天虫龄期的 DH-4 为一级带，其中 60 和 90 天虫龄的 DH-5 相对蛋白含量最高。

华支睾吸虫 DH-5 含量随虫龄增加而增多，可能与寄生环境氧气减少有关。因随感染时间延长，宿主肝脏病变加重，纤维化程度增加，局部血液循环差，缺血缺氧，使虫体在能量代谢中无氧代谢的比例提高。

2. 苹果酸脱氢酶　苹果酸脱氢酶共有 8 条酶带（MDH-1～MDH-8），5 个虫龄期酶带数分别是 5、4、5、4 和 8 条，共有酶带为 MDH-5 和 MDH-8，*Rm* 分别为 38.9 和 5.2。MDH-1 见于 30、60 和 90 天虫龄期，*Rm* 均为 100；MDH-2 见于 30 和 90 天虫龄期，*Rm* 为 87.8；MDH-3 见于 10、60 和 90 天虫龄期，*Rm* 为 76.0；MDH-4 见于 10、20 和 90 天虫龄期，*Rm* 为 60.5；MDH-6 仅见于 90 天虫龄期，*Rm* 为 31.7；MDH-7 见于 10、20、30 和 90 天虫龄期，*Rm* 为 24.7。

10 天虫龄期酶带相对蛋白含量为 0.2%～86.1%，20 天虫龄期为 0.8%～92.0%，30 天虫龄期为 0.9%～75.8%，60 天虫龄期为 0.8%～97.9%，90 天虫龄期为 0.1%～97.1%，各虫龄期的 MDH-5 均为一级带，相对蛋白含量均大于 75%。

MDH 是三羧酸循环中关键酶之一，MDH-5 为主要酶带并稳定存在，90 天虫龄组的 MDH 酶带比其他组多 3～4 条，表明虫龄长，可能需要能量更多，故 MDH 酶带较多而复杂。

3. 脂酶　脂酶共有 9 条酶带（EST-1～EST-9），5 个虫龄期分别有酶带 5、8、7、5 和 5 条，共有酶带是 EST-4、EST-6 和 EST-7，*Rm* 分别为 60.1、44.8 和 43.4。EST-1 见于 10、20 和 30 天虫龄期，*Rm* 均为 100；EST-2 仅见于 20 天虫龄期，*Rm* 为 89.4；EST-3 见于 20、30、60 和 90 天虫龄期，*Rm* 为 69.5；EST-5 仅见于 20 天虫龄期，*Rm* 为 57.3；EST-8 见于 30 和 60 天虫龄期，*Rm* 为 32.4；EST-9 见于 10、20、30 和 90 天虫龄期，*Rm* 为 30.0。

10 天虫龄酶带相对蛋白含量分别为 2.2%～70.8%，EST-6 为一级带；20 天虫龄期为 0.6%～42.3%，EST-4 和 EST-5 为一级带；30 天虫龄期为 2.6%～27.7%，EST-1、EST-3 和 EST-4 为一级带；60 天虫龄期为 11.6%～51.0%，EST-6 为一级带；90 天虫龄期为 10.2%～36.4%，EST-4 和 EST-3 为一级带。EST-6 和 EST-4 酶带相对蛋白含量在各虫龄期均较高，

EST 是广泛存在于动物各组织内的一种重要水解酶类，是脂质代谢中重要成分。各虫龄 EST 的主带分布、主带迁移率基本一致，20 天和 30 天虫龄期为 8 条和 7 条酶带，其他虫龄均为 5 条，此阶段虫体脂质代谢可能较为旺盛。

4. 过氧化物酶　过氧化物酶显示 4 条酶带（PO-1～PO-4），5 个虫龄期酶带数分别为 2、2、2、3 和 3 条，PO-1 和 PO-4 为共有酶带，*Rm* 分别为 100 和 20.0。PO-2 仅见于 90 天虫龄期，*Rm* 为 80.8；PO-3 仅见于 60 天虫龄期，*Rm* 为 59.4。

各虫龄期 PO-4 相对蛋白含量较高，均为一级带。10 天虫龄酶带相对蛋白含量分别为 30.8%和 69.2%，20 天虫龄期为 58.7%和 41.3%，30 天虫龄期为 38.0%和 62.0%，60 天虫龄期为 0.8%、74.6%和 24.6%，PO-3 和 PO-4 为一级带；90 天虫龄期为 2.2%、60.2%

和 37.6%,PO-2 和 PO-4 为一级带。

5. 超氧化物歧化酶 超氧化物歧化酶共显示 7 条酶带(SOD-1～SOD-7),5 个虫龄期酶带数分别为 7、6、5、4 和 4 条,共有酶带为 SOD-3、SOD-5 和 SOD-6,*Rm* 分别为 62.1、42.4 和 32.2;SOD-1 见于 10、20、30 和 60 天虫龄期,*Rm* 均为 100;SOD-2 见于 10 和 90 天虫龄期,*Rm* 为 78.0;SOD-4 见于 10、20 和 30 天虫龄期,*Rm* 为 51.7;SOD-7 见于 10 和 20 天虫龄期,*Rm* 为 23.3。

10 天虫龄期酶带相对蛋白含量为 1.2%～68.1%,20 天虫龄期为 3.1%～58.6%,30 天虫龄期为 1.4%～79.4%,60 天虫龄期为 1.3%～86.7%,90 天虫龄期为 0.2%～93.2%。各虫龄期的一级带均是 SOD-6,且含量高,20 天虫龄期的 SOD-3 为一级带。

秦小虎等(2006)报道,采用羟胺法检测源自感染大鼠华支睾吸虫的 SOD,从感染后 10 天至 90 天 SOD 含量逐步下降,感染后 10、20、30、50 和 90 天分别为 12.56、9.69、5.14、4.3 和 3.04mgprot/ml。其中 10～30 天下降较快,每 10 天下降 3～4mgprot/ml,30 天后每 10 天下降约 1 mgprot/ml。

华支睾吸虫 SOD 酶带数随虫龄增大而逐渐减少,活性也随虫龄增长呈下降趋势,反映了虫体自身存在氧化损伤杀伤反应,具有清除氧自由基能力。对于虫体,要先通过生成 SOD 来抵抗自由基的损伤作用,尔后为清除体内自由基而消耗了 SOD,或因虫龄变化,逐渐衰老,则出现 SOD 下降。

(三) 成虫的同工酶

左迅等(1988)从吉林省德惠县采集华支睾吸虫囊蚴感染家兔,感染后 3 个月后剖杀动物取虫,用聚丙烯酰胺凝胶电泳进行同工酶的分离和分析。

苹果酸脱氢酶仅出现一条致密色深的酶带,*Rf* 值为 0.109±0.009,出现率为 100%,光密度扫描显示 1 个高峰。

葡萄糖-6-磷酸脱氢酶出现 2 个酶带,即 G-6PD-1 和 G-6PD-2,*Rf* 值分别为 0.391±0.018 和 0.140±0.007,出现率为 100%,光密度扫描显示 2 个吸收峰。

酯酶有 5 条同工酶带(EST-1～EST-5),其 *Rf* 值分别为 0.342±0.010、0.293±0.008、0.263±0.008、0.199±0.007 和 0.129±0.008。EST-5 出现率为 75%,其余为 100%,光密度扫描亦出现 5 个吸收峰。

过氧化物酶有 7 条酶带(PO-1～PO-7),其 *Rf* 值分别为:0.938±0.006、0.355±0.011、0.331±0.008、0.306±0.011、0.281±0.010、0.150±0.010 和 0.121±0.009;除 PO-7 出现率为 80%外,其余均为 100%。其中 PO-1、PO-3 和 PO-6 为主要同工酶,光密度扫描显示出 3 个主峰。

同时对肝片吸虫的同工酶进行分析,发现两者的同工酶型不同,其酶带数和(或)迁移率、活性均有明显差异,尤以过氧化物酶差异最大。任何一种酶的同工酶一般都反应出其特定的基因位点,因此可以通过同工酶的检测和比较,来反映不同虫种遗传物质的差异程度和亲缘关系。

(四) 源自不同宿主成虫的同工酶

用采自广西横县的华支睾吸虫囊蚴分别感染大鼠、犬、豚鼠、兔和猫,每只动物接种囊蚴

150个，于感染后50天解剖动物取虫。用CG-PAGE测定源自不同动物虫体的乳酸脱氢酶、苹果酸脱氢酶、酯酶和过氧化物酶。

1. 乳酸脱氢酶　共有4条DH酶带，共有酶带为DH-1和DH-4，其*Rm*分别是100和60；豚鼠源虫体缺如DH-3，源自其他动物虫体DH3的*Rm*均为63，犬源虫体多1条*Rm*为67的DH-2酶带。大鼠源虫体酶带的相对蛋白含量分别为7.1％、5.1％和87.8％，DH-4为一级带；犬源虫体为7.1％～74.7％，DH-3为一级带；豚鼠源虫体为1.8％、98.3％，DH-4为一级带；兔源虫体为2.6％、11.3％和86.2％，DH-4为一级带；猫源虫体为5.0％、21.0％和74.0％，DH-4和DH-3均为一级带。

2. 苹果酸脱氢酶　苹果酸脱氢酶显示5条酶带，大鼠源虫体缺少MDH-1，犬源虫体缺少MDH-5，兔源虫体和猫源虫体均缺少MDH-4。MDH-1～MDH-5的*Rm*分别是100、84、62、53和46。大鼠源虫体酶带的相对蛋白含量分别是0.9％～84.6％，MDH-2为一级带；犬源虫体为4.2％～48.1％，MDH-2和MDH-3为一级带；豚鼠源虫体为0.2％～87.7％，MDH-2为一级带；兔源虫体为2.0％～59.3％，MDH-2和MDH-3为一级带；猫源虫体为10.0％、69.2％、12.1％和8.7％，MDH-2为一级带，MDH-3和MDH-1为二级带。

3. 脂酶　脂酶共有11条酶带，EST-7为共有酶带。大鼠源虫体有5条酶带，*Rm*分别为100、89、82、62和60；犬源虫体有4条酶带，*Rm*分别为100、82、62和60；豚鼠源虫体有5条酶带，*Rm*分别为61、60、55、38和23；兔源虫体有8条酶带，*Rm*分别为88、83、69、62、60、55、46和23；猫源虫体有5条酶带，*Rm*分别为83、82、62、60和47。

大鼠源虫体酶带的相对蛋白含量为0.4％～88.5％，EST-7为一级带；犬源虫体为0.8％～44.8％，EST-3和EST-7为一级带；豚鼠源虫体为3.6％～43.2％，EST-11和EST-7为一级带；兔源虫体为0.4％～66.2％，EST-7为一级带，EST-3为二级带；猫源虫体为0.5％～39.4％，EST-7和EST-3为一级带，EST-4和EST-6为二级带。

4. 过氧化物酶　源自5种不同宿主的虫体均显示了*Rm*为100的PO-1和*Rm*为20的PO-2两条酶带。源自大鼠、犬、豚鼠、兔和猫虫体PO-1酶带的相对蛋白含量分别为12.5％、75.2％、70.9％、95.9％和19.2％，PO-2酶带的相对蛋白含量分别为87.5％、24.8％、29.2％、4.1％和80.9％，以一级带为主(胡文庆等2007)。

(五) 源自不同地区成虫的同工酶

不同地区的和(或)不同宿主体内的华支睾吸虫其同工酶存在差异。刘正生等(1991)采自江西省瑞昌市、广东省小榄镇和安徽省怀远市的麦穗鱼，分离囊蚴，分别感染犬、家兔、豚鼠和大鼠，40天后剖杀动物取虫，用聚丙烯酰胺凝胶薄层水平等电聚焦(IEF)测定分析源自不同地区和不同宿主的华支睾吸虫成虫的同工酶。

1. 脂酶　不同地区和不同宿主华支睾吸虫的酶带条数和等电点相近。豚鼠源虫体在等电点7.20处增加一条浅而窄的酶带；大鼠源虫体则在等电点6.25处缺失一浅带。来自江西的在豚鼠体内的虫体，在等电点4.95处增加2条宽而色深，且距离很近的酶带。

2. 过氧化物酶　不同地区和不同宿主的华支睾吸虫PO酶带总数略有不同。兔源虫体有7条酶带，大鼠源虫体只有5条酶带。但各主要特征酶数目和等电点完全相同，仅浅带数目稍有差异，兔源虫体在等电点4.04处多1条浅带。

3. 细胞色素氧化酶　三个地区和四种宿主的华支睾吸虫的细胞色素氧化酶总带数虽

有不同，但深带数目和等电点完全一致。豚鼠源虫体有 11 条酶带，大鼠源虫体有 9 条酶带。犬源虫体和兔源虫体在等电点 5.35 处多一条浅带，豚鼠源虫体则在等电点 4.95 附近多出 2 条浅带。

4. 酸性磷酸酶 源自 3 个地区和 4 种宿主华支睾吸虫酸性磷酸酶的酶带总数相近，深带数目相等，等电点趋于一致。仅豚鼠源虫体在等电点 6.75 处多出一条窄而色深的酶带。

来源于多种不同宿主或不同地区华支睾吸虫各种同工酶各主带特征基本相同，仅次带存在细微差异。不同地区和不同宿主的华支睾吸虫同工酶的差异无一定规律，表明虫体各酶座位变异的发生是随机的，酶带所表现出来的微细差异属于基因的多态性，只是种内的差异。酶带所表现出来的多态性可能是虫体受宿主影响而造成的。部分酶带的增加或缺失、酶带相对蛋白含量存在差别，可能是由于宿主生理特征和内环境的不同，影响了虫体在生长发育过程同工酶库的得失，造成了酶含量的变化，从而出现同工酶谱的改变。

四、华支睾吸虫的组织化学

对华支睾吸虫组织化学进行研究，目的是了解各种物质在虫体内的分布和定位，从而进一步研究虫体的各种代谢特点和生理特性。在此基础上，针对寄生虫的某个代谢环节，研究和寻找有效的抗寄生虫药物。

（一）源自大鼠的华支睾吸虫成虫的组织化学

庞昕黎等(1989)用华支睾吸虫囊蚴感染大鼠，每鼠感染囊蚴 30 个，感染后 45～75 天，处死动物取虫体，进行组织化学研究。分别以高碘酸-Schiff 反应显示多糖，用淀粉酶消化对照观察糖原；汞-溴酚蓝法显示蛋白质；甲基绿-派若宁法观察 DNA 和 RNA；油红法显示中性脂肪；钙-钴法并辅以 Pearse 偶氮偶联法显示碱性磷酸酶；硫化铅法显示酸性磷酸酶；四唑盐法分别显示琥珀酸脱氢酶、苹果酸脱氢酶和单胺氧化酶；Wachstein 和 Meisel 法显示葡萄糖-6-磷酸酶；Padykula 及 Hermaa 钙法显示 $Ca^{++}-ATP$。观察糖原、核酸和蛋白质用石蜡切片，其余均采用冷冻切片。

1. 糖原 糖原主要分布在实质组织内和皮下肌层，而实质组织内的糖原又主要分布在脏器周围，尤以卵黄腺周围的组织中糖原颗粒最为丰富；吸盘、咽、子宫、精子、虫卵中糖原呈中等阳性；皮层、肠上皮细胞、睾丸和卵巢中仅含微量或无明显阳性反应；肠内容物、卵壳、受精囊，储精囊内未见糖原。

2. 蛋白质 卵黄腺和虫卵呈强阳性反应；睾丸、卵巢、子宫、精子、受精囊、储精囊呈中等阳性反应；皮层、皮下肌层、实质组织、吸盘和咽、肠上皮细胞、肠内容物为阳性反应或弱阳性。

3. 核酸 DNA 在睾丸中最丰富，在卵黄腺、卵巢、虫卵、精子中次之；RNA 在卵黄腺中最丰富，卵巢中略少。除受精囊、储精囊、皮层两种核酸弱阳性或阴性反应外，其他组织均有两种核酸存在。

4. 脂肪 中性脂肪的分布以肠内容物中最丰富，多为较大脂滴；吸盘、咽、虫卵次之，呈中等阳性反应；卵黄腺细胞中性脂肪较少，呈一般阳性反应；实质组织中仅存在少量微小脂滴；皮层、睾丸、卵巢、子宫、精子、受精囊和储精囊中未发现中性脂肪存在。

5. 酚酶和酚类物质　酚酶仅在虫体卵黄腺、卵黄管中的成熟卵黄细胞和子宫内虫卵的卵壳中呈现阳性反应，以卵壳阳性反应最强。在其他器官中则未发现阳性反应。酚类物质在虫体的卵黄滤泡所组成的卵黄腺和卵黄管中成熟卵黄细胞颗粒球呈橙红色或橙黄色的强阳性反应。由于卵黄腺和卵黄管中充满着成熟卵黄细胞，它们呈阳性反应后，能明显地看出卵黄腺中卵黄滤泡和卵黄管及其分支的走向和详细分布。因酚酶和酚类物质仅定位于卵黄腺中的成熟卵黄细胞颗粒和子宫中新形成的卵壳中，其他组织器官全为阴性，表明酚酶和酚类物质在卵壳形成的过程中可能起着十分重要的作用(何毅勋 1987)。

6. 碱性磷酸酶　碱性磷酸酶在虫体多呈阴性反应或反应较弱，仅在卵黄腺、卵壳、肠上皮细胞见到极微弱的酶活性反应。也有实验在虫体的任何部位均未发现酶的活性。

7. 酸性磷酸酶　酸性磷酸酶主要存在于虫体的消化道，从虫体的口吸盘、咽及开始分叉向后的两条肠管的上皮细胞层都显示出较强的阳性反应，由于酶的扩散，肠内容物也呈强阳性反应。皮下肌层、卵巢、子宫、受精囊为中等阳性反应，卵黄腺、睾丸、精子呈阴性或弱阳性反应。

8. 琥珀酸脱氢酶和苹果酸脱氢酶　两种酶在虫体各器官均有存在且分布基本一致。皮层、皮下、口吸盘和腹吸盘、咽、睾丸、卵巢、精子等处酶活性最强；实质组织中两种酶均呈不均匀分布，有的部位酶活性很强，有的部位酶活性较弱，甚至阴性，但在主要脏器周围的实质组织酶颗粒中较为明显；虫卵、储精囊、受精囊、肠上皮细胞和卵黄腺均有不同程度的阳性反应。

9. Ca^{++}-ATP　Ca^{++}-ATP 在皮层、皮下肌层、吸盘、咽和虫卵的活性最强；肠上皮细胞、睾丸、卵巢、子宫、卵黄腺次之，呈中等阳性反应；实质组织、精子、受精囊、储精囊有不同程度的阳性或弱阳性反应。

10. 葡萄糖-6-磷酸脱氢酶　该酶的分布与糖原的分布基本一致，皮下肌层、吸盘、咽、卵黄腺、实质组织中的酶活性最强，在实质组织中酶呈网络状分布；除虫卵和肠内容物外，其他各组织均有此酶存在。该酶在上述组织中同糖原分布一致，一方面有利于糖原的分解，另一方面也与这些器官的能量代谢较为旺盛有关。

11. 单胺氧化酶　在整个虫体该酶活性较弱。皮层、皮下、吸盘、咽呈中等阳性反应；实质组织、睾丸、卵巢略次之；实质组织中该酶的分布呈不均匀团块状，有的部位酶活性较强，有的部位则较弱或阴性；肠上皮细胞、子宫、卵黄腺、虫卵、精子、受精囊、储精囊呈阴性反应或弱阳性反应。

（二）源自猫的华支睾吸虫成虫的组织化学

王鸣等(1989)从自然感染的家猫肝胆道内取得华支睾吸虫成虫，冰冻切片，以偶联偶氮法显示碱性磷酸酶和酸性磷酸酶，底物均为萘酚 AS-BI 磷酸钠；Karnovsky 法显示乙酰胆碱酯酶，底物为碘化乙酰硫胆碱；Niles 法显示三磷酸腺苷酶，以三磷酸腺苷钠盐为底物。

1. 酸性磷酸酶　酸性磷酸酶主要存在于华支睾吸虫的消化道。从虫体咽部开始分叉向后的两条肠管的上皮细胞层显示较强的酶活性，染色呈粉红色，而且由于酶的扩散，虫体肠腔内容物亦明显着色。此外，虫体的皮层、睾丸壁、子宫壁及卵巢壁均显示不同程度的酶活性，卵壳的酶活性为最弱。但未发现虫体任何部位存在碱性磷酸酶活性。

2. 乙酰胆碱酯酶　该酶分布在虫体的神经系统内，有特异性乙酰胆碱酯酶和非特异性胆碱酯酶两种，前者的含量高于后者。乙酰胆碱酯酶在虫体的咽部最为丰富，该处为中枢神经节所在。酶活性主要存在于环绕咽部的肌层，在虫体的口吸盘肌层和腹吸盘肌层也存在着较明显的酶活性,卵壳的酶活性则较弱。但未发现虫体的中枢神经系统存在乙酰胆碱酯酶活性。

3. 三磷酸腺苷酶 三磷酸腺苷酶主要存在于虫体的皮下组织、口吸盘、咽部和腹吸盘等肌肉组织较为丰富之处,在卵壳也可观察到较弱的酶活性。

在华支睾吸虫卵壳中均能观察到酸性磷酸酶、乙酰胆碱酯酶和三磷酸腺苷酶,表明卵壳不仅只具有外壳的作用,而且还参与许多复杂的生理生化代谢过程,可能与虫卵内毛蚴的发育和成熟有密切的关系。

(三) 华支睾吸虫后尾蚴的组织化学

后尾蚴体壁含有中性黏蛋白、糖蛋白和黏蛋白,但不含酸性黏液物质和糖原。后尾蚴的内容物除含有和体壁相同的组织化学成分外,还有脂酶、酸性磷酸酶、琥珀酶脱氢酶和胆碱酯酶等酶类(庞昕黎等 1990)。

五、华支睾吸虫的脂类

华支睾吸虫含有丰富的脂类。据 Lee 等(1977)对该虫成虫的研究,甘油脂的总量为 36.65mg/g,其中包括磷酸甘油酯 8.34mg/g,甘油二酯 15.46mg/g 和甘油三酯 12.85mg/g。磷脂有溶血卵磷脂、磷脂酰肌醇、卵磷脂、鞘磷脂、磷脂酰甘油、磷脂酰丝氨酸和磷脂酰乙醇胺。

六、华支睾吸虫 cAMP 第二信使的研究

环磷酸腺苷(cAMP)和环磷酸鸟苷(cGMP)是对哺乳动物、植物和微生物的代谢调节都具有重要生理功能的第二信使。张夏英等(1989)从北京自然感染猫的肝脏中获取华支睾吸虫成虫。测定新鲜虫体匀浆 cAMP 和 cGMP 含量。虫体 cAMP 含量为(82.1±7.26)pmol/10 克蛋白质,cGMP 的含量分别为(20.1±2.40)pmol/10 克蛋白质。

七、华支睾吸虫的微量元素

微量元素是生物体组成成分的重要物质基础,必要的微量元素对维持生物正常生命活动具有重要的意义,又称为“生命元素”。黄为群等(1995)从江苏南通自然感染的猫肝胆管获取华支睾吸虫成虫,用原子吸收光谱法测定华支睾吸虫的微量元素。镁、钙、铜、铁、锌、锰和铅的含量分别为 1 159.31、121.91、673.15、847.79、402.02、3.18 和 13.28μg/g 干粉,与血吸虫、肺吸虫和姜片虫成虫所含微量元素种类一致。

镁可维持细胞内液渗透压,抑制神经作用。钙具有维持肌肉神经兴奋性,并参与生物体构造的功能。微量元素还参与形成某些酶,在代谢中起催化作用,促进生物生长发育。铁对机体氧的供应和运输,氧化还原、电子传递等起重要作用。锌通过形成 DNA 和 RNA 聚合酶,直接影响核酸及蛋白质的合成,从而影响细胞分裂,生长和再生。铜对线粒体的功能、铁的利用及胶原代谢有一定作用,锰则为氧化磷酸化,脂肪代谢及蛋白质、黏多糖、胆固醇合成等重要生物过程所必需。

(刘宜升)

第五章　华支睾吸虫的分子生物学研究

华支睾吸虫完成生活史要经历三个宿主，在宿主转换、生长发育和增殖过程中发生复杂的形态和生理变化，是研究发育生物学及宿主和环境对寄生虫基因表达调控的理想模式生物。通过基因克隆和原核表达，研究华支睾吸虫的基因，发现基因表达的调控机制，鉴定基因功能，有助于探明虫体致病和诱发免疫的机制，发现药物靶点，促进驱虫药物和免疫诊断试剂的研制及疫苗开发。

与病毒、细菌和单细胞寄生虫比较，华支睾吸虫为雌雄同体的多细胞动物，虫体较大，结构复杂，对其进行分子生物学研究，面临的挑战更多。韩国及我国的寄生虫学家已全面开展了华支睾吸虫的分子生物学研究，特别是中山大学中山医学院已完成华支睾吸虫全基因组的测序，对重要功能基因开展克隆和筛选，在基因表达谱、基因结构与功能、基因与进化等方面取得系列进展。

一、华支睾吸虫基因组的特征

华支睾吸虫为雌雄同体二倍体生物，染色体数目 56 条，包括 8 对大染色体和 20 对小染色体（Park 等 2001）。Wang 等（2011）报告，中山大学余新炳课题组于 2011 年完成了华支睾吸虫全基因组测序工作，获得了 4300 万个碱基的基因数据，并绘制出了华支睾吸虫基因组精细图谱。测序结果显示，华支睾吸虫基因组大小约 516Mb，较日本血吸虫的基因组（397Mb）和曼氏血吸虫的基因组（363Mb）更大。通过计算机预测、同源比对预测和转录组注释等方法整合，预测获得了 16 000 个蛋白质编码基因。华支睾吸虫基因组 GC 含量为 43.85％，高于人类、血吸虫和秀丽隐杆线虫等动物基因组的 GC 含量（图 5-1）。

经过与公共数据库中现有物种基因比对分析，华支睾吸虫基因组中 79.6％的编码基因获得了注释名称。在 16 258 个基因模型中，有 6847 个基因模型编码 3675 个功能域，主要参与细胞内处理、生物调控、生长发育、能量代谢、繁殖后代、免疫调控、免疫应激等过程（图 5-2A）。华支睾吸虫基因组中有 60％（2203/3675）的功能域是与其他物种共有的，但在整个真核生物的保守功能域中，华支睾吸虫基因组中也缺失了 4697 个。在此保守功能域，血吸虫基因组也有 71％（3345/4697）的功能区存在缺失现象（图 5-2B）。对华支睾吸虫、日本血吸虫、曼氏血吸虫三种吸虫的保守功能区进行比较发现，在 5027 个功能区中，三种吸虫共同的功能区有 3204 个（图 5-3）。

分析华支睾吸虫在整个生物界的进化速度发现，相对于果蝇、按蚊、秀丽杆线虫，华支睾吸虫和日本血吸虫、曼氏血吸虫在进化树的同一个分支上，说明这三种生物的物种进化速度最相近，确定了寄生吸虫在生物进化史上的地位（图 5-4）。

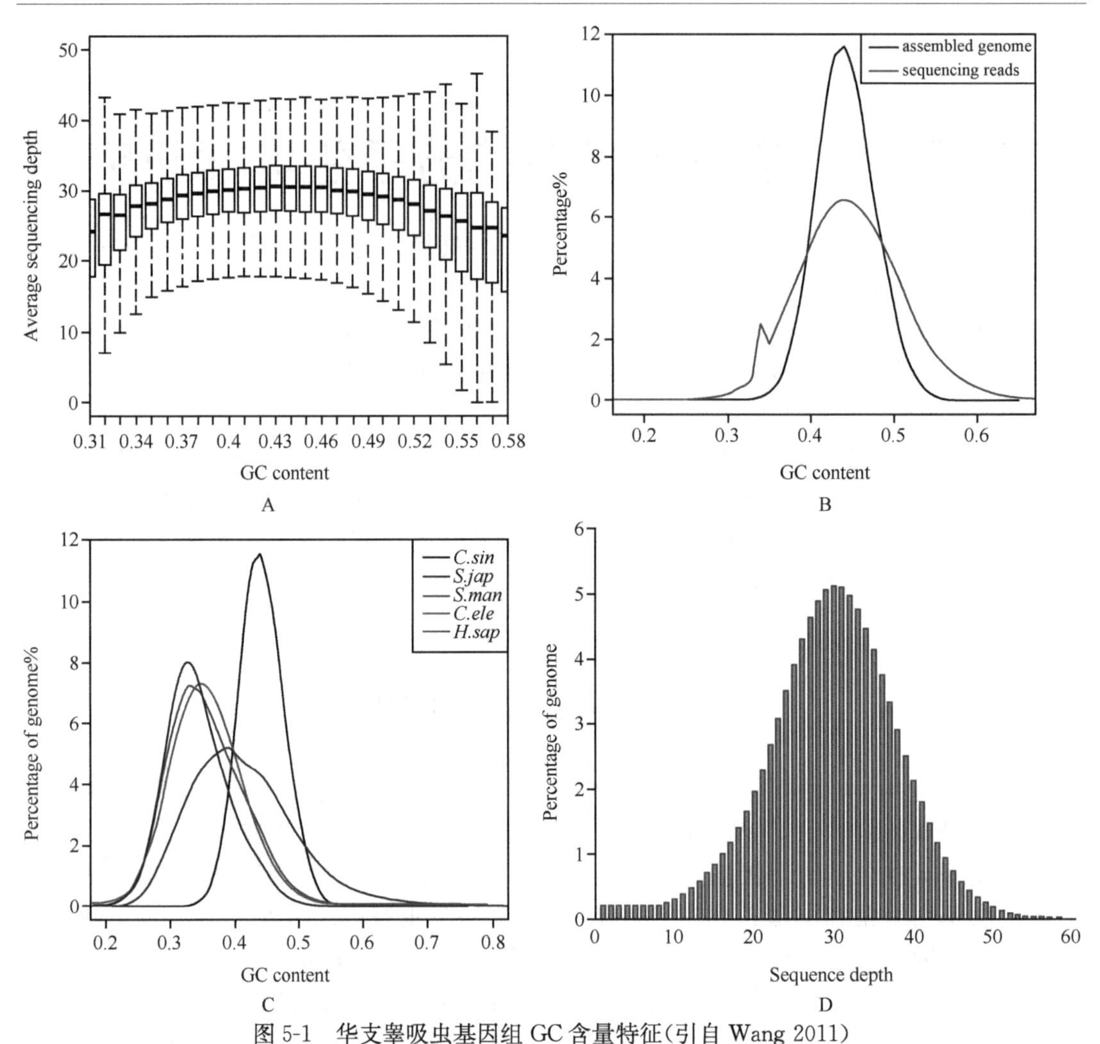

图 5-1 华支睾吸虫基因组 GC 含量特征(引自 Wang 2011)

A. 华支睾吸虫不同测序深度的局部 GC 含量;B. 华支睾吸虫测序读长(红色)与组装基因组(黑色)的 GC 含量;C. 不同物种基因组 GC 含量;D. 华支睾吸虫组装基因组测序深度分布;*S.jap*.日本血吸虫;*S.man*.曼氏血吸虫;*C. ele*.秀丽隐杆线虫;*H.sap*.人类

此图可见文后彩图

华支睾吸虫基因组工程的完成和基因数据库的构建,是华支睾吸虫基因功能和生物学功能研究的里程碑,为华支睾吸虫后基因组研究道路奠定了基础。目前,华支睾吸虫所有基因组信息均已释放至国际公共数据库(http://www.ncbi.nlm.nih.gov),并建立了华支睾吸虫基因组网站(http://fluke. sysu. edu. cn),这些海量数据为进行华支睾吸虫及相关物种的研究提供了丰富的宝贵资源。

华支睾吸虫全基因组的完成,首先阐明了其寄生于宿主肝胆管内的能量来源问题。无氧代谢酶如已糖激酶、烯醇化酶、丙酮酸激酶、乳酸脱氢酶等被发现,并呈高表达状态。在华支睾吸虫基因组中,几乎所有的糖酵解关键酶均可以找到,分析结果显示华支睾吸虫糖酵解代谢通路非常完整。不仅如此,三羧酸循环途径中的关键酶也都可以找到,证明了华支睾吸虫可以通过有氧代谢也可以通过无氧代谢通路获取生长发育所需的能量。

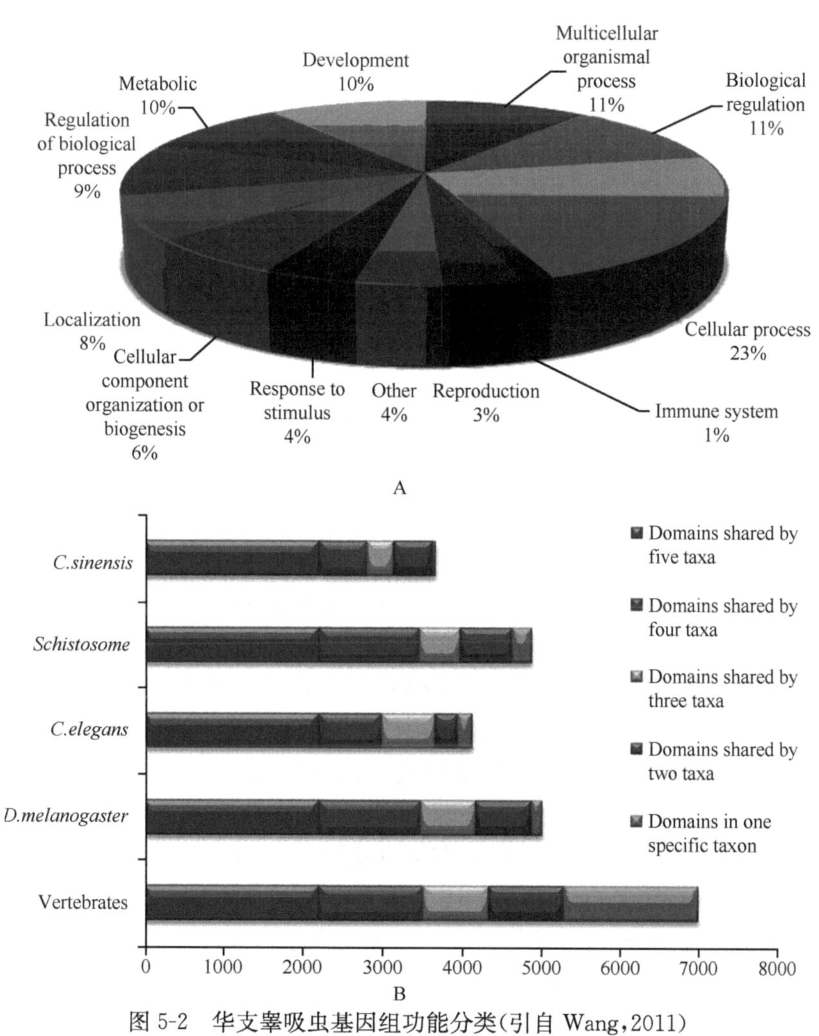

图 5-2　华支睾吸虫基因组功能分类(引自 Wang,2011)

A. 华支睾吸虫功能蛋白分类;B. 华支睾吸虫与其他物种蛋白功能域相关性分析;*C. sinensis*. 华支睾吸虫;*Schistome*.血吸虫;*C. elegans*.秀丽隐杆线虫;*D. melanogaster*.果蝇;Vertebrates 脊椎动物

此图可见文后彩图

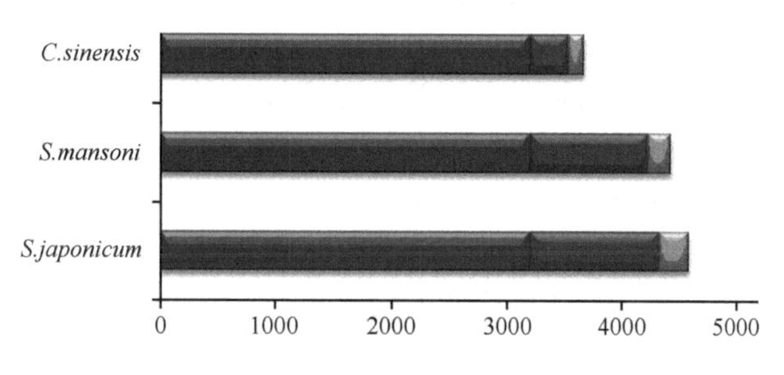

图 5-3　三种吸虫保守功能区比较分析(引自 Wang 2011)

C. sinensis. 华支睾吸虫;*S. japonicum*.日本血吸虫;*S. mansoni* 曼氏血吸虫

此图可见文后彩图

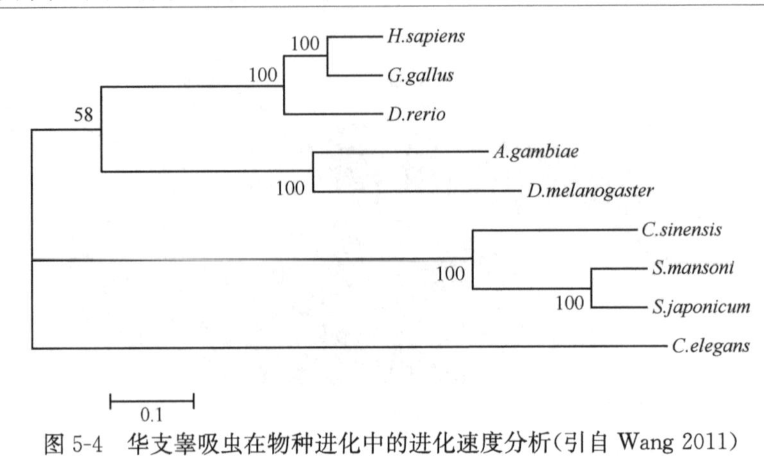

图 5-4　华支睾吸虫在物种进化中的进化速度分析(引自 Wang 2011)

H. sapiens. 人类;*G. gallus*.原鸡;*D.rerio*.斑马鱼;*A.gambiae*.按蚊;*D. melanogaster* .果蝇;*C. sinensis*. 华支睾吸虫;*S. mansoni*. 曼氏血吸虫;*S. japonicum*.日血吸虫;*C. elegans* 秀丽隐杆线虫

华支睾吸虫基因组提供的另一个重要的信息,就是发现了大量的脂肪酸结合蛋白编码基因存在于基因组中,为脂肪酸成为华支睾吸虫能量来源的理论提供了重要证据。基因组数据证实,华支睾吸虫的脂肪酸代谢通路非常完整。但华支睾吸虫的脂肪酸合成途径并不完整,因为其缺失了脂肪酸合成的关键酶编码基因 FASN,说明华支睾吸虫本身不能合成足够的脂肪酸。在分析华支睾吸虫、日本血吸虫、曼氏血吸虫等三种吸虫脂肪酸合成的关键酶编码基因 FASN 功能区后发现,三种吸虫均缺失该酶基因,故确认三种吸虫均不能自身合成脂肪酸,体内代谢所需脂肪酸成分均来源于其寄生宿主体内。

寄生虫分泌排泄产物来源复杂,涉及寄生虫病致病机制、疫苗研究、药物研究等多个研究领域,历来是寄生虫学、免疫学专家关注的重点(Zheng 等 2011)。在华支睾吸虫的基因组中,通过多种软件预测分析,共获得了 297 个分泌性蛋白编码基因。除已在其他寄生虫研究中发现报道的分泌蛋白,如半胱氨酸蛋白酶、组织蛋白酶、丝氨酸蛋白酶、磷脂酶 A2 等编码基因外,又发现一些新的参与免疫调控、肿瘤发生相关的基因,如颗粒体蛋白、抑制素等,新基因的发现将为今后更深入研究华支睾吸虫致病机制、华支睾吸虫病分子免疫、预防策略等提供新的线索。

此次测序共获得了华支睾吸虫表膜蛋白 225 个,包括蛋白酶、受体、代谢酶、通道蛋白、转运蛋白等各类功能蛋白。华支睾吸虫的表膜蛋白不仅能保护虫体免受外界损伤,而且参与寄生虫能量转运以及寄生虫与宿主的相互作用(Wang 等 2011)。除了分泌蛋白和表膜蛋白之外,还鉴定出大量可能参与寄生虫与宿主相互关系的分子,如纤维连接蛋白、钙调蛋白、上皮生长因子受体等。这些分子已经被证实参与了寄生虫免疫逃避、宿主蛋白结合、促进宿主细胞增殖等过程,其中以颗粒体蛋白、磷脂酶 A2 和硫氧还蛋白过氧化物酶为代表,推测极有可能参与华支睾吸虫致宿主胆管癌的发生过程。

华支睾吸虫基因组测序的完成,是开创性的研究成果,取得了二个历史性突破,一是阐明了华支睾吸虫雌雄同体性别发育的关键分子。雌雄同体性别发育是两性生物性发育的分界点,是寄生虫学乃至整个生物界普遍关注的生物学现象。在华支睾吸虫基因组中,25 个候选基因被列为雌雄同体性相关重要分子,这些分子已经在雌雄同体生物中报道与两性发育相关,如 SOX6、DMRT1、Ndr family, histone 2B 等,其中 SOX6 基因很可能是决定华支睾吸虫雌雄同体性别发育的关键分子。雌雄同体性发育相关基因的鉴定，为生物界两性发育物质基础提供了重要的科学依据。二是华支睾吸虫幼虫自十二指肠破囊而出后，选择性地移行至肝胆管系统，成虫长期寄生于哺乳动物胆管内或胆囊内。在此过程中，一个重要的生物学现象是何种原因决定了华支睾吸虫选择性地进入宿主胆管内寄生？根据 Li 等(2008)的报道，胆汁趋向性在此过程中发挥了重要的作用，但目前未见关于胆汁趋向性的分子证据的研究。华支睾吸虫基因组的海量信息为此提供了充分的分子依据，大量具有胆汁识别功能的基因和胆固醇结合的基因被筛选出来，进一步生物信息学结构分析发现，这些基因普遍包含跨膜区域，预测这些分子很可能定位于华支睾吸虫皮层，参与虫体胆汁识别和定向寄生部位的选择。嗜胆汁基因的确定，为华支睾吸虫的药物靶标设计提供了新的思路。

首次对雌雄同体寄生生物进行全基因组测序，且进行的是单条虫体的测序，有助于人类了解雌雄同体多细胞生物的基因特点，对研究性别发生、分化和繁殖具有重要意义。华支睾吸虫发育经历了两个中间宿主和一个终末宿主，发生了一系列复杂的形态和生理变化，所以华支睾吸虫还是研究发育生物学和宿主对寄生虫基因表达调控的理想模式生物，其基因组信息有助于了解华支睾吸虫在复杂的生活史过程中基因的表达调控、与生态环境的相互关系，从而揭示真核生物的进化历程、探索生命活动的规律。

肝纤维化和肝硬化是华支睾吸虫病最严重的危害之一，其发病机制和干预措施是华支睾吸虫病防治的难点和重点，防治华支睾吸虫病对快速诊断、生态疫苗研发、传染源控制等方面提出了重要的需求。对华支睾吸虫全部基因信息的掌握也将为深入研究华支睾吸虫代谢和生理、为了解其诱发肝胆管病变的分子机制、寻找更特异敏感的华支睾吸虫病早期诊断以及疫苗候选分子奠定坚实的基础。

完成华支睾吸虫全基因组测序工程，是我国作为全球华支睾吸虫病流行最严重的国家为人类华支睾吸虫病防治所做的巨大贡献。

(汪肖云　陈文君　余新炳)

二、华支睾吸虫转录组

华支睾吸虫具有典型的复殖吸虫生活史，经历两个中间宿主和一个终末宿主。为适应中间宿主以及哺乳动物终宿主的体内环境，华支睾吸虫生活中每个时期的基因表达都会有所不同。转录组可以提供在特定条件下由什么基因表达信息，并据此推断相应基因的功能，揭示特定调节基因的作用机制。

(一) 华支睾吸虫转录组结构特征

已有多个实验室对华支睾吸虫不同发育阶段或不同组织器官的转录组进行测序，获得众多表达序列标签(EST)、Unigene 或全长编码序列(CDS)，利用 blastx、KEGG、COG 等生物信息学软件对这些序列进行功能注释，包括蛋白功能注释、Pathway 注释、COG 功能注释和 GO 功能注释，从而了解华支睾吸虫不同发育阶段或不同组织器官的基因表达谱，得到其基因功能分布的特征。

Wang 等(2011)报告了中山大学余新炳课题组对华支睾吸虫成虫转录组序列测定结果，数据包括约 3200 万 read pairs，总的核苷酸(nt)数 4.57G，其中 76%的 reads 能定位到华支睾吸虫基因组，有效数据为 4.57G×76%＝3.4G。获得了 Unigene 30 530 条，其中大于 2000nt 的 2330 条，平均长度 736nt。将 Unigene 与蛋白数据库 nr、SwissProt 等数据库进行比对，获得 CDS 序列 13 289 条，其中大于 3000bp 的 CDS 序列 329 条，并得到 Unigene 的蛋白功能注释信息(图 5-5)。根据功能注释信息，基因的 GO 功能注释包括基因的分子功能、所处的细胞位置、参与的生物过程。再用 WEGO 软件对所有 Unigene 做 GO 功能分类统计，从宏观上认识华支睾吸虫基因功能分布的特征。有 6384 条 Unigene 参与的生物过程(biological process)可大致归为 23 类，其中 1325 条归为 cellular process，1021 条归为 metabolic process；5306 条 Unigene 所处的细胞位置(cellular component)可归为 11 个大类；2894 条 Unigen 的分子功能(molecular function)可归为 12 个大类，其中 1417 条具有结合功能，1066 条具有催化功能，122 条具有转运功能，其他的分子功能还包括转录调节、分子信号转导、酶活性调节、电子传递等。

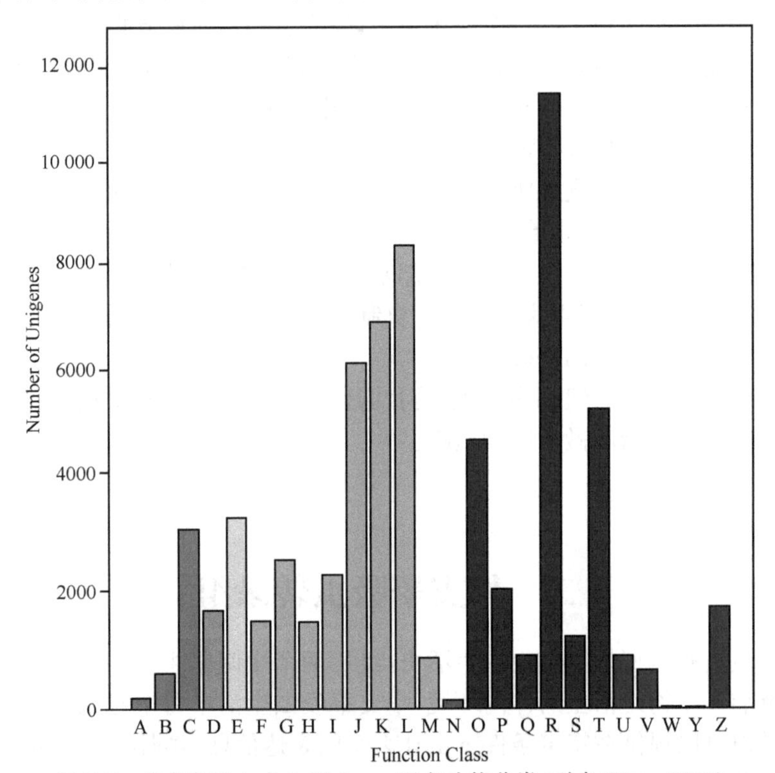

图 5-5 华支睾吸虫成虫 Unigene 蛋白功能分类(引自 Wang 2001)

A. RNA 编辑和修饰；B.染色质结构和动力；C.能量产生和转化；D.细胞周期调控、细胞黏附、染色体分区；E.氨基酸转运和代谢；F.核酸转运和代谢；G.糖转运和代谢；H.辅酶转运和代谢；I.脂类转运和代谢；J.翻译、核糖体结构和生物合成；K.转录；L.复制、重组和修复；M.细胞壁、细胞膜和包膜生物合成；N.细胞运动；O.翻译后修饰，蛋白折叠及分子伴侣；P.无机离子转运和代谢；Q.代谢中间物的转化和分解；R.仅知大致功能的蛋白；S.未知功能的蛋白；T.信号转导；U.细胞内转运、分泌和空泡转运；V.防御功能；W.细胞外结构；Y.核结构；Z.细胞骨架

Yoo 等(2011)构建了华支睾吸虫成虫、囊蚴和虫卵阶段的 cDNA 文库，对该文库进行测序和序列组装，获得 5269 条 Unigene，对 Unigene 进行比对分析后，再经过严格质量筛选，将读长最短为 100 个碱基的 reads 列入分析范围，通过 BLASTX 同源比对，同源性≥25%，并至少有 30 个氨基酸长度能够匹配，才可归为已知功能基因(表 5-1)。

表 5-1　华支睾吸虫三个发育阶段转录组特性分析

	成虫	囊蚴	虫卵	合计
测序读长总数	30 144	20 256	10 368	60 768
分析读长总数	27 070	15 872	9803	52 745
EST 平均长度(bp)	528	524	569	522
组装序列总数	7779	5398	2660	12 830
片段重叠群总数	3921	2728	1523	7184
单一群总数	3858	2670	1137	5646
片段重叠群平均长度(bp)	720	671	758	724
已知功能基因总数	3993	2718	1630	6413
Unigene 数	3488	2427	1504	5269
与血吸虫匹配的 Unigene 数	1672(48%)	1138(47%)	868(58%)	2356(45%)
与其他物种匹配的 Unigene 数	1814(52%)	1289(53%)	636(42%)	2913(55%)
未知功能基因数	3786	2680	1030	6417

引自 Yoo 等(2011)

分析发现，7.9%的片段重叠群(contig)在华支睾吸虫的三个发育阶段都出现，这些可能来自于华支睾吸虫发育阶段中持续表达的看家基因，65.9%的 contig 属于阶段特异性表达(图 5-6)，成虫阶段 119 条 contig、囊蚴阶段 48 条 contig、虫卵阶段 134 条，contig 表达具有显著差异。

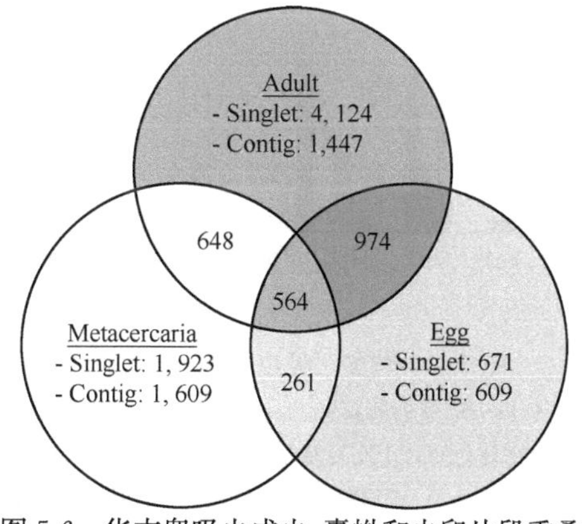

图 5-6　华支睾吸虫成虫、囊蚴和虫卵片段重叠群和单一群的交集情况(引自 Yoo 等 2011)
contig.片段重叠群；singlet.片段单一群；Adult.成虫；Metacercaria.囊蚴；gg. 虫卵

对每个阶段中表达量最高的 30 个基因进行分析，与囊蚴和虫卵比较，成虫阶段高表达的基因主要是编码结构蛋白、生殖相关蛋白(如 β-tubulin、转铁蛋白)、具有转化解毒功能的蛋白(如谷胱甘肽 S 转移酶)、转运蛋白(如钠/葡萄糖共转运体)、能量代谢蛋白(如 GAPDH、线粒体苹果酸脱氢酶)和水解酶(如半胱氨酸蛋白酶)，尤其是半胱氨酸蛋白酶在成虫阶段表达量非常高。在虫卵阶段，乙酰辅酶 A 合成酶长链家族基因是已经鉴定出的 30 个高表达基因中表达量最高的，该蛋白催化长链脂肪酸转化为虫体发育所需要的辅酶 A 衍生物。

华支睾吸虫成虫、囊蚴和虫卵三个阶段的蛋白酶、蛋白酶抑制剂、抗氧化酶类及热休克蛋白等表达的差异见图 5-7。

进一步分析发现，华支睾吸虫转录组分别有 22.9%、23.0%、20.5%、17.8%、26.6%的基因与人类、小鼠、果蝇、秀丽隐杆线虫和日本血吸虫具有同源性(homology)，E-value$\leqslant 10^{-20}$。

(二) 转录组揭示的生物学意义

转录组是某一给定生物在不同细胞、组织或发育阶段基因转录信息的集合。华支睾吸虫转录组除了在注释华支睾吸虫基因组、发现华支睾吸虫基因、了解基因模型的精细调控

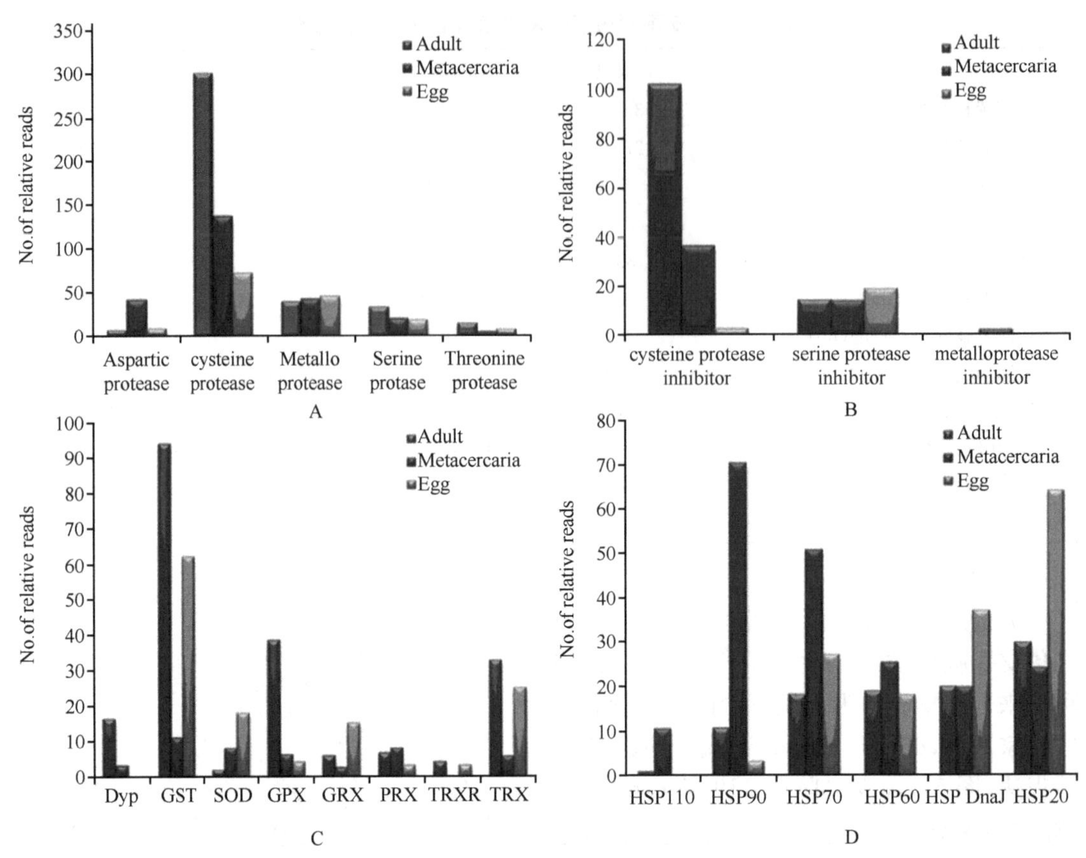

图 5-7 华支睾吸虫成虫、囊蚴和虫卵部分酶和蛋白表达的比较（引自 Yoo et al,2011）

A. 蛋白酶；B. 蛋白酶抑制剂；C.抗氧化酶；D.应激蛋白；Dyp.着色-去色过氧化物酶；GST.谷胱甘肽 S 转移酶；SOD.超氧化物歧化酶；GPX.谷胱甘肽过氧化物酶；GRX.谷氧还蛋白；PRX.过氧化物还原酶；TRXR.硫氧还蛋白还原酶；TRX.硫氧还蛋白；HSP.热休克蛋白；Adult.成虫；Metacercaria.囊蚴；Egg. 虫卵

此图可见文后彩图

（包括可变剪接、可变多聚腺苷化位点选择所产生的新 mRNA isoforms 分析）及确定转录本的数量外，还为了解华支睾吸虫复杂的生物学特性提供了平台，也为寻找华支睾吸虫病新的疫苗和药物靶点提供了重要线索。

1. 发现与华支睾吸虫寄生生活相关的基因 将华支睾吸虫转录组与寄生的日本血吸虫、麝猫后睾吸虫、猪肉绦虫，自由生的秀丽隐杆线虫、地中海涡虫转录组进行比较，发现华支睾吸虫 23 个 EST 序列与寄生吸虫的一致性较高，而与秀丽隐杆线虫、地中海涡虫的一致性低，提示这些 EST 编码的蛋白与包括华支睾吸虫在内的寄生性蠕虫的寄生生活密切相关，这些序列涉及细胞间信息传递、离子转运、代谢过程、核苷酸和蛋白质合成以及氧化还原功能。

2. 了解华支睾吸虫不同发育阶段生理的特点 金属蛋白酶的功能包括蛋白加工和分解代谢，在寄生虫入侵宿主和寄生虫免疫逃避过程中也发挥重要作用。在华支睾吸虫成虫、囊蚴和虫卵阶段，金属蛋白酶均表达，提示金属蛋白酶在华支睾吸虫的生理活动中发挥着重要功能；半胱氨酸蛋白酶抑制剂在成虫阶段表达最高，可能与调节华支睾吸虫成虫营养摄取有关；在囊蚴阶段大部分抗氧化的酶类，如谷胱甘肽转移酶、硫氧还蛋白、谷胱甘肽过氧化酶等表达水平低，这与囊壁具隔离作用，使囊内幼虫与氧化应激的外环境分离开，处于一个相对静止的发育阶段有关。

3. 发现与华支睾吸虫致病相关的分子　通过对华支睾吸虫转录组测序获得的 EST 或 Unigene 进行 GO 分类注释，发现一些在细胞增生、分化及凋亡中发挥作用的基因，包括颗粒体蛋白（granulin）、表皮生长因子（EGF）、肿瘤生长因子互作蛋白及凋亡相关的抑制物和调节分子。这些基因产物在成虫阶段的表达明显高于囊蚴和虫卵（表 5-2），其中一些基因在麝猫后睾吸虫（另一种易致胆管癌的寄生虫）中的类似物已被证实可导致胆管上皮细胞增生和细胞分化（Young 等 2010）。

表 5-2　华支睾吸虫与凋亡、细胞增生和肿瘤发生相关的基因

分类	描述	读长数量（No. of reads）		
		成虫	囊蚴	虫卵
凋亡	凋亡抑制蛋白	9	8	0
	凋亡相关基因 2 编码蛋白	1	3	9
	细胞周期及凋亡调控蛋白 1	14	8	0
细胞增生	颗粒体蛋白（Granulin）	7	4	2
	颗粒体蛋白前体（Proepithelin，PEPI）	36	1	17
	表皮生长因子（EGF）	1	2	0
	表皮生长因子/层黏连蛋白（EGF/Laminin）	9	2	13
	表皮生长因子样 6 结构域多聚体	0	2	0
	转化生长因子 β 受体互作蛋白 1	2	3	0
肿瘤发展	c-Jun N 端激酶	23	11	0
	钙黏素相关蛋白连环素（catenin）	5	15	8
	轴蛋白（Axin）	0	3	0
	细胞分化控制蛋白 42	2	2	3
	细胞周期蛋白依赖激酶	11	4	3
	死亡相关蛋白激酶	2	0	0
	DNA 错配修复蛋白	3	2	0
	DNA 修复蛋白	10	0	0
	生长因子受体结合蛋白	1	1	4
	组蛋白去乙酰酶	12	9	9
	整合素 β	12	3	0
	层黏连蛋白	8	4	13
	MFS 转运蛋白	77	0	0
	有丝分裂激活蛋白激酶	6	0	2
	RING-box 蛋白 1	9	0	0
	丝/苏氨酸蛋白激酶	32	29	23
	转录延伸因子	8	1	2
	转录因子	27	20	15
	原肌球蛋白	30	38	12

引自 Yoo 2011

4. 发现华支睾吸虫病候选药物靶点 一些在寄生虫与宿主相互作用中发挥重要作用的膜蛋白，包括通道蛋白、转运蛋白及通透蛋白已被认为是新的潜在的药物靶标。软件可预测华支睾吸虫的跨膜蛋白、确定这些蛋白的定位，剔除其中与宿主蛋白间同源性高的蛋白，最后得到的分子即可作为潜在的新的药物靶点。

5. 发现可用于华支睾吸虫病诊断的理想抗原 鉴于华支睾吸虫分泌排泄蛋白在华支睾吸虫病血清学诊断中优于华支睾吸虫粗抗原，从华支睾吸虫成虫转录组筛选出分泌性表达的基因、若同时具有两个或两个以上的B细胞表位且排除与人体同源的蛋白和核蛋白，获得满足这些条件的分泌性基因的重组表达产物，将可用于华支睾吸虫病血清学诊断，能显著提高华支睾吸虫病免疫学诊断的特异性和敏感性。如组织蛋白酶L符合上述这条件，用其重组蛋白作为抗原，检测华支睾吸虫病人血清IgG4的特异性可达88.5%，敏感性可达91.7%，是理想的血清学诊断候选分子。

三、华支睾吸虫分泌蛋白质组

寄生虫产生的分泌/排泄蛋白(excretory/secretory proteins，ESPs)是寄生虫直接作用于宿主的物质，涉及寄生虫与宿主的相互作用，ESPs也是寄生虫对宿主的重要致病因子，因此常作为诊断抗原，并显示较高的特异性和敏感性。

研究表明，血吸虫虫卵ESPs可刺激肝窦内皮细胞的增殖、激活MAPK信号转导途径，导致肝纤维化的发生；卫氏并殖吸虫ESPs中在组织侵袭、移行过程中发挥了重要作用；华支睾吸虫成虫ESPs可促进人上皮细胞系HEK293细胞增殖，在胆管上皮细胞增生中起重要作用。但寄生虫ESPs成分非常复杂，包含许多蛋白质，不同的蛋白分子在致病中发挥的作用不同。如肝片形吸虫ESPs中的过氧化物酶可激活巨噬细胞，而谷胱甘肽S转移酶则与免疫逃避有关；旋毛虫ESP中分子量为79、86和97kDa的蛋白与诱导宿主的肌细胞核增大、调节肌细胞的表型密切相关，分子量为17kDa的核苷二磷酸激酶与调节宿主肌细胞功能有关。

华支睾吸虫ESPs在用于华支睾吸虫病血清学诊断时，其特异性和敏感性均优于华支睾吸虫虫体粗抗原，ESPs在华支睾吸虫致病中也起重要作用。有关华支睾吸虫分泌蛋白质组学或ESPs具体的蛋白分子组成、其在寄生虫致病过程中作用尚无深入研究。系统研究华支睾吸虫成虫ESPs中的蛋白，发现其中致病的关键蛋白分子及作用机制、筛选出在华支睾吸虫病血清学检测中具有高特异性和高敏感性的分子，可为寻找新的防治华支睾吸虫病的策略和方法，如早期干预、优化治疗方案等提供科学依据。

利用生物信息学软件SignalP 3.0 Server、TMHMM Server v2.0、TargetP Server v1.01，基于华支睾吸虫基因组及转录组的数据，分析华支睾吸虫基因的信号肽、跨膜区、亚细胞定位，预测得到华支睾吸虫分泌性基因297个。对这些基因进行GO分类，发现其中11%的基因表达产物具有水解酶活性，其中包括半胱氨酸蛋白酶类组织蛋白酶B、D和L；还有许多基因表达产物为离子结合蛋白和转运蛋白，还有在华支睾吸虫致肝纤维化等病变中发挥作用的溶血磷脂酶A2基因，麝猫后睾吸虫致胆管癌的重要分子——颗粒体蛋白的一致序列。

Zheng等(2011)在无菌条件下从感染华支睾吸虫的猫肝胆管中取得华支睾吸虫成

虫，挑选形态完整、活动良好的虫体，用含抗生素的DMEM，在37℃，5%CO_2条件下无菌培养，12小时后收集培养液，4℃ 离心10 000g×15min。取上清液，用磷酸盐缓冲液透析后进行浓缩，蛋白电泳后，切胶酶解后行shotgun LC-MS/MS分析，与华支睾吸虫蛋白和血吸虫蛋白数据库进行比对，获得分泌蛋白成分，见表5-3。分泌蛋白包括酶类，如烯醇酶、磷酸果糖激酶、组织蛋白酶；抑制剂有丝氨酸蛋白酶抑制剂；转运蛋白有钠/钾转运ATP酶亚单位、葡萄糖转运蛋白等；还有其他一些组蛋白，如H2A、副肌球蛋白等。

表5-3　华支睾吸虫分泌排泄物鸟枪法质谱分析

序号	蛋白名称	序号	蛋白名称
核糖体蛋白		转运蛋白	
1	组蛋白H2A	20	葡萄糖转运蛋白
2	组蛋白H2B	21	SNaK1
3	组蛋白H4	22	溶质转运体2家族蛋白
4	20S蛋白体亚单位α8	Ras超家族	
5	泛素(核糖体蛋白L40)	23	RAB family
酶类		24	RAB2
6	果糖-1,6-二磷酸酶	25	rab3
7	烯醇酶	26	rab6
8	谷胱甘肽脱氢酶	27	rab8
9	二轻硫辛酸脱氢酶	28	rab10
10	组织蛋白酶B内肽酶	29	rab15
11	热休克蛋白90激活蛋白ATP酶类似物	30	rab相关GTP结合蛋白
12	ATP合成酶β亚单位	其他	
13	ATP合成酶、氢离子转运和线粒体F1复合体β多肽	31	多聚泛素
		32	空泡蛋白分类相关蛋白45
14	磷酸烯醇式丙酮酸羧化酶	33	肿瘤坏死因子受体相关蛋白1
15	醛脱氢酶1B1前体类似物	34	pcd6互作蛋白
16	蛋白质二硫键异构酶3前体	35	nibrin相关蛋白
17	磷酸丙糖异构酶	36	innexin unc-9
18	视黄醇脱氢酶	37	热休克蛋白
抑制剂		38	肌动蛋白5C
19	磷脂酶2A抑制剂12PP2A	39	亲肌素

引自Zheng等(2011)

韩国学者从华支睾吸虫分泌排泄物中筛选出豆荚蛋白(legumain)，具有较好的免疫学诊断效果(Ju等2009)。中山大学余新炳课题组用筛选出华支睾吸虫组织蛋白酶L前体肽检测血清中特异性IgG4，敏感性和特异性均较好。该课题组还发现华支睾吸虫分泌排泄的蛋白磷脂酶 A2,可在体外结合并直接激活肝星状细胞,在华支睾吸虫感染致肝纤维化中发挥作用。

(黄　艳　余新炳)

四、华支睾吸虫半胱氨酸蛋白酶的结构与功能

半胱氨酸蛋白酶(cysteine proteinase CP)是广泛存在于植物和动物中的一类含有半胱氨酸残基的蛋白水解酶,是蛋白酶家族中最重要的成员之一。多种寄生虫都能产生或分泌半胱氨酸蛋白酶,它对寄生虫的生存、发育以及在寄生虫与宿主的相互关系上均有着极其重要的作用,CP 在免疫诊断中价值也受到越来越多科学家的重视。根据在线性肽序列中接触反应的半胱氨酸/组氨酸(CA)或组氨酸/半胱氨酸(CD)的次序不同,可将寄生虫的半胱氨酸蛋白酶分为两大类,即 CA 和 CD 族。寄生虫的半胱氨酸蛋白酶多属于 CA 族内的 C1 属(Rawlings 等 1993,Rawlings 等 1994)。

(一) 华支睾吸虫半胱氨酸蛋白酶的结构特性

华支睾吸虫的半胱氨酸蛋白酶(*Cs*CP) cDNA 序列全长 1255bp,具有完整的开放阅读框,起始密码为 ATG,终止密码为 TAG,编码区为 158～1141bp,编码 327 氨基酸。二级结构中 β 折叠(E)、α 螺旋(H)和无规则卷曲(L)的比例分别为 16.46%、34.15%和 49.39%。拓扑学结构分析该蛋白不含跨膜区,含有 7 个半胱氨酸残基,可能形成 3 对二硫键。三级结构显示构成半胱氨酸蛋白酶催化中心的 Cys_{138}、His_{274} 和 Asn_{295} 在空间位置上十分靠近,位于一个"口袋状"底物结合部位的底部,该"口袋"的开口被抑制功能域所覆盖。

理化性质预测显示 *Cs*CP 蛋白的等电点(pI)和理论分子量(MW)分别为 5.13 和 37kDa,略偏酸性。该蛋白含有 43 个酸性氨基酸(Asp + Glu),35 个碱性氨基酸(Arg + Lys)。当二硫键全部打开时,280 nm 处摩尔消光系数为 48 860L/(mol · cm),0.1%浓度(1g/L)的 Abs 为 1.320;当全部为二硫键时,280 nm 处摩尔消光系数为 48 360L/(mol · cm),0.1% 浓度(1 g/L)的 Abs 为 1.307。当蛋白序列 N 端为甲硫氨酸(蛋氨酸)时,在哺乳动物网状红细胞内的半衰期为 30 小时,在酵母和大肠埃希菌内的半衰期分别大于 20 和 10 小时。在液体环境中的不稳定指数为 30.59,低于域值 40,在溶液中稳定性较佳。其疏水指数为 75.69,总的亲水性-0.0407。InterProScan 显示编码 327aa 中,aa1～18 为分泌型信号肽,aa31～87 为保守的木瓜蛋白酶前体肽抑制功域,Cys_{138}、His_{274}、Asn_{295} 为 3 个保守催化位点构成木瓜蛋白酶的活性中心。C 端 aa116～325 属木瓜蛋白酶 C1 家族。与日本血吸虫 Cathepsin L(CAX76 127.1)的氨基酸序列一致性达 34%,相似性达 53%,与肝片吸虫 Cathepsin L(AAR99 518.1)的氨基酸序列一致性达 36%,相似性达 53%,与卫氏并殖吸虫 CP (AAY81946.1)的氨基酸序列一致性达 54%,相似性达 69%。PredictProtein 预测推测蛋白序列二级结构中 β 折叠(E)、α 螺旋(H)和无规则卷曲(L)的比例分别是 16.46%、34.15% 和 49.39%。拓扑学结构分析该蛋白不含跨膜区,含有 7 个半胱氨酸残基,可能形成 3 对二硫键。B 细胞表位预测发现 8 个预测分值较高区域,分别位于 aa20～29,aa40～49,aa67～74,aa97～106, aa113～121,aa123～136,aa171～184,aa195～208。

（二）华支睾吸虫半胱氨酸蛋白酶的功能

CP对Z-LR-MCA水解作用最强，对Z-FR-MCA次之，而对Z-LR-MCA几乎没有水解作用，说明Z-LR-MCA是其最适宜底物。20μmol/L IAA、10mmol/L E-64、100μmol/L TPCK、1mmol/L PMSF和2mmol/L EDTA对酶活性的抑制作用分别为100%、100%、77%、13%和0%。CP在pH4.5～6.0时酶活性较高且差别不大，在pH5.5时酶活性最高；在pH3.5～4.5和pH7.0～8.5条件下，酶活性逐渐下降，pH<3.5或pH>8.5时酶活性丧失90%。在0～42℃范围内，随着温度升高，酶活性逐渐增加，0℃时酶活性可达40%，28～42℃时酶活性差别不大，最适温度为37℃，55℃时酶活性只有10%。测定不同底物浓度下的催化反应速度，获得酶动力学参数K_m=5.71μmol/L，V_{max}=0.6μmol/(L·min)；一个酶活性单位是2.95μg(Kang等2010)。

CP是许多寄生虫的主要消化酶，其具有蛋白水解作用。该蛋白酶每秒可降解100万个肽键，催化作用开始于多肽链内部(内切蛋白酶活性部位)或氨基或羧基末端，CP是主要催化类型之一。华支睾吸虫分泌的CP通过降解宿主的血红蛋白为寄生虫提供营养，利用宿主的血红蛋白作为虫体的主要营养和氨基酸来源，并能够降解细胞外基质蛋白，如胶原蛋白和纤维结合素，参与虫体从宿主肠道摄取营养成分的过程(Na等2008)。*Cs*CP定位于华支睾吸虫成虫的肠支和囊蚴的排泄囊，进一步提示其参与虫体的营养吸收和代谢。华支睾吸虫能够在宿主体内长期寄生而不被宿主的免疫系统识别清除，与虫体产生的免疫逃避机制有关。*Cs*CP在免疫逃避过程是通过降解宿主免疫效应器或调整细胞免疫反应，并具有裂解免疫球蛋白的能力，以帮助寄生虫逃避宿主的免疫反应。*Cs*CP还参与囊蚴脱囊过程，在童虫的移行及侵入组织的过程中发挥重要作用。Real-time PCR结果显示，*Cs*CP在华支睾吸虫成虫，囊蚴，后尾蚴和虫卵各个阶段均有表达，表明*Cs*CP是多功能蛋白 (Lv等2011)。

（三）华支睾吸虫半胱氨酸蛋白酶基因的应用

Pei等(2005)以成虫cDNA为模板，扩增出一个华支睾吸虫半胱氨酸蛋白酶(CysB)的部分基因片段，表达纯化后的重组蛋白用于华支睾吸虫病免疫学诊断，敏感性达96.0%(48/50)，与其他寄生虫病的总交叉反应为3.8%(1/26)。

（吕晓丽　余新炳）

五、华支睾吸虫的组织蛋白酶

组织蛋白酶(cathepsin)是溶酶体内半胱氨酸蛋白水解酶的主要成员之一，由于其位于溶酶体内，因此也称之为溶酶体组织蛋白酶。到目前为止，组织蛋白酶因其催化中心不同而分为组织蛋白酶A、B、C、D、E、F、G、H、K、L、O、S、V、W和X等十多种类型(Jedeszko等2004)，组织蛋白酶B、C、K、L、M、N和S等属于半胱氨酸蛋白酶，A、G和R属于丝氨酸蛋白酶，而D和E则属于天冬氨酸蛋白酶(Turk等2001)。随着基因组测序技术和蛋白质组学的不断发展，已从华支睾吸虫中识别出组织蛋白酶B、D、F、L等(Wang等2011，Kang等2010)。

（一）组织蛋白酶 B

1. 华支睾吸虫组织蛋白酶 B 蛋白质结构特征 组织蛋白酶 B(CB)是溶酶体内半胱氨酸蛋白水解酶，其催化作用由 Cys 和 His 实现，属于木瓜蛋白酶家族，具有广谱的蛋白水解活性，在溶酶体降解蛋白质途径中发挥着必不可少的作用。CB 由含有 339 个氨基酸的酶原转变而来，酶原在粗面内质网合成并被糖基化，然后在高尔基体中进一步被磷酸化修饰，从而可被溶酶体上的 MPR 识别，然后胞饮入溶酶体并被自身或其他蛋白酶激活(Turk et al 2001)。搜索 NCBI 数据库分析结果显示，华支睾吸虫有 5 条编码组织蛋白酶 B 的序列，分别为组织蛋白酶 B1、B2、B3、B4 和 B。对华支睾吸虫代表性的组织蛋白酶 B1(*Cs*CB1)进行生物信息学预测，*Cs*CB1 理论分子量为 37.9Da，等电点为 5.32，且具有半衰期长，理化性质稳定的特点。*Cs*CB1 与其他寄生虫，如日本血吸虫、曼氏血吸虫和多房棘球绦虫等组织蛋白酶 B 序列的一致性较高，可达 50%以上，并具有所有半胱氨酸蛋白酶共有的特征，即半胱氨酸、组氨酸和天冬氨酸活性位点及糖基化作用位点。用 NCBI 的 Search Conserved Domain 进行分析，*Cs*CB1 具有完整的组织蛋白酶 B1 功能域。系统进化树分析表明，*Cs*CB1 与曼氏血吸虫 CB2 亲缘关系最近，见图 5-8(Smooker 等 2010)。SignalP 信号肽预测结果显示，*Cs*CB1 的 N 端 20 个氨基酸为信号肽，推测该信号肽在引导 *Cs*CB1 合成并分泌到华支睾吸虫体外起关键作用。Motif Scan 预测结果显示，*Cs*CB1 具有 2 个潜在的糖基化位点、6 个潜在的酪蛋白激酶Ⅱ(CK2)磷酸化位点、5 个潜在的蛋白激酶 C 磷酸化位点。InterProScan 扫描结果显示，*Cs*CB1 氨基酸序列中含有 3 个木瓜蛋白酶保守的催化位点 motif，aa29～70 为 *Cs*CB1 前体肽，当前体肽切割后，前体蛋白变为成熟肽，发挥蛋白水解活性。二级结构预测 *Cs*CB1 的 α 螺旋、β 折叠和无规则卷曲的比例为 25.07∶12.39∶62.54，二级结构以无规卷曲为主。三级结构预测结果显示，*Cs*CB1 为具有双叶结构的蛋白，其活动位点和底物结合部位位于两叶之间，肽键裂解是由其左叶的半胱氨酸残基和右叶的组氨酸残基作用来催化完成的。

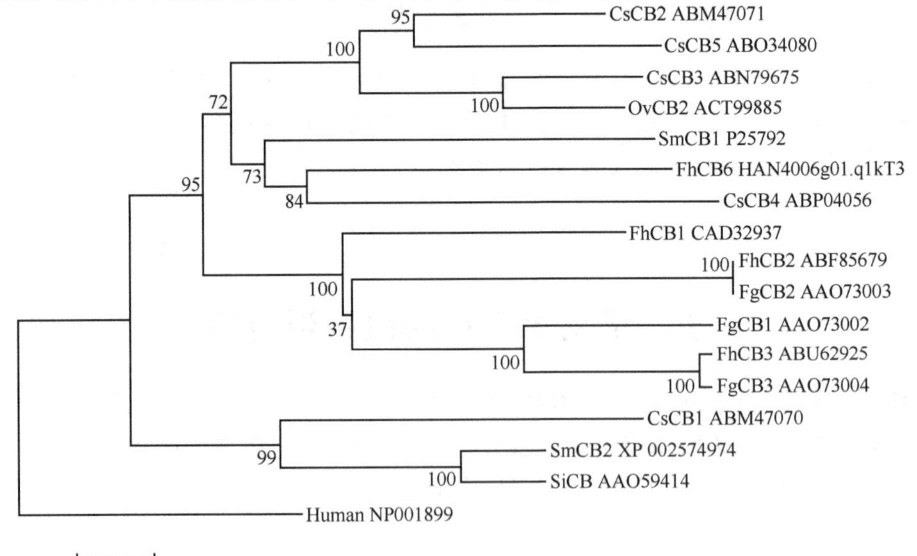

图 5-8 华支睾吸虫 CB1 在生物进化中比较分析(引自 Smooker)

Cs. 华支睾吸虫；Fh.肝片形吸虫；Ov.麝猫后睾吸虫；Sm.曼氏血吸虫；Fg. 巨片形吸虫；Si.间插血吸虫；Human.人

2. 华支睾吸虫组织蛋白酶B功能及研究进展　我国学者Chen等(2011)采用原核重组获得的r*Cs*CB1,其具有较好的免疫原性和抗原性,为华支睾吸虫主要的分泌/排泄产物的成分之一。免疫组化结果显示,*Cs*CB1主要定位于成虫肠支以及囊蚴的排泄囊(图5-9)。RT-PCR结果显示,*Cs*CB1在华支睾吸虫不同发育阶段表达水平有差异,采用r*Cs*CB1作为诊断抗原诊断华支睾吸虫病,特异性和敏感性均可达到80%,与日本血吸虫、肝片形吸虫、肺吸虫、猪蛔虫、细粒棘球绦虫感染的病人血清均存在一定的交叉反应,提示可考虑r*Cs*CB1作为蠕虫病诊断的候选抗原。

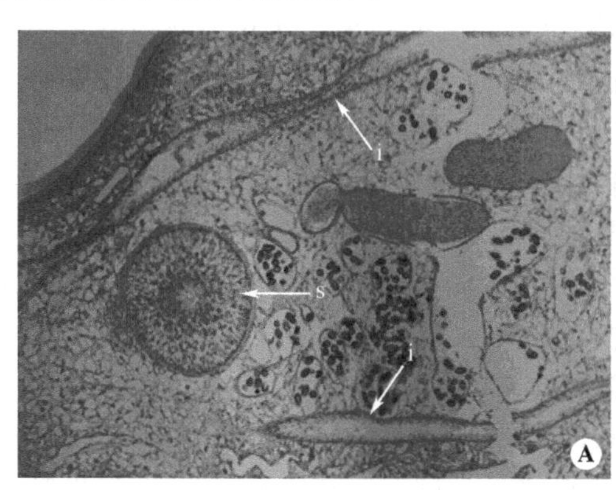

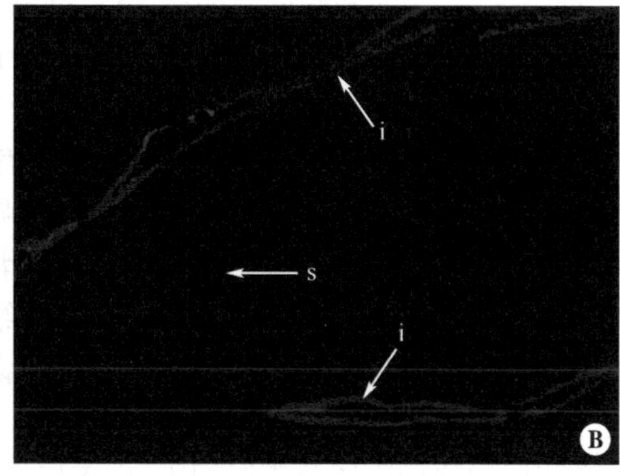

图5-9　华支睾吸虫*Cs*CB1在成虫组织中的定位(引自Chen,2011)

i. 肠支;s. 吸盘

此图可见文后彩图

(二) 组织蛋白酶L

1. 华支睾吸虫组织蛋白酶L蛋白质结构特征　组织蛋白酶L(CL)为嗜酸性溶酶体蛋白水解酶,广泛存在于人体正常组织细胞和肿瘤细胞中,是一种半胱氨酸蛋白酶,可降解层连蛋白、纤连蛋白、Ⅳ型胶原等细胞外基质成分(Turk等2000)。

胡旭初等(2008)通过生物信息学预测分析,华支睾吸虫组织蛋白酶L(*Cs*CL)基因全长1458bp,在5′端和3′端都有非翻译区,编码区为80～1191bp,最大的开放阅读框即为其全长编码序列,编码371氨基酸。*Cs*CL前体蛋白的理论分子量和等电点分别是40.9kDa和5.14。Motif分析结果显示,*Cs*CL含有一个可能的糖基化位点,aa262～265;5个潜在的酪蛋白激酶Ⅱ(CK2)磷酸化位点:aa80～83、aa123～126、aa199～202、aa210～213和aa339～342;4个潜在的蛋白激酶C(PKC)磷酸化位点:aa48～50、aa120～122、aa136～138和aa194～196;1个酪氨酸激酶磷酸化位点,aa228～235。亚细胞定位分析结果显示,*Cs*CL有信号肽序列,未见线粒体等亚细胞定位序列,推测该蛋白是一种分泌性蛋白,信号肽序列分析推测,*Cs*CL可能的信号肽切割位点在aa18、aa19之间。InterProScan扫描结果显示*Cs*CL氨基酸序列中含有3个木瓜蛋白酶保守的催化位点motif,Asn338、Cys177和His318。aa57～370片段属于木瓜蛋白酶家族,并含有位于木瓜蛋白酶C端的PeptidaseC1功能域aa153～370,其功能可能是CysP家族中的cathepsin L,在其N端aa67～127位是cathepsin前体肽抑制功能域,去除该部分,前体蛋白成为成熟肽。二级结构预测*Cs*CL的α螺旋、β折叠和无规则卷曲的比例为22.95∶19.83∶57.22,二级结构以无规卷曲为主,该蛋白含有7个半胱氨酸,有可能形成3对二硫键。Swiss-Model模建的三维结构显示*Cs*CL抑制域和酶活性功能域在空间构象上相对独立，但又彼此密切相关。酶功能域部分的催化中心是一个口袋状的裂缝，组成催化中心的3个关键的氨基酸残基位于“口袋”的底部，而抑制域刚好堵住裂缝的开口，阻止蛋白底物与酶的结合。抑制域作为前导肽，不仅可以抑制随后合成的组织蛋白酶的活性，避免对自身蛋白的降解，同时也能辅助后随肽的正常折叠。

2. 华支睾吸虫组织蛋白酶L功能及研究进展 Li等(2009)在原核表达系统中获得的重组*Cs*CL(r*Cs*CL)，经复性后的r*Cs*CL在二硫苏糖醇(DTT)存在时有水解活性，水解Z-Phe-Arg-AMC酶活性较高，而对Z-Arg-Arg-AMC几乎不水解。其活性100%被特异性CysP抑制因子E-64和硫醇封闭剂IAA抑制，胰蛋白酶类抑制剂TPCK和丝氨酸蛋白酶类抑制剂PMSF对酶活性只有部分抑制作用，金属离子螯合剂EDTA没有抑制作用。*Cs*CL在pH4.5～6.0时酶活性较高，在pH5.5酶活性最高；在碱性环境下，酶活性逐渐下降，在pH8.5时酶活性丧失90%。*Cs*CL在0℃还有近40%的活性，而在55℃只有10%的活性，28～42℃酶活性差别不大，表现较宽温度特异性。体外实验观察研究发现，*Cs*CL能降解BSA，但不降解人IgG，推测*Cs*CL可能参与华支睾吸虫的营养代谢，而与华支睾吸虫在宿主体内的免疫逃避关系不大。Western blot结果提示，r*Cs*CL具有较好的免疫原性和抗原性。免疫组化结果显示*Cs*CL定位于成虫的肠壁和肠腔，证实*Cs*CL是成虫的分泌排泄产物成分之一。RT-PCR检测结果显示，*Cs*CL基因在囊蚴和尾蚴阶段均有表达，*Cs*CL定位于囊蚴和尾蚴的合胞体及皮层细胞，由皮层细胞合成后先储存于细胞内，需要时经导管分泌至皮层。结合免疫组化和RT-PCR结果推测，*Cs*CL在华支睾吸虫发育及生存过程中，参与虫体营养摄取，并在宿主相互关系中重要作用。

(三) 组织蛋白酶D

1. 华支睾吸虫组织蛋白酶D蛋白质结构特征 组织蛋白酶D(CD)是天冬氨酸蛋白酶家族的重要成员，属于酸性溶酶体内切蛋白酶(Cho等1992)，广泛存在于脊椎动物、真菌、反转录病毒和一些植物病毒中。通常情况下，CD首先合成为被6-磷酸甘露糖修饰的糖蛋白，然后通过溶酶体靶受体经高尔基体转运至溶酶体，再被加工成稳定的活性形式，因此它主要以溶酶体酶存在发挥作用(Kornfeld 1990，Glickman et al 1993)。

胡凤玉等(2009)通过生物信息学分析结果显示华支睾吸虫组织蛋白酶D(*Cs*CD)基因全长1 459bp，编码区在第29～1306bp，编码425个氨基酸，理论分子量和等电点分别为46.6kDa和6.95，在酵母和大肠埃希菌中体内表达的半衰期分别大于20和10小时。在溶液中的不稳定指数为34.61，性质稳定，蛋白总体疏水性较高。利用MotifScan对该蛋白进行功能位点预测，结果显示，*Cs*CD有5个潜在的糖基化位点、7个酪蛋白激酶Ⅱ磷酸化位点、6个蛋白激酶C磷酸化位点，亚细胞序列分析显示该蛋白未发现叶绿体、线粒体等亚细胞定位序列，有信号肽序列，切割位点在第17和18位氨基酸之间。InterProScan分析该蛋白一级结构中的功能域结果显示该蛋白属于天冬氨酸蛋白酶家族，有组织蛋白酶D的功能域，具有两个天冬氨酸蛋白酶的激活位点(84～95aa，270～281aa)，二者在一级结构上相距很远。用Swiss-model分析蛋白质的空间结构，发现有两个激活位点在空间上成对成型排列，组成这样特定的空间结构，能够与底物特异性地结合，更好地发挥其活性作用。Predict-protein分析该蛋白质属于一种混合型蛋白结构，含有α螺旋(8.47%)、β折叠(40.47%)和无规则卷曲(51.06%)。通过生物信息学对*Cs*CD样天冬氨酸蛋白酶基因的结构和功能预测，发现该蛋白在进化上较为保守，多序列比对分析发现有多个完全一致的保守区，其抗原表位区域与其他蠕虫有很高的相似性。

2. 华支睾吸虫组织蛋白酶D研究进展及功能　*Cs*CD为华支睾吸虫成虫的分泌/排泄抗原组分之一。赵俊红等(2009)通过原核表达获得的重组*Cs*CD(r*Cs*CD)具有较强的免疫原性和免疫反应性，但将r*Cs*CD用于诊断华支睾吸虫病人时敏感性低于粗抗原，与日本血吸虫病人血清存在交叉反应。*Cs*CD在虫体发育的过程中呈阶段性表达，提示*Cs*CD可能与华支睾吸虫入侵宿主及摄取营养有关，值得进一步研究。

(陈文君　李艳文　余新炳)

六、华支睾吸虫磷脂酶A2的结构与功能

磷脂酶A2(phospholipase A2, PLA2)是一类催化磷脂二位酰基(Sn-2)水解的酶族，分多种类型和亚型，在动物体内分布广泛，具有产生二十烷酸类炎性介质、参与磷脂重建、活性物质代谢、细胞信号传递、宿主反应和促进血液凝固等多种作用。

(一) 华支睾吸虫分泌型磷脂酶A2的结构特征

Hu等(2009)对华支睾吸虫的磷脂酶A2的结构及功能进行了详细研究，发现华支睾吸虫分泌型磷脂酶A2(*Cs*GⅢsPLA2)基因的开放阅读框从第57位到941位含885bp，起始密码为ATG，终止密码为TGA，编码294个氨基酸，理论分子量为33.7kDa，1～19aa为分泌信号肽序列。多重序列比对结果显示*Cs*GⅢsPLA2的氨基酸序列与毒蜥、人、褐鼠、短尾猴的GⅢsPLA2氨基酸序列的一致性分别为46%、34%、28%和40%。*Cs*GⅢsPLA2具有分泌型PLA2共有的特征，包括Ca2+结合点和组氨酸催化位点(180～187aa，CCRTHDRC)，同时还具有Ⅲ型分泌型PLA2(GⅢsPLA2)特有的10个半胱氨酸残基。

将*Cs*GⅢsPLA2重组入pET-28a表达载体，原核表达后，12%SDS-PAGE分析显示目的条带约在分子量34kDa处。重组蛋白在菌体内为包涵体表达，包涵体经6mol/L尿素变性、稀释和透析复性后经His结合树脂亲和层析纯化，SDS-PAGE分析显示获得了纯度较高的重组蛋白。根据吸光度值和油酸浓度(μmol/L)的变化关系，作出吸光度-油酸浓度的曲线，通过固定PLA2浓度，测定不同卵磷脂浓度下标准PLA2的催化反应速度，获得酶动力学参数。用Lineweaver-Burk双倒数方程回归计算米氏常数(K_m值)、最大反应速度(V_{max})，K_m=3.347mmol/L，V_{max}=15.72 μmol/(min·mg)。通过固定*Cs*GⅢsPLA2重组蛋白浓度，测定不同卵磷脂浓度下，重组蛋白的催化反应速度，获得酶动力学参数，K_m=4.847mmol/L，V_{max}=6.58μmol/(min·mg)，表明体外重组的华支睾吸虫蛋白具有磷脂酶A2的活性(Hu等2009)。

(二) 华支睾吸虫分泌型磷脂酶A2的生物学功能

PLA2种类繁多，结构功能复杂，在疾病发生发展，病原菌侵袭等过程中起重要作用，但作用机制尚不完全清楚。Hu等(2009)将重组*Cs*GⅢsPLA2与人HSC LX-2细胞共孵

育，MTT 法检测 12、24 和 36 小时之后对 HSC LX-2 的促增殖情况，结果与对照组比较有显著性差异。流式细胞仪分析表明，相对于无关对照重组蛋白，10μg/ml、20μg/ml 重组 *Cs*GⅢsPLA2 可促进 LX-2 细胞进入增殖期(G_2+S)。用半定量 RT-PCR 检测 LX-2 细胞中Ⅲ型胶原的表达，在 20μg/ml 重组 *Cs*GⅢsPLA2 作用下，相对于重组 *Cs*LPAP 组，LX-2 细胞Ⅲ型胶原的 mRNA 表达上调。Ancian 等(1995)和 Hanasaki 等(2004)报道磷脂酶 A2 可以通过受体结合于细胞膜或者直接与细胞膜上的底物(磷脂)结合，重组 *Cs*GⅢsPLA2 对 LX-2 细胞的增殖和活化作用亦有可能通过相应的受体结合于细胞膜或者直接与细胞膜上的底物结合。Hu 等(2009)将重组 *Cs*GⅢsPLA2 和它的特异性抗体及底物分别共孵育，发现特异性抗体可以完全阻断重组 *Cs*GⅢsPLA2 与 LX-2 的结合，而底物卵磷脂几乎不影响重组 *Cs*GⅢsPLA2 与 LX-2 的结合，提示重组 *Cs*GⅢsPLA2 与 LX-2 细胞膜的结合主要是结合与其相应的膜受体，而不是结合与细胞膜的基本成分-磷脂。很多学者认为分泌型的 PLA2 对细胞的增殖活化作用与它的酶活性密切相关，但是近年来越来越多的研究表明它对细胞的增殖活化作用与酶活性无关。如 Kanemasa 等(1992)和 Tada 等(1998)研究发现，Group IB sPLA2 对支气管收缩和纤维母细胞增生的刺激是通过细胞膜上的一种 180kDa 的 M 型受体，Triggiani 等(2003)认为 Group IA sPLA2 刺激人嗜酸粒细胞是通过激活 Erk1/2 信号传导途径，与酶活性无关。Hu 等(2009)的实验已表明重组 *Cs*GⅢsPLA2 可与 LX-2 细胞膜上的受体结合，但它对 LX-2 细胞的增殖和活化作用是通过水解甘油磷脂 Sn-2 位的脂酰键产生溶血磷脂酸起作用，还是通过与膜受体结合激活信号传导通路起作用，尚需研究证实。sPLA2 激活 HSC 的分子机制，尤其是 sPLA2 与宿主细胞相互作用的受体分子及起关键控制作用的信号通路仍有待探明。

(孙九峰　胡凤玉　余新炳)

七、华支睾吸虫乳酸脱氢酶的结构与功能

乳酸脱氢酶(lactate dehydrogenase LDH)是以氧化型辅酶Ⅰ(MADI)为氢受体，催化丙酮酸和乳酸之间相互转化，进行可逆反应的一种脱氢酶。其存在于机体所有组织细胞的胞质内，广泛分布在细菌、植物和动物之中，是糖代谢中的一个非常重要的酶。

(一) 华支睾吸虫乳酸脱氢酶的结构特征

华支睾吸虫的乳酸脱氢酶(*Cs*LDH)基因全长为 1224bp，编码区为 79～1062bp，编码 328 个氨基酸。理论分子量为 35.6kDa，等电点为 8.13，具有半衰期长，理化性质稳定的特点(胡旭初等 2007)。*Cs*LDH 含有一个完整的 LDH 结构域，与其他物种的一致性为 100%，位于第 20 位 Lys 到第 324 位 Gln，保守结构域长度为 304 个氨基酸残基。*Cs*LDH 与日本血吸虫 LDH 同源性为 76 % (Yang et al 2006)。生物信息学分析提示该蛋白是一个膜蛋白，有 3 个跨膜区(T)，拓扑学分析提示其 N 端位于胞内，而 C 端位于表膜外，构成酶催化中心的 3 个关键氨基酸残基 Arg102、Asp162 和 His189 贯穿于膜内外。未发现线粒体、过氧化酶体、溶酶体和细胞核等亚细胞定位序列(胡旭初等 2007)。该蛋白的二级结构 H(helix)占 33.23%、E(extended：sheet)占 21.34%、L(loop)占 45.43% (Yang 等 2006)。

Pcgene 软件分析获得 *Cs*LDH 的 3 个重要的表位，aa10～18、aa12～20 和 aa94～102，前二者为连续的亲水线性表位，而线性表位 aa94～102 刚好位于膜外区域并包含了催化位点 Arg102（黄灿等 2010）。

（二）华支睾吸虫乳酸脱氢酶的功能研究

*Cs*LDH 催化丙酮酸还原的最适 pH 为 7.5，在 pH6.0 以下或者 pH11.0 以上 *Cs*LDH 的催化活性基本丧失；*Cs*LDH 催化乳酸氧化时，在 pH 9.0～13.0 范围内都具有高的催化活性，在 pH 9.0 以下，催化活性急剧下降，pH8.0 以下，活性基本丧失。*Cs*LDH 催化丙酮酸还原的最适温度为 50℃，温度曲线为接近标准的倒钟型曲线；*Cs*LDH 催化乳酸氧化的最适温度为 80℃，在 10～100℃的广泛区间，除了在 80℃时有一个尖峰样活性增强以外，催化活性变化不大。*Cs*LDH 酶促反应的米氏常数（K_m），在丙酮酸为 0.65mmol/L、NADH 为 1.32mmol/L、乳酸盐为 3.92mmol/L、NAD^+ 为 0.34mmol/L；*Cs*LDH 酶促作用的最大反应速度（V_{max}）在丙酮酸为 421.94μmol/（mg · min）、乳酸为 13.28μmol/（mg · min）。最适的丙酮酸底物浓度是 10mmol/L，最适的 NADH 底物浓度为 0.5mmol/L，未发现在催化乳酸氧化过程中乳酸和 NAD^+ 对 *Cs*LDH 存在底物抑制作用。在 pH7.5 的条件下，*Cs*LDH 催化 2-酮基羧酸的活性依次是丙酮酸＞2-酮基丁酸＞草酰乙酸＞α-酮戊二酸＞苯丙酮酸。在逆向催化乳酸氧化反应过程中，在 pH 9.5 时，仅有乳酸可以作为 *Cs*LDH 的催化底物。3-乙酰吡啶-腺嘌呤二核苷酸（APAD）作为辅酶比 NAD^+ 更有效，Cu^{2+}、Fe^{2+} 和 Zn^{2+} 对 *Cs*LDH 的催化活性都有强烈的抑制作用；1.0mmol/L 棉酚对 *Cs*LDH 催化乳酸氧化的抑制作用大于 85%（Yang 等 2006）。

以圆二色谱分析 *Cs*LDH，在 pH7.5 时，α 螺旋、β 折叠和 β 转角分别占 62.3%、12.2% 和 6.8%，无规卷曲占 18.7%；在 pH9.5 时，α 螺旋、β 折叠和 β 转角分别占 48.9%、25.6% 和 5.4%，无规卷曲占 20.1%。在 pH9.5、20～60℃条件下，其谱线形状基本相同，在 70～90℃时其谱线形状基本相同，呈现两簇曲线的形状。70～90℃曲线的特征是 β 转角和无规卷曲有明显增加，β 折叠升到最高点后突然消失。在 pH7.5、20～60℃条件下，其谱线形状也基本相同，在 80～90℃时其谱线形状基本相同，在 70℃时曲线有明显不同，呈现三簇曲线的形状。80～90℃时的曲线特征是 β 转角和 β 折叠消失，70℃时 β 折叠消失，β 转角增加到最多。1.0mmol/L 棉酚对 *Cs*LDH 的二级结构影响不明显，α 螺旋降低，β 折叠和 β 转角有小的增加。2mmol/L Zn 可使 *Cs*LDH 的 α 螺旋和 β 折叠明显减低，转角和无规卷曲增加。与 Zn 相比较，2mmol/L Mg 对 *Cs*LDH 的二级结构影响不大（杨光等 2006）。

对 *Cs*LDH 基因进行原核表达及酶学特性分析，该酶最适 pH 为 8.0，同胆管中胆汁的生理 pH。此时 LDH 主要是催化丙酮酸还原成乳酸，因此在生理条件下，*Cs*LDH 主要的功能是将糖酵解产生的丙酮酸还原成乳酸。这表明 *Cs*LDH 对寄生环境的高度适应性，同时也暗示该酶的定位与寄生环境有密切的关系（胡旭初等 2007）。*Cs*LDH 蛋白定位于华支睾吸虫的皮层，口、腹吸盘及消化道壁上，这些部位均为成虫能量代谢旺盛的部位，也是虫体与生存环境密切接触的部位。生存环境为 *Cs*LDH 提供了最适 pH，虫体及细胞的定位研究证实了理论预测的正确性（黄灿等 2008）。结合 *Cs*LDH 在虫体定位及华支睾吸虫糖原主要分布在皮层的特点，提示该酶在华支睾吸虫能量代谢中的重要意义，其不仅在虫体厌氧代谢过程中将糖酵解的产物丙酮酸转化为乳酸，同时还将乳酸直接排出体外，以维持虫体内环境稳定的功能。作为重要的代谢酶和转运蛋白，针对该蛋白膜外功能域的特异性抗体和其他化学物质，*Cs*LDH 有可能抑制丙酮酸的转化和排出，从而产生对虫体组织的毒性作用。作为华支睾吸虫的表膜抗原，*Cs*LDH 还可介导宿主的免疫攻击，因此其是也值得进行深入研究的重要疫苗分子（黄灿等 2008）。

（胡　月　杨　光　余新炳）

八、华支睾吸虫谷胱甘肽转移酶

谷胱甘肽转移酶(glutathione transferases, GSTs)，也称谷胱甘肽 S-转移酶，是生物体内一组参与生物转化第二相反应，有多个基因编码，具有多种功能的关键酶，GSTs 广泛存在于从原虫到脊椎动物的各种生物体内。GSTs 以膜结合形式或胞质二聚体形式存在，其中以胞质 GSTs 为主，胞质 GSTs 分为 α、μ、π、σ、θ 等型，各型又分为不同的亚型膜结合 GSTs，如微粒体 GSTs，现归于类花生酸类物质和谷胱甘肽代谢的膜相关蛋白(membrane associated proteins in eicosanoid and glutathione metabolism, MAPEG)的一个新的超家族(Sheehan 等 2001)。

寄生虫的 GSTs 以胞质 GSTs 为主。胞质 GSTs 通常存在两个保守功能域，N-末端功能域(功能域Ⅰ)和 C-末端功能域(功能域Ⅱ)。功能域Ⅰ通常有一个类似于硫氧还蛋白折叠，侧面与三个 α 螺旋相接的 4 个 β 片层，此折叠可以结合半胱氨酸或 GSH。功能域Ⅰ高度保守，其包含一个催化所必需，与 GSH 巯基相互作用的酪氨酸、丝氨酸或半胱氨酸残基。功能域Ⅱ在不同型的 GSTs 间差别较大，主要功能是与第二个疏水性底物相互作用。由于它的第四个 α 螺旋含有一个保守的天冬氨酸残基，对 GSH 结合也有作用。

尽管对寄生虫 GSTs 的分型及功能还知之甚少，但近年来也在多种寄生虫基因组中发现编码 GST 的基因。如恶性疟原虫基因组中发现了一个编码分子量 26kDa 的 GST 基因，该蛋白以同二聚体形式存在，在恶性疟原虫的含量非常丰富，在耐氯喹的虫体中 GST 表达增加，是潜在的药物靶标，X-衍射结构分析其不属于已知哺乳动物 GSTs 的任一型(Liebauet 等 2002，Harwaldt 等 2002，Fritz-Wolf 等 2003)。血吸虫 GSTs 与血吸虫对吡喹酮的耐药有关，其中 26kDa 和 28kDa 的 GST 是 WHO 提出的 6 个最具潜力的候选疫苗分子之一(Bergquist 等 1998，Boulanger 等 1999)。

国内外学者已克隆出的多个编码华支睾吸虫 GST 的基因序列，在 Genebank 上可共检索到 12 个完整的基因序列。华支睾吸虫 GST 的基因序列主要分为 26kDa 的 μ 型 GST(GSTM)和 28kDa GST 两类。虽其分子量有差异，命名不同，但均属于 GST 家族，具有 GST 完整的保守功能域和酶催化活性。

1. GSTM 基因及蛋白质结构特征　GSTM 基因(GenBank：AAB46369.3)全长 776 bp，编码 218 个氨基酸，在线计算氨基酸序列的理论 MW/pI 为 25.1kDa/6.08。与曼氏血吸虫和日本吸虫 GST 的同一性分别为 62%和 59%(Hong 等 2001)。用 NCBI 的 RPSBLAST 程序分析，GSTM 基因推导的氨基酸序列的保守功能域显示，GSTM 的氨基酸序列具有 GST 的完整的保守功能域，在第 3～79 位氨基酸存在 GST N-末端功能域，在第 87～207 位氨基酸存在 GSTC-末端功能域。用 Expasy 的 predictprotein(PROF predictions)程序预测氨基酸序列可能存在N-端糖基化位点(aa62、aa139)、蛋白激酶C磷酸化位点(aa129,aa195)、酪蛋白激酶Ⅱ磷酸化位点(aa27、aa85、aa93、aa149、aa168)、*N*-肉豆蔻化位点(aa145)。二级结构α螺旋(H)、β片层(E)和卷曲环(L)分别占51.83%、6.88%和41.28%,属于混合型,核心氨基酸与暴露残基分别占39.45%和60.55%。

2. 28kDa GST基因及蛋白质结构特征 28kDa GST基因(GenBank:ABC72085.1)全长为639 bp,编码212个氨基酸,在线计算氨基酸序列的理论MW/pI为24.65kDa/5.22。存在Y10、F11、R16、R35、W41、K45、R52和P54等8个保守的GSH结合位点。与麝猫后睾吸虫、日本血吸虫、埃及血吸虫和曼氏血吸虫28kDa GST的一致性分别为88%、44%、45%和45%(Wu等2007)。用NCBI的RPSBLAST程序分析该基因推导的氨基酸序列的保守功能域显示,氨基酸序列具有GST的完整的保守功能域,在第8~81位氨基酸存在GST N-末端功能域,在第91~194位氨基酸存在GST C-末端功能域。用Expasy的predictprotein(PROF predictions)程序预测氨基酸序列可能存在cAMP、cGMP依赖的蛋白激酶磷酸化位点(aa43)、蛋白激酶C磷酸化位点(aa66、aa97)、酪蛋白激酶Ⅱ磷酸化位点(aa17、aa44、aa59、aa75、aa207)和*N*-肉豆蔻化位点(aa3、aa55)。其中PROF predictions显示二级结构α螺旋(H)、β片层(E)和卷曲环(L)分别占为51.17%、9.39%和39.44%,为混合型,核心氨基酸与暴露残之比为42.72%:57.28%。

3. 华支睾吸虫谷胱甘肽转移酶的功能 用重组蛋白免疫SD大鼠的血清进行免疫组化结果显示,GSTM主要定位在成虫的皮层和实质(Hong等2001),而28kDa GST主要定位于虫卵和成虫的卵黄腺(Wu等2007)。

在原核表达系统中获得的重组GSTs均具有良好的催化活性和免疫原性。在25℃,pH6.5条件下,重组GSTM对其经典催化底物CDNB (1-Chloro-2,4-dinitrobenzene)的酶活性为9.17±1.69μmol/(mg · min)。GST抑制剂汽巴蓝对GSTM的平均IC_{50}为0.07±0.02(Hong等2001);重组的28kDa GST对CDNB的酶活性为22.76±0.096μmol/(mg · min)。GST抑制剂汽巴蓝对28kDa GST的平均IC_{50}为1.13 pmol/L(Wu等2007)。两种重组蛋白免疫的血清都能识别华支睾吸虫成虫可溶性抗原及其纯化的胞质GSTs,表明它们具有华支睾吸虫成虫天然GSTs蛋白的免疫原性。

(田艳丽 伍忠銮 余新炳)

九、华支睾吸虫丝氨酸蛋白酶抑制剂的结构与功能

丝氨酸蛋白酶抑制剂(serine protease inhibitor SERPIN)广泛存在生物界,在动物、植物、细菌、病毒、寄生虫等体内均有发现,至今已鉴定出该家族成员有1500余种(Law et al 2006)。该类抑制剂多为单一肽链蛋白质,家族成员之间的同源性较低,氨基酸残基具有较强的保守性。

丝氨酸蛋白酶抑制剂的三级结构高度保守,一般是由9个α螺旋(A-I)、3个β折叠(A-C)及1个反应中心环组成(Antalis等2004)。其中反应中心环(RCL)是由C端的30~40氨基酸残基组成,是丝氨酸蛋白酶抑制剂家族的标志性结构。该结构区中存在能被靶酶的底物识别位点识别的氨基酸P1,近C端与P1相邻的氨基酸为P1′(Makhatadze等

1993)。当抑制剂与蛋白酶作用时,蛋白酶将攻击抑制剂 RCL 上易断裂的共价键,使其裂解并插入到 β 折叠中引起构象重排而形成酰基共价中间体,蛋白酶的活性位点也随之发生改变。

(一) 华支睾吸虫丝氨酸蛋白酶抑制剂的结构特征

利用 Prot Param 预测丝氨酸蛋白酶抑制剂的理论分子量约为 40kDa,在哺乳动物网状红细胞体外表达的半衰期为 30 小时,在酵母和 *E. coli* 体内表达的半衰期分别大于 20 和 10 小时,在溶液中性质不稳定,亲水性低。根据目前数据库已有的华支睾吸虫丝氨酸蛋白酶抑制剂(*Cs*SERPIN)序列分析,其全长序列约含 380 个氨基酸,分子量约为 40kDa。InterPro Scan 分析,*Cs*SERPIN1 基因有 SERPIN 的功能域(aa9～372)。CD Search 分析其保守结构域的氨基酸序列"MASEEVKQSV",aa330～363 为反应活性中心;aa330～334(EEGAT)为模序(serpin motif);aa353～363(FRVDHPFFLAI)为标记序列(serpin signature);中间的为反应位点环(reactive site loop)。InterPro Scan 分析 *Cs*SERPIN2 基因有 SERPIN 的功能域(aa10～376)。CD Search 分析其保守结构域的氨基酸序列"MESEMDFYAG",aa333～367 为反应活性中心,aa333～337(EEGAE)为模序;aa357～367(FLVDHPFLMAL)为标记序列,中间的也为反应位点环。

(二) 华支睾吸虫丝氨酸蛋白酶抑制剂的功能

采用 SDS-PAGE,观察胰蛋白酶水解明胶现象,发现加入丝氨酸蛋白酶抑制剂的明胶可不被水解,呈现蛋白染色条带。而胰蛋白酶是一类丝氨酸蛋白酶,因此证实华支睾吸虫丝氨酸蛋白酶抑制剂具有抑制丝氨酸蛋白酶的活性功能。根据华支睾吸虫功能基因组学研究,丝氨酸蛋白酶抑制剂在华支睾吸虫囊蚴阶段高表达,提示其在该阶段发挥着重要作用。体外实验发现,胰蛋白酶可促进华支睾吸虫囊蚴的囊壁脱落,加入足量的丝氨酸蛋白酶抑制剂可延长甚至抑制胰蛋白酶引起的囊蚴脱囊,为进一步探讨华支睾吸虫囊蚴脱囊机制及研究鱼用疫苗奠定理论基础(Yang 等 2009)。

(雷华丽　杨亚波　余新炳)

十、华支睾吸虫脂肪酸结合蛋白的结构与功能

脂肪酸结合蛋白(fatty acid binding protein FABP)是胞内脂质结合蛋白超家族成员。FABP 在细胞内长链脂肪酸的摄取、转运及代谢调节中发挥着重要作用,主要功能是与脂肪酸特异性结合,并将脂肪酸从细胞膜运送到甘油三酯和磷脂合成或分解的位点。

(一) 华支睾吸虫脂肪酸结合蛋白的结构特征

华支睾吸虫脂肪酸结合蛋白(*Cs*FABP)在 GenBank 登录号为 AF527454,该基因的开放阅读框包含 402bp,编码 134 个氨基酸。二级结构预测,α 螺旋(H)占 11.3%,β 折叠(E)占 59.4%,无规则卷曲(L)占 29.3%。尽管不同类型 FABPs 的氨基酸序列存在普遍差异,但它们的三级结构非常保守,有着共同的特点,即每个成员都围绕疏水核心形成了一个扭曲

的环，此环由10个反向平行链($\beta_1 \sim \beta_{10}$)组成，一条链末端由一个小的螺旋-转角-螺旋基序所包围。在环内是一个大的充水腔，腔内排列着极化并疏水的氨基酸，配体通常结合于此腔内，与外周的溶液隔离。

Blastx提示*Cs*FABP与血吸虫FABPs的同源性最高，其中与来源于日本血吸虫、曼氏血吸虫、肝片吸虫、大鼠肝脏和人类肝脏FABP的同源性分别为49%、49%、47%、30%和24% (Lee et al 2004)。PROSITE分析提示该基因编码氨基酸序列中第6个氨基酸到第23个氨基酸为细胞质内FABP的标志性序列。预测CsFABP的分子量为15.2kDa，等电点6.74，不稳定系数为32.22，在溶液中较稳定，无信号肽和跨膜区。

（二）华支睾吸虫脂肪酸结合蛋白的生物学功能

中山大学中山医学院构建了重组原核表达质粒pET28a-*Cs*FABP，并成功表达了重组融合蛋白*Cs*FABP。利用FABP能与脂肪酸结合的特性，Huang等(2011)检测了该重组表达的蛋白是否具有生物学活性。DAUDA[11-(dansylamino) undecanoic acid]是一种荧光标记的脂肪酸类似物，对其所处溶液环境非常敏感，激发波长(λ_{Exc}) 345nm，发射波长(λ_{Em}) 543nm，当其与FABP特异性结合后，发射波长可发生蓝移，同时伴随着荧光强度的增强。

利用荧光滴定法，在2μmol/L的重组融合蛋白*Cs*FABP中加入递增浓度的DAUDA，发现发射波长蓝移至531nm($\lambda_{Exc}=345$nm)，并伴随着相对荧光强度的不断增强，直至DAUDA浓度达到7μmol/L时，相对荧光强度达到饱和状态。根据ORIGIN software version 8.0的非线性拟合方法，滴定数据拟合至各个可能的结合模型中，包括单一位点结合模型、2个位点(或2个位点以上)非协同作用结合模型和2个位点(或2个位点以上)协同作用结合模型。统计学分析显示DAUDA与*Cs*FABP的结合曲线与2个位点(或2个位点以上)结合模型有更好的拟合度，即每个*Cs*FABP分子内可能有2个或者2个以上的脂肪酸结合位点。同时得到的解离常数(dissociation constant, K_d)为(1.58 ± 0.14)μmol/L，希尔系数(hill coefficient, n)为1.63 ± 0.16，$n>1$，提示*Cs*FABP与配体结合具有正向协同作用(Huang等2011)。

为了检测重组融合蛋白*Cs*FABP对天然脂肪酸的结合能力，Huang等(2011)等利用竞争法原理，在2μmol/L *Cs*FABP和7μmol/L DAUDA的反应混合物中，分别加入递增浓度的不同天然脂肪酸，通过ORIGIN software version 8.0的非线性拟合方法求得各种脂肪酸的抑制常数(inhibition constant, K_i)。选用的天然脂肪酸包括葵酸($C_{10}H_{20}O_2$)、月桂酸($C_{12}H_{24}O_2$)、肉豆蔻酸($C_{14}H_{28}O_2$)、棕榈酸($C_{16}H_{32}O_2$)、硬脂酸($C_{18}H_{36}O_2$)、油酸($C_{18}H_{34}O_2$)和亚油酸($C_{18}H_{32}O_2$)。实验结果发现重组融合蛋白*Cs*FABP可与$C_{10} \sim C_{18}$的天然脂肪酸有效结合，其亲和力依次为油酸＞亚油酸＞硬脂酸≈棕榈酸＞肉豆蔻酸＞月桂酸＞葵酸，提示*Cs*FABP结合脂肪酸的亲和力与碳链长度相关，随着碳链的增长，其亲和力也在增加。相对于饱和脂肪酸，不饱和脂肪酸与*Cs*FABP有着更高的亲和力，这将有利于缓解过量的不饱和脂肪酸对虫体细胞的损伤作用，有助于华支睾吸虫在胆管内生长发育。

在对华支睾吸虫生活史各阶段*Cs*FABP表达水平的研究中，Huang等(2011)发现囊蚴、成虫和虫卵阶段均可表达*Cs*FABP，但无论在基因水平还是在蛋白水平，均呈现出阶段差异性。实时荧光定量PCR和免疫印迹结果提示，*Cs*FABP在囊蚴阶段的基因和蛋白表达水平都明显高于成虫和虫卵阶段。可能是由于囊蚴在生长发育过程中需要更多的脂类营养,尤其是在其入侵宿主时,需要储备足够的能量发育成为幼虫。此种阶段差异性表达的调控模式也见于蛔虫 FABP(*As*-p18)。Mei 等(1997)报道,蛔虫在虫体发育的第三天开始表达 *As*-p18,在第一期幼虫形成时表达量即达到最大。Esteves 等(1993)发现细粒棘球绦虫 FABP(*Eg*FABP1)特异地合成于原头蚴幼虫阶段,提示该蛋白的表达与原头蚴幼虫的发育有着密切的联系。由此推测 *Cs*FABP 在囊蚴形成幼虫的过程中起着不可忽略的作用(Huang 等 2011)。

Huang 等(2011)还利用华支睾吸虫成虫和囊蚴的石蜡切片,以抗 *Cs*FABP 的大鼠免疫血清作为特异性抗体,识别 *Cs*FABP 在虫体中的表达定位。在成虫的表皮、卵黄腺、肠支、卵巢、睾丸、储精囊、子宫内虫卵以及囊蚴的卵黄腺中均有特异性的荧光,提示 *Cs*FABP 在华支睾吸虫生活史中参与了多种生物学功能。由于华支睾吸虫自身不能合成自身所需的大部分脂类,尤其是长链脂肪酸和胆固醇,因此它们必须从宿主体内获得脂类营养,*Cs*FABP 在此环节中起着非常重要的作用。*Cs*FABP 是脂肪酸的运输载体,其有可能通过肠支的上皮细胞或者表皮的转运扩散作用从宿主血液或胆汁中摄取脂肪酸。在成虫的生殖器官中也能检测到 *Cs*FABP 的表达,由于胆固醇是合成类固醇激素所必需的原料之一,提示该蛋白有可能通过细胞质膜将脂肪酸转运入胞质内合成性激素,以促进虫体的性成熟。Huang 等(2011)还发现 *Cs*FABP 同时定位于成虫的卵黄腺和子宫内的虫卵,进一步验证了卵黄腺可能为受精卵和卵壳的形成储备营养和原料,提示该蛋白在虫卵的形成过程中起着重要的作用。

(黄利思　余新炳)

十一、华支睾吸虫分子流行病学及溯源研究

进入 21 世纪后,分子生物学的研究手段逐步用于华支睾吸虫病的流行病学。张锡林等(2000)在国内应用 RAPD 技术比较斯氏肺吸虫和华支睾吸虫 DNA 多态性研究,但未能就不同地域的分离株进行系统的研究。胡文庆等(2007)应用同工酶电泳技术分析不同宿主来源的四种同工酶的多态性,发现来自不同宿主的华支睾吸虫的主要酶带特征基本相同,但次要酶带存在一定差异,可能的原因在于寄生宿主的适应性所导致。由于我国人群华支睾吸虫的感染率不断上升和感染地域的扩大,引起我国疾控部门及专家的高度关注。我国近年启动了一大批针对华支睾吸虫病等人兽共患病的重点研究项目,国内的研究成果也相继在国际期刊报道。对于华支睾吸虫分子流行病学的研究多集中于不同地理区域分离株的标志基因比较。Lai 等(2008)应用 RAPD 和 MGE-PCR 的方法比较了我国南方广州地区和北方黑龙江地区的华支睾分离株的遗传多态性。RAPD 和 MGE-PCR 结果均显示黑龙江地区的一致性高于广州地区,但两地区间的差异无统计学意义。

华支睾吸虫流行区主要分布在亚洲地区部分,并对流行区国家的社会和经济发展带来严重影响。国外对华支睾吸虫的研究多集中在韩国和越南等国。韩国的 Park 等(2000)测定了华支睾吸虫染色体的数目及分型,同年应用同工酶电泳技术阐明了 EST, GPD, HBDH 和 PGI 四种同工酶电泳的多态性,表明只有 GPD 可以作为中国和韩国不同种群地理分型的标志分子。随后 Park 等(2001)基于 DNA 序列的差异分析了华支睾吸虫 COX1, ITS2 基因的多态性,发现在不同地域间华支睾吸虫的这两个基因的差异均较小,这一结果

也被 Lee 等(2004)和 Liu 等(2007)所证实。Park 等(2007)通过华支睾吸虫核糖体 RNA 及线粒体 DNA 序列分析,表明不同地理区域间的差异甚微。

余新炳课题组在前期学者研究的基础上,收集我国主要流行区域内保虫宿主猫体内华支睾吸虫成虫,并以单条虫为个体提取基因组 DNA,最大程度的避免杂合。候选标志基因的选取参考已有的华支睾吸虫研究结果并结合其他物种研究,同时选取核转录间隔区、线粒体 DNA 及基因组 DNA,从不同层次检测各类型基因序列的变异特点。结果表明华支睾吸虫线粒体基因组的多态性明显高于核转录间隔区及基因组 DNA,各地理区域间的个体种内基因差异较小,仅限于单个核苷酸差异(SNP)(<1%),这与前期学者的研究结果类似,显示华支睾吸虫自身基因变异的速率较小。

遗传树构建发现,在我国中部地区呈现较高程度的多态性,分为三个不同的分支,其中Ⅰ、Ⅱ型分布范围较为广泛,而Ⅲ型仅分布于我国中部地区,随后的 AFLP 指纹分析结果与多位点测序的结果相符合(尚未发表数据)。华支睾吸虫种内出现亚群的原因可能由于我国中部的湖南、湖北地区过去长期为防治血吸虫而采取的药物灭螺措施对华支睾吸虫也产生了相同的生存压力,使得基因型发生变异。Saijuntha 等(2007)对麝猫后睾吸虫及其第一宿主之间的进化关系研究表明两者之间存在共进化的可能性,因而宿主的生存压力对寄生虫产生同样影响,这一结果与 Gray 等(2008)对日本血吸虫的流行病学及进化研究结果相类似。不同的是,由于血吸虫的宿主范围并没有华支睾吸虫的广泛,且严重依赖于水源的分布,因而产生的基因变异类型始终保持近水系附近。

华支睾吸虫除可以随第一、第二宿主及保虫宿主传播外,还可以依赖于终末宿主——人的迁徙而传播至更为广泛的地域,本研究中第一分支的扩散范围已遍布整个流行区,同样 Sithithaworn 等(2003)、Yossepowitch 等(2004)和 Stauffer 等(2004)的研究也表明,在世界上非感染区域内,大部分的华支睾吸虫感染均是由于终末宿主人的迁徙所导致。上述关于华支睾基因变异与迁徙的假设与 Lun 等(2005)的综述结果相符合。考古学对古尸内华支睾虫卵分析表明,我国华支睾吸虫感染最早发生在古代的中部地区,随后黄文宽(1957)、林金祥(1993)、李友松(1982)和刘祖信(1995)才在我国东部福建及南部广州地区古尸中发现华支睾的虫卵,揭示我国华支睾吸虫极有可能起源于我国的湖南、湖北、河南及江西地区,随后随着人口的迁徙(洪水、战乱所导致)逐渐扩散至我国的其他地区。而现有的流行病学研究却表明我国的广东、广西及东北的黑龙江地区人群华支睾吸虫感染率超过 1%,极有可能由于这一地域人们的生活习惯于吃淡水“鱼生”而又不愿意改变这种生活习俗所导致,而并非华支睾吸虫感染起源于我国的南方,而后呈现从南至北传播的趋势与规律。

(孙九峰 梁 培 毛 强 余新炳)

第六章　华支睾吸虫感染免疫

华支睾吸虫侵入终宿主后，虫体在宿主体内发育和长期寄生过程中，不断产生多种具有抗原性的物质，持续激发宿主的免疫反应。宿主对华支睾吸虫感染免疫的过程、参与免疫反应的体系和免疫因子也很复杂。宿主的适应性免疫对华支睾吸虫再感染有一定的保护作用，但对宿主体内已存在的虫体缺乏有效的杀伤作用。

一、华支睾吸虫抗原的产生

华支睾吸虫囊蚴进入终宿主后，通过移行到达肝胆管内发育为成虫。在此后生存及有性生殖的长期过程中，虫体所进行摄取营养、排泄、吸收代谢、表皮新陈更替、产卵等一系列生理活动，都会产生成分不同物质，这些物质多具有免疫原性，诱发宿主的免疫反应。抗原进入宿主血液，称为血清循环抗原，循环抗原是宿主免疫反应的诱发因子。循环抗原包括虫体代谢酶类、虫体体壁抗原、虫卵抗原及虫体分泌物等。抗原刺激宿主的免疫系统产生特异性抗体和致敏的淋巴细胞及多种细胞因子。

通过对家兔的实验感染观察(骆建民等 1992)，来自虫体的循环抗原在感染后的第 3 天即可在血清中测到，阳性率为 14.3%(2/14)。此后循环抗原的阳性检出率和检出量逐渐增加。感染后第 10 天阳性率为 64.3%(9/14)，第 17 天为 85.7%(12/14)，至第 31 天，全部实验兔均为阳性。血清循环抗原的量在第 45 天达高峰，为 3.41μg/ml，此后很快下降，且维持在一定水平。来自代谢的循环抗原也在感染后的第三天可以测出，阳性率为 42.8%(6/14)，此后，循环抗原的阳性检出率和检出量也迅速增加。第 10 天阳性率为 92.8%(13/14)，第 17 天，全部实验兔均为阳性。第 38 天循环抗原含量达高峰，为 9.37μg/ml，此后也呈下降趋势，并维持在一定水平。华支睾吸虫进入宿主机体后，在发育过程中，不断产生的抗原物质循环于宿主血液内，随着抗原的出现和感染时间延长，宿主免疫系统被激活，特异性抗体开始在宿主血清中出现并逐渐增多。华支睾吸虫抗原和与特异性抗体结合形成免疫复合物，使循环抗原的量达一定高峰后开始下降。抗原和抗体的产生及结合维持着一种动态平衡的状态，因此，在有活虫体存在的条件下，血清循环抗原在宿主体内一直保持在较为稳定的水平。

循环抗原的含量与宿主体内虫体的数量有关。陈雅棠等(1984)检测了不同感染度的华支睾吸虫病人，轻、中、重感染者血清中循环抗原的量有明显的差异，分别为(0.4471±0.1941)μg/ml、(0.6204±0.1787)μg/ml 和(0.7608±0.2437)μg/ml。将患者血清中循环抗原量与粪便中虫卵数进行相关回归分析，二者呈正相关关系。患者血清中循环抗原的含量与粪便虫卵计数的相关系数为 $r=0.5280$，$P<0.0005$，直线回归方程 $\hat{Y}=7475.02\overline{X}-1711.48$。式中 $\hat{Y}$ 为粪便中虫卵数(个/克粪)，$\overline{X}$ 为血清中循环抗原含量(μg/ml)。回归系数显著性检验 $t=6.6679$，$P<0.0005$。

为了科学研究的需要，人们还可以通过虫体的体外培养，使用不同的分离纯化技术，从虫体不同发育阶段获取多种不同类型的抗原。

二、华支睾吸虫抗原定位及器官特异性

华支睾吸虫的抗原成分复杂，虫体不同发育阶段、虫体不同组织和器官均可产生抗原。研究该虫抗原的分布和定位，不仅有助于了解华支睾吸虫感染免疫的机制，而且还可以有目的地提取纯化虫体某一特定部位的抗原，以提高免疫学诊断的特异性和敏感性。

胡文英(1987)用虫体石蜡切片免疫荧光抗体方法定位虫体抗原，虫体肠黏膜上皮细胞处的荧光最为明显，提示此处的抗原性最强。周绍础等(1987)用成虫冷冻切片免疫荧光抗体法观察，不但肠管显示出较强的抗原性，虫体的皮层也有十分明显的黄棕色荧光。说明此两处都具有一定的抗原性。吴中兴等(1990)用石蜡切片免疫荧光法发现虫体的皮层和肠管壁均有明显的荧光反应。又用免疫金银染色法对虫体的石蜡切片进行抗原定位，发现除虫体的肠管和皮层有明显的金银颗粒沉着外，在储精囊的部位也有金银颗粒沉着，从而证实这些组织均含有具有抗原性的物质。

王四清等(1993)用华支睾吸虫成虫全虫抗原(CsAg)、华支睾吸虫成虫代谢抗原(EsAg)和虫体表膜抗原(MAg)分别免疫家兔，获得不同类型的抗华支睾吸虫血清，用成虫分别制作石蜡切片和冷冻切片两种抗原片。用间接荧光抗体试验(IFAT)、免疫金银染色(IGSS)和过氧化物酶抗氧化酶技术(PAP)三种方法同步进行观察，在IFAT，石蜡切片抗原与抗MAg血清作用后，荧光主要见于虫体的肠管、睾丸、储精囊和虫卵黄囊膜，皮层未见明显的荧光；如用冷冻切片抗原与抗MAg血清作用后，则可在虫体的皮层见到明亮的特异性荧光。用抗EsAg血清进行作用，上述各阳性部位均有荧光，且更为明亮。用抗CsAg血清、自然感染血清和粗提抗华支睾吸虫IgG等定位，出现阳性反应的器官与上述相似。阳性反应不但存在着器官间的差异，对不同类型抗血清的反应强度也不一致，表现在当血清滴度相同时，抗EsAg血清的定位效果最好，荧光反应强烈而又明显。

用IGSS法观察，抗华支睾吸虫EsAg血清、抗MAg血清、抗CsAg血清、自然感染血清和粗提抗华支睾吸虫IgG分别与虫体切片反应结果显示，除皮层无抗原性外，其他器官的反应与IFAT的反应一致，仍以抗EsAg血清的反应性最强。

PAP阳性反应结果在显微镜下为棕黄色，3种抗血清定位结果显示虫体的肠管、睾丸和皮层均有抗原性。

用IFAT、IGSS和PAP对华支睾吸虫进行抗原定位的研究中，虫体的口吸盘、腹吸盘、子宫、卵巢、受精囊和梅氏腺等大而明显的器官则未显示有抗原性。

用放射自显影的方法，以抗华支睾吸虫全虫抗原血清作为抗体，作用显影后可见在整体标本中，虫体的表面有均匀的银颗粒分布，口、腹吸盘内银颗粒较密，储精囊处的银颗粒则非常密集、浓黑致密，明显高于本底。子宫处很少见到银颗粒。在冷冻切片中，储精囊壁上密布银颗粒，但储精囊腔内的银颗粒却非常稀少，体表部分的银颗粒也高于本底，子宫与虫卵上罕见银颗粒。被华支睾吸虫寄生的肝胆管壁及其周围的肝组织也显示了一定的抗原性，表明虫体的分泌或排泄抗原可渗出到邻近组织。提高观察方法的灵敏度，华支睾吸虫抗原性较低的一些部位或器官亦可显示出其抗原性。在放射自显影法，虫体的睾丸、卵巢、卵黄腺、输精管、受精囊等器官中的银颗粒数均显著高于本底银颗粒数。

华支睾吸虫的抗原性不但反映在虫体的不同部位，抗原分子的大小及其反应原性也存

在一定差别。Li 等(2004)用华支睾吸虫囊蚴感染家兔获取成虫，分别制备全虫粗抗原和睾丸、储精囊、卵黄腺、子宫、肠内溶液等不同器官或单一组织抗原，培养成虫获取排泄分泌抗原(EsAg)。各抗原经 SDS-PAGE，出现了 7～100kDa 多条条带，其中 7kDa 和 17kDa 是所有抗原共有的条带。26、28、34、37、47 和 55kDa 的蛋白条带主要表现在雌性生殖器官，如子宫、卵黄腺、卵巢和虫卵。而 34、37 和 50kDa 蛋白主要存在于雄性生殖系统中，如睾丸和精子。7、17 和 28kDa 蛋白则是见于 EsAg 和肠液中。

用粪检华支睾吸虫卵阳性者的 IgG 进行免疫印迹试验，7、17、34 和 37kDa 蛋白存在于 EsAg 中，肠液蛋白抗原仅出现 7 和 17kDa 2 条蛋白条带，7、26、28 和 34kDa 的条带存在于卵黄腺、子宫和卵巢中，虫卵抗原仅出现 10kDa 蛋白带。睾丸抗原有 28、34 和 37kDa 3 条蛋白带，精子抗原中存在 17、28、37 和 50kDa 蛋白。70 和 100kDa 蛋白仅出现在成虫粗抗原中。用精子蛋白免疫小鼠的血清与精子抗原的免疫印迹显示，精子抗原中存在特异性的 50kDa 蛋白。用上述免疫小鼠血清与不同器官进行免疫组化分析，在储精囊和输精管处呈现阳性反应。Li 等认为，7kDa 蛋白是华支睾吸虫各部位或器官所共有的抗原，但不同的器官可产生具有特异的抗原蛋白，这些特异的抗原可以作为华支睾吸虫病的诊断抗原。

Hong 等(2001)用华支睾吸虫囊蚴感染家兔，感染后每周采集血清，用这些血清与华支睾吸虫成抗原进行免疫印渍实验，与华支睾吸虫切片进行免疫组织化学实验，观察虫体抗原与感染后不同时间血清中 IgG 的反应。

免疫印渍结果显示感染后第 3 周，只有分子量＞42kDa 的蛋白可以被抗体识别，反应强的包括 50、69 和 96kDa 的蛋白带；感染后第 4 周，4、39 和 38kDa 的蛋白带着色最深；感染后第 8 周，36、34、30 和 10kDa 的蛋白出现明显反应。29kDa 的蛋白在感染后 12 周始表现出抗原性。从感染后 20 周开始，29、27 和 26kDa 才出现强的特异性反应，19kDa 和 16kDa 的蛋白为抗原性较弱的蛋白带。

免疫组化法显示虫体的皮层、皮下层、睾丸组织间隙、子宫内液和虫卵从感染后第 3 周开始呈现阳性反应，腹吸盘前的雌性生殖道和子宫末端亦为阳性反应，但雄性生殖道呈阴性。第 4 周肠上皮和排泄囊壁着色较浅，而皮层有中等程度着色。感染后第 8 周，卵巢、受精囊的壁、腹吸盘内表面有轻度着色，皮下层、肠上皮和排泄囊着色加深。从 12 周起，卵黄滤泡的间隙组织和虫体的多个部位均开始着色。虫体不同组织对感染后不同时间抗华支睾吸虫特异 IgG 的反应，见表 6-1。

表 6-1 感染后不同时间华支睾吸虫成虫抗原组织化学定位及反应强度

部位	感染后(周)													
	0	1	2	3	4	8	12	20	28	32	36	40	48	52
皮层	－	－	－	＋	＋＋	＋＋	＋＋	＋＋	＋＋	＋＋＋	＋＋＋	＋＋＋	＋＋	＋＋
皮下层	－	－	－	＋	＋	＋＋	＋	＋＋	＋＋	＋＋	＋	＋	＋	＋
肠上皮	－	－	－	－	＋	＋＋	＋＋	＋＋	＋＋	＋＋	＋＋	＋＋	＋＋	＋＋
排泄囊	－	－	－	－	＋	＋＋	＋＋	＋＋	＋＋	＋＋	＋＋	＋＋	＋＋	＋＋
睾丸	－	－	－	＋	＋	＋	＋	＋＋	＋＋	＋＋	＋＋	＋＋	＋＋	＋＋
卵巢	－	－	－	－	－	＋	＋	＋	＋	－	－	－	－	－
卵黄滤泡	－	－	－	－	－	－	＋	＋	＋	＋	＋	＋	＋	＋
子宫内虫卵	－	－	－	＋	＋	＋	＋	＋	＋	＋＋	＋＋	＋＋	＋	＋
受精囊壁	－	－	－	－	－	＋	＋	＋＋	＋＋	＋＋	＋＋	＋＋	＋＋	＋

以后尾蚴作为抗原，用间接荧光抗体方法，显示该抗原与阳性血清的反应最早出现在感染后第 10 天，特异性荧光着色部位在后尾蚴的排泄囊和焰细胞，皮层仅有较弱的荧光。因而推测华支睾吸虫后尾蚴的抗原定位在虫体的这些部位，其抗原性质可能是代谢抗原(阎岩等 1991)。

三、华支睾吸虫抗原的种类和基本制备方法

(一) 排泄分泌抗原

排泄分泌抗原(excretory-secretory antigen，EsAg)系将活虫体置于培养液中，收集虫体排泄和分泌物所取得的抗原。所采用的培养液有所不同，如有的学者用 1640 加双抗(李桂萍 1992，叶春艳 2008)或 199 培养基(崔巍 1992)，或用 DMEM 加双抗，培养 12 小时收集培养液，再用超水透析，再浓缩(胡风玉 2009)。多数研究者还是采用生理盐水、PBS、林格液或台氏液(余海昕 1989，Kim 1998，曾明安 1999，Choi 2003，崔香淑 2006 等)。培养液中的成分过于复杂，有可能影响后续的免疫学、分子生物学相关实验。制备华支睾吸虫排泄分泌抗原基本过程是，在无菌条件下从感染动物体内获取虫体，用无菌生理盐水反复冲洗后，挑选虫体完整、运动活跃及个体较为肥大者放入预先准备好的培养基中，每毫升培养液可放入 10 条或更多条成虫，置 37℃(或 36℃)培养数小时至数十小时，可每 12～24 小时收集更换一次培养液。将所收集的培养液离心(4℃ 12 000～15 000r/min)30 分钟左右，以去除培养液中的虫卵、精子等，上清液即为虫体的代谢分泌抗原。

(二) 成虫水溶性蛋白抗原

又称全虫抗原或虫体粗抗原(crude antigen，CA)。将从感染动物体内取得的虫体用无菌生理盐水反复冲洗，经低温干燥后研磨成粉，或是湿虫直接研磨成匀浆。磨碎的虫粉或匀浆加入生理盐水，经反复冻融，4℃冰箱内冷浸 2～3 天，再经超声波粉碎，也可再次冻融或冷浸，通过破碎和冷浸，获得成虫可溶性蛋白抗原。将冷浸后液体离心(离心条件同 EsAg 制备)，其上清液即为成虫水溶性蛋白抗原(陈雅棠 1984)。

为增加 CA 的纯度，可对其进行脱脂。如为冻干虫粉，可加丙酮混匀后，让丙酮自然挥发，再加丙酮，重复 2～3 次，再按上述方法冷浸。如为新鲜虫体，将成虫加冷丙酮摇匀，置4℃24 小时后弃去上层丙酮，让丙酮自然挥发后加入新的预冷丙酮摇匀，置室温 24 小时，弃去丙酮并自然发挥干燥。再加冷丙酮将虫体研磨制成匀浆，离心弃丙酮自然挥发干燥，冰浴中加生理盐水研磨制匀浆，4℃冷浸 1～3 天，冰浴下超声粉碎 2 次(每次 5 分钟，间歇 10 分钟)，再冷浸 24 小时后离心(离心条件同 EsAg 制备)，上清即为成虫可溶性脱脂抗原(华万全等 2006)。

(三) 成虫尿素溶解性抗原

1. 将制备虫体水溶性抗原离心沉渣，按 1∶10(V/V)加入 8M 尿素缓冲液，摇匀后置 4℃冰浴中超声粉碎 30 分钟，再冷浸 24 小时。按 1∶2(V/V)比例加入预冷的正丁醇，冰浴中电磁搅拌 30 分钟后离心，此时液体分为 4 层，从上下至分别是正丁醇、脂类、尿素溶解性抗原和沉渣。准确吸取抗原液，转入透析袋，在 4℃环境下先用蒸馏水透析，换液 3 次后，用生理

盐水再反复透析数次，以充分除去尿素。

2. 将制备虫体水溶性抗原离心后沉渣置研钵内，边研磨边加入 8mol/L pH8.0 尿素缓冲液（含 8mol/L 尿素、0.3mol/L 氯化钾、2.0mol/L 乙二胺四乙酸的 0.05mol/L Tris-HCl 缓冲液），使最终比例为 1∶10。研磨 30 分钟后超声粉碎 30 分钟，低温反复冻融 4 次，12 000rpm离心 30 分钟，取上清液，用蒸馏水反复透析充分去除尿素后即为尿素溶解性抗原（CsUAg）（陈雅棠 1988，刘宜升 1990）。

（四）虫体表膜抗原和去膜后虫体抗原

1. 冻融法　从感染动物体内获取虫体，用 PBS 或千分之一葡萄糖生理盐水反复漂洗干净，按虫体的体积加入等量 0.2mol/L pH7.4 PBS，室温中放置 4 小时后置 4℃冰箱过夜，再置－20℃冰箱中冻结后取出，放室温下融化，如此反复冻融 4～5 次，1000r/min 离心 4～5 分钟，取上清超声粉碎，再 4℃ 高速离心，上清即为虫体表膜抗原。或将虫体置液氮（－196℃）30 分钟，取出后迅速融化至近室温，用旋涡器打旋 5 分钟，1500r/min 离心 2 分钟，上清液超声粉碎后高速离心取上清。

2. 去污剂脱膜法　洗净的新鲜虫体加入等量含 0.2% Triton-100 的 0.2mol/L PBS（pH7.4），冰浴 10 分钟，用旋涡器打旋半分钟，冰浴静置半分钟，再打旋 5 分钟后，1500rpm 离心 2 分钟，取上清液经超声波粉碎，再经高速离心取上清。也可用 NP-40 作为去污剂制备虫体表膜抗原。

3. $CaCl_2$脱膜法　将洗净的新鲜虫体按 1∶1 比例加入 0.3mol/L $CaCl_2$，37℃孵育 5 分钟，然后倾入上面封有尼龙网的小烧杯中，用吸管吸取杯中钙溶液反复冲打尼龙网上的虫体约 30 次，静置后同上法离心两次，上清液即为虫体表膜抗原（刘慧如 1989，余海昕 1989）。

4. 将去表膜后的虫体按虫体水溶性蛋白抗原制备方法制备　即为去膜后虫体抗原。

（五）成虫切片抗原

虫体切片抗原主要用于虫体抗原的定位，可采用石蜡切片和冷冻切片方法。

1. 石蜡切抗原　从感染动物体内取得成虫，生理盐水反复冲洗后按常规方法进行固定、包埋和切片。

2. 冷冻切片抗原　将所获新鲜虫体清洗干净后，可直接在冷冻切片机上进行切片。或为切片方便，取正常小鼠肝脏，洗净后用刀片切开一小口，将华支睾吸虫插入小口内，在－10℃下连续切片，附于载玻片上，室温下以丙酮固定 10 分钟，－30℃保存备用。

（六）后尾蚴抗原

从淡水鱼体内分离出囊蚴。先将囊蚴放入人工胃液中，37℃下条件下孵育 1 小时后，将囊蚴移至人工肠液中孵育 1 小时（37℃），囊内虫体多破囊而出。将孵育出的后尾蚴用生理盐水冲洗干净，放入生理盐水和明胶的混合液中。在解剖镜下吸取后尾蚴 5～6 条放于载玻片上，37℃干燥后，放入预冷的丙酮中固定 15 分钟，取出待干后置 4℃保存备用（阎岩等 1991）。

四、华支睾吸虫的抗原组分和免疫性

华支睾吸虫如其他蠕虫一样，虫体相对较大，组织结构复杂，不同的组织所表现出的抗原性也不相同，用不同方法制备的抗原，其蛋白成分也有区别，对虫体的蛋白组分进行分析，找出该虫最有效的抗原成分，在此基础上进行提纯，可提高免疫学诊断的敏感性和特异性。

（一）华支睾吸虫抗原的蛋白组分和免疫性

石军帆等(1994)以 SDS-PAGE 法分析了华支睾吸虫全虫抗原，其蛋白区带为 27 条。通过酶联免疫印渍技术观察抗华支睾吸虫阳性血清与华支睾吸虫抗原反应的特异性，有 13 条带显色，分别是分子量为 125、94、85、75、65、55、45、43、36、32、24、21、16kDa 的蛋白质，说明这些是华支睾吸虫特异性抗原成分。

张灯等(2005)用取自病人胆管引流液中的华支睾吸虫成虫制备可溶性抗原，SDS-PAGE 显示 17 条蛋白带，其中分子量为 65、53、31、25 和 13kDa 的为主要蛋白带。分子量为 108、94、71、65、53、43kDa 的蛋白带可被华支睾吸虫病和其他寄生虫病患者血清识别，但只有 56kDa 的蛋白带仅被华支睾吸虫病患者血清所识别，而不能被并殖吸虫病人、日本血吸虫病人和旋毛虫病人血清识别，可认为是华支睾吸虫成虫的特异性抗原。

华支睾吸虫成虫未脱脂可溶性抗原经 10% SDS-PAGE 分离后，显示 26 条蛋白带，分子量分别为 220、210、200、180、170、150、120、100、90、78、67、58、55、50、47、41、39、37、35、32、29、27、26、24、22 和 20kDa，其中 180、78、67、55、37、27、26 和 22kDa 的条带为主带，27、26kDa 蛋白带染色最深，是华支睾吸虫抗原的特征带型。脱脂华支睾吸虫成虫抗原显示 18 条蛋白带，分子量分别为 210、180、170、150、120、100、90、78、67、47、39、37、35、27、26、24、22、20kDa，其中 100、67、24 和 22kDa 的条带为主带，与未脱脂抗原比较，各主要蛋白组分和迁移率基本一致。用华支睾吸虫病人血清做免疫印迹试验，未脱脂成虫抗原可被特异性抗体识别的条带是分子量为 180、170、100、67、47、41、39、37、35、32、29、27、26 和 20kDa 的条带，其中以 180、170、100、67、41、37、35、32 和 26kDa 的蛋白带反应最强。脱脂抗原可被识别的是 180、100、67、47、39、37、35、24、22 和 20kDa 的条带，其中以 180、100、67、37、35、24 和 20kDa 反应最强(华万全等 2006)。

华支睾吸虫成虫 EsAg 的分子量为 22～128kDa，与成虫水溶性抗原有较多相同的抗原成分，但较全虫抗原的蛋白条带要少，其主要条带包括了分子量为 7～8、12.5、17、26、28、30kDa 的等条带，7kDa 和 8kDa 的蛋白主要是定位于虫体皮层和受精囊，26kDa 和 28kDa 有比较强的抗原特异性，而很少与其他寄生虫感染血清发生交叉反应。

王四清等(1993)用 SDS-PAGE 对华支睾吸虫成虫 4 种不同抗原进行分析，EsAg 有 8 条区带，分子量为 14～120kDa，水溶性蛋白抗原(CA)和虫体尿素溶解性抗原(CsUAg)分别有 17 和 15 条区带，分子量也为 14～120kDa，虫体的表膜抗原(MAg)有 12 条多肽区带，分子量为 14～100kDa。4 种抗原之间迁移率相同的多肽区带较多，并且具有 25、28、52 和 65kDa 等数条相同的主带。其中 CA 和 CsUAg 的多肽区带几乎完全一致。

余海昕等(1989)用 SDS-PAGE 分析，显示华支睾吸虫全虫抗原的多肽区带为 22 条，去膜虫体抗原和虫体 MAg 分别有 14 和 15 条多肽区带，而 EsAg 仅有 9 条区带。全虫抗原含有与其他 3 种抗原迁移率相同的抗原组分。进一步用酶联免疫印渍(ELIB)对抗原活性进行分析，不同抗原与华支睾吸虫感染者血清反应的结果示全虫抗原有 20 条抗原活性区带，去膜虫体抗原、MAg 和 EsAg 分别有 14、12 和 7 条抗原活性条带。尽管 EsAg 的多肽区带和抗原活性条带少于其他三种抗原，但在用 ABC-ELISA 检测感染华支睾吸虫宿主血清时，与同源血清(感染华支睾吸虫兔血清)反应,EsAg、MAg、CA和去膜虫体抗原的平均*OD*值分别为0.97、0.92、0.88和0.83,显示出EsAg较其他几种抗原具有更高的敏感性。与异源血清(感染日本血吸虫家兔血清)反应时,4种抗原的平均*OD*值分别为0.26、0.24、0.49、0.50,与正常兔血清反应时,4种抗原的平均*OD*值分别为0.13、0.12、0.29、0.31。4种抗原检测阳性血清和阴性血清平均*OD*值之比分别为7.1、6.0、3.0和2.6,EsAg的交叉反应强度最低,所以其又有较高的特异性。因此认为EsAg中可能含有更高活性的组分。通过分析还可以发现,低分子量的抗原区带(<35kDa)仅为同源血清所识别,不与异源血清发生反应,这些低分子量组分可能是华支睾吸虫的特异性抗原。

(二)华支睾吸虫抗原的氨基酸组成

王四清等(1993)用氨基酸自动分析仪对华支睾吸虫抗原的氨基酸组成进行分析,CsUAg、CA、EsAg和表膜抗原(MAg)4种抗原均含有17种氨基酸,且均以天冬氨酸、谷氨酸、缬氨酸、亮氨酸、赖氨酸和精氨酸等含量较高,见表6-2,各抗原中酸性氨基酸(天冬氨酸+谷氨酸)含量明显高于碱性氨基酸(赖氨酸+精氨酸+组氨酸);EsAg中芳香族氨基酸(酪氨酸+苯丙氨酸+色氨酸)含量最高(见表6-3),此种特点可能是其免疫活性较高的主要原因。

表6-2 华支睾吸虫4种抗原氨基酸含量及构成比

氨基酸	CsUAg		CA		EsAg		MAG	
	W(mg)	%	W(mg)	%	W(mg)	%	W(mg)	%
天门(Asp)	0.0975	9.59*	0.2187	10.98*	0.1552	12.65*	0.3069	7.25*
苏(Thr)	0.0462	4.54	0.1084	5.44	0.0827	6.74	0.1245	2.94
丝(Ser)	0.0490	4.82	0.0980	4.92	0.0612	4.99	0.0923	2.18
谷(Glu)	0.1663	16.36*	0.4041	20.29*	0.1357	11.06*	0.9261	21.87*
脯(Pro)	0.008	0.88	0.0918	4.61	0.0319	2.60	0.2903	6.86
甘(Gly)	0.0705	6.93	0.1022	5.13	0.0641	5.23	0.2253	5.23
丙(Ala)	0.0705	6.93	0.1058	5.31	0.0604	4.92	0.3594	8.49*
胱(Cys)	—	—	0.0313	1.57	0.0274	2.23	0.1674	3.95
缬(Val)	0.0857	8.43*	0.1268	6.37*	0.1062	8.66*	0.2636	6.23
甲硫(Met)	0.0298	2.93	0.0302	1.52	0.0144	1.17	0.1211	2.86
异亮(Ile)	0.0561	5.52	0.0908	4.56	0.0768	6.26	0.1923	4.54
亮(Leu)	0.1059	10.42*	0.1609	8.08*	0.1266	10.32*	0.3916	9.25*
酪(Tyr)	0.0269	2.65	0.0635	3.19	0.0315	2.57	0.0472	1.11
苯丙(Phe)	0.0363	3.57	0.0655	3.29	0.0788	6.43	0.2377	5.61
赖(Lys)	0.0659	6.48	0.1224	6.15*	0.0857	6.99*	0.3001	7.09*
组(His)	0.0172	1.69	0.0428	2.15	0.0310	2.53	0.0749	1.77
色(Trp)	0.0073	0.72	—	—	—	—	—	—
精(Arg)	0.0767	7.54*	0.1282	6.44*	0.0568	4.63	0.1136	2.68
总计	1.0167	100	1.9914	100	1.2264	99.98	4.2343	100

*为含量较高的氨基酸

表 6-3　华支睾吸虫的 4 种抗原各类氨基酸构成比(%)

氨基酸类别	CsUAg	CA	EsAg	MAg	平均值
酸性氨基酸(Asp+Clu)	25.95	31.27	23.71	29.12	28.46
碱性氨基酸(Lys+Arg+His)	15.71	14.74	14.15	11.54	13.17
芳香族氨基酸(Tyr+Phe+Trp)	6.94	6.48	9.00	6.72	7.02

五、华支睾吸虫的纯化抗原

用不同方法分离华支睾吸虫抗原,从而可得到不同的抗原组分,从中筛选更有应用价值的部分。

(一) 饱和硫酸铵纯化抗原

硫酸铵纯化方法简单易行,不同饱和度的硫酸铵能沉淀不同结构或分子量不同的蛋白质成分,可将复杂抗原分成几个活性部分,但不会引起蛋白质变性。张夏英等(1988)在成虫粗抗原液加入硫酸铵,使达到 25%饱和度,4℃放置 1 小时后,离心 30 分钟(4℃10 000~20 000r/min),收集沉淀,此为抗原 A;在上清液中按上法加入硫酸铵,使上清液达到 50%饱和度,静置离心,同上收集沉淀,此为抗原 B;再次重复上述过程,使硫酸铵达 75%饱和度,所得沉淀为抗原 C,最后的上清液部分为抗原 D。饱和硫酸铵纯化抗原需要进行透析,以去除铵离子。抗原 A 主条带的分子量为 27.9kDa 和 3.1kDa,抗原 C 的主条带分子量为 27.8kDa。华支睾吸虫粗抗原及提纯后抗原分析见表 6-4。也可预先制备饱和硫酸铵溶液,逐滴加至粗抗原液中,直至达到要求的饱和度,再静置离心,分次获取不同的抗原组分。

通过间接 ELISA 法,各不同抗原组分与标准阳性血清作用,抗原 A、B、C、D 和粗抗原的 *OD* 值分别 0.769±0.066、0.633±0.063、0.600±0.089、0.216±0.033 和 0.317±0.040;以上述抗原检测 48 份华支睾吸虫病人血清,阳性率分别为 87.5%、85.4%、72.9%、60.4%和 68.8%;检测 11 份肺吸虫病人血清,上述几种抗原分别有 1、3、4、2 和 1 例出现交叉反应。不同抗原检测华支睾吸虫病人血清的 *OD* 值与 102 份健康对照血清平均 *OD* 值之比分别为 6.017±0.579、5.314±0.553、5.449±0.603、3.440±0.319 和 3.602±0.396。抗原 A 即 25%饱和硫酸铵提取的抗原部分具有相对高的敏感性和特异性。

表 6-4　华支睾吸虫粗抗原和硫酸铵提纯抗原的蛋白质和糖蛋白含量

抗原种类	蛋白质			糖蛋白		
	含量(mg)	占粗抗原总蛋白的%	占四部分抗原总蛋白的%	含量(mg)	占粗抗原糖蛋白的%	占四部分抗原糖蛋白的%
粗抗原	306.0	100.0		254.0	100.0	
四部分抗原总计	163.7	53.6	100.0	181.1	68.6	100.0
抗原 A	18.6	6.1	11.3	43.2	16.4	23.8
抗原 B	14.9	4.9	9.1	20.2	7.6	11.2
抗原 C	36.6	12.0	22.4	96.9	36.7	53.5
抗原 D	93.6	30.6	57.2	20.8	7.9	11.5

陈全根(2001)用同样方法检测 50 份华支睾吸虫病人血清，抗原 A、B、C、D 和粗抗原的阳性率分别 96%、86%、84%、82%和 82%，检测 50 份健康对照者血清，假阳性率分别为 2%、4%、6%、8%和 6%，与蛔虫病、囊虫病和疟疾患者血清的交叉反应率分别为 7.5%、9.4%、11.2%、9.4%和 7.5%，表明抗原 A 相对较优。李桂萍(1990)制备上述 5 种抗原，以 ELISA 法检测，45 份华支睾吸虫病人血清的阳性率分别 94.1%、84.4%、91.1%、83.3%和 84.4%，51 份健康人血清的假阳性率分别为 5.9%、9.8%、13.7%、3.9%和 11.8%。

郑葵阳等(1993)应用斑点免疫金银染色法，以 CA、CsUAg 和硫酸铵沉淀第一段抗原(抗原 A)检测华支睾吸虫病人血清抗体，所用抗原浓度均为 0.2mg/ml。用上述 3 种抗原检测时，阳性血清的最高稀释度分别为 1∶5 120、1∶5 120 和 1∶10 240。用 3 种抗原分别检测 60 份华支睾吸虫病人血清，阳性率均为 100%，检测 60 份健康人血清，分别有 4、4 和 2 份血清为阳性反应，检测日本血吸虫病人血清，CA 出现 2 例交叉反应。

(二) 三氯乙酸溶解性抗原

取成虫水溶性蛋白抗原原液，加入等量的 15%三氯乙酸溶液，低温电磁搅拌后离心(12 000r/min)。上清液用 PEG-200 浓缩至原体积的 1/5，再加入 4 倍体积的预冷无水乙醇。同前法搅拌后静置 2 小时，再次离心。取沉淀物经适量无水乙醇及乙醚各洗一次，真空冷冻干燥得白色粉末状物即为三氯乙酸可溶-乙醇不溶性抗原(TCA)(陈雅棠 1988)。

(三) 层析法提纯抗原

由于蛋白质提纯和分析技术的发展和应用的普及，凝胶过滤层析、离子交换层析、免疫亲和层析、高效液相色谱层析均曾用于华支睾吸虫虫体成分、抗原提纯的研究，并制备出多种分子量及功能不同的抗原。

1. 纯化多组分抗原 将华支睾吸虫水溶性粗抗原经 SephadexG-200 柱层析，0.02mol/L pH6.0 PBS 洗脱，分段收集，获 5 个洗脱峰，依次为 G-200-1、G-200-2、G-200-3、G-200-4 和 G-200-5。将 TCA 溶于 0.02mol/L pH4.2 的乙酸盐缓冲液中，经 DEAE-Cellulose(DE52)柱层析。先用 0.02mol/L 乙酸盐缓冲液洗脱，未吸附部分再用 0.05mol/L NaCl-乙酸盐缓冲液洗脱；最后用 1mol/L NaCl-乙酸盐缓冲液洗脱，获 3 个洗脱峰，依次称为 TCA-DE_{52}-1、TCA-DE_{52}-2 和 CA-DE_{52}-3，用 PEG-20 000 浓缩至适量。将 CsUAg 经 Sepharose-4B 柱层析，用 0.05mol/L Tris-HCl-0.5mol/L NaCl 缓冲液洗脱，获 3 个洗脱峰，依次称为 CsUAg-4B-1、CsUAg-4B-2 和 CsUAg-4B-3。

取 CA、G-200-1、G-200-5、TCA、TCA-DE_{52}-1、TCA-DE_{52}-2、CsUAg 和 CsUAg-4B-1 共 8 种抗原，用微板法 K-ELISA 分析了华支睾吸虫抗原组分的抗原活性和抗体活性，见表 6-5。

抗原活性从高到低依次为 G-200-1、CsUAg-4B-1、CA、TCA-DE_{52}-2、CsUAg、TCA、TCA-DE_{52}-1、G-200-5。在华支睾吸虫病人治疗前血清中相应抗体活性从高到低依次是 UAWA-4B-1、G-200-1、TCA-DE_{52}-2、CsUAg、CA、TCA、G-200-5、TCA-DE_{52}-1。分别计算各抗原组分的以下 4 项指标：①抗原活性和治前病人血清抗体活性乘积，其代表该抗原在体内诱导抗体形成能力指标；②治前病人血清抗体活性与健康献血员血清抗体活性比，其代表抗原特异性指标；③治前病人血清抗体活性与其他吸虫病人血清抗体活性比，其代表抗原交叉反应指标；④治前病人血清抗体活性与治后病人血清抗体活性比，其代表疗效考核作用指

表 6-5　8 种不同华支睾吸虫抗原组分的抗原活性和抗体活性

		抗原组分							
		CA	G-200-1	G-200-5	TCA	TCA-DE_{52}-1	TCA-DE_{52}-2	CsUAg	CsUAg-4B-1
抗原活性		2.78±0.04	4.20±0.19	1.06±0.08	1.99±0.02	1.09±0.05	2.58±0.14	2.20±0.07	3.31±0.08
抗体活性	华支睾吸虫病患者治前血清	4.54±1.18	11.51±1.55	3.06±0.87	3.33±0.32	1.19±0.37 1	10.62±1.34	10.09±1.44	15.08±1.32
	华支睾吸虫病患者治后血清	1.94±0.58	1.07±o.46	0.79±0.25	0.87±0.32	0.71±0.21	0.47±0.14	2.50±0.52	0.63±0.13
	健康献血员血清	0.42±015	0.77±0.30	0.44±0.12	0.49±0.20	0.33±0.09	0.26±0.05	0.33±0.07	0.27±0.05
	血吸虫、肺吸虫病患者血清	0.50±0.06	0.61±0.09	0.56±0.09	0.42±0.17	0.38±0.08	0.32±0.08	0.44±0.08	0.37±0.12
抗原活性和抗体活性乘积		12.62	48.34	3.24	6.63	1.30	27.40	22.20	49.91
治疗前患者与健康人血清抗体活性比		11.35	14.94	6.95	6.80	3.61	40.85	30.58	55.85
治疗前患者与其他吸虫病患者血清比		9.08	18.87	5.46	7.93	3.13	33.19	22.93	40.76
治疗前、后患者血清抗体活性比		2.34	10.67	3.87	3.83	1.68	22.60	4.04	23.94

标。采用评分的方法对上述 4 项指标逐项评分，每项指标数值居首位者为 8 分，次者为 7 分，依此类推。各抗原组分 4 项指标总得分最高者是 CsUAg -4B-1（表 6-6），该抗原可能是一种较好的诊断抗原及疗效考核用抗原（陈雅棠等 1987，1988）。

表 6-6　8 种不同华支睾吸虫抗原组分综合评价结果

		CA	G-200-1	G-200-5	TCA	TCA-DE52-1	TCA-DE52-2	CsUAg	CsUAg-4B-1
单项得分	抗原活性和抗体活性乘积	4	7	2	3	1	6	5	8
	治疗前患者与健康人血清抗体活性比	4	5	3	2	1	7	6	8
	治疗前患者与血吸虫、肺吸虫病患者血清抗体活性比	4	5	2	3	1	7	6	8
	治疗前、后患者血清抗体活性比	2	6	4	3	1	7	5	8
总得分		14	23	11	11	4	27	22	32
临床应用价值评价结论		5	3	6	6	7	2	4	1

以电泳分离可溶性成虫抗原，在 14～33kDa 区间有 3 条深染条带，分子量分别为 14、26、27kDa，推测为华支睾吸虫成虫的特异性抗原组分。切取 14～33kDa 条带处的凝胶，洗脱凝胶中的目的蛋白，经透析、浓缩，离心取上清，为 14～33kDa 抗原。用 ELISA 法检测 63 份华支睾吸虫病患者血清，14～33kDa 抗原敏感性为 76.2%（48/63），CA 和脱脂 CA 敏感性均为 100%，差异有统计学意义（$\chi^2=17.03$，$P<0.005$）。检测 127 例健康人血清，14～33kDa 抗原的特异性为 100%，CA 和脱脂 CA 的特异性分别为 94.5%和 96.9%；检测卫氏并殖吸虫病和日本血吸虫病患者血清，14～33kDa 抗原交叉反应率分别为 8.0%（2/25）、3.5%（3/85），CA 分别为 80.0%（20/25）、62.4%（53/85），脱脂 CA 分别为 64.0%（16/25）、55.3%（47/85），14～33kDa 抗原与 CA 和脱脂 CA 比较，交叉反应率差异有统计学意义（χ^2值分别为 28.59、72.83，$P<0.005$）。用 3 种抗原检测 27 份姜片虫病患者血清，交叉反应率分别为 0、14.8%和 7.4%，14～33kDa 抗原的敏感性稍低于 CA，但特异性有显著提高（华万全等 2007）。

通过亲和层析能分离血清中特异性抗体。田春林等（2005）以 33%饱和硫酸铵从华支睾吸虫病人血清中提取 IgG，将 IgG 与 CNB-activated Sepharose 4B 偶联后装柱平衡，加华支睾吸虫成虫匀浆液，室温结合后，经反复冲洗，再用甘氨酸-HCl 解离抗原蛋白，分管收集洗脱液。加入 350mg 虫体可溶性蛋白质，亲和层析后收获 110 mg 蛋白质。经 CG-PAGE 电泳，华支睾吸虫匀浆液显示 16 条蛋白带，亲和层析纯化的抗原显示 5 条蛋白带，分子量分别为 31、45、66、97 和 120kDa。转移至硝酸纤维膜，与华支睾吸虫病人血清作用，5 条区带均显阳性，主要阳性带位于 31kDa 处，与并殖吸虫病和血吸虫病病人血清反应不出现阳性区带。

2. 纯化的单一成分抗原

（1）7kDa 蛋白：华支睾吸虫 7kDa 蛋白存在于华支睾吸虫排泄分泌产物和成虫水溶性

抗原中。Lee 等(2002)用多种方法从华支睾吸虫 CA 中纯化出 7kDa 蛋白，通过 PCR 扩增，7kDa 蛋白具有 273bp，编码 90 氨基酸序列，与其他已知蛋白无同源性。7kDa 蛋白主要存在于成虫组织基底层、细胞间质以及子宫内容物中，排泄管、精子头部以及卵黄腺也有少量存在。以 7kDa 蛋白免疫小鼠，制备抗 7kDa 的特异性抗体，该抗体只与华支睾吸虫 CA 和 EsAg 中的 7kDa 蛋白反应，特异性 7kDa 蛋白可被所有华支睾吸虫病人血清识别，而不被卫氏并殖吸虫病人和阴性对照者血清识别，提示 7kDa 蛋白具有较为理想的特异性。

Kim 等(1998)制备 4 种 EsAg，其中用取自感染后 11 周家兔的成虫，培养 16 小时制备的 EsAg2 具有较好的敏感性和特异性，其主要蛋白条带分子量为 30kDa 和 7kDa。EsAg1 取自感染后 10 个月家兔的虫体，EsAg3 和 EsAg4 分别来源于感染后 6 个月和 10 个月大鼠体内的虫体。用 Western blot 法检测，EsAg2 中的 7kDa 蛋白与 92%急性单纯感染华支睾吸虫患者和 90.9%华支睾吸虫与横川后殖吸虫混合感染者血清 IgG 反应，与 40%的曾感染过华支睾吸虫患者和 42.9%(3/7)的急性横川后殖吸虫患者血清有弱反应，与健康对照血清无反应。而 EsAg1 与 EsAg3 中 7kDa 蛋白与既往感染的华支睾吸虫病人血清，横川后殖吸虫病人和卫氏并殖吸虫病人以及健康对照组血清均有反应。经吡喹酮治愈 6 个月后，部分华支睾吸虫患者血清与 EsAg2 反应，有部分患者血清与 EsAg2 中的 7kDa 蛋白反应带消失，未治愈者血清对 4 种 7kDa 蛋白反应强度均无任何改变，故 7kDa 蛋白还具有疗效考核价值。Kim 认为 7kDa 抗原至少含 2 种蛋白，华支睾吸虫的特异性蛋白和非特异性蛋白，如欲进一步纯化并分离 7kDa 抗原中的 2 种蛋白很难做到。7kDa 蛋白可初步区分既往感染和现症活动性感染，是具有潜在实用价值的华支睾吸虫病诊断抗原。在该实验中，与 7kDa 蛋白相比，30kDa 蛋白的敏感性和特异性均非常低。

(2) 8kDa 蛋白：8kDa 蛋白天然存在于排泄分泌抗原中。该蛋白不是大分子蛋白的分解物，而是华支睾吸虫排泄分泌抗原的主要成分，主要集中于成虫的上皮细胞内。抗 8kDa 蛋白的特异性抗体与华支睾吸虫的受精囊组织反应显著，与子宫内虫卵仅有轻微反应，不与囊蚴发生反应，因此认为 8kDa 蛋白主要产生于成虫阶段。将华支睾吸虫 8kDa 蛋白免疫小鼠获取多克隆抗体，该抗体可与 CA 和 EsAg 中的 8kDa 蛋白特异性结合，也能识别肝片形吸虫的 8kDa 蛋白，但不能识别卫氏并殖吸虫、日本血吸虫和横川后殖吸虫的相应抗原，与 EsAg 比较，反应的特异性明显提高 (Chung 2002)。

8kDa 蛋白主要与华支睾吸虫病患者血清中的 IgG4 起反应，反应的敏感性随着患者感染度的加重而提高，当每克粪便虫卵数(EPG)＜500 时，阳性率为 5.8%；当 EPG＞5100 时，增加到 91.7%，用其检测轻度感染者，敏感性较低。用 Western blot 方法检测经吡喹酮治疗后 6 个月的华支睾吸虫病患者血清，8kDa 蛋白条带消失。与 7kDa 蛋白相似，8kDa 抗原也可作为鉴别现症感染或是既往感染用检测抗原。华支睾吸虫的 8kDa 蛋白与猪带绦虫病、卫氏并殖吸虫病、肝片形吸虫病及徐氏拟裸茎吸虫病患者血清中 IgG4 均不发生交叉反应，显示其较高的特异性(Hong 等 1999)。

华支睾吸虫 7kDa 和 8kDa 蛋白在多种不同层析介质中迁移速度十分相近，目前尚无法将其完全分开，且纯化后还会含有 17kDa 蛋白，很难制备单一的高纯度 7kDa 或 8kDa 蛋白。由于二者的特异性均较高，在用于华支睾吸虫病诊断时也没有必要将两者纯化分开，二者混合使用还可提高敏感性。7kDa 和 8kDa 蛋白纯化过程较繁杂，在数次层析纯化过程中损耗较多，终产物收获量有限，难以满足大规模检测，如现场调查的需要，实际应用受到一定限制。

(3) 17kDa 和 15kDa 蛋白酶：Chung 等(2000)通过凝胶过滤和离子交换层析，从成虫CA提纯到17kDa蛋白，该蛋白的活性能被特异性半胱氨酸蛋白酶(cysteine protease，CP)，抑制剂灭活，故该17kDa蛋白属于半胱氨酸蛋白酶家族。CP是含有半胱氨酸残基的蛋白水解酶，属于排泄分泌抗原，存在于华支睾吸虫绝大部分器官中，以肠上皮细胞和虫卵中的含量最高。华支睾吸虫在不同发育阶段具有多种CP。CP在寄生虫感染的发病机制中起重要作用，同时也有较强的免疫原性，可作为寄生虫病诊断抗原和候选疫苗分子。用该蛋白酶免疫小鼠获得的抗17kDa蛋白多克隆抗体能与华支睾吸虫、卫氏并殖吸虫、横川氏后殖吸虫、肝片形吸虫和麝猫后睾吸虫粗提抗原中的17kDa蛋白反应，抗体也能识别从华支睾吸虫、卫氏并殖吸虫上纯化的17kDa的CP。

从华支睾吸虫CA中分离纯化出分子量为15kDa的CP，与组织蛋白酶B类半胱氨酸蛋白酶的特异性及对抑制剂的敏感性相似。免疫印渍试验证实该蛋白能与华支睾吸虫病患者血清和人工感染兔的抗血清发生反应，但不能被健康人或正常兔血清识别，理论上亦可用作华支睾吸虫病的诊断抗原(Song 1990)。

(4) 26kDa 和 28kDa 蛋白酶：华支睾吸虫CA中的谷胱甘肽S转移酶(GST)包括26kDa和28kDa两种，两者比例约为1∶14。免疫组化和免疫金染色示26kDa蛋白定位于成虫的皮层、细胞间质和细胞核、皮下的神经细胞、卵巢、睾丸内的精子、子宫内的虫卵，以卵内幼胚染色反应最强。免疫金染色定位，皮层细胞膜处沉积的金颗粒呈现为中等强度，皮层下神经细胞的细胞质内着色最强，输卵管内的卵有中度着色 (Hong 2002)。

Kang 等(2001)采用离子交换与亲和层析法结合，或单用亲和层析法分别从华支睾吸虫CA中纯化并获得以28kDa蛋白为主要成分的GST，用其免疫小鼠制备的单克隆抗体能特异性地与华支睾吸虫28kDa的GST反应，与卫氏并殖吸虫、曼氏血吸虫、肝片形吸虫和兔肝脏28kDa GST无反应。根据抗原表位序列的特异性推测，华支睾吸虫28kDa GST可作为华支睾吸虫病血清学诊断的潜在抗原之一。

还有学者报道筛选到24kDa、30kDa和45.5kDa等分子量不同的蛋白分子，以及华支睾吸虫的半胱氨酸蛋白酶、组织蛋白酶B均能与抗华支睾吸虫抗体发生的反应。

用华支睾吸虫成虫匀浆制备的水溶性虫体粗抗原含有虫体所有的抗原成分，包括虫体的排泄分泌抗原，在检测华支睾吸虫感染者血清时，具有很好的敏感性，但与其他吸虫有一定的交叉反应。粗抗原纯化方法简单，制备简易，具有现实的研究和应用价值。高度纯化的抗原确有较强的特异性，但只是被特异性抗体的某个位点或少数几个位点所识别，其敏感性受到很大限制。也有些纯化抗原具有多种吸虫相同的抗原决定簇，特异性方面又不具优势。多组分纯化抗原的特异性虽然低于单一纯化抗原，但保持较高的敏感性。可以认为，将华支睾吸虫多种特异性强的纯化蛋白抗原组合成“鸡尾酒抗原”，可表现出敏感性高和特异性强的优势。

六、华支睾吸虫的重组抗原

采用基因工程技术将华支睾吸虫体内编码某一特定抗原的基因，通过扩增、纯化后，与不同载体重组，转移到合适的生物体内，进行表达得到华支睾吸虫重组抗原。重组抗原还可根据需进行剪接或修饰，达到提高抗原敏感性和特异性的目的，重组抗原在一定程度上弥补虫源性抗原来源不足的问题。

1. 重组26kDa谷胱甘肽S转移酶 重组华支睾吸虫谷胱甘肽S转移酶(r*Cs*26GST)具有吸虫GST的酶活性,与肝片吸虫、卫氏并殖吸虫和日本血吸虫的GST无相同的抗原表位。抗重组*Cs*26GST多克隆抗体能特异性地识别天然或重组的*Cs*26GST,与肝片吸虫、日本血吸虫以及卫氏并殖吸虫的GST无交叉反应(Hong等2001)。

采用ELISA测定重组*Cs*26GST抗原对于特异IgG的反应原性,用免疫增强化学发光法检测与IgE抗体的反应原性。30份华支睾吸虫病人血清,IgG和IgE的阳性率分别为33.3%和50.0%。检测9份麝猫后睾吸虫病人、20份卫氏并殖吸虫病人、30例日本血吸虫病人和30份健康对照血清,IgG全部阴性,特异性达100.0%,IgE抗体阳性率分别为11.1%、30.0%、0和0,总特异性为93.2% (Hong 2002)。何丽洁等(2005)进行与Hong同样研究,ELISA法检测40份华支睾吸虫感染者血清,血清IgG抗体阳性率为73.3%;分别检测肺吸虫病人、日本血吸虫病人和健康对照血清15、20、40份,阴性率分别为92.5%、80.0%和85.0%。以免疫增强化学发光法检测,华支睾吸虫感染者血清特异性IgE抗体的阳性率为86.7%、肺吸虫病患者为26.7%,日本血吸虫病患者和健康对照组的血清未发生交叉反应。

2. 重组半胱氨酸蛋白酶 以华支睾吸虫成虫cDNA为模板进行PCR,扩增和表达出2个半胱氨酸蛋白酶基因片段CysA和CysB。CysB与华支睾吸虫病患者血清反应强烈,与日本血吸虫病患者血清反应很微弱,CysA与华支睾吸虫病患者血清无反应。CysA和CysB均主要定位于华支睾吸虫成虫肠道和虫卵,但仅CysB可被华支睾吸虫病患者血清识别,示其有良好的反应原性。在以ELISA法检测华支睾吸虫病患者血清时,用重组CysB包板,敏感性为96.0%(48/50),与其他寄生虫病患者血清的交叉反应率为3.8%(1/26),用成虫可溶性粗抗原作同步检测,敏感性为88.0%(44/50),也未与其他寄生虫感染者血清产生交叉反应(Pei等2004,2005)。

崔惠儿等(2003)以重组华支睾吸虫CysB包板,采用ABC-ELISA法检测112份华支睾吸虫感染者血清,阳性率为92.9%。检测健康人血清56份、日本血吸虫病患者血清20份、肺吸虫病患者血清10份,阴性率分别为96.5%、95%和90%。用华支睾吸虫成虫CA检测,敏感性为94.6%,检测其他血清的特异性同CysB。裴福全等(2008)用此重组抗原和华支睾吸虫CA作为检测抗原,采用SPG-ELISA法检测50例病人血清,二种抗原均有47例呈阳性反应,50例健康对照均为阴性。2种抗原检测血吸虫病患者和囊虫病患者血清,特异性均为95.0%(1/20)和20.0%(2/10),检测20份卫氏并殖吸虫病患者血清,CysB有2例阳性,而CA未出现阳性者。CysB和CA的敏感性均97%,总特异性为95%和97%。以上结果表明CysB应是最具潜能,有望替代天然抗原的重组抗原。

3. 重组磷酸甘油激酶 重组华支睾吸虫磷酸甘油激酶(r*Cs*PGK) cDNA克隆为编码415个氨基酸的多肽,与曼氏血吸虫PGK和其他一些动物PGK有60%以上的同源性。将r*Cs*PGK免疫小鼠获取的多克隆抗体用于*Cs*PGK的免疫定位,可见其广泛分布于华支睾吸虫成虫的吸盘、皮层、肠壁、卵巢和睾丸等器官的肌细胞和间质细胞内,储精囊和受精囊内的精子及子宫内的虫卵中也有分布。以r*Cs*PGK为抗原,与感染华支睾吸虫囊蚴的家兔血清进行免疫印迹试验,感染后2周出现阳性反应,反应强度随感染时间的延长而逐渐增强,直至感染后1年。抗r*Cs*PGK多克隆抗体,能特异性地与天然华支睾吸虫PGK发生反应,而不能被卫氏并殖吸虫、横川后殖吸虫和肝片吸虫等抗原所识别(Hong 等 2000)。

胡旭初等(2003)用 r*Cs*PGK 抗原制备的胶体金免疫层析检测试剂盒,检测华支睾吸虫病人血清特异 IgG,敏感性为 100%(20/20),50 例包虫病、20 例弓形虫病病人血清未均发生交叉反应,与 CA 和 EsAg 结果一致。华支睾吸虫 CA 和 EsAg 分别与 15 份血吸虫病人血清中的 3 份和 2 份发生较强的交叉反应,r*Cs*PGK 未发生交叉反应。

4. 重组 3-磷酸甘油醛脱氢酶 张咏莉等(2005)制备并纯化华支睾吸虫 3-磷酸甘油醛脱氢酶重组蛋白(r*Cs*GAPDH),并以此重组蛋白免疫小鼠,获小鼠抗 r*Cs*GAPDH 血清,该抗血清能与 *Cs*GAPDH 反应,抗体滴度随免疫时间延长呈连续上升趋势。Western-blot 示该抗血清具有抗 r*Cs*GAPDH 的特异性,能够识别华支睾吸虫成虫可溶性抗原,表明 r*Cs*GAPDH 具有成虫天然 GAPDH 的免疫原性,同时也间接证明 r*Cs*GAPDH 很好地保持了天然 GAPDH 的抗原表位,具有良好的抗原活性。GAPDH 在寄生虫中的含量非常丰富,因而 *Cs*GAPDH 作为华支睾吸虫病候选诊断抗原具有可实现的基础。

5. 重组富脯氨酸 华支睾吸虫富脯氨酸抗原(*Cs*PRA)主要定位于华支睾吸虫表膜,由 198 个氨基酸组成,分子量约为 19.3kDa。Kim(2001)重组的 *Cs*PRA(r*Cs*PRA)能够被华支睾吸虫病患者和实验感染华支睾吸虫家兔的血清所识别,35 份华支睾吸虫病人血清全部阳性,2 例正常人血清未出现阳性反应。与卫氏并殖吸虫病、裂头蚴病和囊尾蚴病患者血清的交叉反应率分别为 21.1%(4/19)、11.8%(2/17)和 17.6%(3/17),但交叉反应的强度均较弱。家兔实验感染华支睾吸虫后 4～8 周后可在血清中检测到抗 *Cs*PRA 特异性 IgG,以后抗体水平逐渐降低,1 年后检测不到该抗体。r*Cs*PRA 与天然蛋白的性质相似,也是可有效用于华支睾吸虫病患者血清学诊断的蛋白抗原。

6. 重组 7kDa 蛋白 重组华支睾吸虫 7kDa 蛋白(r*Cs*7p)已在大肠埃希菌中成功表达。Zhao 等(2004)用 r*Cs*7p 进行 ELISA 和免疫印迹试验检测华支睾吸虫病患者血清,两种方法的敏感性分别为 81.3%(52/64)和 71.9%(46/64),健康对照血清均为阴性。与卫氏并殖吸虫病患者血清的交叉反应率分别为 35.3%(12/34)和 47.1%(16/34),与布氏姜片虫病、日本血吸虫和囊虫病患者血清均未发生交叉反应,与无头蚴病患者血清的交叉反应率分别为 4.2%(1/24)和 8.4%(2/24)。r*Cs*7P 在 ELISA 和免疫印迹试验中的总特异性分别是 92.6%和 89.7%。

7. 重组 28kDa 蛋白 Lee 等(2005)从华支睾吸虫 cDNA 文库筛选到一个由 888 bp 编码的 28kDa 蛋白(*Cs*28p),属华支睾吸虫虫卵蛋白。该蛋白含有 20%甘氨酸、11%酪氨酸和 11%赖氨酸,其氨基酸序列与麝猫后睾吸虫卵黄 B 前体蛋白有 60%的同源性,与肝片吸虫的卵黄 B1 和 B2 蛋白有 33%的同源性。用重组 *Cs*28p(r*Cs*28p)免疫动物,获抗 r*Cs*28P 免疫血清。免疫组化结果显示该特异性抗血清能与华支睾吸虫成虫子宫内虫卵发生强烈的反应。检测 115 例华支睾吸虫病患者血清,阳性率为 73%,40 例麝猫后睾吸虫病患者、20 例日本血吸虫病患者和 10 例卫氏并殖吸虫病患者血清的交叉反应率分别为 77.5%、90%和 50%,和无头蚴病和猪囊虫病患者血清不发生交叉反应。

8. 重组 pB*Cs*31 蛋白 Yong 等(1998)用噬菌体表达载体构建华支睾吸虫成虫 cDNA 表达文库,用感染华支睾吸虫的家兔血清免疫筛选出反应性较强的克隆 pB*Cs*31,编码 192 个氨基酸肽。重组华支睾吸虫 pB*Cs*31 蛋白(rpB*Cs*31p)以 β-半乳糖苷酶融合蛋白的形式在大肠埃希菌内表达。免疫印迹分析鉴定,其与感染家兔血清的反应区带为 28kDa。用亲合层析纯化的 rpB*Cs*31p 包板进行 ELISA，并用华支睾吸虫成虫 CA 平行对照，检测 20 份华支睾吸虫感染者血清，二者的阳性率分别为 55%和 70%。检测 10 例并殖吸虫病、10 例囊尾蚴病和 6 例无头蚴病患者血清，重组抗原的均未出现假阳性，用 CA 检测，有 2 例并殖吸虫病患者血清出现假阳性反应。rpB*Cs*31p 在华支睾吸虫病免疫诊断中显示出高度的特异性。

9. 重组 Clonorin　Clonorin 是华支睾吸虫成虫细胞膜通道蛋白的一种，定位于成虫的肠道上皮，具有溶解和消化宿主细胞成分的功能。Lee et al (2003)将重组 Clonorin 作为诊断抗原，采用 ELISA 法检测 34 例华支睾吸虫病人血清，针对特异性 IgG 的敏感性仅为 34%，而华支睾吸虫成虫 CA 的敏感性达 100%。检测 9 例麝猫后睾吸虫病、10 例卫氏并殖吸虫病、20 例日本血吸虫病、20 例无头蚴病和 20 皮肤囊尾蚴病患者血清和 40 例健康人血清，仅 1 份麝猫后睾吸虫病患者血清出现交叉反应，Clonorin 特异性达 99%。CA 分别与 1 例麝猫后睾吸虫病、4 例卫氏并殖吸虫病、2 例无头蚴病和 2 皮肤囊尾蚴病患者血清出现交叉反应，总特异性为 93%。

动态检测家兔感染华支睾吸虫后特异性抗体产生情况。血清抗成虫 CA 抗体于感染后 4 周出现，8 周达高峰，并维持高水平至观察结束(1 年)。血清特异性抗 Clonorin 抗体在感染后 4～8 周才能达到阳性水准，此后维持在较低水平至观察结束。作为诊断抗原，重组 Clonorin 也显示敏感性低和特异性高的特点。

10. 华支睾吸虫模拟抗原表位　从华支睾吸虫病患者混合血清中提取特异性 IgG，用该抗体与随机噬菌体 12 肽库作用，共进行 3 轮结合、洗脱及在受体菌中扩增，获得多株单个噬菌体克隆。将随机挑取的单个噬菌体克隆作为检测抗原，用 Dot-IGSS 法检测华支睾吸虫病患者血清，能被患者血清识别的即为华支睾吸虫的模拟抗原表位。用华支睾吸虫病人血清总 IgG 淘筛获得的噬菌体克隆，有 50%可被识别，用通过硫酸铵沉淀提纯的 IgG 淘筛获得的噬菌体克隆，均可与华支睾吸虫病患者血清发生阳性反应。经 Western blot 鉴定，各模拟抗原表位的 43、47、78、95kDa 等条带可被华支睾吸虫病患者血清所识别，所有单个噬菌体阳性克隆均不能被健康人血清识别。模拟的华支睾吸虫抗原表位具有与天然抗原相似的结构，能刺激机体的免疫反应，同时具有较好的反应原性，可与特异性抗体结合，亦可作为华支睾吸虫病的候选诊断抗原。(余 杨等 2007，赵 昆等 2010)

11. 小麦胚芽无细胞蛋白质合成重组抗原　小麦胚芽无细胞蛋白质合成系统适合高通道蛋白质合成，因其可省略传统表达系统许多步骤，从而在较短时间产生大量空间构型折叠正确的蛋白质。Shen 等(2009)设计 4 对不同的引物，应用无细胞蛋白质合成系统重组华支睾吸虫 7kDa 蛋白(r*Cs*7p)、28kDa 半胱氨酸蛋白酶(r*Cs*28CP)、26kDa 谷胱甘肽-*S*-转移酶(r*Cs*26GST)和 28kDa 谷胱甘肽-*S*-转移酶(r*Cs*28GST)4 种重组抗原。将 4 种重组抗原和华支睾吸虫成虫粗抗原(CA)同步用于 ELISA 法，检测 55 例华支睾吸虫病患者血清，CA、r*Cs*7p、r*Cs*28CP、r*Cs*26GST 和 r*Cs*28GST 的敏感性分别为 92.7%、47.3%、30.9%、21.8%和 14.5%，检测 27 份健康自愿者血清，仅 r*Cs*28GST 出现 1 例阳性。CA 和 r*Cs*28GST 与 6 例肺吸虫病患者、16 例血吸虫病患者、16 例囊虫病患者和 16 例无头蚴病患者血清均未发生交叉反应；r*Cs*7p 与 4 种其他寄生虫病患者血清各 1 例发生交叉反应，r*Cs*28CP 与 2 例血吸虫病人和 1 例无头蚴病患者血清发生交叉反应，r*Cs*26GST 与 1 例肺吸虫病患者、1 例囊虫病患者和 3 例无头蚴病患者血清发生交叉反应。CA、r*Cs*7p、r*Cs*28CP、r*Cs*26GST 和 r*Cs*28GST 总特异性分别为

100.0%、94.5%、96.7%、94.5%和 98.9%。其中 r*Cs*7p 和 r*Cs*28CP 显示了中度的敏感性和高度的特异性，而 r*Cs*26GST 和 r*Cs*28GST 表现为相对低的敏感性和特异性。

还有学者对富甘氨酸蛋白、组氨酸-Rho 蛋白、华支睾吸虫转录辅助激活因子(transcriptional coactivator)等进行重组，其产物用于华支睾吸虫病免疫和血清学诊断，也都分别显示了相应的重组抗原具有一定的免疫原性和反应原性。

华支睾吸虫多种诊断抗原经纯化后，被克隆和重组表达，并可以根据需要生产。随着分子生物学和免疫学技术发展和改进，将会有更多的具有诊断价值的华支睾吸虫分子抗原或表位被重组和表达。重组抗原无论在动物模型实验和临床免疫学诊断，均显示出极高的特异性，具有可靠的诊断价值。与天然纯化抗原一样，重组抗原的敏感性远低于成虫天然粗抗原，如用于临床或现场的免疫学检测，可能会有较高的漏诊率。各重组抗原的抗原表位较少或仅为单一抗原表位，只能识别感染者血清特异性抗体中的某个受体或几个受体。如将特异性高的若干重组抗原组合成“鸡尾酒”式复合诊断抗原，则可以在特异性不降低的前提下提高其敏感性。

七、华支睾吸虫抗原在临床检测中的应用及评价

由于不同抗原的免疫活性不同，制备方法没有严格的统一标准。受诊断时采用的免疫学检测方法、抗原用量、实验条件等因素的影响，在临床或现场检测时所显示出的敏感性和特异性也有所不同。

叶春艳等(2008) 采用间接 ELISA 研究 CA 和 EsAg 临床诊断华支睾吸虫病的价值。检测 50 份阴性对照血清，CA 出现 1 份阳性，EsAg 全部阴性；检测 107 份华支睾吸虫病人血清，CA 和 EsAg 的阳性率分别为 58.88%和 87.85%。2 种抗原检测结果与临床诊断的符合率分别为 71.34%和 91.72%。EsAg 对于华支睾吸虫感染具有较高的诊断价值。李桂萍(1992)用 CA 和 EsAg 在流行区进行检测，二者的敏感性分别为 87.04%和 98.1%，特异性分别为 93.39%和 98.22%。EsAg 检测病人血清平均滴度为 1∶916，而 CA 为 1∶459。

Choi 等(2003)制备华支睾吸虫成虫 CA 和成虫 EsAg，以 ELISA 法检测华支睾吸虫患者血清抗体。用 CA 检测，阴性对照组、华支睾吸虫病、麝猫后睾吸虫病、日本血吸虫病、卫氏并殖吸虫病和肝片吸虫病患者血清平均 *OD* 值分别为 0.066±0.058、0.353±0.115、0.261±0.135、0. 093±0.124、0.188±0.071、0.123±0.059；用 EsAg 检测，平均 *OD* 值分别为 0.074±0.039、0.404±0.129、0.212±0.125、0.079±0.078、0.144±0.057、0.104±0.057。检测 509 例华支睾吸虫患者血清，CA 和 EsAg 阳性率分别为 88.2%和 92.5%。用 2 种抗原检测日本血吸虫患者和卫氏并殖吸虫患者血清，CA 有 7.1%(1/14)与 25%(5/20)的交叉反应，EsAg 未出现交叉反应，但检测麝猫后睾吸虫患者血清 CA 和 EsAg 分别出现 51.1%和 37.2%的交叉反应。Choi 认为 EsAg 检测抗华支睾吸虫患者血清抗体优于 CA，其敏感性和特异性高的原因可能是 EsAg 中 7kDa、8kDa、26kDa 和 28kDa 蛋白含量较高。

曾明安等(1999)用 CA 和 EsAg 通过 PVC 快速 Dot-ELISA 法检测 92 份华支睾吸虫病患者血清，阳性率均为 95.65%，对不同感染度患者抗体检出的敏感性完全一致；与包虫病、囊虫病患者血清也均无交叉反应，仅在检测 156 例健康对照血清时，EsAg 和 CA 分别有 2 例和 3 例假阳性，检测日本血吸虫病患者血清 64 份，假阳性率分别为 3.13%和 1.56%。曾

明安提出，CA 抗原实际上包含了 EsAg，只是 EsAg 的含量少，故有学者建议在制备 CA 前，先收集 EsAg，然后将 2 种抗原合并应用，可能会有互补作用。

用华支睾吸虫成虫 CA、虫体 CsUAg 研究家兔感染华支睾吸虫后抗体产生的规律。用 ABC-ELISA 检测，当阳性血清 1∶50 稀释不变时，其表现为阳性反应所需最低浓度在 CA 和 CsUAg 均为 0.05μg/ml；用 ABC-Dot-ELISA 检测，血清仍保持 1∶50 稀释不变，阳性血清出现阳性反应所需的最低抗原浓度，在 CA 为＞6.25μg/ml，CsUAg 为 3.1μg/ml。，CA 和 CsUAg 在 ABC-ELISA 检测时的最佳工作浓度分别为 10μg/ml 和 2.5μg/ml。采用同种方法检测相同血清，用 CA 检测，血清最大稀释度为 1∶3200；用 CsUAg 检测，血清最大稀释度为 1∶6400。用 ABC-ELISA 检测感染家兔血清抗体动态，如以 CsUAg 包板，最早在感染后 1 周即可检测到抗体，而用 CA 则要在感染后 2 周才能检测到抗体。综合分析，CsUAg 的敏感性高于 CA。用 ELISA 法检测 98 例临床病人血清，CA 和 CsUAg 的阳性率分别为 94.98％和 92.86％，检测 36 份健康对照血清，各出现 1 例假阳性，但在检测 36 份血吸虫病人血清时，分别有 12 例和 4 例出现交叉反应，检测 10 肺吸虫病患者，仅 CA 有 2 例出现交叉反应。CsUAg 的特异性也高于 CA（刘宜升 1990，1995）。

曾明安等（1991）用常规 ELISA 法，以 CA 包板检测 79 份华支睾吸虫病患者血清、49 份献血员血清，敏感性均为 94.9％，特异性分别为 98.0％和 100％。与血吸虫感染者血清的交叉反应率分别为 10.8％（4/37）和 13.5％（5/37），与肺吸虫病患者血清的交叉反应率均为 6.7％（1/15）。用 2 种抗原检测，*OD* 值均随着感染度的加重而升高。用 2 种抗原对 248 例受检者作皮内试验，阳性率分别为 54.4％和 48.8％；2 种抗原与粪检结果的符合率分别为 84.3％和 83.5％。将抗原在 4℃保存 4 年，仍保持与新制备抗原相似活性。

CsUAg 是利用提取 CA 后的沉渣再次提取的抗原成分，使虫体得到充分利用，抗原总量约增加 1/3，而且免疫学活性及在诊断上的敏感性、特异性均不逊于甚至优于 CA，故华支睾吸虫 CsUAg 是有实用意义，值得开发的抗原之一。

八、宿主感染华支睾吸虫后抗体产生的规律

宿主感染华支睾吸虫后，虫体在发育和寄生的过程中所产生的抗原物质刺激宿主产生抗体。Ashida（1959）用凝胶双扩散试验检测人工感染华支睾吸虫家兔的血清抗体，最早出现阳性的时间在感染后的 20 天，以后抗体滴度不断升高，于感染后 60 天达到 1∶32 的高峰。用凝胶沉淀试验检测感染 10～50 个华支睾吸虫囊蚴的家兔血清，在感染后的 2～4 周开始出现沉淀线，6～7 周沉淀线的数目增加，可能是随着虫体的发育，新的抗原不断产生，从而刺激机体不断产生新的抗体所致（Jin 1983，Chung 1977）。用华支睾吸虫囊蚴感染豚鼠、兔、小鼠和狗，感染后 11～12 周，各血清免疫电泳沉淀线的平均数分别为 5.2、4.7、4.6 和 10 条（Lee 1977）。在感染的早期一般为 IgM 抗体，持续时间较长的是 IgG 抗体，同时也可产生 IgA 和 IgE 抗体。

（一）IgM

有关抗华支睾吸虫 IgM 抗体的研究较少。刘慧如等（1989）用单向扩散法检测 44 例粪检华支睾吸虫卵阳性者血清，IgM 含量为（1.45±0.12）mg/ml，30 例健康对照者血清 IgM

含量为(0.95±0.09)mg/ml,二者差异具统计学意义。刘荣珍等(1991)对55例华支睾吸虫病患者血清中的特异性IgM用ELISA法进行了检测,有6例呈现阳性反应,同时检测了14例囊虫病患者、4例丝虫病患者和56例健康人血清,抗华支睾吸虫IgM的阳性数分别为1例、0例和2例。王国志(1997)也用单向扩散法检测,34例华支睾吸虫病患者和30例健康献血员血清IgM含量分别为(1.94±1.86) mg/ml和(1.09±0.25)mg/ml。

宿主感染华支睾吸虫后,特异性IgM最早出现,检测IgM在理论上具有早期诊断意义,但多数华支睾吸虫病患者或感染者在早期并无明显的症状,多为慢性的轻型感染,不能及时就诊,往往不会有针对性的检测特异性抗华支睾吸虫IgM,而错过早期诊断的机会,故不宜把检测特异性IgM作为华支睾吸虫病的临床诊断方法。

(二) IgA

大鼠感染华支睾吸虫后,血清总IgA水平可在初次感染后2周出现一个高峰,含量为(326.4±208.5)μg/ml,再次感染未见上升。动态观察,血清特异性IgA水平在初次感染后1周起开始持续升高,至感染后第8周达高峰。经抗虫治疗后,特异性IgA水平水平明显下降,再次感染也不发生明显变化。

大鼠胆汁中IgA水平在初感染后第2周稍有上升,此后至感染后第8周均无明显变化。免疫功能正常的初感染鼠经驱虫治疗后,胆汁中IgA水平显著升高,达(830.4±480.9)μg/ml,治疗后再感染IgA也表现为在高水平上波动。免疫抑制鼠胆汁IgA含量保持在低水平,治疗后再感染一过性升高后,又降到低水平(张鸿满等 2008)。

刘慧如(1989)用单向扩散法检测,华支睾吸虫卵阳性者血清中IgA含量为(1.97±0.53)mg/ml,30例健康对照者为(2.49±0.26)mg/ml,尽管二者差异无具统计学意义,但仅从数值看,感染者低于健康对照。刘荣珍分别检测几种寄生虫感染者血清特异性IgA,55例华支睾吸虫感染者中有10例阳性,14例囊虫病人、4例丝虫病患者和56例健康人血清均为阴性。虽然没有假阳性出现,但华支睾吸虫病人的阳性率也很低。王国志(1997)用同法检测,34例华支睾吸虫病患者和30例健康献血员血清IgA的含量分别为(2.04±1.39) mg/ml和(2.07±0.51)mg/ml。血清IgA含量作为华支睾吸虫病的诊断指标价值尚缺乏深入研究,目前尚不具备实用前景。

(三) IgE

Choi (2003)以每鼠15个华支睾吸虫囊蚴的剂量感染FVB和BALB/c小鼠,分别在感染后的1、2、3、4、5和6周各处死8只小鼠,用双抗体夹心ELISA法检测血清IgE,结果见图6-1。未感染鼠检测不到IgE。在感染华支睾吸虫囊蚴后的3～6周,FVB和BALB/c小鼠IgE水平均高于对照鼠,在感染后的第4和第5周,FVB鼠IgE水平显著高于BALB/c小鼠。

Wang等(2009)报道,所有实验感染大鼠在感染后第8周血清IgE水平显著高于IgA,IgE水平在感染后上升速度很快,在第8周达高峰,而IgA则是缓慢上升,而且持续时间较长。

张鸿满等(2008) 观察实验感染大鼠,血清总IgE水平从初次感染后第2周后缓慢上升,经驱虫治疗后4周急剧下降至感染前水平,但免疫力正常大鼠再感染后血清总IgE水平又快速上升,治疗后第1周即出现高峰。免疫抑制大鼠再感染后,血清总IgE水平一直维持在很低水平。胆汁中总IgE水平比血清低,在初感染及再感染期间无显著变化。

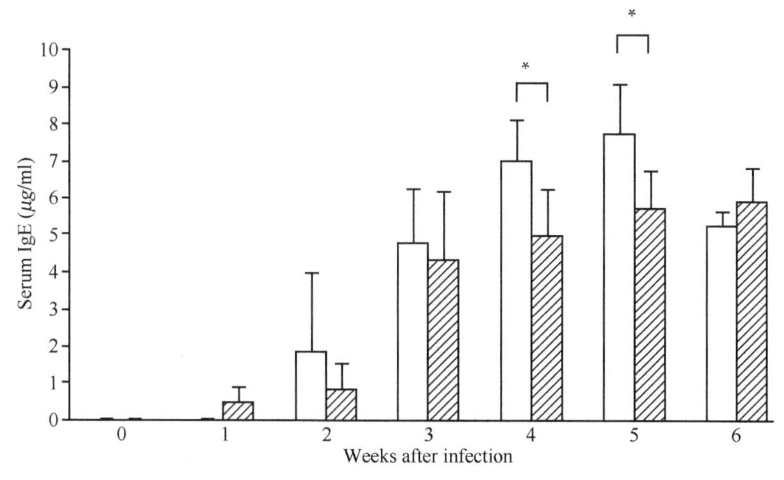

图 6-1　小鼠感染华支睾吸虫后血清 IgE 动态变化

空白条.FVB 小鼠，斜线条.BALB/c 小鼠　引自 Choi (2003)

以被动皮肤试验证实家兔感染华支睾吸虫后也可产生反应素抗体，此种抗体在感染后的第 3 周即可出现在血清中，其理化性质类似于人体的 IgE。

用纸片放射变应原吸附试验可检测出华支睾吸虫病患者血清中存在着特异性 IgE，这种 IgE 可与肥大细胞或嗜碱粒细胞表面的 IgE 受体结合。当抗原物质再次进入宿主时，肥大细胞或嗜碱粒细胞便会发生脱颗粒反应，释放出组胺等生物活性物质，从而造成机体的一系列损伤。Min(1984)用放射免疫吸附试验(RIST)和放射变应原吸附试验(RAST)检测了 21 例华支睾吸虫病人和 15 例健康对照者血清总 IgE，2 组受检者血清总 IgE 及平均值分别为 388～7546U/ml、(2372±2293)U/ml 和 51～1966U/ml、(364±557)U/ml；特异性 IgE 及平均值分别为 0～219.4U/ml、52.0U/ml 和 0～38.5U/ml、4.4U/ml(周正任等 1981)。

闫玉文(1994)检测 35 例华支睾吸虫病患者血清，总 IgE 平均水平为(1146.40±985.21)U/ml，35 例献血员总 IgE 平均水平为(372.84±351.30)U/ml。刘兆铭等(1985)检测 25 例华支睾吸虫感染者血清，IgE 为 27.2～870.4U/ml，平均为(364.5±62.9)U/ml；正常对照组血清 IgE 的含量为 13.6～453.2U/ml，平均为(126.1±18.6)U/ml。

用华支睾吸虫病患者血清特异性 IgE 进行免疫印渍分析，能与其起反应的华支睾吸虫成虫抗原是 15、28、37、45、51、56、62、66、74、97 和 160kDa 等蛋白条带，不同患者血清的识别能力有所差别，有的患者血清甚至不能见到反应条带。与华支睾吸虫抗原免疫的 BALB/c 小鼠混合血清作用，IgE 识别的是 28、74、86、160 和大于 200kDa 的蛋白条带(Yong 等 1999)

(四) IgG

1. 宿主感华支睾吸虫后，抗华支睾吸虫 IgG 产生的时间　宿主感染华支睾吸虫后，产生的抗体主要是 IgG。用对流免疫电泳(CIE)检测家兔感染华支睾吸虫后血清抗体，在感染后的第 40 天，37 只家兔血清特异性 IgG 全部呈阳性反应。轻、中、重度感染组抗体出现最早时间分别为(37±1.2)天、(29±1.0)天和(21.7±1.7)天，其差异有统计学意义(詹臻 1982)。陈锡慰等(1982)用间接血凝试验(IHA)观察家兔感染华支睾吸虫后抗体产生的时间。抗体阳性最早出现时间为感染后的第 25 天，最迟在感染后的 110 天。但大部分家兔的抗体阳性时间在感染后的 35～45 天。每兔分别感染囊蚴数为 50、200 和 500 个的三组家兔，IHA 出现阳性反应的平均天数分别是感染后的 67.0 天、39.3 天和 38.8 天。用 CIE 法检测，抗体最早出现阳性的时间在感染后的 30 天、最迟 65 天，平均为 44.1 天。有 7 只兔粪检虫卵阳性，但 CIE 始终为阴性，如改用 IHA 方法，则可以检测到抗体。王尊哲(1983)用虫体粗抗原包板，以 SPA-ELISA 法观察，每只兔分别感染 50、100、200 和 400 个囊蚴的 4 组家兔血清特异性 IgG 出现最早时间分别为 54、33、28 和 33 天，平均阳性时间为 61、54、42 和 44 天。

使用 SPA-ELISA 法，以华支睾吸虫粗抗原作为捕获抗原，检测每只感染 200 个华支睾吸虫囊蚴的家兔血清抗体。感染前，7 只家兔血清特异性 IgG 的 *OD* 值为 0.049～0.066，均值 0.058±0.007。感染后 2～4 周检测，血清 *OD* 值有不同程度上升，至感染后第 4 周，*OD* 值分别为感染前的 1.53～3.24 倍，7 只兔血清的 *OD* 均值为 0.113±0.025，与感染前比较差异有统计学意义($P<0.01$)。经吡喹酮治疗后，特异性抗体水平总体呈现下降趋势，治疗 5 周后的抗体均值为 0.119±0.035，与治疗前相比较，差异仍有统计学意义($P<0.05$)。所有实验兔到死亡或实验结束，抗体水平均未下降至感染前水平(古梅英等 2008)。

张鸿满等(2008)观察到实验感染大鼠血清中特异性 IgG 于初感染后第 2 周开始上升，第 8 周达高峰并维持在较高水平。初次感染 4 周后接受抗虫治疗的大鼠，治愈后 4 周血清特异性 IgG 水平与治疗前相比未见明显下降，再感染后特异性 IgG 水平无明显波动。包括经免疫抑制的大鼠，其血清特异性 IgG 抗体水平在治疗前后也无显著变化。

用高敏感的检测方法，可检测出抗体的时间更早。以尿素溶解性抗原作为检测抗原，采用 ABC-ELISA 观察家兔感染华支睾吸虫后抗体产生的规律(刘宜升等 1991)。在感染后的第 7 天，在一只家兔血清中检测到抗体，如用虫体水溶性蛋白抗原，在感染后的第 14 天可在血清中检测到抗体。至感染后的第 9 周，全部实验家兔血清中抗华支睾吸虫抗体均为阳性，轻、重感染组抗体阳性的平均时间分别为 36 天和 27 天。

2. 特异性 IgG 出现的高峰时间 被感染宿主血清中特异性抗体开始出现后，浓度不断上升，达到一定高峰时，即向下波动，也可再次升高。王尊哲(1983)用虫体粗抗原 SPA-ELISA 法观察到每兔分别感染 50、100、200 和 400 个囊蚴家兔抗体高峰出现时间分别为感染后的 68、89、54 和 61 天。陈锡慰等(1982)用 IHA 检测，轻、中、重三组实验感染家兔血清中抗体高峰出现时间分别为感染后的 130 天、80 天和 70 天，达高峰后抗体滴度开始下降，但仍然保持在较高水平。刘宜升(1990)用 ABC-ELISA 间接法检测，轻、重感染组家兔血清中抗体高峰时间分别在感染后的第 70 天和第 42 天，抗体达高峰后也呈下降趋势。家兔感染后 8～12 周抗体水平上升至峰值，7 只兔的血清 *OD* 为 0.143～0.307，为感染前的2.54～6.27 倍。感染后 12 周 *OD* 平均值为 0.193±0.058。达峰值后，抗体水平维持在峰值或略有下降(古梅英等 2008)。

3. 治疗后血清抗体变化 陈雅棠等(1982)检测 100 例华支睾吸虫病患者治疗前后血清抗华支睾吸虫抗体。治前 OD_{490} 均值为 0.75，血清平均几何滴度为 1∶385.4；治后 2 个月，二者分别为 0.43 和 1∶86.4；治后 6 个月，二者分别为 0.34 和 1∶49.5，均与治前有显著性差异。屈振麒等(1983) 用 ELISA 检测经吡喹酮治疗的 67 例华支睾吸虫病人血清特异性 IgG，治疗前、治疗后 1、3、6 和 12 个月的平均 *OD* 值分别为 0.66±0.24、0.58±0.21、0.48±0.21、0.31±0.18 和 0.30±0.18。

黎藜等(1997)用 ELISA 法检测 100 例华支睾吸虫感染者血清。轻度(EPG≤500)、中度(EPG 501～5000)和重度(EPG>5000)感染者平均 *OD* 值分别为 0.385、0.675 和 0.902。轻度感染者治疗后 3、6 和 12 个月的平均 *OD* 值分别为 0.361、0.210 和 0.203，中度感染者分别为 0.556、0.347 和 0.219，重度感染者分别为 0.720、0.507 和 0.405。

4. 抗体产生和感染度的关系　关于抗体产生和感染度的关系，存在着不同的看法，同时也与不同感染度标准的制定有关。詹臻等(1982)认为，患者粪便中虫卵越多，用对流免疫电泳检测血清抗体阳性率就越高，抗体检出率与宿主的感染度有密切关系。在流行病学现场调查，粪便中虫卵数的多少与抗体阳性率二者呈线性正相关(r=0.879，P<0.05)，见表 6-7。

表 6-7　华支睾吸虫感染者粪便虫卵计数与抗体检出情况

EPG* 分组	例数	EPG	CIE 检测结果	
			阳性例数	%
<30	55	5.65±1.16	33	60.0
30～	20	76.19±1.14	14	70.0
160～	10	285.69±1.19	10	100.0
合计	85		57	67.1

* 每克粪便中虫卵数

陈锡慰等(1982)对感染家兔的虫荷、间接血凝法检测的血清抗体滴度进行分析，发现在感染的初期，虫荷与抗体滴度的关系不明显，至感染后的第 40 天，不同感染度的动物血清抗体滴度开始出现明显差异，但随着时间的延长，这种差异又变得不明显，见表 6-8。如按抗体滴度分组，抗体滴度高者粪检阳性率也高，见表 6-9。

表 6-8　不同虫荷家兔间接血凝抗体几何平均滴度(倒数)

感染时间(天)	A组		B组		C组		F值	概率	差异所在组别
	兔数	滴度	兔数	滴度	兔数	滴度			
0	6	5.00	6	5.00	7	5.00			
25	6	5.00	6	5.00	7	5.52			
30	6	5.61	6	5.00	7	5.52			
35	6	7.07	6	7.07	7	7.43			
40	6	7.07	6	12.60	7	97.52	10.93	<0.01	C－A，C－B
45	6	10.00	6	40.00	7	353.30	26.18	<0.01	C－A，C－B，B－A
50	6	10.00	6	100.80	7	706.60	23.11	<0.01	C－A，C－B，B－A
60	5	22.97	6	359.30	7	1159.30	11.80	<0.01	C－A，B－A
70	5	26.39	6	359.20	7	1128.00	11.55	<0.01	C－A，B－A
80	5	34.82	6	285.10	7	1414.20	8.17	<0.01	C－A，B－A
90	5	30.31	6	254.00	7	579.70	9.37	<0.01	C－A，B－A
110	4	95.14	5	183.80	6	452.50	1.55	>0.05	
130	4	95.14	4	113.10	5	320.00	0.77	>0.05	
150	4	47.57	3	160.00	4	134.50			
170	4	28.23	1	160.00	4	56.60			
190	4	47.57	1	160.00	3	80.00			

注：A 组虫荷为 2±1.26 条，B 组为 12.2±4.75 条，C 组为 72.4±49.2 条

表 6-9 IHA 和 CIE 与粪检及检获虫数的比较

IHA 滴度	IHA 阳性兔数(只)	CIE 阳性兔数(只)	粪检虫卵阳性兔数(只)	平均检获虫数(条)
1:10	1	—	0	3
1:40	1	0	1	1
1:80	1	0	1	1
1:160	4	0	1	3
1:320	5	3	5	18.3
1:640	1	1	1	12.0
1:1280	3	3	3	22.3
1:2560	2	2	2	104.0
1:10 240	2	2	2	99.0
合计	20	11	16	

5. 感染华支睾吸虫后,宿主特异性 IgG 亚类的变化 裴福全等(2004)用 ABC-ELISA 法检测了 62 份华支睾吸虫感染者血清特异性总 IgG、IgG1、IgG2、IgG3 和 IgG4,阳性率分别为 100%、54.8%、79.0%、40.3%和 98.4%,但感染者血清特异性 IgG4 平均滴度显著高于总 IgG 的平均滴度。38 份健康人血清特异性总 IgG 和 IgG4 阳性率分别为 7.9%和 0。

李妍等(2008)用华支睾吸虫囊蚴感染小鼠,研究血清 IgG 抗体亚类动态变化。ELISA 检测结果显示感染小鼠血清总 IgG 在感染后第 4~8 周升高,约在第 10 周达到高峰,此后有所下降持续至观察结束的第 12 周。感染度相同时,BALB /c 小鼠血清抗体 *OD* 值最高,昆明鼠次之,C57BL/G 小鼠最低,3 个品系小鼠血清特异 IgG 的量随感染囊蚴数量的增加而增加。3 个品系小鼠血清特异性 IgG1/IgG2a 值均随感染时间延长而增大,均高于各自的对照组。在感染后第 10 周,BALB/c 小鼠重度感染组的 IgG1/IgG2a 值较轻度和中度感染组显著增高。李妍等认为,感染小鼠血清特异 IgG1/IgG2a 比值于感染后第 4 周开始升高,并持续至感染后的第 12 周,提示随华支睾吸虫感染时间的延长,小鼠的免疫应答由 Thl 型向 Th2 型漂移。

宿主感染华支睾吸虫后,可产生不同种类的特异抗体,抗体产生的时间和抗体量与抗体的自身的免疫学特性、宿主免疫系统的反应性和华支睾吸虫感染数量等因素有关,此决定了血清抗体可检出(阳性)时间和抗体滴度。但根据资料也可以看出,研究者所采用检测方法敏感性的高低、同一方法所使用的设备、捕获抗原的种类和浓度、检测或研究对象、样本的多少、观察时间点及时间跨度、研究者对实验结果评定标准都直接或间接地影响实验结果,故所报道的抗体开始出现的时间、抗体达高峰的时间,甚至抗体变化的趋势都存在较大差异。

6. 华支睾吸虫感染者血清循环免疫复合物变化 用微量 PEG 沉淀法测定 34 例粪检华支睾吸虫卵阳性者和 34 例献血员血清循环免疫复合物(CIC),以 OD_{490} 吸光值高低判定 CIC 含量。华支睾吸虫病患者的 CIC 的平均 *OD* 值为 0.078±0.051,增高者 13 例,占被检测者的 38.2%。健康献血员 CIC 的平均 *OD* 值为 0.036±0.015,增高者 3 例,占被检测者的 8.82%。华支睾吸虫病患者 CIC 的平均 *OD* 值显著高于对照组。华支睾吸虫病患者血清 CIC 水平变化与病情有关,CIC 水平越高,患者肝区疼痛等症状及肝肿大等越重,在服用抗华支睾吸虫药物吡喹酮驱除华支睾吸虫后,随着病人的症状逐渐消退,CIC 量亦不断降低(周景峰等 1998)。

九、体液免疫因子对华支睾吸虫的杀伤作用

寄生虫和宿主的相互作用是寄生与反寄生、损伤与防御等一系列相互作用的过程，在此过程中宿主产生特异性抗体(IgG、IgM、IgE、IgA)，血清中自然存在的补体等也均可作为体液免疫因子参与对华支睾吸虫的杀伤过程。

(一) 抗体对华支睾吸虫的作用

当宿主感染华支睾吸虫后，在一定的时间内其血清中即可查到抗体，最主要的是IgG。抗体对虫体有杀伤和抑制作用，从而对宿主产生一定的保护。刘慧如等(1986)在人工培养液中加入兔抗华支睾吸虫IgG，浓度分别400μg/ml、200μg/ml和100μg/ml，将华支睾吸虫成虫培养在其中，观察抗体对虫体的作用。第一批虫体培养1天后，在含抗华支睾吸虫IgG 400μg/ml、200μg/ml和100μg/ml的培养液中，虫体死亡率分别为30%、20%和18%；含正常兔血清培养液和空白对照培养液中的死亡率是4%。培养至第6天，3种含抗兔IgG培养液中虫体死亡率分别为100%、86%和78%，含正常兔血清和空白对照培养液中的死亡率均为40%。第二批培养后1天，在含兔抗华支睾吸虫IgG 400μg/ml、200μg/ml和100μg/ml 3种培养液中，虫体死亡率分别为25%、15%和15%，而含正常兔IgG和空白对照培养液中的虫体则无死亡。至第6天，前2种培养液中的虫体全部死亡，至第8天，含100μg/ml抗体培养液中的虫体也全部死亡；含正常兔IgG培养液中虫体至第18天全部死亡，空白对照培养液中的虫体至第34天才全部死亡。在含400μg/ml、200μg/ml和100μg/ml抗华支睾吸虫IgG的培养液中，华支睾吸虫的平均存活时间分别为1.95天、2.6天和3.25天，在含正常兔IgG的培养液中为8.5天，在空白对照培养液中为13.4天。抗体对虫体有明显的杀伤作用，并随着抗体浓度增加而加强。

(二) 抗体和补体对华支睾虫成虫的作用

补体被激活后，具有溶解破坏细胞的作用。Clegg(1972)报道抗体和补体在体外能损伤曼氏血吸虫的童虫。为了解该机制是否对华支睾吸虫也有类似作用，刘宜升等(1992)进行了研究。制备4种不同的培养液，T液：含5%葡萄糖的Tyrode液；N液：T液中加入正常兔血清，二者之比为7∶1；A液：T液中加入兔抗华支睾吸虫IgG，IgG的最终含量为219μg/ml；AC液：含抗体和补体的培养液，按1∶19的比例在A液中加入正常的新鲜豚鼠混合血清。每种培养液各取45ml，于36℃条件下各培养45条华支睾吸虫成虫。在不同时间内不同培养液中虫体死亡数明显不同，见表6-10。

表6-10　不同培养液中华支睾吸虫死亡数(条)

培养液	培养时间(天)									
	1	3	5	7	9	12	15	18	21	27
T液	0	7	15	26	30	39	42	45	—	—
N液	0	9	15	18	26	34	36	39	41	45
A液	6	19	30	38	45	—	—	—	—	—
AC液	10	30	38	45	—	—	—	—	—	—

在T液、N液、A液和AC液中，华支睾吸虫成虫的存活时间分别为7.8±4.05(2～18)天、9.53±6.67(2～27)天、4.33±2.49(0.5～9)天和3.14±1.96(0.5～7)天，除T液和N液之间华支睾吸虫存活时间无显著性差异外，其余各培养液间相互比较，华支睾吸虫存活时间均有显著性差异。在A液中培养至第9天华支睾吸虫全部死亡，说明特异性抗体在体外也具有杀伤华支睾吸虫的作用，因而推测其在体内亦参与宿主对华支睾吸虫的免疫作用。在AC液中，虫体全部死亡的时间为7天，从第3天起，华支睾吸虫的死亡数显著多于A液，虫体存活时间短于A液，这与曼氏血吸虫在抗体补体共同作用下死亡率高于只有抗体时的结果一致。当抗体存在时，补体既可能通过经典途径，又可通过C_3旁路在虫体表面被激活，激活的补体有可能破坏和溶解虫体的表皮细胞，从而影响虫体的生存时间。在抗华支睾吸虫感染的免疫反应中抗体和补体具有相加或一定的协同作用。

王国志等(1997)检测34例华支睾吸虫病患者血清C_3，平均含量为(1.09±0.41)mg/ml，30例健康献血员血清的平均含量为(1.68±0.18)mg/ml，差别具有统计学意义。有学者报道39例华支睾吸虫卵阳性而未经治疗的患者血清C_3和C_4含量分别(1.49±0.50)mg/ml和(0.55±0.23)mg/ml，40例健康对照者血清C_3和C_4含量分别(1.26±0.38)mg/ml和(0.52±0.14)mg/ml(吴瑞兰等1999)。

十、抗华支睾吸虫单克隆抗体杂交瘤细胞株的建立和筛选

用华支睾吸虫成虫可溶性抗原免疫BALB/C小鼠，按程序加强免疫后，取免疫小鼠脾细胞与SP2/0瘤细胞进行融合培养，选择分泌抗体的杂交瘤细胞通过有限稀释法进行克隆化培养，筛选出4株抗华支睾吸虫杂交瘤细胞株(3F7、2H3、4B1、2F7)。用琼脂双扩散法鉴定，4株瘤细胞株除3F7属于IgG1外，其余3株均属于IgM类。4株杂交瘤细胞的染色体数目为:3F7平均为91.6、2H3平均为93.74、4B1平均为95.12、2F7平均为82.02。用3F7作为ELISA捕获抗体检测9份华支睾吸虫感染者血清和滤纸干血滴，*OD*值分别为0.041～0.045和0.042～0.046，对照组为0.036～0.040。感染者血清反应强度弱，可能与被检测对象均为治疗后复查的虫卵阳性者，感染度轻有关(谷宗藩等1990)。

潘赛贻等(1998)用华支睾吸虫成虫可溶性抗原免疫8～10周龄BALB/c雌性小鼠，取免疫小鼠脾细胞与SP2/0骨髓瘤细胞融合，通过有限稀释法连续进行3次克隆，最后筛选出5株能分泌抗华支睾吸虫成虫的高滴度McAb的杂交瘤细胞，分别命名为3-1G3、2-6C7、2-4F5、2-4A10和3-2D3。将杂交瘤细胞注入BALB/c经产鼠腹腔，收集其腹水，或体外扩大培养制备McAb。5株杂交瘤细胞培养上清液单抗效价分别为1∶640、1∶40、1∶160、1∶160和1∶640。5株杂交瘤细胞诱生腹水抗体效价为1∶20 480、1∶5120、1∶5120、1∶5120和1∶10 240。IFAT显示5株单抗与华支睾吸虫成虫抗原切片反应后，荧光均位于肠管壁，皮层外侧有弱荧光。Western-blot结果显示5株单抗与华支睾吸虫抗原反应后只出现一条20kDa的带，说明识别的是分子量为20kDa的蛋白组分，该McAb与卫氏并殖吸虫、日本血吸虫和猪囊尾蚴抗原反应后未出现蛋白带。

蒋忠军等(2005)用虫体代谢抗原，通过细胞融合、筛选、有限稀释法克隆化，再将分泌特异McAb的杂交瘤细胞注入BALB/c鼠腹腔，最终获取3株能分泌抗华支睾吸虫代谢抗原的McAb的杂交瘤细胞株，命名为2F8、3H8和3H10。在液氮中冻存半年后复苏，3株杂交

瘤细胞均复苏良好。间接 ELISA 法鉴定 3 株单抗均为 IgG,其中 2F8、3H8 为 IgG2a、3H10 为 IgG1,3 株杂交瘤细胞分泌的均是抗 κ 链的单抗。用间接 ELISA 法检测 3 株杂交瘤细胞培养上清,效价分别为 1∶640、1∶320 和 1∶320。诱生的腹水抗体效价为 1∶20 480、1∶10 240 和 1∶5 120。Western-blot 结果显示单抗与华支睾吸虫抗原反应后只出现一条 28kDa 的蛋白反应条带,与卫氏并殖吸虫、日本血吸虫和猪囊尾蚴抗原反应后未出现明显蛋白反应带。

十一、抗华支睾吸虫噬菌体抗体库

将噬菌体肽库与抗华支睾吸虫抗体作用,经过若干轮淘筛,可获得华支睾吸虫的模拟抗原表位,该表位具有与天然虫体抗原相似的反应原性。同样可利用噬菌体表面呈现技术构建抗华支睾吸虫噬菌体抗体库。

用单克隆抗体检测循环抗原是华支睾吸虫病免疫学检测最具价值的方法,基本解决了与其他吸虫感染的交叉反应问题,但单克隆抗体只能和虫体抗原中某一种成分结合,敏感性明显下降。应用噬菌体表面呈现技术构建噬菌体抗体库,即把外源抗体基因插入经过改建的噬菌体衣壳蛋白基因,使目的基因编码的抗体片段呈现在噬菌体表面并保持良好的空间构象,使基因型和表型在体外实现了有效的转换。通过噬菌体反复扩增,可以从含多种抗体的噬菌体库中筛选出表达特异抗体的噬菌体。

1. 抗华支睾吸虫噬菌体抗体库建立　从多例华支睾吸虫病患者外周血淋巴细胞中提取总 RNA,设计 4 对引物,分别为人 γ1Fd 段 3′端和 5′端引物、人 γ3Fd3′段端和 5′端引物、人 κ 链 3′端和 5′端引物、人 λ 链 3′端和 5′端引物。先以总 RNA 为模板,分别以重链 γ_1、γ_3 和轻链 κ、λ 为特异性 3′端引物,逆转录合成 cDNA 第一链。以 cDNA 第一链为模板,γ_1、γ_3 Fd 基因和轻链 κ、λ 基因 3′和 5′端寡核苷酸为各自引物,通过 PCR 分别扩增出约 700bp 重链 γ_1、γ_3Fd 段和轻链 κ、λ 基因。将重链和轻链基因经 XhoⅠ+SpeⅠ、SacⅠ+XbaⅠ双酶切,先后克隆入噬粒载体 pComb3,再电穿孔转化大肠埃希菌 XL1-blue 菌株,辅助噬菌体 VCSM13 超感染,分别得到滴度为 7.5×10^{10} cfu/ml,库容量为 5.6×10^{6} 抗华支睾吸虫噬菌体抗体库。

2. 抗华支睾吸虫代谢抗原噬菌体抗体的筛选　将华支睾吸虫 EsAg 包被在固相 ELISA 板中,加入抗华支睾吸虫噬菌体抗体库,经几轮重复地吸附-洗脱-扩增,对抗华支睾吸虫噬菌体抗体库进行富集。从富集后的抗体库中挑取 206 个表达噬菌体抗体的转化克隆,用 ELISA 法分别测定其与 EsAg 的反应性,得到 23 个阳性克隆,再分别用肺吸虫、肝片吸虫、姜片虫和日本血吸虫脱脂全虫粗抗原进一步筛选,最终获特异性抗华支睾吸虫 EsAg 阳性克隆 3 个,分别命名为 B05、C10 和 E38。

3. 抗华支睾吸虫代谢抗原噬菌体抗体基因分析　通过与 GenBank 数据库和 KABAT 数据库中核苷酸序列进行同源性分析,E38 阳性克隆轻链基因和人免疫球蛋白 κ 轻链(AB030640 序列)同源性达 91%,重链可变区基因和人免疫球蛋白 Fd 段(AF051100 序列)同源性达 89%;B05 阳性克隆轻链基因和人免疫球蛋白 κ 轻链(HSIGKLC14 序列)同源性达 92%,重链可变区基因和人免疫球蛋白 Fd 段(HUMIGGVHX 序列)同源性达 91%;E38 和 B05κ 轻链 V 基因属于 V_k Ⅰ(O2)亚群,J 基因属于 Jκ1;γ 链 V 基因属于 V_H Ⅰ-69 亚群,D 基因来自 D3-10,J 基因则来自 J_H3。

将 E38 和 B05Vκ 和 V_H 核苷酸序列读码框翻译成氨基酸序列,均具有典型的抗体轻、重链可变区特征。用分析软件对所测的 E38、B05 克隆轻链和重链 Fd 氨基酸序列进行二级结构模拟，以 β-折叠和转角为主的平行肽链形成片层样结构，符合抗体二级结构构型。

在 E38 和 B05Vκ 氨基酸序列的第 19 和第 84 位，V_H氨基酸序列的第 18 和第 92 位均为半胱氨酸，正好形成链内二硫键，使功能区成为一个环状结构；在距 Vκ 第一个半胱氨酸上游 14 位处，距 V_H第一个半胱氨酸上游 15 位处均为丝氨酸，提示某些位置的氨基酸有高度的保守性，故抗体的所有功能区可能有非常类似的立体结构。E38 和 B05 阳性克隆的氨基酸序列中几个氨基酸不同，且均集中在 CDR 区，造成 CDR 区空间结构改变，从而决定了 E38 和 B05 可与不同的抗原决定簇结合。

4. 抗华支睾吸虫代谢抗原噬菌体抗体的表达 将 B05、C10 和 E38 克隆分别接种于 LB 培养液中，用异丙基-β-D-硫代半乳糖苷（IPTG）诱导表达，收集上清和细菌沉淀。经 DS-PAGE 分离，3 株阳性克隆的培养上清和细菌冻融上清在约 50kDa 和 27kDa 处均出现外源蛋白表达条带。与兔抗人 IgG Fab 进行 Western-blot，3 株阳性克隆的培养上清和细菌冻融上清在约 50kDa 和 27kDa 处均有特异抗体条带出现。进一步进行用卫氏并殖吸虫、肝片吸虫、姜片虫、日本血吸虫和华支睾吸虫成虫脱脂抗原（CsAg）及华支睾吸虫 EsAg 进行 Western-blot，B05 噬菌体抗体与 EsAg 和 CsAg 在约 25kDa 处出现特异性反应条带，其他 4 种吸虫抗原未出现反应条带；C10 噬菌体抗体除与 EsAg 和 CsAg 在约 38kDa 处出现特异性反应条带外，与日本血吸虫抗原在约 38kDa 处出现弱阳性反应，其他 3 种吸虫抗原没有反应条带出现；E38 噬菌体抗体与 EsAg 和 CsAg 在约 16kDa 处出现特异性反应条带，其他 4 种吸虫抗原未出现反应条带。

3 株阳性克隆均可表达抗华支睾吸虫循环抗原噬菌体抗体，但与华支睾吸虫抗原组分的反应性有所区别，其中 B05 和 E38 具有仅特异结合华支睾吸虫代谢抗原的活性。

虽然用单克隆抗体检测华支睾吸虫患者循环抗原较为理想，但存在制备过程相对复杂、耗时及杂交瘤细胞株保存和长期传代的问题。而噬菌体抗体库技术无须细胞杂交，操作相对简单，且噬菌体的库容量大，被认为是继杂交瘤抗体之后的第 3 代抗体（俞慕华等 2000，2002a，2002b，2004）。

十二、宿主感染华支睾吸虫后细胞免疫功能的变化

多种寄生虫感染都能引起宿主细胞免疫功能的抑制。如用单克隆抗体测定丝虫感染者的 $OKT3^+/OKT4^+$ 和 $OKT8^+$ 细胞，证实无热带巨脾综合征的微丝蚴血症者的辅助性 T 细胞（Th 细胞）减少，抑制性 T 细胞（Ts 细胞）增多。在曼氏血吸虫病人和埃及血吸虫病人，Th 细胞的数量、Th/Ts 比值也都显著低于正常对照组。内脏利什曼病人与正常对照组相比，Th 细胞也减少。华支睾吸虫感染宿主后，虫体本身和所分泌排泄的物质作为抗原，其不但刺激机体产生抗华支睾吸虫抗体，同时也影响宿主的细胞免疫功能。

（一）豚鼠感染华支睾吸虫后 T 淋巴细胞及其亚群的变化

用酸性醋酸萘酯酶（ANAE）对淋巴细胞染色，区分出不同的淋巴细胞，以观察豚鼠感染华支睾吸虫后外周血中 T 淋巴细胞及其亚群的变化。在感染后的第 1～4 周，淋巴细胞总数变化不明显，平均在 6×10^9/L 上下波动，到感染后第 5 周、第 6 周迅速增多达到第一次高

峰，平均为8.82×10^9/L。此后则逐步减少，至感染后第10周降至谷底。第12周又形成一次高峰，其数量平均为9.75×10^9/L。T淋巴细胞的变化趋势同淋巴细胞总数一致。Ts细胞虽然在变化趋势上同T淋巴细胞总数一致，但其增长幅度相对较大，随着感染时间的延长，其绝对数量同T淋巴细胞总数逐渐接近。Th细胞在感染后的前4周变化很小，第5周略有增加，以后呈缓慢下降趋势，见表6-11（刘宜升等1993）。

豚鼠感染华支睾吸虫后，Th/Ts比值持续性降低，可能是华支睾吸虫寄生在宿主肝内胆管，成虫不断地产生抗原物质为宿主所吸收，使细胞免疫功能受到抑制，Ts细胞增多所致。华支睾吸虫在人体内一般可存活15年，在漫长的寄生过程中，其不断产生的抗原物质一直影响着宿主的免疫状态，如产生特异性抗体，Th细胞减少，Ts细胞增多，Th/Ts比值失调和逆转等。考虑到该虫的寄生与原发性肝癌有一定的关系，除虫体机械性刺激和代谢产物的作用使局部胆管上皮细胞增生，然后发生癌变外，宿主的Th细胞减少，Ts细胞增多，Th/Ts比值的明显降低，细胞免疫功能下降很可能也是诱发肝癌的重要原因之一。

（二）豚鼠感染华支睾吸虫经治疗后T淋巴细胞及其亚群的变化

宿主感染华支睾吸虫后细胞免疫功能的抑制和降低在经过有效治疗后仍然可以回复到感染前的水平。刘宜升等（1994）对人工感染华支睾吸虫的豚鼠治疗前后T淋巴细胞亚群的变化进行比较，见表6-11。T淋巴细胞和Ts细胞在治疗后的第1周和第2周明显上升，此后持续下降，至治后140天，两种细胞数已分别降至3.656×10^9/L和1.431×10^9/L，略低于感染前的3.896×10^9/L和1.772×10^9/L。Th细胞从治疗后第2周起则明显增多，到治疗后的第35天为2.823×10^9/L，超出感染前2.124×10^9/L的水平，以后并一直维持在较高的水平上。由于从治后的第2周起，Th细胞数量增加，Ts细胞数量减少，故Th/Ts比值逐渐增大，到治疗后的91天为1.070，已接近感染前的水平，至第140天，已明显高于感染前。因此，华支睾吸虫寄生所引起的细胞免疫功能的低下只是暂时的，是与虫体的存在同时存在的，一旦虫体被清除后，此种免疫抑制现象可以逐步得到恢复。

表6-11　豚鼠感华支睾吸虫后外周血中T淋巴细胞其亚群的变化

时间	细胞数（×10^9/L）				Th/Ts
	淋巴细胞总数	T淋巴细胞	Th细胞	Ts细胞	
感染前感染后（天）	5.582	3.896	2.124	1.772	1.236
3	5.168	3.423	1.816	1.607	1.218
7	5.540	3.802	1.656	2.146	0.833
14	5.658	3.726	1.749	1.977	0.940
21	6.479	4.977	1.929	3.086	0.667
28	5.199	4.274	1.788	2.468	0.690
35	8.492	6.359	2.400	3.859	0.644
42	8.820	6.372	1.928	4.444	0.446
49	6.643	4.490	1.330	3.160	0.471
56	6.862	5.225	1.842	3.838	0.546

续表

时间	细胞数(×10⁹/L)				Th/Ts
	淋巴细胞总数	T 淋巴细胞	Th 细胞	Ts 细胞	
63	6.346	4.721	1.528	3.319	0.566
70	4.864	3.362	0.959	2.673	0.378
77	6.596	4.626	0.857	3.751	0.228
84	9.747	6.435	1.503	4.932	0.303
91	8.585	5.921	1.186	4.735	0.228
119	10.360	6.418	1.702	4.716	0.316
治疗后(天)					
7	12.004	5.814	1.075	4.110	0.251
14	11.420	7.778	1.867	5.190	0.315
35	11.444	6.873	2.823	4.050	0.690
63	10.586	5.335	2.234	3.011	0.772
91	8.009	5.230	2.703	2.527	1.070
140	4.637	3.656	2.225	1.431	1.555

(三) 华支睾吸虫患者外周血 T 淋巴细胞及亚群的变化

人患华支睾吸虫病后，细胞免疫功能也受到抑制，马新爱等(1995)对 20 例华支睾虫病患者的细胞免疫功能进行了测定，同时以 20 例正常人作为对照。研究结果表明，人体细胞免疫功能的变化与实验动物相似，首先是 T 淋巴细胞亚群中各细胞阳性百分率发生变化，见表 6-12。与正常人相比，患者的 $OKT4^+$ 细胞(主要为辅助性 T 细胞)显著降低；$OKT8^+$ 细胞(主要为抑制性 T 细胞)增多；$OKT4^+/OKT8^+$ 比值降低；$OKT3^+$ 细胞(T 细胞总数)则未见明显变化。其次是华支睾吸虫病患者淋巴细胞转化试验结果也低于正常对照组，患者淋巴细胞 ^3H-TdR 参入值为 5264±789，明显低于对照组的 9481±866($P<0.05$)。白细胞介素-2(IL-2)的改变与对照组相比无统计学意义。

表 6-12 华支睾吸虫病患者外周血 T 淋巴细胞及亚群的变化

	OKT 3^+(%)	$OKT4^+$(%)	$OKT8^+$(%)	$OKT4^+/OKT8^+$
患者治前	56.4±7.2*	30.7±6.9***	37.2±6.5**	0.88±0.41**
患者治后	58.8±5.6*	36.1±6.3**	38.1±7.1**	0.93±0.65**
正常对照	63.3±4.7	44.9±3.6	31.3±7.4	1.51±0.77

注：华支睾吸虫病患者与正常对照组相比：* $P>0.05$，** $P<0.05$，*** $P<0.01$

(四) 实验动物感染华支睾吸虫后细胞因子的变化

在感染华支睾吸虫后不同时间点，收集感染小鼠脾脏单个核细胞进行体外培养，以 ConA 刺激，检测脾细胞分泌各种细胞因子的量。

在感染后 2～4 周，FVB 和 BALB/c 鼠细胞培养液中 IL-4 的增加量超过 3 倍，但此后下降。与对照组比较，在感染后的第 2 周至第 4 周，FVB 小鼠 IL-4 相对增加量要高于 BALB/c

小鼠的增加量。

在感染后，IL-5 水平持续升高。感染后 4 周，FVB 小鼠 IL-5 水平增加量超过 9 倍，达到高峰。与对照组比较，BALB/c 小鼠在感染后 2～6 周内 IL-5 增加 6 倍。以对照组作为参照，BALB/c 鼠脾细胞培养液中 IL-5 增加量在感染后 2～6 周高于 FVB 小鼠，仅在第 4 周低于 FVB 小鼠。

FVB 小鼠和 BALB/c 小鼠脾细胞培养液中 IL-10 增加量差别较大，但增长趋势一致，感染后 2 周达高峰，增加量均大于感染前的 3.5 倍。在感染后的 3～5 周，2 组动物比较，BALB/c 小鼠脾细胞培养液中 IL-10 的量显著高于 FVB 小鼠。

相对于对照组，FVB 小鼠和 BALB/c 小鼠脾细胞培养液中 IFN-γ 水平在感染后 2～4 周内呈下降趋势，分泌量减少 50%以上。在感染后 4 周或 5 周又逐渐回复至对照组的水平。BALB/c 鼠 IFN-γ 的相对增加量在感染后的 1、2、5、6 周高于 FVB 鼠。2 组小鼠脾细胞培养液中 IFN-γ 的绝对含量差别较大，但消长趋势一致，在感染后 2～4 周均明显下调。

在 BALB/c 小鼠脾细胞培养液中 IL-2 仅有少量增加，FVB 鼠在整个实验感染观察期间 IL-2 或略减少，或保持在较为稳定的水平。

感染华支睾吸虫后，小鼠细胞的免疫反应呈现出一定规律，如 FVB 和 BALB/c 小鼠在感染华支睾吸虫后 2～4 周，Th2 型细胞因子（IL-4，IL-5 和 IL-10）增加，Th1 型细胞因子（IFN-γ 和 IL-2）减少。与相对抵抗力强的 BALB/c 鼠相比，FVB 鼠脾细胞培养液中的 IL-4 占优势，表明 FVB 鼠更易被感染。小鼠对华支睾吸虫的易感性与 Th2 细胞因子，特别是与 IL-4 的产生有关（Choi et al 2003）。

动态观察 BALB/c 小鼠感染华支睾吸虫后，脾脏单个核细胞在华支睾吸虫 EsAg 刺激下 IFN-γ 和 IL-4 表达变化。结果显示在感染后 1 周内 IFN-γ 表达未发生明显变化，自感染后第 7 天起，小鼠血清中 IFN-γ 水平开始上升，感染后 2 周为感染前的 7.49 倍，至感染后 4 周达高峰，为感染前的 25.3 倍，以后开始下降，至感染后 12 周，降至正常水平，与感染前及对照组小鼠血清 IFN-γ 含量已无显著差别。IL-4 在感染后 4 天即开始升高，感染后 7 天已显著高于对照组（$P<0.01$），并随着感染时间的延长逐渐升高，感染后第 8 周，为感染前的 14.7 倍，至感染后 12 周实验结束时，血清 IL-4 高达感染前的 32.63 倍。该实验结果提示，华支睾吸虫感染初期激活宿主的细胞免疫系统，以 Th1 型反应为主；随着感染进入慢性阶段，转为 Th2 优势应答，产生高水平抗体起到保护宿主抗感染的作用。Th1/Th2 动态平衡被打破，使感染早期机械性损伤所致的肝胆管炎症性损伤逐步转变为慢性华支睾吸虫病（郭倩倩等 2009）。

（五）人体感染华支睾吸虫后细胞因子的变化

李文桂等（2002）用商品化检测试剂盒检测华支睾吸虫病患者血清中细胞因子。共检测 20 例，肿瘤坏死因子-α（TNF-α）、白细胞介素-1β（IL-1β）和一氧化氮（NO）的量分别为（830±270）U/L、（229.0±106.8）ng/L 和（282.2±68.8）μmol；20 例健康志愿者血清中 3 种因子的含量分别为（440±240）U/L、（68.9±33.1）ng/L 和（87.2±32.1）μmol。华支睾吸虫病人 3 种细胞因子水平均显著高于健康组。推测华支睾吸虫抗原可刺激宿主肝细胞、巨噬细胞和嗜酸粒细胞释放 NO。NO 可能与华支睾吸虫体内的代谢关键酶活性部位的 Fe-S 基团结合形成铁-亚硝酰基复合物，抑制该酶活性，阻断该酶的能量合成和 DNA 复制，从而杀伤华支睾吸虫。NO还可能加重肝胆管的炎症反应，促使血细胞黏附于血管内皮细胞，通过过氧化物直接损伤细胞，扩张血管平滑肌，引起组织水肿，从而加重组织的炎症损伤。华支睾吸虫病患者血清TNF-α和IL-1β升高，可能是TNF-α能直接杀伤体内寄生虫，IL-1β能促进巨噬细胞分泌TNF-α和NO，间接杀伤华支睾吸虫。TNF-α还能促进肝胆管炎症细胞募集，增加巨噬细胞和内皮细胞产生TNF-α和IL-1β及表达其受体。IL-1β能促进肝胆管区巨噬细胞及血管内皮细胞合成TNF-α、IL-1、IL-6和黏附分子，促进白细胞黏附并合成炎性蛋白，促进成纤维细胞增生并合成胶原，TNF-α和IL-1β加重肝胆管的炎症损伤。

辛华等(2002)检测30份华支睾吸虫病患者血清IL-2、sIL-2R和TNF-α，含量分别为(4.12±1.54)ng/ml、(391.78±79.16)U/ml和(1.55±1.2)ng/ml，30例健康献血员血清中3种细胞因子的含量分别为(7.90±5.81)ng/ml、(235.11±90.24)U/ml、(0.60±0.19)ng/ml，华支睾吸虫感染者IL-2的量显著低于健康对照组，sIL-2R和TNF-α的量显著高于健康对照组。

华支睾吸虫病患者血清中IL-2水平低于健康者，而sIL-2R水平显著地高于健康者，提示华支睾吸虫病患者外周血中免疫活性细胞尤其是Th细胞功能异常，Th细胞处于低应答状态。由于Th细胞减少，使得IL-2水平降低，免疫调节功能下降，造成患者细胞免疫功能低下。虫体能直接诱导宿主的单核巨噬细胞产生TNF-α，但由于华支睾吸虫病患者肝功能受到损害，难以迅速清除TNF-α等细胞因子，故血清及肝组织中的TNF-α的水平较高。华支睾吸虫病患者血清中IL-2水平下降和TNF-α、sIL-2R水平升高，也提示华支睾吸虫病患者免疫功能障碍。

用ELISA方法检测，华支睾吸虫病患者血清IL-2的含量仅为正常对照组的1/3，中度感染者血清IL-2水平又显著低于轻度感染者。华支睾吸虫病患者血清IL-4含量增加，为正常对照组的2.26倍。华支睾吸虫病患者血清sIL-2R升高，轻度感染组和中度感染组分别为正常对照组的2.2倍和4.54倍。华支睾吸虫病患者血清IFN-γ与正常对照组相比未见明显变化。经阿苯达唑治疗后，轻度感染组虫卵全部阴转，中度感染组阴转率为87.5%。血清检测结果显示治疗后患者血清sIL-2R含量下降，其中轻度感染者已恢复至正常水平；血清IL-2的水平有所升高，但尚未达正常人水平；IFN-γ与治疗前相比仍无明显变化（刘平等2004，高翔等2006）。

（六）华支睾吸虫成虫抗原致敏树突状细胞诱导免疫应答

在体外用华支睾吸虫CA单次刺激树突状细胞(dendritic cell，DC)，模拟华支睾吸虫感染早期抗原对DC生物学活性的影响，观察CA激活DC诱导免疫应答的类型。DC经CA致敏后分泌IL-12p70量为对照组的3.08倍，IL-12p70是DC分泌的IL-12中的生物活性物质，其能促使Th0细胞向Th1细胞分化。CA刺激DC分泌IL-12p70增加，表明在CA刺激下，DC改变了生物学活性及功能发生改变，通过促进细胞因子分泌，进而调控免疫应答。

在单向混合淋巴反应(AMLR)中，CA致敏DC组促淋巴细胞增殖的作用有所增加，也提示CA刺激提高了DC的抗原呈递功能，刺激T细胞的增殖能力。CA致敏的DC与正常BALB/c小鼠脾细胞共培养，培养液中可测出高水平的IFN-γ，而IL-4水平无显著变化，因IFN-γ和IL-4是分别代表Th1和Th2免疫反应类型的经典细胞因子，提示华支睾吸虫抗原致敏的DC在华支睾吸虫感染时诱导Th1免疫应答(戴其峰等 2009)。

(七) Toll样受体在华支睾吸虫感染免疫中的作用

Toll样受体(Toll-like receptors TLRs)能识别病原相关分子模式,激活巨噬细胞、树突状细胞等,上调B7等协同刺激分子表达,促进细胞因子分泌,诱导Th0细胞分化为Th1细胞或Th2细胞,从而发挥细胞免疫或体液免疫以抵抗病原体致病作用。在丝虫、血吸虫和肝片形吸虫等感染中,可通过多种途径调节TLRs的表达和功能,从而调节宿主Th1或Th2免疫应答。

实验感染BALB/c小鼠,动态观察华支睾吸虫感染小鼠肝脏TLR2 mRNA表达的变化。感染35个囊蚴的小鼠自感染后第7天起,肝脏组织TLR2mRNA表达升高,至第28天达到高峰,之后开始下降,至第56天仍高于未感染对照组($F=21.498, P<0.05$),第84天时与对照组比较差异无统计学意义($F=1.725, P>0.05$);未感染对照组小鼠各时间点肝脏TLR2 mRNA表达差异无统计学意义。TLR2mRNA表达升高的趋势与感染小鼠肝脏Th1型细胞因子IL-12和IFN-γ表达趋势一致,提示TLR2在华支睾吸虫感染小鼠体内诱导Th0向Th1极化中发挥重要的作用。同步对华支睾吸虫感染小鼠肝脏组织作组织病理学观察,可见不同程度的胆管扩张、胆管壁增厚、炎性细胞浸润、纤维组织增生等。结合TLR2 mRNA的变化,表明感染初期TLR2的激活启动了细胞内信号传导、释放炎症细胞因子,而这一时期感染小鼠肝脏呈现急性炎症性反应,提示TLR2 mRNA可能诱导了感染华支睾吸虫小鼠早期的炎性病理改变,在华支睾吸虫感染过程中,TLR2参与调控Th1/Th2免疫应答和病理改变(徐田云等 2011)。

(八) 华支睾吸虫感染后Fas/FasL表达与细胞凋亡

用TUNEL法检测感染华支睾吸虫后Wistar大鼠和人肝组织的凋亡细胞,细胞核显示棕黑色为阳性。结果显示大鼠感染华支睾吸虫后肝组织切片中TUNEL阳性细胞数增多,肝脏凋亡细胞数从感染后第4周到第8周持续升高,第8周达到峰值后开始缓慢下降直到第12周,各时间点凋亡细胞数均高于未感染大鼠。华支睾吸虫感染者肝组织凋亡指数也同样高于正常人。

免疫组化法检测Fas、FasL和caspase-3,细胞质显示棕色为阳性细胞,细胞核被复染为蓝色。感染后第8周,大鼠肝细胞Fas,FasL和caspase-3的表达阳性率明显高于正常组,而未感染大鼠的肝组织几乎检测不到上述蛋白的表达。同样,患者肝细胞上述分子的表达率也高于正常对照。

用半定量RT-PCR测定,华支睾吸虫感染后第8周大鼠肝组织的Fas、FasL和caspase-3的mRNA表达量均有明显的升高,正常大鼠肝组织上述指标正常,示终宿主感染华支睾吸虫后不同时间点Fas、FasL和caspase-3的mRNA表达量变化趋势与其相应的蛋白表达量、凋亡细胞数的变化一致。

和正常组相比,Fas在感染组大鼠及华支睾吸虫病患者肝细胞、炎症细胞及胆管上皮细胞表达上调;FasL多表达在Fas阳性的相同细胞上,但其表达上调更明显。caspase-3表达亦上调。免疫组化检测阳性细胞主要集中在中央静脉及门管区(Zhang 等 2008)。

十三、宿主感染华支睾吸虫后嗜酸粒细胞的变化

宿主感染蠕虫后，宿主血液中和组织内嗜酸粒细胞增多是一种普遍现象，尤其是在感染的急性期。感染华支睾吸虫后，宿主的嗜酸粒细胞也明显增多。

Joo(1982)分别用200个、100个和10个华支睾吸虫囊蚴感染家兔，每周感染2次，共5周，感染家兔嗜酸粒细胞数明显多于一次感染1000个、500个或50个囊蚴的家兔。一次感染组嗜酸粒细胞平均数为 0.14×10^9/L，反复多次感染组为 0.25×10^9/L，正常对照组为 0.06×10^9/L。嗜酸粒细胞增多的状况一直保持到整个实验结束，共9个月的时间。

Choi et al (2003)以每鼠15个华支睾吸虫囊蚴的剂量感染FVB小鼠和BALB/c小鼠，分别在感染后的1、2、3、4、5和6周各处死8只小鼠，2种感染小鼠血液中嗜酸粒细胞数量显著多于未感染对照鼠。至感染后第4周，嗜酸粒细胞数量达高峰，此后开始下降。在感染后的1～3周，BALB/c小鼠的嗜酸粒细胞多于FVB小鼠，但在感染后的4～6周，BALB/c小鼠的嗜酸粒细胞少于FVB小鼠(图6-2)。

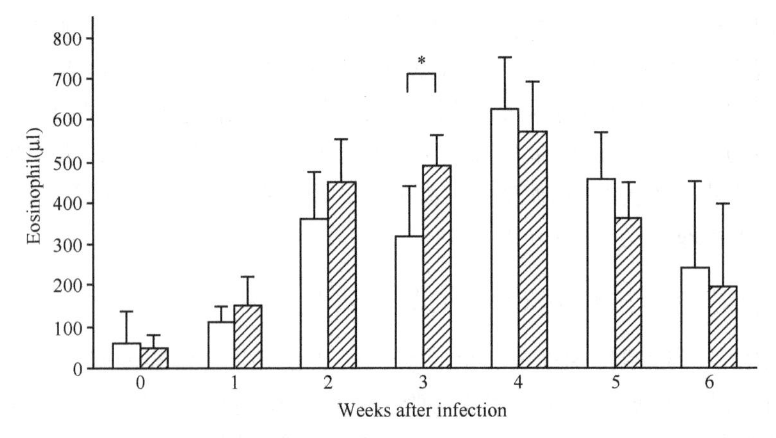

图6-2　感染华支睾吸虫后FVB小鼠和BALB/c小鼠血液中嗜酸粒细胞动态变化(引自Choi 2003)

空白条.FVB小鼠，斜线条.BALB/c小鼠，*有统计学意义

刘宜升等(1994)对豚鼠实验感染华支睾吸虫后外周血中嗜酸粒细胞的变化进行动态研究。感染前，豚鼠外周血中嗜酸粒细胞平均为$(0.578\pm0.394)\times10^9$/L。感染后第3天，嗜酸粒细胞开始增多，至第21天达高峰，为$(3.232\pm1.197)\times10^9$/L，为感染前的5.59倍。以后虽有所波动，但依然保持在较高的水平，并在感染后第42天和第63天又分别出现第2次和第3次高峰，嗜酸粒细胞数分别为$(3.716\pm1.376)\times10^9$/L和$(3.736\pm0.997)\times10^9$/L，为感染前的6.43倍和6.46倍。至感染后的119天和175天，外周血中嗜酸粒细胞数仍保持在一个高的水平，分别为$(3.909\pm2.171)\times10^9$/L和$(3.174\pm1.857)\times10^9$/L。经统计学处理，与感染前相比，虽然感染后第3天嗜酸粒细胞有所增多，但差异并无统计学意义。感染后第7天嗜酸粒细胞数明显多于感染前($t=2.944$，$P<0.01$)，而以后各时间点检查，嗜酸粒细胞数又明显多于感染后第7天的嗜酸粒细胞数。

有报道华支睾吸虫病患者粪便中虫卵数量与外周血嗜酸粒细胞的数量呈正相关关系。

嗜酸粒细胞在抗蠕虫感染的免疫中起着十分重要的作用，其可以选择性吞噬抗原抗体复合物，调节Ⅰ型变态反应，并能在抗体和补体的参与下损伤蠕虫的幼虫。在有些蠕虫感染，特别是急性感染期，嗜酸粒细胞数量可增加10～100倍。动物实验可见到在感染华支睾吸虫后第3天，外周血中的嗜酸粒细胞已开始增多，但在临床上，此时仍在潜伏期内，所以外周血中的嗜酸粒细胞增多现象早于临床症状的出现。不但如此，感染华支睾吸虫后，宿主外周血中嗜酸粒细胞一直保持在较高水平，故外周血中嗜酸粒细胞增多也是华支睾吸虫感染的一个重要特征。华支睾吸虫在宿主体内寄生时，发育过程中的童虫和长期存活在宿主肝脏内成虫均可产生抗原物质，这些抗原可能直接作为嗜酸粒细胞趋化因子，使宿主的嗜酸粒细胞增多，也可能以抗原抗体复合物的形式作用于致敏的T淋巴细胞，使其分泌某种淋巴因子，这类淋巴因子加速骨髓中嗜酸粒细胞前体的分裂和分化成熟。宿主感染华支睾吸虫后，由于嗜酸粒细胞生成增多和细胞动力学的改变，使外周血中嗜酸粒细胞出现明显增多。虫体在宿主肝胆管内寄生的过程中，其不断产生抗原并形成抗原抗体复合物，因而也可促进宿主外周血中嗜酸粒细胞持续增多。华支睾吸虫感染后嗜酸粒细胞的增多并没有肺吸虫感染后嗜酸粒细胞增多的幅度那样大，可能与华支睾吸虫发育成熟和固定寄生的部位是在胆管内，胆管可起到一定的屏障作用有关(Ottesen et al 1977，余森海等 1980，刘宜升等 1994)。

十四、宿主感染华支睾吸虫后肥大细胞的变化

鼠感染华支睾吸虫后，肥大细胞数目明显增加。当感染鼠用华支睾吸虫抗原经肠系膜直接进行攻击注射时，92.1%～99.6%的肥大细胞脱颗粒；用生理盐水注射的感染鼠，17%的肥大细胞脱颗粒；未注射的感染鼠只有9.9%的肥大细胞脱颗粒(Ahn 1976)。

十五、华支睾吸虫感染者红细胞免疫功能的变化

测定对象为39例粪便检查华支睾吸虫卵阳性而未经治疗的患者，粪检华支睾吸虫卵阴性并排除其他寄生虫感染及各种肝病的40名健康人为对照。

红细胞免疫黏附功能测定包括：①红细胞C3b受体花环实验，计算红细胞C3b受体花环率(RBC-CRR)，华支睾吸虫病患者和健康对照的平均RBC-CRR分别为(7.50±3.01)%和(15.50±5.60)%，华支睾吸虫病患者明显低于正常对照($P<0.01$)；②红细胞免疫复合物花环实验，计算红细胞免疫复合物花环率(RBC-ICR)，华支睾吸虫病患者和健康对照的平均RBC-ICR分别为(6.50±2.32)%和(7.00±2.97)%，二者无明显差异。

血清中红细胞免疫调节因子的活性测定包括：①红细胞C3b受体花环促进实验，计算红细胞C3b受体花环促进率(RFER)，华支睾吸虫病患者和健康对照的平均RFER分别(2.98±1.02)%和(1.41±0.81)% ($P<0.01$)；②红细胞C3b受体花环抑制实验，计算抑制率(RFIR)，华支睾吸虫病患者和健康对照的平均RFIR分别为(0.50±0.26)% 和(0.71±0.33)% ($P<0.01$)。

华支睾吸虫病患者红细胞免疫黏附功能降低，红细胞免疫促进因子活性明显增强，红细胞免疫抑制因子活性明显降低，表明华支睾吸虫病患者红细胞免疫黏附功能受损，红细胞免疫功能低下。推测华支睾吸虫病患者红细胞免疫黏附功能降低的原因，一方面是华支睾吸虫感染使红细胞膜上补体C3b受体活性直接受影响，另一方面是现症患者血液中有一定量

的循环免疫复合物(CIC),CIC中的补体与红细胞膜上的C3b受体结合,起到屏蔽作用,造成红细胞膜上的C3b受体活性下降。

华支睾吸虫轻度感染者能调动机体自身免疫调控功能,表现出红细胞免疫促进功能上调,这可能是现症轻度感染者红细胞免疫调节的特点之一。红细胞免疫黏附功能降低,还能影响感染者体内免疫复合物(IC)的清除,IC沉积到肝细胞,出现免疫病理损伤(吴瑞兰等1998)。

吴瑞兰等还发现,在华支睾吸虫感染者红细胞免疫功能出现变化时,体液免疫功能与正常对照相比未出现明显异常,提示华支睾吸虫感染者红细胞免疫功能的变化先于体液免疫功能的变化,这对华支睾吸虫病的早期诊断和早期治疗有一定意义。

十六、影响宿主抗华支睾吸虫再感染的因素

寄生虫感染免疫的特点之一是伴随免疫,对血吸虫感染的伴随免疫现象及机理已有较多研究,宿主是否对华支睾吸虫再感染有所耐受,也有学者进行深入探讨。

(一)不同动物对华支睾吸虫再感染的敏感性

Song等(2006)以SD大鼠、FVB小鼠、金色仓鼠、豚鼠、新西兰白兔和犬作为观察对象,将每种动物均再分为感染试验组和对照组2组。再感染组动物的上述动物每只分别感染华支睾吸虫囊蚴100、30、50、100、200和200个。感染后4周,对感染的动物用吡喹酮进行治疗。治疗后4周,即初次感染后的8周,感染组各动物均按初次感染同样数量的囊蚴再次感染,对照组动物也同步感染同样来源、同一批次和同样数量的华支睾吸虫囊蚴。此次感染后6周,处死实验组和对照组所有动物,从肝胆管内获取虫体,计算虫体回收率(回收率=回收成虫数/感染囊蚴数×100%)及保护率,保护率即虫体减少率[虫体减少率=(1-再感染组成虫回收率/对照组成虫回收率)×100%]。各种实验动物对华支睾吸虫感染的敏感性和保护率见表6-13。

表6-13 不同动物感染华支睾吸虫后的获虫率及再感染后的减虫率

实验动物	实验组	感染动物数	获虫率(%)	虫体减少率(%)
SD大鼠	对照组	10	63.9±20.4	—
	再感染组	8	13.0±6.9*	79.7
FVB小鼠	对照组	11	17.6±1.30	—
	再感染组	13	7.4±6.1	58.0
金色仓鼠	对照组	9	68.0±15.0	—
	再感染组	9	77.8±30.2	-12.6
豚鼠	对照组	10	34.7±13.7	—
	再感染组	7	15.7±12.2*	54.8
新西兰白兔	对照组	7	35.0±7.6	—
	再感染组	7	13.1±8.2*	62.6
犬	对照组	3	41.6±14.5	—
	再感染组	4	39.1±14.1	6.0

*与对照组相比,有统计学意义

从再感染仓鼠、豚鼠、家兔和犬体内获取的华支睾吸虫成虫与取自初次感染动物的虫体大小接近，然而来自再感染大鼠的虫体(平均大小 0.58mm×0.28mm)显著小于初次感染的虫体(平均大小 2.47mm×1.0mm)。此实验结果显示仓鼠初次感染对再感染未产生保护力，表现为再感染得到的虫数增多。

Chung 等(2004)报道，SD 大鼠对华支睾吸虫再感染的保护率可达 97.7%，而在同一实验中，仓鼠的保护率仅为 10.3%。初感染分别为 10、40 和 100 个囊蚴的 3 组大鼠经治疗后均再感染 100 个囊蚴，虽然 3 组的虫体回收率均低于 10%，保护率均在 85%以上，但初感染的剂量小，再感染时虫体回收率高，保护率低，初感染 100 个囊蚴组的保护率近 100%($P<0.05$)。

（二）重复感染的频率和间隔时间对宿主抗再感染的影响

张鸿满等 (2006)设计 2 种方案观察大鼠对再感染的保护情况。方案一是将 25 只 SD 大鼠随机分成Ⅰ、Ⅱ、Ⅲ、Ⅳ和Ⅴ共 5 组，每组 5 只，间隔不同时间多次感染，初次感染后 12 周处死动物，观察虫体并计算回收率(表 6-14) 。Ⅴ(对照)组虫体发育完好，Ⅲ、Ⅳ组虫体回收率较低，且有 1/3 的虫体发育不良，虫体个体小，睾丸和卵巢缺失或不发达，子宫呈直管状或稍微弯曲，内无虫卵或仅有少量虫卵，还有约 5%虫体个体小，生殖器官发育停止。

表 6-14 大鼠间隔不同时间重复感染华支睾吸虫的虫体回收率

组别	重复感染方式	感染总量	平均虫体回收率(%)	$F(P)$*
Ⅰ	感染 5 次，每次 20 个囊蚴，间隔 1 周	100 个	60.2±7.6	0.7(0.421)
Ⅱ	感染 2 次，每次 50 个囊蚴，间隔 2 周	100 个	55.6±7.8	0.2(0.895)
Ⅲ	感染 2 次，每次 50 个囊蚴，间隔 4 周	100 个	43.8±2.9	13.3(0.006)
Ⅳ	感染 2 次，每次 50 个囊蚴，间隔 8 周	100 个	32.6±10.1	18.3(0.003)
对照	仅感染 1 次，感染 100 个囊蚴	100 个	52.6±7.1	—

* 各组重复感染率与对照比较

方案二是每组 5 只大鼠，初次感染 100 个囊蚴，间隔不同时间重复感染 100 个囊蚴，重复感染后 2 周剖杀动物取虫；对照组 1 次感染 200 个囊蚴，2 周后取虫。区别 2 次感染的虫体，分别并计算回收率(表 6-15)。各组重复感染虫体回收率均比对照组低，初感染 1 周时抵抗率为 31%，4 周时上升到 81.7%，8 周时为 93%，对再感染的抵抗力随感染间隔的延长而增加，呈明显的正相关($y=18.13+11.54x$，$r=0.916$ $P=0.0037$)。重复感染后 2 周龄虫体明显小于初感染同期虫体。

表 6-15 初感染华支睾吸虫后不同时间对再感染的影响

2 次感染间隔(周)	初次感染虫体回收率(%)	重复感染虫体回收率(%)	$F(P)$*	2 周龄虫体大小(mm)
1	59.2±5.3	41.4±8.0	19(0.003)	2.54±0.60
2	63.4±3.4	37.4±5.0	43(0.000)	1.67±0.53
3	58.0±7.3	19.0±4.2	147(0.000)	2.29±0.63
4	53.6±6.9	11.0±8.3	113(0.000)	2.33±0.48
6	54.0±15.7	4.6±4.2	264(0.000)	2.0±0.53
8	51.3±8.7	4.2±3.7	284(0.000)	1.74±0.40
对照	61.7±6.7	—	—	3.55±0.81

* 各组重复感染虫体回收率与对照组相比

对感染 100 个华支睾吸虫囊蚴的大鼠在感染后 4 周用吡喹酮治疗，虫卵阴转后 5 天、10 天、3 周、1 个月、3 个月 6 个月和 11 个月分别再感染 100 个囊蚴，每组在感染后 4 周剖杀取虫。虫体回收率从 5 天的 1%逐渐上升至 11 个月的 24.4%，但低于初感染的 56.2%。再感染距离初感染的间隔时间越短，宿主对再次感染的抵抗力越强(Zhang et al 2008)。

Choit 等(2004)的实验表明，相对于小鼠，大鼠抗华支睾吸虫再感染的能力更强。初次感染剂量为每只大鼠 100 个囊蚴。初感染后 3 周治疗，治疗后 7 周再感染，再感染后 6 周和 26 周回收虫体，虫体回收率分别为 0.8%和 0.7%，保护率分别为 98.4%和 98.7%。初感染后 8 周治疗，治疗后 2 周再感染，再感染后 6 周和 26 周未回收到虫体，保护率均达 100%；初感染后 4 周治疗，治疗后 4 周再感染，再感染后 1 周回收虫体，虫体回收率 4.1%，保护率 91.1%。作为对照的初感染虫体回收率为 46.2%，再感染对照组感染后 6 周和 26 周的虫体回收率分别为 50.0%和 53.0%。用华支睾吸虫成虫虫体抗原免疫后再感染的大鼠，在感染后 6 周和 26 周虫体回收率分别为 42.6%和 43.8%。

（三）免疫功能变化对大鼠抵抗华支睾吸虫再感染的影响

为研究大鼠抗华支睾吸虫再感染的可能机制，观察组胺 H2 受体抑制剂西咪替丁对大鼠抗华支睾吸虫再感染的拮抗作用，Zhang 等(2008)将 30 只雄性 SD 大鼠分成 5 个实验组，实验开始时，A、C、D、E 组每鼠经口感染华支睾吸虫囊蚴 100 个。A 组为初感染对照组，感染后 4 周剖杀取虫，B 组为再感染对照组，第 1 次不感染。初感染后 4 周对 C、D、E 组用吡喹酮 100mg/kg 连续灌胃治疗 3 天，虫卵阴转后进行再感染。C 组为再感染组，不给任何药物；D 组为泼尼松龙处理再感染组，从再感染前 1 周起每周肌注泼尼松龙 10mg/kg，共 5 次；E 组为西咪替丁处理再感染组，从再感染前 1 天起用西咪替丁 100mg/(kg · 天)灌胃，共 4 周。再感染时 C、D、E 和 B 组每鼠感染 100 个囊蚴。再感染当天及感染后每周采外周血进行嗜酸粒细胞计数。4 周后剖杀实验动物回收虫体，计算回收率和保护率。对照 A 组和 B 组虫体回收率分别为 60.7%和 58.3%，虫体发育良好；C 组、D 组和 E 组虫体回收率分别为 4.3%，62.2%和 33.7%；保护率分别为 92.5%，−13.3%和 45.8%；C 组虫体小，虫体及生殖系统发育明显受阻；D 组虫体比对照组大，发育良好；E 虫体发育界于 C 组与 D 组之间。

外周血嗜酸粒细胞计数显示，对照鼠(B 组)感染华支睾吸虫 1 周后，外周血嗜酸粒细胞开始上升，第 2 周时达到高峰，平均为 1.281×10^9/L，感染后 4 周也见未明显下降。正常再感染 C 组，再感染 1 周后嗜酸粒细胞升高有 1 个小高峰(0.535×10^9/L)，然后缓慢下降，4 周时下降到感染前水平。泼尼松处理鼠(D 组)外周血几乎查不到嗜酸粒细胞。西咪替丁处理鼠(E 组)与 C 组相似，再感染 1 周后有 1 个小高峰，平均为 0.722×10^9/L，以后缓慢下降，但 4 周时仍未降到感染前水平。

以裸鼠、脾切除鼠、免疫抑制鼠进行再感染试验，也采用初次感染 100 个囊蚴，用吡喹酮治疗后再感染 100 个囊蚴，再次感染后 4 周取虫。脾切除组虫体回收率仅为 6.2%，与正常再感染组接近，裸鼠、免疫抑制鼠再感染虫体回收率分别为 43.3%和 53.5%。经华支睾吸虫 CA 或 EsAg 免疫的鼠感染囊蚴 100 个，虫体回收率分别为 53.5%和 52.0%。与正常对照感染组的虫体回收率(58.8%)比较，裸鼠、免疫抑制鼠、CA 或 EsAg 免疫鼠均未对再感染产生保护作用(Zhang et al 2008)。

大鼠感染华支睾吸虫后，能产生在一定程度上抵抗华支睾吸虫再感染，表现为虫体回收率降低，再感染虫体发育受到抑制。但如果宿主的免疫功能受损，则会削弱对华支睾吸虫的免疫保护作用，如免疫抑制剂泼尼松龙能完全消除大鼠对华支睾吸虫再感染的保护作用，外周血中嗜酸粒细胞数量降低，虫体回收率上升到初感染时的水平。组胺 H_2受体抑制剂西咪替丁对大鼠抗华支睾吸虫再感染有部分拮抗作用。用华支睾吸虫抗原免疫大鼠，大鼠也可产生高效价特异性抗体，但此抗体对华支睾吸虫再感染不起保护作用。

十七、华支睾吸虫疫苗

脂肪酸结合蛋白(FABP)是寄生虫细胞转运来自宿主长链脂肪酸的重要载体，被认为是最有潜力的候选疫苗之一。首先重组的华支睾吸虫 FABP(r*Cs*FABP) DNA 疫苗，在间隔 2 周时间内，向 SD 大鼠皮内 2 次接种携带重组 *Cs*FABP 基因的质粒(pcDNA3.1-FABP)，诱导大鼠产生体液免疫反应和细胞免疫，同时用 pcDNA3.1、PBS 接种作为对照。免疫结束后 3 周，每只大鼠感染华支睾吸虫囊蚴 50 个。感染后第 15 天起，每 3～5 天检查 1 次粪便和进行虫卵计数，感染后 49 天剖杀动物，回收成虫。

用 ELISA 法检测经免疫后的大鼠血清，所有大鼠均产生了抗华支睾吸虫的特异性 IgG，并呈逐渐升高趋势。在此基础上，用华支睾吸虫囊蚴经口感染后，血清特异抗体水平迅速升高，在感染后 3 周达高峰，持续至感染后 7 周实验结束时。免疫后，大鼠血清中特异性 IgG1、IgG2a 和 IgE 的水平未受 pcDNA3.1-FABP 接种的影响。在感染华支睾吸虫囊蚴后 7 周检测，免疫大鼠特异性 IgG2a 水平则大幅度升高，而特异性 IgG1 和 IgE 的水平未见明显上升。2 个对照组大鼠的 3 种抗体水平在攻击感染前后均无显著波动。将华支睾吸虫成虫 CA 和重组 r*Cs*FABP 分别与免疫后的大鼠脾细胞共培养。在免疫后但尚未经口感染囊蚴前的 1 周，培养液中的 IFN-γ 未见明显变化；CA 和 r*Cs*FABP 与攻击感染后 7 周大鼠脾细胞共培养，3 组大鼠脾细胞培养液中 IFN-γ 量均有增长，但与 r*Cs*FABP 共培养的免疫大鼠脾细胞的培养液中，IFN-γ 的量显著高于 2 个对照组。免疫组和对照组大鼠在免疫后进行感染，脾细胞共培养液中 IL-4 的含量几乎未发生变化。免疫大鼠脾脏的平均体积较对照组大 15.8%，成虫回收率减少 40.9%，平均每克粪便虫卵数减少 27.5%。

华支睾吸虫的半胱氨酸蛋白(*Sc*CP)被认为是重要的致病因子，*Sc*CP 在华支睾吸虫童虫移行过程中引起胆管上皮的破坏。用与 pcDNA3.1-FABP 同样研究方案，重组编码华支睾吸虫的半胱氨酸蛋白的 DNA(r*Cs*CP cDNA)，用携带 *Cs*CP 的质粒(pcDNA3.1-CsCP)免疫 SD 大鼠，然后再进行感染，其保护作用与脂肪酸结合蛋白重组疫苗相似。感染后，特异性抗体水平快速升高，特异性抗体也为 IgG2a，免疫鼠脾细胞 IFN-γ 产生量显著增加，虫体回收减少 31.5%。粪便中虫卵减少 15.7%(Lee et al 2006a，2006b)。

pcDNA3.1-FABP 和 pcDNA3.1-CsCP 均可诱导产生典型的 Th1 型免疫应答，并对大鼠感染华支睾吸虫产生比较明显的保护作用，被认为是具有潜力的华支睾吸虫候选疫苗。但用华支睾吸虫疫苗预防华支睾吸虫病的可行性、在人体使用可能性、实际应用价值和效果、使用的安全性等问题尚需进行系统探讨。

（刘宜升）

第七章　华支睾吸虫病的发病机制

华支睾吸虫的成虫主要寄生于人肝内二级以上分支的胆管内，胆囊内因有螺旋状的瓣膜，一般情况下华支睾吸虫不易进入，但严重感染者的胆囊、胆总管，甚至胰管内也有成虫寄生。成虫对宿主的机械性损伤，成虫和虫卵的代谢产物是致病的主要因素。

关于华支睾吸虫的致病机制，早年多是通过病理解剖研究的。梁伯强和杨简(1937)、侯宝璋(1955)均通过对尸体的解剖指出了华支睾吸虫病患者肝内胆管扩张，胆汁淤积、黏稠，易引发胆管炎、胆石症、原发性胆管细胞癌等。丘福禧等(1963)统计广州地区有华支睾吸虫感染的10 486例患者和无华支睾吸虫感染的87 039例患者，对这些患者各种的疾病发病率进行对比分析后认为，华支睾吸虫感染在胆石症、胆管炎、胆囊炎，肝硬化，原发性肝癌，糖尿病等疾病的发病机制中起一定的作用(见表7-1)。

表7-1　华支睾吸虫感染病例胆道、肝、胰腺疾病患病率

	有华支睾吸虫感染例数(%)	无华支睾吸虫感染例数(%)	P
总病例数	10 486	87 039	
胆石症、胆管炎和胆囊炎	128 (1.22)	306 (0.35)	<0.001
肝硬化	42 (0.40)	70 (0.08)	<0.001
原发性肝癌	37 (0.35)	46 (0.05)	<0.001
糖尿病	19 (0.18)	45 (0.05)	<0.001
胰腺炎	2 (0.02)	12 (0.01)	>0.05

通过动物实验和临床研究，多数学者也认为华支睾吸虫感染与胆石症、胆管炎、胆囊炎、肝硬化等肝胆疾患有着密切的因果关系，与原发性肝癌也有密切的相关关系，长期患病还可致儿童营养不良、生长发育障碍。

一、华支睾吸虫易感染肝左叶的原因

通过病理解剖和动物实验研究发现感染华支睾吸虫后，宿主的肝左叶一般病变较重，临床资料中也表明患者肝左叶肿大多见。为探讨其原因，姚福宝等(1986)曾对35具成年尸体的左右肝管及与肝总管之夹角进行了测量，测量结果为：左肝管长(7.45±3.52)mm，右肝管长(7.92±3.09)mm，两者之间无显著性差异($P>0.05$)。左肝管直径(外径)(6.1±1.59)mm，右肝管(5.2±1.84)mm，有显著性差异($P<0.05$)，左肝管与肝总管形成的夹角为(40±14.67)°，右肝管与肝总管形成的夹角为(46±20.12)°，有显著性差异($P<0.01$)。左肝管较粗而且较直，右肝管较细且斜，以上解剖结构的特征可能是造成华支睾吸虫易进入左肝管寄生的重要原因，故多数华支睾吸虫病患者左叶肝脏感染较重，胆管炎，肝内胆管结石症多见于肝左叶。在严重感染的情况下，华支睾吸虫不仅仅限于肝左叶，肝右叶、胆总管、胆囊管、胰腺均可见到虫体的寄生。

二、华支睾吸虫感染与肝细胞凋亡

分别以50个、100个和200个华支睾吸虫囊蚴感染大鼠，于感染后第45天剖杀动物，取肝脏作组织切片，HE染色。显微镜下可见肝小叶中央静脉、小叶间静脉及肝窦扩张淤血，并有胆管扩张。随感染囊蚴量增加，病变程度逐渐加重。小剂量感染组可见部分肝细胞体积增大，胞质淡染、疏松化，呈水样变性；中等剂量感染组可见水样变性加重；大剂量感染组可见气球样变，肝细胞肿胀、死亡，肝小叶结构被破坏，汇管区及肝小叶内可见纤维结缔组织增生。肝汇管区有中性粒细胞、淋巴细胞和嗜酸粒细胞浸润。可见凋亡肝细胞（肝细胞体积变小，膜皱缩，胞质浓缩、红染，核浓缩，但胞体完整）。

以TUNEL法检测，各实验组动物的肝组织中均见到不同程度的TUNEL染色阳性细胞，发生凋亡的肝细胞多位于胆管、汇管区和炎性细胞浸润区附近。未感染对照组、50个囊蚴组、100个囊蚴组和200个囊蚴组大鼠肝细胞平均凋亡率分别为(0.224±0.047)%、(2.315±0.505)%、(4.683±0.595)%和(9.130±1.634)%。感染组与对照组相比，细胞凋亡发生率明显增加，均有统计学意义。4组之间比较差异也均具统计学意义，提示华支睾吸虫病大鼠肝细胞存在凋亡现象，肝细胞凋亡率随感染囊蚴剂量的增加而递增，提示细胞凋亡可能是华支睾吸虫病中肝细胞损伤的重要机制之一（张晓丽等 2005）。

华支睾吸虫感染宿主后，引起肝细胞的破坏，Fas、Fasl和caspase-3表达蛋白增多，mRNA的水平升高，感染华支睾吸虫大鼠肝细胞的凋亡率明显高于正常组大鼠肝细胞。当细胞在不同死亡信号刺激时，caspase-3通常都被激活。目前认为导致caspase-3激活主要有两条信号通路，一种是通过细胞膜受体Fas/Fasl或TNF/TNFR介导的死亡信号，另一条通过胞质内线粒体释放的凋亡酶激活因子。华支睾吸虫病患者肝细胞对上述分子的表达率也高于正常人。这些变化说明在caspase-3激活介导下的Fas/FasL系统在华支睾吸虫感染肝细胞的凋亡过程中起重要作用（Zhang 2008）。

三、华支睾吸虫感染与胆管炎、胆囊炎、胆石症

华支睾吸虫在进入胆管时，成虫的机械运动可造成胆管上皮机械性损伤。感染较重者，大量成虫可造成胆管的机械性梗阻，活虫代谢产物或死虫崩解产物，虫体的分泌物均可造成化学性损伤或引起宿主过敏，造成局部的炎症反应。由于虫体的阻塞使胆管压力升高，胆汁淤滞及胆管扩张，加之虫体分泌的毒素作用，共同造成胆管内膜的损伤。细胞质膜的缺损使胆汁流向管腔周围，导致胆管上皮下浸润，从而造成胆管上皮的局灶性脱落，结缔组织基底暴露，促进了管壁的纤维化。有实验表明豚鼠感染华支睾吸虫后纤维细胞反应直接与胆管的扩张程度有关，胆汁对胆管上皮细胞的愈合亦有害。胆管微绒毛的损害在感染早期即已发生，故其不是单纯的机械阻塞，可能主要是虫体分泌的化学毒素的作用。胆汁淤滞可造成黏液生成增加，扫描电镜直可观察到黏液分泌亢进。黏液分泌亢进作为胆道阻塞后胆管上皮细胞的防御性反应，分泌到细胞表面的黏液可防止浓缩胆汁对细胞的损害（林绍强 1998），也可能加重胆管阻塞。虫体分泌黏稠的黏液团能引起单纯的胆道梗阻。

伴随虫体一起带入胆管的细菌，在胆管被虫体阻塞和胆管上皮有损伤的基础上，当胆汁引流不畅时极易繁殖，而致化脓性胆管炎，有时还会引起继发的细菌性肝脓肿。杨六成

(2002)检查135份经胆道手术患者的胆汁，确诊有华支睾吸虫感染的76例，培养出病菌52株(68%)，无华支睾吸虫感染的59例胆汁培养出病菌26株(44%)，二组比较有显著性差异。

华支睾吸虫卵、死亡的虫体，因炎症脱落的胆管上皮细胞是形成结石的中心，华支睾吸虫寄生还可造成胆汁成分改变，胆汁黏稠，易有结晶析出，以上改变成为胆石生成的良好条件，故华支睾吸虫病患者中合并胆石症者较为常见。因华支睾吸虫感染所形成结石的化学成分几乎全是胆红素，可归因于细菌分解胆红素双葡萄糖醛酸酯，以及胆囊炎病程中不溶性胆红素的形成。

华支睾吸虫感染造成宿主胆汁成分改变是引起胆石症的重要原因。郭日波等(1990)对家兔感染华支睾吸虫后胆汁成分和黏液的组织化学染色进行研究的结果显示，由于胆道内有华支睾吸虫的寄生，使胆道上皮的正常结构破坏，有利于细菌在胆道内潜隐存在，导致胆汁中细菌性β-葡萄糖醛酸苷酶活性升高。在感染组，该酶为(52.6±31.6)U/100ml，而对照组仅为(12.5±20.5)U/100ml。细菌性β-葡萄糖醛酸苷酶可将结合胆红素水解为游离胆红素，后者与钙离子结合成难溶于水的胆红素钙，沉淀成结石。通过黏液组织化学染色证明，胆管上皮细胞在华支睾吸虫感染后发生杯状化生，致糖蛋白的分泌增多，糖蛋白附着于作为结石核心的虫卵表面，起支架和黏附剂的作用，促进胆红素钙的沉积，最后导致胆色素类结石(多发性结石)的出现。华支睾吸虫感染很少导致胆汁中的胆固醇、磷脂、胆酸含量的明显变化，提示华支睾吸虫与固醇类结石形成的关系并不密切。

在华支睾吸虫病流行区，华支睾吸虫卵在胆固醇性结石中的检出率为57.9%，混合性结石的检出率为70.0%，胆色素性结石的检出率为89.6%，因此认为，胆囊结石形成的机制除华支睾吸虫感染携带肠道细菌，产生β-葡萄糖醛酸糖苷酶，分解结合性胆红素为游离性胆红素，胆红素水平的升高使胆汁中胆红素过饱和，加上自由基和钙离子的作用，促使了以华支睾吸虫卵为核心的胆色素性结石的形成。此外，在有华支睾吸虫卵作为核心的条件下，如胆汁中胆固醇过饱和，胆囊动力不足、前成核因子生成等，胆固醇性结石也易于形成(乔铁等 2009)。

四、华支睾吸虫感染与肝硬化

华支睾吸虫感染者是否会发生肝硬化与感染度、感染次数和感染时间的长短有关。一次少量感染之后，约3/4的患者肝脏无明显改变，重度感染者肝脏的改变一般比较明显。感染初期主要是肝脏内小胆管扩张，胆管周围嗜酸粒细胞浸润，纤维组织增生；纤维渐向肝小叶内延伸，假小叶形成，而形成肝硬化。

侯宝璋(1955)统计分析500例华支睾吸虫病患者尸体解剖资料，有45例(9%)呈多发性肝硬化，在13例胆汁性肝硬化中，有5例合并华支睾吸虫感染。虽然华支睾吸虫与肝硬化有较密切的联系，但他认为华支睾吸虫无直接引起肝硬化的病理依据。华支睾吸虫病患者易合并肝内胆管的细菌感染并可产生一系列的毒素，应是引起肝内纤维增生致肝硬化的重要原因。

重庆医学院传染病学教研室和病理学教研室(1980)报道1例华支睾吸虫感染致化脓性胆管炎、腹膜炎、胰腺炎及小肠吸收不良综合征死亡者尸体解剖结果，患者生前体检示肝肿大且有结节感，肝质地硬，腹壁静脉显露，腹水征(+)，肝功能检查示慢性肝损害，而病理报告无肝硬化的确切证据，故认为华支睾吸虫直接引起门脉性肝硬化少见。

华支睾吸虫病患者的肝硬化发病率高于对照组。丘福禧(1963)报道，在42例有华支睾虫感染的肝硬化病人中，1例曾做活体组织检查，证实有肝硬化的病理改变，并发现有肝内胆管扩张和嗜酸粒细胞浸润，与侯氏所见有一定的差别。但丘氏认为在华支睾吸虫所致肝硬化中细菌也起了重要作用。

朱师晦(1963)曾用华支睾吸虫囊蚴感染7只豚鼠，经解剖发现，从豚鼠肝内获取华支睾吸虫成虫数平均为240.27条，肝内有急性损害的表现，肝小叶结构不完整，并发生紊乱；小叶间质纤维组织增生，淋巴细胞侵润；胆管上皮细胞腺瘤样增生，肝小叶被大量增生的结缔组织和新生的胆管所替代，有腹水形成，说明豚鼠感染了华支睾吸虫后呈急性肝脏损害，继之形成肝硬化。

高广汉等(1994)用华支睾吸虫囊蚴感染长爪沙鼠，观察肝脏病理变化和肝硬化形成的过程，探讨华支睾吸虫感染与肝硬化之间的关系。

在感染后2天，3只沙鼠肝脏轻度肿胀，表面与切面有许多充血、出血点，部分剪碎的肝脏碎屑中发现有后尾蚴。胆囊膨大，内有淡黄色液体。光镜下见中央静脉、小叶间静脉及肝窦广泛扩张淤血，小叶间静脉出血，小胆管扩张，内有华支睾吸虫后尾蚴。肝汇管区有轻度炎症反应，少数嗜中性粒细胞、淋巴细胞及嗜酸粒细胞浸润。脾脏无明显病理改变。

感染后第10天，3只沙鼠肝脏肿大，表面与切面有许多小区域病灶，胆囊胀大，充满淡黄色的液体。镜检见肝脏汇管区炎症反应加重，或见嗜酸性脓肿。脓肿为大量嗜酸粒细胞聚集，脓肿周围见小胆管与肝胆管扩张，上皮细胞脱落，内有未发育成熟的华支睾吸虫。胰腺管扩张，呈轻度炎症反应，以淋巴细胞多见。脾脏仍未见病理改变。

感染后15天，肝脏与胆囊的大体形态改变、胰腺与脾脏的病理改变均同感染后第10天。镜下见汇管区嗜酸性脓肿增多，成纤维细胞增生，周围小胆管增生，肝细胞变性坏死，并可见少数再生的肝细胞，增生的小胆管和成纤维细胞插入到肝小叶内，部分胆管明显扩张，胆汁淤积，上皮细胞脱落、上皮增生，管腔内可见未成熟的虫体。可见到胆管发炎及胆管周围炎，胆囊呈亚急性炎症反应。

感染后30天，肝脏肿大。镜下见汇管区呈慢性炎症反应，小胆管、肝细胞及纤维组织均有增生；胆汁淤积加重，小胆管和二级以上胆管扩张明显，上皮呈乳头状增生，管腔内见成熟的虫体及散在的虫卵。

感染后90天，肝脏肿大减轻或接近正常，质地较韧，表面和切面可见细小结节。镜下见肝脏汇管区有炎症细胞浸润及少量增生的小胆管，部分小胆管内有散在的华支睾吸虫卵。二级以上较大的胆管及胆囊上皮乳头状增生，出现杯状细胞，周围有慢性炎症反应，有大量淋巴细胞浸润并有淋巴滤泡形成。胰腺呈慢性间质性炎症反应，导管上皮呈乳头状增生，也有杯状细胞出现。

感染后180天肝质地韧，表面与切面结节明显，二级以上胆管伸入肝小叶内，肝小叶结构被分割破坏，形成假小叶。脾窦扩张淤血，被膜及脾索增宽，中央动脉透明变性。

感染后240天，3只沙鼠肝脏均缩小，质地韧，表面有细小网格状花纹，切面结节不明显。胆囊壁增厚，镜下假小叶多见，二级以上胆管与胆囊上皮乳头状增生更明显，见较多的杯状细胞，胆囊炎/胆管炎及周围炎症加重，周围纤维组织增生加重，部分胆管内可见华支睾吸虫成虫，胆汁淤积更明显。胰腺间质炎症减轻，出现胰管炎及胰管周围炎。脾脏仍呈淤血性肿大改变。呈较典型的肝硬化病理改变。

通过对华支睾吸虫感染实验动物的肝脏进行病理组织学光镜和透射电镜观察和免疫组化研究，可以发现纤维增生是从感染早期开始，并持续存在的病理现象。它不仅限于胆管壁周围，而是逐渐地向小叶内伸展。汇管区纤维母细胞转化和增生，枯否氏细胞活跃，小胆管增生及肝细胞的损伤性改变。在感染初期，肝细胞的细胞核和膜性细胞器已出现异常，糖原着色反应减弱，提示肝细胞的病理改变与胆管的改变是同步的，并随着病程的发展趋于严重。这些肝细胞的变化是由胆管内虫体机械阻塞造成的胆汁淤滞，纤维组织增生、压迫的直接结果。组织化学染色的结果表明病变与机能状态的相关性。从变性、坏死的肝细胞中所示的糖、蛋白质、RNA 减少或消失，黏液物质的分泌增加，琥珀酸脱氢酶(SDH)和单胺氧化酶(MAO)活性部位的渐进性减少，不仅反映了肝功能的受累，而且显示了间质增殖性变化的进行过程(曹雅明等 1993)。

华支睾吸虫感染致宿主肝纤维化与华支睾吸虫代谢分泌抗原(EsAg)有密切关系。胡风玉等(2009)给 SD 大鼠腹腔注射华支睾吸虫 EsAg，每周 2 次，连续注射 18 周后，masson 染色可见实验大鼠均出现肝脏纤维的增生和纤维化，部分大鼠肝小叶出现明显的纤维间隔；HE 染色可见大鼠肝组织中有大量小核梭形细胞出现，并呈条索状排列。组织免疫荧光可见绿色荧光在血管外周和纤维间隔旁出现，说明在血管间隙和增生的纤维带旁有大量表达 α-SMA(α-smooth muscle actin)细胞，与实验动物肝脏的纤维化程度吻合。因 α-SMA 是肝星状细胞活化的标志，提示有较多的肝星状细胞活化，而肝星状细胞持续激活是肝纤维化发生中 EMC 的主要来源，是肝纤维化发生、发展的中心环节。大剂量 EsAg 注射组较小剂量注射组肝纤维化程度以及肝星状细胞增殖和活化程度明显，说明腹腔注射 EsAg 能导致大鼠发生肝纤维化。

用华支睾吸虫 EsAg 加福氏完全佐剂按程序免疫大鼠，使动物产生抗 EsAg 抗体后，再腹腔注射 EsAg，在宿主体内，EsAg 和抗 EsAg 抗体同时存在并没有引起明显的肝星状细胞增殖活化和纤维增生，提示是华支睾吸虫 EsAg 抗原与抗体形成的抗原抗体复合物不是引起肝星状细胞的活化的主要因子。

五、华支睾吸虫感染与肝癌

(一) 华支睾吸虫感染与肝癌发生的实验和临床依据

对华支睾吸虫病与肝癌关系的认识最早可以追溯到 1900 年，日本学者首先提出华支睾吸虫感染与胆管癌发生有关。以后国内秦光煜等(1955)，侯宝璋等(1956)，梁伯强等(1957)，丘福禧(1963)陆续有报道。

朱师晦(1982)曾对 2214 例华支睾吸虫感染者进行临床分析，并以 15 389 例无华支睾吸虫感染者作对照。华支睾吸虫感染组中合并胆管癌的病例占 0.23%，合并肝细胞癌的占 2.12%，肝癌的总发病率为 2.35%。而无该虫感染组中无一例发生胆管癌，肝细胞癌仅 0.62%，与华支睾吸虫感染组比较有显著差别，表明华支睾吸虫感染与肝癌关系密切，可能是肝癌的重要病因之一。

肖锡昌等(1988)曾报道了 1 例伴有华支睾吸虫感染的肝胆管上皮癌患者的临床和病理观察结果。该病人经临床、B 超、CT 和选择性动脉造影证实肝脏肿瘤。手术切除肿瘤组织，病理检查见肝癌中央坏死，从坏死的组织中间的一些部位及周围的组织中均可见肝胆管腺癌的结构，也可见到正常的肝组织，有淋巴细胞浸润，此外，其内还有稍扩张的胆管。另一部位见二级胆管扩张，内有华支睾吸虫一条。还有一处见肝胆管周围纤维组织增生，管腔内见不少华支睾吸虫卵。肝组织无硬化表现，但可见肝内胆管周围纤维组织增生，胆管上皮呈腺瘤样增生，腺癌多种形态同在。病理诊断为肝华支睾吸虫感染伴发肝胆管上皮腺瘤样增生、肝胆管上皮癌变及胆管腺癌。据此，肖氏认为原发性肝(胆管)癌与华支睾吸虫病确实有密切的关系。华支睾吸虫长期寄生于肝内的中小胆管中，由于虫体的机械性刺激而引起物理性损伤，或虫体的代谢产物及死亡虫体的分解产物引起的化学性损伤可导致胆管上皮细胞的脱落、再生、增生及腺瘤样增生，以后间变而成癌。成虫阻塞部位的胆管及上端发生扩大，胆管周围纤维化，淋巴细胞浸润，胆管上皮细胞黏液性变，形成胆管上皮细胞癌或黏液性癌。

人体感染早期或轻度感染可无明显病理变化，感染较重时，胆管可发生囊状或圆柱状扩张，管壁增厚，周围有纤维组织增生。严重感染时，管腔内充满华支睾吸虫和淤积的胆汁，镜检可见胆管上皮细胞增生重叠，形成腺瘤样组织，向腔内突起，管壁内凹凸不平，并可有憩室形成。慢性感染可有大量的结缔纤维组织增生，附近的肝实质可见明显萎缩。

严重感染的病例，肝细胞可有变性坏死。华支睾吸虫在人体胆管内最终能否引起癌变长期有争议，但近年动物研究表明，在华支睾吸虫感染引起的上皮腺瘤样增生的基础上可以出现癌变，最后并发肝胆管癌。

动物实验证明华支睾吸虫的毒素能引起宿主的碳水化合物、脂肪和蛋白质新陈代谢障碍，推测人体华支睾吸虫感染也可能引起同样作用。华支睾吸虫毒素和其他外源性致癌因素，在内源性因素(如营养、免疫或遗传等)的参与下，先引起胆管上皮细胞的间变，继而进一步癌变。检查自然感染华支睾吸虫的猫 218 只，其中有 8 只(7.3%)肝脏表面有明显的黄豆粒大小的肿瘤，205 只(94.0%)肝脏质地变硬，结缔组织增生，25 只(11.5%)肝脓肿，肝色较黄，小叶结构模糊，118 只(54.1%)胆管内上皮细胞增生，血清丙氨酸氨基转移酶显著升高。华支睾吸虫对肝脏和胆管及胆囊造成严重损伤，应是肝癌/胆管癌的诱因之一。对自然感染华支睾吸虫的猫进行生理生化指标检测和病理解剖切片观察，华支睾吸虫对肝脏/胆管和胆囊损伤严重，除了上皮增生外，有的组织结缔组织化，并有癌变的趋势(梁沛杨等 2005)。

Lavell 曾单用二甲基亚硝胺给予正常鼠，极少导致肿瘤发生，然而在部分肝切除术后康复增生期，给予单剂二甲基亚硝胺则极易诱导产生肝细胞癌。王磊(1994)用华支睾吸虫囊蚴感染动物，并用二甲基亚硝胺诱发动物的肝癌。11 只实验鼠中肝硬化 5 只，肝细胞癌 4 只，肝内胆管癌 1 只，胆管炎 3 只，肝细胞不典型增生 11 只，胆管腺瘤样增生 2 只。与三组不同处理的实验对照组相比较，肿瘤的发生率高。病理检查显示如下结果：①肝硬化：正常肝小叶结构消失，被假小叶取代。假小叶内的肝细胞呈不同程度变性、坏死和增生，肝细胞增生活跃，大部分呈不典型增生。汇管区因结缔组织增生而显著增宽，可见淋巴细胞和嗜酸粒细胞浸润。②原发性肝癌：癌组织呈结节状生长，癌细胞呈多角形，大小不一，可见瘤巨细胞，细胞核大且大小不一，或畸形深染，核仁肥大，核分裂象常见。③胆管上皮癌：癌细胞多呈立方状，细胞呈腺状排列，腺腔大小不一，排列紊乱，细胞核大，染色质较丰富，核分裂象常见，可见癌组织侵犯至肝小叶。

（二）华支睾吸虫感染所致胆管癌的组织发生学

在感染华支睾吸虫的鼠、豚鼠、兔和人胆小管内，可见有虫体附着的胆小管处黏蛋白分泌细胞大量增加，深部腺体及环状细胞形成。对 17 例与华支睾吸虫病相关联的胆管癌患者尸体解剖发现，所有肿瘤均产生上皮黏蛋白，这种黏蛋白是中性与酸性黏多糖的混合物，与正常的华支睾吸虫感染者胆管分泌的黏蛋白相类似。在肿瘤上皮中羟基黏蛋白减少，磺基黏蛋白缺如或仅有少量，未见到自杯状细胞至肿瘤细胞的过渡阶段。

有学者认为，在人体华支睾吸虫病发生过程中，黏液细胞增生与杯状细胞组织变形可能是肿瘤形成的一个步骤，胆管新生物上皮磺基黏蛋白生物合成的缺乏，可能表示变形细胞退行性变至较低分化程度。

第二级胆管肿瘤是可能发展于：①突出在胆管腔内增生的息肉样结构、厚层的上皮间质细胞；②从胆管壁增生的腺瘤样组织；③从增生的上皮衬细胞和胆管腺瘤样组织同时发生改变。在胆管壁常见癌肿，伴随腺瘤样形成而出现。

大鼠给予亚硝基吗琳诱导胆管癌发生可分为四个阶段。第一阶段为非特异性致癌物质对肝细胞的毒性作用，导致肝细胞坏死，引起管形细胞和间质细胞大量增生。第二阶段，随着胆小管反应出现黏蛋白分泌的胆管纤维变性，许多胆小管细胞转变为分泌中性和酸性黏多糖的杯状细胞。在使用化学致癌物质刺激和宿主感染华支睾吸虫时，都相似地存在着肿瘤发展的这两个阶段。华支睾吸虫感染早期在胆管增生出现后不久，能导致门脉区肝细胞凝固性局灶性坏死、环状细胞变形、黏液分泌增加和胆管纤维变性。第三阶段出现良性的囊状的胆管瘤和胆管纤维瘤。胆管纤维瘤在第四阶段进而成为胆管癌，进展到癌肿的特征是黏液物质逐渐减少。在致癌第二阶段需要外源的“引发者”刺激，寄生虫可能起一种“促催化剂”作用（陈祖泽译 1983）。

（三）华支睾吸虫感染致肝胆癌的机制

程艳洁（2010）和刘国兴等（2010）总结了近年来对华支睾吸虫感染可能致癌机制的研究进展，认为华支睾吸虫诱发肝癌/胆管癌的机理可能是华支睾吸虫在长期的进化过程中获得了与宿主相近的一些功能基因，这些基因具有调控细胞生长发育的功能，它们作用于胆管上皮细胞和肝细胞，表现出与促癌或抑癌基因类似的调节宿主细胞生长发育的活性，从而诱导或调节胆管上皮细胞和肝细胞的恶性转化。

1. 华支睾吸虫感染诱发肿瘤的病理基础

（1）肝胆病理生理学变化：华支睾吸虫感染后诱发胆管癌是一个长期慢性的病程，从胆道华支睾吸虫感染到胆管癌确诊，平均潜伏期长达 15 年，其作用机制可能与提高机体对致癌因素的敏感阈有关。由于华支睾吸虫抗原的刺激，机体免疫系统产生特异性 IgG 作用于肝内胆管的同时也使邻近肝细胞发生脂质过氧化反应，不断产生脂质过氧化物（lipoxygenase，LPO），LPO 的分解产物引起肝细胞损伤，导致肝功能改变，随着肝细胞的损伤，外周血中 LPO 的含量逐渐增多，超氧化物歧化酶（superoxide dismutase，SOD）、过氧化氢酶（catalase，CAT）活性降低，肝清除过氧化氢（H_2O_2）的能力下降，加重了脂质过氧化作用，形成恶性循环。

与华支睾吸虫起协同作用的原致癌物质，可能存在于寄生虫代谢或变性产物中，或存在于被寄生虫改变为致癌型的胆汁成分中。如胆汁酸的结构具有某些类似于致癌的多环烃类，可能被华支睾吸虫或被增生的胆管上皮代谢物转变成致癌型，或更可能的是在胆汁中形成的致癌物质对胆小管上皮有亲和力。

（2）细胞因子与嗜酸粒细胞的作用：虫体感染激活 Th1 同时也激活 Th2，而后者产生的细胞因子 IL-4、IL-5 及 IL-6 可抑制 IFN 激活巨噬细胞的免疫活性，加重感染扩散，加重机体损害。吸虫感染时，细胞因子 IL-2、IL-5 参与介导结节形成和纤维化，细胞因子可在局部介导免疫病理损害，过量的 TNF、IL-1 对血管内皮也造成损害，促进内皮细胞黏附，使感染恶化，机体损害加重。同时 INF-γ 可导致 NO 产生，引起另一途径机体损害。华支睾吸虫感染后持续的虫体移行可引起持续的大量嗜酸粒细胞反应，短暂移行可引起短暂的嗜酸粒细胞增多，而慢性嗜酸粒细胞增多可引起宿主持续的组织炎症反应。而这些免疫病理反应将可能参与癌变途径，分泌的细胞因子也可能参与癌变机制的调节。

（3）华支睾吸虫的代谢产物促进宿主细胞增殖：华支睾吸虫的代谢产物（CsES）可通过调节转录因子 E2F1 影响人上皮细胞系 HEK293 的增殖；用 CsES 处理胆管癌细胞系 HuCCT1，观察其对银胶菊内酯（具有强大的抗癌特性，能诱导胆管癌细胞凋亡）作用的影响，结果证明 CsES 不但可以增强胆管癌细胞系的增殖，而且还能抑制银胶菊内酯的促细胞凋亡作用。同样用 CsES 处理胆管癌细胞系 HuCCT1，基因表达谱差异分析表明大量参与致癌作用的基因表达上调，如染色体维持蛋白-7（Mcm7）、微粒体谷胱甘肽 S-转移酶（Mgst1）、E2F5（E2F 转录因子家族）和 Sav 等，说明 CsES 中可能存在某些可促进细胞增殖的蛋白成分（Kim et al 2009，Pak et al 2009）。

2. 华支睾吸虫感染诱发肿瘤的可能机制　华支睾吸虫感染的致癌机制可能有两个方面：①致癌物质投予时已有寄生虫所致细胞坏死以及细胞增生，致癌物质起了启动作用。致癌物质使细胞 DNA 损伤而发生癌的机制中，只有 DNA 损伤固定于细胞内，才能发生基因变异、重组和（或）转位，从而激活癌基因。在 DNA 损伤固定中，细胞增生是绝对必要的。由于生理条件下肝细胞几乎不增生，但肝组织如发生损伤，例如肝部分切除或予致肝坏死物质以诱发肝再生，即在发生细胞增生的条件下投予极小量的致癌物质，也可以发挥启动作用。②寄生虫引起慢性细胞坏死和再生，对肿瘤发生也具有促进作用。对持续的慢性炎症和坏死反应是继之而来的细胞增生，也可能非特异性地对肝癌发生起促进作用。华支睾吸虫感染所致胆管癌的发生是一个复杂的过程，包括多种可能机制，已有的证据的可能发病机制有以下几方面：

（1）胆管上皮细胞的超常增生和长期暴露于致癌物：华支睾吸虫成虫和虫卵长期慢性机械刺激及代谢产物的作用，引起胆管上皮细胞脱落，胆管壁及周围组织淋巴细胞、嗜酸粒细胞和中性粒细胞浸润，胆管上皮腺瘤样增生，管壁结缔组织增生。增生的细胞对致癌物敏感，在活跃的细胞增殖过程中，致癌物容易导致 DNA 的损伤。若损伤的 DNA 包括细胞周期控制因子，就会形成肿瘤。华支睾吸虫感染也会增加内源性的亚硝基化作用，也从另一方面参与癌变进程。

（2）内源性致癌物形成增加：宿主感染华支睾吸虫可引起内源性的亚硝基化作用。有报道用华支睾吸虫囊蚴感染仓鼠，在虫体寄生的胆管周围的炎症区，巨噬细胞、肥大细胞和嗜酸粒细胞内的一氧化氮合酶被活化，与对照组相比活性增加 2 倍，该酶能增加硫代脯氨酸的内源性亚硝基化。虽然高浓度的 NO 可产生细胞毒作用以及诱变效应，但过多的 NO 在胆管癌的起始及发展过程中也发挥作用。在控制饮食(低亚硝酸盐)的研究中时发现,与对照组相比,华支睾吸虫感染者增加了内源性 NO 和亚硝基化合物的产生,表现为血浆和尿液中的硝酸盐、唾液中的亚硝酸盐浓度增加,脯氨酸和硫代脯氨酸的亚硝基化。肠胃外 NO 的氧化形成亚硝基化因子与胺反应,产生亚硝基化合物。胆管周围的慢性炎症区域的炎性细胞产生 NO 也可导致该区域形成亚硝基化合物。胆管上皮细胞持续暴露于高浓度的亚硝基化合物,导致细胞的恶性转化(Satarug 1996)。

(3) 致癌代谢酶活化:感染华支睾吸虫的雄仓鼠体内,肝细胞色素 P450(cYP)的同工酶,特别是 CYP2E1 和 CYP2A6 比对照组表现出更高的活性,而紧邻炎症区域肝细胞内的这两种酶的活性最高。已证实伴有肝内胆管纤维化的华支睾吸虫病患者体内诱导 CYP2A6 表达,用吡喹酮驱虫治疗后 2 个月该酶活性可显著降低。DMN 是组织内的一种内源性亚硝基化作用的产物,可由 CYP2E1 和 CYP2A6 两种酶代谢,其代谢反应产物是一种 DNA 甲基化因子,可引起 DNA 的损伤,特别是在胆管上皮细胞的增殖过程中理更为明显(傅诚强译 2003)。

(4) NO 产物增加:在华支睾吸虫感染引起的慢性炎症区域内,巨噬细胞、肥大细胞和嗜酸粒细胞等被具特异性的 T 细胞和细胞因子活化,诱导一氧化氮合酶表达,*L*-精氨酸产生 NO。NO 介导抗感染的同时也通过两个途径危害宿主。一是作用于宿主细胞代谢关键酶,这些酶活性部位 Fe-S 基团结合形成铁-亚硝酰基复合物,引起代谢酶中铁的丧失,酶的活性受到抑制,进而阻断宿主细胞能量合成和 DNA 复制,NO 引起的铁丢失与细胞毒性呈平行关系。NO 的另一个作用机制可能是 NO 与超氧阴离子(O_2^-)反应,生成过氧亚硝酸根(ONOO—),ONOO-质子化后迅速分裂成高毒性的羟自由基 OH 和稳定的 NO_2,OH 活性很高,能诱发细胞多方面的损伤,ONOO-本身亦能引起 DNA 的解链,直接破坏细胞膜,使细胞膜发生功能障碍。NO 衍生物能引起 DNA 的损伤,导致细胞突变。胆管上皮细胞长期暴露于这种具有遗传毒性的炎症产物中,形成了肿瘤恶变的适宜环境(Ohshima et al 1994)。

华支睾吸虫诱发的炎症反应通过 TLP-2 介导的途径导致 NF-kB 介导的 iNOS 和 COX-2 表达,可能也参与了致病作用以及致癌作用。

多种可能存在的致癌作用机制,包括宿主的营养,外源性致癌因子等因素在华支睾吸虫感染后肝/胆管癌的发生过程中会有复杂的协同作用。在虫体、虫卵的机械刺激和代谢产物存在的条件下,长期作用会加速肝/胆纤维化、组织增生、癌变,尤其能加速已有病变组织恶变的进程,其引起肝内胆小管炎症、上皮细胞增生,然后发生癌变,主要为多中心起源的胆管上皮细胞腺癌。对于伴有血吸虫感染、乙型肝炎或丙型肝炎的患者,肝功能更易受损,也更容易发生肝癌。

六、华支睾吸虫感染与儿童生长发育障碍

儿童感染华支睾吸虫病可影响生长发育。姚福宝等(1984)报告 261 例儿童华支睾吸虫病患者,身材矮小占 41.76%。朱师晦等(1983)报告 32 例,有身高和体重记录的 30 例均有不同程度的发育障碍。以上所报告的患儿在出生时、出生后一段时间内生长发育正常,其父母和兄弟姐妹生长无异常,均排除了原发性侏儒症。一些病例曾作颅脑 X 线检查,蝶鞍无异常发现,可排除该部位的占位性病变。甲状腺吸碘试验比正常偏高。空腹血糖测定,24

小时尿17羟类固醇试验均未发现有内分泌失调的证据。

多数学者认为华支睾吸虫感染造成宿主的营养或代谢紊乱是患儿生长发育障碍的主要原因。华支睾吸虫可引起肝脏功能不全，也可由于毒素引发代谢紊乱，从而引起生长发育的障碍。据Feury和Leeb进行的动物实验证明，反刍动物对华支睾吸虫的毒素反应表现在能引起碳水化合物、脂肪及蛋白质新陈代谢障碍。梁伯强及陈心陶等也认为肝脏损害与华支睾吸虫所产生的毒素可能有密切关系，其次因该虫寄生于肝胆管内，致肝脏严重病变，如肝硬化及肝细胞坏死、炎症等，因此使消化功能紊乱及营养吸收不良。陈约翰(1963)报告9例儿童华支睾吸虫病患者尸体解剖结果，肝脏均有严重病理变化，临床表现有消化不良、腹痛、腹泻、食欲不振等，这些均可使肠吸收不良，形成营养不良症，其中8例有浮肿的临床表现。严重的营养不良也可导致机体各器官的功能障碍，脑垂体的功能也会受到损害，而引起发育障碍。

七、华支睾吸虫与消化性溃疡

华支睾吸虫病与消化性溃疡也有密切关系，石育华等(1995)报道了一组华支睾吸虫病共377例，其中合并消化性溃疡163例，占43.24%。163例中单纯消化性溃疡44例，胆石症合并消化性溃疡119例。基于以上结果，石育华等认为华支睾吸虫感染时成虫移行至肝内胆管、胆总管、胆囊，使这些器官受到机械刺激，加上其代谢产物的作用，可致这些器官发生慢性炎症、结石，并可继发细菌感染。慢性炎症、结石及成虫的刺激，可导致胆囊非进食后的不规则收缩。据Boxter对胆囊进行核素扫描发现，胆囊病患者的胆囊排空可与进食无关。另有报道慢性胆囊炎和胆石症患者均可有消化不良症状，Rains认为与胃、十二指肠功能失调有关。这种胃排空和胆囊排空的不同步，一方面导致含胆汁和十二指肠液逆流入胃，胆盐破坏了胃黏膜屏障，使胃黏膜发炎受损导致萎缩和溃疡形成。胆汁反流所致胃黏膜病变，尤其是幽门和胃窦部的慢性活动性胃炎，可单独或在幽门螺杆菌及其他因素作用下形成溃疡。另一方面，胃排空功能紊乱又可导致胃酸不规则地对十二指肠黏膜刺激，可诱导十二指肠黏膜胃型上皮化生，幽门螺杆菌在胃上皮化生处生长，该处黏膜在高胃酸和幽门螺杆菌的共同作用下产生活动性的慢性炎症反应，逐渐形成溃疡。

八、华支睾吸虫与胰腺炎、糖尿病

除严重感染外，华支睾吸虫寄生在胰腺管内的情况并不多见，但华支睾吸虫感染是诱发胰腺炎的原因之一，华支睾吸虫感染者胰腺炎的发生率为0.72%～37.5%，中位数为6.3%。如广东南海华支睾吸虫病流行区，胰腺炎患者华支睾吸虫的感染率为30.6%，显著高于该地区平均感染率，特别是胆源性胰腺炎患者中华支睾吸虫的感染率高达42.7%(黄鹤等2005)。华支睾吸虫寄生可致胆管炎、胆石症，虫卵、炎症分泌物和结石从胆总管排出时均可造成壶腹部出口阻塞，或刺激Oddi括约肌，使之痉挛，胆汁排泄不畅，胆道内压力增高，胆汁反流进入胰腺管，也能激活胰酶而致胰腺炎。如华支睾吸虫寄生在胰管内，可导致胰管扩张，引起炎性反应、导管上皮细胞增生和胰管周围纤维化。临床最多见的是胰腺炎，其发生机制与结石性胰腺炎相同，都符合胆胰共同通道学说。

胆道细菌感染还可通过与胰腺共通的淋巴管引流而扩散至胰腺炎。当华支睾吸虫寄生在胰腺内时，虫体运动所致机械性损伤、成虫和虫卵代谢物的化学性刺激及宿主机体产生的免疫反应，均可引起胰腺管管壁上皮细胞脱落、鳞状上皮化生、纤维组织增生、炎性细胞浸润、脂肪变性和出血坏死而致胰腺炎。胰腺炎长期不愈，可影响胰岛的功能，引发糖尿病。

（陈　明）

第八章 华支睾吸虫感染的病理生理与病理解剖

一、华支睾吸虫感染的病理生理

（一）肝脏酶学变化

动物实验表明，家兔感染华支睾吸虫后30天、60天、100天，血清谷氨酸氨基转移酶(ALT)活性与感染前相比无显著差异，示细胞未受损。感染后30天，γ-谷氨酰转移酶(γ-GT)活性提高，60天达更高值，至感染后100天略下降，但仍显著高于感染前。初期感染γ-GT升高，可能与虫体压迫和刺激肝胆管，导致γ-GT释放所致，当胆管受长期刺激相对适应后，γ-GT有所下降。

γ-GT同工酶图谱出现γ-GTⅠ（位于白蛋白与前白蛋白之间）、γ-GTⅡ（位于A1球蛋白与白蛋白之间）和γ-GTⅢ（位于A2球蛋白位）三条区带。检测华支睾吸虫感染后粪检虫卵阳性和γ-GT活性升高的10只家兔，全部出现γ-GTⅢ和γ-GTⅡ2条区带，对照组仅显示γ-GTⅢ 1条区带，说明γ-GTⅡ区带是感染华支睾吸虫后宿主特异性选择的区带。家兔感染华支睾吸虫后30、60、100天，γ-GT/ALT比值分别是0.9、2.03、1.67，亦高于正常兔(许正敏等2002)。

梁沛杨等(2005)检查218只自然感染华支睾吸虫的家猫，因感染时间无法确定，估计病程较长，感染也较重。这批猫平均获虫115.3条，94%的猫肝脏已呈硬化状态，多伴有胆管、胆囊、脾脏甚至肠道病变。血清ALT、天门冬酸氨基转移酶(AST)和γ-GT几种酶中仅有ALT水平显著高于正常猫，提示肝脏已有损伤。白细胞数量轻度增加，但红细胞数量极度减少。

崔巍巍(2007)观察感染时间和感染度均不相同家犬的ALT、AST、碱性磷酸酶(ALP)、乳酸脱氢酶(LDH)、胆碱酯酶(ChE)、γ-GT、淀粉酶(AMS)等指标。感染约1 200个囊蚴的犬在感染后15天ALT、AST、ALP、LDH比感染前轻度升高，γ-GT和ChE无变化；感染约3 600个囊蚴的犬在感染后30、60和90天ALT、AST、ALP、LDH持续高值，ChE降低，AMS下降至感染前水平，γ-GT无变化；感染约7200个囊蚴的犬在感染后22天出现腹水，30天后ALT、AST、ALP、LDH持续高值，ChE下降，AMS和γ-GT无变化。腹水常规检查，外观呈深黄绿色混浊样，李凡他试验(3+)，白细胞计数15×10^9/L，血糖2.0mmol/L，氯化物90mmol/L，细胞分类，中性粒细胞0.87，淋巴细胞0.13。以上酶学检测指标与肝脏病理变化程度一致。2只犬经吡喹酮治疗后，ALT、AST、ALP、LDH、AMS均有不同程度的恢复，肝胆管的病理状态也有明显的改善和修复，提示华支睾吸虫感染所致损伤是可逆的。

（二）宿主抗氧化功能的变化

1. 血清中超氧化物歧化酶的变化 氧自由基包括超氧阴离子自由基、羟自由基、单线态氧或过氧化氢等，它们均具细胞毒性。超氧化物歧化酶(superoxide dismutase，SOD)是清除自由基的重要物质。

用华支睾吸虫囊蚴感染大鼠，在感染后采用羟胺法检测大鼠的SOD。感染后10、20、30、50、90天，大鼠血清的SOD值分别为(261.65±22.66) U/ml、(300.13±26.23) U/ml、(253.93±8.04) U/ml、(237.20±20.83) U/ml、(252.89±12.65) U/ml，未感染大鼠血清SOD平均值为(263.17±12.9)U/ml。感染20天大鼠血清SOD值明显高于对照组($P<0.05$)，此后SOD逐渐下降，稍低于对照组。检测以上时间点取自鼠体华支睾吸虫的SOD水平，SOD呈逐步下降的趋势，10～30天下降幅度大。

SOD是最重要的清除自由基的酶之一，能防止和减少内源性和外源性氧自由基的损害。当宿主感染了寄生虫时，吞噬细胞在发挥抗虫作用时大量释放氧自由基，使宿主体内氧自由基增加。大鼠感染华支睾吸虫后血清SOD活性升高可能为当氧自由基增多时，机体进入氧应激态(oxidative stress)，引发组织的应激反应，SOD等活性氧清除剂的合成增加，以消除过多的氧自由基及其作用产物，以保护宿主组织，同时对虫体造成损害。感染华支睾吸虫30天后大鼠体内的SOD活性开始下降并在90天时稍低于对照，可能因为：①感染后肝脏发生脂质过氧化反应，产生更多的氧自由基，为清除自由基，SOD消耗增多；②在人与动物体内，SOD在肝脏活性最高，随感染时间延长，宿主肝脏受损加重，纤维化程度增加，肝脏合成功能下降，SOD生成减少。

华支睾吸虫病的病理过程中，宿主和寄生虫都有氧自由基参与，SOD清除自由基功能对宿主有抵抗感染的作用，对于寄生虫则有抵御宿主的杀伤和清除自身自由基的功能(秦小虎等 2006)。

2. 华支睾吸虫感染者血清脂质过氧化物的改变 过氧化作用是指在多不饱和脂肪酸中发生的一系列自由基反应，以链式和支链式反应的形式不断地形成脂质过氧化物(LPO)，LPO的分解产物能引起细胞成分的损伤，导致细胞功能和结构的改变。蔡连顺等(2000)报道，华支睾吸虫病患者血清中LPO的浓度为(9.17±0.72)nmol/ml，健康对照者为(6.69±0.88)nmol/ml，两者差异显著。华支睾吸虫病患者血清LPO值增高提示肝脏受损。在抗氧化系统中，SOD、过氧化物酶(CAT)等在人体肝脏中最高，它们能及时有效地清除超氧化物阴离子自由基(O_2^-)和过氧化氢(H_2O_2)，消除其对机体的有害影响。肝脏功能正常对于机体防御氧的毒性，防止肿瘤发生和清除炎症，预防衰老等方面非常重要。人体感染华支睾吸虫后，华支睾吸虫抗原刺激机体免疫系统产生特异性IgG，激活粒细胞释放大量的O_2^-，后者一方面作用于肝内胆管中的虫体，另一方面使邻近的肝细胞发生脂质过氧化反应，造成肝细胞损伤，导致肝功能变化，外周血中的LPO含量逐渐增多。随着肝细胞的损伤，SOD、CAT活性降低，肝脏清除H_2O_2和O_2^-的能力下降，加重了脂质过氧化作用，使LPO水平进一步增高。所以脂质过氧化物参与人体华支睾吸虫病的发病过程。

二、华支睾吸虫病的病理

有关华支睾吸虫病的病理报告大多来自尸体解剖或实验性感染华支睾吸虫的动物。死于该病的患者或动物，尸体外观可见全身肌肉松弛，皮下脂肪消失，部分呈恶病质。新鲜的尸体可见皮下可凹性水肿，部分有皮肤、巩膜黄染。

华支睾吸虫病病理改变主要为二级胆管壁的细胞病变，病变可分为四个阶段：第一阶段为胆管上皮细胞的脱落和再生；第二阶段为胆管上皮脱落，再生和增生；第三阶段为增生更加剧烈，形成了腺瘤样组织，管壁的结缔组织也于此时开始增生，此时二级胆管既扩张，同时管壁又变厚，周围末梢胆管也随着扩张；第四阶段为结缔组织增生剧烈，腺瘤样组织逐渐退化减少，胆管壁显著增厚，但扩张却不明显；如果病变继续发展，胆管腺瘤样增生通过上皮细胞的间变转变为胆管癌或由胆管纤维化转变为胆管癌。化生的杯状细胞亦可转变为癌前4个阶段的病理改变(侯宝璋 1966)。

(一) 肝脏和胆囊的基本病理改变

1. 肝脏病变肉眼观

(1) 实验动物：分别以1200、3600和7200个囊蚴(轻、中、重度)感染家犬，轻度感染犬在感染后15天，肝内小胆管呈广泛的增生及轻度扩张，以肝外周显著，胆管壁增厚，管腔及胆囊内虫体以童虫占多数。中度感染犬在感染后30天，肝内胆管中等度扩张，呈白色结节状，管壁增厚，管腔阻塞，胆管及胆囊内均可见较多虫体。重度感染犬在感染后40天，肝脏表面呈多数小结节状，切面肝被膜下胆管高度囊状扩张，病变胆管占切面积的1/2，胆管腔为大量虫体充塞，胆囊内也可见较多虫体。中度感染犬经吡喹酮治疗后30天，仅见少数胆管壁增厚，扩张的胆管已恢复正常，肝内较大胆管腔光滑畅通，未发现虫体(崔巍巍 2007)。

(2) 尸体解剖：解剖因华支睾吸虫严重感染而死亡者尸体可见，肝脏肿大，左叶明显增大者更为多见。肝脏表面高低不平，可见黄豆大小的灰白色、近圆形扩张的胆管末端突出于肝表面，整个肝脏质地变硬，剖切时刀下有脆感。肝脏切面呈棕色，肝包膜增厚。包膜下可见扩张的胆小管呈树枝状扩张，末端与肝总管处几乎一样粗，整个肝内胆管呈囊状扩张，直径可达3～6mm。胆管壁增厚，可达0.5～3mm。管腔内见污浊黏稠的黄褐色液体，有些可呈血性，有些呈胶冻状，常常混有小结石或泥沙样结石；部分管腔内还可见华支睾吸虫成虫。同一管腔的一个切面上可有多个成虫，可造成管腔的不完全梗阻(图8-1)。

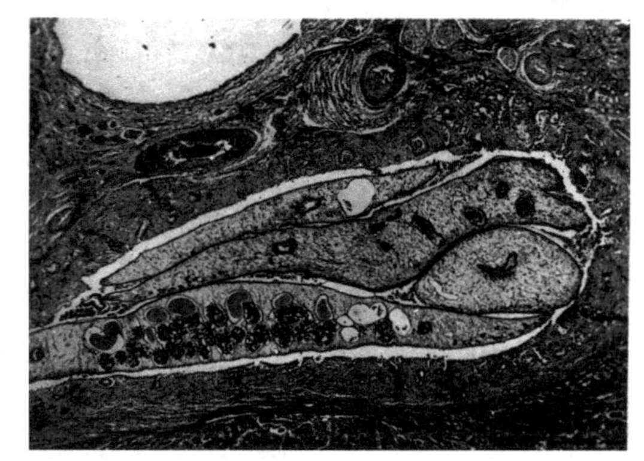

图8-1　华支睾吸虫病肝脏切面，胆管内有华支睾吸虫4条虫体的断面 (引自 Hou 1955)

华支睾吸虫病并发肝癌的肝肿瘤组织可见表面平滑，分离不平整，切面可见肿物，与周围肝组织分界清楚，但部分有压迫现象。肝癌中央多呈坏死，其中有些部位仍可见一些肝胆管腺癌，有些坏死的周围组织亦见胆管腺癌组织，还可见扩张的胆管，扩张的二级胆管中常可有华支睾吸虫成虫。胆管周围纤维组织明显增生(肖锡昌等 1988)。

2. 光镜下的改变

(1) 实验动物肝胆病理改变：犬轻度感染华支睾吸虫后15天，胆管上皮纤维组织腺体轻度增生(腺体/纤维≈1/1)，汇管区纤维结缔组织轻度增生，中央静脉充血，周围少许出血。小胆管增生，肝细胞轻度淤胆，气球样变性(局部小于总面积的1/2)，大量嗜酸粒细胞弥漫浸润。

中度感染犬在感染后 30 天，胆管内可见到虫体断面，管壁纤维组织及上皮腺体中度增生（腺体/纤维≈1/2），汇管区纤维结缔组织轻度增生，至感染后 90 天，呈中度增生。中央静脉轻度充血，周围少许出血，肝细胞轻度淤胆，肝细胞气球样变性广泛（大于总面积的 2/3），大量嗜酸粒细胞弥漫浸润，局部嗜酸细胞肉芽肿形成。

重度感染犬在感染后 40 天，胆管上皮腺体腺瘤样增生（腺体/纤维≈5/1），少数上皮腺体变性，汇管区纤维结缔组织轻度增生，肝小叶结构混乱，肝细胞重度淤胆，部分肝细胞脂肪变性，嗜酸粒细胞轻度浸润。脾呈现不同程度淤血，胆囊黏膜及肌层有不同程度炎性细胞浸润，以嗜酸粒细胞为主，胆囊黏膜体大部分脱失（崔巍巍 2007）。

尹小菁（1994）对感染华支睾吸虫囊蚴 45 天的豚鼠用吡喹酮治疗，治疗后 3 个月和 5 个月观察肝脏病变恢复状况。与不治疗的对照组比较，治疗后豚鼠肝脏淤血肿胀减轻，病变范围缩小，肝质地变软，胆管扩张程度减轻。治疗后 3 个月胆管上皮乳头状增生已不显著，腺瘤样组织减少，而纤维组织成分仍增多。治疗 5 个月后，胆管上皮细胞排列趋向整齐。管腔面较为平坦，胆管上皮细胞脱落亦大为减少，腺瘤样组织基本消失，代之为纤维组织显著增加，管壁增厚，胆管周围肝细胞逐渐恢复原来结构。提示解除压迫后，胆管上皮细胞反复脱落、增生的过程中止，萎缩变性的肝细胞可逐渐恢复原来结构，腺瘤样组织可逐渐消失，被纤维组织取代。

实验感染华支睾吸虫小鼠肝脏的部分病理变化见图 8-2。

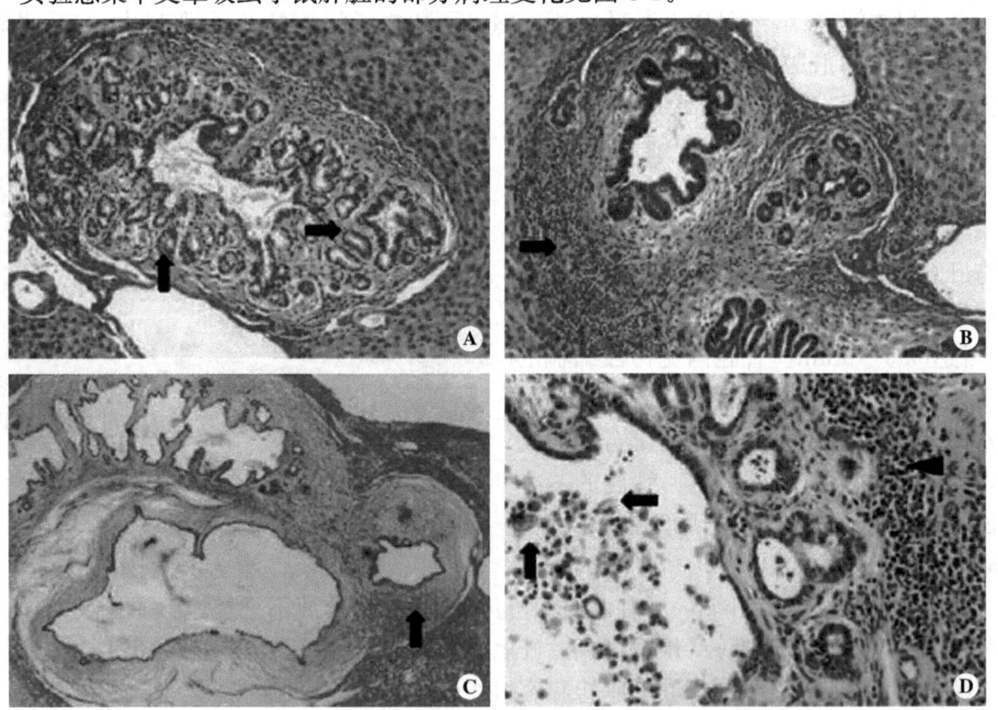

图 8-2　小鼠感染华支睾吸虫后肝脏病变（引自 Choi 2003）

A. 感染后 2 周 FVB 小鼠肝脏，可见胆管壁严重增生（箭头所指），中度的嗜酸粒细胞浸润，胆管周围轻度纤维化 Van Gieson 染色；B. 感染后 2 周 BALB/c 小鼠肝脏，可见大量嗜酸粒细胞浸润（箭头所指）和中度的胆周围纤维化 Van Gieson 染色；C. 感染后 4 周 FVB 小鼠肝脏，示胆管周围出现明显纤维化（箭头所指）。HE 染色；D. C 图的放大，可见虫卵（箭头所指）和成堆的嗜酸粒细胞和浆细胞浸润为主的炎症细胞（三角所指）

(2) 人体华支睾吸虫病肝胆病理:在华支睾吸虫病的病理改变中胆道的改变最为明显。

急性期华支睾吸虫病的胆管上皮脱落、坏死,胆管周围炎性细胞浸润,胆管周围纤维增多,管壁增厚,炎症细胞较初期减少。胆管上皮杯状化生,分泌大量黏液。慢性感染者胆管上皮均有不同程度的增生,严重者增生的上皮呈乳头样向管腔内突出,管腔边缘参差不齐,增生的上皮可形成腺样结构,类似腺瘤改变,称腺瘤样增生。管壁内有不等数量的淋巴细胞、浆细胞和嗜酸粒细胞浸润。胆管周围血管增生,充血。汇管区可有结缔组织增生,且向小叶边缘不规则伸入。在一些较大的汇管区,由于增生的结缔组织向小叶边缘伸展,包围了部分肝细胞,形成似假小叶样结构。有的病例汇管区内有少量的淋巴细胞、浆细胞和单核细胞浸润,有时亦可见较多的嗜酸粒细胞和中性粒细胞浸润。肝小叶的结构一般尚存在,肝细胞大多呈萎缩、浊肿及脂肪变性(陈约翰等 1963)。病程较长者管壁的炎性细胞减少,纤维增多,管壁增厚,加之虫体阻塞,结石形成,管腔有不同程度的阻塞。肝内胆管中有华支睾吸虫寄生处的胆管上皮大多消失、脱落,黏膜下水肿,上皮水肿;无华支睾吸虫寄生的胆管上皮结构多为正常,呈单层立方形或矮柱状。部分患者的汇管区内、胆管周围有大量纤维增生,炎症细胞浸润,并向肝小叶内延伸,致小叶结构破坏。梁伯强 1937 年报道 123 例华支睾吸虫病尸体解剖中合并胆结石者 11 例(8.94%),其中有 8 例结石的核心有华支睾吸虫卵。

华支睾吸虫病肝脏病变见图 8-3。

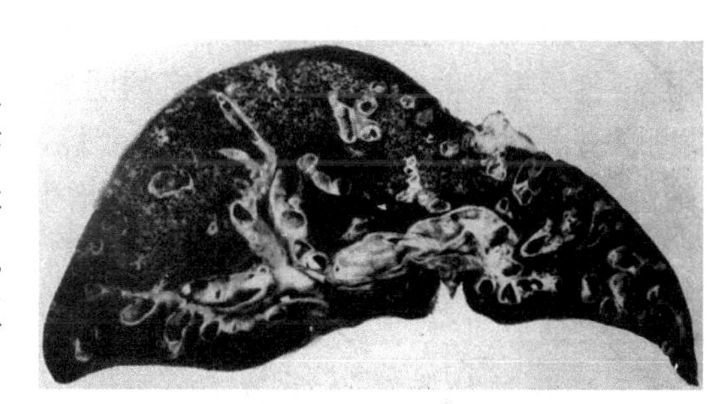

图 8-3　华支睾吸虫病肝脏切面,示胆管高度扩张,管壁纤维化 引自 Hou 1955

对华支睾吸虫病并发肝癌的肝肿瘤组织的病理检查可见肝癌中央多呈坏死,非癌组织中可见门管区纤维组织轻度增生,有淋巴细胞浸润。胆管扩张,胆管周围纤维组织明显增生,肝组织无肝硬化的表现,肝内胆管有的上皮增生呈多层,并失去正常排列,管腔内见到不少华支睾吸虫卵。有的上皮已呈间变,有的呈腺瘤样增生,有些部位已为腺癌(肖锡昌等 1988)。因华支睾吸虫多侵犯二级胆管,在某华支睾吸虫感染率高达 65.6%的流行区,当地的原发性肝癌中有 16%为二级胆管癌,且均为腺癌,每例都感染了华支睾吸虫,都有癌从腺瘤样组织发生的病理学证据(侯宝璋 1966)。

(二) 感染华支睾吸虫肝胆超微结构变化

1. 胆道超微结构变化　豚鼠经口感染华支睾吸虫囊蚴后,通过扫描电镜观察,可见胆管上皮细胞管腔面形成较多形态各异的疱状突起,此疱状突起可融合,微绒毛排列紊乱,稀疏或消失。上皮细胞增生显著,形成皱襞,皱襞间被陷窝或裂缝分离;感染后 10 周细胞间隙增大,渐发展为细胞片状脱落;细胞表面质膜破溃或缺损,缺损呈小孔状、裂隙状或片状,并可看到黏液从缺损处溢出并分布于细胞表面(林绍强 1998)。

通过透射电镜观察,感染华支睾吸虫后豚鼠胆管发生一系列病变,随着感染时间的推移,病变逐渐加重。①胆管:胆管与胆小管管腔均扩大,胆小管数量增加,胆管上皮细胞质内常见大量黏液颗粒,胆管上皮细胞常呈假复层增生。②胆管上皮:上皮微绒毛肿胀、融合或脱落,并随感染的延续有加重趋势,常可看到融合的微绒毛形成异常突起伸向管腔,但异常的微绒毛之间仍可见到正常的微绒毛。③细胞质:细胞增生成假复层,胞质减少,胞质内黏液颗粒向管腔面集中,细胞顶端常向管腔面异常隆起,管腔面微绒毛减少或消失。④细胞边界:细胞质突起增加,细胞邻界变直,细胞间隙增宽,连接部分离,细胞突起与隐窝不连接,并可见胶原纤维向细胞间隙增生。⑤细胞核:感染早期核变化不明显,核呈圆形或椭圆形,核仁较发达,后期可见核形状不规则,边缘凹陷成多角或齿状,核周池扩张,与扩张的内质网池相通。⑥细胞器:粗面内质网普遍扩张,有的成池状,数量增多;高尔基复合体明显活跃,可见扁平囊、小泡及大泡;上皮细胞内有大量的多聚核糖体;线粒体数增多,感染后1周大部分结构完整,2周后部分线粒体体积增大、肿胀、嵴部分溶解、消失。至感染后第5周大部分线粒体的嵴完全溶解消失,基质透明空泡化,偶可看到线粒体基质及嵴浓缩为髓样体。而有些溶酶体增多,还可见少量次级溶酶体。游离核糖体增加。黏液颗粒大量增加是显著变化的特征,可见黏液性物质沿质膜缺损处释放至胆管腔;溶酶体常明显增多。基膜在感染早期即开始呈现弯曲,基膜下胶原纤维增生,嗜酸粒细胞浸润(李秉正等1987,林绍强 1998)。

2. 肝细胞超微结构变化 透射电镜观察,豚鼠感染华支睾吸虫1周后,一些肝细胞核内异染色质集聚,粗面内质网轻度扩张,线粒体稍肿胀,糖原颗粒不明显,胞质内有电子密度高的胆盐颗粒。2周后上述的改变逐渐加重,核型不规则,部分核膜内陷,核周间隙宽窄不均,异染色质集聚固缩,粗面内质网有的明显扩张,表面附着的核蛋白体呈节段性脱落,线粒体肿胀,脊萎缩,基质透明,个别呈空泡变性,溶酶体可增多,沉积在胞质内的胆盐颗增多。毛细血管内可见胆栓形成,肝细胞周围有增生的胶原纤维和嗜酸粒细胞、单核细胞浸润。感染后6周,核内出现管状包涵体,粗面内质网完全扩张成池,线粒体明显变形,胞质减少,胆盐颗粒沉积,肝细胞周围有淋巴细胞浸润(曹雅明 1993)。

(三) 肝脏的组织化学改变

感染华支睾吸虫后1~2周,豚鼠肝细胞质内糖原着色反应减弱,汇管部胆管与正常相比无明显改变。肝细胞蛋白质的着色反应多减弱,在局灶性坏死处,依坏死时间长短,着色呈减弱或明显增强,在胆管上皮细胞中多无明显改变。肝细胞内 RNA 减少或消失,有些仅见于胞质的核膜周边处,胆管上皮细胞内 RNA 含量多无明显改变。肝小叶的琥珀酸脱氢酶(SDH)和单胺氧化酶(MAO)酶活性出现弱反应区域和灶性消失。随着感染时间的延长具有活性的部位逐渐减少。胆管上皮内 SDH 和 MAO 酶活性未出现明显改变。碱性磷酸酶(AKP)在新生幼嫩的胶原纤维区出现阳性反应,部分胆管上皮处 AKP 活性增强,肝小叶内可见 AKP 局灶性消失。在局灶性坏死处,酸性磷酸酶(ACP)活性消失,但在其周围浸润的炎性细胞中呈强阳性反应,在胆管上皮内活性增强。感染后期残缺肝小叶的酶活性有所增强,在一些扩张的胆管和增生的小胆管处酶活性显著增强。感染后3周起,嗜酸性坏死灶周围与增生的纤维组织相接处的肝细胞内出现大小不等的脂肪滴。

感染后7周,扩张的胆管和周围增生的小胆管上皮细胞中糖原明显增加,虫体所在胆管和周围增生的小胆管外 RNA 含量明显高于正常胆管的上皮细胞。而肝细胞内糖原和 RNA 均明显减少或消失。在一些扩张的胆管上皮处可见 AKP 活性显著增强,酸性和中性黏液物质增多,被染成明显的紫蓝色(曹雅明 1993)。

（四）胰腺的病理改变

重度感染家犬在感染40天后，胰腺导管数目增多，管内见虫体，管腔闭塞扩张，黏膜腺体腺瘤样增生，导管周围大量嗜酸粒细胞弥漫浸润（崔巍巍 2007）。

根据尸体解剖报告，有37.5%的华支睾吸虫病例合并有胰腺受累。陈约翰（1963）对9例儿童华支睾吸虫病患者尸体解剖时发现有3例患者胰腺有病变，肉眼观察可见胰腺周围的部分脂肪组织呈灰黄色或灰白色，失去正常的光泽。切面上，在胰头、胰尾处可见散在小囊腔，直径可达3～7mm，内含华支睾吸虫成虫虫体。尸体解剖时从胰腺中挤出的成虫虫体均较胆囊中的虫体小。

光镜下观察见胰小叶周围纤维组织增生、间质增宽，切面呈褐色，质稍硬；胰导管极度扩张，管腔内可见华支睾吸虫成虫充满管腔。在有成虫寄生的胰腺管，常可见腔壁上皮细胞部分或全部呈现鳞状上皮化生，管壁纤维组织增生，部分有腺瘤样改变。周围的胰腺组织受到扩张的胰管压迫可发生压迫性萎缩，在扩张的胰管周围可见局限性的脂肪组织变性、出血性坏死区，并可有纤维素以及单核细胞、中性粒细胞、嗜酸粒细胞和淋巴细胞浸润。

（陈　明）

第九章　华支睾吸虫病的临床表现

华支睾吸虫进入肝内胆管后对宿主造成损伤，动物实验证明在感染华支睾吸虫后第 2 天，宿主的肝胆系统就有明显的病理变化（高广汉 1994）。但因感染的程度不同和感染时间的长短，感染者所表现出的临床表现差别很大，轻者可无症状，重者可出现明显的甚至是严重的症状，并可表现出不同的临床类型。

一、急性华支睾吸虫病

一次食入大量的华支睾吸虫囊蚴可致急性华支睾吸虫病。急性华支睾吸虫病以寒战、高热、肝肿大、上腹部疼痛为主要表现，类似急性胆囊炎的症状，伴血中嗜酸粒细胞增多。从食入囊蚴到虫体在肝内胆管中发育成熟产卵，虫卵随人粪便排出体外，一般需要 1 个月的时间。急性华支睾吸虫病人虽然早期可出现明显的临床症状，但因大便中虫卵检出阳性率低，诊断较困难。随着诊断技术水平的提高和人们对华支睾吸虫病认识程度的加深，急性华支睾吸虫病在国内已报道数起。

（一）潜伏期

从患者食入华支睾吸虫囊蚴到出现临床症状这段时间称为急性华支睾吸虫病的潜伏期，感染程度越重，则潜伏期越短。

许炽熛等（1980）报告 2 例急性华支睾吸虫病例，潜伏期分别为 10 天和 26 天。温桂芝等（1987）调查了四起华支睾吸虫病的暴发流行案例，共有 64 例急性患者，均为聚餐时共同进食淡水鱼，潜伏期为 20～40 天。张文玉等（1991）对 47 例急性华支睾吸虫病患者进行分析，潜伏期小于 10 天者 3 例，分别为 7、8、9 天，10～20 天 6 例，21～31 天 24 例，31～40 天者 14 例。以上报道中潜伏期最短仅 7 天，最长 40 天。李燕榕等（2006）报告，福建籍 5 人在广西食生鱼片，1 例在食用后 2 周发病，嗜酸粒细胞高达 79%，另 4 例均在感染后 20 天左右到医院就诊。杜洪臣等（2008）报道 3 例急性患者，其中在感染后 2 天即发病。石俭亮、吴克力（1990）报告 1 例年仅 2 岁半的小儿急性华支睾吸虫病例，该例患者因持续发热 2 个多月入院，粪便检查华支睾吸虫卵阳性而确诊。在回顾性追问病史时发现，在患儿发热前 50 余天曾有一边玩麦穗鱼，一边吃零食的病史。因小儿对上腹不适、剑下痛等症状叙述不清，故实际的潜伏期可能要比 50 天稍短些。

（二）临床经过

急性华支睾吸虫病一般起病急，症状明显。首发症状是上腹部疼痛、腹泻，3～4 天后出现发热，继而出现肝肿大、肝区痛、黄疸。此时如能及时诊断，进行驱虫治疗，体温可很快降到正常。张文玉等（1991）报告的一组急性华支睾吸虫病患者中，29 例发热的患者在应用吡喹酮或阿苯咪唑治疗后均在 4 天内退热，其他症状也随之渐渐消失。因早期粪便中的虫卵检出率低，一般不易确诊。如未得到及时治疗，可发展为慢性。

（三）症状和体征

急性华支睾吸虫病主要症状有发热、腹痛、腹泻、剑突下疼痛、厌油、食欲不振、恶心、乏力、肝区疼痛；常见体征有黄疸、肝脏肿大并有压痛、荨麻疹等。

1. 发热　患者在前驱症状后发热，常常伴有明显畏寒和寒战，体温最高可达 40℃，发热持续的时间长短不一，短者可仅 3～4 天，未经治疗者反复发热可达数月。热型可有低热，弛张热或不规则的间歇热。

2. 上腹部疼痛　大多数患者是以上腹痛为首发症状。疼痛可呈持续性刺痛，也有患者表现为隐痛，疼痛在进餐后可加重，伴有厌油腻，疼痛的性质很像急性胆囊炎，可伴随完全性或不完全性的胆道阻塞的症状，如黄疸、白陶土样大便。

3. 腹泻　该症状也常常出现在发热之前，大便每日 3～4 次，黄色稀水便多见，如感染囊蚴较多，胆道梗阻明显时大便可呈白陶土样稀水便。许炽熛报道的一例华支睾吸虫病患者同时合并鞭虫感染者，腹泻时大便中有时带黏液，偶尔带血。

4. 肝区疼痛和肝脏肿大　急性华支睾吸虫病患者肝脏肿大以左叶肿大为主，一般均有较明显的肝区触痛，与肝内胆管的炎症反应有关，驱虫治疗后肝肿大可迅速好转。陈曦(1986)曾报道一例急性华支睾吸虫病患者在入院时肝脏肋下 5cm，剑下 5cm，质地中等，触痛明显。治疗前肝脏又增大至肋下 8cm，嗜酸粒细胞由 7%上升至 81%，ALT 674U/L，AKP 835U/L，γ-GT 409U/L，总胆红素 15.22μmol/L。用吡喹酮治疗后 1 个月，腹痛消失，肝回缩至肋下 2cm，剑突下 4cm，血象及肝功能恢复正常。

5. 过敏症状　华支睾吸虫童和成虫的代谢分泌物，或死亡虫体崩解产物均可作为抗原，被吸收入血而引起一系列的过敏反应。最常见的症状为荨麻疹，外周血中嗜酸粒细胞增多，重者甚至可出现以嗜酸粒细胞增多为主的类白血病反应。急性华支睾吸虫病各种症状发生率见表 9-1(温桂芝等 1987，张文玉等 1991，姜吉南等 1995)。

表 9-1　三组急性华支睾吸虫病例的临床症状

	例数(发生率%)	例数(发生率%)	例数(发生率%)
每组病例数	64	47	45
发热	47(73.4)	29(61.7)	32(71.1)
头痛	21(32.8)	21(44.7)	18(40.0)
颈痛	15(23.4)	8(17.0)*	10(22.2)
胃痛	55(85.9)	30(63.8)**	28(62.2)
腹胀	26(40.6)	13(27.7)***	17(37.7)
食欲不振	26(40.6)	19(40.4)	16(35.5)
肝区痛	22(34.3)	20(42.6)	20(44.4)
四肢无力	30(46.8)	—	21(46.7)
消瘦	15(23.4)	—	15(33.3)
恶心	—	4(8.5)	—
多汗	—	8(17.0)	—
荨麻疹	—	2(4.3)	—

续表

	例数(发生率%)	例数(发生率%)	例数(发生率%)
黄疸	—	3(6.4)	—
腹泻	—	—	15(33.3)
报告者	温桂芝	张文玉	姜吉南

* 颈、胸、腰痛，* * 心窝及上腹胀痛，* * * 腹胀腹泻

二、慢性华支睾吸虫病

急性华支睾吸虫病如未能得到及时正确的诊断和进行有效的驱虫治疗，可演变为慢性华支睾吸虫病。反复多次的小量感染是致慢性华支睾吸虫病最主要和最常见的原因。华支睾吸虫成虫寿命一般为 15 年左右，在此期间，成虫寄生在肝内胆管中，不断地产卵、排出分泌和代谢产物及毒素，对宿主造成持续性损伤。由急性感染发展为慢性感染的患者，病史中一般都曾有过急性期的症状，或曾患过“急性胆囊炎”、“急性胃肠炎”等，此后渐渐出现慢性华支睾吸虫病的症状。

慢性华支睾吸虫病一般没有明确的感染时间，起病隐匿，轻度感染者可无症状，或仅有胃部不适、上腹胀等较轻的上消化道症状，易疲倦，精神欠佳等。中度感染可有乏力、倦怠、消化不良、慢性腹泻、肝区或上腹部疼痛，肝脾肿大等。重度感染者可形成肝硬化，晚期可出现肝功能失代偿，这也是华支睾吸虫病引起死亡的主要原因之一。慢性华支睾吸虫病常见症状有上腹不适、消化不良、腹泻、厌食、恶心、呕吐、上腹隐痛、消瘦、营养不良、黄疸，贫血、肝脏肿大，以左叶更明显，少数患者可有脾脏肿大，腹水。患者还常常出现神经衰弱的症状。儿童患者可引起发育障碍。慢性感染者可以合并胆囊炎、胆石症、胆绞痛、阻塞性黄疸、消化性溃疡、原发性胆管细胞肝癌。感染极重者胆管内虫体溢满，故在胆囊、胆总管和胰腺管内也可发现有成虫寄生。在少数病人，还可见华支睾吸虫在消化道外的异位寄生。

尽管慢性华支睾吸虫病主要表现为消化系统的症状，或常伴有神经系统和全身症状，但不同学者对其收治患者症状和体征的总结分析，诊断与判断标准不完全一致。杨荣宏(1988)报告广州地区 283 例慢性华支睾吸虫病患者的临床症状与体征发生率见表 9-2。

表 9-2　283 例华支睾吸虫病的症状与体征

症状体征	例数	发生率(%)	症状体征	例数	发生率(%)
上腹不适	49	17.3	头痛	52	18.4
腹痛	15	5.3	头晕	70	24.7
腹胀	80	28.3	疲乏	48	17.0
腹泻	18	6.3	记忆减退	32	11.3
便秘	8	2.8	失眠	30	10.6
消化不良	42	14.8	体重减轻	7	2.5
食欲减退	16	5.7	消瘦	3	1.1
嗳酸	21	7.4	面黄	4	1.4
嗳气	18	6.4	肝区疼痛	33	11.7
恶心	11	3.9	肝肿大	147	51.9
呕吐	6	2.1	肝区压痛	62	21.9
发热	6	2.1	脾肿大	1	0.4

李宗良(1998)报道广东佛山680例经粪便检查虫卵阳性确诊的患者,其中男462例、女218例,年龄3～73岁,245例(36.0%)有进食生鱼史。主要症状和体征包括右上腹隐痛501例(73.7%)、乏力147例(21.6%)、食欲减退89例(13.1%)、肝区不适75例(11.5%)、头晕49例(7.2%)、失眠20例(2.9%)、腹泻13例(1.9%)、恶心13例(1.9%);肝大284例(41.8%)、右上腹压痛75例(11.0%)、脾大6例(0.9%)。无症状者91例(13.4%)。

中山大学孙逸仙纪念医院检验科谢文锋等(2011)2007～2009年通过粪便检查,从临床普通就诊患者中发现华支睾吸虫感染者1029例,主要症状为肝区疼痛486例(47.2%)、上腹疼痛297例(28.9%)、腹泻173例(16.8%)、乏力147例(14.3%)、食欲不振107例(10.4%),无症状37例(13.3%),其他55例(5.3%)。

广西医科大学一附院收治粪检虫卵阳性而确诊的患者338例,所有患者均有食生鱼史,其中轻度感染188例(55.6%)、中度感染111例(32.8%)、重度感染39例(11.5%)。该组病人表现为肝区胀痛或隐痛161例(47.6%)、上腹部疼痛98例(28.0%)、乏力92例(27.2%)、头晕58例(17.2%)、胆管、胆囊结石46例(13.6%)、腹泻33例(9.8%)、纳差24例(7.1%)、精神不振23例(6.8%)、消瘦19例(5.6%)、便秘17例(5.0%)、黄疸4例(1.2%)(黄若密等2001)。

吉林省大安市创伤医院从1993～2007年共收治华支睾吸虫病患者15 647例,对其中资料完整的2840例进行分析,男性患者1897例,女性患者943例,所有患者均有进食生鱼或生虾病史。2764例有慢性消化道症状,其中腹胀2721例(98.4%),腹泻1673例(60.5%),食欲减退1360例(49.2%),腹痛847例(30.6%)。消瘦、乏力1626例(57.3%)。体征以肝肿大最明显,其中肝左叶肿大487例,左右叶均大308例,肝脾均大267例,未见单纯肝右叶肿大和单纯脾肿大。伴黄疸113例,腹水86例,水肿78例,合并急性化脓性胆囊炎而急诊手术13例,营养状况差46例(杜洪臣等2008)。

Kim MS等(1982)将韩国的287例华支睾吸虫病患者按感染程度不同分轻度感染组(EPG1～999)、中度感染(EPG1000～9999)、重度感染(EPG10 000～29 999)和超重度感染(EPG≥30 000),不同感染度的华支睾吸虫病患者的症状和体征见表9-3。

表9-3　不同感染度华支睾吸虫病患者的临床表现

症状	轻度感染	中度感染	重度感染	超重度感染
	病例数(%)	病例数(%)	病例数(%)	病例数(%)
受检人数	55	144	58	30
无症状人数	22(40.0)	27(18.8)	4(6.9)	3(10)
一般症状				
衰弱	8(14.6)	41(28.5)	28(48.3)	14(46.7)
乏力	10(18.2)	66(45.8)	32(55.2)	15(50.0)
精神抑郁	9(16.4)	64(44.4)	35(60.4)	15(50.0)
头晕	9(16.4)	27(18.8)	16(17.6)	5(16.7)
心动过速	3(5.5)	20(13.9)	8(13.8)	1(3.3)
出汗	0	6(4.2)	1(1.7)	1(3.3)
失眠	0	3(2.1)	1(1.7)	0

续表

症状	轻度感染	中度感染	重度感染	超重度感染
	病例数(%)	病例数(%)	病例数(%)	病例数(%)
发热	0	2(1.4)	1(1.7)	1(3.3)
颜面水肿	1(1.8)	1(0.7)	0	1(3.3)
搔痒	0	1(0.7)	0	0
呼吸困难	0	0	1(1.7)	0
胃肠道症状				
腹部不适	13(23.6)	32(22.2)	20(34.5)	12(40.0)
上腹痛	4(7.3)	28(19.4)	17(29.3)	12(40.0)
急性腹痛	1(1.8)	8(5.6)	2(3.5)	4(13.3)
恶心	13(23.6)	43(29.9)	25(43.1)	10(33.3)
消化不良	8(14.6)	16(11.1)	9(15.5)	8(26.7)
厌食	11(20.0)	46(31.9)	26(44.8)	8(26.7)
腹泻	4(7.3)	19(13.2)	8(13.8)	5(16.7)
呕吐	0	3(2.1)	1(1.7)	0
神经症状				
头痛	9(16.4)	27(18.8)	9(15.5)	8(26.7)
背痛	10(18.2)	16(11.1)	10(17.2)	3(10.0)
神经痛或关节痛	6(10.9)	10(6.9)	6(10.4)	4(13.3)
肩痛	0	0	1(1.7)	1(3.3)
震颤	0	1(0.7)	1(1.7)	0
体征				
黄疸	2(3.6)	4(2.8)	5(8.6)	8(26.7)
肝肿大	7(12.7)	27(18.8)	24(41.4)	19(63.3)
肝区触痛	7(12.7)	20(13.9)	19(32.8)	13(43.3)
肝硬化	0	1(0.7)	0	1(3.3)

从表 9-3 中可以看出，韩国华支睾吸虫病的临床表现与我国学者报道的情况相似，主要也是消化道症状，以及由消化吸收障碍造成营养不良致神经衰弱等症状。多种症状的出现率与感染度有一定关系，感染度越轻，无症状者越多；感染度越重，黄疸、肝大、肝区痛的发生率越高。

慢性华支睾吸虫病是临床上最常见的类型，根据患者的感染程度和症状的轻重，可将慢性华支睾吸虫病可分为轻、中、重度三型。

1. 轻型 可以不出现症状，或仅有胃部不适、进食后上腹胀、食欲不振等轻微的上消化道症状，或有轻度腹痛。易疲倦，精神欠佳等。

2. 中型　有不同程度的乏力、倦怠、食欲不振、消化不良、腹部不适，腹痛和慢性腹泻常见，肝脏肿大，左叶更明显。在有些患者，可触及肝脏表面不光滑，有压痛和叩击痛。部分患者还可伴有不同程度的贫血、营养不良和水肿等全身症状。

3. 重型　以上二型的症状均可出现，但明显加重，可形成肝硬化，出现门脉高压的临床表现，如腹水、腹壁静脉曲张，肝肿大质地硬，脾常可触及，少数患者可因反复胆道感染出现黄疸及发热，儿童可伴有明显的生长发育障碍。

三、儿童华支睾吸虫病

（一）性别和年龄

儿童华支睾吸虫病患者多无性别的差异，学龄期儿童发病率高。如姚福宝等（1984）报告的一组261例儿童华支睾吸虫病例，男性134例（51.3%），女性127例（48.7%），年龄<3岁19例，4～6岁99例，7～9岁84例，10～12岁59例，其中4～9岁最多，共193例，占74.2%。该组病例中年龄最小的患者仅14个月，在追问病史时问出其兄曾喂以未熟的小鱼。张堉，杨丽媛（1991）报告了996例儿童华支睾吸虫病，男487例（48.8%），女509例（51.2%）。年龄<3岁18例（1.8%），4～6岁81例（8.1%），7～9岁202例（20.4%），10～12岁354例（35.5%），13～15岁341例（34.2%），以10～15岁居多，占69.1%。

谢灵秉（2001）报道1例仅7个月大的婴儿感染华支睾吸虫，表现为持续稀水样黏液便，反复抗菌和对症治疗均无效。后在粪便中查到华支睾吸虫卵，经吡喹酮驱虫治疗后痊愈。

（二）感染方式

儿童感染除与当地饮食习惯有关，食入华支睾吸虫囊蚴的方式与当地成人一致外，还与儿童嬉食小鱼有关。姚福宝等（1984）报告江苏省徐州地区的261例儿童患者，有96例吃过生的小鱼或小虾，105例吃过干烤鱼，多数患儿经常在临近村庄的小河沟中玩水嬉耍，摸鱼捉虾。张堉（1991）报告的山东省临沂的996例儿童患者，绝大多数患儿经常在大小河沟嬉水，捕捞鱼虾，956例有进食烧（烤）淡水鱼史，均为自捕、自烧、自食，65例曾玩小淡水鱼（如麦穗鱼）并生食之。

以上二组报告中的患者分别来自苏北和鲁南，地域较接近，感染方式亦很相似。

图9-1　儿童慢性华支睾吸虫病患者，示肝肿大，左叶明显，脾肿大（吴中兴供图）

（三）症状与体征

儿童急性华支睾吸虫病的主要表现与成人相似，以发热、上腹部痛、黄疸、肝肿大等肝胆系统感染的症状为主。多数文献报道慢性患者肝肿大以肝左叶较明显（图9-1），有明显的消化道症状、营养不良、贫血、肝硬化。儿童处于生长发育期，对营养物质的需要量大，患华支睾吸虫病时易发生营养不良，常常伴有生长发育障碍。儿童华支睾吸虫病的主要症状见表 9-4(姚福宝，1984)、表 9-5(朱师晦，1983)。

表 9-4 261 例儿童慢性华支睾吸虫病患者的主要症状

症状体征	例数	发生率(%)	症状体征	例数	发生率(%)
肝大	241	98.43	腹痛	107	41.00
消瘦	136	52.10	水肿	107	41.00
倦怠乏力	131	50.19	夜盲	69	26.43
腹胀	130	49.80	腹水	64	24.52
食欲减退	123	46.70	脾大	56	21.45
腹部痞块	120	45.98	呕吐	22	8.43
腹泻	120	45.98	黄疸	6	2.30
矮小	109	41.76			

表 9-5 34 例儿童华支睾吸虫病患者症状和体征

症状体征	例数	发生率(%)	症状体征	例数	发生率(%)
上腹部痛	34	100.0	大便稀烂	22	64.7
食欲不振	34	100.0	肝左叶肿大	21	61.7
消化不良	34	100.0	颌下淋巴结肿大	18	52.9
肝右叶肿大	34	100.0	脾脏肿大	16	47.1
身躯乏力	32	94.1	腹水	16	47.1
营养不良	32	94.1	下肢水肿	9	26.4
腹胀	30	88.2	发热	6	17.6
贫血貌	30	88.2	腹壁静脉怒张	3	8.8
腹泻	25	73.5	荨麻疹	2	5.9
肝区疼痛	24	70.6	黄疸	2	5.9

张堉和杨丽媛(1991)报道 996 例儿童华支睾吸虫病患者的临床特点如下：无明显自觉症状者 268 例(26.9%)；有症状者 728 例，主要表现为倦怠乏力 546 例(75.0%)，腹痛 407 例(55.9%)，腹泻 182 例(25.0%)，腹部不适 385 例(52.9%)，食欲减退 422 例(58.0%)，消瘦 487 例(66.9%)，腹痛多为脐周及上腹部的轻微痛，经常发作，少数病儿有呕吐、水肿、便血及发育迟缓。体征以肝肿大最明显，其中左叶大 398 例(76.0%)，左右叶均大 126 例(24.1%)，肝脾均大 9 例(1.7%)，未见单纯肝右叶肿大和单纯脾肿大者。肿大的肝脏质地多较软，边缘钝且质韧者 85 例(16.2%)，肝质地硬 3 例(0.6%)，有明显触痛者 182 例(34.7%)。

(四) 发育障碍

有发育障碍者病程一般都在 2 年以上。华支睾吸虫寄生可阻塞胆道，能导致肠功能紊乱，影响糖、蛋白质、脂肪和脂溶性维生素等营养物质的吸收，致患者营养不良。幼儿阶段为快速生长发育期，华支睾吸虫寄生对患儿生长发育影响较大，重者可形成侏儒症（图 9-2）。华支睾吸虫引起发育障碍的患儿身材一般较匀称，全身呈比例的矮小，智力发育则无明显障碍。若至青春发育期尚未获治疗者，则第二性征发育延迟，性发育亦受影响。感染程度重者出现发育障碍的比例大。

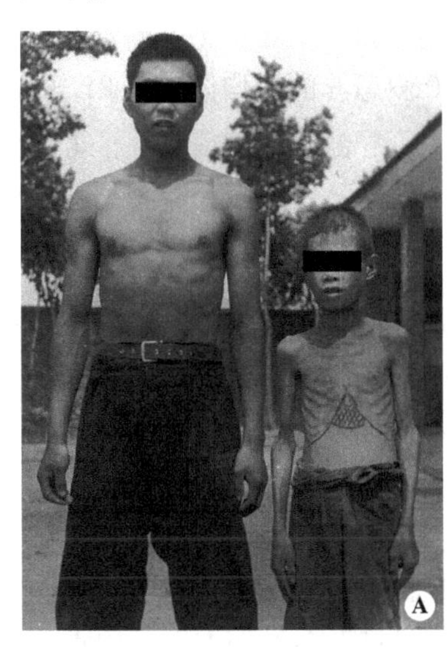

图 9-2　华支睾吸虫病所致侏儒症（吴中兴供图）
A. 2 人均为 19 岁；B. 2 女童均为 7 岁

姚福宝等（1984）测量了 221 例华支睾吸虫病患儿的身高，在正常范围内的仅 7 例（3.17%），低于两个标准差的 54 例（24.43%），低于三个标准差的 97 例（40.72%）。测量了 221 例患儿体重，正常范围内的 168 例（72.73%），低于两个标准差的 40 例（18.0%），低于三个标准差的 23 例（9.96%）。张堉和杨丽媛（1991）报道的一组儿童华支睾吸虫病儿发育迟缓的比例小，可能与该组病例中轻度感染者所占比例较大有关。该组患儿轻度感染（EPG1～1000）943 例（94.67%），中度感染（EPG1001～5000）48 例（4.82%），重度感染（EPG＞5000）5 例（0.51%）。

朱师晦等（1983）对 34 例华支睾吸虫病患儿做了粪便虫卵计数，该组患儿的感染程度均较严重，最低者 EPG 为 200，EPG 最高者达 157 000，其中 EPG＞1000 者 22 例（64.7%），EPG＞50 000 者 9 例（26.4%）。将体重和（或）身高低于正常 10%为轻度发育障碍，低于正常 10%～20%为中度发育障碍，低于正常 20%以上的为重度发育障碍。34 例患儿中，轻度发育障碍占 6.7%，中度发育障碍占 36.7%，重度发育障碍占 56.6%。

上述 34 例患儿在出生时的体重和身高均与正常婴儿无大差异，且无父母遗传体质，多数是在 5～6 岁以后才发现生长发育障碍，可认为不属于原发性侏儒症。患儿均生活于非血吸虫病流行区，可排除血吸虫病。患儿的病史中也未发生过其他严重传染病如脑炎等，也无各种内分泌功能障碍的表现，甲状腺不肿大，无肿瘤及脑神经症状的表现及体征。该 34 例病儿来自朱师晦报道的 2214 例华支睾吸虫病患者，2214 例患者中有 15 岁以下儿童 85 例，均生活在华支睾吸虫病流行区，经常吃不熟的小鱼，患儿发育障碍的发病率为 40%（34/85），发育障碍的总发病率为 1.54%（34/2214）。无华支睾吸虫感染的对照组 15 389 例，发育障碍的发生率只有0.006 5%，有非常明显的差异，故可认为这些儿童生长发育不良是由华支睾吸虫感染引起的。

吴镜池、任道远(1995)报告28例儿童华支睾吸虫病肝硬化病例，均呈现营养不良与发育迟缓，有不同程度的营养不良性水肿、贫血，有的表现恶病质状。患儿的身高、体重与他们的年龄极不相称，例如10～14岁患儿身高不足130cm，10岁患儿身高仅及6～7岁正常儿童。该组中7岁患儿的平均体重是17.4kg，10岁患儿的平均体重是21.3kg，明显有发育障碍与侏儒现象。

（五）合并其他寄生虫感染

合并存在的其他寄生虫感染可加重华支睾吸虫病患儿的营养不良，也可使消化道症状加重，或使病情复杂化。吴镜池、任道远报告的28例华支睾吸虫性肝硬化患儿全部合并蛔虫感染，9例(32.1%)合并钩虫感染。还有华支睾吸虫感染合并人肠毛滴虫、鞭虫、卫氏并殖吸虫、溶组织内阿米巴及艾美尔球虫等寄生虫感染的报告。

儿童严重感染华支睾吸虫后若未能及时治疗，往往可致死亡。如20世纪70年代，粤北山区阳山县小江镇大崀村在4年内有16名儿童因腹胀而死亡，后调查该村为华支睾吸虫病重度流行区，推测这些死亡儿童与华支睾吸虫感染有关。刘国章等(1988)报告一例重度感染华支睾吸虫的儿童死亡病例，尸检见肝脏呈轻度肿大，肝切面的肝胆管充满华支睾吸虫成虫。在肝脏边缘部位的肝内胆小管虫体亦被虫体满。胆总管明显扩张，直径1.5cm，内有华支睾吸虫227条，十二指肠内也有1981条。因肝脏留作教学标本，未能计算虫体总数。徐州医学院儿科学教研室和寄生虫学教研室曾于20世纪70年代中期报告1例因严重感染华支睾吸虫的儿童死亡病例，从其肝脏和胆囊中共挤出虫体6591条。

四、华支睾吸虫病的临床分型

华支睾吸虫病的临床表现轻重不一，症状多样，为了便于治疗和比较疗效，可将华支睾吸虫病分为若干临床类型。但对该病的分型无统一的标准，各地专家依自己的临床经验、病例多少进行总结分析和分型，故所报道临床分型不尽相同。

刘瑜卿和陈祖泽(1981)将广东顺德县1039例患者分为以下类型：

(1) 肝炎型：此型较常见，临床表现为肝肿大、肝区隐痛、压痛、叩击痛、疲乏和食欲减退等，部分患者血清ALT升高。

(2) 消化不良型：以腹部不适、腹痛、腹胀、间歇性腹泻或稀便、肝脏肿大为主要症状。

(3) 胆囊、胆管炎型：有胆囊炎、胆管炎病史，反复发作，胆囊区有压痛，肝肿大，少数可出现黄疸及发热。

(4) 类神经衰弱型：主要有头晕、头痛、失眠、多梦、记忆力减退和疲乏等症状。

(5) 肝硬化型：主要有食欲不振、肝脾肿大、腹水和脾功能亢进等症状。

(6) 类侏儒型：生长发育障碍，身高与体重低于正常水平，智力不受影响。

(7) 无症状型：无明显症状。

翁约球等(1980)报道了3769例华支睾吸虫病患者，临床类型及各型比例与刘瑜卿报道的相似(见表9-6)。

表 9-6　华支睾吸虫病各临床类型的构成比

临床类型	例数	构成比(%)	例数	构成比(%)
肝炎型	417	40.1	1514	40.16
消化不良型	143	13.8	631	16.74
胆囊,胆管炎型	71	6.8	234	6.22
类神经衰弱型	24	2.3	78	2.06
肝硬化型	6	0.6	21	0.55
类侏儒型	1	0.1	2	0.05
无症状型	377	36.3	1289	34.20
合计	1039	100.0	3769	100.00
报告者	刘瑜卿,陈祖泽		翁约球等	
报告时间	1981		1980	

由于华支睾吸虫病对儿童生长发育影响较大,与成人华支睾吸虫病的临床表现有一定的差异,各型所占比例也所差别。姚福宝(1984)对 261 例儿童患者分型如下:

(1) 无症状型:占 7.66%,均系普查时发现,感染度一般较轻。

(2) 慢性肠炎型:占 18.77%,长期慢性腹泻,时断时续,大便每天少则 2～3 次,多则 7～8次,呈黏糊状,含有未消化的食物残渣或脂肪球,但无明显脓血,食欲减退、倦怠乏力,轻度腹胀,并有不同程度的贫血。一般助消化药物或抗菌药物均不见效,用药物驱华支睾吸虫治疗后,腹泻在短期内好转。

(3) 类肝硬化型:占 31.80%,此型患者常因浮肿、腹大、肝大而就诊。肝大质硬,左叶显著,部分病人伴有脾大、腹水、肝功能有改变,约有半数患者出现白/球蛋白比例倒置,1/7 的病人出现 ALT 升高,临床表现符合肝硬化。

(4) 发育障碍型:占 41.76%,以身材矮小,生长停滞为主诉。常伴有腹痛、腹胀、腹泻、食欲减退及程度不等的肝肿大。发育障碍的程度与肝脏大小不一定成正比例,病程一般较长,都在两年以上,无其他慢性病,原来体格发育正常,父母兄妹等身材并不矮小。

感染程度不同的患者临床分型的比例也有差别,张堉和杨丽媛(1991)将轻度感染占 94.6%的 996 例儿童华支睾吸虫病患者分型如下:

(1) 无症状型:占 26.91%。

(2) 肝大型:占 42.77%。表现为食欲不振、乏力、腹胀、肝区痛、肝肿大等,无黄疸,可有 ALT 升高和其他肝功能异常;或表现为肝大质硬,部分有脾肿大、腹水、肝功能改变和类似肝硬化表现,但无蜘蛛痣、肝掌。肝脏病理检查仅有纤维增生,肝细胞浊肿,无明显假小叶形成,症状较轻者,及时治疗后腹水可消失,肝脏缩小变软。

(3) 消化不良型:占 25.00%。以纳差、腹部不适、腹泻为主,腹泻为间歇性,每日 3～4 次,稀糊状大便,无脓血,大便常规检查正常。消化不良型在临床常被误诊为“慢性胃炎”、“胃肠神经官能症”、“非溃疡性消化不良”。

(4) 营养不良型:占 4.12%。表现为水肿、贫血、皮肤粗糙、毛发枯黄、血浆白蛋白减少,多系感染较重者。营养不良与患者的饮食与营养供应有密切关系。

(5) 发育障碍型:占 1.20%。病期都在 3 年以上,感染较重。表现为身高和体重与年龄极不相称，常伴腹痛、腹胀、腹泻、食欲减退和程度不同的肝肿大，智力无明显障碍。

从本组病例可以看出，轻度感染的患者肝脏肿大型和消化不良型也很常见。在制定治疗方案，分析评价治疗结果时应注意患者的肝功是否失代偿、营养障碍的程度、儿童有无生长发育障碍，同时结合感染度综合考虑。

五、华支睾吸虫病的并发症和合并症

华支睾吸虫在人体内寄生时间长，其所致病变持续存在，但多数情况下发病又较缓慢。在华支睾吸虫病的发病时，患者可能会以其他疾病作为首诊疾病就诊，在例行常规检查时，发现有华支睾吸虫感染；或是先发现华支睾吸虫感染后，进一步检查发现其他疾病。这些首诊发现或后发现的疾病称之为华支睾吸虫病的并发症、合并症，或是共存病。华支睾吸虫感染与有些疾病可能是直接因果关系，有些可能仅是诱因，或是共存。

（一）合并症与并发症的种类与发生率

依据临床诊断和病理学资料，朱师晦等（1981）统计 2214 例华支睾吸虫感染者的并发（共存）症有 21 种：门脉性肝硬变 128 例（5.78%，构成比，下同）、坏死后性肝硬变 7 例（0.31%）、肝细胞癌 47 例（2.12%）、胆管上皮癌 5 例（0.22%）、阿米巴性肝脓肿 14 例（0.63%）、细菌性肝脓肿 10 例（0.45%）、急性胆囊炎 168 例（7.59%）、慢性胆囊炎 213 例（9.62%）、胆石症 93 例（4.20%）、糖尿病 11 例（0.50%）、侏儒症 32 例（1.44%）、无黄疸型肝炎 202 例（9.14%）、黄疸型肝炎 61 例（2.81%）、十二指肠溃疡 119 例（5.37%）、胃溃疡 17 例（0.77%）、慢性结肠炎 28 例（1.26%）、慢性胃炎 31 例（1.53%）、胃癌 10 例（0.45%）、急性胰腺炎 3 例（0.14%）、慢性胰腺炎 7 例（0.31%）、胰头癌 4 例（0.18%）。

谢文锋等（2011）报告的 1029 例华支睾吸虫感染者，主要表现为胆囊炎 462 例（44.9%）、胆囊息肉 213 例（20.7%）、胆管壁增厚 182 例（17.7%）、胆石症 132 例（12.8%）、肝硬化 27 例（2.6%）、腹水 21 例（2.0%）、肝癌 13 例（1.3%）、无明确致病 325 例（31.6）。

吉林大安市 2840 例华支睾吸虫患者出现的并发症为胆道感染 1246 例（43.9%）、肝硬化 308 例（10.8%）、肝癌和胆管癌共 11 例（0.38%）、营养不良 46 例（1.6%）（杜洪臣等 008）。

曾山崎（2005）收治 135 例华支睾吸虫病外科并发症患者，其中男 86 例，女 49 例，112 例有食鱼生史的，全部病人均为广东省人。术前常规粪便涂片检查，华支睾吸虫卵阳性者仅有 36 例（26.7%），手术过程中见到或在术后引流胆汁内见到华支睾吸虫成虫的 86 例（63.7%），未见到成虫者但胆汁检查时找到虫卵 9 例（6.7%），另有 7 例（5.2%）在胆囊病理组织切片中见虫卵或成虫。病人的主要并发症表现为 7 种不同的肝胆疾病：①有急性胆管炎表现的 126 例（93.3%），其中重症胆管炎 6 例；②胆石症 98 例（72.6%），其中单纯胆囊结石 58 例，以胆囊结石为主的胆石症 40 例；③单纯吸虫性胆总管梗阻 18 例（13.3%）；④胆管癌 13 例（9.6%），其中肝门部胆管癌 4 例，中远段胆管癌 7 例；⑤肝癌 3 例；⑥胰腺炎 2 例；⑦胰腺癌 1 例。

黎发雄（2001）报道一组华支睾吸虫病患者 2650 例，并发症包括：①胆囊炎 761 例（28.7%）；②胆囊息肉 119 例（4.5%）；③胆囊胆管结石 270 例（10.2%）；④肝硬化 304 例

(11.5%)；⑤肝癌 96 例(3.6%)，其中肝细胞癌 26 例(27.1%，26/96)、胆管上皮细胞癌 70 例(72.9%，70/96)。同时期收治肝癌患者 201 例，华支睾吸虫感染者占 47.2%；⑥病毒性肝炎 925 例，其中甲型肝炎占 13.1%、乙型肝炎 49.2%、丙型肝炎 2.1%、丁型肝炎 1.6%、戊型肝炎 24.9%。

杨六成(2004)统计广东顺德 650 例华支睾吸虫感染合并肝胆胰外科疾病患者，在粪便中找到虫卵确诊 508 例，在术中或术后胆汁中找到虫卵者 21 例，经十二指肠镜逆行胰胆管造影(ERCP)时取胆汁找到虫卵 5 例，术中或术后胆汁中见到成虫者 108 例，内镜下十二指肠乳头括约肌切开术(EST)中见到成虫者 8 例。650 例患者中，合并肝胆胰外科疾病 324 例，占华支睾吸虫感染者的 49.85%(324/650)，其中胆道疾病 289 例，占合并症的 89.2%(289/324)，包括胆囊结石 100 例、胆管结石 75 例、胆管或胆囊炎 61 例、单纯胆道梗阻 24 例、胆管癌 16 例、胆囊癌 4 例；合并肝脏疾病 19 例，占合并症的 5.86%(19/324)，包括门静脉高压症 10 例、原发性肝癌 7 例和肝脓肿 2 例；胰腺疾病 16 例，占合并症的 4.94%(16/324)，包括胰腺炎、胰腺癌和胰腺囊腺瘤，其中重症胰腺炎 2 例、水肿型胰腺炎 8 例，慢性胰腺炎 2 例。最多见的单病种是胆石症 184 例，占合并症的 56.8%(184/324)。

(二) 胆囊炎、胆管炎、胆结石

慢性华支睾吸虫病可引发慢性胆囊炎、胆石症。杨彤翰(1992)报告 1 例胆道华支睾吸虫病例，患者女性，41 岁，5 年来常有纳差、腹泻及右上腹痛，并向右肩放射，病时多有寒战、高热，但无黄疸。查体见肝肋下 2cm。血、尿、粪常规及肝功能酶谱均正常。B 超提示胆囊肿大，肝内胆管扩张，局部光团反射伴声影。胆道探查见胆囊肿大，壁增厚，无结石。胆总管粗约 1cm。行胆囊切除，经胆囊管胆道造影，右肝内胆管 2～3 级分支交界部造影剂充填不均，有斑点负性影，远端胆管扩张。切开胆总管探查，内无结石及狭窄，向上插入导管冲洗，见回流液中漂浮出大量灰白色、扁平状、形似葵花子样虫体，大小约 1.2cm×0.4cm，共 204 条。右肝管内居多，虫体已死亡。冲洗后胆总管内置 T 型管引流，术后服氯喹 4 周治愈。经病理诊断为慢性胆囊炎伴息肉样增生，胆管内华支睾吸虫病。在重度感染华支睾吸虫情况下，华支睾吸虫能在胆囊内寄生，熊桂生(1990)报道 1 例 6 岁女童死亡病例，在其胆囊和胆管内发现虫体 3450 条。

华支睾吸虫寄生于胆道系统，不论感染轻重与否，均可引起寄生部位不同程度的炎症反应。轻度的胆管和胆囊炎症临床表现很不明显，常被误诊为消化不良或胃痛。成虫长期寄生，使炎症发展为慢性，并可引起结石。根据丘福禧(1963)的统计，在 10 486 例华支睾吸虫感染者中，胆囊炎、胆管炎、胆结石这三种疾病的发生率为 1.22%(128 例)。无论是急性感染还是慢性感染，华支睾吸虫成虫、虫卵和已形成的胆石均可使胆道发生急性阻塞，加上成虫的机械损伤造成胆管上皮脱落，易继发细菌感染，引起急性胆囊炎、胆管炎。如炎症和结石同时存在，会出现更为复杂的临床表现。

1. 急性胆囊炎和急性胆管炎　华支睾吸虫排出的虫卵、黏液及成虫或死亡虫体引起胆管的炎症和反复溃疡，胆管上皮脱落、增生，上皮纤维化使管腔变窄。华支睾吸虫所致的泥沙样结石可阻塞胆管，胆管阻塞又使胆汁引流不畅，细菌从肠道逆行感染引致胆管炎。部分华支睾吸虫病患者常以急性胆管炎就诊，急性胆囊炎的主要临床表现是右上腹痛疼，可为阵发性绞痛，伴恶心，有时可伴有呕吐和发热，黄疸发生率较低。单纯胆囊炎的发热不伴寒战，体温多在 38～39℃之间，波及胆总管时寒战、高热明显。右上腹胆囊区有明显触痛和肌强直。

重症华支睾吸虫病患者，也可发生化脓性胆管炎，从嘉(2001)曾收治 6 例此类患者。由于成虫梗阻致胆管内的流体静水压增高，可使毛细血管和毛细胆管的上皮细胞坏死、破裂。胆汁以及其中的细菌、内毒素等透过毛细胆管的屏障进入血流，引起高胆红素血症，脓毒败血症，重者还可伴感染性休克。如果较多的细菌在毛细胆管、胆小管周围产生急性炎症，可致细菌性肝脓肿。

在广东顺德市调查 5230 人，其中华支睾吸虫感染率为 25.1%。1315 例华支睾吸虫感染者胆囊炎的发生率为 6.0%，3915 例非华支睾吸虫感染者胆囊炎的发生率则为 0.8%，差异有统计学意义。该地区 64 例急性胆囊炎住院患者，经粪检确诊为华支睾吸虫感染者 57 例，占 89.1%，无该虫感染者仅 7 例，占 10.9%，前者为后者的 8 倍多，说明华支睾吸虫感染与急性胆囊炎的发生有密切关系。57 例合并华支睾吸虫感染者的主要症状为右上腹胆囊区绞痛(100.0%)、疼痛向右肩部放射(42.3%)、进食脂肪后疼痛加重(19.2%)、发热(88.5%)等。主要体征为右上腹压痛(100%)、右上腹反跳痛(19.2%)、Murphy's 征阳性(43.3%)、扪及胆囊(34.6%)；中性粒细胞增高(36.4%)、嗜酸粒细胞增高(22.7%)，ALT 升高占 44.4%，超声波显示 34.6%的患者胆囊增大(陈祖泽等 1997)。

常家聪(1990)报道了一例典型的华支睾吸虫病并发急性胆管炎病例。该患者因右上腹疼痛 4 个月、畏寒、发热 2 天入院。入院体检：体温 37℃，无黄疸，腹平，右上腹可触及肿大胆囊，Murphy's 征(＋)，伴肌卫，WBC12.8×10^9/L，N 0.80。B 型超声检查提示胆囊颈部结石，胆囊高度扩张，约 18.2cm×5.5cm×5.5cm，右肝管结石，胆总管内径 0.7cm，急诊手术探查，术中见胆囊呈急性炎症改变，张力高，胆总管内径约 1cm，肝表面无异常。手术切除胆囊，内无结石，胆囊内有数十枚华支睾吸虫样死虫体。探查胆总管见胆汁为脓性、混浊，压力不高，内无结石，也有数十个类似的死虫体，冲洗胆管，右肝管内仍有许多死虫体冲出，置 T 型管引流。术后胆汁培养为大肠埃希菌，虫体经鉴定为华支睾吸虫。术后病人症状明显改善，胆道感染控制后，驱虫治疗痊愈出院。

2. 慢性胆囊炎、胆石症 慢性华支睾吸虫病患者多数合并慢性胆囊炎，部分合并胆石症，依结石的部位又可分为胆囊结石、胆总管结石、肝内胆管结石。合并胆石症者若有嵌顿或是有细菌感染易出现急性胆管炎发作的表现。慢性胆囊炎的主要临床表现为右上腹部不适感和消化不良。胆结石的临床表现主要取决于结石造成的阻塞程度和是否有细菌感染。结石在胆总管处嵌顿合并细菌感染时临床表现为右上腹疼痛、黄疸、寒战高热，三者同时存在称为 Charcot 三联征。

肝胆系统各部位发生结石的概率有一定差别，在结石和炎症的同时还可合并其他的病变。陈积圣等(1993)报道一组华支睾吸虫病合并胆石症患者 131 例，其中手术治疗 73 例，占同期外科住院的胆道感染与胆石症患者的 12.1%。手术治疗的 73 例中，非结石性胆管、胆囊炎 34 例(46.6%)，结石性胆管、胆囊炎 39 例(53.4%)。39 例结石分布情况如下：肝内和肝外胆管结石占 56.4%、单纯肝内结石 5.1%、单纯胆总管结石 15.4%、单纯胆囊结石 23.1%。肝内胆管明显狭窄 17.9%、明显扩张 10.3%、胆总管出口狭窄 43.6%，肝周围粘连及肝周围炎 10.3%，肝硬化及肝纤维化 23.3%。73 例中并发重症急性胆管炎 12 例(16.4%)、急性胆管炎 42 例(57.5%)、急性胆囊炎 10 例(13.7%)、胆汁性腹膜炎 6 例

(8.2%)、胆源性胰腺炎 4 例(5.5%)、胆道出血 1 例、胆囊坏疽 3 例。本组再次手术 16 例(21.9%),急诊手术者 61 例(83.6%)。

乔铁等(2009)通过检查结石中的虫卵,进一步明确了华支睾吸虫感染与胆囊结石有密切关系。在实施内镜保胆取石手术 204 例结石患者的胆囊结石中,有 163 例检出华支睾吸虫卵,检出率为 79.9%。204 例患者中,19 例(9.31%)为胆固醇性结石,其中 11 例检出华支睾吸虫卵,检出率为 57.9%(11/19);115 例(56.37%)为胆色素性结石中,其中 103 例检出华支睾吸虫卵,检出率为 89.6%(1.3/115);70 例(34.31%)为混合性结石,其中 49 例检出华支睾吸虫卵,检出率为 70.0%(49/70)。华支睾吸虫卵在胆色素性结石、胆固醇性结石和混合性结石中检出率的差别有统计学意义。

实施内镜保胆取石手术时留取检查了 108 例患者胆汁,其中 46 份胆汁中发现华支睾吸虫卵,检出率为 42.6%,该 46 例患者的结石中也检出了华支睾吸虫卵;在 62 例胆汁镜检未发现华支睾吸虫卵的患者中,有 36 例在结石中检出华支睾吸虫卵,检出率为 58.1%(36/62)。有 43.5%的患者胆汁中检出华支睾吸虫卵伴有结晶(包括胆红素结晶及胆固醇结晶)出现。

204 例胆囊结石患者有 159 例来自华支睾吸虫病流行区,其胆色素性结石占 69.2%,胆固醇性结石占 5.7%,混合性结石占 25.2%;来自非流行区的 45 例,胆色素性结石占 11.1%,胆固醇性结石占 22.2%,混合性结石占 66.7%,两组结石的构成比差异有统计学意义。

陈小桃(1998)根据 96 例胆管炎型华支睾吸虫病的临床特点,提出华支睾吸虫性胆管炎诊断标准:①患者有疫区生活史和吃生鱼、虾史;②肝区疼痛伴皮肤巩膜黄染;③肝功能检查总胆红素及直接胆红素升高;④粪便华支睾吸虫卵阳性或血清抗华支睾吸虫抗体阳性;⑤影像学检查肝外胆管无异常,肝内胆管扩张。

陈建雄(2009)分析 57 例华支睾吸虫性胆管炎病例,所有患者均有食生鱼的病史,全部患者都出现右上腹隐痛或绞痛,肝内胆管壁 B 超回声增强,他们认为华支睾吸虫性胆管炎诊断标准应为:①有急性胆管炎的临床表现;②B 超或 CT 检查发现肝脏边缘胆管细枝样扩张或者边缘胆管和肝门部胆管成比例扩张;③大便或十二指肠引流液中发现华支睾吸虫卵;④胆管探查或鼻胆引流发现华支睾吸虫成虫;⑤胆汁检查到华支睾吸虫卵是诊断该病和评价驱虫疗效最有价值的指标。

病史、临床症状和辅助检查是重要的开展深入检查和全面分析的线索,是建立诊断的重要依据,但只有发现华支睾吸虫成虫或虫卵,才可确诊。

(三) 肝硬化

华支睾吸虫感染可引起肝硬化,肝硬化致肝功能失代偿是华支睾吸虫病患者死亡的最主要原因。通过对临床华支睾吸虫病例分析,肝硬化的发生率为 0.55%～0.6%(刘瑜卿 1981,翁约球 1980)。根据对广州地区住院患者的调查,华支睾吸虫感染者 10 486 例,伴有肝硬化的 42 例,占 0.40%;无该虫感染患者 87 039 例,患肝硬化的 70 例,占 0.08%,两者差别非常显著(丘福禧等 1963)。华支睾吸虫性肝硬化的儿童患者表现为水肿、腹部隆起、肝大而硬,左叶更为显著,部分患儿伴有脾肿大、腹水和肝功能的改变,约有半数患儿出现白/球蛋白的比例倒置,1/7 的患儿出现转氨酶升高,临床表现符合肝硬化的患者,占 31.80%

(姚福宝等 1984)。

华支睾吸虫引起的肝硬化起病多缓慢,早期症状不明显。就诊时有些病例可追问出多次进食生鱼、鱼生粥或生食小虾的历史,部分患者可有急性胆道感染病史。代偿期肝硬化者临床症状轻,可能仅表现为轻度乏力、食欲不振、恶心厌油、嗳气、上腹胀等非特异性消化道症状。体检时可发现肝脏肿大、左叶较为显著,质地较硬,多有触痛和叩痛,脾可轻度肿大。

失代偿期肝硬化主要有肝功能减退和门脉高压症所引起的两大类临床表现。

1. 肝功能减退的临床表现

(1) 全身症状:精神差、消瘦乏力、营养不良、皮肤干枯、面色灰暗,常可有维生素缺乏及低蛋白血症的症状,常有舌炎、口角炎、夜盲、水肿,部分患者有黄疸。

(2) 消化道症状:食欲明显减退,进食后上腹不适、饱胀、恶心、呕吐,对脂肪和蛋白质耐受性差,稍进油腻即出现腹泻。

(3) 出血倾向和贫血:由于肝脏合成凝血因子减少、脾功能亢进致血小板减少和毛细血管脆性增加,患者常常有鼻出血、齿龈出血、皮肤紫癜和胃肠黏膜糜烂出血。由于营养不良、出血和脾功能亢进,患者常常有不同程度的贫血。

(4) 内分泌失调:肝功能减退时肝脏对雌激素、醛固酮和抗利尿激素的灭活作用减弱,男性患者常有性欲减退、睾丸萎缩、毛发脱落及乳房发育等。女性患者可有月经失调、闭经、不孕等。在面颈部、上胸和上肢可出现蜘蛛痣、毛细血管扩张、肝掌。钠水潴留使尿量减少和水肿,体表暴露部位可见皮肤色素沉着。

2. 门脉高压症的临床表现

(1) 脾肿大:多为轻度和中度肿大,少数可伴脾功能亢进。

(2) 侧支循环建立和开放:可有食道下段和胃底静脉曲张,曲张的静脉容易破裂出血,发生呕血黑便;脐静脉重新开放,可见腹壁和脐周静脉曲张,有时可闻及连续性静脉杂音;痔核形成,破裂时引起出血。

(3) 腹水:吴镜池、任道远(1995)报告 28 例儿童支睾吸虫性肝硬化病例,肝硬化的发生率为 18.0%(28/156)。主要症状有食欲不振 28 例(100%)、倦怠无力 28 例(100%)、肝区疼痛 26 例(92.9%)、腹胀 24 例(85.7%)、慢性不规则的腹泻 21 例(75.0%)、鼻出血 13 例(46.4%),其他症状有嗜睡或失眠、低热、恶心、夜盲等。

王希平(1990)报告 1 例 6 岁的华支睾吸虫病性肝硬化腹水的病例。患儿因发热、腹泻、消瘦和出现腹水月余,于 1988 年 6 月入院。患儿大便每天 7～8 次,呈糊状,伴食欲差和乏力。体温 38.8℃,营养和发育均不良,体重 11kg,身高 85cm,急性病容,巩膜黄染,腹部膨隆,腹围 56cm,腹壁静脉显露,有明显移动性浊音,肝脏剑下 5.5cm,肋下 3cm,质中,边缘较钝,压痛明显,脾肋下 2cm,有切迹,质较硬,轻压痛,两下肢凹陷水肿。实验室检查:血红蛋白 90g/L、WBC4.7×10^9/L、N 0.46、L 0.50、E 0.04,尿胆原(+),尿胆红素(+),黄疸指数 24U,ALT 96U,硫酸锌浊度 20U,麝香草酚絮状试验(++),HBsAg(-)。血吸虫环卵沉淀试验阴性,大便多次孵化查血吸虫卵阴性,集卵法镜检发现华支睾吸虫卵,诊断为华支睾吸虫病性肝硬化。经对症治疗和支持治疗后,给以吡喹酮总剂量 90mg/kg 体重,分 2 天服,疗程中未出现不良反应。治疗后 4 天,体温正常,随后腹水及其他症状消失,但肝脾仍肿大。出院后 1 个月粪检 3 次,华支睾吸虫卵均为阴性。

华支睾吸虫病合并肝硬化如能早期诊断,经过综合治疗,肿大的肝脏可迅速回缩,肝功能好转,预后良好。已出现肝功能失代偿的患者,可因上消化道大出血、肝性脑病、继发其他细菌感染加重病情而死亡,预后较差。典型晚期华支睾吸虫病患者见图 9-3。

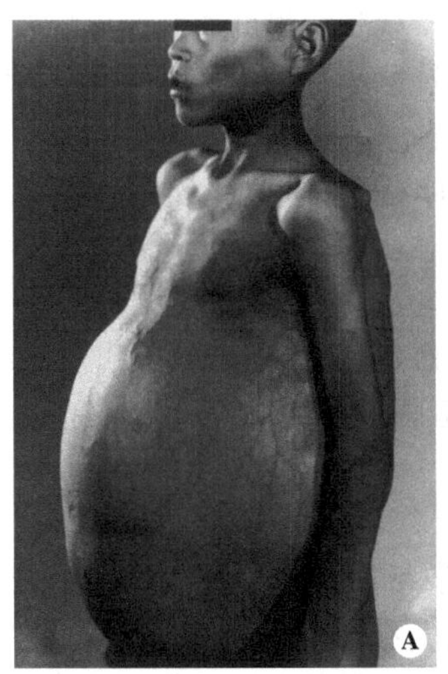

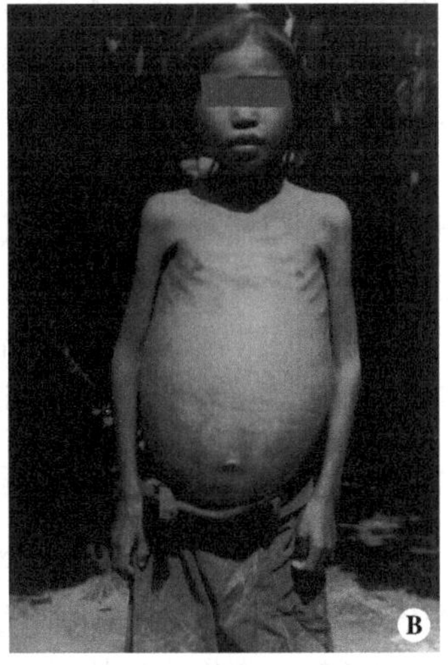

图 9-3　华支睾吸虫病肝硬化腹水患者(B 图由吴中兴提供)

(四) 华支睾吸虫病合并肝癌

华支睾吸虫感染者肝癌的发病率高于无该虫感染者,丘福禧等(1963)报告广州地区的住院患者,华支睾吸虫感染患者 10 486 例,同时患肝癌的占 0.35%;无该虫的患者 87 039 例,患肝癌的占 0.05%。朱师晦等(1982)调查 2214 例华支睾吸虫患者,其中合并胆管细胞癌 5 例(0.72%),肝细胞癌 47 例(2.12%),对照组 15 389 例中无一例患胆管细胞癌,患肝细胞癌的仅占 0.62%,差别显著。Kim 等(2009)在韩国调查 396 例有胃肠道疾病的华支睾吸虫感染者,胆管癌的发病率为 8.6%(34/396),未感染华支睾吸虫的胃肠道病患者胆管癌的发病率为 5.4%(145/2684),二者差异具统计学意义。

华支睾吸虫感染引起的肝癌起病缓慢。胆管细胞癌患者可先有华支睾吸虫感染引起的胆管炎、胆石症等临床表现,在此基础上恶变出现黄疸加重,肝区疼痛,食欲减退,乏力,消瘦等症状,而血清 AFP 可不升高,仅在 B 超、CT 检查时见到肝内占位。华支睾吸虫引起的肝细胞癌患者多先有肝硬化的临床表现,在肝细胞炎症坏死和修复的基础上间变,恶变形成肝细胞癌,临床上与非该虫引起的肝癌无明显区别,血 AFP 可升高。

曹雅鲁(1997)报告广州 14 例华支睾吸虫病合并肝(胆管)癌患者,14 例均为男性,都有长期食生鱼史,均无明确病毒性肝炎史。5 例以乏力、纳差、尿黄起病,7 例表现右上腹痛,2 例为偶然发现右上腹包块。所有患者肝脏均肿大,3 例脾脏轻度肿大,轻度黄疸 5 例,深度黄疸 2 例。HBV 标志物检查,11 例全部指标阴性,3 例部分指标阳性。12 例经腹部 B 超、CT、肝动脉造影检查诊断为原发性肝癌,其中 8 例为肝右叶巨块型,4 例肝左、右叶均见占位性实质性肿块。2 例经彩色超声波,CT,逆行胆管造影(ERCP)诊断为胆总管癌。部分病例病理切片中见到癌细胞间有大量华支睾吸虫卵或虫体。

在厦门、辽宁等地也均有因喜食生鱼感染华支睾吸虫引起或合并原发性肝癌、胆管癌或胆囊癌的病例报告。

无论是胆管细胞癌还是肝细胞癌在早期多无典型症状，临床期的常见症状有：

（1）肝区疼痛：肝区痛是肝癌的重要症状，多呈持续性胀痛或钝痛。肝区痛主要是由于肿瘤生长速度快，局部肝包膜紧张受牵拉所致。生长缓慢肝癌肝区疼痛较轻或不明显。

（2）肝肿大：肝脏呈进行肿大，肝脏质地较硬，表面凹凸不平，质地不均，常伴有不同程度的压痛。有时可听到肝区的吹风样血管杂音。

（3）黄疸：华支睾吸虫所致肝癌患者常常伴有不同程度的黄疸。

（4）全身表现：常见进行消瘦、恶病质，低热，食欲不振，极度乏力；还可见低血糖，高血钙，红细胞增多症等。

终末期患者可出现肝性脑病、上消化道出血、肝癌结节破裂内出血和继发细菌感染，如可发生败血症、自发性腹膜炎、肠道感染和胆道感染等，患者常常因这些原因死亡。

（五）华支睾吸虫感染与乙型肝炎病毒感染

程占元等(1997)在山东对华支睾吸虫感染与乙型肝炎病毒(HBV)感染的关系做了调研。HBsAg、抗-HBs 和抗 HBc 3 项指标中任一项阳性即判为 HBV 感染。肝功能检查选择 ALT 和 TTT 二项指标。粪检虫卵阳性为华支睾吸虫感染指标。在华支睾吸虫病流行地区调查 580 人，HBV 感染率为 69.66%。非流行地区调查 1149 人，HBV 感染率为 62.4%，两者有显著性差异($\chi^2=8.89, P=0.01$)。华支睾吸虫病流行地区人群 HBsAg 携带率为 12.24%，非流行地区为 8.1%，两者也有显著性差异($P<0.01$)。华支睾吸虫病流行地区 HBV 感染率明显高于非流行地区。检测华支睾吸虫感染者 122 例，ALT 异常 20 例(16.39%)，非感染者 141 例，ALT 异常 7 例(4.96%)，两者差异显著性($P<0.01$)。

以上结果提示，被华支睾吸虫感染人群 HBV 感染率高，可以认为华支睾吸虫感染对于 HBV 感染是一种重要的促进因素，其机理可能与华支睾吸虫感染者细胞免疫功能降低和华支睾吸虫感染致肝纤维化和肝功能损害有助于 HBV 在肝细胞内复制有关。

在广西检测 241 例华支睾吸虫病患者，HBsAg 阳性率 24.48%，明显高于广西成人 HBsAg 平均携带率(16.00%)。报告者认为不管是先感染华支睾吸虫后再感染 HBV，还是慢性乙肝患者再感染华支睾吸虫，由于华支睾吸虫寄生降低肝脏的抵抗能力，因而增加了 HBV 感染机会。他们曾诊治过因肝区痛、HBsAg 阳性和肝功能异常而按乙肝治疗无效的患者，后检查证实为华支睾吸虫感染，经驱虫治疗后症状迅速消退，肝功恢复正常(陈钦艳等 2001)。

但也有学者认为 HBsAg 阳性与华支睾吸虫感染没有关系。苏惠业(2002)在广东顺德检查工厂职工，其中华支睾吸虫感染者 1182 人，HBsAg 阳性 247 例，阳性率 20.9%，未感染华支睾吸虫 2784 人，HBsAg 阳性 506 人，阳性率 18.2%，二组相比，阳性率差异无统计学意义($\chi^2=3.40, P>0.05$)。

（六）华支睾吸虫感染合并消化性溃疡和慢性胃炎

石育华(1995)曾收治华支睾吸虫病患者 377 例，其中合并消化性溃疡 163 例，本组华支睾吸虫病患者消化性溃疡的发病率为 43.2%。163 例患者中男性 111 例，女性 52 例，年龄为 23～76 岁，平均年龄 45.3 岁。病程 3 个月至 25 年，平均病程 4.2 年。其中胃溃疡 53 例，发生在幽门窦部 45 例(84.9%)，胃体下部 7 例。十二指肠溃疡 86 例，复合溃疡 24 例。

朱光雪(1996)报道 38 例以腹胀、腹痛、呕气、纳差为主诉的患者，通过纤维胃镜或胃电图检查，提示为慢性胃炎共21例(其中慢性浅表性胃炎11例，胆汁反流性食管炎5例，胆汁反流性食管炎合并慢性胃炎5例)。另有右上腹隐痛，墨菲氏征(+)或(−)，B超声波检查显示为肝内光点增粗、肝内胆小管扩张、胆囊壁增厚，或见到泥沙样的结石，诊断为慢性胆囊炎的11例和慢性胃炎同时合并慢性胆囊炎4例。38例患者按慢性胃炎和胆囊炎治疗效果均不佳。随后粪便检查华支睾吸虫卵和抗华支睾吸虫抗体检测均阳性28例；粪检阳性，抗体阴性6例；粪检阴性，抗体阳性4例。徐明符(1997)用胃镜检查216例华支睾吸虫病患者，表现为胆汁返流性胃窦炎80例(37.0%)、胆汁返流性全胃炎68例(31.5%)。

(七) 华支睾吸虫感染合并胰腺炎

据黄耀星(2006)综合报道不同地区华支睾吸虫感染后胰腺炎的发生率，香港6.3%(19/300，Hou 1964)、韩国0.72%(5/699，Choi)、韩国1.11%(2/180，Lee)、韩国2.61%(7/92 Kim)，Chan(1967)报道为37.5%(24/64)。杨六成(2004)报道650例华支睾吸虫感染者，其中并发胰腺疾病16例，以胰腺炎为主。

黄鹤等(2005)报道广东南海地区1980～1984年和2000～2004年收治的2组胰腺炎患者共252例，其中有华支睾吸虫感染的77例，感染率(30.6%)高于该地区人群的平均感染率。252例患者中有110例为胆道疾病所致的胰腺炎，其中47例有华支睾吸虫感染，感染率更高达42.7%(47/110)。

华支睾吸虫病合并胰腺炎的临床表现与胆源性胰腺炎极为相似，以上腹痛、黄疸、发热为主要表现，伴有消化不良、恶心、呕吐。轻症患者可见皮肤黏膜黄染，剑突下、左上腹部轻度腹肌紧张和压痛，肝肿大和肝区触痛；重症患者有“急性腹膜炎”三联征，移动性浊音阳性。由于华支睾吸虫感染多伴有胆道炎、胆囊炎，故有时与胆道感染的症状难以完全区分。华支睾吸虫性胰腺炎的诊断必须同时符合胰腺炎和华支睾吸虫感染的条件。在华支睾吸虫病流行区，如出现持续性上腹部疼痛，并有黄疸、发热、食欲不振等临床症状，结合体征，血和尿淀粉酶升高，B超、CT或ERCP有特征性改变，十二指肠液引流或大便发现华支睾吸虫卵者可确诊为华支睾吸虫性急性胰腺炎。

有报道在胆管华支睾吸虫病治疗过程中致急性胰腺炎(邵得志等2010)。对1例肝内胆管扩张、肝总管狭窄和胆囊扩大患者行剖腹探查手术，切取2枚淋巴结，行胆囊切除胆管探查，术中见胆管内流出的胆汁黄色混浊，有絮状物，并有6条华支睾吸虫，在胆管内胆汁中查见华支睾吸虫卵。胆总管内留置T管引流，结束手术。患者在口服吡喹酮驱虫治疗后第3天出现左上腹部及背部疼痛等症状，血、尿淀粉酶均升高，CT示胰腺肿胀及胰周渗液，确定为驱虫治疗过程中并发急性胰腺炎。其发病致病机制可能是：①T管虽为术后服药驱虫，死亡虫体的主要排出途径，但仍会有部分虫体排至胆总管末端或十二指肠壶腹部并造成阻塞；②由于胆管探查术中对十二指肠乳头的机械性刺激，十二指肠乳头会出现水肿，加之胆管探查T管引流术后，胆管暂时性丧失了生理性压力调节机制，奥迪括约肌常处于持续痉挛关闭状态，死亡虫体难以从十二指肠乳头部排出，可堆积阻塞胆管末端及胰管末端(或是胰管内寄生虫体死亡后阻塞胰管)而致服药期间急性胰腺炎发作。

(八) 华支睾吸虫感染致类白血病反应

华支睾吸虫感染可刺激宿主骨髓粒细胞大量增生，并释放进入外周血中，以致出现类白血病样反应，这种反应在儿童和成人均可发生。

吴中兴等(1979)报告2例儿童华支睾吸虫病患者出现类白血病反应。2例患儿均有肝脏肿大，其中1例营养不良发育差，消瘦，颜面水肿，腹部移动性浊音阳性。2例患儿外周血白细胞计数和分类分别为53.0×10^9/L和78.0×10^9/L，N 0.43和0.43，L 0.50和0.11，E 0.07和0.46。经六氯对二甲苯治疗1周后外周血白细胞数量逐渐下降，并逐渐恢复至正常水平。

樊万福(1990)报告华支睾吸虫病致类白血病反应2例。

例1 广东籍，男，64岁。因水肿3个月，全身皮疹1个月，发热咳嗽及头晕3天入院。有吃生鱼史。肝脏肋下3.0cm，脾侧位刚及边，肝掌(+)，双下肢呈凹陷性水肿。白细胞4.2×10^9/L，外周血异常细胞占20%，其特征为胞体大、胞质深蓝有空泡及颗粒，核形不规则，核染色质略粗，核仁1～2个，血红蛋白70g/L，血小板94×10^9/L，血沉151mm/小时。肝功能检查示ALT 354U，总蛋白70g/L，白蛋白25.2g/L，球蛋白48.8g/L。骨髓穿刺3次均显示增生活跃至明显活跃，异常幼稚细胞占20%～30%，形态同血片所见。组织化学染色过氧化酶强阳性，证实此类细胞为粒系统，浆细胞1%～3.5%，网状细胞1%～3%。粪便检查华支睾吸虫阳性(EPG 5120)。经支持治疗和驱虫治疗后症状消失，肝脾均有回缩，肝功能恢复正常，大便检查虫卵阴性，骨髓异常细胞降至5%，外周血中异常细胞消失。一年后随诊，一般情况良好，血象正常。

例2 男，37岁，广州市人，右上腹隐痛、食欲不振、恶心和间有发热20天住院。否认有吃生鱼史。肝肋下3cm，质中等，脾未触及。末梢血红细胞4.8×10^{12}/L，血红素140g/L，白细胞22.8×10^9/L～80×10^9/L，嗜酸粒细胞66%～80%，少数为晚幼嗜酸粒细胞。大便未查见华支睾吸虫卵，胆汁引流发现华支睾吸虫卵。服用吡喹酮50mg/kg，每日2次，共2天。服药后未再发热，症状完全消失。出院前末稍血白细胞数17×10^9/L，嗜酸粒细胞降至7%，直接计数0.99×10^9/L。最后诊断为华支睾吸虫病和类白血病反应。

江元森(1989)也报告成人华支睾吸虫病伴类白血病反应1例。患者入院前40天内曾进食大量鱼生，入院后粪检发现华支睾吸虫卵，急性华支睾吸虫病诊断可以成立。外周血白细胞高达158.0×10^9/L，E 0.86，直接计数66.0×10^9/L，形态未见异常，未见幼稚细胞。骨髓增生活跃，以嗜酸粒细胞为主，占44.5%，符合嗜酸粒细胞增多综合征骨髓象。应用吡喹酮治疗2个疗程后外周血白细胞数降至正常，骨髓象也恢复正常。随访5年患者病情无复发。

（九）华支睾吸虫病合并乳糜胸及乳糜腹

乳糜胸或乳糜腹二者多单独发生，合并出现较少见。其原因多为损伤所致，非损伤因素中以肿瘤最多见，其次为淋巴结结核压迫淋巴管，丝虫病等疾病引起，而华支睾吸虫病引起乳糜胸和乳糜腹更少见。

王竹平(1982)曾报告1例华支睾吸虫感染致乳糜胸和乳糜腹的患者，并认为可能是硬化的肝脏及胆管周围的炎症使下腔静脉，肝静脉均受压，进而压迫乳糜池或乳糜管，使之破裂，原有胸水和腹水中混入乳糜。患者62岁，女性，生长于广东，1956年来武汉。因腹胀、进行性消瘦2月多，1977年11月4日入院。1962年起因寒战发热、右上腹痛，诊断为“胆囊炎”，以后每年发作1～2次，皆用中西药保守治疗而缓解。1977年元月以来发作较频。入院后检查血红蛋白 73g/L、RBC 204×10^{12}/L、WBC 7.1×10^{9}/L、N 0.83、L0.15、M 0.02，血清总蛋白 53.6g/L，白蛋白 24.0g/L，球蛋白 29.6g/L，总胆红素 1.71mmol/L，血沉 58mm/h，血微丝蚴检查三次均为阴性。超声探查提示胆囊肿大积水、腹水、左肝内炎性肿块有液平段；胸部 X 线检查示老年性支气管炎并轻度肺气肿、双侧胸腔积液。入院后作胸腔和腹腔穿刺均抽出乳糜样液体。胸水和腹水乳糜试验阳性，镜检细胞数分别为 0.244×10^{9}/L 和 0.850×10^{9}/L，以淋巴细胞为主，未见细菌。抽腹水后右上腹见境界不清的肿块。在诊断不清的情况下行剖腹探查。第一次探查仍未能明确诊断。再次剖腹探查发现肝镰状韧带下方有一块突出于肝表面，其周围及肝左右叶均有大小不等的囊样或结节样病灶，穿刺为深红色或白色混浊液体，量不多。突出肝表面的肿块深入肝实质，质硬，与第二肝门紧密粘连不能推移。取组织作快速病理检查，见一叶间胆管高度扩张内壁附有灰色折光性虫体片断，病理诊断为华支睾吸虫病肝硬化期。

（十）华支睾吸虫病合并肾炎

华支睾吸虫病引起肾炎很少见，何颂跃、庄文华(1986)曾报告一例华支睾吸虫病并发肾炎的病例，并从临床和病理资料推测，华支睾吸虫的异体蛋白激发了宿主的过敏反应，出现过敏性紫癜，肾型紫癜合并急性肾衰竭是该例患者致死的原因。患者系 9 岁女童，因全身反复水肿 10 个月，腹胀、尿少 1 个月入院。入院时神志恍惚，烦躁不安，全身皮肤花斑状，心率 80 次/分，血压 5.33/0kPa，BUN 25mg/dl，尿蛋白(＋＋＋)，透明管型(＋)、颗粒管型(＋)。入院后病情迅速恶化，当日死亡。尸检做全身病理检查，肝内见到华支睾吸虫成虫和虫卵。病理诊断：①慢性肾小球肾炎(早期)，全身水肿，腹水；②华支睾吸虫病伴胆管上皮高度增生；③全身皮肤紫癜。

（十一）华支睾吸虫病合并哮喘

易明华(1993)报道 2 例女性哮喘患者，长期干咳，有哮喘史，两肺可闻及哮鸣音，胸部摄片示两肺纹理增粗。粪便检查华支睾吸虫卵阳性，采用吡喹酮治疗。治后 8 天和 10 天粪检，未查见华支睾吸虫卵，肺部仍可闻少数哮鸣音。出院后复查，哮鸣音消失，胸透两肺清晰。又经 8 年长期随访，哮喘均未复发，故认为该哮喘可能与华支睾吸虫感染有关。

（十二）华支睾吸虫感染合并阿米巴肝脓肿

杨冠群(1988)报道 1 例寒战、高热，右上腹痛 20 多天，眼黄，腹泻，排黏液血便 3 天入院的患者。肝右叶肋下 7cm，肝左叶剑突下 12cm。质硬，有压痛，脾未扪及。大便常规黏液(＋＋)，白细胞(＋＋)，红细胞(＋＋)，阿米巴(—)，大便涂片检查未发现虫卵。B 超检查在右腋前线腋中线第 7、8、9 肋间可见液平段 8cm×6cm×8cm。共进行 10 次抽脓，均抽出巧克力色脓液，共 1745ml，初步诊断为阿米巴肝脓肿，脓腔内注入抗阿米巴药物和用抗生素。在第 7～9 次抽脓时，在脓液中发现华支睾吸虫成虫共 34 条，加用吡喹酮治疗，患者逐渐康复。

宋广英(2006)还提出华支睾吸虫感染与慢性荨麻疹可能有一定关系。其曾检查 200 例慢性荨麻疹患者，有 163 例血清抗华支睾吸虫抗体及粪检虫卵阳性。还有报道急性粒细胞性白血病、流行性出血热、球虫感染及艾滋病患者等感染华支睾吸虫的个案报告。在华支睾吸虫病重流行区，华支睾吸虫感染的现象较普遍，人群感染率高，华支睾吸虫感染者同时患有其他疾病应不罕见。除部分肝胆疾患外，华支睾吸虫感染与其他疾病多无病因上的联系，但仍要加强对华支睾吸虫感染的检查、诊断和鉴别，以减少误诊或漏诊对其他疾病治疗的干扰。

六、华支睾吸虫的异位寄生及异位损害

华支睾吸虫主要寄生于胆管引起肝胆系统的病变，在感染严重时可寄生在肝胆外的其他器官。华支睾吸虫的异位寄生和引起的异位损害往往使临床症状更为复杂，从而增加了诊断的难度。

（一）胰腺华支睾吸虫病

华支睾吸虫寄生于胰腺管内，导致胰管极度扩张，管壁上皮细胞脱落，鳞状上皮化生，管壁纤维组织增生和腺瘤样组织形成，胰腺组织发生压迫性萎缩，有局限性坏死病灶和弥漫性炎症细胞浸润。临床上常表现为急性、慢性胰腺炎和消化不良等症状。该虫还可能影响胰岛细胞的功能，华支睾吸虫病患者合并糖尿病的发生率明显高于对照组。

Shugar(1976)者报告 1 例广东籍男性，1949 年移居美国，1973 年因腹痛放射到背部并有食欲减退、恶心、呕吐等症状 1 周而住院。体检：肝肿大肋下 10cm，边缘有压痛，腹部柔软，左侧有轻压痛。实验室检查：血清淀粉酶 432U/L，尿淀粉酶 250U/L，谷草转氨酶 155U/L，总胆红素 42.75μmol/L，血钙 10.6mmol/L。化验结果符合胰腺炎的临床诊断标准，但治疗后高的血清淀粉酶持续几周未见下降。住院第 33 天进行分泌素试验，在抽出液中发现很多华支睾吸虫卵，大便中也发现少数华支睾吸虫卵。口服氯喹 250mg，每天 3 次。服氯喹后淀粉酶开始下降，腹痛消失。住院第 80 天，血清和尿淀粉酶降到正常，大便检查虫卵阴性，痊愈出院。

胰腺华支睾吸虫病多是伴随着肝胆的感染而存在。重庆医学院附属第一医院(1981)曾报道过一例并发化脓性胆管炎、腹膜炎、小肠吸收不良和胰腺炎的华支睾吸虫病患者。患者生前曾有 6 天剧烈的腹痛，且不易被解痉剂所缓解，中上腹压痛广泛而明显，发热，白细胞增多；多次心电图提示低血钾、低血钙，病程中多次发生手足搐搦。血清淀粉酶 12.5U/L，糖耐量试验轻度降低，肾功能正常。大便中找到华支睾吸虫卵，每克粪便虫卵数为 154 500 个。虽经支持治疗和驱虫治疗，但最终仍因休克而死亡。该患者生前在慢性重度华支睾虫病的基础上出现了发热、腹痛、多次发生手中足搐搦、白细胞增高等较典型的胰腺炎的临床表现。尸检证实肝胆、胰腺均有华支睾吸虫的感染。

赣南医学院曾报道 1 例华支睾吸虫感染引起肝胆胰硬化的死亡病例，死者女，仅 6 岁。尸解见胰腺大小为 9.4cm×3.3cm×1.7cm，质硬，灰白黄色，表面、切面均呈灰白色大小不一的结节状外观，可见分叶状结构。切开胰腺，见胰管呈扩张状态；轻轻挤压，有多数灰白色虫体流出，共 2600 余条。镜检除小叶不同程度受压外，结构大致正常，仅见间质胰导管中等度扩张，上皮增生及鳞状上皮化生，导管内见华支睾吸虫成虫和虫卵沉积。间质大量纤维结缔组织增生和慢性炎症细胞浸润，间质增宽。胰腺结节性硬化形成，无疑与大量成虫寄生密切相关(熊桂生 1990)。

（二）肺部华支睾吸虫病

虽然华支睾吸虫感染肺部极为少见，但华支睾吸虫寄生于肺部并造成该部位的损害也有报道。

易明华(1993)在江西省宜春地区调查时，发现一只病情严重的家猫，除在其肝管、胆管和肠黏膜中找到成虫外，肺部有散在的粟粒样小结节，并有1个包囊，将包囊剪开后，在包囊内查到华支睾吸虫成虫5条。华支睾吸虫进入肺部的移行途径尚不清楚。

赵建芳、荆培棠(1991)报告1例华支睾吸虫在肺部寄生的病例。女性，45岁，农民，山东籍。1989年8月7日因发热、全身肌肉痛2月，呼吸困难20天入院。患者于1989年6月初每隔1～2日有发热，体温38℃左右，全身肌肉痛，用青霉素、林可霉素治疗半月无效。7月15日起咳嗽且呼吸困难，逐日加重，胸片示肺部炎症，肺结核不能排除。体检：体温37℃，呼吸16次/分，血压13.3/9.3kPa。重病容，贫血貌，两眼睑水肿，结膜轻度充血，口唇轻度发绀，心率84次/分，律整未闻及杂音，两肺散在湿性罗音，左肺尤为明显。腹软，肝肋下1.5cm，边缘钝，质中等，有触痛，脾肋下未触及。实验室检查：血红蛋白9.2g/L、WBC3.5×10^9/L、N 65%、E 2%、血沉20mm/h、尿蛋白微量，红细胞少许，大便常规阴性，肝功能正常，BUN 4mmol/L，血糖3.7mmol/L。胸片示双肺散在小斑片状阴影，两侧胸腔少量积液。入院后先后用青霉素、氨苄西林、链霉素、异烟肼、利福平，羧苄西林、卡那霉素及地塞米松等治疗，体温39℃，病情无好转。抗“O”<500U，类风湿因子(－)，抗核抗体(－)，查狼疮细胞3次均未找到，AKP 22U/L、血清白蛋白48.9g/L，γ球蛋白30.6g/L、IgG 30g/L，IgM 1.4g/L，多次痰中检查抗酸杆菌和癌细胞均阴性。B超显示肝脂肪改变，心电图大致正常。10月3日在患者痰中检出2个典型的华支睾吸虫卵，10月10日做支气管镜检查，见左上肺叶管口有一小出血点，两侧支气管刷镜检均未检到抗酸杆菌和癌细胞，但可见1个典型的华支睾吸虫卵及胆固醇结晶。10月12日服用六氯对二甲苯，4g/日，分2次口服，用药4天症状开始好转，体温降至36℃，呼吸困难及全身肌肉痛明显减轻，症状好转后停药。本例从痰中和支气管镜中找到华支睾吸虫卵，病初发热、呼吸困难及胸片示肺内小斑片阴影，用多种抗生素和抗结核药物治疗无效，用六氯对二甲苯治疗有效，证实为华支睾吸虫寄生于肺部所引起的炎症反应。

尽管华支睾吸虫引起肺部病变十分罕见，在华支睾吸虫病流行区，对不明原因的肺部感染，其他诊断治疗又无效时，一定要联系流行病学资料和病史，考虑华支睾吸虫感染的可能，并注意在痰中和粪便中查找虫卵以明确诊断。

（陈　明）

第十章 华支睾吸虫感染与器官移植

一、华支睾吸虫感染供肝原位肝移植

随着肝移植手术适应证的拓展,需肝移植的患者越来越多,但供体数量却供不应求。在华支睾吸虫流行区,人群感染较高,部分轻度感染者可能没有明显的临床症状,因此存在成为供体来源的可能。

Yeung 等(1996)报道 1 例 60 岁女性患者接受原位肝移植,供肝为尸体器官者供给。在修剪供肝时发现死亡的华支睾吸虫虫体。移植手术后患者恢复良好,也未进行驱虫治疗。其后的反复随访和粪便检查,均未发现华支睾吸虫卵,Yeung 等认为在对供肝灌注时,冷的灌注液能够杀死华支睾吸虫,因而在术后没有对受体进行驱虫治疗。

邵永等(2008)报告国内 3 例接受同种异体原位肝移植术移植华支睾吸虫感染供肝的病例。3 例供肝取出时外观均无异常,颜色均匀,质地柔软。在对供肝进行修剪和用 UW 液灌洗胆道时,均见数个扁片状寄生虫体涌出,再以 4℃UW 液反复冲洗胆道,并轻轻地将肝脏从周边向肝门方向按压,直至不再有虫体冲出为止。病理诊断供肝为华支睾吸虫感染。处理后的供肝移植给患者,手术后对受体进行常规 ICU 监护 3 天和抗感染、抗病毒、抗排斥、保肝、对症和支持等治疗。3 例患者经常规治疗,分别于 18 天、14 天和 10 天后肝功能恢复正常,口服吡喹酮(总剂量 210mg/kg 体重,分 3 日服,每天 1 次)进行驱虫治疗。3 例患者出院后随访,腹部超声检查、粪便虫卵检查、抗华支睾吸虫特异性抗体检测均为阴性,未出现与华支睾吸虫有关的并发症。

华支睾吸虫感染的供肝经机械灌洗,移植术后用吡喹酮治疗随访 2 年,3 例受体未发现术后移植物原发无功能。1 例虽并发了胆道感染、胆道结石等,经消炎利胆、探查取石等治疗后治愈。

邵永等认为有华支睾吸虫感染的供肝,只要处理恰当不会影响供肝的质量。但应注意:①取肝时驱虫要彻底,在修剪供肝过程中,切开胆囊和胆总管,如发现片状虫体,首先要考虑华支睾吸虫感染。华支睾吸虫主要寄生在肝内胆管,要轻轻挤压肝脏,反复冲洗胆道直至无虫体涌出,防止虫体残留。②修肝时仔细探查全肝,冰冻快速病理是术前评估供肝的准确方法,但难于常规施行。如果供肝质地柔软,颜色均匀,未发现严重肝硬化、肝肿大、肝占位、重度脂肪肝、胆管炎和胆管肝炎等华支睾吸虫感染所致病变,大多仍可应用于移植。③在术前术后恰当时机驱虫。采用活体供肝肝移植时,如术前发现供体感染了华支睾吸虫,应在实施肝切除前口服吡喹酮驱虫。受体移植治疗时肝功能已失代偿,新肝移植后肝功能恢复一般需 2～3 周,驱虫不宜过早,宜少量多次口服,亦不宜过晚,以免肝内胆管残余虫体影响移植肝预后,驱虫以术后 2～3 周为宜。④严密观察 T 管引流胆汁和大便内有无虫体,定期复查大便虫卵、血清抗华支睾吸虫特异性抗体及超声检查等以评估疗效。术后随访检查,3 例受体大便虫卵阴性、血清华支睾吸虫特异性抗体阴性,超声等影像学检查均未发现华支睾吸虫感染声像,提示供肝内寄生虫除因驱虫外,也可能均死于供肝冷灌注期。⑤注意观察可能因华支睾吸虫感染所出现的常见症状，如上腹不适、腹痛、腹泻、消化不良、肝区疼痛、肝大等。感染华支睾吸虫供肝肝移植术后疑似患者，可采用血清学和粪便虫卵检查，以及时为临床治疗提供依据。

二、华支睾吸虫感染活体肝移植

Yeung 等(1996)报道 1 例 14 个月女童，患先天性胆道闭锁，因病情严重等不到供肝，该女童父亲为其活体捐肝。手术前检查供体未见异常，于是手术切除部分左肝叶以作为供肝，当断开胆管时，发现 2 条华支睾吸虫成虫。供肝随即冷藏，用 UW 液灌注后移植给女童。术后供体和受体均未进行驱虫治疗，但出现了死虫体阻塞胆管的现象。

Hwang 等(2000)报告 22 个月男童因先天性胆道闭锁需肝移植，其父作为活体供肝者。供肝者在术前进行 CT 检查时发现肝内末梢胆管扩张，粪便检查华支睾吸虫卵阳性，用吡喹酮进行治疗。胆管造影显示肝内胆管轻度扩张，部分肝叶切除时，见死亡虫体。移植后随访，没有与华支睾吸虫感染相关的疾病出现，粪便检查虫卵亦为阴性，表明吡喹酮和灌注液杀死了全部的虫体。

Lee 等(2003)报告 2 例成人患者接受活体肝移植，供体均感染了华支睾吸虫。1 例供体感染严重，在手术前发现，经吡喹酮治疗后再行移植手术。供体在术后 14 天出院，身体情况良好。受体在术后 35 天出院，随访 12 个月，肝功能正常，粪便检查华支睾吸虫卵阴性。另一例供体感染轻，在手术过程中发现华支睾吸虫。供体和受体分别在术后的 7 天和 16 天用吡喹酮进行驱虫治疗，受体术后 21 天肝功能正常出院。随访 8 个月，CT 检查供体和受体均无华支睾吸虫再感染的征象，粪便检查也未发现虫卵。

被华支睾吸虫寄生的肝脏，如术前经过驱虫治疗，术中对肝脏按程序进行严格处理，可以作为供体肝移植给受体。

三、骨髓移植与华支睾吸虫感染

Woo 等(1998)报告 380 例需要接受骨髓移植的患者，在进行移植前 7 天进行粪便常规检查时发现 5 例华支睾吸虫卵阳性。患者没有表现出华支睾吸虫感染所致的临床症状，超声波检查也未发现胆管扩张、结石或门静脉周围纤维化，1 例患者脂肪肝。5 例患者在骨髓移植前用吡经喹酮(总量 75mg/kg 体重，1 天内分 3 次服用)驱虫治疗，治疗后粪便虫卵阴性。骨髓移植后随访至报告者总结资料时，5 例患者存活均超过 300 天。报告者认为，如果没有严重的并发症，经过积极合理和有效治疗，华支睾吸虫感染不是骨髓移植的禁忌证。

（陈　明）

第十一章　华支睾吸虫病的临床辅助检查

一、血常规检查

华支睾吸虫病患者可有不同程度的贫血，血红蛋白减少，红细胞减少；白细胞总数可增多，嗜酸粒细胞比例和绝对计数增加，以急性期增加最为明显，少数患者白细胞总数和嗜酸粒细胞极度增加，呈类白血病反应。

急性华支睾吸虫病患者在患病早期粪检不易查到虫卵，但血象多有改变，血常规检查是早期诊断的重要依据之一。温桂芝等(1987)报告一组急性华支睾吸虫病患者 64 例，白细胞总数＜10×10^9/L 的 23 例，占总感染人数的 35.9%，＞10×10^9/L 的 41 例，占 64.1%(41/64)，＞20×10^9/L 的 10 例占(15.6)；计数 64 例患者的嗜酸粒细胞，＜6%者 5 例，占 7.8%，6%～10%者 15 例，占 23.4%，＞10%者 44 例，占 68.8%。姜吉南(1995)报道 45 例急性华支睾吸虫感染者实验室检查情况为：WBC＞10×10^9/L 者 32 例，占 71.11%(32/45)，＞20×10^9/L 2 例，占 4.44%，＞50×10^9/L 者 1 例；嗜酸粒细胞 6%～10%者 7 例，占 15.56%，＞10%者 20 例，占 44.4%。

中山大学孙逸仙纪念医院检验科检查在临床就诊患者中发现的 1029 例华支睾吸虫感染者，EOS 平均为 4.3%(2.5%～7.7%)，非华支睾吸虫感染者平均为 1.5%(0.6%～2.7%)，华支睾吸虫感染组显著高于非感染组(谢文锋等 2011)。

杜洪臣(2008)报告 2840 患华支睾吸虫病的住院病例，2798 例血红蛋白正常，228 例的白细胞总数＜10.0×10^9/L，557 例为$(10.0\sim20.0)\times10^9$/L，＞20.0×10^9/L 有 2 例；2497 例的嗜酸粒细胞＞5%，最高达 53%。

Kim(1982)对 224 例感染度不同的华支睾吸虫病患者进行血常规检查和嗜酸粒细胞绝对计数，其中轻度感染 51 例，每克粪便虫卵数(EPG)1～999；中度感染 85 例，EPG 1000～9999；重度感染 58 例，EPG 10 000～29 999 和超重度感染 30 例，EPG≥30 000. 检查结果如表 11-1、表 11-2。

表 11-1　不同感染度华支睾吸虫病患者的血象

	轻度感染	中度感染	重度感染	超重度感染
血红蛋白(g/L)	141±15.1	145±18.2	146±16.5	156±17.5
RBC($\times10^{12}$/L)	4.69±0.37	4.84±0.51	4.75±0.47	5.08±0.54
WBC($\times10^9$/L)	7.63±2.60	7.30±2.04	7.99±2.54	8.35±1.93
分类计数				
中性粒细胞(%)	56.8±7.2	50.9±9.2	48.7±10.5	39.6±10.9
淋巴细胞(%)	33.8±7.8	35.3±8.5	35.1±8.3	35.3±10.0
嗜酸粒细胞(%)	4.7±4.8	9.0±6.4	12.0±8.0	19.7±11.7
单核细胞(%)	4.4±2.6	4.3±3.3	3.8±2.6	4.7±3.2
嗜碱粒细胞(%)	0.4±0.6	0.6±0.8	0.4±0.6	0.7±0.5

表 11-2　不同感染度华支睾吸虫病患者的嗜酸粒细胞绝对计数

嗜酸粒细胞计数($\times10^9$/L)	轻度感染例数(构成比%)	中度感染例数(构成比%)	重度感染例数(构成比%)	超重度感染例数(构成比%)
0～0.3	25(49.0)	15(17.7)	5(8.6)	1(3.3)
0.4～0.9	17(33.3)	35(41.2)	19(32.8)	7(23.3)
1.0～1.9	8(15.7)	29(34.1)	26(44.8)	8(26.7)
2.0～2.9	1(2.0)	4(4.7)	5(8.6)	9(30.0)
3.0～3.9	0	2(2.4)	3(5.2)	3(10.0)
4.0～4.9	0	0	0	1(3.3)
5.0～5.9	0	0	0	1(3.3)
平均数($\times10^9$/L)	0.47±0.48	0.90±0.64	1.20±0.80	1.97±1.17
合计	51(100)	85(100)	58(100)	30(100)

姚福宝等(1984)检查了 192 例华支睾吸虫病儿童的血象，白细胞总数<10.0×10^9/L 的 38 例(19.79%)，(10～20)×10^9/L 的 100 例(45.83%)，>20×10^9/L 的 54 例(27.08%)。患儿血象的特点是白细胞总数升高和嗜酸粒细胞百分比升高。有 2 例白细胞总数>50.0×10^9/L，呈现类白血病样反应。白细胞总数最高的一例达 78.2×10^9/L，嗜酸粒细胞绝对计数最高的一例达 25.6×10^9/L，嗜酸粒细胞百分比最高的一例达 80.0%。

张堉、杨丽媛(1991)报告 504 例儿童华支睾吸虫病患者，血红蛋白低于 120g/L 的 131 例(25.99%)，低于 90g/L 者 6 例(1.19%)，72.8%的患者白细胞总数正常，89.8%的患儿嗜酸粒细胞>5%，最高达 56%。对 180 例患儿进行嗜酸粒细胞绝对计数，98%患儿的嗜酸粒细胞数高于正常，最高达 19.36×10^9/L，平均 1.75×10^9/L。

二、血液生化检查

华支睾吸虫病所致的肝内胆管炎症可造成肝细胞损伤，长期感染能引起营养不良、低蛋白血症。肝功能受损的程度与病程和感染度有关。肝功能检查可有血清总蛋白减少、白蛋白减少、白/球比例倒置。胆管不完全阻塞和肝细胞受损均可致血清胆红素升高。感染程度重者，血清白蛋白减少和白/球比例(A/G)倒置更加明显，血清丙氨酸氨基转移酶(ALT)升高，在急性期更加明显，在慢性期多数略高于正常值的上限。224 例不同感染度华支睾吸虫病患者的肝脏功能检查结果见表 11-3、表 11-4(Kim 1982)。

表 11-3　不同感染度华支睾吸虫病患者血液生化检查结果分布(构成比%)

检查项目	范围	轻度感染	中度感染	重度感染	超重度感染
ALT(U/L)	*5～40	89.1	96.0	94.6	77.8
	41～100	8.7	4.0	3.6	18.5
	>100	2.2	0.0	1.8	3.7
GOT(U/L)	* 5～40	82.6	89.7	89.1	66.7
	41～100	15.2	10.3	7.3	33.3

续表

检查项目	范围	轻度感染	中度感染	重度感染	超重度感染
	>100	2.2	0.0	3.6	0.0
AKP(U/L)	0～2	67.4	71.6	47.2	24.0
	* 2.1～4.5	20.9	20.6	28.3	60.0
	>4.5	11.6	7.8	24.5	16.0
总胆红素	<5.1	10.9	4.0	3.7	0.0
(μmol/L)	* 5.1～17.1	89.1	93.9	92.6	88.9
	>17.1	0.0	2.0	3.7	11.1
总蛋白	10.0～60.0	8.1	10.7	19.4	9.5
(g/L)	* 61.0～85.0	89.2	89.3	80.6	90.5
	>86.0	2.7	0.0	0.0	0.0
白蛋白	<35.0	2.7	0.0	5.6	9.5
(g/L)	* 36.0～55.0	91.9	96.3	94.4	90.5
	>55.0	5.4	3.7	0.0	0.0
白/球比率	<1.0	0.0	1.9	0.0	4.8
	1.01～1.5	27.8	35.2	38.9	47.6
	1.51～2.0	30.6	31.5	25.0	19.1
	2.1～3.0	33.3	29.6	30.6	28.6
	>3.0	8.3	1.9	5.6	0.0
总胆固醇	<3.9	41.2	24.5	37.8	4.8
(mmol/L)	* 3.9～7.2	58.8	75.5	62.2	95.2
	>7.2	0.0	0.0	0.0	0.0

* 为正常范围;轻度感染 51 例,中度感染 85 例,重度感染 58 例,超重度感染 30 例

表 11-4　不同感染度的华支睾吸虫病患者血液生化检查结果

测定项目	轻度感染	中度感染	重度感染	超重度感染
ALT(U/L)	20.8±16.6	20.1±10.1	20.5±9.9	38.9±53.7
GOT(U/L)	31.0±30.5	27.4±16.8	28.9±17.	37.0±22.9
AKP(U/L)	4.7±11.3	2.0±1.3	2.8±1.7	3.3±1.5
总胆红素(μmol/L)	8.6±3.4	8.6±5.1	10.3±8.6	12.0±6.8
直接胆红素(μmol/L)	6.8±3.4	6.8±3.4	8.6±6.8	8.6±6.8
BUN(mmol/L)	4.8±1.4	4.2±0.9	4.5±1.4	4.4±1.0
总蛋白(g/L)	85.0±2.0	71.0±7.0	67.0±8.0	69.0±6.0
白蛋白(g/L)	46.0±6.0	45.0±4.0	42.0±5.0	42.0±5.0
白/球比率	2.0±0.7	1.9±0.6	1.9±0.8	1.7±0.5
总胆固醇(mmol/L)	4.2±0.8	4.4±0.7	4.3±1.1	4.7±0.7
胆固醇酯(mg/dl)	72.5±3.4	71.3±8.1	72.8±3.0	78.2±6.0

注:轻度感染 51 例,中度感染 85 例,重度感染 58 例,超重度感染 30 例

马健(2000)在广西检查60例华支睾吸虫病患者，肝功能异常21例(35%)，其中ALT升高17例，多为中度升高。TTT升高4例，均为轻度升高。A/G<1.5者29例，11例为轻度感染，18例为中重度感染；A/G<1.25者21例，5例为轻度感染，16例为中度感染；A/G<1者8例，均为重度感染者。

杜洪臣(2008)报告2840患华支睾吸虫病的住院病例，其中2033例出现不同程度肝功能异常改变，以ALT增高为主要特征，伴AKP增高527例，血清胆红素增高113例，A/G倒置97例。

据谢文锋等(2011)报告，中山大学孙逸仙纪念医院在普通临床就诊患者中发现华支睾吸虫感染者1029例，血清γ谷氨酰转肽酶活性(γ-GT)为36.5U/L(21.0～72.8U/L)，非华支睾吸虫感染者为23.0U/L(16.0～38.0U/L)，华支睾吸虫感染组显著高于非感染组；华支睾吸虫感染者中，有症状892例，无症状者137例，ALT分别为27.0U/L(21.0～43.5U/L)和16.0U/L(10.0～25.0U/L)，非感染组和健康对照组的ALT分别为18.0U/L(11.0～29.0U/L)和16.0U/L(8.0～27.0U/L)。华支睾吸虫感染有症状组显著高于非感染患者组和健康对照组，华支睾吸虫感染无症状组中与非感染患者组和健康对照组的差异无统计学意义。

苏惠业(2002)在广东顺德检查工厂职工，其中华支睾吸虫感染者1182人，ALT异常46例(3.89%)，未感染华支睾吸虫2784人，ALT异常59人(2.12%)，二组相比差异有统计学意义。

急性华支睾吸虫病患者的肝脏功能也可有所改变。张文玉等(1991)检测了38例急性患者，15例ALT增高(>40U/L)，其中3例黄疸指数高于15单位。

儿童华支睾吸虫病患者肝功能损害更为常见，有ALT升高或白/球比例倒置。如朱师晦等(1983)检测一组感染较重患儿的肝功能，检查21例，ALT超过600U/L者17例，经驱虫治疗后15例恢复正常。25例作了脑磷脂胆固醇絮状试验，16例在(++)以上。测定16例血清白蛋白和球蛋白，9例A/G为0.4～0.64，低于正常，总蛋白量最低为43.6g/L。11例同时做血清蛋白电泳检查，异常改变者10例。

吴镜池、任道远(1985)报告了28例儿童华支睾吸虫性肝硬化者的肝脏功能检查结果，ALT与AST均在正常范围，但絮状试验与浊度试验均表现不同程度的阳性，总蛋白与白蛋白量明显降低，总蛋白平均40.7g/L，最低35.0g/L，白蛋白平均22.0g/L，A/G<1的12例，其余16例的比值接近1。蛋白电泳示α、γ球蛋白明显增高。

三、B型超声波检查

超声波检查具有分辨力强、重复性好、无创伤、操作方便，直接观察扫描图像和价廉等优点。随着超声技术的不断发展，仪器的普及，检查技术的推广和检查经验的积累，超声检查已广泛作为肝、胆、胰等器官疾患的常规检查手段。华支睾吸虫主要寄生在人体肝胆管内，表现出较为特异的B超回声的影像，在华支睾吸虫病的病变判断和临床诊断都有很好的实用价值，B超检查已是华支睾吸虫病重要的辅助诊断方法，甚至可用于流行病学筛查。

(一) B超声像与肝胆病理的关系

以家犬作为观察对象，轻度感染犬1只，感染华支睾吸虫囊蚴约1200个，于感染后第

5、10、15 天进行超声检查，并于第 15 天剖检，观察肝胆胰等器官的病理变化；中度感染犬 3 只，每犬感染囊蚴约 3600 个，观察 60～90 天，每 30 天超声检查 1 次，其中 2 只观察 60 天之后，用吡喹酮治疗，并分别于治疗后第 7 天、第 30 天进行超声检查并剖检；重度感染犬 1 只，感染囊蚴约 7200 个。

轻度感染犬于感染后第 5 天，超声检查见肝内胆管壁增厚，第 10、15 天超声显示肝内胆管广泛轻度扩张，此时虫体尚未发育成熟，粪便中查不到虫卵。

中度感染犬在感染后 30～60 天肝内胆管广泛中度扩张，B 超见胆囊内有点状或沉积物样无声影弱回声灶。此时解剖见肝内胆管广泛均匀的阻塞扩张，肝被膜下胆管扩张相对显著，胆管树比例失调。吡喹酮治疗后 1 周复查并解剖，肝内胆管扩张依旧，只是虫体变性死亡。治疗后 30 天复查并解剖，胆管腔通畅，胆囊及胆管内未见虫体，胆汁内未见虫卵，但胆管壁增厚仍持续存在，故超声声像改善不明显。超声示胰腺肿大，回声不均，胰腺管均扩张并可见虫体。各实验犬脾均有轻度淤血肿大。

重度感染犬于感染后 22 天出现腹水，第 35 天超声检查见肝内胆管广泛重度扩张，伴有大量腹水，胆囊内有点状及沉积物样无声影弱回声灶（王丽红等 2003）。

不同感染度实验犬在感染后不同时间病理及 B 超声像改变见表 11-5。

表 11-5　实验犬感染华支睾吸虫后不同时间肝胆病理变化及 B 超声像

动物编号	感染度	感染后时间	病理解剖所见	B 超
1	轻度	15 天	肝内胆管阻塞，轻度扩张，肝被膜下显著，胆囊内见幼虫 152 个。胰管扩张，内有少量幼虫。脾淤血，肝内胆管壁上皮增生，炎性细胞浸润明显。胆汁内虫卵（—）	肝内可见多数点状、索条状强回声，胆管扩张轻度，胆囊沉积物少量
2	中度	60 天	肝内胆管阻塞，中度扩张，肝被膜下显著。胆囊内有虫体 540 个，胰管扩张，内见少量虫体。脾淤血，胆管上皮增生，胆管纤维组织增生，炎性细胞浸润减少	肝内可见多数点状强回声，胆管中度扩张，胆囊可见点状强回声及沉积物
3	中度	60 天，经治疗后 7 天	肝内胆管中度阻塞并扩张，胆囊内有死亡虫体 240 个，胰管扩张，见虫体，脾淤血。胆管上皮中度增生，部分腺体变性、坏死并脱落，炎性细胞浸润减少，轻度淤胆，虫体变性	肝内多数点状强回声，胆管中度扩张，胆囊可见点状强回声
4	中度	60 天，经治疗后 30 天	肝内胆管壁增厚、轻度扩张，管腔洁净，阻塞消失，胆管、胆囊及胰导管未见虫体，脾基本正常。增生的胆管上皮脱落，胆管纤维组织增生持续，胆管腺体少量再生。虫卵（—）	肝内胆管广泛中度扩张，多数点状强回声，胆囊无沉积物。治疗后点状回声减少、扩张胆管减轻
5	重度	40 天	肝表面凸凹不平，肝内胆管广泛扩张，被膜下高度扩张呈囊状，胆管大量阻塞，胆囊内有成虫 1208 个。胰管扩张，虫体多。腹水 4800ml。脾肿大、淤血。肝内胆管扩张，胆管腺体高度增生，其间可见虫体，淤胆广泛，未见假小叶形成	肝内胆管高度扩张，肝被膜下显著，腹水 53mm，胆囊内多个点状强回声及沉积物。脾厚

（二）华支睾吸虫病肝胆B超声像表现

虽然B超对华支睾吸虫所致的肝胆病变显示声像变化，但因感染度、病程长短和病变程度不同所反映出B超声像可有较大差异，尽管如此，其仍具有一定的特征性和规律性，华支睾吸虫病B超声像可出现以下情况。

1. 肝脏　感染较轻者仅肝内光点增粗，分布不均，肝内管道走行正常，显示清晰。多数感染者肝脏肿大，以左叶、左外叶及右后叶上段明显。肝实质点状回声增粗、增强、分布不均，有短棒状、索状或网状回声。或肝内纹理粗乱，内见密集高回声斑片或团块状回声，类似“珊瑚状”。如果已发生肝硬化，可见肝脏缩小，边界不整，肝边界呈“锯齿状”或“波浪样”改变，肝内回声粗密、分布不均，并见有结节状、斑片状稍强回声团，边界模糊不清；或可见门静脉有不同程度增宽，肝内门静脉分支周围组织呈节段性、散在性或条索状回声增强。或可同时合并有不同程度脾脏肿大。

肝内光点回声增强或出现散在小光团及片状回声是华支睾吸虫病的特征性表现。

2. 肝内胆管　华支睾吸虫成虫寄生于肝内中小胆管，因左肝管比较粗，虫体容易进入，以肝左外叶的肝内胆管扩张较为明显，也可有弥漫性肝内中小胆管扩张，胆管内有时可见点状、索状回声。

肝内胆管系统管壁增厚，粗糙、回声增粗增强，有时可见扩张的胆管内有点状或索状回声，在横切面上呈现出强回声点，纵切面上呈现出强回声细管状样结构。较大分支胆管可见轻度的增亮，偶见部分胆管局限性扩张（图11-1）。Ⅰ、Ⅱ级胆管分支直径可达5mm，扩张的胆管由肝门向外一般呈均匀性扩张，在纵切面上可呈现数毫米或10～20mm的细管样结构，横切面上可见散在的4～7mm圆形或戒指形的厚壁无回声区，周围回声增强。或可在扩张胆管内见斑点、斑块状高回声影，后方无声影，而胆总管未见扩张，内径均小于7mm。

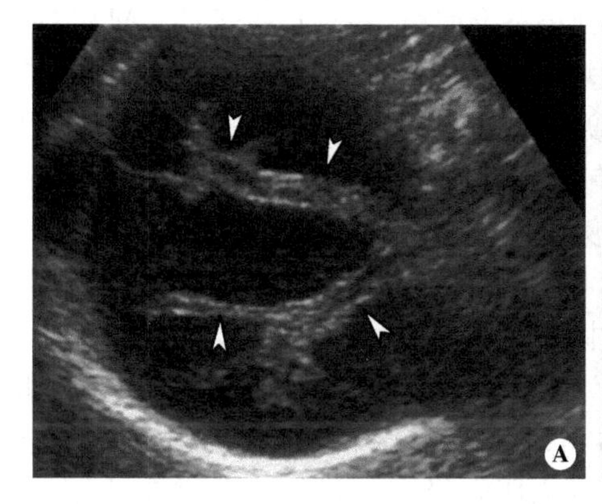

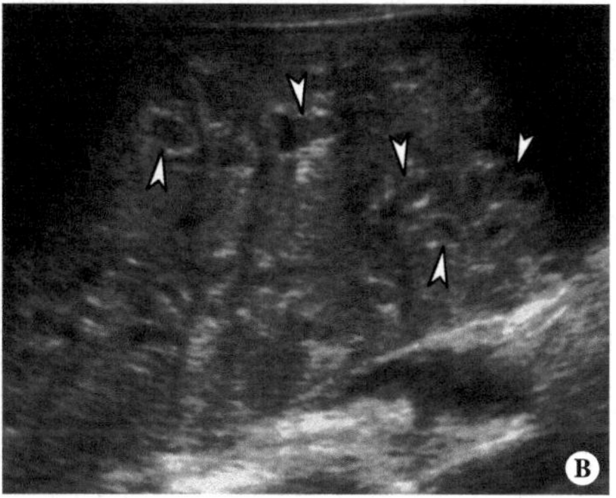

图11-1　华支睾吸虫肝胆超声检查声像（引自Choi 2004）

A. 肝内胆管弥漫性均匀扩张，胆管壁回声增强（箭头所指）；B. 集中在胆管内的成虫或虫卵聚集物表现为无声像的回波（箭头所指）

肝内胆管可呈节段性、散在性扩张，扩张的肝内胆管呈“丛状”分布，有的可呈“等号”状或“双轨”征改变，或可见短小双线光带，呈等号状排列，或呈“绒毛”状或“毛虫”状强回声向肝实质侵入。主要是由于虫卵或成虫对胆管壁的化学、机械刺激和阻塞作用，引起胆汁淤积，胆管发生囊状或圆柱形扩张，管壁结缔组织增生而形成。胆总管有时可观察到长10～

20mm，宽 2～3mm 的“双线征”和（或）“细条征”，与华支睾吸虫大小相似，此应为成虫声像。肝内胆管扩张，胆管分支数量增多，管壁回声增强是华支睾吸虫病胆管的特征性表现。

3. 胆囊 胆囊大小多正常，但胆囊壁多稍有增厚，欠光滑。有的胆囊暗区消失，胆囊壁明显增厚、毛糙、模糊不清，囊内有点状、棒状、索状或飘带状回声，有时伴有小结石或胆泥征象。胆囊亦可有“双线征”和（或）“细条征”，回声稍强的“细条征”应为死亡虫体征像。胆囊及扩张的胆总管内可见浮动的细管状高回声带，后方不伴声影，此特征为活虫体在胆囊及胆总管内漂动所致。而絮状小光片漂浮或沉积，呈小条形、串状、堆状，随体位改变可见光片漂浮于胆汁中，此类回声主要由虫体及其碎片以及一些炎性成分构成。

华支睾吸虫病的 B 超声像图可出现多种异常改变，根据病程和肝内寄生虫体多少可归纳为以下几种特征性改变：①双轨征或称“等号”样及条索状强回声，主要是肝内小胆管狭窄、堵塞、扩张及管壁增厚的声像图的变化；②斑点状，小团块状，其中尤以雪片状最具有特征性，多为感染重，病程相对长的病变表现；③胆管比例失常及枯枝状强回声，多为胆管病较严重；④胆管增大及胆囊壁增厚与肝内以上胆管回声改变；⑤胆囊或扩张的胆管内可见线形回声，偶可见自主运动。以上几项为华支睾吸虫病肝 B 超的特征性声像，如同时出现 2 项或 2 项以上，则更具有诊断价值（谭敬辉 2001，徐庆华 2003，文革 2000，李运泽 2001，苏海庆 2000，陆冰冰，2007）。

（三）华支睾吸虫病患者及感染者 B 超声像诊断

张钧等（1991）对 92 例经粪便检查或十二指肠引流液检查发现虫卵而确诊的华支睾吸虫病患者在治疗前后进行 B 型超声检查。92 例中有 25 例（27.2%）肝脏肿大，以左叶明显，56 例（60.9%）肝内光点欠均匀，28 例（30.4%）肝内有小斑片或团块状回声。全部病例胆管均有改变，35 例（38.0%）肝外胆管扩张，50 例（54.3%）扩张的胆管内有斑点，斑块状及小条形中等强度回声，4 例在扩张明显的胆管内见到小条形回声，并有自主运动。M 型超声可同时记录其运动曲线。32 例（34.7%）胆囊轻度增大，34 例（36.9%）胆囊壁增厚、粗糙，56 例（60.9%）胆囊内可见小条形及斑块状中等强度回声，部分于胆汁中，部分沉积于胆囊壁。在 5 例（5.4%）患者胆囊内观察到小条形回声有自主运动，8 例（8.7%）合并胆囊结石，5 例（5.4%）合并肝硬化（HBsAg 阳性者除外），1 例合并肝癌，1 例合并胰腺炎。

文革等（2000）在湖南永州检查住院患者，103 例粪便查到虫卵，2 例手术时在胆道发现成虫，1 例肝内胆管取石术后“T”型管引流液中找到虫卵，共 106 例华支睾吸虫病患者。超声检查诊断或提示华支睾吸虫病 92 例，报告为胆囊炎、胆管炎 8 例，6 例报告为肝胆正常，诊断符合率 86.8%。声像异常的患者中，肝左叶轻度肿大 19 例，43 例肝内可见沿胆管走向分布不均的粗光点、粗条样强回声，64 例表现肝内胆管轻度扩张伴管壁增厚、回声增强，胆总管内可见层叠排列的“双线征”回声。胆囊肿大者 59 例，纵径 86～120mm，横径 35～50mm，囊内常见漂浮斑点、“小等号”样光带及沉积物回声，3 例囊内见“双线征”或“细条征”。另有合并肝硬化 1 例，急性胆道感染 2 例，肝内胆管或胆囊结石 5 例。

广东韶关市第一人民医院检查 562 例感染华支睾吸虫的患者（胡艳妍 2008），超声显像结果：①肝内胆管壁回声发生改变者 394 例（70.1%），其中胆管壁回声增多、增粗、增强，呈“小等号”样声像 325 例，肝内胆管轻度扩张 40 例，胆管结石或局部见钙化点 29 例；②肝内回声增粗、增强，分布不均匀 60 例（10.7%）；③同时合并或单纯胆囊发生改变者 64 例

(11.4%)，其中胆囊增大 18 例，胆囊壁增厚 21 例，合并结石 5 例，胆囊息肉 7 例，囊内出现粗大或细小的散在光点 15 例，胆囊缩小 3 例；④合并脂肪肝 44 例(7.8%)。

何丽洁(2004)报道的 2032 例华支睾吸虫病患者中，肝胆系统超声显示异常 1613 例，占 79.4%。具体表现如下：肝、胆增大者 115 例(5.7%)，168 例(7.2%)肝光点增粗，密集分布不均；1165 例(57.3%)肝内、胆管壁回声增强，管壁增厚，呈“短线”状或“等号”样回声，并可见肝内胆管有不同程度的扩张；胆囊增大，单纯胆囊增宽直径大于 3mm 的 362 例(17.8%)，同时合并有胆囊壁增厚，胆囊内见粗大飘动光点的 104 例。1155 例肝内胆管回声增强，合并胆囊增大 271 例，占肝内胆管壁声像改变的 23.5%。报告者认为还有 17.8% 患者超声声像无异常，此类患者一般无自觉症状，可能为病程较短。因此 B 超在华支睾吸虫病早期诊断中也有一定的局限性。

B 超检查华支睾吸虫致胆道阻塞的 28 例患者[排除胆管结石和(或)胆管占位病变的阻塞]，所有病例均有不同程度的肝内外胆管扩张，胆管扩张范围较广，累及多段、多叶甚至全部肝管，胆管直径约 0.6～1.2cm，呈圆柱状、树枝状或条索状，胆管由肝门向被膜方向呈较均匀扩张；胆管壁增厚，约 0.2～0.5cm，25 例呈低回声，3 例呈高回声且边缘毛糙；管腔内充满不均质无声影絮状物，多与管壁及周围肝组织分界清晰。

彩色多普勒超声观察 5 例胆道内充填物均未见明显血流供应。15 例胆囊内出现不规则点絮状物飘浮，后方无声影(李建辉 2006)。

在黑龙江肇源县流行区进行普查，确诊的 1967 例华支睾吸虫卵阳性者均为当地居民，并非来医院就诊患者，常规肝胆系统超声波检查显示声像异常 1529 例(77.7%)。超声波异常的 1529 感染者中，重度感染 128 例(8.4%)，中度感染 539 例(35.3%)，轻度感染 862 例(56.4%)。B 超声像异常的 1529 例中表现为肝、胆增大者 87 例(5.7%)；肝内胆管壁回声增强，管壁增厚，可见肝内胆管有不同程度扩张者 1289 例(84.3%)；胆囊壁增厚，内见粗大飘动光点者 127 例(8.3%)。1247 例肝内胆管回声强，合并胆囊增大 312 例，占肝内胆管壁声像改变者的 25.0%。该组患者均为普查时发现，多数无自觉症状，但 77.7%超声波声像异常，说明胆管已发生了病理性改变。对于无症状的慢性感染者，B 超检查对华支睾吸虫病有重要的诊断价值(葛涛等 2009)。

(四) 华支睾吸虫病患者治疗前后 B 超声像变化

曹小荣(1992)曾经通过 B 型超声检查 5 例华支睾吸虫病患者，可见肝内沿肝管、门静脉系统各分支管壁仅周围回声增强、增厚，超声诊断为华支睾吸虫病。5 例患者粪检均查到虫卵。另 5 例患者 10 年前曾患华支睾吸虫病并治愈，肝胆的 B 型超声检查无异常。华支睾吸虫感染后肝胆系统 B 超声像具有一定的特征性，可作为临床诊断依据之一。驱虫治疗痊愈患者的声像无异常，提示病理改变是可逆的，B 超检查也可作为疗效观察及考核指标之一。

用 B 超检查 21 例经吡喹酮治疗后的华支睾吸虫病患者，在服药后 20 小时内，自主运动的条形回声首先停止活动，随之胆囊内飘浮的条形及斑片回声依重力沉积于胆囊壁。急性重症者肝内斑片状回声于用药 2 日后即开始明显消退。9 例急性感染者在治疗后的 1 个月内超声声像均逐渐恢复正常。共观察了 12 例慢性感染者，其声像恢复较慢，治后一月内仅 3 例声像基本正常，治后 4 月仍有 2 例见到中小胆管轻度扩张，管壁回声强。

陆冰冰(2007)观察 214 例粪检或胆汁检查华支睾吸虫卵阳性者，其中没有症状的 135

例、右上腹胀痛或隐痛68例和明显黄疸11例。治疗后声像变化见表11-6。经过驱虫治疗后，华支睾吸虫感染所表现出的胆囊内出现漂浮物及肝内胆管壁增厚、毛糙，回声增强、漂浮的絮状弱回声等特征性超声声像大为减少，治疗后2周即有明显改变，胆汁清晰。胆管壁增厚、毛糙，回声增强改变恢复较慢，在经过治疗后的一定时间内仍持续存在。

表11-6 214例华支睾吸虫病患者治疗前后超声声像表现

超声表现	治疗前		治疗后2周		治疗后3个月	
	例数	%	例数	%	例数	%
胆囊增大，胆囊内见絮状漂浮物	189	88.3	78	36.5	2	0.9
肝内胆管壁增厚、毛糙、回声增强	201	93.9	173	80.8	57	36.6
肝内胆管扩张	78	36.5	21	9.8	0	0
肝内胆管管腔实质性回声	18	8.4	5	2.3	1	0.5
肝脏回声增粗、不均匀	37	17.3	37	17.3	37	17.3
胆囊及(或)胆管结石	45	21.0	45	21.0	45	21.0
脾脏增厚(>4.0cm)	28	13.1	28	13.1	28	13.1

（五）B超检查与其他相关检查的关系

B超检查对华支睾吸虫感染者筛查有较高的特异性，与华支睾吸虫感染的其他重要指标密切相关。142例B超声像特征性改变的住院人中101例(71.1%)有食生鱼虾史，129例(90.8%)抗华支睾吸虫抗体阳性，118例(83.1%)嗜酸粒细胞增多；而168例B超声像无特征性改变的住院人中13例(7.7%)有食生鱼虾史，9例(5.4%)抗华支睾吸虫抗体阳性，9例(5.4%)嗜酸粒细胞增高(谭敬辉等2001)。

对来自南宁多家医院269例B超检查怀疑华支睾吸虫感染的病例进行寄生虫学相关检查，其中粪检251例，虫卵阳性124例(49.4%)，检测血清179例，抗体阳性103例(57.5%)，二项合计阳性146例，阳性率54.3%(146/261)。有123例(45.7%)既未查获华支睾吸虫卵，也未检测到特异性抗体。本组检查结果提示，B型超声检查的声像改变可以作为进一步诊断华支睾吸虫病的线索和依据，但特异性和准确度尚有待提高(阮廷清2006)。

广西医科大学肿瘤医院在防癌普查时，5000名受检者中B超声像疑为华支睾吸虫感染的有133名。B超声像提示该133名患者肝内胆管均有不同程度的扩张，管壁增厚，回声增强。呈“等号”样成对的短浅状回声并可见肝内胆管结石11例；有35例肝脏轻度增大，肝实质光点弥漫性增粗，内回声强弱分布欠均；50例胆囊增大，壁厚粗糙，囊内透声不清，并见分散的细管状高回声带；20例脾轻度增大。深入询问和检查，133人中的129人有进食生鱼史；肝功能异常25人，轻度黄疸8人，133人AFP均阴性；ELISA检测血清抗华支睾吸虫抗体，124人(93.2%)阳性；检查117人粪便，虫卵阳性82人(70.1%)。在流行区进行常规健康体检，B超声像异常对发现华支睾吸虫感染有重要的提示作用(杨伟萍2000)。

苏海庆等(2002)将门诊或住院患者的病史和B超声像综合量化评分，标准如下：①有吃生鱼虾等不洁饮食史记5分；②胆囊增大或不增大，胆囊内见大小不等的点状、管状、索状、飘带状等杂乱回声，呈“龙飞凤舞”征记4分；③胆管系统有不同程度的扩张，内液透明度差，其内见细小点状、索状回声，有时管壁与管腔分界不清，呈现“云雾弥漫”征记3分；④肝内小胆管或格里森系统回声普遍增强，肝内声像图呈“满天星斗”征记2分；⑤肝实质点状回声普遍增粗，索状、网状回声增多，表现为“癞蛤蟆”征记1分。将各患者所得的积分分组，与粪便或胆汁虫卵检查结果对照，以评价 B 超对诊断华支睾吸虫病的价值。<6 分 14 例，病原检查阳性 8 例(42.8%)，积分 7～8 分 29 例，病原检查阳性 24 例(82.7%)，积分 9～10 分 36 例，病原检查阳性 34 例(94.4%)，积分≥11 分 99 例，病原检查全部阳性。苏海庆等认为在流行区进行 B 超检查时发现前述征象，按病史和 B 超综合评分法评分，积分在 6～10 分为华支睾吸虫感染可疑，积分在 11 分以上者，基本上可确诊为华支睾吸虫感染。

关于 B 超诊断华支睾吸虫感染的敏感性、特异性和准确性，各学者报道不尽相同，甚至存在较大差异。影响因素包括仪器的品牌、性能和质量，操作人员的技术和经验，患者感染度的轻重、感染时间的长短及患者的身体状态等。对华支睾吸虫感染肝胆病理变化与 B 超声像关联度，对声像的理性认识和经验积累都直接影响对声像的判断。但作为一种简便、快速、无创伤的临床检查技术，B 超在华支睾吸虫病的辅助诊断和鉴别诊断方面还是有较高的特异性和很强的实用性，特别在华支睾吸虫病流行区。

（六）组织谐波频移成像用于华支睾吸虫病的诊断

组织谐波频移成像技术(THI)，是一种多频段组织信号实时平行处理探测和处理传统超声所忽略或未探测到的声学信息，适合于非线性组织声波探测的新技术，此技术是二维显像的进展与突破，提高了分辨率。华支睾吸虫感染所受累的胆囊，胆道均属含有胆汁，具有非线性组织声学特征。陈永兴等(2001)应用 THI 对 30 例临床确诊为华支睾吸虫病患者进行普通二维显像和 THI 显像对照研究。

对正常肝脏，普通二维与 THI 声像区别不明显。

对于华支睾吸虫病患者表现为慢性肝病和肝硬化者，THI 声像示门静脉的内径较普通二维检测稍粗，管壁稍厚。THI 测量 30 例患者的胆总管前壁厚度、左肝管内径、左肝管前壁厚度、胆囊前壁厚度均显著大于普通二维灰阶所测结果，均具统计学意义。2 种方法测得的胆囊内径区别不显著。

普通二维显像在 2 例胆囊息肉患者胆囊中分别发现 1 枚和 4 枚息肉，THI 分别发现 3 枚和 5 枚。普通二维显像在胆总管和左右肝管有小强光斑显示分别有 12 和 10 例，THI 分别有 22 例和 18 例。普通二维呈现间断小短棒状双线光带，光带厚度 1～1.5mm，“等号”样排列显示率为 80%，10 例可观察到双线光带内夹杂有小强光点，伴有不典型声影。THI 显示光带厚 1.3～2.0mm，“等号”样排列显示率为 100%，双线光带内小强光点，除数量增多外，24 例显示小结石。

普通二维显像因胆道前壁与胆汁、胆汁与虫卵，以及以虫卵为中心的小结石、胆汁与胆道后壁之间存在着不同的声阻抗差异，部分声学信息探查不到。在该组患者，THI 显像肝内小胆管病变显示率为 100%，特别是胆囊、肝管壁厚度，小结石数量和胆囊内潴留物的显示明显优于普通二维成像，显著提高超声检查对华支睾吸虫所致胆道系统损伤的诊断率和准确性。

四、CT 检查

随着物理诊断技术的发展，CT 也被越来越多地被用作华支睾吸虫病的辅助诊断方法，对华支睾吸虫病患者进行 CT 检查能更清楚地反映出肝肿大和肝内胆管扩张的程度。华支睾吸虫寄生引起不完全性胆道梗阻及继发性胆管炎、胆管上皮增生、管壁纤维化，表现为肝内末梢胆管及次级胆管囊袋状扩张，胆管壁增厚，可合并胆管炎、结石及肝硬化。胆管扩张度又取决于患者是否为反复感染、病程长短、寄生的华支睾吸虫数量及有无并发症等。

（一）华支睾吸虫病患者的肝胆CT图像特征

按CT图像显示，以肝内Ⅱ、Ⅲ级胆管直径为标准，管径≤3mm为轻度扩张，管径4～6mm为中度扩张，重度扩张管径≥7mm。或更细分为，管径<3mm为轻微扩张，管径3～5mm轻度扩张，管径5～7mm中度扩张，管径>7mm为重度扩张。主肝管直径≤6mm为轻度扩张，6～9mm为中度扩张，>9mm为重度扩张。肝外胆管直径6～10mm为轻度扩张，>10mm为显著扩张。胆总管直径7～10mm为轻度扩张，10～13mm为中度扩张，>13mm为重度扩张。

肝内胆管扩张可分为三型：Ⅰ型为扩张的肝内胆管从肝门向肝被膜下方向逐渐扩张，肝被膜下小胆管呈囊状扩张；Ⅱ型为肝内胆管从肝门向被膜下逐渐扩张，但无肝被膜下小胆管呈囊状扩张；Ⅲ型为肝内扩张的胆管，门侧与远侧端胆管径宽度相近似。也有学者将其分为：①周围型：肝包膜下末梢胆管小囊状、细枝状扩张；②中央型：肝门区胆管树枝状扩张为主，周围胆管无明显扩张；③混合型：肝门区胆管树枝状扩张伴肝包膜下末梢胆管小囊状扩张。胆管扩张CT图像见图11-2，图11-3。

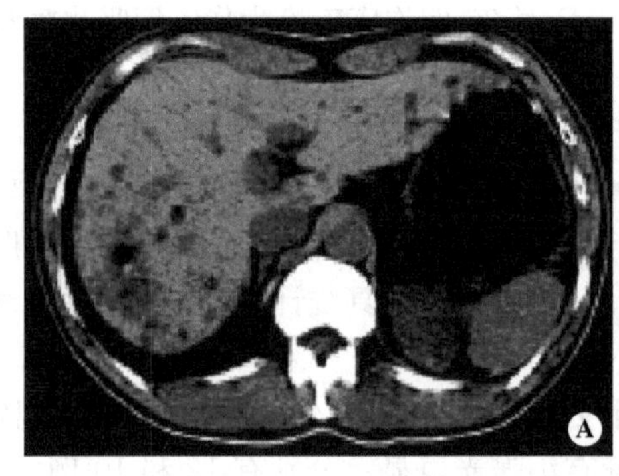

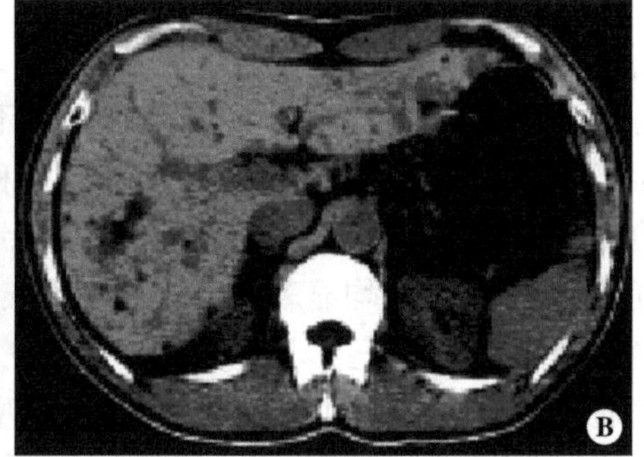

图11-2　华支睾吸虫感染致胆管扩张周围型（引自刘北利2009）
示肝右叶后段后膜下胆管小囊状扩张，呈簇状分布

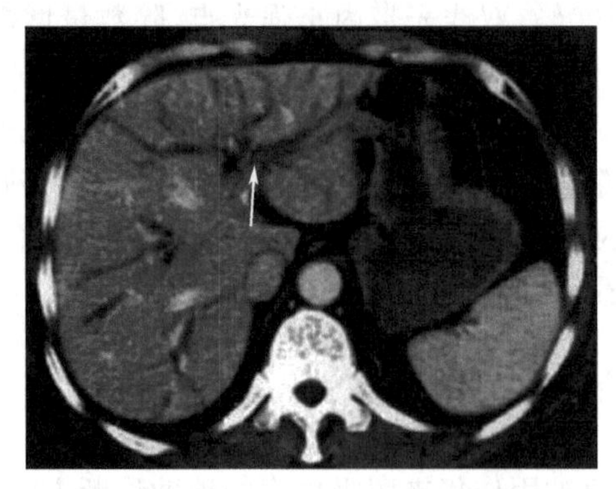

图11-3　华支睾吸虫感染致肝内胆管自肝门向肝被膜下均匀一致扩张，管径5～7mm（引自李莉2010）

扩张胆管的特点为直径与长度比小于1∶10，呈细长树枝状或较短的细枝状，后者常为3级以下小胆管，故多较远离肝门区，也可能部分为前者在CT扫描中的某一断面所致。如华支睾吸虫成虫和虫卵引起末梢小胆管完全性阻塞，胆管扩张呈囊状，密度近于水，CT值0～20HU。胆管不完全性梗阻出现肝边缘部末梢小胆管呈现小囊状扩张，有时可见到囊的一端连于胆管呈“蝌蚪”状或“逗点”状，囊大小多为数毫米至1.5cm，少数直径可>2cm。小囊散在或聚集成簇分布，但以肝周边分布为主，此为其特征性征象，具有诊断价值。此型患者的临床症状常较细

枝状胆管扩张者重。有学者认为远侧胆管扩张的管径较近侧粗，也是华支睾吸虫病较为特征性的表现。

对华支睾吸虫病肝内胆管小囊状扩张与肝内小囊肿应注意鉴别，鉴别点为：华支睾吸虫所致囊状扩张在肝脏边缘部，有簇集样分布倾向，与扩张胆管相通。肝小囊肿多为圆形，边界清，与扩张胆管不相通。单纯肝囊肿病灶边缘锐利，无沿肝周边分布的规律及与胆管相连通的迹象，且多无临床症状（陈惠恩等，1995；李莉等，2010；刘北利等，2009；纪祥等，2004；刘海明等，2007）。

长期慢性反复感染，胆管壁张力减低，胆汁淤滞，如成虫数量多，寄生于较大的胆管（甚至胆囊、胰管内），导致近肝门侧胆管扩张为主。如肝内胆管扩张兼有边缘型及肝门型胆管扩张，胆管扩张多为广泛弥漫性，可能是因为反复感染，病程长，病变程度较重，此型并发症较多，如并发胆道炎、胆石症及胰腺炎等。

（二）实验动物感染华支睾吸虫后CT图像的改变

邢有东（2007）实验感染家犬，重度感染犬在感染后35天CT检查即可见肝内胆管弥漫性扩张，被膜下胆管高度扩张。中度感染犬在感染后60天和90天，肝内胆管呈中度扩张，且病变广泛。

（三）华支睾吸虫病患者CT检查结果分析

覃日才等（1995）对86例粪检华支睾吸虫卵阳性患者进行了肝胆CT检查，86%（74/86）的患者有CT图像改变，74例均见肝内弥漫性胆管扩张，其中10例以肝右叶后段肝内病变明显。肝内胆管扩张呈Ⅰ型改变者40例（54.1%），呈Ⅱ型改变者26例（35.1%），呈Ⅲ型改变者8例（10.8%）。肝内胆管轻度扩张62例（83.8%），中度扩张10例（13.5%），重度扩张2例（2.7%）。肝总管及胆总管轻度扩张（10～11mm）者8例，其中2例合并有胰管扩张，其余均无肝外胆管扩张征象。CT扫描肝脾肿大12例，但未发现胆管壁增厚及强化的征象。

对另一组163例华支睾吸虫病患者CT检查结果进行分析，所有患者均显示不同程度的肝内胆管扩张，其中轻度扩张为主者102例（62.6%），中度扩张37例（22.7%），重度扩张24例（14.7%）。肝被膜下小胆管扩张呈囊状或杵状148例（90.8%），近肝门侧肝内胆管向被膜侧均匀扩张者143例（87.7%），其中12例显示部分扩张的胆管壁不规则，管腔粗细不均。另有20例（12.3%）肝内胆管近肝门侧明显扩张，而远端扩张不明显，104例肝内胆管扩张的数量与程度以肝右叶后上段最为显著。5例并发肝细胞癌，23例并发胆管细胞癌，其中肝门型7例，周围型14例及胆总管下段胆管癌及胆囊癌各1例，肝脓肿1例。163例中151例肝外胆管无扩张，12例（7.4%）肝总管、胆总管腔扩张达10～11mm。增强扫描肝内、外胆管壁均未发现异常强化征象。肝内胆管结石52例，其中肝左叶内胆管结石22例，肝右叶内胆管结石16例，肝左右叶胆管均有结石者14例。胆囊内结石25例，结石大小为2～15mm，数目多少不一。13例（8.0%）胆囊内见团状或不规则软组织密度条状物悬浮于胆汁中。胰管轻度扩张者5例（主胰管径大于5mm）。肝左叶增大46例（28.2%），脾增大32例（19.6%）。133例（81.6%）患者无黄疸体征（梁长虹等1995）。

李莉（2010）报告表现为急性胆管炎的48例华支睾吸虫病患者，均为急性起病，临床表现较重。通过用螺旋 CT 检查，48 例均有不同程度肝内胆管扩张，其中轻微扩张 3 例，轻度扩张 15 例，中度扩张 23 例，重度扩张 7 例。38 例(79.2%)有位于肝包膜下肝实质内的末梢胆管小囊状扩张，与其近端的小胆管相比呈明显的膨大改变，通常为多个，呈圆形或椭圆形。肝外胆管轻度扩张 12 例，中度扩张 16 例，重度扩张 4 例。胆管壁增厚并下端渐进性狭窄 12 例，胆总管内点状高密度影 6 例。胆囊增大 20 例，胆囊内团状软组织密度影 2 例。

刘北利(2009)报告 35 例华支睾吸虫病患者，CT 检查所有病例肝内胆管呈不同程度、不同形态的扩张改变。肝内胆管轻度扩张 25 例(75.7%)，中度扩张 6 例(18.2%)，重度扩张 2 例(6.1%)。周围型 18 例(54.6%)，中央型 8 例(24.2%)，混合型 7 例(21.2%)。

CT 检查 139 例(115 例来自广东顺德，24 例来自辽宁抚顺)华支睾吸虫病患者，全部病例肝内胆管也都呈现特征性的不同程度、不同形态的扩张改变，并表现为四种不同类型。①细长枝型：肝内胆管呈管状扩张为主者 34 例(24.46%)，胆管长度≥6cm；②小囊型：胆管以囊状扩张为主者 20 例(14.39%)；③细短枝型：胆管也以管状扩张为主 12 例(8.63%)，胆管长度＜6cm；④混合型，兼具上述 2 种或 3 种改变的 73 例(52.52%)。上述改变经增强扫描后显示更为清晰。扩张胆管以肝右叶为主者 12 例，左叶为主 5 例。另见肝内胆管结石 14 例，胆囊结石 17 例，胆囊炎 44 例，肝内胆管细胞癌 15 例，肝细胞癌 15 例，胆囊癌 3 例等肝胆病变(陈惠恩 1995)。

肝脏肿大，肝内胆管明显扩张，其扩张程度远远重于临床黄疸的程度也是华支睾吸虫病的重要特征之一。

(四) CT 参数用于评价华支睾吸虫病患者肝硬化

用多层螺旋 CT 灌注成像技术和相应软件，分析计算宿主感染华支睾吸虫后，不同程度肝硬化的肝血流动力学变化，以评价 CT 肝脏灌注成像技术可行性及其价值。评价参数包括出血流量(BF)、血容量(BV)、平均通过时间(MTT)、肝动脉分数(HAF)、肝动脉灌注量(HAP)、门静脉灌注量(PVP)等。随着患者肝硬化程度的加重，BV、BF、HAP、PVP 值逐渐减小；MTT、HAF 值逐渐增大。与非肝硬化对照组比较，中、重度肝硬化的 BV、BF、PVP 值间有明显统计学差异，轻度肝硬化与正常肝各指标间无统计学差异；不同程度肝硬化与正常肝的 HAF 值间均有明显统计学差异；不同程度肝硬化与正常肝的 HAP 值间无统计学差异；重度肝硬化与正常肝的 MTT 值间有明显统计学差异，轻、中度肝硬化与正常肝的 MTT 值间无统计学差异。CT 灌注参数值与肝硬化的严重程度相关，可作为评价肝硬化程度的重要指标，其中 BV、BF、HAF、PVP 为关键参数(傅礼洪等 2009)。

(五) 华支睾吸虫病胰腺病变的 CT 表现

如华支睾吸虫所致病变涉及胰腺，CT 可观察到胰腺病变的特异性征象，包括胰腺肿大，尤其是局限于体尾部的轻度肿大，伴有胰腺实质小囊状扩张，增强扫描可见其边界清楚。胰尾部分支胰管扩张，而主胰管及胰头、体部的分支胰管没有明显的扩张，与慢性胰腺炎主胰管串珠状改变，胰腺癌主胰管特异性扩张存在明显区别(黄耀星 2006)。

五、磁共振胰胆管成像技术

（一）华支睾吸虫病磁共振胰胆管成像特点

用磁共振胰胆管成像（magnetic resonance cholangiopancreatography，MRCP）检查，华支睾吸虫病肝内胆管不同程度扩张，末梢胆管囊状扩张，影像表现为肝内胆管僵硬及粗细不均，呈"枯树枝"或"软藤样"改变。末梢胆管呈小囊状扩张是华支睾吸虫病最有特征性的表现。这与华支睾吸虫成虫主要寄生在肝内的中小胆管，使远端小胆管的引流受阻塞，引起相对的末梢胆管扩张有极大的关系。肝外胆管依扩张程度，胆总管直径＞13mm 者为重度扩张，直径＞10mm 者为中度扩张，直径＞7mm 者为轻度扩张（崔冰 2003）。

（二）华支睾吸虫病患者磁共振胰胆管成像定性诊断

检查 54 例华支睾吸虫病患者，胆管的 MRCP 表现有：①肝内胆管轻度扩张者 46 例（85.2%），中度扩张者 3 例，重度扩张者 3 例。其中呈"软藤样"改变 3 例，"枯树枝"样改变 5 例。上述胆管轻度和中度扩张者中有 38 例肝内胆管僵直延长、管径粗细不均；②有 43 例（79.6%）末梢胆管表现为位于肝包膜下肝实质内的末梢胆管小囊状扩张，与其近端的小胆管相比呈明显的膨大改变，通常为多个，大小约 4～8mm，圆形或椭圆形；③肝外胆管异常者 42 例（77.8%），其中胆总管轻度扩张者 9 例，中度扩张者 4 例，重度扩张者 2 例，胆总管和肝管狭窄者 19 例，胆总管狭窄以渐进性为主，合并胆总管癌致胆总管截断改变者 2 例，胆总管内有团状充盈缺损 6 例，边缘较模糊，形态欠规整；④12 例肝外胆管无异常，2 例肝内胆管无异常。

胆囊 MRCP 提示 54 例患者中有 33 例胆囊增大，14 例胆囊壁增厚信号增强，12 例胆囊周围水肿，2 例胆囊内团状充盈缺损。

用 MRCP 诊断该组患者，对华支睾吸虫性胆管炎的定性诊断准确率为 88.9%（48/54），6 例发生误诊。华支睾吸虫性胆管炎的 MRCP 定性诊断的主要依据为：①肝内胆管扩张合并多发性末梢胆管小囊状改变（图 11-4A），主要是因华支睾吸虫在小胆管内寄生，其成虫的体宽也与小胆管直径相吻合；②肝内胆管僵硬延长、粗细不均伴有胆管内小团状充盈缺损，后者信号较低，边缘较模糊，是为胆管内华支睾吸虫形成的虫团在 MRCP 图像上的负影；③肝外胆管（胆总管、左右肝管等）以狭窄为主，狭窄多为轻度渐进性，扩张不显著，常表现为管壁僵硬、粗细不均等慢性炎症的表现（图 11-4B）。肝外胆总管中度、重度扩张常与肝内胆管的轻度扩张不成正比，这与单纯肿瘤或结石引起的低位胆管梗阻有所不同；④胆囊多表现为炎症改变，胆囊壁增厚，胆囊周围渗出水肿，如果胆囊内有虫团时可见 MRCP 上的负影，酷似胆囊结石；⑤胰管可显示正常，合并胆管肠杆菌科细菌感染时可呈轻度扩张或粗细不均改变。华支睾吸虫病肝胆 MRCP 影像以肝内胆管的改变最主要，如患者有食生鱼生虾史，更具诊断价值（崔冰等 2003）。

六、逆行胰胆管造影

逆行胰胆管造影（endoscopic retrograde cholangiopancreatograph ERCP）主要是用于

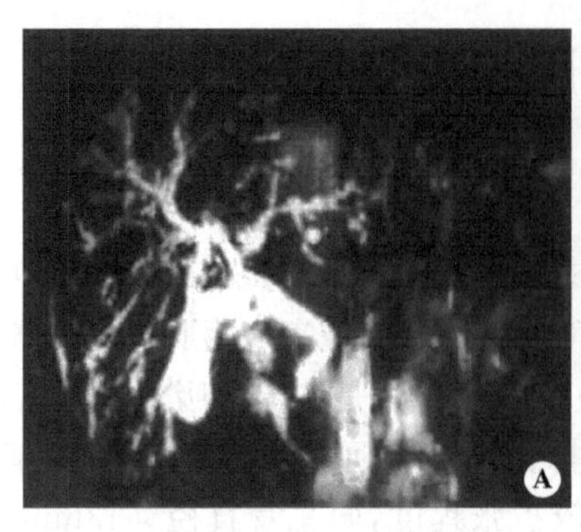

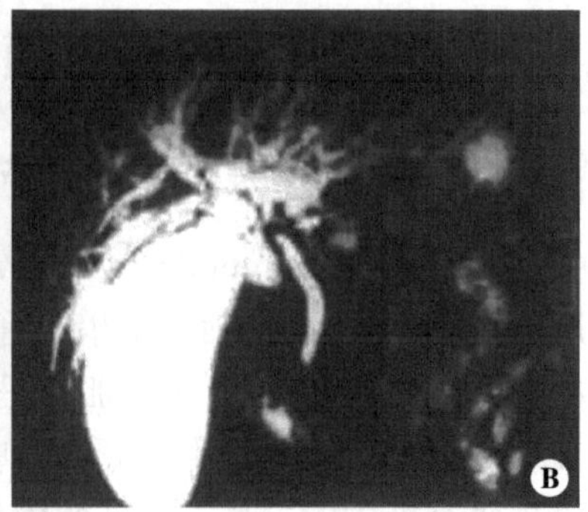

图 11-4　华支睾吸虫病肝胆管 MRCP 影像(引自崔冰 2003)

A. 示肝内胆管广泛性轻度扩张，走行僵硬，粗细不均，末梢胆管大量小囊状扩张，胆总管上段轻度扩张；B 肝内胆管普遍性中度扩张，部分肝内胆管走行僵硬，左右肝管扩张增粗，胆囊扩大，胆总管上段局限性狭窄，狭窄以下胆总管正常

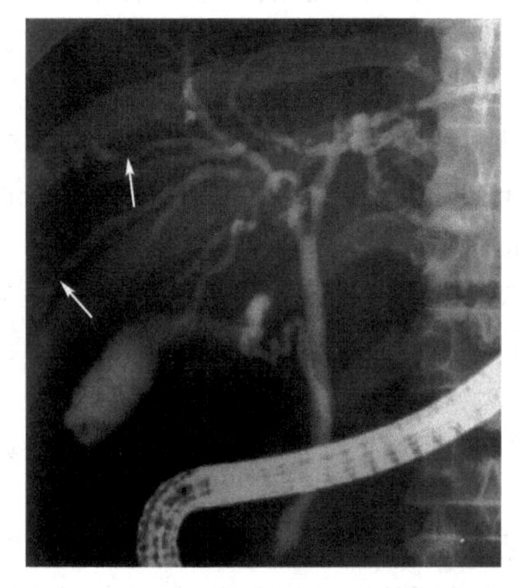

图 11-5　华支睾吸虫病逆行胰胆管造影(引自 Choi 2004)

示肝内胆管弥漫性均匀扩张，肝外胆管轻微扩张，肝内胆管末端充盈缺损，与华支睾吸虫虫体形态一致(箭头所指)

肝胆疾患患者的影像学诊断，华支睾吸虫病患者往往因为有胆道疾病的症状而接受 ERCP 检查。华支睾吸虫病患者的 ERCP 图像改变具有一定的特征(见图 11-5)，如肝内胆管可呈细丝状或椭圆形充盈缺损，有的呈卷曲状或瓜仁状，末梢胆管呈小球状扩张是华支睾吸虫病最有特征性的表现，似“挂满小果实的树枝”(杨六成 2004)。张宝华(2003)报告 1 例华支睾吸虫感染致胆总管下端狭窄，ERCP 透视胆总管下段见一充盈缺损影，大小约 1.2cm，上段胆管扩张，呈“软藤征”，胆囊显影，明显增大。

吴志棉和梁永昌(1990)对 52 例经大便或胆汁检查虫卵阳性的华支睾吸虫病成年患者进行 ERCP 检查，可发现 4 种不同类型影像变化：①细丝状或椭圆形充盈缺损有 36 例(69.2%)，华支睾吸虫虫体扁而薄，前端尖细，后端较钝大，像葵花子，在胆道造影中表现为细丝形或椭圆形充盈缺损，有的呈卷曲状，有的呈瓜子仁状，多寄生在中小胆管内；②胆管变钝或突然中断 24 例(46.2%)，虫体、虫卵、脱落的胆管上皮和大量分泌的黏液可造成胆管完全的或不完全的阻塞，表现为肝内单支或多支胆管变钝，有的行径突然中断或断断续续不连贯；③胆管扭曲不平滑、呈枯树枝状 29 例(55.8%)，由于胆管和(或)肝实质受到损害，可见胆管粗细不均、凹凸不平、扭曲或僵直，严重者如虫蛀过的枯树枝状。胰腺受到侵犯也可有不规则表现；④小胆管扩张 11 例(21.2%)，华支睾吸虫在胆管内壅积成堆，使阻塞部位上端扩大，多见 3 级分支及 3 级以上的小胆管扩张。

智朝发等(2003)通过 ERCP 检查 62 例华支睾吸虫病患者，所有患者都呈现弥漫性肝内胆管末端囊性扩张，而非华支睾吸虫病患者无一例出现此征象，故弥漫性肝内胆管末端囊性扩张是华支睾吸虫病的 ERCP 特异征象。根据他们的经验，针对 ERCP 成像特点，弥漫性肝内胆管末端囊性扩张，梗阻严重时可出现肝外胆管扩张，可考虑为华支睾吸虫病的诊断要点。由于ERCP同时可以抽吸胆汁，如在胆汁中查到成虫或虫卵，即可建立病原学诊断。在流行区医院，ERCP可作为临床诊断华支睾吸虫病的方法之一。对伴有梗阻性黄疸者，还应作为首选方法。

据Leung(1990)对16例华支睾吸虫病患者做了驱虫前后ERCP比较，驱虫治疗后31.6个月，胆管内充盈缺损及胆管变钝的病变消失，但小胆管扩张，胆道扭曲不平依然存在，因而认为在驱虫后相当长的时间内，胆管腺瘤样增生，胆管壁不规则增厚和肝纤维化等改变逆转较慢，虫尸的毒素仍存在一段时间，胆管仍对致癌物质易感，应该经常随诊。

七、胃镜检查

经胆汁或粪便检查虫卵而确诊的216例华支睾吸虫病患者，胃镜检查表现为胆汁返流性胃窦炎80例(37.0%)、胆汁返流性全胃炎68例(31.5%)、胆汁返流性食道炎6例(1.39%)、红斑渗出性胃窦炎67例(31.0%)、十二指肠球部溃疡8例(2.5%)、胃溃疡5例(2.3%)。

216例华支睾吸虫病患者中有153例表现为消化不良，经胃镜检查返流性胃炎(含全胃炎和胃窦炎)144例(94.1%)，镜下见黏膜广泛赤红水肿，黏液糊呈胆汁染，以及幽门启闭不自然，胃窦逆蠕动或见胆汁返流。其他临床表现有胆道感染56例、阻塞性黄疸15例、胆结石26例、合并肝硬化12例、肝癌3例、胆管癌1例。许多华支睾吸虫感染病例消化不良症状严重，常被诊断为“胃炎”、“非溃疡性消化不良”，“胃肠神经官能症”等。在流行区，对有消化不良症状，胃镜检查为返流性胃炎的患者，还要考虑有无华支睾吸虫感染，尽可能及时检查粪便或从胆汁找华支睾吸虫卵，以便确定病因(徐明符1997)。

(陈　明)

第十二章　华支睾吸虫病的诊断和鉴别诊断

一、诊　　断

在患者粪便中或胆汁中找到华支睾吸虫卵，即可建立诊断和并进行相应的病原治疗。但华支睾吸虫病表现复杂，急性期症状缺乏特异性，而且在粪便中不易查到虫卵；慢性期肝胆症状可较明显，但也缺乏特异性，故急性或慢性华支睾吸虫病均易发生误诊。华支睾吸虫卵是人体常见寄生蠕虫卵中的最小者，成虫产卵量也不及肠道线虫那样多，还有部分虫卵沉积在肝胆管内，不能随宿主粪便排出，故病原学诊断有一定难度，特别是在感染度较轻时，因此又往往容易漏诊。临床医生对该病要有足够的认识，在接诊肝胆疾病患者时要考虑到华支睾吸虫感染也是重要的病因之一，特别是在流行区。要做到详细地询问病史，有目的地进行体检、化验和相关的辅助检查，特别重要的是病原学检查，才对华支睾吸虫病作出及时正确的诊断。

（一）流行病学资料

仔细了解病人是否生活在华支睾吸虫病的流行区或去过流行区，根据当地的饮食习惯，询问患者有无吃生的或半生鱼虾的病史，或是经常捕鱼及其他方式接触鱼类。对于儿童，更要详细了解有无抓小鱼烤食，或在捕鱼和玩小鱼时吃其他食物等病史。详细的病史并结合当地华支睾吸虫病的发病情况，有助于考虑下一步的检查和诊断。

由于各地民俗、饮食习惯、地理气候和自然环境等差别很大，华支睾吸虫的感染方式也不尽相同(具体请参见本书第十八章华支睾吸虫病的分布和流行病学)。

（二）临床表现

急性期患者多起病急骤，畏寒发热、右上腹痛、腹泻、肝肿大有触痛，外周血嗜酸粒细胞增多，部分患者可有黄疸，ALT 升高。

慢性期患者以纳差、腹胀、腹泻等消化道症状为主，肝脏肿大，以左叶肿大更多见，常伴有乏力、神经衰弱的表现；有合并症和并发症的病例及晚期患者的症状更为复杂；儿童可以有生长发育障碍。

（三）实验诊断

1. 病原学检查　华支睾吸虫寄生于肝胆管内，成虫产出虫卵经胆总管排入肠道，随粪便排出体外，或可随在十二指肠引流液时被吸出。对粪便或十二指肠引流液进行镜检，找到华支睾吸虫卵是确诊的依据，在有条件的情况下可进行虫卵计数。但华支睾吸虫卵小、在感染度较低时，十分容易漏检，从而导致漏诊或误诊。对可疑患者，要反复多次检查和采用检出率高的粪检方法(详见第十四章华支睾吸虫病的病原学诊断)。十二指肠引流液检查的阳性率较高，但操作比较繁，患者有一定的痛苦，仅适用于部分住院患者。

外科手术过程中取得胆汁，或经皮肝穿刺抽取胆汁也有机会发现虫卵，对严重的肝胆疾患患者，需要进行逆行胆管造影、内镜下鼻胆管引流或行内镜乳头括约肌切开术，或其他肝胆手术后置T型管引流时，都要仔细观察检查，有无华支睾吸虫成虫，镜检是否有虫卵。这些方法均不可作为常规的检查方法，但在术中发现虫体或虫卵，可明确病因，指导治疗。在流行区，对取出的胆石也可粉碎找虫卵。

对病原检查结果分析还应注意以下几点：

(1) 急性感染早期，虽然患者已有明显的症状体征，但粪检的阳性率很低，因华支睾吸虫感染人体后，有发育和成熟的过程，一般感染后30天或更长时间方可在大便中检出虫卵。张文玉等(1986)报告44例急性华支睾吸虫病例，40天内就诊的22例，仅4例用集卵法找到虫卵；40天以后就诊的22例全部粪检虫卵阳性。在另一报道中发病30天内就诊的14例急性华支睾吸虫病患者无一找到虫卵(张文玉 1991)。对于急性期患者，在流行病学资料、病史和临床表现状都符合华支睾吸虫病的表现，但没有找到虫卵的情况下，不要轻易否定该病，在积极对症治疗的同时，需进一步观察和检查。

(2) 当感染太重时，成虫阻塞胆管及胆总管，或病变严重形成胆道梗阻时，均可致虫卵不能排出，影响检查结果。曾有尸检证实的儿童华支睾吸虫病9例，生前有8例在大便中找到华支睾吸虫卵，1例粪检阴性，而在该例肝脏中挤出的成虫多达数千条(陈约翰 1963)。

(3) 检查粪便时可进行华支睾吸虫虫卵计数，以大致估计感染度，有助于制定治疗方案。但华支睾吸虫的排卵量常处于波动状态，在排卵位于波谷时检出率低，检出虫卵数也相对较少。大量虫体阻塞胆管也影响虫卵的排出和检出，所以虫卵计数有时不能完全反映感染程度，要根据患者的病程和病情综合分析判断。

2. 免疫学检查　华支睾吸虫成虫排卵少，粪便虫卵检出率较低，特别是轻度感染者，应用免疫学方法检测患者血清抗华支睾吸虫抗体是重要的辅助诊断依据。因为抗体在体内存在时间长，在病原清除后的很长时间内，抗体仍可是阳性，故作为疗效考察指标时应慎重。

免疫学检查在急性华支睾吸虫病患者的诊断中有着重要意义。张文玉报告44例急性华支睾吸虫病患者在40天内就诊的22例，就诊时大便虫卵检查仅4例阳性，而华支睾吸虫抗原皮内试验全部阳性，对及时正确的诊断极有帮助。即使是慢性期患者，特别是未经过治疗的患者，免疫学检测结果也是华支睾吸虫病的诊断和鉴别诊断重要依据。

随着免疫学研究的进展和免疫学方法的改进创新，用于华支睾吸虫病免疫学诊断方法的研究也渐增多。曾经用于华支睾吸虫病免疫学检测方法有抗原皮内试验、补体结合试验、沉淀试验、凝集试验、对流免疫电泳、间接荧光抗体试验、酶联免疫吸附试验(ELISA)、免疫金银染色试验和免疫印迹试验等，应用较为普及的方法是抗原皮内试验和ELISA，最具有实用价值的是各种检测试剂盒。各种免疫学检测方法及其临床应用的评价详见本书第十五章华支睾吸虫病的免疫学诊断及分子生物学检测。

3. 实验室辅助检查　华支睾吸虫病患者的血液常规检查和肝脏功能均有一定的改变，急性期嗜酸粒细胞增多。B型超声检查、CT检查、核磁共振等声像改变具有一定的特异性，都是极具参考价值的诊断指标，纤维胃镜检查也具一定的参考作用。详细内容请参见本书第十一章华支睾吸虫病的临床辅助检查。

4. 病理学检查　在探查或手术中取得患者的肝胆组织，经快速冰冻切片或常规病理切片检查，可发现华支睾吸虫感染所致病变，或可发现华支睾吸虫成虫或虫卵。

二、鉴别诊断

如第九章所述，华支睾吸虫病有急性和慢性之分，病变不仅涉及肝胆系统，还有全身的症状和体征，而绝大部分的症状和体征都是非特异性的，重感染者还会出现合并症和并发症，应与一些临床症状与之相似的疾病进行鉴别。

（一）胆管炎、胆囊炎和胆道梗阻

华支睾吸虫感染可引起胆管炎、胆囊炎，重者可发生胆道梗阻，与其他原因所致胆道疾病的临床症状无特异之处，故华支睾吸虫感染所致胆道疾患的病因极易被忽视，往往作为单纯的胆管炎、胆囊炎和胆道梗阻进行诊治，仅常规的对症治疗和抗菌疗效不好。非华支睾吸虫感染患者无生食鱼虾病史，大便和胆汁中查不到华支睾吸虫卵，血清抗华支睾吸虫抗体（—），肝脏声像学检查无华支睾吸虫感染所致末梢小胆管扩张的特征。

（二）病毒性肝炎

1. 急性黄疸型肝炎　急性黄疸型肝炎起病急，发病初期常可有发热，继而出现消化道症状，纳差、恶心、呕吐、腹部不适、右上腹痛、腹胀、大便溏泻，部分患者有大便颜色变淡，可呈白陶土样，常有疲乏无力。体检可见巩膜黄染、肝肿大、质韧、有触痛和叩击痛。血清ALT升高，胆红素增高。急性华支睾吸虫病易与该病混淆。

急性病毒性肝炎的发热多为自限性，畏寒和寒战少见，黄疸出现后消化道症状大多明显减轻，肝肿大程度较轻，血象多不增高，无嗜酸粒细胞增多现象，B超检查肝内回声无特异性改变。患者无生食半生食淡水鱼虾的病史，大便中查不到华支睾吸虫卵，抗华支睾吸虫抗体检查（—）。经一般保肝、利胆治疗治疗症状缓解快。肝炎病毒血清学检查和分子生物学检查有助于诊断。

2. 慢性病毒性肝炎　慢性病毒性肝炎患者起病多数缓慢，既往可有肝炎病史，有反复出现的乏力、四肢酸软和各种消化道症状，如厌油，厌食、恶心、呕吐、腹胀、腹泻、黄疸、肝区不适等。肝脏肿大，左右叶普遍肿大多见，部分患者可伴有脾肿大。在症状明显时，肝功能检查常见ALT升高，胆红素升高。部分患者血清免疫球蛋白增高，球蛋白升高，类风湿因子阳性，自身抗体可阳性，肝炎病毒血清标记物可出现阳性。

慢性肝炎患者的血象多无改变，血中嗜酸粒细胞不增高，粪便或十二指肠引流液检查华支睾吸虫卵阴性，血清学方法检测抗华支睾吸虫特异性抗体阴性，这些均可作为鉴别的依据。

（三）日本血吸虫病

急性血吸虫病常为急性起病，有半数患者曾有过尾蚴侵入处红色皮损，有发热、荨麻疹，半数以上患者有腹痛、腹泻，少数患者大便中有脓血，肝常肿大。慢性血吸虫病患者常见腹泻和黏液血便、往往出现消瘦、营养不良、腹痛、肝脾肿大，儿童也可以有发育障碍，晚期血吸虫病也以肝硬化腹水多见。

血吸虫病的分布有一定的地区性，主要流行于长江流域及以南地区，急性感染有明显的季节性，患者有疫水接触史。肝肿大者多数伴有脾肿大，腹水出现早，可见巨脾症。急性血吸虫病患者大便毛蚴孵化试验多为阳性,抗血吸虫抗体检测阳性。慢性血吸虫病患者粪便虫卵检查阳性率较低,直肠黏膜活组织检查可找到血吸虫卵。肝脏声像学检查改变与华支睾吸虫感染的声像表现不同。

(四)肝片形吸虫病

肝片形吸虫病是人畜共患寄生虫病,主要感染牛羊等家畜,人偶被感染。感染方式为生食含有肝片吸虫囊蚴的水生植物或饮用被其污染的水。该虫的童虫在终宿主体内移行过程中对各器官特别是肝脏损伤严重。成虫寄生于胆管内,虫体的机械刺激及其代谢产物化学性刺激引起胆管炎症。该病的临床表现与华支睾吸虫病相似,但肝片形吸虫虫体大,对组织破坏严重,故一般发病急、病情重,阻塞性黄疸明显,肝外组织受损也较常见,粪检肝片形吸虫卵阳性可确诊。

(五)姜片吸虫病

该病是布氏姜片虫寄生在人体小肠所致的肠道寄生虫病,人因生食带有姜片虫囊蚴的水生植物而感染,以慢性腹泻、消化功能紊乱、营不良为主要表现,较少出现胆管炎和肝硬化。粪便镜检获姜片虫卵可确诊,该虫虫卵大,一般不会遗漏。

(六)消化不良、腹泻、胃炎

单纯性消化不良患者易与轻症华支睾吸虫病相混淆,故常导致轻症华支睾吸虫病的误诊。消化不良患者一般仅胃肠道症状,如腹胀、腹泻、食欲不振等,无肝肿大和压痛;无吃生鱼、生虾史;血中嗜酸粒细胞不增多,B型超声、CT等检查无华支睾吸虫病的典型声像。粪便和十二指肠引流液检查虫卵均为阴性,抗华支睾吸虫抗体阴性,对症治疗有效。曾有1例7个月大婴儿因华支睾吸虫感染导致的腹泻被误诊为感染性腹泻和生理性腹泻,抗菌治疗无效。后在粪便中发现华支睾吸虫卵,驱虫治疗后得以痊愈。

(七)消化性溃疡

周庆均(1978)报道广东省顺德县1596例华支睾吸虫病患者误诊为溃疡病的有47例,误诊率为2.9%。在华支睾吸虫病流行区,对有消化道溃疡症状的患者要注意仔细检查华支睾吸虫卵,特别是在经对症治疗,临床症状无明显改善者,更应考虑有华支睾吸虫感染的可能。华支睾吸虫病和溃疡病的鉴别诊断要点见表12-1(赵心怡1983)。

表12-1　华支睾吸虫病与溃疡病鉴别诊断要点

	华支睾吸虫病	溃疡病
疼痛部位	上腹部无明显固定部位	常有固定部位,多局限于脐与剑突3～4cm直径范围
疼痛性质	多为轻度持续性钝痛或隐痛	多为阵发性中等度钝痛或持续性隐痛,亦可为灼痛、锥痛或剧痛等
疼痛的周期性	疼痛发作无明显周期性、季节性	疼痛多有周期性发作,即具季节性,一般以秋末冬初至次年早春最易发作

续表

	华支睾吸虫病	溃疡病
疼痛的节律性	上腹痛常不具节律性，即疼痛多与进食无明显关系	疼痛常呈典型的节律性，上腹痛与进食有关
肝区疼痛	常有	无
其他消化系症状	多有消化不良，但无嗳气与反酸	多有嗳气与反酸，但无消化不良症状
上腹部压痛	多无压痛	常有局限性压痛
肝肿大与肝区压痛	多有肝肿大与肝区压痛	无肝肿大与肝区压痛
血液嗜酸性粒细胞	轻度或中度增高	正常
粪便潜血试验	阴性	活动期多呈阳性
粪便检查	华支睾吸虫卵阳性	华支睾吸虫卵阴性
肝区超声波检查	常可见华支睾吸虫感染的典型波型	肝波正常
X线胃肠钡餐检查	无特殊发现	可见龛影
抗华支睾吸虫免疫检测	阳性反应	阴性反应
对解痉制酸药反应	不明显或不稳定	可使症状缓解

（八）肝硬化

华支睾吸虫病也可引起肝硬化。但在我国引起肝硬化最常见的原因是病毒性肝炎，近年酒精性肝硬化也有增多趋势。乙型肝炎病毒、酒精中毒引起的坏死后肝硬化或门脉性肝硬化患者多有肝炎病史、饮酒史，肝肿大不明显，质地硬，肝脏功能损害较重，脾肿大也较显著，静脉曲张较多见，血中嗜酸粒细胞不增多。B超、CT等检查无华支睾吸虫病的典型声像，粪便检查和十二指肠引流液检查虫卵均阴性，抗华支睾吸虫抗体阴性。

（九）原发性肝癌

尽管华支睾吸虫感染者肝癌发生率高，但在我国多数肝癌为非华支睾吸虫感染引起的原发性肝癌。原发性肝癌患者多有进行性消瘦，肝肿大而质硬、呈结节状，或兼有右季肋部疼痛。肝癌多发生在肝硬化基础上，无反复发作的胆管胆囊炎病史，华支睾吸虫卵和抗体检查均为阴性，声像学检查无末梢小胆管扩张。

（十）后睾吸虫病

后睾吸虫病是后睾属吸虫寄生在哺乳动物宿主肝胆管内所引起的一种人兽共患寄生虫病，引起人体后睾吸虫病的是猫后睾吸虫和麝猫后睾吸虫。两种吸虫的形态，特别是虫卵与华支睾吸虫卵十分相似，人体感染也是因食生的或半生的含有后睾吸虫囊蚴的淡水鱼。成虫寄生在人的胆道，其致病机制、临床表现、所致的并发症和合并症与华支睾吸虫病相似。诊断和治疗原则同华支睾吸虫病。

猫后睾吸虫病主要流行于南欧、中欧、东欧和西伯利亚，在印度、日本、菲律宾和朝鲜也有病例报道。麝猫后睾吸虫病主要流行于泰国、老挝、越南、马来西亚、印度，我国台湾地区也有病例报道。因此仔细询问了解病史，有助于明确诊断。

三、误 诊 分 析

无论是急性华支睾吸虫病或是慢性华支睾吸虫病，其临床症状均缺乏特异性，华支睾吸虫还可异位寄生而造成异位损害。如果对该病认识不足，在没有针对性地进行病原学检查或在一次虫卵检查阴性的情况下排除华支睾吸虫病，则极易发生误诊。尤其是在非流行区，更容易忽视患者感染华支睾吸虫的可能。

（一）误诊率、漏诊率及易被误诊为的疾病

唐日新(1990)曾报道在一年内收治了 10 例华支睾吸虫病患者，入院前全部误诊。后经粪便检查发现虫卵诊断出 9 例，十二指肠引流液中查到虫卵诊断 1 例。用吡喹酮治疗 2 个疗程全部治愈。误诊的疾病有急性黄疸性肝炎 6 例、急性胆囊炎 2 例、阑尾炎 1 例、胸腔积液 1 例。还有报道将华支睾吸虫病误诊为慢性胃炎、上呼吸道感染、病毒感染、疟疾、伤寒、沙门氏菌属感染、菌痢等疾病(吴宗堂 1980)。将华支睾吸虫病诊断为急性胆道阻塞、胆结石，在进行手术治疗，或术中发现胆道内有华支睾吸虫成虫才得以确诊的病例也有报道。

王少林(1993)报道 38 例华支睾吸虫病患者在初诊时均被误诊，误诊时间从 15 天至 30 天不等。将华支睾吸虫感染误诊为的疾病包括病毒性肝炎 34 例、胆道系统结石 2 例、胰腺癌 2 例。本组患者均有黄疸，转氨酶升高，但一般情况较好，不厌油食，无乏力或仅轻度乏力，半数患者肝区疼痛，个别病人伴肝区剧痛，患者经保肝或排石治疗均无效。再仔细询问，38 例患者均有多次食生鱼的病史，用水洗沉淀集卵法在 38 例患者大便中都找到虫卵而得以确诊，用吡喹酮治疗后痊愈。

王仕伟(2002)报道广东顺德某医院 10 年收治 486 例阻塞性黄疸患者，其中有 36 例在术中发现华支睾吸虫病成虫。尽管 36 例患者 B 超声像均显示胆总管和肝内胆管扩张，胆总管下端见无声影不均质肿物。其中有 15 例进行了 CT 检查，均显示胆总管和肝内胆管扩张和胆总管下端见中等密度团块肿块，但 36 例患者在手术前均诊断为“胆道结石合并感染”，仅有 2 例在术前怀疑是寄生虫团块引起的梗阻。

李德昌(1998) 报道广东韶关某医院收治急性乙型病毒性肝炎合并华支睾吸虫感染 26 例。根据病毒性肝炎防治方案标准，26 例患者的临床症状、血清乙肝病毒学检测和肝功能检查均符合乙型病毒性肝炎(急性黄疸型)的诊断标准，按肝炎治疗 1 个月，血清胆红素和 ALT 均不能恢复至正常。再询问病史和检查粪便，证明合并了华支睾吸虫感染，用阿苯达唑驱虫治疗，2 周后患者肝功能全部恢复正常。

张彩娟(1990)报道在 33 年中收治了 49 例华支睾吸虫病患者，误诊 28 例，误诊率为 57.1%，后经临床综合检查确诊。其中误诊最多为病毒性肝炎(10 例)，其次为胆系感染、肝硬化、胃肠炎各 4 例、胆道蛔虫和肠蛔虫症各 2 例、粒细胞减少症、地方性甲状腺病、原发性肝癌等。

陈小桃(1998)报道 98 例胆管炎型华支睾吸虫病，误诊率为 49%，误诊为病毒性肝炎 30 例，外科阻塞性黄疸 12 例，有 5 例误诊长达 2～3 年。

安春丽(1999)报道 56 例右上腹及肝区不适、胀闷痛、消化不良、食欲减退、消瘦、乏力等表现为主的华支睾吸虫病患者。重症感染者右上腹剧痛伴急性胆囊炎 1 例、发热 2 例、黄疸

4 例、嗜酸粒细胞显著增高(0.6～0.72)者 3 例、慢性胆囊炎 5 例、胆石症 4 例、肝硬化 5 例、肝脓肿 1 例、乙型肝炎 2 例、胆管癌 1 例。该组患者中有 12 例误诊为肝炎，2 例怀疑是肝癌，1 例误诊为胆总管癌，3 例误诊为嗜酸粒细胞增多症。

蔡雄(1999)报告 1 例从 1990 年起因腹痛、黄疸伴肝功能损害误诊时间长达 5 年，住院 5 次，累计住院时间逾 1 年的华支睾吸虫病患者，先后被诊断为“急性胆囊炎、胆石症、肝内胆管扩张”、“早期胆汁性肝硬化”、“胆囊结石、肝内胆管结石”、“慢性活动性肝炎、肝炎后肝硬化”等，曾行“胆囊切除术”和“脾切除及脾肾静脉分流术”。直至 1995 年再次住院，认真追问病史，得知其 1988 年起在深圳工作 3 年，期间经常食生鱼片。进一步检查，抗华支睾吸虫抗体阳性，虽未在粪便中查到虫卵，在对症治疗同时服用吡喹酮，治疗后患者痊愈出院。

还有资料报道将华支睾吸虫感染所致炎性假瘤误诊为肝癌，将华支睾吸虫感染诊断为酒精性肝炎、多发性转移性肝癌、胆囊息肉、肠炎、肾炎等多种疾病。

(二) 临床误诊原因分析

通过对各种误诊的疾病和大量病例进行分析，华支睾吸虫所致的临床症状和体征缺乏特异性是误诊重要的原因，但临床医师对华支睾吸虫感染未想到、未问到、未做到是误诊的关键所在。未想到肝胆疾患可能是由华支睾吸虫感染引起，因此未问到或是根本就没有询问有关病史，因而未能做到有针对性地进行辅助检查和对检查结果进行深入的分析。

(1) 对华支睾吸虫病的流行情况了解不够，特别在非流行区或低度流行区，对华支睾吸虫病认识不足，没能详细询问病史，或患者也有相应的主诉，但医生未能捕捉到该重要信息，或对有价值的主诉重视不够，往往忽略了最重要的食生鱼或食半生鱼的病史，导致误诊。如吴宗堂(1980)报告的 7 例患者，诊断明确之前在所有病历中对流行病学资料均无记载，在明确诊断之后再追问病史，7 例中 3 例有食生鱼史，2 例是炊事员，在烹调技术训练班发病。还有一罕见病例，患者是广东人，1956 年来武汉，从 1962 年起经常发冷被诊断为“胆囊炎”，1977 年初发作频繁，当年 11 月被误诊为乳糜胸和乳糜腹。广东是华支睾吸虫病的高发区，对患者来自高发区这一病史没有引起足够的重视，导致了误诊。

(2) 仅凭某项临床表现和实验室检查而下结论，没有对病情进行仔细分析和进一步检查。对能够引起肝肿大、黄疸，转氨酶升高的疾病认识不全面，常常是片面地把黄疸、转氨酶升高认为是病毒性肝炎，把黄疸、肝区痛认为是胆道系统结石或外科梗阻性黄疸，未能及时加做有关的特异性检查，如粪便检查华支睾吸虫卵，免疫学检测抗华支睾吸虫抗体及必要的影像学检查。

(3) 满足于已有一个诊断的成立，忽视了合并症的诊断，在疗效不佳时未能及时地分析原因，扩大诊断与鉴别诊断的思考范围。如我国是病毒性肝炎的高发区，不少华支睾吸虫病患者可合并 HBsAg(＋)，此时不可忽视对病史的进一步询问，进行有关的检查和进一步随访。曾有报道诊断为胆道蛔虫症后，认为诊断已明确，未能再进行粪便检查，而忽略同时存在的华支睾吸虫感染，以致在驱治蛔虫后，仍不能获得好的疗效。还有报道在先确诊了肝脏阿米巴肝脓肿的情况下，未能再深入检查，在抽取的脓液中发现华支睾吸虫成虫，方才想到合并感染。

(4) 满足于并发症的诊断，忽视了对真正病因的探讨。华支睾吸虫可引起多种常见的消化系统疾病，如最常见的胆囊炎、胆管炎、胆结石和肝硬化等，在临床工作中仅满足于这些诊断，则仅能给患者以对症治疗，也许可有一定疗效，能暂时缓解症状，但难以达到根治的目的。

华支睾吸虫感染引起的胆管炎、胆囊炎、胆结石，单从临床症状上较难作出鉴别诊断，对此类患者除及时进行临床诊断外，还应进一步考虑发病的原因，询问有无吃生鱼的病史、进行有关的检查。如反复多次检查大便找华支睾吸虫卵，必要时作十二指肠液引流检查虫卵，进行血清学检查和影像学检查。在手术时应取胆汁和胆石，镜检找华支睾吸虫成虫和虫卵。通过以上检查可作出病原诊断，并可与其他病因所致胆管炎、胆囊炎、胆结石相鉴别，及时给予驱虫治疗。

(5) 基层医院甚至较大医院的医技科室的技术人员缺乏对华支睾吸虫病的认识，或缺乏相应的检查手段，对华支睾吸虫的成虫和虫卵、华支睾吸虫引起的声像学、病理学改变等不能及时发现和提供准确检验报告，也临床医师误诊的原因之一。因此要求临床医师对可疑患者，应明确提出针对华支睾吸虫病的具体检验和检查要求。

(6) 特殊情况感染致确诊困难，如张杰荣(1995)在湖北黄石治疗一例因腹泻、恶心、呕吐和尿黄，曾在一家医院以“急性黄疸性肝炎”收治半月治疗无效的女性患者。入院检查，患者呈慢性重病容，巩膜深度黄染。肝右肋下未及，剑下 4cm ，质软，腹水征阴性。尿胆红素4+，尿胆原 2+，总胆红素 507μmol/L，ALT 和 AST 正常，血清乙肝标志物均阴性，B 超检查示胆总管壁增厚，检查大便三次，均查到华支睾吸虫卵。而该患者无食生鱼、生虾史，但曾食半生螺蛳。用吡喹酮治疗后症状明显缓解，虫卵转阴，黄疸消失出院。此例患者虽感染途径罕见，但只要注重粪便检查和仔细询问病史，依然可作出正确诊断。

（陈　明）

第十三章　华支睾吸虫病的治疗和预后

华支睾吸虫寄生于人体的肝内胆管系统，可对人体造成不同程度的损伤，治疗时应根据患者的一般情况、感染轻重、有无并发症和合并症、有无重要脏器功能障碍等情况全面分析，采取以驱虫治疗为主的综合治疗措施。

一、一般对症治疗

轻度和中度感染者的驱虫治疗可在门诊进行。应适当休息，定期随访，观察疗效。伴有重度营养不良的患者应卧床休息，加强护理，积极进行支持治疗和对症治疗，并尽可能住院治疗，在医生的密切观察下进行驱虫。

急性期患者常合并胆道细菌感染，多有较明显的急性胆管炎、胆囊炎症状，患者应卧床休息，给予低脂流质或半流质食物，补足热卡和多种维生素。驱虫治疗可结合抗菌治疗同时进行，根据病情给予对症处理。

慢性期患者中的轻度感染和中度感染者，一般情况较好，诊断明确后，在调节饮食、适当休息的同时立即给予驱虫治疗。重度感染者常常合并营养不良、肝脏功能损害比较明显，对驱虫治疗的耐受性差，此种情况下进行驱虫治疗，虫体死亡，毒素大量释放，机体反应过于强烈，有可能使患者不能承受而被迫中断治疗，甚至可能出现病情加重。应首先考虑对症治疗和支持治疗，待一般情况好转后再驱虫。有危及生命的并发症时更应先作对症处理，待生命体征稳定、机体情况好转后作驱虫治疗。

发热头痛可采取物理降温，如温水擦浴、酒精擦浴，或用阿司匹林 0.25～0.5g 口服，复方氨基比林 1.5～2.0ml 肌内注射。过敏症状如荨麻疹，可选用氯苯那敏、异丙嗪、阿司咪唑等抗过敏药中的任何一种，较重者还可短期应用肾上腺皮质素，地塞米松、泼尼松为常用剂型。对腹痛腹泻要采用解痉、利胆、助消化的药物。要调整饮食结构，腹泻严重者还应注意调整和保持水、电解质和酸碱的平衡。可选用阿托品、山莨菪碱(654-2)、维生素 K_3 等肌内注射；羟甲烟胺 0.5g，1 日 3 次口服，曲匹布通 40mg，1 日 3 次口服；多酶片、酵母片、胃酶合剂等餐前口服。华支睾吸虫寄生常引起消化不良，胆汁和胰液分泌减少，胃肠功能紊乱，如在治疗的过程中不恰当地应用广谱抗菌类药物，也能抑制肠道正常菌群，易引起消化不良及腹泻。治疗应着眼于全身的情况调整饮食，并针对不同的情况酌情选用多酶片、复合维生素 B、酵母片、乳酸菌素片、多潘立酮、胃酶合剂等健胃消食的药物。

二、驱 虫 治 疗

驱虫治疗是华支睾吸虫病的病因治疗，也是最重要和最根本的治疗。应该依据患者的感染程度确定驱虫药物剂量。一般来说，对重度感染者要用较大量的驱虫药才能达到治愈的目的，感染轻者则用量较小。但当患者一般情况较差不能耐受大剂量驱虫药时，虽感染度较重，也要采用少量多次方法。对绝大多数的患者，粪便虫卵计数可作为判定感染度的参考。对于在外科手术中或术后才发现华支睾吸虫感染的患者,应在手术后患者一般情况好转,恢复饮食后再进行驱虫治疗。

目前临床最常用的驱虫药物有吡喹酮和阿苯达唑二种。

(一) 吡喹酮

吡喹酮(praziquantel)为广谱抗扁虫药物,吸收快、代谢快、排泄快,毒性低。轻、中度感染者可采用总量 150mg/kg,即 10mg/kg 体重,每日 3 次,5 日疗法,一个疗程可获满意疗效。重度感染者的总剂量可达 210mg/kg,即 14mg/kg,每日 3 次,5 日疗法(刘约翰等 1982)。考虑患者服药的依从性和提高血药浓度,可在总剂量不减少的情况下,适当缩短疗程。如可采用总剂量 150mg/kg,即 25mg/kg,每日 3 次,2 日疗法,患者也能安全完成疗程,治愈率可达 100%(屈振麒等 1983, 陈大林等 1997)。服用一个疗程后,绝大多数患者可治愈,粪便检查虫卵阴转。如治疗后 1 月虫卵未转阴,可再服一疗程。

吡喹酮副作用轻,常用治疗剂量对肝、肾无明显不良影响。少数患者可出现头昏、头痛、腹泻、恶心、乏力等副作用,偶可见轻度心动过缓,但一般不影响治疗。

也有个别患者在服药后出现腹痛,可能是死亡虫体从胆道排出,刺激胆道引起痉挛或暂时性梗阻致胆绞痛,多见于治疗后 1～2 天,也可在治疗后 10 天方出现,又称迟发性反应,不经处理一般也能自行缓解。如疼痛剧烈,可选用以下药物:阿托品 0.5～1.0mg 皮下注射,山莨菪碱(654-2)5～10mg 口服或肌内注射。维生素 K_3 8～12mg 肌内注射(儿童减半),必要时间隔 6 小时 1 次。

刘晓明等(1994)报道用吡喹酮治疗 1 例 12 岁的华支睾吸虫病患者引起短暂的胆囊肿大。治疗前 B 超示胆囊 6.3cm×3.1cm,壁增厚模糊,胆总管直径 4mm。患者于首次服药后 2 小时上腹绞痛,体检时触及剑下有一隆起囊性包块,约 10cm×4cm 大小,与肝脏不衔接,触痛明显。B 超示胆囊明显扩大为 11.7cm×3.9cm,胆囊管直径 14mm,胆总管直径 9mm,剑下的囊性包块为肿大的胆囊。患者上腹疼痛持续 1 小时后大便 2 次,大便量约 400ml,呈鱼肠样,肉眼见大量葵花籽样红虫。经淘洗鉴定为华支睾吸虫成虫,共 1500 多条。便后患者诉腹痛减轻,腹部囊性包块缩小,随继续治疗,至疗程结束囊性包块消失,莫菲征(—),粪便虫卵(—)。

(二) 阿苯哒唑

阿苯哒唑(albendazole)是广谱抗线虫药,对华支睾吸虫也有较好的治疗效果。曹维霁等(1985)首次使用本药治疗 50 例华支睾吸虫病患者,8mg/(kg 体重·日),每日 1～2 次口服,连续 7 日,总剂量 56mg/kg 体重,治疗后 1 个月复查虫卵阴转率为 83.8%,治后 6 个月后复查虫卵阴转率为 95.2%。以 20mg/(kg 体重·日),每日 2 次,连服 7 日,总剂量 140mg/kg 体重,治疗 66 例,治疗后 6 个月虫卵阴转率可达 100%(刘约翰 1988)。阿苯哒唑副作用轻,仅有少数患者出现口干、乏力、嗜睡、头晕、头痛、食欲不振、呕吐、腹痛等,但多数不影响治疗。刘宜升等(1993)用阿苯哒唑总剂量 60mg/kg 体重和 84mg/kg 体重两种不同剂量分别治疗 34 和 36 例华支睾吸虫感染者,均采用分 2 日服用,每日服药 2 次的方案。2 组粪检虫卵阴转率分别为 94.1%和 88.9%。

各种驱华支睾吸虫药物的临床应用和流行病学防治现场应用及评价详见本书第十六章

"华支睾吸虫病的病原学治疗及其进展"。

三、并发症的治疗

(一) 营养不良性水肿

慢性华支睾吸虫病合并腹泻和肝脏损害可致蛋白质吸收不良和合成障碍,引起低蛋白血症,这是营养不良性水肿的主要原因,多数患者同时合并有缺铁性贫血、维生素缺乏,治疗时应予兼顾。

1. 补足热卡和多种维生素 患者对食物的耐受性差,治疗时宜逐渐增加进食量和食物的品种。口服不能耐受者可静脉补充高渗葡萄糖液和多价静脉营养,直至达到 0.167～0.218MJ(40～50kcal)/(kg 体重·日),如合并细菌感染、或有发热时,需增加 50%。同时可给予辅酶 A,ATP 静脉注射。

应补充多种维生素,包括脂溶性和水溶性维生素。维生素 C、维生素 K_1 和维生素 B_6 可口服或静脉注射,维生素 B_1 肌内注射或口服,口服维生素 E、维生素 B_2、干酵母、复合维生素 B。慢性患者由于胆道阻塞或胆汁分泌减少,往往伴有脂溶性维生素缺乏,出现夜盲,应给维生素 A。低钙致骨发育不良者在补钙的同时补充维生素 D。

2. 纠正低蛋白血症 患者的蛋白质摄入量应达 1.5～2.0g/(kg 体重·日),其中 1/3 应由动物蛋白供给。食物的品种应为清淡的流质或半流质。重度消化功能不良,严重食欲不振,对高蛋白饮食不能接受者,可静脉补充 20%人体白蛋白、5%水解蛋白、冻干血浆或新鲜血浆。肝脏合成功能较好者也可补给复方氨基酸。经以上治疗后约 1 周可出现利尿消肿,体力好转。如尿量增多,乏力加重,应注意有无低钾血症,注意补钾。

消化道症状重不能进食者应通过静脉补充高渗葡萄糖、脂肪乳供给热卡,同时补给 20%人体白蛋白、复方氨基酸,必要时也要输新鲜血、血浆。治疗初步有效后可给予蛋白同化剂,如苯丙酸诺龙,25mg/次,每周 1～2 次肌注。因苯丙酸诺龙有轻度的钠潴留作用,不宜在治疗时过早应用,以防止心力衰竭。

3. 治疗贫血 有明显缺铁性贫血者宜给富含铁剂的食物。补充铁剂最常用的制剂为硫酸亚铁、富马酸亚铁等。成人用量以每天 150～200mg 元素铁为宜。进餐时或饭后吞服可以减少胃肠道刺激。血红蛋白完全恢复至正常后,仍需继续服用 3～6 个月,以补足体内的铁贮备。注射剂如右旋糖苷铁和山梨醇枸橼酸铁不如口服方便,副反应多且价格较高,应慎用。如必须通过注射补充铁剂,用前应准确计算需铁总量,不能超量使用,以免引起急性铁中毒。计算公式为:铁总量(mg)=[150－患者血红蛋白(g/L)×患者体重(kg)×0.33]。首次给 50mg,观察 1 小时无过敏反应可给足量,每次 100mg,每周注射 2～3 次。必要时也可静脉输入少量新鲜血液。

如合并叶酸、维生素 B_{12} 缺乏,也应同时补充。

4. 维持水、电解质和酸碱平衡 有明显水肿者或有腹水者应适当限制食盐摄入。治疗有效时会出现利尿反应,当尿量增多时应注意补充钾盐。患者热卡摄入严重不足时,体内脂肪分解增加、酸性代谢产物增加出现酸中毒,应注意及时调整。

（二）肝硬化

华支睾吸虫病合并的肝硬化为可逆性。肝功能代偿期的肝硬化，注意加强营养，适当休息，驱虫治疗后几个月肝脏质地可变软、体积回缩。

失代偿期肝硬化主要表现为腹水。华支睾吸虫感染致肝硬化腹水的原因很多，常见的有营养不良、并发胆道细菌感染、应用损肝药物、门静脉高压等。治疗应包括提高血浆白蛋白量，改善肝功能，控制并发的细菌感染，纠正水钠潴留等措施。患者要卧床休息，限制钠盐摄入。水肿明显者还应适当限制水的摄入量，同时给予高热卡、高蛋白和富含维生素的食物。有严重贫血或呈恶病质者，应酌情输入少量新鲜血。严重的低蛋白血症可静脉输注人体白蛋白。如经上述治疗后尿量仍不增多、水肿消退不明显者，可应用利尿剂螺内酯40～80mg，每日3次，或氢氯噻嗪25～50mg，每日3次。利尿期间必须注意水和电解质的平衡。

（三）胆囊炎、胆管炎、胆石症

华支睾吸虫病合并的胆囊炎和胆管炎是由于虫体对胆管壁造成的机械性损伤，虫体代谢产物的作用和虫体带入细菌引起的，所以最重要的治疗仍是驱虫，同时加强支持治疗、抗菌治疗和对症治疗。

引起胆囊炎、胆管炎的细菌种类以大肠埃希菌最常见，其次为沙门菌等革兰阴性菌。一般多根据医生的临床经验来选择有效的抗菌药物，应注意采用既有强大的杀菌作用，同时又在胆汁中有较高浓度的药物，以β-内酰胺类效果最好，其次有氨基苷类和喹诺酮类。

合并胆总管梗阻、严重胆管炎症和胆结石的患者应在消炎抗菌治疗的同时，积极准备手术治疗。胆道梗阻的治疗原则是解除梗阻、畅通引流、控制感染、服药排虫、治疗继发症。在决定手术前，尽可能仔细进行病原学检查，如能明确病因为华支睾吸虫感染，对于部分单纯由华支睾吸虫引起的胆道阻塞、胆总管下端狭窄或小结石患者可采用内镜逆行胰胆管造影及内镜下十二指肠乳头括约肌切开术（EST），配合球囊扩张、胆道冲洗、鼻胆管引流、术后驱虫等措施，也能取得确切的疗效，还避免了患者经受手术之苦。

吴志棉、曹绣虎（1994）曾收治131例华支睾吸虫病患者，胆道手术治疗73例。根据适应证不同共选用了8种手术方式，胆囊切除和胆总管引流术48例、括约肌成形术18例、胆囊造瘘、胆总管空肠吻合术、紧急脾肾分流及其他各6例、胆总管十二指肠（后吻合）、肝切除及肝管空肠吻合术各3例、肝脓肿引流1例。

杨六成（2003）报道125例华支睾吸虫感染合并胆道疾病的患者。胆石症89例，其中单纯胆囊结石48例。实施单纯胆囊切除术38例，并行胆总管探查10例。以胆囊结石为主的胆石症41例（其中合并胆囊结石9例、胆总管下端狭窄9例、肝内胆管多发结石8例），实施胆囊切除、胆总管探查14例，胆囊造瘘、胆总管探查5例，内镜下十二指肠乳头括约肌切开术5例，并行胆肠Roux-en-Y吻合术17例（其中7例并行肝叶切除）。单纯吸虫性胆总管梗阻17例，实施胆总管探查7例，并行胆肠Roux-en-Y吻合术2例，内镜下十二指肠乳头括约肌切开术8例。胆管癌12例，其中肝门部胆管癌5例，中远段胆管癌7例，实施经皮肝穿刺胆道引流（PTCD）1例，胆囊造瘘1例，内镜下支架术1例，开腹探查1例，胆肠吻合术6例，胰十二指肠切除术2例。肝胆管细胞癌4例，实施肝叶切除术3例，探查活检1例。胰头癌 2 例,实施胰十二指肠切除术 1 例,胆囊空肠吻合术 1 例。重症胰腺炎 1 例,实施胰被膜切开减压、引流术。

曾山崎等(2005)报道一组患者,术前常规粪便涂片查见华支睾吸虫卵的只有 36 例;手术过程中看到或在术后引流胆汁内见到成虫的 86 例;虽未看到成虫,但在患者胆汁中找到虫卵或在胆囊病理组织切片中见虫卵或成虫的 16 例。93.3%的患者有急性胆管炎表现。患者中单纯胆囊结石 58 例,实行单纯胆囊切除术 43 例,并行胆总管探查 15 例。以胆囊结石为主的胆石症 40 例,实行胆囊切除和胆总管探查 16 例,胆囊造瘘和胆总管探查 6 例,内镜下十二指肠乳头括约肌切开术 4 例,并行胆肠 Roux-en-Y 吻合术 2 例。单纯吸虫性胆总管梗阻 18 例,实行胆总管探查 9 例,并行胆肠 Roux-en-X 吻合术 2 例,内镜下十二指肠乳头括约肌切开术 7 例。胆管癌 13 例,根据肿瘤位置分别行 PICD、胆囊造瘘、内镜下支架术、胆肠吻合术、开腹探查和胰十二指肠切除术。肝癌 3 例均实行肝叶切除术。胰腺炎 2 例分别进行保守治疗和胰被膜切开减压引流术。胰腺癌 1 例行保守治疗。驱虫治疗在术后饮食恢复后开始,待引流液未见虫体排出或反复查虫卵阴性时拔管,平均时间约为 3 周。

对于胆道胆囊探查或术后需要放置 T 型管、U 型管或支架管的患者,不但可以观察胆汁引流情况,虫体也能随之排出,特别是术后服用驱虫药后,华支睾吸虫可在短时间内排出,根据感染轻重,患者可排虫数条至上千条。有报道 2 例患者在胆囊切除后的 3 天内分别排出华支睾吸虫成虫 6446 条和 9974 条(蔡连顺 2001,王国志 2000)。

(四) 胰腺炎

华支睾吸虫性胰腺炎以轻症居多,采用解痉、镇痛、抗菌、减少胰腺分泌、驱虫等内科治疗即有效。当合并严重梗阻性黄疸时,应尽早行内镜下解除梗阻,使胆汁、胰液引流通畅。因手术创伤大、并发症多、住院时间长、容易复发,患者难以接受,只有当病情严重,已不具备内镜处理的指征时,才考虑手术治疗。

手术治疗是针对华支睾吸虫病并发症的治疗措施。华支睾吸虫病的基本病变在肝内而手术治疗主要在肝外。手术能纠正虫体引起的肝内外的梗阻,纠正肝管狭窄、畅通胆汁引流,有利于病情的恢复,但不能去除病因,难以治疗彻底,因此必须在术前或术后进行驱虫治疗。如在术前确定有华支睾吸虫感染,一般应先行驱虫,但如果患者出现胆道梗阻,特别是合并结石或怀疑有恶变者,应考虑尽早手术,术后再择机驱虫。如术中或术后引流时才发现虫体者,一般在术后 1 周左右开始驱虫。

四、华支睾吸虫感染合并病毒性肝炎的治疗问题

华支睾吸虫病合并病毒性肝炎时肝损害的症状一般较重,但 ALT 升高和黄疸并不是驱虫治疗的禁忌证。李德昌(1998) 报道 26 例急性乙型病毒性肝炎(急性黄疸型)合并华支睾吸虫感染的患者,在诊断出华支睾吸虫感染前,仅按肝炎治疗方案治疗 1 个月,肝脏功能均不能恢复至正常,血清胆红素和 ALT 均不下降。当通过深入检查,证明患者合并了华支睾吸虫感染,再用阿苯达唑驱虫治疗,2 周后患者肝功能全部恢复正常。在保肝降酶治疗的同时采用阿苯达唑或吡喹酮进行驱虫,可减少两种疾病相互干扰给治疗带来的困难。对于病情严重者,可采用少量多次给药驱虫的方式。

五、华支睾吸虫病的预后

华支睾吸虫成虫寿命长，人体感染后如不进行及时有效的治疗，临床上可呈慢性经过，对人体带来持续性的危害。华支睾吸虫病的预后与感染的轻重、感染时间的长短、机体抵抗力强弱、营养状况、有无并发症和是否及时诊治有关。一般来说只要及时有效进行驱虫治疗，预后良好，特别急性感染和轻度感染者。

（一）急性华支睾吸虫病

急性华支睾吸虫病若能得到及时的诊断，应用药物有效驱虫治疗，患者预后良好，随着病原学的治疗，各种临床症状也随着消失。张文玉（1991）等报告一组 47 例急性华支睾吸虫病患者，有 29 例伴有发热，应用吡喹酮或阿苯哒唑治疗，均于治后 4 天内退热。47 例中大多数患者一个疗程治愈，未愈者又服第二疗程，治后粪检虫卵全部转阴。

对急性期华支睾吸虫病如能及时作出正确诊断并进行相应治疗，症状即使较重也可获较好疗效。石亮俭（1990）曾治愈 1 例因持续发热 2 个月余，皮肤黄染、腹胀、肝脾肿大伴有腹水和夜盲的急性华支睾吸虫病患儿。患儿入院时体温 37.8℃，贫血貌，面部及两下肢水肿，两肺闻及干性罗音，右肺底有湿性罗音，腹部膨隆，移动性浊音（＋），肝脏肋下 4cm、剑下 7cm，质硬伴轻度压痛，脾肋下 5cm，质中等。实验室检查：Hb105g/L，RBC 3.26×10^{12}/L，WBC 16.4×10^{9}/L，嗜酸粒细胞 0.2，ALT 132U/L，HBsAg（－），血吸虫卵（－），华支睾吸虫卵（＋＋＋），每克粪便内有华支睾吸虫卵 12 672 个。给予吡喹酮总量 1.4 克（患儿体重 12 公斤），2 日内分 6 次服。住院 32 天，肝脾缩小，腹水消失。复查粪便华支睾吸虫卵（－）。出院后随访三年，患儿健康，肝脾大小在正常范围。陈曦等（1989）治疗一例急性华支睾吸虫病患者。患者上腹痛 20 余天，伴有畏寒发热 10 余天，体检示肝脏肋下 8cm，剑下 5cm，质中，触痛明显，应用吡喹酮治疗，1 周后虫卵阴转，1 月后上腹痛消失，肝脏缩至肋下 2cm，剑下 4cm。

如对华支睾吸虫病仅进行对症处理，不作病因治疗，则难以取得理想的疗效。罗广元（1996）曾报道 12 例以黄疸为主要症状的急性华支睾吸虫病患者。患者入院时未能被诊断为华支睾吸虫病，均按急性黄疸性肝炎给予保肝、退黄、抗病毒、支持及对症治疗，其中 2 例因白细胞计数增高及胆囊有改变而加用庆大霉素。经以上治疗约 1 个月左右，患者黄疸不退，有 5 例反而升高。后经过询问病史，并通过粪检找到华支睾吸虫卵，检测抗华支睾吸虫抗体阳性而明确诊断。应用吡喹酮驱虫治疗 1 个疗程，黄疸消退，临床症状全部消失，肝脏回缩正常 8 例，明显缩小 3 例。驱虫治疗后 1 个月，粪便复查华支睾吸虫卵阴转率为 91.7%（11/12），1 例未转阴者出院又治疗一个疗程，1 个月随访复查虫卵阴转。

（二）慢性华支睾吸虫病

慢性华支睾吸虫病若在并发症出现前得到正确治疗则预后良好，即使发生胆囊炎、胆管炎和阻塞性黄疸，如得到及时的综合治疗、避免重复感染，预后也较好；若未能确诊，仅进行对症和支持治疗，而不进行驱虫，症状则不易改善，表现为经常复发。在驱虫的基础上配合对症和支持治疗，一般都可治愈。

华支睾吸虫病合并肝硬化者如在肝功能代偿期得到确诊，给予包括驱虫在内的综合治疗，肿大的肝脏可在驱虫治疗后可逐渐回缩，肝脏功能好转，预后好。即使已有腹水者，肝脏功能也能获得明显好转，并逐渐痊愈(图 13-1)。对于已出现肝功失代偿的患者，可因上消化道大出血、肝性脑病、或继发其他细菌感染加重病情而死亡，预后较差。合并原发性肝癌者，预后不良。

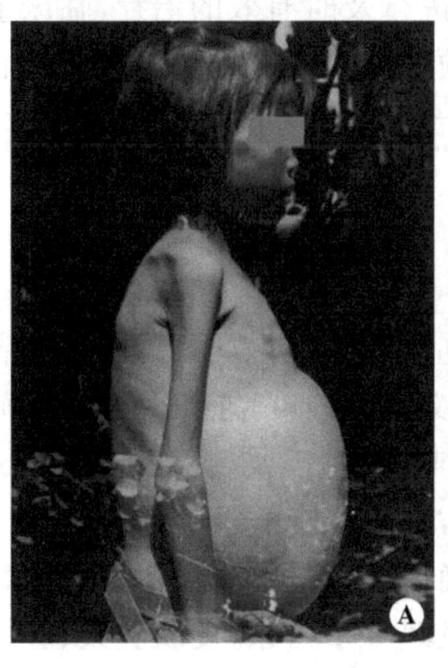

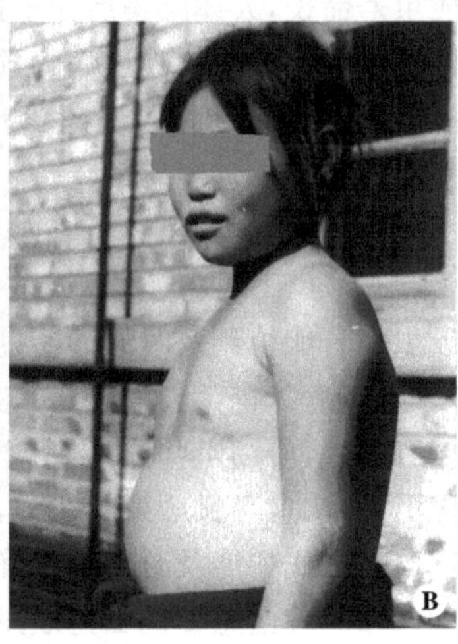

图 13-1 慢性华支睾吸虫病患者肝硬化腹水治疗前后(吴中兴供图)

A. 治疗前；B. 治疗后 2 年

(三) 儿童华支睾吸虫病

华支睾吸虫感染较重的儿童往往有不同程度的生长发育障碍，若能在青春期前得到正规治疗，生长发育能有明显的改善。吴中兴曾在 20 世纪 70 年代治疗 1 例 18 岁男性侏儒症患者，治疗后 1 年，症状明显缓解，身体接近正常发育(图 13-2)。

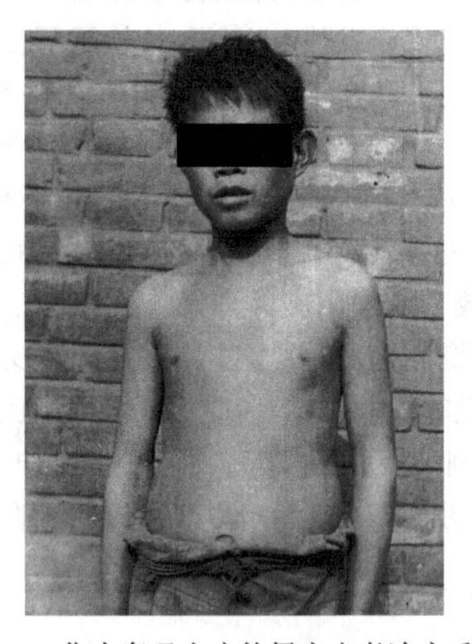

图 13-2 华支睾吸虫病侏儒症患者治疗后 1 年(吴中兴供图)

治疗前照片见本书图 9-2

(陈 明)

第十四章　华支睾吸虫病的病原学诊断

从患者或带虫者的粪便中或十二指肠液中发现华支睾吸虫卵是确诊该病的依据。通过对粪便中的虫卵进行计数，可对感染度作出初步判断，并对治疗有一定的指导意义。在流行区，根据粪便中虫卵数，则可对某地区的流行强度作出评价，以便制定相应的防治措施。

一、粪便检查方法

粪便检查是最常用也是最实用的病原学检查方法，已用于华支睾吸虫病诊断或流行病学调查的粪检方法如下所述。

（一）直接涂片法

在载玻片中央滴加生理盐水或清水 1～2 滴，用干净竹签挑取少量粪便与水滴充分调和，涂布均匀，并剔除大的粪渣。涂面大小约为 1.5cm×2.5cm，涂片厚度以透过粪膜能看见报纸上的铅字为宜。每份标本应涂片三张，在显微镜下采用“阅读式”方法仔细查找虫卵，将每张粪膜全部看完，避免遗漏。如无需进行虫卵计数，则不必看完 3 张涂片，发现虫卵即可。如需定量，应对每张涂片进行虫卵计数，取 3 张涂片的虫卵平均数。一般涂片所用粪便量约为 2mg，每张涂片所见虫卵乘以 500 即为每张涂片的估计虫卵数(Beaver 1984)。

（二）水洗沉淀法

取患者新鲜粪便 10～30g，加适量的水调成混悬液，经 60 目金属筛或 2～3 层纱布过滤于 500ml 锥形量杯中，弃去粪渣，量杯中加满水，静置 30～40 分钟。轻轻倾去上清液，再加满清水静置 30 分钟。如此反复清洗、沉淀数次，直至上清液清澈为止。缓缓倾去上清液，用吸管吸取沉淀物涂片镜检，最好检查 2 张涂片，必要时进行虫卵计数。如粪便量少，也可取 1～2 克，在小锥形量杯或在大试管中沉淀。

（三）倒置沉淀法

取粪便 1 克，置于青霉素小瓶内，加水调成均匀悬液，再通过 60 目细筛过滤到另一青霉素小瓶中，加水至满，在瓶口上加载玻片，将小瓶翻转倒置，静止 30 分钟后，用手指弹去小瓶，在载玻片的粪膜加盖玻片，置显微镜下观察虫卵。

（四）硫酸锌漂浮法

取粪便 1 克左右，放入青霉素小瓶中，加饱和硫酸锌(比重 1.230～1.415)少许，用竹签搅成均匀混悬液，再加饱和硫酸锌液，直至液面略突出于瓶口，在液面上加一载玻片。漂浮 15 分钟后，取下载玻片并迅速翻转，覆以盖片后镜检，并作虫卵计数。

（五）硫代硫酸钠漂浮法

方法与步骤同硫酸锌漂浮法。饱和硫代硫酸钠溶液比重比为1.310～1.408。

（六）碘化钾漂浮法

取1克粪便置于漂浮管（直径2cm，高4cm）内，先加少量71%的碘化钾溶液将粪便调匀，再加同液略高于管口，在液面上覆以盖玻片。15分钟后取下盖片，液面朝下置于载玻片上，镜检，并进行虫卵计数。然后对小管内的粪液轻加搅拌，再加同液至管口并覆盖玻片，再次漂浮检查，如此重复检查三次，累计读得的虫卵数即为每克粪便虫卵数。

（七）醛醚离心沉淀法

该法简称醛醚法。称取1～2克粪便放入合适的小容器内，加水10～20ml搅拌均匀，将粪便混悬液用60目细筛（或2层纱布）过滤到离心管内，离心（2000r/min）3分钟，倾去上层粪液，保留沉渣，加水10ml混匀，同上离心2分钟，倾去上层液，加10%甲醛溶液7ml，混匀，5分钟后加3ml乙醚，盖上管塞，充分摇匀，离心（2000r/min）3分钟。管内自上而下分为4层，分别为乙醚层、粪便层、甲醛层和细粪渣层，倾去上3层，吸取沉淀涂片镜检。每份标本应涂片3张。

（八）盐酸乙醚离心沉淀法

该法简称酸醚法。称取1克粪便放入8～10ml的试管中，加入50%的盐酸溶液（HCl终含量为18%）4ml，用竹签捣碎粪便，挑去大块粪渣，用橡皮塞塞紧管口，摇匀后静置3～5分钟，让盐酸与粪便充分作用。再加入乙醚2ml，盖上管塞，上下摇匀，离心（1000～1500r/min）3～5分钟。管内分为4层，即乙醚、粪便层、盐酸液及细粪渣和虫卵沉淀物。倾去上3层，留底层沉淀物，摇匀后置于载玻片上，直接镜检或加盖玻片后镜检。

（九）Kato-Katz's法

该法又称改良加藤厚涂片法（modified Kato's thick smear）或厚片定量透明法，是目前检查肠道蠕虫卵最常用的方法。我国统一组织的1988～1992年中国人体寄生虫分布调查和2001～2004年全国人体重要寄生虫病现状调查均采用该法进行粪便样本的检查，厚片定量透明法也是世界卫生组织推荐使用的粪便寄生虫卵检查方法。

取粪便1～2克，在粪便上覆一块大小约5cm×5cm、孔径80目的尼龙纱，透过尼龙纱用塑料刮片（长60mm，宽6mm，厚2mm）刮取粪便，将刮取粪便放入载玻片上的塑料定量板中央孔（国内统一定量板的中央孔呈圆台形，短径3mm，长径4mm，高1mm，容积为38.75mm^3）内并抹平，此时粪便量约为41.7mg。

取下定量板，取一张经透明液浸泡好的亲水玻璃纸，抖掉多余的浸泡液，盖在粪便上，用橡皮塞或载玻片轻压，使粪便均匀展开至玻璃纸边缘。

根据气温放置适当时间使粪膜透明后镜检。在室温25℃，湿度75%时，放置0.5～1小时粪膜即可变得透明。若温度低，空气湿度大，涂片放置时间要适当延长。在南方温度高或北方气候干燥的地区，涂片放置时间要缩短，甚至在涂片制好后，可立即镜检。要求是既易辨认虫卵，又不至透明过度而致虫卵变形。用显微镜检查，看完整张粪膜，计数粪膜中的全部虫卵。在大规模流行病学调查时，将所得虫卵数乘以 24，即为每克粪便虫卵数。根据每克粪便虫卵数（EPG）分为轻度感染（EPG<1000）、中度感染（EPG1000～10 000）和重度感染（EPG>10 000）。若是小范围调查或进行药物疗效考核以及医院化验室检查时，将每片全部虫卵数乘以 24 后，还应再乘以粪便系数（成形便 1，半成形便 1.5，软便 2，粥样便 3，水泻便 4），即为每克粪便虫卵数。儿童粪便总量比成人少，因此儿童每单位体积粪便中含虫卵数比成人多，故应以成人为标准，按比例减少，即儿童粪便所得的虫卵数。校正方法为，1～2岁者乘以 25%，3～4 岁者乘以 50%，5～10 岁者乘以 75%，11 岁以上同成人。乘以粪便系数可减少虫卵计数的误差。

亲水玻璃纸的准备：将厚 40μm 亲水玻璃纸剪成 25mm×30mm 大小，浸入甘油-孔雀绿溶液（3%孔雀绿或亚甲基蓝 1ml，纯甘油 50ml，蒸馏水 49ml）浸泡 24 小时以上，至玻璃纸呈现绿色。

如将 80 目尼龙纱改用 260 目尼龙纱，使纱的孔径由 180μm 改为 57μm，所滤过的粪渣更细，但不影响华支睾吸虫卵的通过，称为细筛定量透明法。

（十）NaOH 消化法

该法的原理是 NaOH 能消化粪便中的一些粗渣，特别是脂肪类物质，使显微镜视野清晰，易于观察到虫卵。将适量粪便放入小烧杯或其他容器，加入少量 10% NaOH 溶液，用竹签搅成糊状，再加入一定量 NaOH，使粪便与溶液的比例大约是 1∶15，混匀后静置消化 20 分钟以上。检查时，振摇均匀，立即用吸管吸取几滴置于载玻片上，覆以盖玻片，在低倍镜下观察。如需进行虫卵计数，可用 15ml 离心管，粪便用量为 1 克，消化摇匀后吸取 0.15ml 粪液，置显微镜下观察并计数载玻片上的全部虫卵，计数结果乘以 100，即相当于 1 克粪便中所含虫卵数。如仅进行定性检查，倾去上层液体，取沉渣涂片检查。该法类似于 Stool's 法，但 Stool's 法需要特制的消化瓶。

（十一）小杯稀释计数法

在定量为 20ml 的烧杯或试管内加少量清水，称取或以定量勺取 1 克粪便放入小烧杯内，以竹签充分搅碎调匀，再加清水至 20ml，再充分搅匀，用吸管迅速吸取 0.2ml 粪液，分别滴于 4 块载玻片上，覆以盖玻片，在显微镜下计数虫卵。4 块载玻片所得虫卵的平均数乘以 100，再乘以粪便性状系数，即为 1 克粪便中华支睾吸虫卵的总数（杨荣宏 1989）。

二、常用粪检方法的效果与评价

与蛔虫、钩虫等肠道线虫相比，华支睾吸虫排卵量不大，加之患者以轻度感染多见，粪便中虫卵数一般较少。华支睾吸虫卵个体很小，也易被粪渣遮盖。采用相同的检查方法，亦存在着操作上的误差，因此各地所报道的检查结果存在着一定差异。

王运章等（1981）比较不同时间不同方法对虫卵检出数的影响，发现漂浮法和沉淀法均以 20 分钟为宜，见表 14-1、表 14-2。

表 14-1 4 种方法不同作用时间检出的华支睾吸虫卵数

粪检方法	虫卵数（个）				
	10 分钟	15 分钟	20 分钟	25 分钟	30 分钟
倒置沉淀法	0	1	10	8	7
氢氧化钠消化法	3	1	8	2	8
硫酸锌漂浮法	1	1	3	1	0
硫代硫酸钠漂浮法	0	1	3	3	2

表 14-2 5 种方法检查粪便中华支睾吸虫卵结果

检查方法	检查份数	阳性份数	虫卵总数(个)	平均每次虫卵数(个)
直接涂片法	20	19	182	9.10
倒置沉淀法	20	20	507	25.35
氢氧化钠消化法	20	20	337	16.85
硫酸锌漂浮法	20	15	56	2.80
硫代硫酸钠漂浮法	20	12	32	1.60

在检查中还发现，如载玻片上没有粗粪渣或粗粪渣较少，漏检的机会少，虫卵检出率高；如果粗粪渣较多，虫卵易被遮盖，因而增加了漏检机会，降低了检出率。在倒置沉淀法，一定时间内，虫卵可沉淀至载玻片上，使其相对集中，故检出率高。氢氧化钠溶液能溶解粪便中的中性脂肪物质，虫卵清晰可见，也不易漏检。由于吸虫卵的比重相对较大，几种漂浮液的检出效果均不理想，漂浮液的上、中、下层都可偶见少量虫卵。

四川省寄生虫病防治研究所用直接涂片法、水洗沉淀法、饱和硫酸锌漂浮法和醛醚法分别检查 10 只实验感染犬的粪便和流行区居民粪便，结果见表 14-3 和表 14-4。

表 14-3 不同方法检查犬粪便中华支睾吸虫卵结果

检查方法	检查犬数	第一次			第二次		
		阳性犬数	虫卵总数	平均每片虫卵数*	阳性犬数	虫卵总数	平均每片虫卵数*
涂片法	10	9	50	0.22	10	55	0.24
沉淀法	10	9	114	1.6	8	175	1.34
漂浮法	10	4	12	1.3	3	15	1.58
醛醚法	10	9	177	7.2	10	320	12.3

* 为几何平均数

表 14-4 不同方法检查流行区居民粪便结果

检查方法	检查人数	阳性人数	阳性率(%)	虫卵总数	平均每片虫卵数*
涂片法	65	9	13.8	47	3.37
沉淀法	65	10	15.3	57	4.07
漂浮法	65	4	6.1	9	1.37
醛醚法	65	13	20.0	152	9.37

*为几何平均数

从两表中可以看出，涂片法和漂浮法检出效果相对较差，而醛醚法检出虫卵数明显多于其他3种方法，检出虫卵数少则漏检的机会多。孙毓等(1986)用醛醚法和改良醛醚法各检查107例华支睾吸虫病患者粪便，检出阳性数均为105例，阳性率为98.1%，同时用碘化钾漂浮法、氢氧化钠消化法和倒置沉淀法的检出阳性率分别为97.2%、72.1%和66.3%，尽管碘化钾漂浮法的阳性率与醛醚法和改良醛醚法的阳性率相似，但碘化钾价格昂贵，从实用角度看，醛醚法更有应用价值。

刘道元等(1994)用酸醚法等6种不同方法检查每克粪便分别含25、50、100、200、300和400个华支睾吸虫卵的标本，每种方法均检查30个粪样，又用该6种方法检查92份可疑华支睾吸虫病患者粪便，结果见表14-5。6种方法检出阳性率间的差异有统计学意义($\chi^2=77.39, P<0.01$)。酸醚法的检出率明显高于其他几种方法，尤其是在粪便中虫卵数较少的情况下。可能是因为盐酸与粪便作用后，使部分粪便溶解，在乙醚的作用下，粪渣上浮，再经过离心，虫卵易于沉于管底。

表14-5　酸醚法等6种粪检方法检查华支睾吸虫卵结果

克粪卵数(个/克)	检查份数	阳性标本份数					
		酸醚法	醛醚法	乙醚倒置法	直接涂片法	水洗沉淀法	硫酸锌漂浮法
25	30	4	0	0	0	0	0
50	30	19	11	6	0	0	0
100	30	23	19	13	6	3	3
200	30	30	22	18	8	5	3
300	30	30	30	25	16	16	8
400	30	30	30	30	22	19	16
合计	180	136	112	92	52	43	27
92例疑是患者检出情况							
阳性例数		56	44	36	20	17	10
阳性率(%)		60.9	47.8	39.1	21.7	18.5	10.9

改良加藤氏法已用于多种寄生虫卵的检查，也是全国二次肠道寄生虫病普查指定统一使用的粪检方法。蔡士椿等(1985)用两种定量透明法和其他三种方法同时对含不同量虫卵的粪便进行检查，结果见表14-6。对每克粪便卵数(EPG)为100的样本，两种定透法的检出阳性率明显高于前三种方法，但对EPG1000的样本，几种方法的检出率则无明显差异。从检出的虫卵数看，无论EPG为100，还是EPG为1000的样本，两种定透法都明显优于其他几种方法，而且样本值的变异系数相对较小，显示其有较高稳定性，尤其是细透法所测得的平均EPG为醛醚法的32倍。定量透明法操作步骤少，所用器材简单，平均制片时间仅为3分钟，细筛定透法，可起到一定浓集虫卵的作用。透明后，视野清晰，便于观察。需要注意的问题是虫卵内容物被透明后虫卵的变化特点。醛醚法能使粪便去脂消化，沉渣少，镜下虫卵清晰，也实验室检查华支睾吸虫卵理想方法之一。

表 14-6 5 种粪检方法检查华支睾吸虫卵结果

样本含卵数（个/克粪）	检查方法	阳性出现率(%)（阳性份数/检查份数）	阳性片出现率(%)（阳性片数/检查片数）	每片查到虫卵数(个)	每片平均虫卵数(个)	每克粪便虫卵数(个/克)	变异系数(%)
100	水洗沉淀	31.8(7/22)	16.7(11/66)	0～2	0.2	1.20±2.66	221.5
	碘化钾漂浮法	45.5(10/22)	24.2(16/66)	0～3	0.3	0.91±1.31	143.5
	醛醚法	63.6(14/22)	63.6(14/22)	0～30	8.1	8.09±10.10	124.8
	常规定透	95.5(21/22)	84.8(56/66)	0～11	2.4	65.17±39.70	60.9
	细筛定透	100.0(22/22)	87.9(58/66)	0～12	3.7	98.16±66.90	68.2
1000	水洗沉淀	100.0(10/10)	100.0(30/30)	2～19	9.1	16.32±7.54	46.2
	醛醚法	100.0(10/10)	100.0(10/10)	9～90	35.3	35.30±26.46	75.0
	常规定透	100.0(10/10)	100.0(10/10)	6～50	26.3	706.68±388.16	54.9
	细筛定透	100.0(10/10)	100.0(10/10)	15～111	42.1	1131.23±707.22	62.5

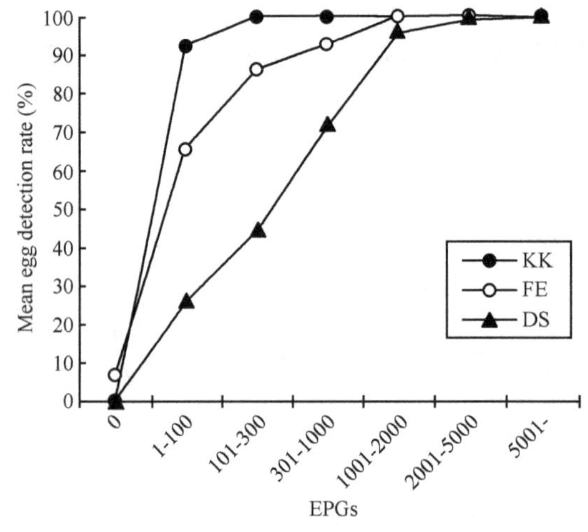

图 14-1 3 种方法对华支睾吸虫不同感染度粪便检查结果（引自 Hong2003）

KK. Kato-Katz's 法，FE. 醛醚法，DS. 直接涂片法

翁源等(1999)对 48 例 ELISA 检测抗体阳性者粪便用水洗沉淀法和改良加藤厚片法检查，每份粪便制作 3 张粪膜，2 种方法分别检出虫卵阳性 24 例(50.0%)和 35(72.9%)例，粪膜涂片阳性率分别为 34.7%(50/144)和 67.4%(97/144)。

Hong 等(2003)在我国黑龙江华支睾吸虫病流行区用 Kato-Katz's 法(KK)、醛醚法(FE)和直接涂片法(DS)检查 273 例华支睾吸虫感染者粪便，Kato-Katz's 法和醛醚法每份粪便均制作 3 片粪膜，直接涂片法则制作 6 张涂片。3 种方法分别检出虫卵阳性者 270(98.9%)、270(98.9%)和 259(94.9%)例，3 种方法单片检出率分别为 97.8%、90.5%和 69.9%。但在每克粪便虫卵数(EPG)较低的情况下，KK 的检出率要高于 FE 和 DS(图 14-1)。当 EPG≤100 时，KK、FE 和 DS 的检出率分别为 94.2%、65.7%和 26.2%；当 EPG≥101 时，KK 的检出率可达到 100%，当 EPG≥1001 时，FE 和 DS 才能达到 100%的检出率。用上述 3 种方法对 273 例进行虫卵计数，虫卵数分别为 0～36 488、0.3～3887 和 0～181 750。其中 Kato-Katz's 法(Y)的计数结果与直接涂片法(X)的计数结果有相关关系，$Y=659.4+0.266X$($r^2=0.738$)，与醛醚法无相关关系(Choi 2005)。

杨荣宏等(1989) 用小杯稀释法对 131 份不同感染度的华支睾吸虫卵阳性粪便进行检查，并与 Stoll's 法比较，结果见表 14-7。小杯稀释法具有同 Stoll's 法相似的虫卵计数效果，对同一粪便多次检查，小杯法变异系数小，加之该法简便实用，适宜大规模检查，当时在广东省卫生防疫站推广使用。

表 14-7　小杯稀释法与 Stoll's 法检查华支睾吸虫卵计数结果

感染度(虫卵数/克粪)	检查份数	小杯稀释法		Stoll's 法		小杯法虫卵数/S氏法虫卵数(%)
		克粪卵总数	平均克粪卵数	克粪卵总数	平均克粪卵数	
<1000	68	48 200	708	49 700	704	96.98
1000～9999	59	190 000	3200	182 600	3094	104.05
>10 000	4	49 600	12 400	41 400	10 350	119.81
合计	131	287 800	2197	273 700	2089	105.15

粪便检查虫卵阳性率不仅与检查方法和感染度有密切关系，也与检查次数有关。河南医学院寄生学教研室(1980)用倒置沉淀法粪检共发现 33 例华支睾吸虫卵阳性者，其中一送一检发现 17 例，占检出总人数的 51.51%，一送二检发现 8 例，占总检出总人数的 24.24%；二送三检发现 2 例，二送四检发现 2 例，三送五检发现 1 例，三送六检发现 1 例；四送八检和五送十检各发现 1 例。

刘宜升等(1993)先斑点免疫金银染色法检测中学生血清抗华支睾吸虫抗体，对抗体阳性者再用改良加藤氏厚片法检查粪便，如第一片查不到虫卵再查第二片，第二片阴性再查第三片。共检查 138 份抗体阳性学生粪便，虫卵阳性者 105 例，其中第一片查到虫卵者 86 例，检出率为 62.32%(86/138)，占虫卵阳性总人数的 81.90%(86/105)，第二片查到虫卵者 14 例，占虫卵阳性总人数的 13.33%(14/l05)，累计检出率为 72.46%(100/138)，第三片检出 5 例，占虫卵阳性总人数 4.76%(5/105)，累计检出率为 76.09%(105/138)。

倒置沉淀法、碘化钾溶液漂浮法、醛醚法、酸醚法、定量透明法和小杯稀释法等均有较高的检出率。从基层卫生部门的条件和流行病学现场调查的实用性出发，直接涂片法最为简便，但必须反复检查，否则检出率低。综合分析，简便、有效、经济者应为定量透明法，尤其是细筛定量透明法，只是粪膜需一定的透明时间，适用于流行病学调查。在医院门诊的临床诊断方面，快速、准确的方法应首选醛醚法或酸醚法。

三、十二指肠引流液和胆汁引流检查

因虫卵从肝胆管随胆汁进入胆囊，在十二指肠引流液中，不但虫卵集中，而且胆汁内无杂质，发现虫卵的机会多，检查结果最为可靠。对于轻度感染者或治疗不充分的患者，尽管粪便检查常为阴性，但胆汁中仍可发现虫卵。Chung 认为，在十二指肠液中，胆汁 A(胆总管胆汁)、胆汁 B(胆囊胆汁)和胆汁 C(肝胆管胆汁)中，以胆汁 B 中含虫卵量最多，可能是胆汁在胆囊中浓缩的缘故。治疗后，胆汁中的虫卵消失也较迟，因此十二指肠引流液检查亦具有考核疗效的价值。但胆汁引流操作较复杂，有一定痛苦并需要一定的费用，不易为患者所接受，实际应用受到一定的限制，不宜作为常规的检查方法。

由于纤维内窥胃镜技术的发展，使该技术在消化系统疾病的诊断中已成为常规检查手段。通过纤维胃镜抽取胆汁不但方便快捷，若有华支睾吸虫感染，虫卵检出率高。叶以健(1998) 在广东新会，对 202 例患胃炎、十二指肠炎、胃或十二指肠溃疡、胆囊炎或胆石症等患者在进行纤维胃镜检查时抽取胆液，从中检查华支睾吸虫卵，有 32 例阳性，阳性率为 15.8%。胆汁返流的病例能直接抽取，否则要通过胃镜导管注射碳酸镁至十二指肠胆总管开口处或经口服用后，才能抽得胆汁。

暨南大学医学院附属广州市红十字会医院消化内科报道 27 例患者，都曾吃过火锅，其中 18 例患者吃过鱼生。患者的外周血嗜酸粒细胞比例及计数均升高，临床高度怀疑华支睾吸虫感染。辅助检查肝功能正常，腹部 B 超也未见胆囊炎、胆结石，胆管未见增厚、扩张、阻塞等异常声像表现，粪便检查华支睾吸虫卵阴性。用胃镜引导下行十二指肠胆汁引流术，抽吸十二指肠液。在 23 例患者胆汁中找到华支睾吸虫卵，阳性率为 85.19%(23/27)。其中 7 例 A、B、C 三管均发现虫卵，5 例 B、C 管有虫卵，8 例 B 管有虫卵，3 例 C 管有虫卵。安春丽等(1999)报告 59 例患者，有 14 例是通过十二指肠引流胆汁查到虫卵而确诊。

胃镜引导下十二指肠胆汁引流术可在 1 小时内完成，较传统十二指肠液引流术时间明显缩短。对于没有明显肝胆损害的隐匿型华支睾吸虫感染者，采用该法可检查胆汁液中是否有虫卵，同时对上消化道黏膜进行全面检查，排除相关疾病，以确诊华支睾吸虫病，从而进行驱虫治疗(杨绮红，2009)。

在进行逆行胰胆管造影过程中，亦可抽取胆汁检查，如发现虫卵可建立确诊(智发朝等 2003)。

四、胶囊拉线法

用胶囊拉线法采集十二肠液检查华支睾吸虫卵较十二指肠液引流相对简单易行。取一段长约 70～75cm 的尼龙线，末端连接长 15～24cm 的棉线一段。消毒后，将棉线装入胶囊。在胶囊的上下两半的空隙里各装入弹子糖丸一粒，尼龙线留在胶囊外，并缠于胶囊外壳上，留 10cm 线头备用。受检者于晚上睡前用温开水送服胶囊及尼龙线，口外留线 10cm，并用胶布将线头固定在一侧嘴角上方。在此期间，受试者可作一般活动，可饮水，但不能进食。次日清晨，让受检者仰头张口，用嘴吐气，由检查人员轻轻拉出棉线。如有阻力或患者恶心，应稍停片刻，并嘱其放松后再往外拉。取出拉线后，剪下染有胆汁部分备检查。为证实棉线是否进入十二指肠，用 pH 试纸测试棉线的酸碱度，若 pH＞6，则表明棉线直入十二指，操作成功；若 pH＜3，则说明棉线仅到达胃内，也可能是在外拉的过程中，棉线碰到胃酸所致，需多测几段，如果各段都为酸性，则需要重新操作。在平皿内加上生理盐水 3ml，轻轻刮洗棉线上的黏液和碎块，先检查有无幼虫，再将混合液倒入试管，再加入等量 10%氢氧化钠溶液，放入 37℃水浴箱内 10～15 分钟，然后 1000r/min 离心 5～10 分钟，取沉渣镜检。

吴维铎等(1988)用拉线法和厚片透明法检查 94 例患者，华支睾吸虫卵的阳性率分别为 7.45%(7/94)和 3.19%(3/94)。许隆祺等(1989)对 5 例 EPG 分别为 48、96、240、408 和 168 的 5 例患者均用拉线法和定量透明法两法进行检查，5 例患者均为阳性，两法完全符合。

五、检查胆结石和胆汁中的华支睾吸虫卵

在华支睾吸虫病流行区，华支睾吸虫感染是胆结石的重要原因之一。随着腹腔镜手术的发展和普及，临床上多数胆结石手术都采用内镜取石。但仅取出胆石，而未能进行有效驱虫，以去除病因，结石有可能再次形成，而且肝胆管内的虫体仍继续危害人体。

乔铁等(2009)将从患者胆道中取出的结石(直径 0.3～1.5 cm)加适量生理盐水，用研钵磨碎，再加适量生理盐水，260 目尼龙纱过滤，然后加少量生理盐水涂片镜检，用 100 倍放

大纵观整个涂片，放大400倍观察结石的微细结构。实施内镜保胆取石手术204例胆囊结石患者，有163例的结石中检出华支睾吸虫卵，检出率79.9%。华支睾吸虫卵均位居结石的核心，在胆色素性结石中被胆色素结晶包裹，在胆固醇性结石中被胆固醇结晶包裹，而在混合性结石中被上述两种结晶围绕。结石中的华支睾吸虫卵仅有不足10%的可以看到卵内容物，而90%以上的虫卵由于成核的原因而不能看到其内容物，但其典型的芝麻形外观，约29μm×17μm的大小，虽然成核后卵壳增厚，但仍容易鉴别。也可发现华支睾吸虫卵位于胆固醇结晶和胆红素结晶的核心位置，像化石一样被结晶包裹着。将手术中所取胆汁3000r/min离心10分钟，吸取沉渣涂片镜检，在108例实施内镜保胆取石手术患者的胆汁中，有46例检出华支睾吸虫卵，检出率42.6%。在胆汁中检查出的华支睾吸虫卵，有90%的形态仍典型，可以清楚地看到其内容物，只有不足10%是成核的，形态不清晰。

乔铁等认为胆囊结石磨碎过滤镜检是诊断华支睾吸虫感染简单而有效的方法，建议在华支睾吸虫病流行区，在术后对手术中取出的胆石和引流的胆汁进行华支睾吸虫卵检查，以便确定病因，进行相应治疗，巩固手术效果。

孙伯麟等(1990)提出，在某些特殊情况下，例如胆道完全阻塞的患者，粪检已不可能发现虫卵。可结合治疗或其他医疗目的应用介入医学手段，如在B超定位下，进行经皮胆道造影和引流术，可获取胆汁，对胆汁检查可以发现虫尸及其破碎产物，胆汁涂片镜检也可查到虫卵。对一些未能确诊，但病情严重必须进行手术的患者，可在术中取患者的胆汁用显微镜检查虫卵，如发现虫卵则有助于明确诊断和指导术后的进一步治疗。

六、粪便中的灵芝孢子与华支睾吸虫卵的鉴别

近年已有多篇文献报道在患者粪便中发现灵芝孢子，被误判为华支睾吸虫卵(廖远泉2010)。灵芝孢子在分类学上被称之为单孢子，是灵芝菌的有性生殖细胞。灵芝孢子富含多糖、三萜类化合物、多种氨基酸及生物碱等生理活性物质，能增强机体免疫功能，提高抵抗力，具有抑制肿瘤，免疫调节等保健作用。作为放射疗治疗或化学治疗肿瘤的辅助药物，灵芝孢子能缓解白细胞数量的下降，减轻放疗和化疗的毒副作用，因而许多肿瘤患者常服用含灵芝的中药，如灵芝胶囊、灵芝孢子粉、灵芝茶等。这些制剂中有部分未破壁的灵芝孢子，由于其外层为既不溶于水，也不溶于酸的几丁质构成的坚硬外壁，人体内也无相应的酶能溶解未破壁的灵芝孢子，故可以原形随粪便排出体外。

完整的灵芝孢子外形似华支睾吸虫卵，但较华支睾吸虫卵小，大小为23μm×13μm，西瓜子状，一端略尖，或顶端平截，后端钝圆，双层壁，外壁透明，内容物分布均匀，为一团实体，无卵盖、肩峰和小棘。

灵芝孢子除形态上可与华支睾吸虫卵鉴别外，其数量多，在粪便中常成堆出现，一个视野常可见到多个孢子。在粪便中发现疑是灵芝孢子的物体后，要密切联系临床症状，详细询问病史、患者的服药及饮食情况，大多数患者可以被问出近期曾服用或正在服用含有灵芝成分的保健品或药品。必要时可嘱患者停服含灵芝孢子药物或保健品，一周后再复查。

（刘宜升）

第十五章　华支睾吸虫病的免疫学诊断及分子生物学检测

华支睾吸虫成虫产卵量较蛔虫、钩虫等寄生虫相对较少，排卵也有一定的波动性；另一方面华支睾吸虫感染者又大都为轻度感染，粪便中虫卵数量密度不高。华支睾吸虫卵也是寄生于人体常见蠕虫卵中最小者，在粪便中极易被粪渣遮盖，故在粪便检查时漏检率较高，特别是对技术不熟练的检查者。十二指肠引流液中检出虫卵的机会较多，因其操作繁杂，患者有一定的痛苦，仅可用于少数住院患者。由于虫卵检出的难度大，往往使华支睾吸虫病不能得到及时正确的诊断，导致漏诊甚至误诊。在进行流行病学调查粪检时，粪便收集困难，镜检工作量大，费时费力，同时还存在粪便标本不真实的可能，加上漏检率较高，往往影响对流行情况的正确估计和分析。免疫学和免疫学检测技术的发展，为华支睾吸虫病提供了科学方便快捷的辅助诊断手段，从 20 世纪 50 年代以来，许多免疫学的检测方法已被用于华支睾吸虫病的诊断和调查，而且随着免疫学方法的创新和改进，越来越多的新方法新技术也逐步用于华支睾吸虫病的辅助诊断，弥补了粪便检查的不足，提高了对华支睾吸虫病诊断的准确性和流行病学现场调查的效率。

一、抗原皮内试验

抗原皮内试验(intradermal test)反应的机制是基于速发型超敏反应，引起本型超敏反应的抗体为 IgE。在抗原刺激下所产生的特异性 IgE 常吸附于皮肤、呼吸道或胃肠道黏膜下小血管壁的肥大细胞或血液中嗜碱粒细胞上，使机体处于致敏状态。当相同抗原再次进入机体时，与吸附在细胞上的 IgE 结合，激活细胞的某些酶类，使肥大细胞和嗜碱粒细胞脱颗粒，释放出生物活性物质，如组胺、五羟色胺等，从而引起血管扩张、通透性增加，平滑肌收缩，局部出现水肿和红晕。

操作方法是先用直径约 0.5mm 的圆圈章在受试者前臂屈侧皮肤上印一个圆印，局部消毒后，将华支睾吸虫抗原约 0.03～0.1ml 注射于皮内。将针头与皮肤平行，刺入表皮层内的圆圈中心，然后注入抗原，至抗原液充满圆圈为止。15～20 分钟后用纸尺测量丘疹的直径。以丘疹直径＞8mm 以上，且伴有红晕者为阳性反应。

钟惠澜等(1955，1957)首先用 1∶250 的华支睾吸虫成虫浸出抗原对 8 例患者进行皮内试验，全部为强阳性反应，肺吸虫患者和血吸虫患者为较弱的阳性反应，正常对照均为阴性。把抗原稀释到 1∶2 500 时，98％的华支睾吸虫患者仍为强阳性反应，与肺吸虫患者和血吸虫患者的鉴别率分别为 94.7％和 96.8％；抗原稀释至 1∶15 000 时，鉴别率分别为 96.8％和 100％。

河南医学院寄生虫学教研室(1980)用华支睾吸虫成虫脱脂抗原进行皮内试验，抗原注射量为 0.05ml，阳性判断标准为丘疹直径＞0.8cm，同时红晕直径在 2.0cm 以上。试验结果表明，随着抗原稀释度的增加，皮试阳性率逐渐降低，与粪检的阳性符合率逐渐增加，见表 15-1。

表 15-1　应用不同稀释度华支睾吸虫成虫抗原皮试结果

抗原稀释度	受检人数	粪检阳性人数(%)	皮试阳性人数(%)	皮试与粪检符合人数(%)	假阳性人数(%)	假阴性人数(%)
1∶2000	644	8(1.2)	168(26.0)	484(75.1)	160(24.8)	0
1∶4000	236	3(1.2)	47(20.0)	192(81.3)	44(18.6)	0
1∶8000	273	7(2.6)	42(15.4)	238(87.3)	35(12.8)	0
1∶12 000	144	6(4.2)	28(20.0)	122(84.7)	22(15.2)	0
1∶40 000	1637	47(2.8)	184(11.2)	1500(91.6)	104(6.4)	33(2.0)

在初步认定抗原 1∶40 000 稀释较为合适的情况下，用该浓度抗原进行皮内试验并与受试者粪便五送十检法进行核对。在所检查的 195 人中有 28 人皮试与粪检均为阳性，151 人两法均为阴性，二者总符合率为 91.8%。11 人皮试阳性而粪检阴性，假阳性率为 5.6%，5 人皮试阴性而粪检阳性，皮试的假阴性率为 2.5%。在 33 例虫卵阳性者中，粪便一送一检仅查出 17 例，占虫卵阳性人数的 51.5%，随着检查次数的增多，虫卵阳性人数不断累计增多，至五送十检时，仍可新发现感染者。用 1∶40 000 稀释的抗原对 2438 例蛔虫感染者、423 例钩虫感染者、58 例鞭虫感染者、13 例蛲虫感染者、9 例猪带绦虫感染者和 80 例病毒性肝炎患者进行皮内试验，均未发生交叉反应。因此该室认为抗原皮内试验可以作为华支睾吸虫病的重要辅助诊断方法。

四川省寄生虫病防治研究所(1980)也对不同稀释度华支睾吸虫成虫冷浸抗原的皮试效果进行了研究。将抗原 1∶2000、1∶5000 及 1∶10 000 稀释，蛋白质含量分别为 8.75μg/ml、3.50μg/ml 和 1.75μg/ml，三种抗原注射量均为 0.1ml，以丘疹直径大于 1.2cm 为阳性标准。对未知感染情况人群进行皮试和粪检，结果见表 15-2。受检的 280 人中，三种浓度抗原皮试阳性率分别为 40.3%、37.1%及 33.5%，三种抗原皮试阳性与粪检阳性符合率分别为 66.4%、70.1%和 77.7%，皮试阴性与粪检阴性的符合率则分别为 99.4%、98.3%和 98.4%。三种稀释度抗原皮试与粪检阳性符合率无显著性差异。对已知 70 例华支睾吸虫感染者也用上述三种抗原进行皮内试验，与粪检的符合率分别为 97.1%、94.2%和 94.2%。

表 15-2　3 种不同稀释度抗原皮试与粪检符合情况

	皮内试验抗原稀释度					
	1∶2000		1∶5000		1∶10 000	
	阳性(%)	阴性(%)	阳性(%)	阴性(%)	阳性(%)	阴性(%)
粪检阳性	75(66.4)	1(0.6)	73(70.1)	3(1.7)	73(77.7)	3(1.6)
粪检阴性	38(33.6)	166(99.4)	31(29.9)	173(98.3)	21(22.3)	183(98.4)
合计	113	167	104	176	94	186

从实用和节约的角度，采用 1∶5000 或 1∶10 000 两种稀释度的抗原进行皮试均较适合。根据 280 名未知华支睾吸虫感染者的皮试结果，丘疹直径小于 1.2cm 者，占总皮试阳性人数的 62.9%～65.5%，这部分人群中仅有 0.6%～1.7%的可以查到虫卵。70 例已知华支睾吸虫感染者中，皮试丘疹直径小于 1.2cm 的只有 2.9%。因此在注射抗原 0.1ml 时，以丘疹直径 1.2cm 作为阳性判断标准，既可保证绝大多数华支睾吸虫感染者被检出，又可

使 90%以上的非感染者不再接受无效的粪便检查,因而大大降低流行病学调查中的工作量,有利于大面积现场防治。史先春等 1981 年观察到,皮试丘疹越大越明显,粪检阳性率越高,在丘疹直径<0.7cm、0.8cm、0.9cm 和>1cm 时,粪检的阳性率分别为 6.7%、12.9%、17.8%和 54.5%。在进行华支睾吸虫抗原皮试时,不同研究者注射的抗原量不同,如资料报道的注射量多为 0.03～0.05ml,故阳性标准的判断还要根据抗原注入量以及抗原的浓度等因素综合考虑。

对华支睾吸虫抗原进行纯化有助于提高皮试的敏感性和减少非特异性反应。Sadun (1959),Sawada 等(1964)均对华支睾吸虫抗原进行了相应的提纯,证明纯化抗原活性高,产生的反应明显、持久,与血吸虫病、肺吸虫病等患者未发生交叉反应。

李桂萍等(1990)用浓度分别为 25%、50%和 75%硫酸铵沉淀华支睾吸虫成虫粗抗原,获取抗原 A、B、C,其上清液为 D 抗原,用蛋白质含量为 400μg/ml 粗抗原和 A、B、C、D 等 5 种抗原同时对 45 例华支睾吸虫病患者进行皮内试验,阳性率分别为 73.1%、76.7%、88.4%、90.3% 和 60.0%;丘疹平均直径分别为 1.15cm、1.17cm、1.27cm、1.39cm 和 1.00cm。用粗抗原和 A、B、C 抗原对流行区正常人皮试的阳性率分别为 5.9%、4.5%、7.6%、1.4%。这些结果提示 C 抗原的敏感性和特异性均高于其他抗原,特别是与粗抗原相比,阳性符合率、丘疹直径大小的差异都具统计学意义。因此,纯化抗原是提高皮试准确性的重要手段,但通过多种方法提纯后,所得抗原量会明显减少。

增加皮试点也可以提高皮试与粪检的符合率。曹维霁等(1984)用同一批 1∶1000 稀释的华支睾吸虫成虫抗原,对 124 例受检查者同时在前臂屈面、前臂伸面和后背肩胛内侧三部位皮肤进行皮内试验并对结果做了比较。前臂屈面皮试阳性者 33 例,其中 15 例粪检华支睾吸虫卵阳性;前臂伸面皮试阳性者 38 例,其中 15 例虫卵阳性;后背肩胛内侧皮试阳性者 39 例,其中 16 例虫卵阳性。124 例中三部位结果一致的共 96 例,其中有 43 例三个部位均阴性,26 例粪便检查,虫卵也均为阴性;有 22 例三部位均为可疑阳性,有 3 例查到虫卵;31 例三部位均为阳性者,有 15 例虫卵阳性;三部位结果不一致的共 28 例,仅有一例虫卵阳性。

吴中兴等(1978)用该法在流行区进行调查发现,用华支睾吸虫抗原进行皮内试验,皮试阳性者可有 33.6%～80.0%的粪检阳性。他们认为皮试最大的优点在于普查时起过筛作用,从而减少粪检的工作量。同时临床上也具有辅助诊断的价值。

关于皮内试验用于疗效考核的问题,河南医学院寄生学教研室(1980)对 64 例治疗前抗原皮试阳性的华支睾吸虫病患者在六氯对二甲苯治疗 3 个月后,再用同样抗原进行皮内试验,结果仍有 35(54.68%)例皮试阳性,12(18.75%)例反应减弱,17(26.56%)例皮试阴性,但 64 例患者已有 63 例粪便虫卵阴转,因而皮内试验不能作为疗效考核的依据。曹维霁等(1984)报道,治疗前皮试阳性,治疗后 7 年虫卵阴转的 34 例患者中,只有 7 例皮试依然阳性,6 例可疑阳性,此 13 例虫卵检查均阴性。皮试阳性,粪检虫卵阴性,未经治疗的 38 例,7 年后复查,皮试阳性者 5 例,可疑者 3 例,此 8 例粪检也均为阴性。7 年前皮试阳性,虫卵检查阳性,未经治疗或治疗后虫卵仍为阳性的 5 例,复查仍有 4 例皮试阳性,可疑 1 例,此 5 例中有 2 例查到虫卵。可以认为,经有效治疗以后,间隔较长时间,大部分虫卵阴转的患者皮内试验可以阴转,故抗原皮内试验对近期疗效考核价值不大,对远期疗效或综合防治后的流行病学调查有一定的参考意义。

关于皮内试验的副作用少见报道,个别受试者可能会出现可能局部皮肤红斑,一般不需处理，严重者可服抗过敏药物。

二、补体结合试验

钟惠澜等(1955)最早用华支睾吸虫成虫盐水浸出液作为抗原，用补体结合试验(complement fixation CF)检查了4例华支睾吸虫病患者，2例为阳性，4例正常对照均为阴性，但13例肺吸虫病患者有10例呈现较弱的阳性反应。再次试验，5只人工感染的家兔、3例华支睾吸虫病患者、25例肺吸虫病患者均呈阳性反应，15例非吸虫感染者都为阴性。上述试验均使用的是虫体粗抗原，因而存在着明显的交叉反应。Sadum(1959)用提纯的华支睾吸虫成虫碱溶性蛋白抗原(Cm-ins)作CF试验，25例华支睾吸虫病患者的阳性率为92%，而并殖吸虫病和血吸虫病患者则分别有34%和19%的交叉反应率。12例病毒性肝炎患者全部呈阴性反应。Hahm(1984)报道在血清1∶8或更低稀释时，华支睾吸虫患者的阳性反应率为56.4%(31/55)，正常对照的假阳性率为12.0%(3/25)。

三、沉 淀 试 验

(一) 环状沉淀试验和絮状沉淀试验

Kim(1979)和Miki(1959)分别用环状沉淀试验(ring precipitation)和絮状沉淀试验(flocculation precipitation)诊断华支睾吸虫病。在成虫盐水浸出抗原、蛋白质抗原和多糖片断抗原几种抗原中，以前者效果最好；没有稀释的血清比稀释的血清更敏感。用该法检测，感染度和抗体滴度之间不存在明显的联系，但在治疗后，反应可以明显减弱。

(二) 凝胶扩散试验

用华支睾吸虫成虫浸出抗原(含氮量370μg/ml)，以凝胶扩散试验(gel diffusion test)对人工感染的12只家兔，28只豚鼠和15只小鼠血清进行检测。阳性率分别为75%、96%和87%，但反应阴性的实验动物解剖也均发现成虫。对218例粪检阳性的患者，仅有31例(14.3%)为阳性反应。其他寄生虫病和非寄生虫病患者血清，包括肺吸虫病患者血清和日本血吸虫病患者血清均为阴性反应，说明此法具有较高的特异性，但敏感性较低，从而导致了太高的假阴性率(Sun 1969)。

四、凝 集 试 验

(一) 乳胶凝集试验

乳胶凝集试验(latex agglutination test, LAT)用华支睾吸虫成虫可溶性蛋白抗原与空白乳胶混合处理，经离心和适当稀释后制成抗原致敏乳胶。将致敏乳胶和患者血清置于大孔凝集板中混匀，如血清中有抗华支睾吸虫抗体，在3～5分钟内则可出现明显的凝集颗粒。用该法检测120份华支睾吸虫病患者血清，阳性率为81.7%。14例囊虫病患者血清有2份出现阳性反应；29例间日疟患者血清无1例阳性。此法具有较高的敏感性，其优点还在于3～5分钟内出现肉眼可见的反应结果，不需要任何仪器设备，但有18.3%的假阴性反应和

14.3%非特异性反应(刘荣珍等 1995)。

(二) 炭粒凝集试验

炭粒凝集试验(charcoal agglutination test,CAT)是将粒状活性炭与华支睾吸虫成虫水溶性蛋白抗原一起研磨后,离心取沉淀加正常兔血清置 4℃24 小时,消除自凝。再加入 pH7.4 PBS 混匀、离心,吸取上层细炭粒,再次离心,沉淀物加 pH 7.4 PBS,其混悬液即为抗原致敏炭粒。取致敏炭粒在玻璃板上与待检血清混匀,出现凝集者则为阳性反应。华支睾吸虫病患者和华支睾吸虫感染动物血清的阳性率为 83.5%(66/79),正常人血清的假阳性率为 2.9%(2/69)。与其他寄生虫病患者血清的交叉反应率为 19.5%(8/41)。其中与肺吸虫病患者、肝包虫病患者和血吸虫病患者的交叉反应率较高。该法操作较简便,15 分钟判定结果,但交叉反应较明显(胡永秀等 1989)。此后未见对该法进行研究的报道。

(三) 间接血凝试验

间接血凝试验(indirect hemagglutination test,IHA)一般采用华支睾吸虫成虫水溶性抗原作为诊断用抗原。虫体经冷冻真空干燥后研磨成粉,用生理盐水或 PBS 1∶100 稀释后反复冻融。4℃冷浸 3~4 天,或进一步超声粉碎,离心沉淀,取其上清液,即为虫体水溶性蛋白抗原。将人的“O”型红细胞或绵羊红细胞用戊二醛醛化,然后再鞣化。将华支睾吸虫抗原(蛋白质含量 50~200μg/ml)与经上述处理的红细胞混合,经水浴、离心和清洗后即为致敏红细胞,作为 IHA 所用抗原。

许雪萍等(1987)用 IHA 检测 71 例粪检阳性的华支睾吸虫病患者血清,阳性 68 份,阳性率为 95.9%。对未知人群进行检测,同时以粪检作为对照,两者均阳性 68 例,两者均阴性 235 例,总符合率为 78.9%,仅有 3 例(0.78%)IHA 阴性而粪检阳性。与血吸虫病患者血清的交叉反应率为 10.25%(17/167)。IHA 检测血清滴度与感染度有一定关系,每克粪便虫卵数(EPG)≤500 的 17 例,血清几何平均滴度为 1∶95.99,EPG≥5000 的 13 例,其血清平均几何滴度为 1∶437.23。骆加理(1982)对 35 例经酫醚法粪检阳性并进行了虫卵计数的感染者血清用 IHA 检测,发现感染越重,抗体滴度越高,抗体滴度倒数为 10(7 例)、20(3 例)、40(14 例)、80(4 例)、320(2 例)、640(1 例)、≥1280(4 例)的平均 EPG 分别为 193、483、750、2331、14 175、22 250 和 13 162,EPG 与抗体滴度呈正相关关系(r=0.81)。骆加理(1982)对佛山某单位职工用粪检和 IHA 进行普查。IHA 阳性的 98 例经一次粪检,查出 82 例虫卵阳性者。对 16 例虫卵阴性者再次粪检,收集到的 14 份粪便中有 13 份查到了虫卵。吕炳俊等(1980)采集耳垂血,用微量间接血凝法检测 4 例华支睾吸虫病患者血清,均为阳性。对流行区 281 人同时作微量 IHA、皮内试验和粪便检查,IHA 和粪检符合率为 82.6%,粪检阳性,IHA 阴性者仅有 3 例;皮试与粪检符合率为 78.3%,粪检阳性,皮试阴性者有 21 例。IHA 滴度越高,虫卵检出率越高,滴度 1∶4 的 9 例,有 1 例检出虫卵;滴度 1∶256 的 63 例,有 56 例查到虫卵。治疗后,IHA 的阴转率与粪检阴转率一致,但 IHA 阴转迟缓。治疗后 3 个月、12 个月、24 个月和 36 个月 IHA 的阴转率分别为 30.2%、65.2%、89.6%和 92.9%,同期检查虫卵的阴转率分别为 88.7%、86.0%、96.2%和 100%,所以 IHA 仅能作为疗效考核的参考依据。

各研究者均是根据各自实验室的具体条件,各种试剂的质量,如抗原的浓度、红细胞的处理方法，以及对正常人群检测的结果等综合判断，制定阳性标准，一般以为血清效价 1∶16～1∶4 为阳性(许雪萍等 1987,1993,连建安等 1984)。

可通过纯化华支睾吸虫抗原的方法提高 IHA 方法的敏感性和特异性。Sawada(1976)将华支睾吸虫成虫脱脂抗原液用 0.1mol/L 的 HCl 溶液调至 pH4.6，离心取沉淀，再经33%饱和硫酸铵溶液两次沉淀，沉淀物通过琼脂糖凝胶层析，收集具有特异性免疫活性组分的蛋白质，之后再以 25%的饱和硫酸铵溶液沉淀，充分透析和离心而获取纯化抗原。用此抗原致敏红细胞，然后用 IHA 法检测 38 例已知华支睾吸虫病患者血清，血清滴度为 1∶1280～1∶80。正常对照、肺吸虫病患者和血吸虫病患者血清均呈阴性反应，显示纯化抗原具有更高的敏感性和特异性。如用未提纯抗原，与血吸虫病患者有 10.25%的交叉反应(许雪萍等1987)。用华支睾吸虫三乙醇胺缓冲盐浸出物(TBSAg)和磷酸缓冲盐浸出液(PBSAg)作为抗原致敏红细胞，用 TBSAg 检测感染了 300 个囊蚴后 55 周的家兔血清，血清最高稀释度为 1∶1280～1∶320；华支睾吸虫感染者的血清最高稀释为度为 1∶80，但与并殖吸虫、日本血吸虫、埃及血吸虫或曼氏血吸虫感染者血清均有交叉反应；用 PBSAg 做同样试验，兔血清和人血清的最大稀释度分别为 1∶51 200～1∶3200 和 1∶(3200～25 600)，对所有其他寄生虫感染者的血清均无交叉反应(Pacheco 1960)。

虽然应用纯化抗原可提高诊断的准确性，但需要的虫体材料较多。IHA 本身具有操作简便快速，肉眼直接观察判断结果等优点，其反应结果可部分地反映感染的程度，也可作为现场调查过筛、患者诊断和疗效考核的辅助方法，但需要进一步改进，以提高方法的稳定性，避免非特异性凝集。

(四) SPA 协同凝集试验

金黄色葡萄球菌 A 蛋白(SPA)具有与人及多种哺乳类动物血清中的 IgG 类抗体 Fc 段相结合的特性。IgG 的 Fc 段与 SPA 结合后，IgG 的两个 Fab 段暴露在葡萄球菌菌体表面，仍保持其特异性结合抗体的活性，出现特异性凝集反应。这种以金黄色葡萄球菌作为 IgG 抗体载体所进行的凝集反应称为协同凝集试验(staphylococcal protein A coagglutination test)。谭亚军(2008)将金黄色葡萄球菌 Cowan-1 株(ATCC12598)株接种在琼脂平板上培养，再选单个菌落移种至肉汤管培养，再移种至琼脂平板上培养，最后取菌苔，用 0.5%甲醛PBS 配成 10%细菌悬液。

在 10% 细菌悬液中加入待检血清，充分混匀振摇 30 分钟，离心后去上清，沉淀物用PBS 恢复至原体积。取上述与血清作用的 SPA 菌悬液和华支睾吸虫成虫可溶性抗原各 1滴，摇动混匀。2 分钟后观察结果，无凝集为阴性(－)，25%凝集为可疑(＋)，需要进一步检测确认，50%凝集为阳性(＋＋)，75%凝集(＋＋＋)和 100%凝集(＋＋＋＋)均为强阳性。检测 10 份粪检华支睾吸虫卵阳性患者血清和 5 份人工感染华支睾吸虫大鼠血清，均为阳性；检测 10 份华支睾吸虫卵阴性儿童血清和 5 份未感染华支睾吸虫大鼠血清，均为阴性；10 份感染了肠道线虫的儿童血清也均为阴性。该法表现好的特异性和敏感性，在预先准备试剂的前提下，可在短时间内得到检测结果。需要注意的问题也是减少非特异性凝集因素的干扰。

五、对流免疫电泳

(一) 对流免疫电泳

詹臻等(1982)以华支睾吸虫冰冻干燥脱脂抗原对感染华支睾吸虫后 40 天的家兔血清用对流免疫电泳(counter immunoelectrophoresis,CIE)进行检测,全部为阳性反应。而 12 只感染日本血吸虫的家兔血清和 20 只正常兔血清用相同抗原检测,均为阴性。检测 85 例华支睾吸虫轻度感染者,CIE 阳性率为 67.1%,其中每克粪便虫卵数(EPG)>160 的 10 例感染者,CIE 均为阳性,EPG 和 CIE 阳性率有线性正相关关系。检测 60 份日本血吸虫病患者血清也均为阴性。动物实验的阳性率较感染者的阳性率高,可能与人的感染度较轻或是人均为慢性感染期,抗体水平有所下降有关。曾明安(1981)用冻干的华支睾吸虫成虫脱脂后冷浸抗原(蛋白质含量为 950μg/ml),作 CIE 检测 173 份华支睾吸虫病患者血清,阳性率为 83.2%;正常对照血清 64 份,假阳性率为 6.2%(4/62),与肺吸虫病患者血清有 5%的交叉反应率(1/20),27 例日本血吸虫病患者血清、26 例丝虫病患者血清均未出现交叉反应。

(二) 酶标记抗原对流免疫电泳

赵庆风等(1986)制备 2 种不同抗原,一种为华支睾吸虫粗抗原,系成虫匀浆经冷浸和超声粉碎,16 000r/min 超速离心后所得的上清液,蛋白质含量为 1.0926mg/ml;另一种为提纯抗原,系超声粉碎的华支睾吸虫成虫混悬液经 3000r/min 离心,取上清液,经 Sephadex G-100 层析收集第一蛋白峰,蛋白质含量为 1.4973mg/ml。以上 2 种抗原均用辣根过氧化物酶进行标记,作为酶标记抗原对流免疫电泳(enzyme-linked antigen CIE ,ELACIE)用诊断抗原。用酶标记提纯抗原检测,98 例华支睾吸虫患者血清有 96 份呈现阳性反应,1 份可疑阳性,1 例阴性,阳性率为 96.7%。用酶标记粗抗原检测,67 例华支睾吸虫病患者有 64 例为阳性反应,阳性率为 95.5%。用酶标记抗原分别检测 15 份肺吸虫患者血清、22 份血吸虫病患者血清和 12 份正常人血清,均为阴性。

尽管 CIE 和 ELACIE 有较好的敏感性和特异性,但必须要有电泳设备,需用试剂量多,操作不够简便,一次检测的标本份数较少,因此尚达不到实用的要求。

六、间接荧光抗体试验和 DASS-FAT

Choi(1975)用间接荧光抗体试验(indirect fluorescent antibody test,IFAT)检测人工感染 100 和 500 个囊蚴的家兔血清。抗体滴度可达 1∶51 200~1∶12 800 和 1∶51 200~1∶25 600。54 例华支睾吸虫病患者血清也全部呈阳性反应,抗体滴度超过 1∶40,肺吸虫病患者血清滴度低于 1∶20。周绍础等(1987)用成虫冷冻切片抗原检测 53 份华支睾吸虫病患者血清,在血清 1∶10 和 1∶20 稀释时,阳性数分别为 47(88.7%)和 31(58.5%);60 名非流行区健康者在上述血清稀释度时,分别有 6 例(10%)和 1 例(1.7%)出现假阳性。刘晓明等(1994)采用成虫冷冻切片检测 51 例华支睾吸虫病患者血清,阳性率为 88%,并观察到华支睾吸虫的抗原主要定位于虫体的肠管部位。22 例急性血吸虫病患者、20 例慢性血吸虫病患者和 15 例肺吸虫病患者的交叉反应率分别为 13.6%、10.0%和 0。

Kwon(1984)报道，IFAT 的阳性率与感染度呈平行关系，在轻、中、重度感染组，IFAT 的阳性率分别为 28.1%、68.9%和 77.8%～84.6%。16 例其他寄生虫感染者无一例阳性。

阎岩等(1991)将华支睾吸虫囊蚴经人工脱囊后的后尾蚴作为抗原进行 IFAT，同时用成虫石蜡切片抗原作为对照。用后尾蚴抗原检测，实验感染大鼠血清特异性抗体阳性时间在感染后第 10 天，抗体高峰出现时间为感染后第 20 天；用石蜡切片抗原检测，阳性时间在感染后的第 30 天，抗体高峰时间在感染后的第 90 天，两种抗原检测结果的差异有统计学意义，说明宿主首先产生针对后尾蚴的特异性抗体。用后尾蚴抗原和石蜡切片抗原检测华支睾吸虫病患者血清结果见表 15-3。两种抗原与脑囊虫病患者、肺吸虫病患者和肝胆疾病患者血清均不发生交叉反应，仅与日本血吸虫病患者血清有 3.6%(1/28)交叉反应。采用后尾蚴抗原较成虫抗原省去了囊蚴感染动物、取虫和制作虫体切片抗原的时间和精力，后尾蚴抗原的检测效果也优于成虫切片抗原。但在华支睾吸虫囊蚴来源困难的情况下，此法的使用受到一定限制。

表 15-3　用后尾蚴抗原和成虫切片抗原 IFA 检测结果

检测对象及取材		检测例数	血清稀释度	后尾蚴抗原		成虫切片抗原	
				阳性数	阳性率(%)	阳性数	阳性率(%)
血清	华支睾吸虫病患者	55	1∶10	49	89.1	48	87.3
			1∶20	37	67.3	35	63.6
	正常对照	60	1∶10	2	3.3	3	5.0
			1∶20	1	1.7	1	1.7
滤纸干血	华支睾吸虫病患者	46	1∶10	38	82.6	36	78.3
			1∶20	24	52.2	23	50.0
	正常对照	32	1∶10	2	6.3	2	6.3
			1∶20	1	3.1	1	3.1

限定抗原底物珠系统(defined antigen substrate sphere，DASS)是以溴化氰(CN-Br)活化的琼脂糖-4B(Sepharose-4B)作为蛋白质载体，可用于荧光标记抗体（或抗原)的 FAT 检测及酶标记抗体(或抗原)的 ELISA 检测。

徐凤全(2003)将华支睾吸虫成虫代谢分泌抗原与 Sepharose-4B 偶联，建立 DASS-FAT 法用于检测华支睾吸虫病患者血清抗体。在 48 孔或 96 孔培养板中依次加入待检血清、偶联代谢分泌抗原的 Sepharose-4B，室温下作用、洗涤后加入荧光抗体试剂，再经反应和洗涤，最后加入缓冲甘油使 Sepharose-4B 珠混悬后，滴于载玻片上。在荧光显微镜下呈现黄绿色荧光者为 DASS-FAT 试验阳性，可根据荧光强度判定抗体滴度。

83 例经粪便检查确诊的华支睾吸虫病患者血清抗体均为阳性，抗体平均滴度为 1∶122.8，抗体滴度与 EPG 呈正相关($r=0.422$，$P<0.05$)。健康对照、囊虫病患者和肠道寄生虫病患者的假阳性率分别为 2.04%(28/1372)、2.97%(2/88)和 1.8%(1/55)。用 DASS-FAT 检测经吡喹酮治疗后的患者血清抗体，临床治愈 3 个月，血清抗体阳性率仍为 100.0%(52/52)，抗体的平均滴度为 1∶105.5，治后 6 个月阳性率为 87.5%(35/40)，抗体平均滴度为 1∶80.1，治后 12 个月阳性率 22.2%(8/36)，抗体平均滴度为 1∶45.8。如用荧光光度

计读取 DASS-FAT 的强度值，即可进行定量测定。

荧光抗体试验也是应用较早的免疫学诊断方法，荧光标记抗体也已商品化，该法操作也较简便，不足之处是观察结果需用荧光显微镜，使其推广受到一定的限制。在判断结果时也应注意排除非特异性荧光的干扰。

七、酶联免疫吸附试验

从 20 世纪 80 年代以来，酶联免疫吸附试验（enzyme-linked immunosorbent assay，ELISA）已被广泛应用于多个学科，经过不断的改进和完善，该法已成为十分成熟和经典的免疫学诊断方法，也是最广泛地用于华支睾吸虫病免疫学诊断的方法。

用 ELISA 法检测特异性抗华支睾吸虫抗体可选用不同种类抗原，常用的是成虫可溶性蛋白抗原。该抗原可采用新鲜虫体直接研磨，也可经真空冷冻干燥后再将虫体研碎。最好用丙酮脱脂，再用超声波粉碎，以获取更多更纯的抗原。粉碎后的虫体还可以反复冻融，最后用生理盐水在 4℃冰箱内冷浸 48～72 小时。经上述处理的虫液离心（高速低温最佳），取上清液即为虫体水溶性蛋白抗原。用于 ELISA 前，根据滴定，选择最佳工作浓度。为提高方法的敏感性和特异性，可用不同方法对虫体抗原进行提纯（见本书第六章华支睾吸虫感染免疫）。

ELISA 检测流程是将抗原用碳酸缓冲液稀释至最佳浓度，包被于聚苯乙烯反应板的微孔内，4℃冰箱中过夜；反应板经洗涤、拍干后加入待检血清，经孵育、洗涤、拍干，加入辣根过氧化物酶标记羊（兔）抗人 IgG；再经孵育、洗涤、拍干，最后加入底物（邻苯二胺）溶液和过氧化氢，置室温中作用，待阳性对照孔出现黄色反应，而阴性孔尚未出现颜色时，中止反应。待检血清的凹孔中呈现黄色为目测阳性；可用酶标检测仪读取 492nm 波段的准确吸光值，并根据正常血清的吸光值确定阳性值。

根据众多学者的研究和应用，ELISA 检测抗华支睾吸虫抗体具有 83.1%～100%的敏感性（Citus 1991，Rim 1990），与血吸虫病患者、肺吸虫病患者血清有 10%左右的交叉反应。屈振麒等（1983）用 ELISA 检测 103 份华支睾吸虫病患者血清，阳性率为 97.1%，101 份正常对照血清的假阳性率为 4.5%，70 份日本血吸虫病患者血清和 35 份肺吸虫病患者血清的交叉反应率分别为 10.0%和 5.7%，但二者均不能排除混合感染的可能。在流行病学现场对 157 例被调查者同时进行血清检测和粪便检查，ELISA 与粪检的阳性符合率为 93.5%，与粪检的阴性符合率为 95.5%。王捷等（1985）用 ELISA 检测 175 份华支睾吸虫患者血清，检测结果与粪检符合率达 94.58%，24 份日本血吸虫病患者血清仅有 1 份呈阳性反应，12 份姜片吸虫患者病血清均为阴性。李雄等（1987）以 ELISA 检测了 189 例粪检华支睾吸虫卵阳性者的血清，敏感性为 96.3%，特异性为 95.5%，ELISA 的 *OD* 值以及血清滴度都与感染度成正比。中度和重度感染者 ELISA 阳性率都为 100%。张月清等（1982）用 ELISA 分别检测已保存 4～5 年和新鲜采集的华支睾吸虫病患者血清，阳性率分别为 83.1%和 100%。100 份正常对照血清仅有 1 份为阳性反应。用 ELISA、IHA、补体结合试验、对流免疫电泳和琼脂扩散试验等 5 种方法同时检测 50 份华支睾吸虫病患者血清，阳性数分别为 48、43、13、4 和 3 例，结果显示 ELISA 的敏感性最高。

ELISA 不仅在检测血清时显示了较高的特异性和敏感性，在用滤纸采耳垂血，对干血滴进行检测，仍可达到与血清相似的检测效果。张月清比较检测了 31 例，静脉血和干血滴均为阳性。Sun(1985)用 ELISA 对华支睾吸虫卵阳性者的血清和滤纸干血滴进行了检测，血清的阳性率为 94.3%(132/140)，滤纸干血滴的阳性率为 86.4%(121/140)。70 例正常对照血清有 3 例阳性，滤纸干血滴有 1 例阳性。张翠芬(1993)用滤纸采集耳垂或指尖血，全血量约为 20μl。用 ELISA 检测滤纸剪碎后的浸泡液。第一批检查 1080 例，ELISA 阳性 690 例，粪检虫卵阳性 793 例，阳性符合率为 87.0%；虫卵阴性 287 例，ELISA 阳性 245 例。第二批在现场检查 2309 例，ELISA 阳性率为 48.6%(1 122/2309)，粪检阳性率为 49.6%(1145/2309)，二者均阳性 1022 例，阳性符合率为 89.3%(1022/1145)，二者均阴性 1080 例，阴性符合率为 92.8%(1080/1164)。对部分感染者进行虫卵计数，轻度感染者 2 种方法阳性符合率为 60.6%，重度感染者 2 种方法的阳性符合率达 97.9%。感染度还与滤纸血稀释度有关，轻度、中度和重度感染组的抗体滴度的几何平均值平分别 1∶128.7、1∶233.3 和 1∶761.4。

ELISA 既可以用酶标仪测定光密度来判定结果，也可以用目测直接判定结果，如考虑到用滤纸采耳垂血比较方便，此种采血方法适用于在现场进行大规模流行病学调查。

ELISA 对疗效考核也有很大价值。屈振麒等(1983)对经吡喹酮治疗的 67 例华支睾吸虫病患者治疗前后血清进行了动态检测，治疗前和治疗后不同时间 ELISA 的 *OD* 值有十分明显的变化，见表 15-4。ELISA 的阴转率与感染度也有一定关系，治愈后 1 年，轻、中、重度感染组 ELISA 的阴转率分别为 90.5%、67.7%、25.0%，未治愈者 *OD* 值降低幅度不大。陈雅棠等(1982)对 100 例华支睾吸虫病患者治疗前后的血清进行检测，治前 *OD* 均值为 0.75，平均几何滴度为 1∶385.4，治后 2 个月，二者分别为 0.43 和 1∶86.4，治后 6 个月，二者分别为 0.34 和 1∶49.5，均与治前有显著性差异。

表 15-4 ELISA 检测华支睾吸虫患者治疗前后血清抗体

检测时间	检测例数	*OD*($X \pm S$)	ELISA 阳性率(%)	GMRT*
治疗前	67	0.66±0.24	95.8	607.7
治疗后 1 个月	65	0.58±0.21	95.4	417.8
治疗后 3 个月	62	0.48±0.21	87.1	117.6
治疗后 6 个月	61	0.31±0.18	47.5	10.5
治疗后 1 年	64	0.30±0.18	37.5	6.6

*抗体滴度倒数的几何平均值

为进一步提高 ELISA 检测的敏感性和特异性，张顺科等(2002)用 ELISA 检测华支睾吸虫病患者血清中特异性 IgG4。检测 76 份华支睾吸虫病患者血清，IgG 的阳性率为 94.74%，IgG4 的阳性率为 93.42%；健康对照者 IgG 阴性率为 98.46%，IgG4 均为阴性，两者差异均无统计学意义($P>0.05$)。检测日本血吸虫病患者 63 例、并殖吸虫病患者 35 例、囊尾蚴病患者 41 例，特异性 IgG 分别有 4、2 和 1 例阳性，IgG4 均为阴性，两者差异有统计学意义。检测 IgG4 的阳性率、阴性预告值及诊断效率分别达 100%、92.85%和 96.45%(表 15-5)，检测特异性 IgG4 诊断华支睾吸虫病具有与常规检测 IgG 相同的敏感性、特异性，与其他寄生虫病的交叉反应率较低，因而用 ELISA 检测华支睾吸虫病患者血清中特异性 IgG4 具有更高的诊断价值。

表 15-5　检测特异性 IgG4 诊断华支睾吸虫病的阳性、阴性预告值及诊断效率

检测结果	华支睾吸虫病患者例数	健康对照例数	合计
阳性	71(a)	0(b)	71
阴性	5(c)	65(d)	70
合计	76	65	141

阳性预告值＝$a/(a+b)$＝71/71＝100％；阴性预告值－$d/(c+d)$＝65/70＝92.85％；
诊断效率＝$(a+d)/(a+b+c+d)$＝136/141＝96.45％

但 Kim (2010)提出，虽然 ELISA 较皮内试验检测可靠，但考虑到对高风险人群检测的特异性不高，并认为不能单独用 ELISA 检测结果作为华支睾吸虫病的诊断依据。Kim 用 ELISA 和抗原皮内试验检测二组患者。一组 51 例，其中 43 例华支睾吸虫卵阳性，另 8 例为临床诊断确诊。阴性对照组 131 例，有肝脏酶水平或嗜酸粒细胞升高，但用多种病原学方法检查，华支睾吸虫卵均为阴性，该 131 例中有 33 人有常食生鱼的病史，称为高风险人群，另 98 人无食生鱼病史，为低风险人群。检测 51 例患者，ELISA 和皮试的敏感性分别为 80.4％和 56.9％，差异具有统计学意义。ELISA 检测低风险人群和高风险人群的特异性分别为 93.9％和 33.3％，皮试低风险人群和高风险人群的特异性分别为 85.7％和 30.3％，2 种方法检测低风险人群和高风险人群的特异性比较不具统计学意义。

八、基于 ELISA 的免疫学诊断方法

在经典 ELISA 的基础上，为提高其特异性、敏感性和实用性，许多学者对 ELISA 的部分试剂、反应载体、操作方法、反应温度以及反应时间等进行了改进，使 ELISA 的应用更为广泛。

（一）凝胶扩散-酶联免疫吸附试验

凝胶扩散-酶联免疫吸附试验(diffusion in gel enzyme-linked immunosorbent assay，DIG-ELISA)是在凝胶扩散-薄膜免疫测定的基础上，加入反应更敏感、反应结果更明显的酶结合抗人 IgG 代替加入单纯的抗人 IgG，使抗原抗体结合物先于抗人 IgG 结合，然后再加入酶作用底物，从而产生可见的颜色反应，以提高检测的敏感性。曾明安等(1982)首先将其用于检测抗华支睾吸虫抗体。用 pH 9.6 0.05mol/L 碳酸盐缓冲液稀释抗原(终含量为 20～40μg/ml)，取稀释后的抗原加在预先铺有滤纸的聚苯乙烯平板上，湿盒内过夜或 37℃ 1 小时。弃去滤纸，洗去板上未吸附的抗原。在平板上加入已溶化的琼脂，冷却后打孔，在孔内加入待检血清，湿盒内 37℃扩散 24 小时。弃去琼脂，再次洗涤。加入适量的酶标记羊抗人 IgG，作用 1 小时后洗涤。覆以浸有底物溶液(邻苯二胺或对苯二胺)的滤纸显色。阳性反应为加血清处出现紫色或棕黄色的斑点或圆圈。

用 DIG-ELISA 检测 132 份华支睾吸虫病患者血清，阳性率为 93.94％，102 份献血员血清有 2 份出现假阳性反应，与日本血吸虫病患者血清无交叉反应，与肺吸虫患者血清有 5％(2/40)的交叉反应。与经典 ELISA 的阳性符合率为 95.73％。不同感染度患者血清的阳性反应圆圈也有所差别。进一步检测(曾明安等 1983)127 份新采集的华支睾吸虫病患者血清，阳性率达 100％，70 份在 4℃保存 3 年的华支睾吸虫病患者血清的阳性率为 87.4％；

56 份血吸虫患者血清有 1 份阳性，6 份包虫病患者血清未出现交叉反应。

DIG-ELISA 具有与 ELISA 相似的检测效果，优点为血清不作稀释，反应在固相载体上完成，目测观察结果，抗原液可以回收再次利用。但其操作较繁，仅在个别单位试用，并未推广。

（二）斑点-ELISA

斑点-ELISA(Dot-ELISA)与传统的 ELISA 的区别在于将聚苯乙烯反应板改为用硝酸纤维素膜或混合纤维素酯微孔滤膜作固相载体，将抗原直接点加于薄膜上，底物用 4-氯-1-萘酚或二氨基联苯胺，阳性反应为在薄膜上出现肉眼可见的蓝色或棕黄色斑点。裘丽珠等(1989)首先用 Dot-ELISA 检测在 −40℃保存 5 年的华支睾吸虫病患者血清，以蛋白质含量为 70μg/ml 的虫体水溶性抗原作为检测用抗原。30 份血清全部阳性，最高滴度为 1∶1280。55 份正常对照血清仅有 1 份为阳性。与慢性血吸虫病患者血清、囊虫病患者血清和包虫病患者血清的交叉反应率分别 9.5%(1/21)、0 和 10%(1/10)，而 10 例肺吸虫病患者有 6 例发生明显的交叉反应。方钟燎等(1994)用 Dot-ELISA 检测 51 例华支睾吸虫感染者血清，阳性率为 94.8%(48/51)，同步进行的 ELISA 的阳性率为 90.2%(46/51)；检测 50 份阴性血清，两种方法各有 4 例呈现阳性反应。从各地的试验情况综合来看，Dot-ELISA 的敏感性和特异性不低于甚至高于 ELISA，而且是以薄膜作为载体，抗原吸收更稳定，判定结果不需仪器，反应结果可放置较长时间不褪色，较之 ELISA 更适用于基层或现场应用。

曾明安等(1992)用白色聚氯乙烯(PVC)平底凹孔板作为固相载体，进行 Dot-ELISA(PVC-Dot-ELISA)。该法使抗原直接吸附于凹孔内，不另加任何薄膜载体，使载体与反应容器合为一体，在白色孔底上显示反应结果，不但操作方便，而且避免了在一般 Dot-ELISA 操作过程洗涤时薄膜载体可能发生的串孔或丢失的弊端，使之趋于实用。检测 50 份华支睾吸虫卵阳性者血清、50 份健康人血清和 50 份日本血吸虫病患者血清，PVC-Dot-ELISA 和硝酸纤维素膜 Dot-ELISA 的阳性率分别为 98%和 94%、0 和 0 及 4%和 8%。在此基础上，四川省寄生虫病防治研究所开发了 PVC-Fast-Dot-ELISA 诊断试剂盒，使检测时间又有所缩短，在一定范围内进行了推广。

（三）酶标记葡萄球菌 A 蛋白-酶联免疫吸附试验

葡萄球菌 A 蛋白(staphylococcal protein SPA)具有与人和其他多种哺乳动物 IgG Fc 段结合的特性。将其与辣根过氧物酶交联作为第二抗体以取代酶标记羊抗人或马抗人 IgG 进行酶联免疫吸附试验(SPA-ELISA)，可获得与普通 ELISA 相似的检测效果。蔡士椿等(1982)用 SPA-ELISA 对人工感染华支睾吸虫家兔血清中特异性抗体进行了检测，20 只感染兔全部阳性，47 只正常兔全部阴性。SPA-ELISA 的阳性检出率、平均 *OD* 值也随着家兔虫荷的增加而有所升高，血清初次阳性时间也随之提前。谷宗藩等(1983)用 SPA-ELISA 和普通 ELISA 分别检测 116 例和 131 例华支睾吸虫病患者血清，阳性率分别为 88.8%(103/116)和 85.5%(112/131)，用两法检测 138 例健康对照血清，假阳性率分别为 4.4%和 3.6%。检测采用滤纸采集的华支睾吸虫病患者干血滴，SPA-ELISA 和 ELISA 的阳性率分别为 97.7%和 92.3%，138 份健康人血清的假阳性率分别为 1.5%和 3.6%。

SPA-ELISA 的反应强度与感染度有密切关系。陈兴保等(1988)用该法检测每克粪便虫卵数(EPG)为 80～500、501～1000 和>1000 三种不同感染度的华支睾吸虫病患者血清，其平均 *OD* 值分别为 0.35、0.63 和 0.87。全部患者治疗前的平均 *OD* 值为 0.65，SPA-ELISA 阳性率为 94.9%，治疗后 1 个月、3 个月和 6 个月的平均 *OD* 分别为 0.56、0.36 和 0.32，阳性率分别为 80.4%、59.1%和 37.2%，SPA-ELISA 可作为考核疗效的参考指标。

SPA-ELISA 也可以用硝酸纤维薄膜作为载体进行反应，即为 SPA-Dot-ELISA。石裕明等(1992)用该法检测 142 例华支睾吸虫病患者血清，阳性率为 93.7%，血清最高稀释度为1∶5120，正常对照组的假阳性率为 4.7%(5/107)，囊虫病患者血清的交叉反应率为 8.3%。用 SPA 代替羊抗人 IgG 作 ELISA 诊断华支睾吸虫病不但有较高的敏感性和特异性，而且不用制备抗血清和纯化抗体，避免了可能因抗体不纯引起的非特异性反应。采用滤纸干血滴代替静脉采血，使之更适于现场。

(四) 生物素-亲和素酶联免疫吸附试验

生物素-亲和素系统是一种高效的生物放大系统，用生物素化抗体代替常规 ELISA 中的酶标记抗体，用生物素-亲和素化酶复合物代替常规 ELISA 中的酶，亲和素连接了抗原抗体反应系统和标记系统，使其既具有免疫反应的特异性，同时因具有多层放大效应，比常规 ELISA 的灵敏度提高数倍。

沈继龙等(1987)用生物素-亲和素酶联免疫吸附试验(biotin-avidin-ELISA ABC-ELISA)和 SPA-ELISA 检测了 73 份华支睾吸虫感染者血清。用 ABC-ELISA 检测，血清平均几何滴度为 1∶719.1，用 SPA-ELISA 检测，血清的平均几何滴度为 1∶372.9；用 ABC-ELISA 检测虫卵阳性者血清的平均 *OD* 值为 SPA-ELISA 的 1.5 倍。汪冰等(1993)用 ABC-ELISA 检测 130 例粪检虫卵阳性华支睾吸虫感染者血清，阳性率为 93.08%(121/130)，同时进行经典 ELISA 的阳性率为 89.23%(116/130)，两种方法所测得的血清平均几何滴度分别为 1∶340 和 1∶300。崔惠儿(2001)用 ABC-ELISA 和快速 ELISA 同时检测 62 例华支睾吸虫病患者血清，二法的阳性检出率均为 100%，前者的平均 *OD* 值(0.589)明显高于后者(0.246)。检测 38 份健康对照血清，快速 ELISA 出现 3 例假阳性。

裴福全(2004)用 ABC-ELISA 法检测了 62 份华支睾吸虫感染者血清特异性总 IgG 及其亚类，阳性率分别为：总 IgG 100 %(62/62)、IgG1 54.8 %(34/62)、IgG2 79.0 %(49/62)、IgG3 40.3 %(25/62)、IgG4 98.4 %(61/62)；检测 38 份健康人血清，特异性总 IgG 和 IgG4 的阳性率分别为 7.9 %(3/38)和 0。华支睾吸虫感染者血清中特异性 IgG4 滴度为 1∶1600及 1∶3200 的分别占受检血清的 12.9%(8/62)和 3.9%(52/62)；特异性总 IgG 滴度 1∶100、1∶400、1∶800、1∶1600 和 1∶3200 的分别占受检血清的 11.3%(7/62)、17.7%(11/62)、19.4 %(12/62)、19.4 %(12/62)和 32.2 %(20/62)，IgG4 与总 IgG 的平均滴度差异具统计学性意义。用 ABC-ELISA 检测健康人对照血清，IgG4 的 *OD* 值为 0～0.012，均值为 0.001；总 IgG 的 *OD* 值为 0.006～0.063，均值为 0.031，两者差异也具统计学意义。ABC-ELISA 法检测抗华支睾吸虫特异性 IgG 与 IgG4 均具有较好特异性和敏感性，但检测 IgG4 抗体阴性本底更低、阳性滴度高，更利于结果判断，可以考虑作为华支睾吸虫病常规血清学诊断手段，替代检测特异性总 IgG 。

ABC-ELISA 能更敏感地反映宿主血清抗体水平，在血清稀释度相同的情况下，其阳性反应强度更强。在轻感染时，ABC-ELISA 能测出更微量的抗体。刘宜升等(1990)曾对实验感染华支睾吸虫家兔血清抗体产生规律进行动态观察。用虫体尿素溶解性抗原，在家兔感染后的第7天，ABC-ELISA法即可检测到血清中抗体。ABC-ELISA与ELISA实验条件和操作流程基本一致，仅增加一步操作，因而也具有推广的价值。进行ABC-ELISA，也可以将抗原点加在硝酸纤维薄膜上，将其作为反应载体，其后的一系列反应均在薄膜上进行，即Dot-ABC-ELISA。刘宜升用Dot-ABC-ELISA检测实验感染华支睾吸虫家兔血清抗体，所得结果与ABC-ELISA检测结果相似。

（五）快速ELISA

传统ELISA的整个实验过程约需4～5个小时，耗时相对较长。为使免疫学诊断方法更好地用于流行病学现场调查，根据酶促反应和免疫学反应的强度在一定范围内与被检测物浓度呈对数线性关系，所以适当提高反应物浓度，缩短反应时间，可使实验过程大大缩短，称为快速ELISA(FAST-ELISA)。王秀珍等(1991)将血清与抗原作用时间，酶标记抗抗体和抗原抗体复合物作用时间在37℃条件下均控制在5分钟，检测243份华支睾吸虫病患者血清，FAST-ELISA和ELISA的阳性率分别为96.71%和90.12%；250份健康人血清在FAST-ELISA无1例阳性，而在传统ELISA却有2例阳性。同时检测了60份血吸虫病患者血清、20份肺吸虫病患者血清、20份囊虫病患者血清、20份间日疟患者血清和20份旋毛虫病患者血清，两种方法均有2份血吸虫病患者血清和1份肺吸病患者血清出现交叉反应。两种方法的敏感性和特异性的差异无统计学意义。方钟燎等(1994)在1∶100(含蛋白质31μg/ml)的成虫抗原、待检血清1∶60稀释、羊抗人IgG1∶50稀释的条件，以FAST-ELISA检测51份华支睾吸虫病患者血清，阳性率与传统ELISA完全一致，均为90.2(46/51)；50份正常人血清的假阳性率在FAST-ELISA为18%(9/50)，ELISA为20%(10/50)。两种方法在敏感性和特异性方面的差异也无统计学意义。王秀珍等(1991)在现场对粪检阳性的感染者血清进行检测，FAST-ELISA阳性115例，与粪检符合率为94.75%。粪检阴性的94例中有36例FAST-ELISA阳性，对其中30例再次粪检，又有11例检获虫卵。

史小楚(1997)采用快速ELLSA、快速斑点ELISA和IHA 3种方法平行检测经粪便检查虫卵阳性的华支睾吸虫病患者血清152份，3种方法的敏感性分别为98.7%、91.1%和63.2%。检测非流行区健康人血清106份，3种方法的特异性分别为97.2%、94.3 %和92.5%。用三种方法检测不同感染度的患者血清，当感染者EPG<500时，快速ELISA、快速斑点ELISA和IHA阳性率分别为98.9%、86.7%和56.7%；感染者EPG>500时，快速ELLSA、快速斑点ELISA检出率相同，IHA仍低于前二者。

FAST-ELISA具有与传统ELISA相似的敏感性和特异性，由于反应时间明显缩短，约30分钟可出结果，因而能提高工作效率。广东省于1994年开发并商品化快速ELISA检测试剂盒，至2004年，10年共计生产104批，101.6万人份，在广东省华支睾吸虫病防治现场得到大规模应用。为检验试剂盒质量，广东省寄生虫防治研究所在广东省内7个县(市)检测453例经粪检华支睾吸虫卵阳性者血清，试剂盒的检出率达到92.1%，对感染者和健康者血清重复检测，总符合率达到96.2%。抽样检测104批，5080人份，10年来总阳性变异系数仅为7.60%，总阳性吸光度均值为0.444，总阴性变异系数10.72%，总阴性吸光度值为0.066。华支睾吸虫病快速诊断试剂盒作用快速，敏感性、特异性、稳定性均达较高水平，与临床表现符合率高，可以认为是方便实用的华支睾吸虫病的辅助检测手段(崔惠儿

2004）。

（六）酶标记单克隆抗体 ELISA

王秀珍等（1986，1991）用抗人 IgG 重链瘤细胞诱生的腹水经 50%的饱和硫酸铵盐析提取抗 IgG 单克隆抗体（McAb），用辣根过氧化物酶（HRP）标记制备成 HRP-抗人 IgG McAb。用聚氯乙烯（RVC）凹孔薄膜作载体，进行 ELISA（McAb-ELISA）检测抗华支睾吸虫抗体。共检测 58 份患者血清，阳性率为 96.6%（56/58）；检测 35 例华支睾吸虫病患者滤纸干血滴，阳性率为 97.1%（34/35）。95 份健康人血清有 2 份出现假阳性反应。HRP-McAb 也可以代替 HRP 标记羊抗人 IgG 用于 FAST-ELISA。采用抗人 McAb 较使用羊抗人 IgG 在标记时节省辣根过氧化物酶；McAb 标记效价高，亲和力一致，有助于提高实验的敏感性和特异性，并有利于检测试剂的标准化。

九、免疫酶染色试验

免疫酶染色试验（immunoenzymetic staining test，IEST）作用的基本原理同 ELISA，其主要区别点在于用虫体切片作为抗原与血清中抗华支睾吸虫抗体结合。主要操作方法是将成虫的冰冻切片或石蜡切片先用 4% H_2O_2 去除内源酶，用吐温-PBS 冲洗后加待检血清孵育，再次冲洗后加 HRP-羊抗人 IgG，最后加底物 3′，3′二氨基联苯胺显色 20～30 分钟，流水冲洗晾干后显微镜下观察结果。阳性反应为在虫体肠管部位出现棕红色的显色反应，因此 IEST 也可用于华支睾吸虫抗原定位的研究。

刘晓明等（1994）用 IEST 检测 51 份华支睾吸虫病患者血清，阳性率为 92.2%（47/51），50 例健康人血清有 1 例假阳性。22 份急性血吸虫病患者血清、20 份慢性血吸虫病患者血清和 15 份肺吸虫病患者血清的交叉反应率分别为 13.6%、5.0%和 0，与 Dot-ELISA 结果完全一致。黄绪强（1999）用 IEST 和 FAST-ELISA 检测 52 例华支睾吸虫病患者血清，阳性率分别为 96.2%和 94.2%，检测 50 份健康对照血清，假阳性率分别为 4.0%和 6.0%，与 50 份血吸虫病患者血清的交叉反应率分别为 6.0%和 8.0%，与 20 份并殖吸虫病患者血清的交叉反应率均为 5.0%。两种方法在检测效果上无明显差异，但 IEST 的操作相对较繁，而且要用显微镜观察结果。

十、酶联免疫印渍试验

酶联免疫印渍试验（Western blot）先通过 SDS-PAGE 将抗原蛋白分离成单一条带，再经转移电泳将蛋白区带转移印渍到硝酸纤维膜上，再以此纤维膜为抗原载体，进行固相酶免疫反应。

Hong（1999）将华支睾吸虫成虫粗抗原经聚丙烯酰胺凝胶电泳，然后转移至 PVDF 膜，将薄膜裁成细条，与待检血清共同孵育过夜作用，再分别加入酶标记羊抗人 IgG 和酶标记鼠抗人 IgG1、IgG2、IgG3 和 IgG4，最后用 4-氯-1-萘醋酚显色。共检测 168 份经粪检华支睾吸虫卵阳性患者血清，患者血清特异性 IgG 和 IgG4 对分子量为 43～50、34～37、26～28 和 8kDa 华支睾吸虫抗原条带有强的反应，而 75 份阴性对照血清未出现反应。大分子量条带与血清 IgG1、IgG2 有反应，但不具有特异性，IgG3 对所有条带均未反应。针对血清特异

IgG，34～37kDa条带显示出最强的抗原性，轻度、中度和重度感染的阳性率分别为52.6%(72/137)、78.9%(15/19)和100%(12/12)。针对血清特异IgG4，8kDa条带显示出最强的抗原性，轻度、中度和重度感染的阳性率分别为5.8%(8/137)、57.9%(11/19)和91.7%(11/12)。35kDa和67kDa抗原条带与卫氏并殖吸虫病患者和囊虫病患者血清IgG出现比较高的交叉应率，与IgG4未出现交叉反应，8kDa抗原条带未出现交叉反应。治疗后6个月，针对26～28和8kDa的反应消失。Hong提出阳性反应与患者的感染度有密切关系，病例的选择直接影响华支睾吸虫病的免疫学检测结果。该试验可对虫体抗原进行分析，有可能筛选到最具诊断意义的虫体组分。

十一、胶体金标记免疫检测

胶体金能与许多生物大分子结合，形成胶体金探针，与相应抗原(或抗体)形成抗原抗体复合物，产生可见的免疫反应。利用此特性，已建立了数种不同的检测方法。

(一) 斑点金免疫渗滤法

斑点金免疫渗滤法(dot immunogold filtration assay，DIGFA)为用胶体金标记物的快速斑点免疫结合试验。刘登宇(2001)建立用于检测抗华支睾吸虫抗体的DIGFA，通过枸橼酸钠还原法用胶体金标记SPA，制备金标SPA探针。测定在塑料小扁盒(4cm×3cm×0.5cm)内进行，塑料盒分底和盖两部分，盖中部有直径0.6cm的圆孔，盒内垫满吸水垫料，盖孔下紧贴垫料，垫料上放置硝酸纤维膜(NC)1片，紧闭盒盖。

测定过程如下：在膜中部点加抗原1μl，NC膜的边缘部点加人IgG0.5μl作为质控点，NC膜上加封闭液100μl，待渗入后加待检血清50μl，待再渗入后加金标SPA探针100μl，再渗入后用PBS缓冲液洗去尚未结合的金标SPA。5分钟内在NC膜中部出现红色斑点者为阳性，反之为阴性。边缘的质控点均应出现红色斑点，表示检验有效。

刘登宇用DIGFA和Dot-ELISA同步检测华支睾吸虫病患者血清119份，囊虫病患者血清20份、日本血吸虫病患者血清25份和健康人血清40份，DIGFA的阳性率分别为96.6%、5.0%、4.0%和0；Dot-ELISA的阳性率分别为92.4%、5.0%、8.0%和0。用DIGFA与Dot-ELISA同步检测55例临床血清标本，结合粪检结果，两法均为阳性的10例，均为阴性的40例，符合率为90.9%(50/55)。DIGFA采用非酶的胶体金标记物显色，减少了不稳定因素的影响，整个操作过程仅需5分钟，其操作简便、快速，高度敏感和特异的特点有利于现场使用。

(二) 胶体金免疫层析

胡旭初等(2003)采用华支睾吸虫天然抗原和重组抗原，研制华支睾吸虫病胶体金免疫层析(colloid-gold immunochromatography test，CGICT)检测试剂盒。

重组抗原为华支睾吸虫磷酸甘油酸激酶(PGK)原核表达产物，将工程菌超声裂解，13 200r/min离心10分钟，上清经非变性PAGE，目的蛋白经割胶电泳回收，用包被缓冲液将蛋白浓度调整为0.5mg/ml。用BioDot点膜系统将人IgG和华支睾吸虫抗原在层析膜上喷布成质控线和检测线，将标记好的胶体金溶液均匀喷洒或浸泡玻璃纤维条。然后把层析膜、玻璃纤维条和两个吸水片压贴在塑料支持垫片上，最终做成宽度为 0.5 cm 的检测条，装入特制的塑料盒中，组装成 CGICT 检测试剂盒。

检测时加 25μl 稀释后的待测血清于 CGICT 检测盒的加样孔中，再加 4 滴 PBS-Tween20 缓冲液，约 3～5 分钟后，质控线呈明显的红色，检测线也显红色，为华支睾吸虫特异的 IgG 抗体阳性；检测线不显色为阴性。对照线不显色，试剂盒失效。

用华支睾吸虫成虫水溶性抗原、分泌排泄抗原和重组抗原制备的 CGICT 检测盒各检测 20 份华支睾吸虫患者血清，均呈阳性。囊虫病患者血清 12 份、细粒棘球蚴病患者血清 50 份和弓形虫病患者血清 20 份均为阴性。15 份日本血吸虫病患者血清在水溶性抗原、分泌排泄抗原检测盒分别有 3 例和 2 例出现交叉反应。

在现场用 CGICT 检测血液和唾液中 IgG，被检测的 65 人中血清和唾液均阳性 22 人，均阴性 38 人，血清阳性唾液阴性 3 人，血清阴性唾液阳性 2 人。血清阳性率为 38.46%(25/65)，唾液阳性率为 36.92%(24/65)，两者的符合率为 92.31%。二者不一致的阳性结果均呈弱阳性或检测线显色浅。

用 CGICT 和 ELISA 同步检测 65 人血清，两者均阳性 23 人，均阴性 30 人，CGICT 阳性 ELISA 阴性 2 人，CGICT 阴性 ELISA 阳性 10 人。ELISA 检测的阳性率为 50.77%(33/65)，高于 CGICT 的 38.46%(25/65)，两者的符合率为 81.54%(53/65)。在受检的 65 人中，仅检查了 9 人的粪便，4 人华支睾吸虫卵阳性，其血清和唾液 CGICT 检测结果也为强阳性，血清 ELISA 检测也呈阳性。未检出虫卵的 5 人中有 1 人血清 CGICT 和 ELISA 检测均呈阳性，此人曾被诊断感染华支睾吸虫感染并接受过吡喹酮治疗，故抗体检测还不能区分现症感染还是既往感染。另 1 人仅 ELISA 检测呈弱阳性。

用华支睾吸虫病 CGICT 诊断试剂盒可以进行血清和无创性唾液检测，简便、快速、安全，有较好的敏感性和特异性，比血清 ELISA 检测和粪便虫卵检查更适用于华支睾吸虫病的大规模流行病学调查。

周岩等(2011)应用胶体金免疫层析技术，制备 GICA 动力流体型试条。以塑料板为底板，将硝酸纤维素膜(NCM)贴于底板的中间，吸水膜和试剂垫分别贴于 NCM 的两端，并在交界处有重叠。与试剂垫的连接处贴胶纸作为控流，在 NCM 的近吸水膜处横向地以线形包被葡萄球菌蛋白 A (SPA)，作为质控线(C 线)线；在 NCM 的近试剂垫处，横向地以线形包被华支睾吸虫 PPMP Ⅰ 型抗原重组 Cs2 蛋白(rCs2)，作为检测线(T 线)，制备成 GICA 试条。用枸橼酸三钠还原氯金酸，制备颗粒直径为 15nm 的胶体金溶液标记 SPA。检测时，将 GICA 试条平放于干净表面，将 80μl SPA-胶体金试剂加入试剂垫，待其进入 NCM 后，加 4μl 待测血清于控流胶纸端的 NCM，5～10 分钟内观察，有 C 和 T 线者判为阳性，仅有 C 线者判为阴性，无 C 线者判为无效(图 15-1)。

用 GICA 试条法检测华支睾吸虫患者血清 35 份，阳性 30 份，阴性 2 份，3 份无法判定；33 份健康对照血清阴性 28 份，阳性 3 份，无法判定 2 份。15 份日本血吸虫病患者血清、13 份囊虫患者血清和 14 份卫氏并殖吸虫病患者血清，仅后者出现 1 份阳性，其余均为阴性，敏感性为 85.7%(30/35)，特异性为 92.1% (70/76)，总符合率为 90.1% (100/111)。用华支睾吸虫 PPMP Ⅰ 型抗原重组 Cs2 蛋白作为检测抗原的 ELISA，检测 35 份患者血清，阳性 25 份，在 EPG<1 000 时，检出率为 50.0%(7/14)，与日本血吸虫病、卫氏并殖吸虫病和猪囊尾蚴病患者血清的交叉反应阳性率分别为 1/15，1/15 和 1/13，ELISA 的敏感性为 71.4%

(25/35)，特异性为 93.4%(71/76)，总符合率为 86.5% (96/111)。GICA 试条法与 ELISA 法的特异性、敏感性和总符合率的差异均无统计学意义。

（三）免疫金银染色法

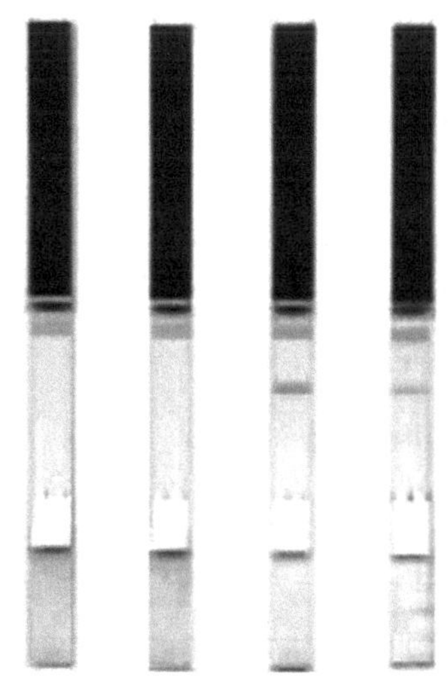

图 15-1　GICA 试条及反应结果判定（引自周岩 2010）
左侧 2 条为阴性，右侧 2 条为阳性

胶体金探针与相应抗原结合形成抗原抗体复合物，经与银结合显影，在金颗粒周围吸附大量银颗粒，在光学显微镜下可见到褐色的金银颗粒。吴中兴等(1988)首先用免疫金银染色法(immumogold silver staining，IGSS)，以华支睾吸虫成虫石蜡切片作为抗原检测患者血清中抗华支睾吸虫抗体。将成虫按常规方法包埋、切片、脱蜡、脱苯，切片用含兔血清和牛血清白蛋白的封闭液封闭后，加入待检血清，37℃作用 2 小时，经洗涤后再次封闭，然后加入金标记羊抗人 IgG，37℃孵育 1 小时，再洗涤 3 次，最后加入含硝酸银的显影液显影。阳性反应为虫体肠管周围有黑褐色的环，甚至整个虫体呈黑褐色。第一次检测 50 份患者血清，阳性率为 92%，2 例可疑阳性，2 例阴性。在实验环境和实验条件进一步改进后，又检测 40 份患者血清，结果全部为阳性，40 份正常人血清全部为阴性。对其中 19 人同时用血清和滤纸干血滴检测，反应结果完全一致。

（四）斑点免疫金银染色法

在 IGSS 的基础上，吴中兴等(1990)将虫体切片抗原改为虫体水溶性抗原，用混合纤维素酯微孔滤膜作为载体，建立了斑点免疫金银染色法(Dot-IGSS)。在滤膜上划格，将华支睾吸虫成虫可溶性抗原点加在滤膜上每个方格中央，37℃烘干后将滤膜方格切开成小块，封闭，再将滤漠小块放入反应板微孔内(孔内已放有稀释的待检血清)，反应板置湿盒内 37℃作用 2 小时。振荡洗涤，再封闭，加金标记羊抗人 IgG，37℃湿盒内作用 1 小时，反复振荡洗涤 5 次，加入硝酸银显影液，暗环境室温下显影 5～10 分钟，当阳性对照血清孔内的滤膜小块中央出现棕黄色或棕灰色的斑点时，中止反应。待检血清孔内滤膜出现上述斑点为阳性。用 Dot-IGSS 检测 35 份华支睾吸虫患者血清，阳性率 100%，有 5 例患者血清稀释度达 1∶10 240。35 例正常人血清全部为阴性。10 例血吸虫病患者血清也均为阴性，而 10 例肺吸虫患者血清有 4 份出现交叉反应。同时用 Dot-IGSS、IGSS 和 Dot-ELISA 检测 40 份华支睾吸虫病患者血清，阳性率分别为 95%、100%和 90%；40 份正常对照血清的假阳性率分别为 2.5%、0 和 2.5%。

刘宜升等(1993)用 Dot-IGSS 在江苏省邳州市农村进行流行病学现场调查，用毛细塑料管采集耳垂血，分离血清待检。共检测血清 836 份，Dot-IGSS 阳性者 142 份。对其中的 138 例用改良加藤氏法粪检，一送三检共查出 105 例虫卵阳性者。105 例中第一次查出 86 例，对未查出虫卵者进行第二次检查，查出 14 例，未检出虫卵者再进行第三次粪检，又查出 5 例。如果再增加粪检次数，阳性人数可能还会增加。粪便虫卵检出率与 Dot-IGSS 的反应强度有相关关系，见表 15-6。当 Dot-IGSS 反应强度达到＋＋或＋＋＋时，其与粪检的阳性符合率大于 90%。鉴于 Dot-IGSS 有很高的特异性和敏感性，操作过程与 Dot-ELISA 基本一致，且不使用对操作者有害的酶作用底物，因此可以认为该法在流行病学调查时可以代替粪检，以减少工作量，节省人力物力。对＋＋＋、＋＋＋＋者建议不作粪检，直接给予治疗，＋＋者也以考虑治疗，对＋者可酌情增加粪检次数。但在大规模现场防治时，考虑人、物力以及驱虫药较为安全，对＋者也可以不粪检而直接治疗。

表 15-6 Dot-IGSS 检测抗体反应强度与粪便检查的关系

抗体反应强度	例数	虫卵阳性例数	每克粪便虫卵数				符合率(%)
			<100	100～500	501～2000	>2000	
＋	49	28	27	0	1	0	57.14
＋＋	37	28	23	5	0	0	75.68
＋＋＋	38	36	25	9	2	0	94.74
＋＋＋＋	14	13	4	5	2	2	92.86
合计	138	105	79	19	5	2	76.09

与 Dot-ELISA 相似，Dot-IGSS 整个实验过程也需要约 5 小时。为缩短实验周期，增加其实用性，杜文平等(1991)将反应温度提高，反应时间缩短，将抗原与血清在 37℃条件下作用 2 小时改为在 50℃条件下作用 30 分钟，加金标记抗体后 37℃作用 1 小时改为 50℃作用 30 分钟，显影仍在 20℃环境下进行。整个实验 2.5 小时内完成，此为快速 Dot-IGSS(Fast-Dot-IGSS)。用 Fast-Dot-IGSS、Dot-IGSS 和 IGSS 同时检测 100 份华支睾吸虫病患者血清，阳性率分别为 94%、98%和 98%；50 份正常对照血清的假阳性率分别为 0、2%和 2%，三种方法检测结果无显著性差异。温艳等(1995)在上述 Fast-Dot-IGSS 基础上对实验条件再加以改进，所有反应均在室温下进行，并控制整个实验在 2 小时内完成。检测 103 份患者血清，全部呈强阳性反应；30 例正常人对照血清和 116 份其他寄生虫病患者血清全部阴性，无假阳性或交叉反应。

Dot-IGSS 反应结果用肉眼直接观察判断，并可根据斑点颜色对反应强度作出大致的估计。其反应斑点可长期保存，方法安全可靠，也是极具推广应用价值的免疫学检测方法之一。

(五) 免疫金电转移印斑试验

将华支睾吸虫成虫抗原经十二烷基磺酸钠聚丙烯酰胺凝胶电泳(SDS-PAGE)后，再转移至硝酸纤维素膜上。将硝酸纤维素膜按垂直于蛋白带方向切成 3mm 宽的长条，作为检测用抗原及载体。将纤维素条与血清进行反应后，加入金标记羊抗人 IgG。如血清中存在抗华支睾吸虫抗体，则纤维素条上出现淡红色条带。华支睾吸虫患者血清在分子量 50～87kDa 的范围内显示 5～11 条明显反应条带，特别在 51.8kDa 和 64.3kDa 处，阳性血清均出现清晰的区带，因此该分子量的抗原区带可作为检测华支睾吸虫患者血清的特异性区带。用该法检测 30 份华支睾吸虫病患者血清，阳性率为 100%。19 份正常对照血清、5 份脑囊虫病患者血清和 5 份班氏丝虫病患者血清都未出现交叉反应。转移到硝酸纤维素膜上的抗原在 4℃条件下半年以上仍保持活性不变(刘玉冰等 1993)。

十二、化学发光试验

化学发光试验(chemoluminescence test)是20世纪70年代建立的免疫学检测技术。在微量塑料板孔内包被抗原,加待检血清与之反应,再加入ABEI-ITC (Aminobutyle-thylisoluminol Isothocyanate)羊抗人IgG结合物,孵育后,最后加入氯化血红素储备物和H_2O_2,用发光计读mV高峰。王敏等(1992)用化学发光免疫试验检测华支睾吸虫病患者血清55份,阳性率为94.54%;12份正常人血清和65例肠道寄生虫感染者血清全部为阴性。该法的优点所用试剂对操作者无害,ABEI-ITC结合物稳定,-20℃可保存1年,不影响检测效果。但该法必须有专门的发光计,使其应用受到很大限制。

十三、放射免疫沉淀-聚乙二醇测定法

放射免疫沉淀-聚乙二醇测定法(radioimmuno precipitation polyethylene glycol assay, RIPEGA)的基本原理是以足量^{125}I标记的华支睾吸虫抗原与待检测血清的特异性抗体相互作用后,形成^{125}I标记抗原-抗体复合物和过剩的^{125}I标记抗原,用分子量6000的PEG液(多为7%的PEG硼酸盐缓冲液)分离过剩的^{125}I标记抗原。再用闪烁计数器测定总放射性和被PEG沉淀已结合于抗体的^{125}I标记抗原的放射性,放射性强度高,则表明特异性抗体多,以沉淀率表示。沉淀率(%)=沉淀物放射性/总放射性×100,沉淀率大于同时检测的正常对照血清沉淀率的$\overline{X}+1.96s$为阳性反应。刘庆等(1985)将成虫水溶性粗抗原经DEAE-纤维素层析后,取第二蛋白峰作为实验用纯化抗原,将该抗原用氯胺-T法制备成^{125}I标记抗原,再用Sephadex G-50柱层析脱碘纯化,收集第一峰作为^{125}I标记抗原,用于RIPEGA。检测27只实验感染华支睾吸虫家兔血清,阳性率为96.3%,阳性兔中感染虫体最少的仅1条,感染兔的虫荷数与RIPEGA沉淀率之间呈线性相关关系。正常兔血清的沉淀率均为阴性。检测128份患者血清,阳性率为92.9%,正常人的假阳性率为2.0%(2/99)。血吸虫患者血清和姜片虫患者血清的交叉反应率分别为10.2%(5/49)和6.1%(3/39)。RIPEGA从敏感性和特异性来看已接近于ELISA的效果,但需要用同位素标记和检测,大部分基层实验室都不具备相应的实验条件和保护设施,仅能在极少数单位应用。

十四、检测唾液中抗华支睾吸虫IgG

陈代雄(2005)通过实验感染动物研究从宿主唾液中检测抗华支睾吸虫抗体。感染前用棉签蘸2%毛果芸香碱液涂擦实验感染了华支睾吸虫SD大鼠口腔黏膜,以刺激唾液分泌。10分钟后用干棉签于大鼠口腔收集唾液约100μl。唾液经4℃,12 000r/min离心10分钟,取上清,-20℃保存备用。用剪尾法从尾部取血0.5ml,经离心后分离血清,-20℃保存。感染后37天以同样方法采集大鼠唾液和血清。

检测方法为ELISA,分别包被虫代谢抗原或成虫粗抗原,待测样本分别为大鼠唾液原液和1∶100稀释的大鼠血清,底物为TMB。在感染后第37天,检查感染大鼠粪便62份,虫卵阳性9份,粪检虫卵检出率为14.5%。实验结束解剖,62只大鼠胆管内均找到华支睾吸虫成虫。

用成虫代谢抗原包板检测感染后37天大鼠唾液和血清,抗体阳性率分别为69.4%和

100.0%;用成虫粗抗原包板检测,感染后大鼠唾液和血清抗体阳性率分别为45.2%和88.7%。用2种抗原包板检测大鼠感染前的唾液均为阴性,而血清分别有3份和4份阳性。尽管唾液检查的敏感性仍有待提高,但其已显著高于粪检的阳性率,并未出现假阳性,体现了较好的特异性。

胡旭初(2003)在广东流行病学现场用CGICT检测华支睾吸虫病患者血液和唾液中IgG,被检测的65人中血清和唾液均阳性22人,均阴性38人;血清阳性,唾液阴性3人;血清阴性,唾液阳性2人。血清阳性率为38.5%(25/65),唾液阳性率为36.9%(24/65),两者的符合率为92.3%。65人中有9人检查了粪便,4人华支睾吸虫卵阳性,其血清和唾液CGICT检测结果均为强阳性,血清ELISA检测也呈阳性。用CGICT检测血清和唾液表明,二者的一致性>90%,仅在抗体水平低的情况下会出现不一致。

每100ml唾液中IgG的含量约为114 mg,大约是血清IgG浓度的1/800。虽然唾液中IgG含量远低于血清,但如果使用敏感性高的检测方法,其中的特异性抗体仍可测出,基本可以代替血清学检测。唾液标本具收集方便、成本低、无损伤性,易为受检者接受。这种无创性快速诊断方法值得深入研究,以作为大规模流行病学调查的备选方法。

十五、检测宿主血清中华支睾吸虫循环抗原

宿主感染华支睾吸虫后,在虫体各种抗原的作用下产生抗华支睾吸虫的特异性抗体。一旦抗体产生,即使经过有效的治疗,抗体也要在血清中存在相当长时间,因此检测治疗后患者血清多数为阳性。如仅检测抗体,对未经治疗者,可以表明曾经感染过华支睾吸虫,或是正在感染,对诊断有较大的参考价值。对经过治疗者,一次抗体检测阳性则很难作出恰当的判断。所以检测抗体仅可作为临床诊断的参考因素和血清流行病学的调查方法。

华支睾吸虫寄生在宿主体内,产生抗原诱发宿主的免疫反应。只要有活虫体的存在,抗原物质就不断地产生。尽管抗原可与特异性抗体结合,形成抗原抗体复合物,但血液中仍存在着微量的循环抗原(circulating antigen,CAg),用敏感的方法检测CAg,对于明确诊断和考核疗效都可接近病原学诊断水平。

陈雅棠等(1984)首先用双抗体夹心(间接法)ELISA检测华支睾吸虫病患者血清中华支睾吸虫CAg。将华支睾吸虫成虫水溶性抗原与福氏完全佐剂混匀后分别免疫豚鼠和家兔,经2~3次加强,当血清抗体效价达要求时,收集血清分别提取IgG,即豚鼠抗华支睾吸虫IgG和兔抗华支睾吸虫IgG,用辣根过氧化物酶标记羊抗兔IgG。在微孔反应板上包被豚鼠抗华支睾吸虫抗体,加待检血清作用后加兔抗华支睾吸虫抗体,再加入酶标记羊抗兔IgG,最后加底物显色。将一定量的抗原加入正常人血清中,测定不同抗原含量血清的*OD*值,绘制标准曲线,根据待检血清的*OD*值从曲线中查出相应的抗原含量。双抗体夹心ELISA能够检测出的最低抗原含量为0.03μg/ml。检测华支睾吸虫病患者血清,阳性率为94.87%(111/117),正常人的假阳性是4.21%(4/95)。与血吸虫病患者、肺吸虫病患者和流行性出血热患者血清的交叉反应率分别为0(0/48)、8%(2/25)和0(0/15)。检测血清中循环抗原不仅具的高的敏感性和特异性,而且能较为客观地反映出感染度。轻、中、重度感染组血清中华支睾吸虫CAg的平均含量分别为0.4771±0.1941、0.6204±0.1700和0.7608±0.2437μg/ml,三组血清中CAg量有显著性差别。患者血清中CAg含量与粪便虫

卵计数呈正相关关系，相关系数为 $r=0.5280$，$P<0.0005$，直线回归方程 $\hat{Y}=7\,475.02\overline{X}-1\,711.48$。

式中 $\hat{Y}$ 为粪便中虫卵数(个/克粪)，$\overline{X}$ 为血清中 CAg 含量(μg/ml)。回归系数显著性检验 $t=6.6679$，$P<0.0005$。检测循环抗原还可以作为疗效考核的手段，对 115 例治疗后华支睾吸虫病患者血清进行检测，CAg 阳性 28 例，其中 23 例粪检阳性，阳性符合率为 82.14%；CAg 阴性 87 例，无一例粪检阳性，两者符合率为 100%。两法总符合率为 95.65%[(23+87)/115]，总不符合率为 4.35%(5/115)。检测血清中华支睾吸虫 CAg 与粪检虫卵结果在考核疗效方面无显著性差异。

在宿主血清中，循环抗原出现早于抗体出现，所以在感染后的较早期即可在宿主血中查到循环抗原。骆建民等(1992)用竞争抑制型 ELISA(I-ELISA)检测人工感染 300 个华支睾吸虫囊蚴的家兔血清。来自代谢抗原的 CAg 在感染后的第 3 天可以被查出，阳性率为 44%(6/14)，以后 CAg 的检出量和家兔的阳性率逐渐增加。至第 10 天阳性率为 93%(13/14)，至第 17 天，全部家兔均为阳性，第 38 天，血清中 CAg 含量达高峰。来自全虫抗原的 CAg 也在感染后的第 3 天可以检测出，阳性率为 14%(2/14)，第 10 天检出阳性率为 64%(9/14)，第 17 天为 86%，第 31 天全部家兔均呈现出阳性反应，第 45 天血清中 CAg 含量达高峰。同时用双夹心 ELISA 检测上述指标，第 3 天未能检出来自全虫的 CAg，第 10 天兔血清中来自全虫抗原的 CAg 检出阳性率仅为 7.1%(1/14)，第 17 天为 28.6%(4/14)，第 45 天为 100%，同时血清中该抗原的含量达高峰。

血清中华支睾吸虫循环抗原的检出情况不仅与 CAg 的来源有关，同时也受到检测方法敏感性的影响。陈小平等(1992)用改良的夹心 ABC-ELISA 检测华支睾吸虫病患者血清中 CAg，主要改进在于将 ABC 混合液、兔抗华支睾吸虫 IgG 和生物素化羊抗兔 IgG 同时加入，共同孵育，因 ABC-ELISA 较 ELISA 敏感性高 4～16 倍，故使检测方法更为敏感，可以检测出的 CAg 的最低含量为 0.0127μg/ml，可测变化量为 0.0024μg/ml。共检测 67 例华支睾吸虫病患者，总阳性为 94.03%，其中轻度、中度和重度感染者的阳性率均为 100%。极轻度感染(EPG<100)43 例，阳性率也达 90.7%，与中、重度感染者的阳性率也无显著性差异。感染血吸虫兔血清、阿米巴肝脓肿患者血清和病毒性肝炎患者血清各 10 份，均未出现交叉反应。16 例健康人血清仅有一份血清阳性。

张月清等(1995)将待检血清直接点加于硝酸纤维素膜上，以此为载体再分别依次加入兔抗华支睾吸虫 IgG、酶标记羊抗兔 IgG 和酶作用底物，建立 Dot-ELISA 检测华支睾吸虫病患者血清中 CAg。在此实验中，患者血清不需稀释，仅要制备一种抗华支睾吸虫抗体，实验过程较双抗体夹心法简便。该法可检出抗原的最低含量为 0.156ng/ml。检测 140 例华支睾吸虫病患者血清，阳性 136 例，其中半数以上患者 EPG<300，无任何临床症状。EPG 仅为 24 的感染者，其血清循环抗原也可以被测出。正常人的假阳性率为 1%(1/100)，与血吸虫病患者血清、肺吸虫病患者血清的交叉反应率均为 5%(1/20)，与囊虫病、钩虫病、丝虫病、蓝氏贾第鞭毛虫病和阿米巴病患者血清均未出现交叉反应。治疗后 1～2 个月，再用 Dot-ELISA 检测，CAg 的阳性率为 43.9%(29/66)，但未转阴者反应强度也明显降低。在流行区现场用 Dot-ELISA 进行血清流行病学调查，皮试和粪检均阳性 103 例，Dot-ELISA 检测 CAg 也均阳性；皮试阳性、粪检阴性的 60 例中，有 6 例 CAg 阳性；皮试和粪检均阴性的 120 例中，有 7 例 CAg 阳性。后两

种情况有可能是因为感染度太低，粪检虫卵漏诊所致。检测循环抗原的免疫学方法敏感性更高，能够检测出十分微量的抗原，在现场调查中，Dot-ELISA 与粪检的总符合率高达 95.5%，因此在临床诊断、考核疗效和现场调查均可考虑用 Dot-ELISA 检测血清循环抗原。

用华支睾吸虫抗原免疫小鼠，取其脾细胞与小鼠骨髓瘤细胞融合获得抗华支睾吸虫单克隆抗体，标记后用于 Dot-ELISA 检测患者血清中华支睾吸虫抗原（黄敏君等 1994）。所有步骤均与上述多克隆抗体 Dot-ELISA 相同，检测 61 份华支睾吸虫病患者血清，阳性率为 83.6%(51/61)，70 例正常人无假阳性反应，30 例肺吸虫病患者血清、20 份日本血吸虫病患者血清和 20 份囊虫病患者血清也均未发生交叉反应。单克隆抗体 Dot-ELISA 较多克隆抗体 Dot-ELISA 的敏感性并未明显提高，仅在特异性上略有改进，可能是多克隆抗具有不同的亚型，与抗原结合的位点较多，可与不同抗原在不同的位点结合，故有较高的敏感性。

十六、检测宿主粪便中华支睾吸虫抗原

华支睾吸虫寄生在终宿主的肝胆管内，虫体产生的抗原要通过胆汁排入肠道，然后随粪便排出宿主体外，因此从理论上讲，粪便中的华支睾吸虫抗原要多于血清中循环抗原。刘宜升等(1991)用 ABC-ELISA 检测了实验感染家兔粪便中华支睾吸虫抗原。先将家兔粪便用生理盐水浸泡搅匀，离心后取上清液检测。根据 29 只正常兔粪便的检测结果制定正常值，被检测标本华支睾吸虫抗原量大于或等于 1.24μg/g 粪便即为阳性。检测轻感染组兔粪便 28 份，阳性 7 份，重感染组兔粪便 28 份，阳性 23 份，阳性率 82.1%。将兔粪便中华支睾吸虫抗原的量与感染兔虫荷进行相关回归分析，$r=0.8577$，$P<0.005$；直线回归方程$\hat{Y}=4.6481X-1.0317$，式中 $\hat{Y}$ 为虫荷（条/每兔），X 为粪便中华支睾吸虫抗原含量。回归系数显著性检验 $t=5.744$，$P<0.005$。测定粪便中华支睾吸虫抗原的量可初步估计宿主体内虫数。温培娥等(1990)用对流免疫电泳的方法检测粪便中华支睾吸虫抗原，75 例华支睾吸虫患者的阳性率为 69.3%，正常人的假阳性率为 15.6%(7/45)。因粪便中的成分过于复杂，使方法的敏感性和特异性均达不到理想水平，影响检测的准确性。检查粪便中华支睾吸虫抗原，除要对方法进行改进外，改进粪便的处理方法也十分必要。

Kim (1985)报道了用 ELISA 法检测华支睾吸虫病患者尿液中抗华支睾吸虫抗体。共检测了 470 例患者的尿液，阳性率为 87.0%。同时检测这些患者的血清，阳性率为 88.4%。210 份正常对照尿液的假阳性率为 7.0%。用卫氏并殖吸虫抗原来检测这些尿液，有 34.7%的出现阳性反应。

随着免疫学技术的发展，几十年来国内外学者根据各自的实验条件，先后将多种免疫学检测方法用于华支睾吸虫病的辅助诊断和流行病学调查。但其中一些方法仅是从科学研究的目的出发，进行方法学的探讨和尝试。尽管这些方法也具有较高的特异性和敏感性，因受到技术和实验条件的限制，很难推广应用，如免疫金电转移印斑试验、化学发光试验和放射免疫沉淀-聚乙二醇测定法等。也有些方法则因检测效果不够理想而不具有应用价值，如补体结合试验、沉淀试验和乳胶凝集试验等，基本上已不再有学者研究。

在众多已使用过的华支睾吸虫病免疫学诊断方法中，最有实用价值、曾最为广泛应用的为抗原皮内试验和 ELISA。抗原皮内试验已应用 50 余年，至今仍有一定的应用价值。虽然抗原皮内试验存在部分假阳性反应，与其他吸虫有一定的交叉反应，但实施方便，所需器

材简单，基本不受条件限制，操作快速，10 分钟即可观察结果，因而在进行流行病学调查，特别是在大规模人群普查时，仍可作为一种筛选感染者的手段，可以减少粪检工作量，提高工作效率。亦可在医院门诊作为鉴别诊断的辅助方法之一，从而有助于华支睾吸虫病诊断的建立或是排除华支睾吸虫病。

ELISA 是发展成熟、应用范围广，经典的血清学检测方法，具有敏感性高、特异性强，酶标记抗抗体稳定，试剂已商品化，操作简便，可重复性好，既可用仪器测定，又可用肉眼观察结果，一次能同时测定多份标本等诸多优点，已被公认为目前较为理想的方法。从 20 世纪 70 年代开始，在多个学科和领域得到应用，也是华支睾吸虫病免疫学检测应用最为普遍的方法。在 ELISA 基础上改进和发展的 Dot-ELISA、Fast-ELISA 和 ABC-ELISA 也都具有与 ELISA 相类似的检测效果。

Dot-IGSS 的操作方法、实验流程和检出效果与 Dot-ELISA 相似，但不使用对人体有潜在危害性的酶作用底物，如金标记抗抗体能够商品化，也具有一定的推广应用前景。

GICA 试条法以其简便、快速、敏感等突出优点，是最具发展前景和应用价值的华支睾吸虫病临床诊断和流行病学调查的免疫学检测和筛查的手段。

十七、分子生物学检测方法

Kim(2009)用 RT-PCR 检测粪便中华支睾吸虫抗原，设计 1 对引物用于扩增 64bp 的 ITS2 的片断序列，一条为 Cs68F(5′-AAACAGATTTGCATCGAATGCA-3′)，另一条为 Cs131R(5′-TTGTTGGTCCTTTGTCTTTGGTT-3′)，小发卡 TaqMan® 探针 Cs91MGB (FAM-5′-TGCCAATACTGAAGCCT-3′-MGB-NFQ)用于检测华支睾吸虫特异性产物。从待检者粪便悬液提取 DNA 作为 RT-PCR 的 DNA 模板，用华支睾吸虫成虫 DNA 作为阳性对照，扩增 50 个循环。144 份虫卵阳性粪便有 138 (95.8%)份 RT-PCR 结果阳性，RT-PCR *Ct* 值为 21.2～43.6，中位数为 29.2。其中 EPG>100 的 74 份粪便标本全部阳性，EPG≤100 的 70 份粪便标本有 64(91.4%)份阳性；26 份虫卵阴性粪便有 3 份为阳性，RT-PCR 的 *Ct* 值为 36.6～42.5，中位数为 41.0。RT-PCR *Ct* 值与虫卵计数有非常显著的相关关系，Ct 值$=41.841-2.4895(\mathrm{Log}_{10}\mathrm{EPG})$，虫卵计数越多，RT-PCR 的 *Ct* 值越低，表明样品中存在着丰富的目标核酸(图 15-2)

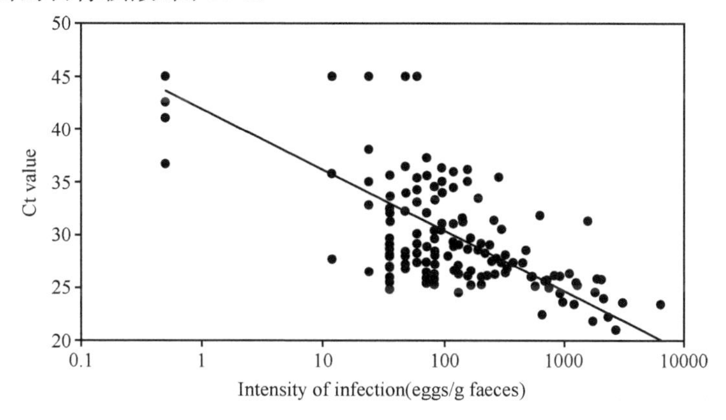

图 15-2　粪便虫卵计数(EPG)与 RT-PCR Ct 值的分布(引自 Kim 2009)

对华支睾吸虫病免疫学检测和核酸检测方法的总体要求是特异性高、敏感性强、简便快速、方法稳定和重复性好，标本和试剂便于保存运输，检测最好不需仪器，直接判定结果，检测费用低廉，能在基层和流行病学现场应用。

（刘宜升）

第十六章　华支睾吸虫病的病原学治疗及其进展

用化学药物驱虫是寄生虫病的病因治疗。从华支睾吸虫被发现以来，药物对华支睾吸虫的作用和临床应用效果，一直是寄生虫学、寄生虫病学和药物研发等领域的专家研究和关注的重点之一。随着新化学药物不断合成，治疗华支睾吸虫病的药物亦随之不断更新，总的要求和趋势是药物用量小，疗效高，服用方便，副作用小。本章主要介绍不同时期有代表性的治疗华支睾吸虫病的药物，重点介绍目前仍在广泛应用的广谱抗吸虫药吡喹酮、广谱抗寄生虫药物阿苯哒唑、及有很好发展前景的三苯双脒和青蒿素衍生物。

一、氯　　喹

氯喹(chloroquine)是治疗疟疾的特效药物，主要是杀灭红内期疟原虫，从而中止疟疾的发作。氯喹对华支睾吸虫的作用可能是暂时性抑制虫卵的形成或排出(陈宝星 1955)。国外最先于 1949 年用该药治疗华支睾吸虫病，1953 年国内也开始将此药用于华支睾吸虫病的治疗。钟惠澜等(1955)采用大剂量、长疗程方案治疗 8 例华支睾吸虫病患者。治疗后 8 例患者粪便虫卵全部阴转，治后两个月复查，有 1 例在粪便中又发现虫卵。陈宝星等于 1955 年用氯喹治疗 119 例患者，粪检虫卵阴转率为 37.8%(45/119)。朱师晦等在 1958 年用氯喹治疗 90 例住院患者，76 例粪检虫卵转阴，阴转率为 84.4%。对 76 例虫卵转阴患者在 1～2 个月内进行复查，有 11 例患者的粪便中又发现少量虫卵。

二、呋喃丙胺

呋喃丙胺(furapromide，F30066)为非锑剂抗血吸虫药物，对华支睾吸虫也有明显的杀灭作用。1964 年，在南京首先用该药治疗 42 例华支睾吸虫病患者，治后粪便虫卵阴转率达 100%。此后福建又用该药治疗 32 例患者，也获得较好的治疗效果。呋喃丙胺的常用剂量为 50～60mg/(kg 体重・日)，疗程 10～15 天，轻度感染者的近期疗效为 92%～100%，重度感染者疗效稍差，治愈率为 70%左右。常见的副作用有腹泻、腹痛、恶心、呕吐、食欲减退、头晕以及肌肉酸痛等，在部分患者，可能因为副作用严重而不能完成全疗程(引自陈有贵 1982)。

三、硫双二氯酚

硫双二氯酚(别丁，bithionol，bitin)对卫氏并殖吸虫病和斯氏狸殖吸虫病均有良好的治疗效果。用其治疗华支睾吸虫病，一般采用 30～40mg/(kg 体重・日)，分三次服用，疗程为 7～10 天，但治愈率较低。如钟惠澜 1963 年首次用本药治疗 8 例患者，近期治愈 6 例。1964 年王其南治疗 10 例患者，无一例粪检虫卵转阴，仅虫卵数量减少。中山医学院治疗 21

例,近期虫卵阴转率为57.1%(12/21),对虫卵仍为阳性者三个月后再次粪检复查,仅有1/3病例(2/6)虫卵阴转。河南、北京等地用硫双二氯酚治疗华支睾吸虫病患者,疗效也不令人满意。该药的副作用主要是恶心、腹泻、腹胀等消化道症状和头痛、头昏及皮肤瘙痒,个别严重者可诱发肝功能损伤,甚至引起中毒性肝炎。

四、硝柳氰胺

硝柳氰胺(nithiocyanamin,7505)具有较好的抗日本血吸虫作用,同时对肠道线虫也有明显的驱治效果,20世纪70年代中后期和80年代初曾被广泛用于日本血吸虫病的治疗。武汉医学院一附院1978曾报道,用总量175mg(3.5mg/kg体重)和100mg(2mg/kg体重),分3天服用,各治疗2例华支睾吸虫病患者,治后1~2月复查,虫卵均阴转,肝脏分别由治前的肋下7.7cm和剑下4cm回缩至肋下1cm和剑下0.5cm。王其南(1980)用总量10mg/kg体重(每日1次口服,分5天服用)治疗26例华支睾吸虫病患者,治前患者平均EPG为3 977±6 120(100~22 000),治后18~20天,虫卵减少率为86.7%,治后一个月虫卵阴转率为80.8%,治后三个月,阴转率又降至38.5%。翁约球(1981)用总剂量6mg/kg(2mg/kg体重·日,睡前一次服用,共3天)治疗189例华支睾吸虫病患者,治后1个月复查粪便,虫卵阴转率为78.4%,治后3个月为75.0%。有学者认为,硝柳氰胺可能有抑制虫体产卵的作用,当治疗停止后,部分虫体逐渐恢复产卵。

根据实验研究,硝柳氰胺及其代谢产物均可通过血-脑屏障,因此其副作用以神经系统最为明显。被治疗者副作用的出现率为:头晕38.1%~88.5%、头痛23.8%~46.2%、步态不稳或眩晕15.4%~23.8%,而消化道症状则相对较轻,如恶心7.4%~7.7%、食欲减退1.6%~19.2%、腹痛9.0%~19.2%。神经系统副作用多在服药后第二天开始出现,第三天达高峰,一般于5天后开始消失。消化系统副作用在服药的第1天即可出现,4~5天后消失。翁约球(1981)对46例患者治疗前后的肝功能进行检查,ALT增高6例,随访其中5例,ALT均在一个月内恢复至正常水平。

五、六氯对二甲苯

六氯对二甲苯(hexachloroparaxylece,血防846)也是一种非锑剂口服抗血吸虫药物,主要有油剂和乳干粉二种剂型。油剂容易吸收,服药后5~7小时血药浓度即达高峰,疗效较高,但副作用也较大,且配制复杂,服用不便。经改进后的乳干粉服用方便,剂量易于掌握。经动物实验观察,血防846对华支睾吸虫的杀伤作用十分明显,治疗后虫体变形,睾丸和卵巢破坏明显,该药还可抑制童虫的发育。在20世纪70年代,本药被认为是治疗华支睾吸虫病的理想药物,曾被临床广泛应用。如钟惠澜(1963)用血防846乳干粉治疗21例华支睾吸虫病患者,总剂量250~1200mg/kg体重(500mg/天,疗程5~24天),治疗后有8例排出死虫体,复查粪便和胆汁中均未见到虫卵,近期治愈率为100%。

万展如等(1979)在广东佛山地区用血防846治疗21 327例华支睾吸虫病患者,其中资料完整的7773例。7773例患者分为6组,第一组的用药量为110mg/(kg体重·日),连服3天,总量为16.5g;第二组的用药量为90mg/(kg体重·日),连服4天,总量为18g;第三组的用药量为70mg/(kg体重·日),连服5天,总量为17.5g;第四组的用药量为60mg/(kg

体重·日），连服5天，总量为15g；第五组的用药量为58mg/(kg体重·日），连服6天，总量为17.4g；第六组的用药量为50mg/(kg体重·日），连服7天，总量为17.5g。各剂量组计算体重均以50kg为限，药物分中、晚两次或晚上一次服用，服后卧床休息1小时。服药的同时，根据病情和反应给予对症治疗，如高血压者同时服用降压药，肝肿大者同时给予保肝治疗，所有治疗对象均完成全程治疗。治疗后一个月左右复查结果作为近期阴转率，3个月以后的复查结果作为远期阴转率。所有治疗组的近期阴转率和远期阴转率均在95.8%以上，表明总用药量达到一定量后，3～7天的疗程都能取得满意的疗效。3日疗程的远期和近期疗效均达100%，说明疗程短，用药时间集中，血药浓度高，疗效会更好。

在上述7773例患者中，有2870例出现不同的副作用，副作用的发生率为36.9%。副作用主是表现为头痛、头昏、腹痛、恶心、呕吐、乏力、眼花等症状，但多数症状是短暂的，在停药后的1～2天内消失。出现严重反应有急性溶血3例，中毒性肝炎3例，精神异常2例和重症肌无力2例，经对症处理后均痊愈。959例在服药前后进行了肝功能测定，ALT升高84例(8.8%)，麝香草酚浊度试验(TTT)升高46例(4.8%)，脑磷脂胆固醇絮状试验(CCFT)升高78例(8.1%)。绝大部分病例在治后1个月肝功能恢复至正常。

六氯对二甲苯乳干粉治疗华支睾吸虫病具有口服方便、剂量小、疗程较短、副反应轻、疗效高、价格低等优点，适于华支睾吸虫病的临床治疗和流行区的普查普治。张玉兰等(1984)，王其南等(1980)将六氯对二甲苯和硝柳氰胺合并治疗华支睾吸虫病，都证实二药有一定的协同作用，近期疗效和远期疗效优于单独使用其中任何一药。

吡喹酮问世后，立即成为治疗华支睾吸虫病的首选药，完全取代了六氯对二甲苯。

六、吡　喹　酮

吡喹酮(praziquantel，biltricide，droncit，Embay 8440)是1972年由原联邦德国怡默克和拜耳药厂研制成的一种新型广谱抗寄生虫药物，口服吸收良好，血清原药浓度以服药后1～3小时最高，半衰期1～1.5小时。1975年国外报道对人和动物的绦虫、日本血吸虫，埃及血吸虫和曼氏血吸虫均有明显的杀伤作用。国内1977年开始合成此药。

(一) 吡喹酮对虫体糖原和酶的影响

体外实验观察，吡喹酮对华支睾吸虫的作用是破坏虫体皮层，使表皮丧失吸收能力，无法摄取培养液中的葡萄糖，虫体处于饥饿状态，促使虫体内贮存的糖原分解，导致糖原减少，以致耗竭。在吡喹酮浓度为0.1μg/ml的培养液中培养6小时，华支睾吸虫体内糖原含量明显减少，培养时间延长到18～40小时，虫体糖原含量已趋向耗竭。再提高培养液中的吡喹酮浓度，对糖原吸收的影响程度已无明显增强。因此，当培养液中的吡喹酮浓度为0.1μg/ml时，其抑制华支睾吸虫吸收葡萄糖，使糖原减少的作用已达极限。吡喹酮使华支睾吸虫糖原吸收障碍的机制除破坏表皮影响吸收外，也可能抑制了与葡萄糖吸收有关酶的活性(王鸣等，1989)。

经吡喹酮治疗后，宿主体内的华支睾吸虫的组织化学反应也发生明显变化(庞昕黎等1990)。治疗后1小时，虫体内糖原均出现不同程度的减少，以皮层下实质组织、皮下肌层内糖原颗粒减少比较明显，且多呈局限性；6小时后，靠近皮层的实质组织内的糖原颗粒减少显著;24 小时后,部分虫体内的糖原几乎完全消失。治疗后,虫体实质组织、生殖器官内的蛋白质均显著增强。治疗后 1 小时,以实质组织增强为主;24 小时后,除实质组织外,生殖器官如卵巢、睾丸、受精囊等处亦显著增强。正常虫体的生殖器官内含有大量核酸,包括 DNA 和 RNA,在治疗后 1 小时,生殖器官内的 RNA 开始减少,24 小时后明显减少,48 小时后部分消失,尤以卵黄腺为甚。DNA 未见明显变化。正常虫体的皮层、皮下肌层和实质组织中均含有丰富的琥珀酸脱氢酶(SDH)。治疗后 1 小时,皮层和皮下肌层的 SDH 颗粒开始增多,皮层和皮下肌层之间出现一条较为纤细的阴性反应带,实质组织内酶颗粒由正常时的不均匀团块分布变为弥散状分布;24 小时后,皮层和皮下肌层的酶颗粒显著增多,皮层和皮下肌层之间的阴性反应带明显增宽,实质组织内酶颗粒更加弥散。治疗后苹果酸脱氢酶(MDH)颗粒的变化情况与 SDH 基本一致。葡萄糖-6-磷酸脱氢酶分布于正常虫体的实质组织及皮下肌层,在实质组织内酶颗粒呈团块状分布。治疗后的 24 小时内,此酶未出现明显变化;48 小时后,部分虫体实质组织内的酶颗粒出现弥散性增加。治疗后 1 小时,ATP 酶反应增强,尤以皮下肌层显著;6 小时后,该酶反应较 1 小时强;24 小时后酶活力普遍增强。另一方面,碱性磷酸酶、酸性磷酸酶、单胺氧化酶、酚酶和中性脂肪却未见明显变化。

(二)吡喹酮对虫体存活、形态和组织结构的影响

徐莉莉(2011)用含 20%小牛血清的亨氏盐平衡溶液(HBSS 含 0.4%葡萄糖、青霉素和链霉素各 100U/ml,二性霉素 B 0.125μg/ml)作为基础培养液。将吡喹酮 1mg 溶于 0.6 ml 二甲基亚砜(DMSO)中,待溶解后,在搅拌下滴加 HBSS 0.4 ml,则药物浓度为 1mg/ml,溶剂 DMSO 的浓度为 60%,即为各药物储备液。在 24 培养孔板每培养孔中加入基础培养液 1.9～2.0 ml,培养华支睾吸虫成虫 3～4 条,置 37℃,5%CO_2培养箱内 1～2 小时,待虫体活动正常后加入药液,使吡喹酮浓度分别为 0.05、0.1、0.5、1 和 10μg/ml。倒置显微镜高倍镜下持续观察,虫体 2 分钟无活动,判定为死亡。

在吡喹酮浓度 0.05μg/ml 培养液中,华支睾吸虫活动与溶剂对照组的相似。培养 24 小时后,部分成虫活动减慢,稍有卷缩,口吸盘仍可自如伸缩,但均未能吸附皿壁,至 72 小时后,仅有 1 条死亡,存活 9 条。在吡喹酮浓度为 0.1、0.5 和 1μg/ml 时,成虫接触药液后立即强烈收缩、卷缩,虫体明显缩小,活动缓慢,口吸盘的活动则迅速减弱和消失,并从吸附的皿壁上脱落。虫体强烈收缩持续约 1 分钟后即见缓慢松弛,但未能恢复明显活动。在吡喹酮浓度 10μg/ml 组,接触药液后的虫体立即蜷缩,口吸盘和体部均无活动,并维持较长时间。培养 1 小时后,虫体体表出现大小不一的圆形透明空泡,散在分布。吡喹酮浓度 0.1μg/ml 组,10 条成虫经培养 24 小时后,有 5 条虫死亡,72 小时后,累计死亡虫数为 7 条,存活的 3 条虫明显缩小,虫体活动缓慢,体表部分空泡破裂,口吸盘仅偶有微缩。吡喹酮浓度 0.5、1 和 10μg/ml 中的 9、13 和 13 条成虫在培养后 4 小时后分别有 4、5 和 9 条虫死亡;72 小时后,3 组虫全部死亡。死虫内部结构模糊,体表有破溃。

沈佩林(1986)将华支睾吸虫成虫培养于吡喹酮浓度分别 0.1μg/ml、0.05μg/ml 和 0.01μg/ml 的葡萄糖台氏液中,虫体存活时间分别为 2.4±1.1 天、7.6±1.2 天和 11.8±4.5 天,未加吡喹酮的对照组虫体平均存活 15.4±2.1 天。吡喹酮浓度为 0.01μg/ml 即对虫体存活有明显影响。

Kim(1982)采用吡喹酮 600mg/kg 体重治疗人工感染华支睾吸虫的大鼠 30 只,给药后

6、12、24 小时解剖大鼠，从胆管中收集华支睾吸虫成虫，观察虫体的形态学变化，结果如表 16-1。

表 16-1　吡喹酮治疗实验感染大鼠体内华支睾吸虫形态学变化

观察指标	治疗后不同时间虫体数量及形态变化(%)		
	6 小时	12 小时	24 小时
虫体总数	308	262	215
正常虫体	57(18.5)	16(6.1)	2(0.9)
异常虫体	251(81.5)	246(93.9)	213(99.1)
缺少肠内容	207(82.5)	217(88.2)	182(85.4)
口、腹吸盘间隙拉长	142(56.6)	169(68.2)	170(79.8)
排泄囊宽度增大	186(74.1)	186(75.6)	191(89.7)
球形泡状物形成	0	56(22.8)	146(68.5)

通过扫描电镜观察(王鸣等 1988)，经 0.1μg/ml 吡喹酮作用 30 分钟，华支睾吸虫表皮发生了明显的变化。首先是表皮出现了许多大小不等的“气球”样泡状物，高于绒毛表面，成小片状分布于虫体的腹背面，偶可见个别皮疱已经溃破，同时可见感觉乳头肿胀。2 小时后，虫体表皮出现更多的皮疱，分布范围也更广泛。在同一损伤区可见到一些出现较早的皮疱已经溃破，形状如同“火山口”，同时一些新的皮疱又在形成，呈现出皮疱由形成、增大、发展到溃破的变化过程。当吡喹酮对虫体作用至 5 小时以上时，大部分皮疱已经溃破和塌陷，在表皮遗留下众多的空洞，如蜂窝状，感觉乳头的肿胀也更为明显。当吡喹酮浓度增加至 0.5μg/ml、1μg/ml 或 2μg/ml 时，作用 30 分钟后，除可见“气球”样皮疱外，还有相当多的皮疱溃破，说明随着药物浓度的提高，吡喹酮对虫体的破坏作用也更加剧烈。

李秉正等(1984)将人工感染的大鼠经灌注吡喹酮后不同时间处死，取出虫体观察其形态变化。光学显微镜下可见虫体表皮出现大小不等的皱褶或局部脱落。睾丸颜色变浅，结构疏松，有不同程度的空白区。扫描电镜观察，给药后 1～3 小时，虫体表面马铃薯样结节排列紊乱，其上的树枝状突起有的开始弯曲变形。给药后 6 小时马铃薯样结节肿胀，有的互相粘连。给药后 12 小时，马铃薯样结节的排列更加紊乱，表面变得不甚光滑，树枝状突起肿胀，多弯曲呈环状。给药后 36～48 小时，皮层表面变化加剧，马铃薯样结节的树枝状突起进一步粘连，皮层表面多处剥脱，裸露出基质。

对感染大鼠经吡喹酮治疗后所获虫体进行透射电镜观察(李秉正等 1984)，给药后 1 小时皮层内基质和线粒体均出现轻度肿胀，绒毛样突起增宽，间隙变窄；给药后 6 小时，绒毛样突起的间隙更加变窄，有的紧密相接；给药后 24 小时，线粒体明显肿胀，有的线粒体嵴模糊不清，绒毛样突起远端崩解，分泌小体减少；给药后 36、48 小时的皮层变化相似，基质明显溶解，线粒体模糊不清，有的空泡化。表皮细胞在给药后 1 小时表现为胞核和核仁轻度肿胀，细胞质中的线粒体也轻度肿胀，有的嵴减少，粗面内质网扩张，有的成池。给药后 3 小时，有的核膜向内凹陷，核周间隙变宽，核孔模糊不清，核质有溶解现象，细胞质中的线粒体进一步肿胀，粗面内质网大部分扩张成池，附着核糖体数量减少，胞质有空泡样改变。给药后 6 小时，表皮细胞的变化与 3 小时基本相似。给药后 12 小时至 24 小时，胞质内线粒体明显肿胀，线粒体嵴明显减少，基质透明；给药后36小时，核质内染色质大部消失，核仁溶解，细胞质空泡化，线粒体数量明显减少，结构模糊不清；给药后48小时，实质组织多处溶解，出现大小不等的空泡，已看不到表皮细胞。肌纤维的变化表现在给药后1小时部分肌纤维轻度肿胀；给药后3小时，外层环肌与内层纵肌均明显肿胀；给药后6小时，肌纤维排列紊乱；给药后12小时，环肌纤维模糊不清；给药后24小时，环肌出现更多处溶解，部分纵肌也出现溶解；给药后36小时，环肌普遍溶解，有的环肌只残存一些致密颗粒。

在吡喹酮的作用下，华支睾吸虫的肠管也出现明显的变化。透射电镜下可清楚观察到（李秉正等 1985）用药后1小时，部分肠绒毛的远端出现肿胀，其内的点线变得模糊不清甚至消失，在环曲的肠绒毛间有脂肪滴集聚，肠上皮细胞内粗面内质网大部分扩张；给药后3小时，除上述变化外，部分肠绒毛互相粘连，粗面内质网进一步扩张，有大量散在的核糖体。给药后6小时，肠绒毛的改变与用药后3小时相似；给药后12小时，一部分肠绒毛的远端消失，残存的肠绒毛模糊不清；给药后24小时，大部分肠绒毛的远端溶解消失，残存的肠绒毛多扩张成环状，粗面内质网继续扩张，肠上皮局部有溶解现象；给药后36小时，肠绒毛远端呈弥漫性溶解坏死。由于吡喹酮是经口摄入，进入虫体肠管，所以吡喹酮对肠绒毛的损害很严重，距肠腔越远损害越轻，至肌层和基层已无明显病变。

吡喹酮对华支睾吸虫的损伤一方面是影响虫体对葡萄糖的吸收、代谢和利用，使虫体内的能量耗竭；另一方面使虫体表皮肿胀，产生皮疱，进而溃破，体表马铃薯样结节肿胀脱落，虫体肠黏膜肿胀粘连、溶解坏死。体表和肠壁两个界面的损伤和能量代谢被阻断是虫体死亡的主要原因。

吡喹酮对华支睾吸虫病的治疗作用一方面表现在对虫体的杀伤作用，另一方面表现在经吡喹酮治疗后，宿主的肝脏病变可以得到恢复。尹小菁等（1994）报道，与对照组相比，经吡喹酮治疗后3个月的豚鼠肝脏淤血肿胀减轻，病变范围缩小，肝质地变软，胆管扩张程度减轻；治疗后3个月胆管上皮乳头状增生已不如对照组显著，腺瘤样组织减少，纤维组织成分增多。至治疗后5个月，胆管上皮细胞排列趋于整齐，管腔面较为平坦，胆管上皮细胞脱落明显减少，腺瘤样组织基本消失，而纤维组织增加显著，管壁增厚，胆管周围肝细胞逐渐恢复原来结构。这些提示宿主感染华支睾吸虫经吡喹酮治疗后，其腺瘤样组织可逐渐消失，被纤维组织所取代，从而避免由腺瘤样组织衍化为癌。

（三）吡喹酮疗效与宿主免疫的协同作用

Quan（2000）先用华支睾吸虫成虫粗抗原（CA）、虫体排泄分泌抗原（EsAg）免疫大鼠，或经口感染囊蚴（MC）使大鼠获得保护性免疫，再用50个囊蚴攻击感染，在感染后的24小时或28天用吡喹酮（50mg/kg体重）治疗，通过回收虫体，分别观察吡喹酮对童虫和成虫的作用。在对照组、EsAg和CA组，感染后的24小时治疗的减虫率分别为87.2%、95.7%和86.7%；感染后28天治疗，减虫率分别为36.2%、53.8%和48.4%，说明吡喹酮杀伤童虫的效果显著优于杀伤成虫。但在MC组，感染后2个不同时间治疗，减虫率分别为94.4%和98.8%。

作为对照，大鼠经免疫后再攻击感染，而不经吡喹酮治疗，在EsAg组、CA组和MC免疫组，减虫率分别为35.6%、23.4%和97.5%。Quan认为吡喹酮的疗效在华支睾吸虫免疫接种组有显著提高，在宿主具有获得性免疫的情况下，与宿主的免疫保护有一定的协同作用。

(四) 吡喹酮临床治疗剂量与治疗效果

用吡喹酮治疗患者，在服药后的1～2天，最快在用药后的2个多小时，粪便中即有虫体排出。排出的虫体多变形，虫体萎缩，睾丸萎缩、变形、模糊不清，卵黄腺稀少。陈大林(1997)报道1例女性患者(EPG 24 100)在服用吡喹酮后2小时，随其粪便排出华支睾吸虫成虫1000多条，均为死亡虫体，虫体细长，尾端呈毛刷状。Shen(2007)在韩国观察8例中重度感染者，以总剂量75mg/kg体重，一日内分3次服用进行治疗。服药后，在5例患者的粪便中找到华支睾吸虫成虫，最多的1例发现108条虫。多数学者报道，服药后患者粪便虫卵排出有一过性增多现象。

国内外采取不同剂量、不同疗程吡喹酮治疗华支睾吸虫病的疗效总结于表16-2。

表16-2 吡喹酮不同剂量不同疗程治疗华支睾吸虫病效果*

报告者	报告时间	治疗例数	mg/kg体重×次/天×天数	总剂量(mg/kg体重)	复查时间治疗后(月)	虫卵阴转率(%)
王其南	1980	21	20×1×5	100	3	52.4
Horstman	1981	22	10×3×3	90	6	90.9
Loscher	1981	56	20×1×3	60	6	87.8
Rim	1982	15	20×1×2	40	6	6.7
		15	30×1×2	60	6	20.0
		88	40×1×1	40	6	22.7
		15	50×1×1	50	6	33.3
		15	25×2×1	50	6	46.7
		61	30×2×1	60	6	59.0
		24	25×2×2	100	6	75.0
		35	25×3×1	75	6	85.7
		15	25×3×2	150	6	100.0
刘约翰	1982	33	10×3×5	150	3	72.7
		33	12×3×5	180	3	93.9
		34	15×3×5	210	3	100.0
青岛医学院	1983	64	11.7×3×2	70	3	88.5
		90	13.3×3×2	80	3	94.1
		64	16.6×3×2	100	3	95.6
朱师晦	1983	17	12.5×2×2	50	6	83.4
		10	12.5×2×3	75	6	80.0
Soh	1984	33	25×3×1	75	2	96.9
		20	25×3×2	150	2	100.0
万展如	1984	693	25×3×1	75	3	89.5

续表

报告者	报告时间	治疗例数	mg/kg 体重×次/天×天数	总剂量(mg/kg 体重)	复查时间治疗后(月)	虫卵阴转率(%)
		180	33×3×1	100	3	91.3
		178	2天内服5次	120	3	98.9
王婉芬	1984	22	30×1×2	60	4	58.3
		28	40×1×2	80	4	85.7
Kuang	1984	17	40×1×1	40	1	87.5
		15	20×3×1	60	1	88.9
		18	25×3×1	75	1	93.8
Lee	1984	876	40×1×1	40	2	87.1
		1870	30×2×1	60	2	94.9
		81	30×3×1	90	2	91.4
赵心怡	1985	138	40×1×1	40	3	45.6
		130	50×1×1	50	3	70.0
		132	60×1×1	60	3	89.4
Jone	1985	29	25×3×1	75	2	96.6
邱仲达	1985	21	20×1×5	100	3	33.3
		33	10×3×5	150	3	72.9
		33	12×3×5	180	3	93.9
		34	14×3×5	210	3	100.0
		43	25×3×1	75	3	67.4
		41	25×2×2	100	3	73.2
		43	25×3×2	150	3	97.7
徐伏牛	1986	48	25×3×2	150	6	93.8
		49	25×3×3	225	6	95.9
		50	33.3×3×1	100	6	94.0
Yangco	1987	67	25×3×1	75	7	100.0
黎元吉	1990	109	20×3×3	180	1	100.0
		15	14×3×5	210	1	93.3
张文玉	1992	70	25×3×2	150	6	97.7
陈大林	1997	50	25×3×2	150	6	100.0
		50	25×3×3	225	6	100.0
		50	33.3×3×1	100	6	96.0

* 部分资料引自 Chen (1994)

从上述资料可以看出，吡喹酮对华支睾吸虫的驱治效果存在较大的差别，不同学者用同一剂量治疗，粪检虫卵阴转率可相差数倍，这是因为吡喹酮对华支睾吸虫病的治疗效果不仅与用药量大小、疗程长短有关，与感染度也有一定关系。如同是 75mg/kg 体重一日疗法，轻、中、重感染组的阴转率分别为94.7%、87.5%和37.5%(屈振麒 1983)。陈荣信等(1989)采用总剂量150mg/kg体重,每日二次,分2天服完的同一方案治疗三组患者,轻、中、重感染组治后三个月粪检虫卵阴转率分别为98.91%、96.96%和81.25%。万展如(1984)对不同感染度患者采用不同的治疗方案,轻度感染者(EPG<1000)693例,总剂量75mg/kg体重,一天内分三次服完;中度感染者(EPG1000~9999)180例,总剂量100mg/kg体重,一天内分三次服完;重度感染者(EPG>10 000)178例,总剂量120mg/kg体重,二天内分5次服完,第一天服75mg/kg,第二天服45mg/kg。治疗后三个月,三组虫卵阴转率分别为89.46%、91.30%和98.45%。

Kim(1983)比较了治疗效果和感染度之间的关系。轻、中、重度感染的标准同上,超重度感染为EPG≥30 000。采用了三种不同方案,第一组,40mg/kg体重,一次顿服;第二组,30mg/kg体重,一天内服二次,总量60mg/kg体重;第三组,25mg/kg体重,一天内服3次,总量75mg/kg体重。治疗结果见表16-3。

表16-3　吡喹酮对不同感染度华支睾吸虫患者治疗结果

组别	感染度	治疗例数	治愈例数	虫卵减少率(%)	治愈率(%)
第一组	轻度	15	11	94.4	73.3
	中度	56	8	92.2	14.3
	重度	16	1	94.0	6.3
	超重度	1	0	67.9	0
	总数	88	20	92.3	22.7
第二组	轻度	13	13	100.0	100.0
	中度	26	18	96.0	69.2
	重度	19	4	93.2	21.1
	超重度	3	1	99.9	33.3
	总数	61	36	95.2	59.0
第三组	轻度	2	2	100.0	100.0
	中度	24	20	99.3	83.3
	重度	7	6	99.9	85.7
	超重度	2	2	100.0	100.0
	总数	35	30	99.5	85.7

综合众多的治疗方案,用吡喹酮治疗华支睾吸虫病,成人一般以总量75~120mg/kg体重,疗程1~2天,每次服药间隔4~6小时为宜。如果进行虫卵计数,可根据感染度对用药量做适当增减。

依据剂量大小,吡喹酮治疗华支睾吸虫病副作用的发生率为22.02%~88.4%。副作用出现时间一般在服药后的0.5~1小时,但持续时间不长,绝大多数病例无需处理,在治后2~4小时,最多24小时减轻或消失。副作用主要表现在神经系统和消化系统的症状,如头昏(48.9%~76.7%)、头痛(22.0%~27.9%)、腹痛(11.1%~48.9%)、恶心(7.0%~33.0%)、乏力(24.6%),此外还有腹胀、食欲差、腹泻、眩晕、嗜睡等,但发生率均较低。个别病例在排虫前有胆绞痛。在治疗过程中出现的上述副作用对患者的生活、工作均无明显影响,也不影响整个疗程的进行。

Hong(2003)用吡喹酮缓释片试验性治疗人工感染 500 个华支睾吸虫囊蚴的小猎犬,采用 50mg/kg 体重和 30mg/kg 体重治疗 1 次的方案,治愈率分别为 80%和 60%,虫卵减少率均超过 90%。虽 2 种方案的治愈率均高于吡喹酮 30mg/kg 体重单剂的治愈率(20%),但低于吡喹酮 30mg/kg 体重重复治疗 3 次的治愈率(100%)。上述结果说明使用吡喹酮缓释片有可能减少用药次数,简化治疗方案。

(五) 华支睾吸虫感染合并病毒性肝炎患者驱虫问题

魏新安等(1988)报道,用吡喹酮总剂量 75mg/kg 体重(一天内分 2 次服完)和总剂量 120mg/kg 体重(一日三次,分二天服完)治疗 104 例病毒性肝炎合并华支睾吸虫病患者,其中急性肝炎 51 例,慢性肝炎 53 例。急性肝炎先对症治疗至黄疸基本消退,ALT 降至 500 单位以下再服药驱虫,病情重的慢性肝炎患者经保肝治疗,肝功能改善且稳定后再驱虫,以单纯华支睾吸虫感染组作为对照。经吡喹酮治疗后,肝炎患者的 ALT、麝香草酚浊度试验(TTT)和麝香草酚絮状试验(TFT)不升高率分别为 91.4%、86.5%和 98.4%,与对照组相比无统计学意义。92.2%的急性肝炎患者于病程的 3 个月内各项肝功能恢复正常,达到临床治愈标准。53 例慢性肝炎患者肝功能均有不同程度的改善或恢复正常。可以认为,病毒肝炎合并华睾吸虫感染时,用吡喹酮治疗对肝功能无明显影响,不会加重患者肝脏功能的损害程度。华支睾吸虫寄生于肝内胆管,也是导致部分急性肝炎慢性化和慢性肝炎迁延不愈的因素之一。如能及时有效进行驱虫治疗,消除局部不良因素刺激,解除胆道阻塞,则有利于肝脏功能的恢复。

七、左旋吡喹酮

体外实验证明(王小根等,1992),华支睾吸虫在接触浓度为 0.1μg/ml 或 1μg/ml 的左旋吡喹酮培养液后,即刻翻滚并剧烈活动,口腹吸盘失去附着力。虫体体表出现大泡,挛缩卷曲,呈僵直状。对经左旋吡喹酮治疗大鼠体内所获华支睾吸虫进行形态学观察,可见虫体体表皱褶几乎完全消失,出现较多细小空泡,睾丸分支变细,模糊不清。

扫描电镜下可见虫体体表结节出现肿胀粘连,有不规则的大片斑块融合,斑块上出现糜烂、剥脱,基层裸露,并出现火山口样破溃,破溃处暴露出下层网状支架样结构。透射电镜下见基质内线粒体肿胀、模糊,基底膜中断,环肌纤维模糊不清,纵肌纤维呈灶性溶解变化,表皮合体细胞核核膜部分溶解,胞质内线粒体和内质网明显减少。钱明心等(1988)用左旋吡喹酮 300mg/kg 体重对感染大鼠进行一次灌胃治疗,治疗后 36 小时取虫体进行电镜观察。透射电镜观察和扫描电镜下均显示虫体的损伤与经吡喹酮治疗后的损伤相同或相似。

用剂量均为 400mg/kg 体重左旋吡喹酮和右旋吡喹酮分别治疗 14 只和 13 只实验感染大鼠,治疗后 7 天剖杀动物取虫,左旋吡喹酮组全部治愈,回收不到虫体,右旋吡喹酮组所有动物均能回收到虫体。

用左旋吡喹酮和吡喹酮治疗华支睾吸虫患者,总剂量均为 75mg/kg 体重,每日三次,分二天内服完。治后三个月复查粪便,前者的虫卵阴转率为 92.86%,后者的阴转率为

58.62%。治后6个月复查，阴转率分别为92.59%和53.57%，左旋吡喹酮的阴转率明显高于吡喹酮（$P<0.01$）。两种药物的副反应发生率无显著性差异，因此认为，在剂量疗程相同的情况下，左旋吡喹酮的疗效优于吡喹酮（王小根等 1992）。

八、阿苯哒唑

阿苯哒唑（albendazole）是1976年研制成功问世的广谱抗蠕虫药物，国内药厂于1981年开始大量生产供人畜使用。该药对多种线虫病有极佳的治疗效果，对吸虫病、绦虫病也有较好的治疗效果。

（一）阿苯哒唑对华支睾吸虫存活和虫体结构的影响

徐莉莉（2011）将华支睾吸虫成虫置于含阿苯哒唑1μg/ml和10μg/ml的HBSS-20%小牛血清中培养，培养1小时后，虫体口吸盘皆从吸附的皿壁上脱落，且口吸盘频繁拉长，头部左右急速摆动，呈兴奋状，但虫体活动未见明显异常；培养24小时后，口吸盘活动明显减弱或消失，有的虫体伸缩活动明显减少；培养72小时后，除虫体和口吸盘的活动有所减弱外，虫体形态未见明显变化。阿苯哒唑浓度达50μg/ml时，对虫体的作用与10μg/ml时相似，但对口吸盘和体部均有兴奋作用，部分虫体明显伸长，持续长达72小时，但均未见在虫体死亡。

李秉正等（1990）报道了阿苯哒唑对华支睾吸虫体壁和肠管超微结构的影响。将人工感染大鼠用阿苯哒唑一次灌胃治疗，剂量为150mg/kg体重，治疗后不同时间内处死大鼠，从肝胆管内取虫观察。

（1）透射电镜观察：给药后1小时，体壁皮层上见突起肿胀，有的突起紧密相连或互相粘连，有些突起的质膜溶解剥脱，裸露出基质。给药后12小时，皮层上的突起进一步肿胀、粘连，有些突起溶解坏死。基质内大部分线粒体的嵴尚隐约可见，少数线粒体形成空泡，基层不规整。给药后24小时，皮层上部分突起坏死崩溃，基质内的变化与给药后12小时相似。给药后36小时，皮层上一些溶解坏死的突起脱落，基质内部分线粒体形成空泡，基层更不规整。给药后48小时，皮层上大部分突起坏死崩溃，基质变化与给药后36小时相似。给药后72小时，皮层上部分突起完全脱落，基质电子密度减低。在给药后36～72小时，表皮细胞胞质内线粒体肿胀，有些线粒体的嵴消失；核质内异染色体块明显增加。给药后24～72小时，环肌纤维与纵肌纤维肿胀，排列紊乱，有的部位溶解消失。给药后1小时，部分肠绒毛肿胀，其内部双层片样结构中心由致密小点形成的点线模糊不清或消失。给药后12小时，肠绒毛排列紊乱，部分肠绒毛粘连在一起，内部的点线模糊不清或消失，有些肠绒毛发生溶解坏死。给药后24小时，大部分肠绒毛肿胀，内部的点线消失，部分肠绒毛坏死。给药后36～48小时，肠绒毛进一步溶解坏死。给药后1～72小时，肠上皮细胞内粗面内质网扩张，至给药后72小时，胞质内线粒体的嵴模糊不清或消失。

（2）扫描电镜观察：给药后1小时，体表上部分马铃薯样结节肿胀或互相粘连。给药后12小时，体表上的结节变化同前，给药后24小时，体表上的结节进一步肿胀、粘连并出现许多泡状物。给药后36小时，体表上的泡状物增多，给药后48小时，泡状物破裂，形成许多大小不等、边缘不整的空洞，体表上的结节肿胀、粘连，并有片状剥脱。给药后72小时，体表变化与48小时相似。用药后，口、腹吸盘上也可见到泡状物和局灶剥脱。

唐永煌等(1988)用阿苯哒唑150mg/kg的总剂量(一次顿服)治疗人工感染华支睾吸虫的大鼠，治疗后不同时间剖杀动物，取虫观察虫体体表变化。用药后1～12小时，虫体体表无明显变化，24小时可见体表结节状突起肿胀，36小时后，体表出现突起状物，48小时后，突起状物增多，布满整个虫体，体表突起物出现破裂，组织发生溃烂。

因吸虫的皮层和肠管都具有吸收营养的功能，因此阿苯哒唑的杀虫作用与吡喹酮的作用机理相似，也可通过对皮层和肠管两个界面的双重损害，进而影响其生理功能，使虫体死亡。

（二）阿苯哒唑临床治疗和现场防治效果

曹维霁等(1985)用阿苯哒唑治疗50例华支睾吸虫患者，46例均采用总剂量56mg/kg体重，即8mg/(kg体重·日)，一次或分两次服用，共服7天，4例采用总剂量24mg/kg体重(分三天服用)。停药后一周、1个月、3个月和6个月检查粪便，虫卵阴转率依次为90.0%、93.8%、89.4%、和95.2%。合并蛔虫感染的25例和合并鞭虫感染的15例，在治疗后的一周复查，蛔虫卵和鞭虫卵的阴转率均为100%。

用阿苯哒唑总量140mg/kg(分7天服用，每日二次)与吡喹酮总量150mg/kg分二天服用治疗患者的疗效无显著性差异。用阿苯哒唑总量72mg/kg体重分6天、105mg/kg体重分7天和140mg/kg体重分7天三种方案治疗门诊或住院患者共90例，虫卵阴转率分别为63.2%、79.3%和94.4%。服药后2～4天内发热消退。有1例患者服药30小时后，在其粪便中发现2条不完整的华支睾吸虫虫体(张文玉等1988，1992)。黄健等(1992)采用总量96mg/kg体重和84mg/kg体重两种剂量治疗华支睾吸虫感染者，均分6天，每天2次服用，虫卵阴转率分别为100%(39/39)和98.5%(23/24)。其中合并感染蛔虫或鞭虫的34例，蛔虫卵或鞭虫卵也全部转阴。

鉴于7日疗程时间偏长，刘宜升等(1993)用阿苯哒唑总量60mg/kg体重和84mg/kg体重两种不同剂量分别治疗34和36例华支睾吸虫感染者，二组均采用每日服药2次，二天内服完的治疗方案。2组粪检虫卵阴转率分别为94.1%和88.9%。因此，适当加大剂量，缩短疗程，也可获得良好的治疗效果。

广东省将阿苯哒唑配以白砂糖、奶粉、奶油、麦芽糊精和食用香料等，加工成糖果型，每颗含阿苯哒唑0.2g，用于华支睾吸虫病的现场防治，服药总量2.8g(成人剂量)，分7天服用，累计服药人数超过50 000例。轻度感染者的虫卵阴转率达93.3%～96.6%，感染重者阴转率有所降低。观察4 596例服用阿苯哒唑糖的华支睾吸虫感染者，副反应的发生率为3.07%，表现为轻微的头晕、头痛、腹痛、腹胀等，但所有出现副反应的服药者均未经处理，并完成规定疗程(方悦怡等1995，陈祖泽等1997)。

黄细霞(1999)用阿苯哒唑驱虫糖治疗华支睾吸虫病患者，并与吡喹酮比较。按原药计算，阿苯哒唑成人总剂量为2.8g，分7天服；吡喹酮总剂量100 mg/kg体重，2天内分6次服。治后1个月复查，两组虫卵阴转率分别为93.3% (126/135)和95.4% (144/151)；虫卵减少率分别为95.7%和94.6%；阿苯哒唑驱虫糖的副反应率为2.96% (4/135)，吡喹酮为15.9% (24/151)，后者显著高于前者($\chi^2=12.07$，$P<0.005$)。

与吡喹酮相比，阿苯哒唑治疗华支睾吸虫病有以下优点：①用药量小，在总剂量低于吡喹酮的情况下，可达到与吡喹酮相似的治疗效果；②阿苯哒唑的副反应发生率较吡喹酮约低10～30个百分点，特别是治疗对象合并脑囊虫感染时，用吡喹酮治疗可能会发生严重的副作用，如用阿苯哒唑治疗，反应一般较轻甚至可能不出现副作用；③阿苯哒唑可同时对肠道线虫进行有效的治疗，在农村进行普查普治时特别有意义；④阿苯哒唑的价格相对便宜，在剂量相同的情况下，阿苯哒唑的价格仅为吡喹酮的1/4～1/3。

九、三苯双脒

三苯双脒（tribendimidine）的化学名为 N,N'-双[4′-(1-二甲氨基乙亚氨基)苯基]-1,4-苯二甲亚胺，系我国疾病预防控制中心寄生虫病预防控制所研发的具有独立自主知识产权的广谱抗肠道蠕虫新药，对人畜肠道线虫，特别是钩虫和蛔虫等具有良好的驱除作用。动物实验证明，该药对华支睾吸虫也具有明显的杀灭作用。

华支睾吸虫成虫在浓度为0.05μg/ml三苯双脒培养液中培养约1小时后，虫体活动逐渐减慢，口吸盘丧失吸附能力从皿壁上脱落，但仍可缓慢伸缩，虫体松弛伸直可微动。培养24小时后，开始有虫体死亡，未死亡的虫体活动微弱，呈伸直状；培养48小时后，虫体全部死亡。未见死亡虫体的体表有明显损害，但肠管膨大。在药物浓度为0.1μg/ml和0.5μg/ml时，虫体接触药液后迅速伸直、麻痹不动或偶有微动，1小时后即有虫死亡，4小时后多数虫已死亡。在浓度为1μg/ml和10μg/ml时，华支睾吸虫接触药液后立即麻痹不动，肠管膨大，培养时间至1小时，全部虫体死亡（徐莉莉等2011）。

感染华支睾吸虫的大鼠灌服三苯双脒（300mg/kg体重）4小时后，从鼠体内获取成虫，扫描电镜观察可见虫体皮层的结节肿胀、紧密接触和融合；口吸盘和腹吸盘两侧的皮层见局灶性和浅表的皮层剥落，腹吸盘的唇破坏，吸盘周围皮层的褶嵴轻度肿胀、融合或破溃。24小时后，吸盘的唇严重肿胀和破坏变形，或口吸盘和腹吸盘间的皮层有广泛的融合和局灶性剥落。48小时后，部分虫体的口吸盘和腹吸盘唇部被破坏，腹吸盘下的皮层褶嵴仍示有紧密接触和融合，使其体表形成条带状或块状等变化（Xiao 2009）。

三苯双脒对虫龄为7天和14天的华支睾吸虫童虫均有较好的杀灭作用。感染大鼠顿服三苯双脒150 mg/kg体重，平均减虫率为99.1%，大部分感染鼠被治愈。采用剂量为75 mg/kg体重时，减虫率为95.5%，剂量低至37.5mg/kg体重时，平均减虫率仍可达89.3%。顿服150mg/kg体重吡喹酮，减虫率为90%。在治疗实验感染大鼠时，三苯双脒对华支睾吸虫童虫的疗效亦优于吡喹酮。

用三苯双脒对感染华支睾吸虫大鼠体内成虫阶段进行实验性治疗，一次性治疗的疗效随剂量的增加而递增，接近治愈的剂量为300mg/kg体重，治疗9只鼠有8只被治愈。用150 mg/kg体重顿服治疗感染大鼠，三苯双脒和吡喹酮的减虫率分别为89.5%和80.7%，将三苯双脒的剂量减至37.5 mg/kg体重，减虫率仍高于50%，而将吡喹酮降至75 mg/kg体重即无效，故三苯双脒杀成虫的效果显著优于吡喹酮（肖树华2009）。

以人用三苯双脒的剂量换算为大鼠用的剂量，设计如下7种临床用药方案：16mg/(kg体重·日)×3天（每天2次）、16 mg/(kg体重·日)×2天（每天2次）、8 mg/(kg体重·日)×3天（每天1次）、32 mg/(kg体重·日)×3天（每天2次）、32mg/(kg体重·日)×2天（每天2次）、32mg/(kg体重·日)×1天（每天2次）和16mg/(kg体重·日)×3天（每天

1次)，治疗实验感染华支睾吸虫的大鼠，每种方案治疗5只大鼠。每鼠感染华支睾吸虫囊蚴50个，于感染后6周治疗，治疗后结束2周剖杀动物，收集胆管和肝组织内的华支睾吸虫，计算减虫率。上述各药物剂量组治愈的大鼠数分别为2、1、0、2、2、0、1，减虫率分别为93.8%、86.5%、90.2%、95.1%、92.6%、73.0%和88.3%。三苯双脒16mg(kg体重·日)或32mg/(kg体重·日)服用2天或3天(每天2次)有较好的疗效，疗程1天疗效明显降低，表明三苯双脒小剂量治疗华支睾吸虫病时，适当的疗程是必要的。

薛剑等(2009)用每鼠30个华支睾吸虫囊蚴的量经灌胃感染金色仓鼠，感染后14天或28天用不同剂量的三苯双脒灌胃顿服治疗，每组5只。治疗结束后2周剖杀，从胆囊、胆管和肝组织内检获残留的华支睾吸虫。用100mg/kg体重和200 mg/kg体重的药物于感染后14天治疗，治愈的仓鼠数分别为1只和2只，减虫率分别为90.6%和85.9%。用25mg/kg体重、50mg/kg体重、100 mg/kg体重和200mg/kg体重的剂量于感染后28天治疗，治愈仓鼠数分别为2只、3只、4只和5只，减虫率分别为71.8%、95.5%、100%和100%。三苯双脒对14天童虫有一定的杀灭作用，治愈仓鼠体内成虫阶段所需剂量为100mg/kg体重，远低于治疗感染华支睾吸虫大鼠所用的接近治愈的剂量(300mg/kg体重)。

十、青蒿素及衍生物

青蒿是中医用作清热解毒的常用中草药，其有效成分青蒿素具有吸收快、排泄快、毒性低等优点，主要用治疗各种疟疾。1971年我国科学家从菊科植物黄花蒿叶中提取分离得到一个具有过氧桥的倍半萜类化合物，即青蒿素(artemisinin)，该药具有极好的抗疟效果，尤其对抗氯喹的恶性疟、脑型疟疾具有速效和低毒的特点，是我国一类创新药物，已进入国际药典，被WHO作为重点项目推广。在青蒿素的基础上，此后又开发了多种衍生物，如青蒿琥酯(artesunate)、双氢青蒿素、蒿乙醚、和蒿甲醚(artemether)等。

(一) 青蒿素

赵呈明等(1980)用青蒿素治疗人工感染华支睾吸虫的家猫2只，一只猫的治疗剂量为42.5～79.8mg/(kg体重·日)，分3～4次服用，连服3天为一疗程。治疗三疗程后，猫粪便内虫卵阴转。另一只猫的治疗剂量为64～187mg/(kg体重·日)，分4次服用。第一、二疗程各为3～4天，第三、四疗程各为7天。第四疗程结束后，粪检虫卵阴转。因第二只猫感染重，每克粪便中虫卵数达23 800，疗效似乎与感染度有关。

陈荣信等(1983)用青蒿素治疗实验感染华支睾吸虫的大鼠。青蒿素结晶200mg/(kg体重·日)，当总量为1400mg/kg体重时，减虫率为100%，同样剂量片剂的减虫率仅有77.7%。青蒿素的衍生物有Sm223、Sm224、Sm242、Sm308、Sm320和Sm332等。用上述衍生物治疗实验感染华支睾吸虫的大鼠，剂量为60mg/(kg体重·日)，治疗5天，总量为300mg/kg体重时，除Sm332的减虫率为98.8%外，其余衍生物减虫率均可达100%；剂量减少一半时，所有衍生物的减虫率也均可达80%以上。其中Sm308每日剂量30mg/kg体重，总量为150mg/kg体重时，减虫率即可达100%。青蒿素及其衍生物均有良好的驱治华支睾吸虫的作用，但衍生物用量少，疗程短，综合评价，优于青蒿素。治疗后所获虫体的长度和宽度均较正常虫体变小，虫体萎缩，呈暗灰色，个别虫体呈溃溶状，睾丸不清，受精囊膨大。

在治疗期间，所有大鼠的活动、食欲、毛发亮泽度与对照组相比无明显异常，对治疗后大鼠的心、肝、肺、肾、脑等器官进行组织切片观察，与对照组相比，均未发现明显的病理变化，表明青蒿素及衍生物的药物毒性和副作用均较低。

该研究成果报道后的 10 多年内未见后续或相关研究。由于蒿甲醚和青蒿琥酯在 20 世纪末被发现是预防血吸虫病的有效药物，又推动了用青蒿素及衍生物驱治华支睾吸虫的研究。

（二）青蒿琥酯

在青蒿琥酯浓度 1μg/ml 的培养液中，虫体活动正常。当其浓度增至 10μg/ml 时，虫体活动减慢，继而虫体收缩，约 1 分钟后，虫体松弛，并持续呈轻度收缩状态，部分虫体从吸附的皿壁脱落，但口吸盘仍有一些伸缩活动。培养 1～3 天后，绝大部分虫的口吸盘仅缓慢缩动，但皆不能吸着皿壁上。口吸盘处呈青灰色，皮层有空泡出现，虫体表面不光滑，内部结构模糊。当浓度为 50μg/ml 时，成虫接触药物后立即强烈收缩，活动明显抑制，培养 24 小时，虫体后部因强烈挛缩增宽而使虫体呈三角形，口吸盘不能吸附皿壁，仅偶见有微弱缩动。虫体内部结构未见明显变化，但整个虫体体表有空泡形成，空泡壁薄，大小不一，呈透明状。培养至 48 小时和 72 小时后，有些空泡破裂，少数空泡增大，虫体周围有絮状沉淀物，可能是破裂空泡的受损皮层碎屑。在药物浓度 1μg/ml 的培养液中 72 小时，没有虫体死亡。在浓度 10μg/ml 中培养 24 小时，20 条成虫均未发生死亡，至 48 小时死亡 6 条，至 72 小时死亡 10 条。在药物浓度为 50μg/ml 时培养 24、48 和 72 小时，死亡虫数分别为 6、10 和 15 条（徐莉莉等 2011）。

感染华支睾吸虫的大鼠顿服青蒿琥酯 300mg/kg 体重，均被治愈；顿服 150mg/kg 体重，减虫率为 99%～100%，剂量减至 75mg/kg 体重，减虫率为 98.4%，部分大鼠可治愈，剂量减至 37.5 mg/kg 体重，减虫率为 62.0%。但青蒿琥酯对华支睾吸虫童虫的疗效较差，感染华支睾吸虫囊蚴 7 天和 14 天后，大鼠顿服青蒿琥酯 150 mg/kg 体重，14 日龄童虫的减虫率为 75.4%，而 7 日童虫龄的减虫率为 20.5%，14 天童虫对青蒿琥酯的敏感性高于 7 天童虫（肖树华等 2009）。

以人用青蒿琥酯的治疗剂量换算为大鼠用临床剂量，治疗感染华支睾吸虫 5 周的大鼠，12mg/(kg 体重 · 日)×3 天（每天 3 次）的方案治疗无效，用 16mg/(kg 体重 · 日)×3 天（每天 2 次）方案，5 只大鼠有 2 只治愈，总减虫率为 57.2%。该剂量远低于实验剂量，表明青蒿琥酯按人用临床剂量换算为大鼠用剂量来治疗感染大鼠，疗效差或无效（薛剑等 2010）。

薛剑等（2009）以每鼠 30 个华支睾吸虫囊蚴的量感染金色仓鼠，感染后 14 天或 28 天后用青蒿琥酯灌胃顿服治疗。感染后 14 天用 300mg/kg 体重治疗无效，感染后 28 天，以 25mg/kg 体重、100mg/kg 体重、200 mg/kg 体重和 300mg/kg 体重等不同剂量分别治疗 4 组仓鼠，每组 5 只，治愈仓鼠数分别为 0、2、3 和 3 只，减虫率分别为 20.0%、56.4%、98.5% 和 100%。青蒿琥酯对 14 天童虫无明显杀灭作用，对 28 天童虫也无理想效果，说明华支睾吸虫童虫对青蒿琥酯不敏感。

（三）蒿甲醚

浓度相同的情况下，华支睾吸虫在含蒿甲醚培养液中的变化同在含青蒿琥酯培养液中的变化。在 1μg/ml 的培养液中 72 小时，没有虫体死亡。在浓度 10μg/ml 中培养 24 小时，20 条成虫均存活，至 48 小时死亡 5 条，至 72 小时死亡 9 条，在药物浓度为 50μg/ml 时培养 24、48 和 72 小时，死亡虫数分别为 4、9 和 12 条（徐莉莉等 2011）。

感染华支睾吸虫的大鼠顿服蒿甲醚(150mg/kg 体重)后，剖杀动物取出，用扫描电镜观察治疗后虫体的变化，可见虫体皮层结节呈弥漫性明显肿胀或空泡样变化，口吸盘严重肿胀，其唇外缘与环绕口吸盘的皮层融合，腹吸盘因高度肿胀并与环绕吸盘的横行皮层褶嵴融合，使吸盘呈扁平状。给药后 1 天，部分口吸盘损伤严重而毁形，环绕吸盘的横行皮层褶嵴广泛肿胀、融合、糜烂，感觉器破坏。给药后 3 天，体表变化仍主要见于口吸盘和腹吸盘，特别是腹吸盘严重毁形，环绕吸盘的皮层高度肿胀、融合和空泡样变化，整个腹吸盘可陷没于皮层中。给药后 7 天，残留虫体的部分体表皮层未见异常，部分肿胀、紧密接触、融合和破溃等（Xiao 2009 ）。

感染华支睾吸虫的大鼠顿服蒿甲醚(300mg/kg 体重)，受治鼠均被治愈，顿服 150 mg/kg 体重，减虫率也可达 100%，剂量减至 75 mg/kg 体重，减虫率为 76.1%。再次观察，37.5mg/kg 体重和 75 mg/kg 体重用药量的减虫率分别为 85.9%和 91.1%。将剂量减至 5 mg/kg 体重，减虫率为 46.0%。在顿服的情况下，蒿甲醚的治愈剂量为 150mg/kg 体重。肖树华等(2008)用蒿甲醚 75 mg/kg 体重(顿服)和 37.5 mg/(kg 体重 · 日)×2 天的方案，各治疗 5 只经口感染 50 个华支睾吸虫囊蚴 6 周的大鼠，治疗后 2 周观察，2 种剂量各治愈 4 只和 3 只大鼠，减虫率分别为 98.5%和 90.4%。

蒿甲醚对童虫疗效稍差，感染华支睾吸虫囊蚴 7 天和 14 天的大鼠顿服蒿甲醚(150 mg/kg 体重)，虫龄为 14 天的童虫减虫率分别为 78.5%，7 天童虫的减虫率为 15.2%。(肖树华等 2009)。

Kim (2009)用青蒿琥酯和蒿甲醚治疗实验感染家兔，每兔均感染华支睾吸虫囊蚴 300 个，感染后 28 天治疗，每种用药方案治疗 4 只家兔，采用 1 次口服给药，治疗后 14 天取虫观察治疗效果。青蒿琥酯用量 7.5 mg/kg 体重、15.0 mg/kg 体重、30.0 mg/kg 体重、60.0 mg/kg 体重和 120.0 mg/kg 体重的减虫率分别为 0、13.5%、35.1%、70.0%和 88.8%。蒿甲醚用量 15.0 mg/kg 体重、30.0 mg/kg 体重、60.0 mg/kg 体重和 120.0 mg/kg 体重的减虫率分别为 44.8%、22.6%、31.4%和 67.2%。减虫率随剂量的增加而提高。作为对照，吡喹酮用量 75.0 mg/kg 体重和 120 mg/kg 体重的减虫率分别可达到 88.9%和 100.0%。

采用同样治疗方案，青蒿琥酯和蒿甲醚治疗感染华支睾吸虫家兔的效果较治疗的大鼠要稍差，提示 2 种药物抗华支睾吸虫的作用可能受宿主生理因素的影响。

十一、甲　氟　喹

另一种抗疟药甲氟喹(mefloquine)能减少大鼠体内日本血吸虫和曼氏血吸虫的产卵，对 2 种吸虫的幼虫和成虫阶段也有杀伤作用，因此有学者用该药治疗实验感染华支睾吸虫的大鼠，以研究其抗华支睾吸虫的作用。以 1 次口服 75mg/kg 体重、150/kg 体重、250/kg 体重甲氟喹治疗感染大鼠，减虫率均与不治疗对照组无显著差异，改为 100mg/kg 体重，每天 1 次，连服 3 日，减虫率则显著高于对照组。但在治疗过程中，有部分动物死亡(Xiao 2010)。

十二、联合用药

对于已用于华支睾吸虫病的临床和现场治疗多年，在安全剂量下单独应用有很好疗效的阿苯哒唑、吡喹酮，及经动物实验表明有确切效果的三苯双脒和青蒿琥酯等，可不需要联合用药。但考虑到吡喹酮、阿苯哒唑、青蒿琥酯和三苯双脒等为不同类型的化合物，对华支睾吸虫的杀伤机制也有所不同，再考虑到对人体临床或现场治疗时，不同药物的驱虫谱有所差异，因此可以采用减少单种药物用量，不同药物联合治疗，以提高疗效和驱治合并感染的其他寄生虫。

肖树华(2008)报道，采用单独顿服三苯双脒 75mg/kg 体重(接近治愈剂量的 1/4)或吡喹酮 187.5mg/kg 体重(治愈剂量的 1/2)治疗感染华支睾吸虫的大鼠各 5 只，治愈数分别为 0 和 1 只，减虫率分别为 77.1%和 76.3%。而联合用药，同时顿服相同剂量的上述 2 种药物治疗 5 只大鼠，全部治愈，减虫率为 100%。再分别用青蒿琥酯 30mg/kg 体重(略小于治愈剂量的 1/2)、蒿甲醚 30mg/kg 体重(略小于高效剂量的 1/2)、三苯双脒 50mg/kg 体重(约为治愈剂量 1/6)或 75mg/kg 体重和吡喹酮 150mg/kg 体重(略小于治愈剂量的 1/2)单剂各治疗 5 只人工感染华支睾吸虫大鼠，除青蒿琥酯治愈 2 只大鼠外，其余各药均未有动物治愈，减虫率为 24.8%～65.0%，三苯双脒 75mg/kg 体重组的减虫率最高，为 79.6%。将上述所用药物及剂量相互组合成 7 种不同方案，治疗感染华支睾吸虫的大鼠，减虫率为 74.4%～97.9%，均高于各药单用组，其平均减虫数至少与两药联用中的一个药物单用组的差别显著，但仍有 3 组没有出现治愈的动物。

参照人的临床用药方案，将三苯双脒、青蒿琥酯和吡喹酮治疗华支睾吸虫卵患者的剂量疗程，按动物等效剂量换算法，制定单独或联合用药治疗人工感染华支睾吸虫大鼠的治疗方案。三苯双脒[16mg/(kg 体重·日)×3 天，一天 2 次，]与吡喹酮[143mg/(kg 体重·日)×3 天，一天 2 次]联合治疗，减虫率与两药单用时接近，均>95%，治疗的 6 只大鼠中有 5 只被治愈。将上述三苯双脒剂量加至 32mg/kg，减虫率未提高，也无治愈的大鼠。若将联合治疗的疗程由 3 天减至 2 天，减虫率无明显变化，治疗的大 6 鼠有 3 只治愈。三苯双脒[16mg/(kg 体重·日)×3 天，一天 2 次]或 32mg/(kg 体重·日)×3 天，一天 2 次]分别与青蒿琥酯[16mg/(kg 体重·日)×3 天，一天 2 次]联合各治疗 6 只大鼠，减虫率均为 98%，与单用三苯双脒的差异无统计学意义，但显著高于单用青蒿琥酯时的减虫率，2 种组合分别有 5 只和 4 只大鼠被治愈。吡喹酮[143mg/(kg 体重·日)×3 天，一天 3 次]与青蒿琥酯[12mg/(kg·日)×3 天，一天 3 次]联合治疗组，受治的 5 鼠均被治愈。用吡喹酮[143mg/(kg 体重·日)×3 天，一天 2 次]与青蒿琥酯[16mg/(kg 体重·日)×3 天，一天 2 次]联合治疗，其减虫率与吡喹酮单用组亦无显著差异，但高于青蒿琥酯单用组，治疗 6 大鼠有 3 只治愈。

由于单用三苯双脒和吡喹酮治疗已有很好的抗华支睾吸虫作用，故 2 种药物联合治疗的增效作用不明显。三苯双脒或吡喹酮与青蒿琥酯联合治疗都有很高的疗效，与三苯双脒和吡喹酮单用组相仿，但治愈鼠数较多，个别组的实验鼠甚至被全部治愈(薛剑等 2010)。

在华支睾吸虫病临床和现场治疗中发现，在重度感染的情况下，单独使用阿苯哒唑治疗华支睾吸虫卵的阴转率均较低，若与吡喹酮配伍合并应用，不但对重度感染有良好治疗效果，而且对同时存在的线虫感染也有满意的驱治作用。李树林等(1995)将华支睾吸虫患者分为三组，第一组单用吡喹酮，总剂量 180mg/kg 体重，治疗 66 例；第二组单用阿苯哒唑，总剂量 90mg/kg 体重，治疗 62 例；第三组吡喹酮总剂量 90mg/kg 体重加阿苯哒唑总剂量 45mg/kg 体重，治疗 74 例。3 组药物均为 3 天分服，日服 3 次。3 组的虫卵阴转率分别 98.5%、61.3%和 87.8%，虫卵减少率分别为 97.7%、65.5%和 97.3%。李树林同时观察到，在用药量相同，疗程一样的情况下，轻感染组的治疗效果优于重感染组，结果见表 16-4。

表 16-4 不同感染度华支睾吸虫病的治疗效果

组别	轻度感染			中度感染			重度感染		
	复查例数	阴转例数	阴转率(%)	复查例数	阴转例数	阴转率(%)	复查例数	阴转例数	阴转率(%)
一	33	33	100.0	22	22	100.0	11	10	90.9
二	31	27	87.1	24	11	45.8	7	0	0
三	35	35	100.0	28	25	89.3	11	6	54.5

第一组分别有 4 例、16 例和 8 例合并钩虫、蛔虫或鞭虫感染，治后无一例线虫卵阴转。第二组合并感染上述三种线虫的分别有 5 例、18 例和 13 例，第三组合并感染上述三种线虫的分别有 7 例、32 例和 14 例，治后所有患者钩虫卵、蛔虫卵均阴转，两组合并感染鞭虫的阴转率分别为 84.6%(11/13)和 71.4%(10/14)。在部分华支睾吸虫病流行区，合并肠道线虫感染的现象也较常见，两药配伍应用的治疗方案可以达到一次治疗同时驱治两种或两种以上的寄生虫效果。

吡喹酮和阿苯哒唑仍是目前治疗华支睾吸虫病的首选药物。从药物的疗效和安全性等诸因素综合分析，可单独应用吡喹酮或阿苯哒唑，或两药合并使用。为增加流行病学现场服药的依从性和提高服药率，阿苯哒唑糖服用更为方便实用。

吡喹酮和和阿苯哒唑作为一线驱虫药均有 30 多年历史，使用极为广泛，因此应考虑到寄生虫对其产生耐药性的可能性。三苯双脒、蒿甲醚和青蒿琥酯等在实验性治疗动物华支睾吸虫感染效果明显，有较好的应用前景，已有学者尝试用三苯双脒和青蒿琥酯治疗人体华支睾吸虫感染，其剂量、疗程和疗效正在进行深入研究和探讨。

十三、中医中药治疗

邓铁涛老中医(邓中炎 1981)认为华支睾吸虫病属虫积、积症、虫臌(虫胀、蛊胀、蛊)等证的范围。因虫积肝内，必须予以驱虫药，杀灭或驱除肝虫排出体外乃治病之根本。

驱华支睾吸虫的中药有二方，一方为：党参(或太子参)、云苓、扁豆各 12 克、白术、郁金各 10 克、淮山药 15 克、槟榔 25 克、使君子 25 克、甘草 5 克，该方的功用是健脾扶正。二方为：郁金 10 克、苦楝根白皮 15 克、炒榧子肉 25 克、槟榔 25 克。该方的作用是驱虫疏肝以祛邪。根据临床症状的差异，一方可适当加减。如兼见脘闷、恶心呕吐、肢体困重、湿困明显者加法半夏、陈皮，砂仁，白术易苍术，以化湿去湿；若肋痛明显、嗳气、呃气、脘闷、肝气横逆者，酌加枳壳、白芍、柴胡以舒肝；若头晕头痛、失眠多梦、舌嫩红、肝阴不足者，酌加女贞子、旱莲草，白芍以养阴护肝；若出现肝硬化腹水者，酌情加用丹参、首乌、菟丝子、楮实子、党参易人参以增强健脾除湿柔肝之效，并根据病情延长一方服用时间，条件许可再服二方。若症见发热、寒热往来、肋痛、黄疸、苔黄厚腻、脉弦滑数者为湿热内盛，应先予清热利湿，待湿热消退后，方可服一方、二方。

治疗时，先服一方，每日1剂，连服3～4天，再服二方，方法同上，连服5～7天为一疗程。第一疗程未愈，复查大便仍有虫卵者，可进行第二疗程。若体质健壮者，可先服二方，再服一方，剂数不变。邓老中医及同事用该法治疗4例华支睾吸虫病患者，治疗后，有2例每月复查大便1次，共查3次，均未发现虫卵；另2例在一年内多次复查，大便中都未发现华支睾吸虫卵，随访11年也未见复发。对感染轻者，一般服1～2个疗程可愈，感染重者服3个疗程可愈，最多可服4个疗程。邓中炎(1985)用该方治疗12例华支睾吸虫病患者，二方中的苦楝根白皮、炒榧子肉均用30克，槟榔用45克。服用一方3天，每天1剂，然后服用二方6天，每天2剂，上下午分服。疗程结束后第5天、第15天复查粪便，虫卵阳性者服用第二疗程，虫卵仍阳性者服用第三疗程。12例中有6例仅服用1疗程，大便检查虫卵阴转，3例服2个疗程后粪便虫卵阴转。

治疗后，虫卵形态多发生明显变化，虫卵变大或缩小，外形不规则，卵壳变薄或增厚，内容物亦有变化，并出现空泡。用该方治疗后，合并蛔虫、钩虫感染者粪便中蛔虫卵和钩虫卵也一并阴转，说明该方还有驱治肠道线虫的作用。该方治疗华支睾吸虫病主要是因为槟榔中的有效成分槟榔碱对虫体有麻痹瘫痪作用，苦楝根白皮中的有效成分苦楝素对虫体也起麻痹作用，且作用缓慢持久。推荐使用的最大有效剂量为槟榔60克/日，苦楝根白皮25克/日，使君子20克/日。

该药的副作用有轻度头痛、乏力、瞳孔轻度散大、恶心呕吐、食欲不振、手指震颤等即时反应，均出现在第一疗程。有二例转氨酶轻度升高。以上副作用均无需处理，停药后自然消失，转氨酶恢复正常。

广东省小榄医院1975年用中药方剂治疗156例华支睾吸虫病患者，治后1～2月复查103例，虫卵阴转率为64.8%。其方剂为：吴茱萸、川楝子、雷丸、广木香各15克、贯众20克、槟榔25克、葫芦茶50克，每日一剂顿服。

广东新会市中医院叶以健(1994)用中药方剂(成人剂量为：葫芦茶30g、槟榔20g、板蓝根20g、川芎10g)治疗华支睾吸虫病患者和感染者，每天1剂，煎服2次，连服1个月。用该方治疗168例，全部按期完成疗程。以治后连续6个月粪检虫卵阴性为治愈。168例有5例癌症患者无法核实疗效，其他163例中虫卵阴转159例(97.5%)，余4例在服药后相隔2～6年粪检阳性，但不能排除重复感染。而分别服用硫双二氯酚和呋喃丙胺的15例和8例感染者药物反应大，患者不易接受，均未治愈。华支睾吸虫感染多合并肝胆疾病，本中药配方，针对肝胆疾病而立，具有利胆、抗菌、抗病毒等作用，从而达到消炎驱虫的目的。

花椒粉也曾用来治疗华支睾吸虫病，据报道在福建省治疗29例患者，治后两周复查，虫卵阴转率为92.6%。另北京用鹤草酚治疗实验感染华支睾吸虫动物，发现该药有明显的抑制华支睾吸虫排卵的作用。

虽然中药对华支睾吸虫感染有一定的治疗作用，但其服用麻烦，治疗时间长，仅有的资料也缺乏系统的研究，故应慎用。

（陈　明）

第十七章　华支睾吸虫感染所致肝胆疾病的经济负担

广东药学院黄嘉殷(2010)对广东省华支睾吸虫感染所致的经济负担进行了系统的研究。研究对象为2009年1月1日～2009年12月31日在佛山市2所市直属综合医院、9所区直属综合医院住院的肝胆疾病住院病例。共收集相关病例5494例,其中华支睾吸虫感染673例,非华支睾吸虫感染者4821例。华支睾吸虫病患者男女性别比为4.33∶1,以40～60岁年龄组为主。患者出院时诊断为华支睾吸虫感染合并梗阻性黄疸、胆结石、肝硬化、肝恶性肿瘤的病例均列为华支睾吸虫感染组,纳入统计分析。

根据2001～2004年我国重要寄生虫病现状调查,华支睾吸虫感染率以珠江三角洲地区最高,达25.13%,推算该地区有506.81万人感染,珠江上游地区感染率为10.30%,约有153.05万人感染,韩江地区感染率为0.49%,约有4.39万人感染,广东省总计约有664.25万人感染华支睾吸虫。按华支睾吸虫感染人群胆囊胆管炎,胆石症,肝硬化和肝恶性肿瘤发生率分别为0.98%、0.23%、0.40%和0.35%推算,广东省华支睾吸虫感染人群中发生胆囊胆管炎约为65 095例、胆石症约15 726例、肝硬化约26 569例、肝恶性肿瘤约23 247人。依据华支睾吸虫感染引起的梗阻性黄疸与胆囊胆管炎和胆石症比例为2.17∶1,推算广东省华支睾吸虫流行区梗阻性黄疸的人数约为174 405人,发生各种肝胆疾病合计约304 594例。

华支睾吸虫病所致疾病经济负担来自以下3方面:

1. 直接经济负担　华支睾吸虫病患者住院治疗直接支出的医疗费用。广东省华支睾吸虫感染所致某种疾病产生的费用＝华支睾吸虫感染所致某病的例平均诊疗费用×广东省华支睾吸虫致某病的发病人数。

2. 直接非医疗费用　包括患者陪护费、寻求医疗服务的车费、营养费用等。黄嘉殷采用的直接非医疗费用数据来源于广东省第四次国家卫生服务调查,住院直接非医疗费用为人均次619.3元。广东省患者平均住院9.3天,直接非医疗费用＝619.3元/9.3天×华支睾吸虫感染所致各肝胆疾病住院天数×华支睾吸虫感染所致各肝胆疾病患病人数。

3. 间接经济负担　广东省2008年人均地区生产总值为33 282元,疾病的间接经济负担＝33 282/365×该病住院天数×患该病人数。例如华支睾吸虫所致胆囊胆管炎的间接经济负担＝33 282/365(元)×8(天)×65 095(人)＝4748.48万元。

华支睾吸虫感染所致的肝胆疾病负担＝直接经济负担＋直接非医疗费用＋间接经济负担。广东省华支睾吸虫感染所致肝胆疾病总经济负担为160 483.08万元(见表17-1)。

表17-1　广东省华支睾吸虫病患者经济负担及全省所需费用推算

	梗阻性黄疸	胆囊胆管炎	胆结石	肝硬化	肝恶性肿瘤	合计
住院病例数	433	82	118	13	27	673
人均住院天数	2	8	10	17	14	—
人均住院费用(元)	579.95	5015.52	9771.76	13 168.83	17 638.28	—

续表

	梗阻性黄疸	胆囊胆管炎	胆结石	肝硬化	肝恶性肿瘤	合计
推算全省患病人数	174 405	65 095	15 276	26 540	23 248	304 954
直接医疗费用(万元)	10 114.56	32 648.53	14 927.34	34 988.26	41 003.71	133 682.40
直接非医疗费用(万元)	2322.76	3467.81	1017.25	3007.75	2167.27	11 982.85
间接经济负担(万元)	1590.29	4748.48	1392.92	4118.52	2967.64	14 818.12
总经济负担(万元)	14 027.59	40 864.82	1733.52	42 114.52	46 138.62	160 483.08

华支睾吸虫感染致病所产生的经济负担在高感染率的珠江上游地区占当地生产总值(GDP)的0.08%，在低感染率的韩江地区占当地GDP的比例<0.01%。

华支睾吸虫感染所致胆囊胆管炎、胆石症、肝硬化和肝恶性肿瘤的平均治疗费用分别占当地城镇居民可支配收入的23.25%、45.29%、61.04%和81.75%；分别占当地农村居民可支配收入的72.62%、141.48%、190.66%和255.37%。华支睾吸虫所致疾病对于当地居民来说不仅导致身体和精神上的痛苦，也增加了额外的经济负担。

（刘宜升）

第十八章　华支睾吸虫病的分布和流行病学

一、华支睾吸虫病在世界分布及感染情况

华支睾吸虫病主要分布在日本、朝鲜、韩国、越南北部、俄罗斯的远东地区和中国的大部分地区。

韩国最早在1915年发现华支睾吸虫感染者和华支睾吸虫病流行区。因韩国居民有食生鱼的习惯，故华支睾吸虫病在韩国分布范围广。Rim等(1958)检查14 519份人粪便，虫卵阳性率为11.7%。1959年，韩国开展了全国范围的华支睾吸虫抗原皮内试验，在所检查的300万人口中，有45万人呈阳性反应(Soh 1991，Chung 1991)，流行区主要在汉江、锦江和洛东江等7条大河流域内。人群感染较为集中和感染度重的地区为洛东江流域，其他地区流行程度相对较轻。1979～1980年在7条河流域调查了40个村庄13 373人，洛东江流域粪检虫卵阳性率最高，为40.2%，最低的是Mangyony河流域，为8.0%，平均感染率为21.5%。根据这些资料估计，在这7条河流域生活的400万居民中，约有83万～89万感染者。在已证实的感染者中，重感染者[每克粪便虫卵数(EPG)＞10 000]占6.8%，中度感染者(EPG1000～10 000)占28.6%，轻度感染者(EPG＜1000)占64.7%(Seo 1981)。

根据Youn等(2009)总结，1962～1968年在庆尚北道检查2414人，感染率为29.8%，1969年7月～1970年12月检查2250人，感染率为12.1%，1970年7月在Cheju检查3169人，感染率为0.2%，1983年8月～1985年12月在Soldiers检查2643人，感染率为7.6%，1985年6月～1986年7月年在首尔检查5251人，感染率为1.43%，1984～1992年在首尔检查52 552人，感染率为3.2%，1991年1月～10月在金刚检查743人，感染率为30.8%，1992年在Soldiers检查113人，感染率为6.2%，1993年在Soldiers检查233人，感染率为0.4%。

Joo等(1997)从1993年3月起至1995年4月，在韩国光州20个县(市)的72个村庄和8所小学共80个调查点，采用抗原皮内试验和粪便检查2种方法检查11 181人。在20个县(市)全都发现华支睾吸虫感染者，华支睾吸虫抗原皮内试验总阳性率为27.6%，男性的平均阳性率为42.2%，女性平均阳性为13.9%。粪便检查虫卵阳性率为0.6%～17.0%，总感染率为7.7%，男性的平均感染率为11.3%，女性平均感染率为4.1%。粪便虫卵阳性率随年龄增长而升高，至45～49岁年龄组达13.1%的最高点，此后有逐渐下降趋势，至75岁以后，仍保持在6.7%的水平。对486例感染者进行粪便虫卵计数，轻度(EPG＜1000)、中度(EPG1000～9999)、重度(EPG10 000～29 999)和超重度(EPG≥30 000)感染分别占74.3%、24.0%和1.7%，超重度有3例。感染度随年龄增长有加重趋势，45～49岁年龄组的EPG最大，为2555。

Cho等(2008)从2006年1月至当年12月，选择洛东江、蟾津江、荣山江和锦江4条河流河边或沿河附近的23个县的村民进行粪检，调查当地华支睾吸虫病的流行情况。洛东江流域9个调查点居民感染率最高，平均为7.4%～30.6%，山清郡、晋州市、昌原市、尚州市、

密阳市和下南邑等地居民的感染率分别为 30.6%、27.9%、26.7%、17.3%、13.5%、13.0%，昌宁郡为 7.4%。感染率最低的是锦江流域的扶餘郡，仅为 0.4%。检查男性居民 11 090 人，平均感染率为 13.6%，不同地区男性的感染率为 0.4%～36.5%；检查女性居民 12 985 人，平均感染率为 8.9%，不同地区女性的感染率为 0.5%～25.0%。不同地区和不同年龄组的感染情况见表 18-1 。

表 18-1　韩国不同河流流域人群华支睾吸虫卵阳性人数和年龄分布

河流流域	检查人数	不同年龄组虫卵阳性人数									合计感染人数(%)
		<19	20～	30～	40～	50～	60～	70～	>80	不详	
洛东江	9177	6	12	36	195	384	543	286	37	65	1566(17.1)
蟾津江	5555	11	10	15	78	141	186	128	23	30	622(11.2)
荣山江	4958	2	5	12	45	53	87	56	10	1	271(5.5)
锦江	4385	1	2	3	14	42	76	55	9	1	202(4.6)
合计	24 076 (%)	20 (2.4)	29 (5.1)	68 (6.3)	332 (11.5)	620 (12.8)	891 (12.6)	525 (9.9)	78 (8.0)	97 (17.8)	2661 (11.1)

据 Kim 等(2001)报道，韩国庆尚南道华支睾吸虫感染在 20 世纪 80 年代较为普遍，由于进行健康教育等防治措施，华支睾吸虫感染率呈现下降趋势。如小学生感染率下降十分显著(表 18-2)。

表 18-2　韩国庆尚南道小学生粪便华支睾吸虫卵检查结果

	阳性人数/检查人数(感染率%)		
	山清郡		咸阳郡
	1984 年	1993 年	2000 年
男生	57/225(25.3)	8/81(9.9)	3/366(0.82)
女生	63/226(27.9)	6/64(9.4)	1/354(0.28)
合计	120/491(24.4)	14/145(9.7)	4/720(0.56)

日本最早在 1878 年发现了华支睾吸虫病例(Komiya 1964)。许多早期研究表明，除日本北方外，华支睾吸虫病曾在日本国广泛流行。1960 年调查日本的 Kitagami、Tone、Ooe 和 Yoshino 等几条河的流域、琵琶湖及其邻近地区、Kojima 海湾地区都是华支睾吸虫病的流行区。在这些地区，可查到被华支睾吸虫感染的纹沼螺和淡水鱼。大多数被感染的居民都是轻度感染，EPG 一般低于 1000，没有明显的临床症状(Komiya 1964，Rim 1986)。

华支睾吸虫病主要流行于越南的北部，西部地区和南方感染率都很低。Rim 等(1986)，Kieu 等(1990)报道流行区人群感染率为 28.8%，其中成人感染率大于 40%，儿童感染率为 8%。在红河三角洲、海防和河内的一些重流行区，感染率最高可达 73%。Nontasut 等(2003)报道，位于红河三角洲清化省的 Nga Son 地区粪检 721 位村民，华支睾吸虫的感染率为 17.2%，其中男性感染率为 27.9%，40～49 岁男性的感染率高达 40.04%；女性感染率为 4.3%。该地区男性居民食生鱼的比例高达 95.5%，女性食生鱼的比例为 23.9%。Kieu(1992)在同一地区采用相同粪检方法调查，居民的总感染率为 2.5%。

Cam 等(2008)于 1999～2000 年在越南北方的宁平省流行区检查居民 1155 名，华支睾吸虫的感染率为 26.06%(301/1155)，感染者平均 EPG 为 472，其中感染最重的 EPG 为 15 801。男性的感染率为 33.77%(258/764)，女性的感染率为 11.00%(43/391)。＜29 岁居民的感染率为 7.2%(30/418)，＞29 岁居民的感染率为 36.8%(271/737)。有食生鱼习惯居民的感染率为 44.6%(289/648)，无食生鱼习惯者的感染率仅为 2.3%(12/507)。Kino (1998)此前曾在同一地点调查，居民感染率为 13.7%(42/306)，其中男性为 23.4%(40/171)，女性为 1.5%(2/135)。

在俄罗斯，华支睾吸虫病人主要集中在远东地区。第一中间宿主为纹沼螺，第二中间宿主为鲤科的一些鱼类。调查 Khabarovsk 地区北部和 Amur 河流域的一些流行区，螺蛳、淡水鱼和家猫的感染率分别为 2.9%、9.5%和 74.6%(Figurnov 1986，Posokov 1982，1987)。

菲律宾于 1967～1983 年调查 30 万人，仅在 135 人的粪便中发现了类似后睾吸虫卵或是华支睾吸虫卵。当地土著居民是否有华支睾吸虫感染尚未得到寄生虫学的证实。在新加坡和马来西亚等国家也有华支睾吸虫感染的报道，但这些病例均是在其他流行区被感染或是吃了进口的淡水鱼(Cross 1984)。

美国自 1916 年发现华支睾吸虫感染者以来，已有近 50 篇有关华支睾吸虫感染者的报道(Fried 2010)，除 3 篇文献所报告的 4 例没有明确感染地外，其他感染者均为来自日本、韩国、中国、越南及前苏联等国家和地区的移民，或曾有在华支睾吸虫病流行国家居住过的经历。仅有一篇报道(Binford 1934)提及 4 例夏威夷本土出生的感染者，其中 1 人为韩裔，怀疑其感染来源是当地池塘的鱼或是从中国进口的淡水鱼。在西方其他国家，也有一些亚洲人感染的报告，但尚无证据说明这些感染是在当地获得的。如 Seah(1973)报道在加拿大蒙特利尔检查 400 名中国移民，华支睾吸虫的感染率为 15.5%(62/400)。

(以上资料部分引自 Chen 1994)

二、我国华支睾吸虫病的地理分布

(一) 华支睾吸虫感染的水系流域分布

我国水系流域分外流区域和内流区域，两者的界限北段大体上沿着大兴安岭-阴山-贺兰山-祁连山东端一线，南段比较接近于 200mm 的年降水量线，在西藏的中部和西南部更明显。这一界限的东南部是外流区域，约占全国总面积的 2/3，其中大部分属太平洋流域，少数属印度洋流域，只有额尔齐斯河向西、向北流出国境，属北冰洋流域。在我国西部、北部，面积约占全国 1/3 的比较干旱地区是内流区域，这里大潭较少，各河下游在洼地积水成湖或消失于荒漠中(图 18-1)。

根据首次全国人体寄生虫分布调查结果(许隆祺 2000)，华支睾吸虫感染呈现随水系流域分布的规律。我国的华支睾吸虫病主要分布于外流区域的太平洋流域，人群华支睾吸虫感染率为 0.326%，而这一区域的印度洋流域和北冰洋流域则无感染；内流区域的感染率为 0.025%(图 18-2，图 18-3)。

(二) 华支睾吸虫感染的地理大区分布

按地理方位，全国分为六个大区，华北区(包括北京、天津、河北、山西和内蒙古)、东北区

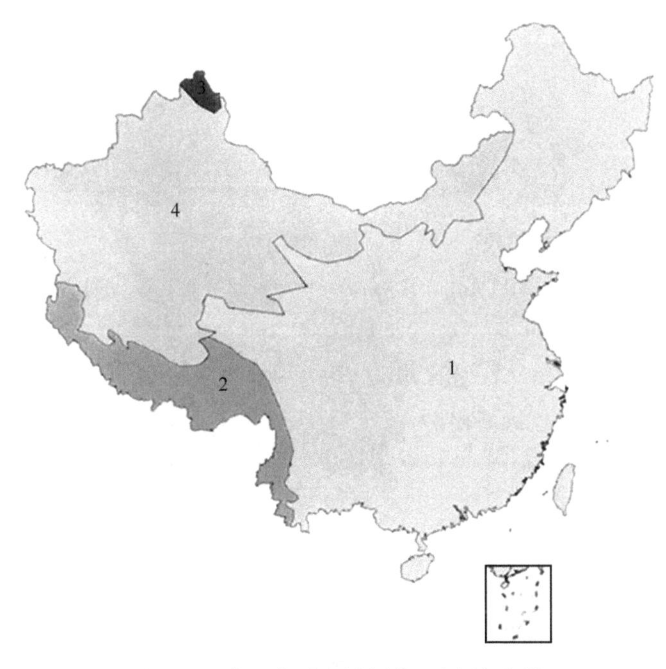

图 18-1　中国水系流域划分(引自许隆祺)

1. 太平洋流域;2. 印度洋流域;3. 北冰洋流域;4. 内流区域,1～3 为外流区域

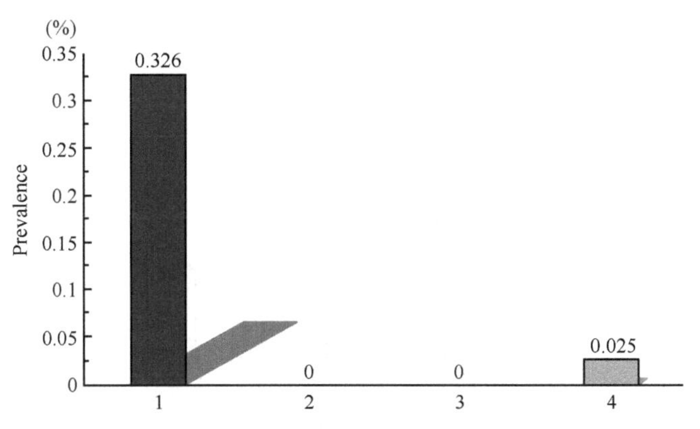

图 18-2　各水系流域华支睾吸虫感染率(引自许隆祺)

1. 太平洋流域;2. 印度洋流域;3. 北冰洋流域;4. 内流区域

(包括黑龙江、吉林和辽宁)、华东区(包括上海、江苏、浙江、安徽、福建、江西、山东和台湾)、中南区(包括河南、湖北、湖南、广东、广西、海南、香港和澳门)、西南区(包括四川、重庆、贵州、云南和西藏)、西北区(包括陕西、甘肃、青海、宁夏和新疆)。华北、东北、华东、中南、西南和西北 6 个地理大区,人群华支睾吸虫感染率(实检人数)分别为 0.019%(212 745)、0.608%(153 559)、0.350%(428 819)、0.605%(324 008)、0.239%(213 524)和 0.028%(145 007)(图 18-4,图 18-5)。

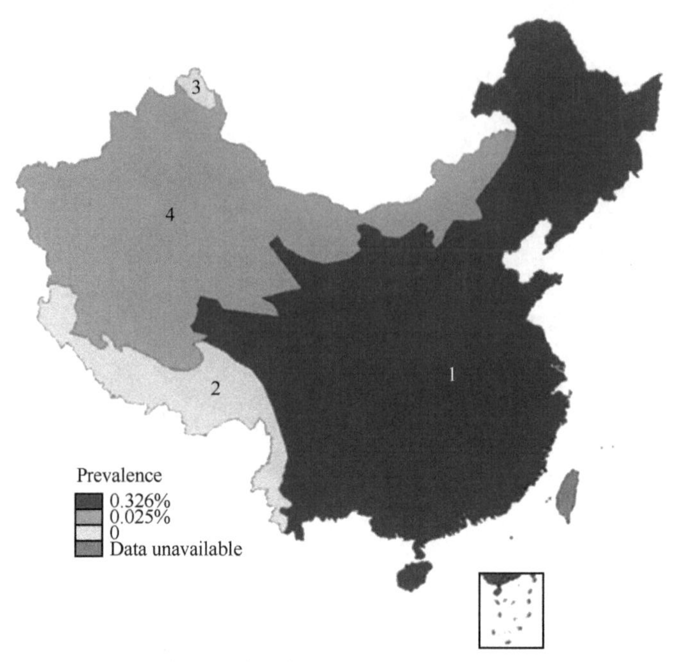

图 18-3 华支睾吸虫感染率在各水系流域的分布(引自许隆祺)

1. 太平洋流域;2. 印度洋流域;3. 北冰洋流域;4. 内流区域

此图可见文后彩图

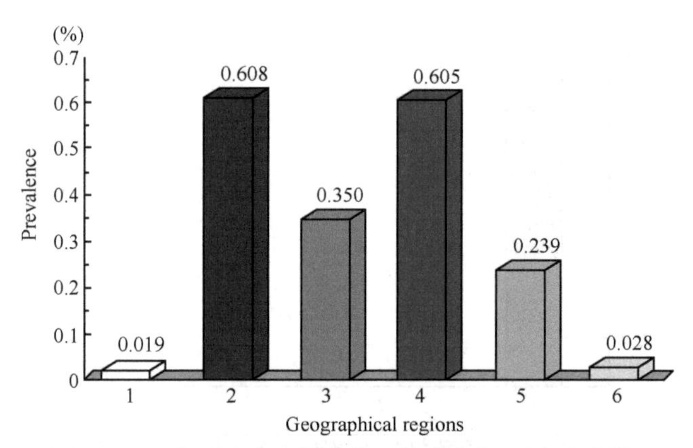

图 18-4 6 个地理大区华支睾吸虫感染率(引自许隆祺)

1. 华北区;2. 东北区;3. 华东区;4. 中南区;5. 西南区;6. 西北区

(三) 华支睾吸虫感染在自然和人文区域的分布

综合考虑自然因素和人文因素,并兼顾省、区的完整性,将全国分为 8 个自然、人文区域,分别是东北(包括黑龙江、吉林和辽宁)、黄河中下游(包括陕西、山西、河北、河南、山东、北京和天津)、长江中下游(包括湖南、湖北、江西、安徽、江苏、浙江和上海)、南部沿海(包括福建、台湾、广东、海南、广西、香港和澳门)、西南(包括四川、重庆、贵州和云南)、青藏高原(青海和西藏)、新疆和北部内陆(含内蒙古、宁夏和甘肃)。在东北、黄河中下游、长江中下游、南部沿海、西南、青藏高原、新疆和北部内陆 8 个自然、人文区域,人群华支睾吸虫感染率

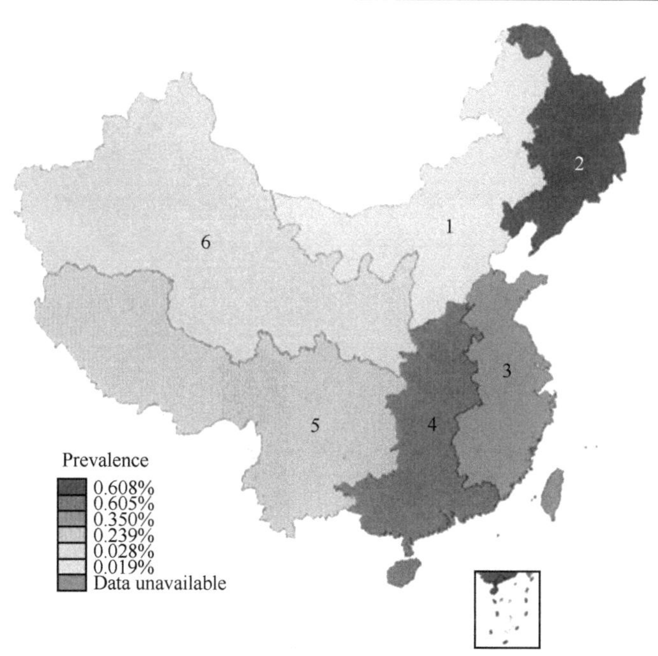

图 18-5　华支睾吸虫感染率在 6 个地理大区的分布(引自许隆祺)

1. 华北区;2. 东北区;3. 华东区;4. 中南区;5. 西南区;6. 西北区

此图可见文后彩图

(实检人数)分别为 0.608%(153 559)、0.046%(409 000)、0.335%(404 754)、1.201%(174 774)、0.242%(203 221)、0(23 386)、0.034%(26 301)、0.045%(79 747)(图 18-6,图 18-7)。

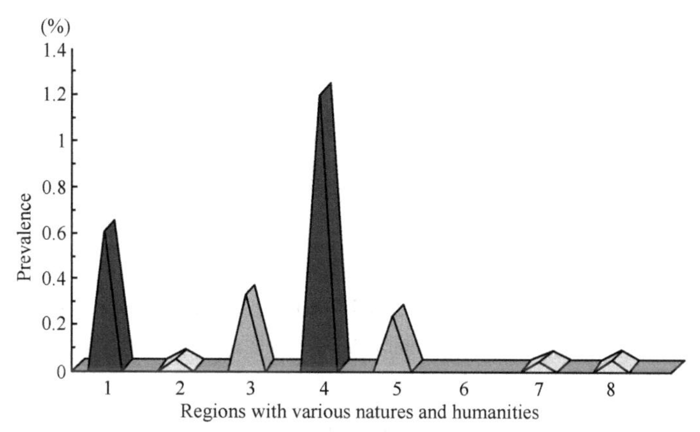

图 18-6　8 个自然、人文区域人群华支睾吸虫感染率(引自许隆祺)

1. 东北;2. 黄河中下游;3. 长江中下游;4. 南部沿海;5. 西南;6. 青藏高原;7. 新疆;8. 北部内陆

(四) 华支睾吸虫在农业气候区域的感染率

我国的农业气候区域分为东部季风区、西北干旱、半干旱区和青藏高寒区。3 个不同区域人群华支睾吸虫的感染率(实检人数)分别为 0.337%(1 356 523)、0.033%(85 708)、0(35 536)(图 18-8,图 18-9)。

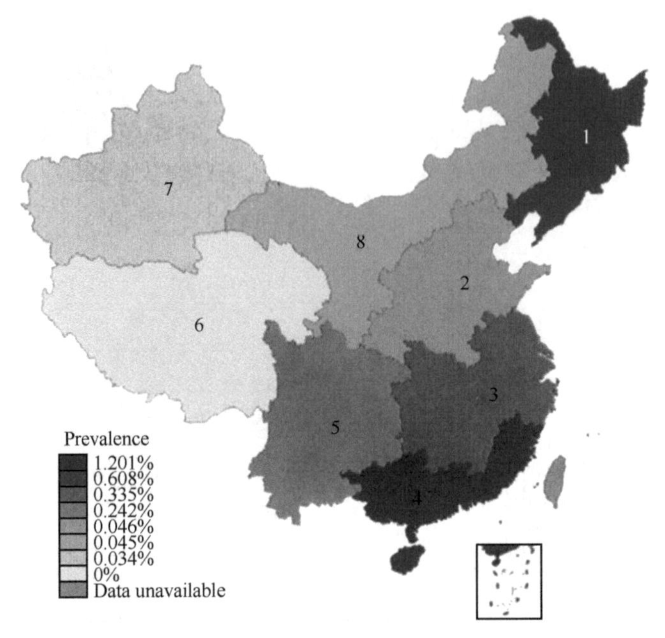

图 18-7　人群华支睾吸虫感染率在 8 个自然、人文区域的分布(引自许隆祺)
1. 东北;2. 黄河中下游;3. 长江中下游;4. 南部沿海;5. 西南;6. 青藏高原;7. 新疆;8. 北部内陆
此图可见文后彩图

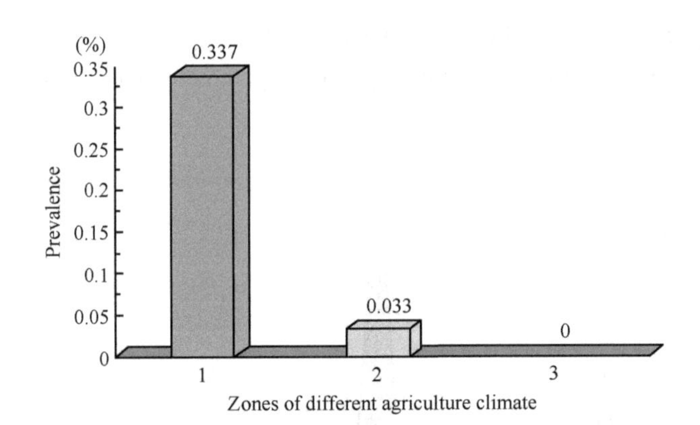

图 18-8　3 个农业气候区人群华支睾吸虫的感染率(引自许隆祺)
1. 东部季风区;2. 西北干旱、半干旱区;3. 青藏高寒区

(五) 华支睾吸虫感染在中国人口线图上的分布

黑河-腾冲人口地理线将我国分成东、西两部分。东、西部面积分别占全国总面积的 46%和 54%,而东部人口却占全国总人口的 94%,因而东部人口密度高,西部人口密度低。东部共检查 1 347 128 人,人群华支睾吸虫的感染率为 0.339%,西部检查 130 614 人,人群感染率为 0.020%(图 18-10),二者差异有统计学意义($\chi^2=391.062, P<0.0001$)。

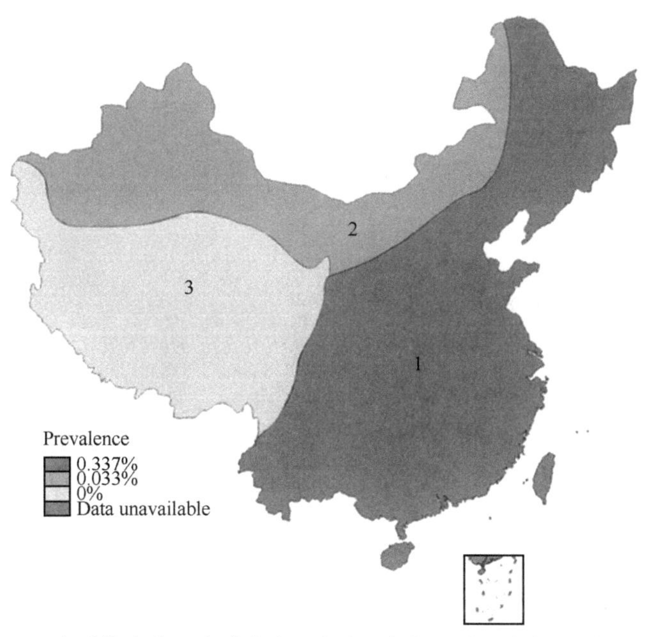

图 18-9　人群华支睾吸虫感染率 3 个农业气候区域的分布(引自许隆祺)

1. 东部季风区；2. 西北干旱、半干旱区；3. 青藏高寒区

此图可见文后彩图

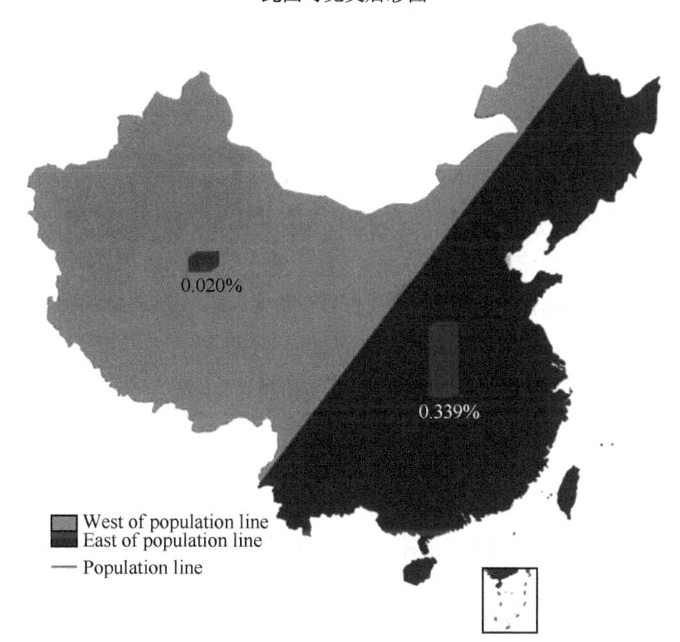

图 18-10　华支睾吸虫感染在中国人口线图上的分布(引自许隆祺)

此图可见文后彩图

(六) 不同经纬度地区华支睾吸虫感染率分布

将中国版图按经度分成 5 个片，分别为：<90°,90°～,100°～,110°～,>120°～，在 5 个经度区内人群华支睾吸虫的感染率分别为 0、0、0.287%、0.337%和 0.334%。在我国高经度地区华支睾吸虫的感染高(图 18-11)，用 726 个中签县的经度与华支睾吸虫感染率进行相关分析，$r=0.1777$，$P=0.0001$。

而不同海拔高度华支睾吸虫的感染率与海拔高度呈负相关，$r=-0.2475$，$P=0.0001$。

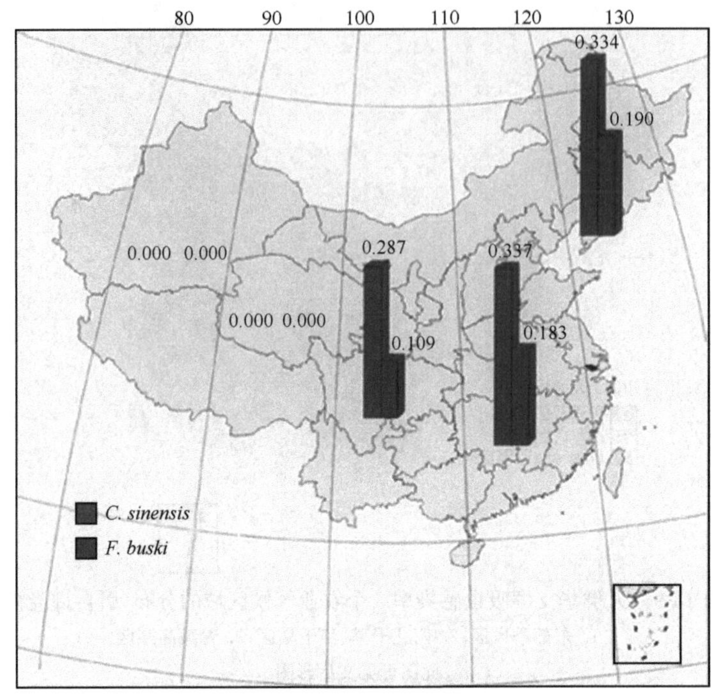

图 18-11　不同经度地区华支睾吸虫感染率分布(引自许隆祺)

图中蓝色为华支睾吸虫感染率(%)，红色为布氏姜片虫感染率(%)

此图可见文后彩图

在黑龙江省的北纬 44°54′～48°29′，东经 123°10′～131°52′，海拔 145.1～311.5 米的平原江河流域都有华支睾吸虫病的流行。在北纬 48.3°以北或海拔 312 米以上的江河区域内未发现华支睾吸虫病患者(李雄豪 1981)。

广西在自治区北纬 44°以南的南部地区调查 23 个县(市)，全都查到感染者，人群平均感染率为 20.99%(21 760/103 639)，北纬 44°以北的北部地区调查 11 个县(市)，只有 6 个县(市)查到华支睾吸虫感染者，人群平均感染率为 10.34%(905/8751)，二者差异极为显著(李树林等 2002)。

(七) 不同地形华支睾吸虫感染率分布

第 1 次全国人体寄生虫分布调查，将地形分为平原、水网、沼泽、洲滩、山地、丘陵、盆地和河谷等 8 种不同情况。8 种地形范围内人群华支睾吸虫的感染率(检查人数)分别为：0.447%(615 061)、0.681%(40 560)、0.122%(13 970)、0.284%(5280)、0.044%(311 888)、0.346%(390 398)、0.013%(30 869) 和 0.023%(47 987)，其他地形检查 8906 人，感染率为 0.067%，其中水网地形华支睾吸虫感染率最高。各不同地形与水网地形的感染率两两比较结果见表 18-3。

表 18-3　不同地形与水网地形华支睾吸虫感染率差异显著性检验

	平原	沼泽	洲滩	山地	丘陵	盆地	河谷
χ^2	45.358	60.703	11.665	1242.992	109.636	200.157	294.323
P	0.0001	0.0001	0.001	0.0001	0.0001	0.0001	0.0001

第2次全国重要寄生虫病现状调查将地形分为5种不同类型。华支睾吸虫感染状况与第1次调查有所不同，感染率以丘陵地区最高，其次为平原地区，其他依次为洲滩、山区和水网地区；重度感染的比例也是丘陵地区最高。各种地形间华支睾吸虫的感染率和感染度比较差异具有统计学意义(表18-4)。

表18-4　调查点地形与华支睾吸虫感染率、感染度的关系

地形	感染率			不同感染度人数*(构成比%)		
	检查人数	感染人数	感染率(%)	轻度	中度	重度
丘陵	99 958	1087	1.09	835(76.82)	186(17.11)	66(6.07)
平原	107 734	922	0.86	846(91.76)	75(8.13)	1(0.11)
洲滩	5176	6	0.12	5(83.33)	1(16.37)	0
山区	89 471	41	0.05	36(87.80)	5(12.20)	0
水网	14 489	1	0.01	1	0	0
其他	22 057	0	0.00	0	0	0
合计	338 885	2057	0.61	1723(83.76)	267(12.98)	67(3.26)

* 轻度 EPG<1000；中度 EPG1000～10 000；重度 EPG≥10 000

第2次全国重要寄生虫病现状调查在流行区共调查8种不同地形，分别是沼泽、平原、山区、丘陵、洲滩、盆地、河谷和水网，不同地形之间人群华支睾吸虫的感染率存在差异，水网地区人群感染率最高(5.23%)，其次为丘陵地区(2.34%)，明显高于其他类型地区($\chi^2=659.77$，$P<0.01$)。

(我国华支睾吸虫感染的地理分布资料引自许隆祺、余森海和徐淑惠2000，王陇德2008)

华支睾吸虫病的流行呈点片状分布，在无河流，仅有池塘或小沟的地区，流行以点状分布为主，在有河流的地区，可有沿河呈线状或网状分布的趋势。李贞龙(1983)对四川遂宁县不同地势水系华支睾吸虫病的感染情况进行调查比较(表18-5)。感染率经χ^2检验，平原对丘陵$P<0.005$，平原对河谷$P<0.01$，丘陵对河谷$P>0.05$，大河对小河$P<0.005$。由于地势水系的分布不同，中间宿主的生长繁殖受到直接影响，如县内小河主要流经丘陵地区，多被农田粪水污染，加之河水流速极慢，鱼、螺易在其中生长繁殖，这些鱼类也易被捕获。地势水系又影响当地经济和卫生水平及居民的生活习惯。丘陵、河谷地区生活水平低，卫生水平差，生食、食半生鱼、虾者较普遍，所以小河两岸地区和丘陵地区比大河地区和平原地区感染率高。

表18-5　四川遂宁县不同地势水系华支睾吸虫病感染情况

地形特点	受检人数	阳性数(%)
平原：地势低平，由江河冲积而成，海拔约250m	305	19(6.23)
丘陵：地势较平坦的低山，海拔300～500m	350	56(16.00)
河谷：山脉与河流垂直相交形成，海拔约400m	312	40(12.82)
大河：源远流长，水量充足，水流较急	1894	75(3.96)
小河：县境内地面汇集成，约50km长，流速缓慢	3009	494(16.42)

三、我国人群华支睾吸虫感染的历史与现状

(一) 新中国成立前我国人群华支睾吸虫感染状况

清水多仲 1925 年在沈阳检查市民 650 人,感染率为 0.15%。检查大连市民 2906 人,感染率为 0.7%(泰肋囊治 1928)。稗田宽太郎 1932 年报道在沈阳、抚顺、大连、长春、辽阳和安东铁路沿线,中国劳工华支睾吸虫的感染率为 0.13%(检查 760 人)。Hiyeda(1934)报告在沈阳和辽阳均查见当地有儿童感染华支睾吸虫。齐藤安市报道大连关押犯人(326 人)的感染率为 0.31%。梁宰、满铁医院于 1936 年分别在抚顺检查居民 3333 人和病人 4414 例,感染率分别为 0.2%和 0.06%。浅田顺一于 1936 年和 1938 年分别在长春、滨江省(今属黑龙江省)检查 6305 名学生和 608 名市民,感染率分别为 0.04%和 0.14%。同期分别在铁岭、万宝山检查朝鲜族居民 391 人和 346 人,感染率分别高达 19.4%和 29.5%(浅田顺一 1940,1941)。

Faust 1929 年报告,在北京协和医院检查了 13 617 份病人粪便,感染率为 0.6%。1928~1935 年北京协和医院 45 318 例住院病人华支睾吸虫的感染率为 0.38%。检查北京学生 2641 人,感染率 0.08%(林几 1942)。

姚永政等 1934 年在江苏南京检查军校学生 1408 人,粪便虫卵阳性率为 1.0%,检查病人 5568 例,阳性率为 0.34%。

上海人群华支睾吸虫的感染情况为:1908 年 Jeffreys 检查 500 人粪便,有 2 人查到虫卵;1914 年 Fischer 检查 100 人粪便,有 4 人查到虫卵;1917 年仁济医院检查 1 260 例病人,感染率为 0.16%。Fischer 1918 和 1920 年分别检查 100 名市民和 200 名病人,感染率均为 7.0%。1938 年 Andrews 检查 2888 例病人粪便,查出 67 人(2.2%)感染了华支睾吸虫。1935 年小宫义孝等检查 716 人粪便,小学生的感染率为 1.8%(1/55)、中学生为 2.4%(4/166)、专科学校学生为 5.1%(16/314)、工友为 7.2%(13/181)。16 名华支睾吸虫卵阳性的专科学校学生中,江苏人 1 名,浙江人 3 名,广西人 1 名,其余 11 人均为广东人氏。小宫义孝(1936) 报告大学生、中学生和学童的感染率分别是 5.09%、2.37%和 1.81%。上海 1937~1943 年 23 000 例住院病人的感染率为 0.7%。张学成(1946) 检查难民 2882 人,感染率为 0.55%。

Booth 1900 年在湖北省汉口检查 139 人粪便,虫卵阳性 3 人。Faust 于 1921 年在武昌检查 57 人粪便,仅有 1 人虫卵阳性。Andrews 在长江下游发生水灾时检查灾民 632 人,感染率为 8.0%。小林英一(1941)检查福建小学生 1 132 人,感染率 0.1%。海南琼山居民 165 人,感染率为 0.65%。Houghton(1911)检查安徽芜湖 500 例病人,感染率为 0.2%。Vickers(1916)报告广西梧州居民感染率为 12%。姚永政 1938 年在广西宾阳县检查当地居民 191 人的粪便,4.7%的受检者华支睾吸虫卵阳性。张奎(1940)报告四川华阳农民的感染率为 0.2%(检查 532 人)。四川成都士兵(241 人)感染率为 1.6%(吴征鉴 1944),大学生(337 人、765 人)的感染率分别为 0.5%(徐国清 1947)和 0.14%(Williams 1947),家务工作者 368 人的感染率为 1.9%(徐国清 1947)。

有关广东华支睾吸虫感染情况的调查资料较多, Heanley1908 年报道,在广州剖验 3300 具尸体,查出 109 例有华支睾吸虫感染。同年 Whyte 在潮州检查 257 例病人和乡民 1114 人,感染率分别为 16.7%和 14.0%,检查学生 47 人,感染率高达 40.4%。1910 年,Whyte 又在汕头检查 253 人粪便,感染率为 1.2%。1927 年 Faust 和许雨阶根据广州、小揽

和汕头等地粪便检查结果报告，广东华支睾吸虫的感染率为3.2%～36.3%，其中小揽为3.2%～100%，汕头为3.1%。1929年石井太郎在广州博爱医院检查502名住院病人，在粪便中查到虫卵者270人，感染率为53.78%。1938年Otto等在广州检查978份病人粪便，男性病人的感染率为40.5%，女性病人的感染率为34.5%。

1913年Bell在香港检查850人的粪便，有12.9%的人虫卵阳性。陈心陶(1944)报告九龙医院病人的感染率为16.38%。Greaves 1935年报道香港华支睾吸虫的感染率为4.5%。

Heanley(1908)报道，在广州解剖尸体3330例，感染率为3.3%。Uttley(1925)在九龙剖验367具尸体，52具查出华支睾吸虫卵，感染率为14.2%。1937年梁伯强和杨简在广州解剖250例尸体，华支睾吸虫的感染率为49.2%(123/250)。在这123例尸体的肝脏中都发现华支睾吸虫成虫，虫体数量从十多条到数十条不等，最多的4例分别获虫体1050条、1074条、1234条和1805条。

(以上早期调查资料部分引自姚永政1953，唐崇惕2005)。

(二) 我国华支睾吸虫病的分布特点

华支睾吸虫病呈点状或片状分布的特点，在不同的省份、同一省份的不同地区，甚至在同一地区的不同村庄感染率可差别很大，从不足1%到超过10%，个别地区可高达50%，甚至更高。尽管感染率受检查方法、检查技术和检查次数的影响，但决定因素是当地的自然环境、居民的饮食、生活和卫生习惯，特别是吃鱼的方法和习惯起关键性的作用。如果自然环境有利于华支睾吸虫生活史的完成，加上居民有不良的食鱼方式，该地华支睾吸虫的感染率高。

根据重庆市卫生防疫站(1981)整理的资料，我国各流行区华支睾吸虫的感染流行程度可以分为四级：

第一级：人群平均感染率＜1.0%，见于河南省的淮阳、潢川、新县、项城、太康，山东省的烟台市及22个县，江西临川，湖南会团，四川的13个县，成都(大学生)，海南，广州(小学生)，安徽颍上，芜湖(住院病人)，辽宁省抚顺、辽阳、沈阳(小学生)、大连(居民)，北京(学生及医院病人)，上海(医院病人)，南京(学生)等。

第二级：人群平均感染率1.0%～10.0%，见于湖北汉口、武昌(居民)，江苏徐州，广东广州、德庆、大莨、汕头、曲江、梅县，四川简阳、垫江、长寿、江北、安岳、成都市郊(居民)、重庆(农民)，广西宾阳(居民)，辽宁城市郊区(汉族居民)，河南鹿邑，永城、夏邑、商丘、溪南、平舆、固始、虞城、新野，山东邹县、即墨、莒县、莱县、枣庄，福建南安，贵州从江、黎平，湖南涟源、武岗，云南昆明(幼儿园儿童)，北京房山、平谷、海淀，上海(市民、大学生、中学生)，台北(医学生)等。

第三级：人群平均感染率11.0%～20.0%，见于广东顺德、中山、潮州、小杭(中学生)、广州(医院病人)、香港、九龙(医院病人)，江西九江、瑞昌，山东临沂、即墨，辽宁铁岭、沈阳，四川德阳、岳池、乐至、泸县、金堂、中江、遂宁，广西梧州，北京朝阳、通县、昌平，上海市等。

第四级：人群平均感染率＞20.0%，见于广东曲江、中山县部分地区、潮州(学生)、阳山、香港部分地区，江西雩州、于都，广西宾阳，河南柘城、商丘等18个县，湖北阳新，黑龙江齐齐哈尔及辽宁辽阳朝鲜居民、沈阳市郊、新民、铁岭。

(三) 第1次全国寄生虫分布调查华支睾吸虫的感染情况

1988～1992年，我国开展了全国人体寄生虫分布调查。调查采用分层整群随机抽样方法，以各省(市、自治区)作为主层，根据地貌或地理方位将主层分为若干片区，作为第一副层，然后根据经济、卫生、文化三项指标将每个片区分成上、中、下三类县(市)作为第二副层,再根据经济、卫生和文化状况将每个中签县(市)分成上、中、下三类乡(镇)作为第三副层,按随机原则,分步抽样到点。

除台湾省外,在当时的30个省(市、自治区)随机抽样确定了726个中签县(市)(图18-12),2848个调查点,采用Kato-Katz厚片法检查粪便,发现华支睾吸虫卵为感染者。实际共检查1 477 742人。

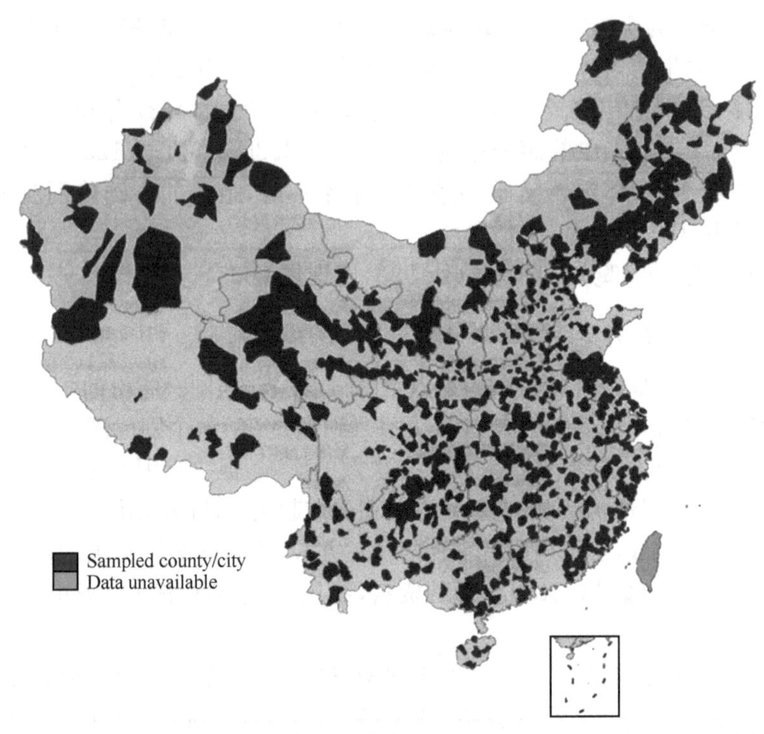

图18-12 第1次全国人体寄生虫分布调查中签县(市)分布(引自许隆祺)
此图可见文后彩图

全国调查发现华支睾吸虫感染者4606人,平均感染率为0.312%,经加权法处理后的感染率为(0.365±0.037)%,估计全国感染人数为412万(331万~494万)。

全国有22个省(市、自治区)发现华支睾吸虫感染者,感染率超过全国加权感染率的有四川、海南、吉林、黑龙江、安徽、广东和广西,其中又以广东的感染率最高。在内蒙古、贵州、云南、西藏、陕西、青海和宁夏等地未发现华支睾吸虫感染者。浙江省在抽样点未查到感染者,但在抽样点外查到了感染者。各地感染情况见表18-6,图18-13。

表18-6 全国寄生虫分布调查各省(市、自治区)华支睾吸虫感染情况

编码	省(市、区)	实检人数	感染人数	感染率(%)	标化感染率(%)	标准误(%)
44	广东	61 517	1122	1.824	2.089	0.373
45	广西	51 883	623	1.201	1.390	0.397
34	安徽	54 392	784	1.441	1.368	0.250
23	黑龙江	52 131	617	1.184	1.187	0.603
22	吉林	50 023	291	0.582	0.565	0.288
46	海南	7958	32	0.402	0.421	0.130

续表

编码	省(市、区)	实检人数	感染人数	感染率(%)	标化感染率(%)	标准误(%)
51	四川	97 222	385	0.396	0.388	0.094
32	江苏	63 699	192	0.301	0.320	0.108
12	天津	22 142	42	0.190	0.187	0.048
41	河南	85 554	134	0.157	0.160	0.031
37	山东	87 825	108	0.123	0.122	0.051
21	辽宁	51 405	58	0.113	0.108	0.044
42	湖北	53 528	50	0.094	0.098	0.064
62	甘肃	28 700	28	0.098	0.095	0.044
35	福建	53 416	41	0.077	0.068	0.024
43	湖南	63 794	33	0.052	0.055	0.018
36	江西	52 069	29	0.056	0.055	0.028
11	北京	41 633	23	0.055	0.052	0.023
65	新疆	26 301	9	0.034	0.039	0.014
31	上海	63 124	2	0.003	0.003	0.003
13	河北	65 803	2	0.003	0.003	0.003
14	山西	52 453	1	0.002	0.002	0.002
	合计*	1 477 742	4606	0.312	0.365	0.037

* 合计数含浙江(代码 33)、宁夏(64)、青海(63)、陕西(62)、西藏(54)、云南(53)、贵州(52)和内蒙古(15)等 8 个省(自治区),检查人数分别为 55 284、20 333、16 803、53 590、10 303、53 061、52 938、30 714,均未查到感染者

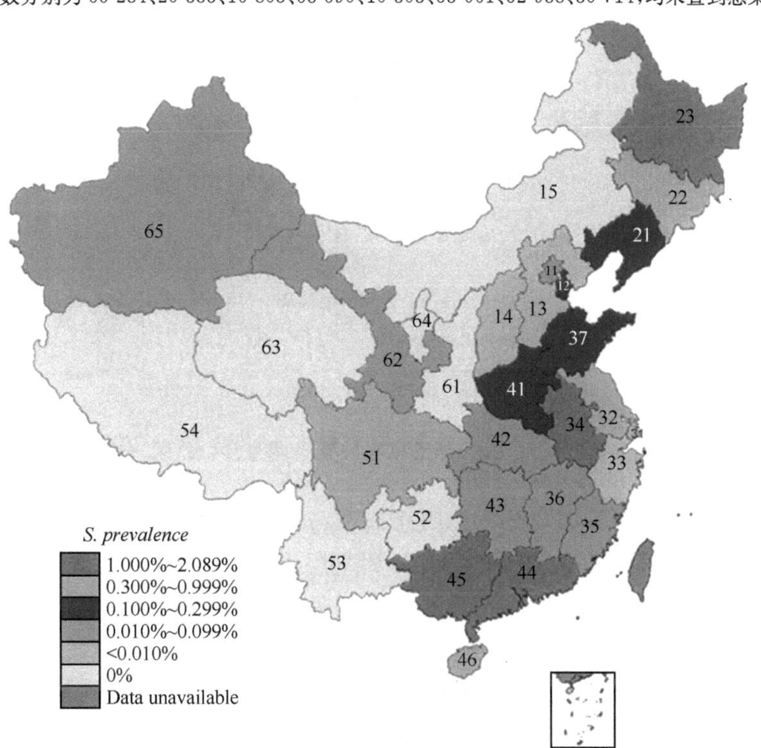

图 18-13　华支睾吸虫感染率的地区分布(引自许隆祺)

图中数字为省(市、自治区)编码

此图可见文后彩图

按标准化感染率进行分级，感染率为 0 的有内蒙古、贵州、云南、西藏、陕西、青海和宁夏，感染率<0.010 的有山西、河北、上海和浙江，感染率为 0.010～0.099 的有新疆、北京、江西、湖南、福建、甘肃和湖北，感染率为 0.100～0.299 的有辽宁、山东、河南和天津，感染率为 0.300～0.999 的有江苏、四川、海南和吉林，感染率为 1.030～2.089 的有黑龙江、安徽、广西和广东。

根据这次调查结果，我国华支睾吸虫病分布于 22 个省、市、自治区，其中以广东省的感染率最高，为 1.824%。山西省最低，为 0.002%。但根据历年的调查资料，我国的华支睾吸虫病除新疆、内蒙古、甘肃、青海、西藏、宁夏等几个省（自治区）未见报道外，其余 25 个省（市、自治区）、台湾地区、香港特别行政区和澳门特别行政区都已有该病的流行报道或是病例报道。

（四）第 2 次全国人体重要寄生虫病现状调查华支睾吸虫的感染情况

2001 年至 2004 年，我国进行了全国人体重要寄生虫病现状调查（第 2 次全国调查）。在全国 31 个省（市、自治区）抽样选点，以第 1 次调查的全部中签县（市）为基础，按经济水平和地形、方位两特征分层整群随机抽样，以全面了解华支睾吸虫病在全国的分布流行情况（图 18-14）。

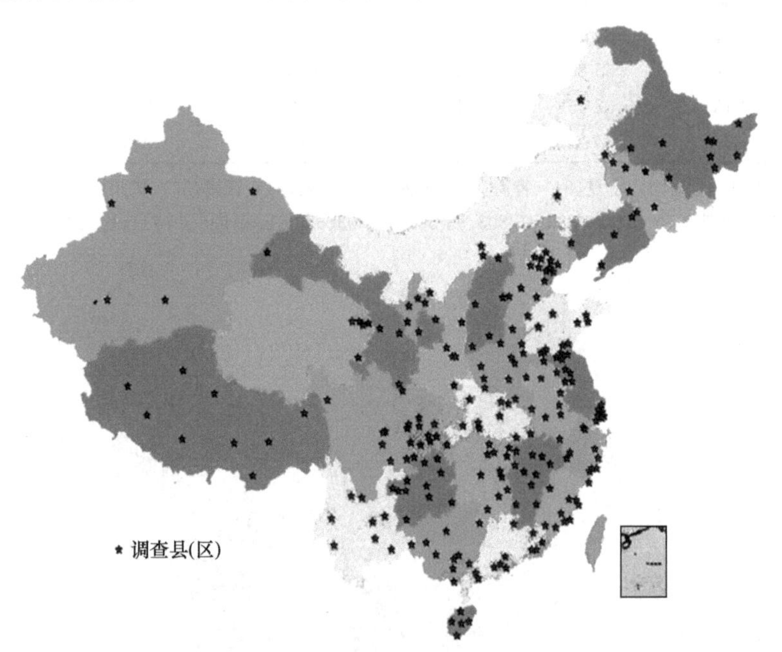

图 18-14 全国 31 个省（市、自治区）华支睾吸虫感染调查县（市、区）分布图（引自王陇德）

流行区调查是根据各地以往华支睾吸虫病流行情况确定 27 个省（市、自治区）为抽样范围，分层整群随机抽样，共抽取 135 个县（市）为主层，再随机抽样到 428 个乡（镇）的 428 个调查点，共调查 217 829 人，以了解流行区华支睾吸虫病流行情况的变化，分析该地区的流行趋势（图 18-15）。

本次调查仍然采用 Kato-Katz 法，全国调查粪便 1 送 1 检，流行区调查采用 1 送 3 检，对虫卵阳性者进行虫卵计数，计算每克粪便虫卵数（EPG）。

1. 全国调查结果 全国共调查 688 个点，356 629 人，17 个省（区、市）共查到华支睾吸虫感染者 2065 人，感染率为 0.58%。分省感染情况见表 18-7 和图 18-16（王陇德等，2008）。

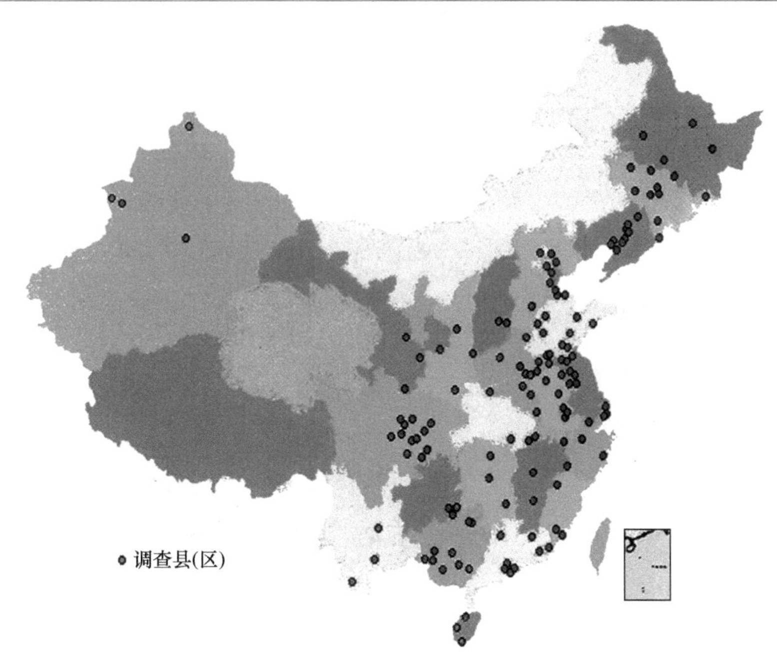

图 18-15　27 个省(市、自治区)华支睾吸虫感染流行区调查县(区)分布图(引自王陇德)

表 18-7　第 2 次全国人体重要寄生虫病调查各省(市、自治区)华支睾吸虫感染情况

省(区、市)	检查人数	感染人数	感染率(%)	标化感染率(%)
广东	17 014	911	5.35	6.20
吉林	7589	362	4.77	4.63
广西	15 455	573	3.71	4.01
安徽	14 873	100	0.67	0.65
黑龙江	7505	36	0.48	0.46
海南	7924	11	0.14	0.16
江苏	15 331	19	0.12	0.13
山东	15 152	13	0.09	0.09
新疆	6750	4	0.06	0.05
江西	15 587	7	0.05	0.05
河南	15 224	7	0.05	0.05
重庆	10 575	4	0.04	0.03
湖南	15 233	5	0.03	0.03
四川	15 653	5	0.03	0.03
浙江	15 863	5	0.03	0.03
湖北	15 524	2	0.01	0.01
天津	7500	1	0.01	0.01
合计*	356 629	2065	0.58	0.58

* 合计数含北京、河北、山西、内蒙古、辽宁、上海、福建、贵州、云南、陕西、甘肃、青海、宁夏、西藏等 14 个省(市、自治区),检查人数分别为 7906、7316、7500、7156、7610、11 371、15 565、15 958、16 060、7726、7726、10 691、10 829、4462,均未查到感染者

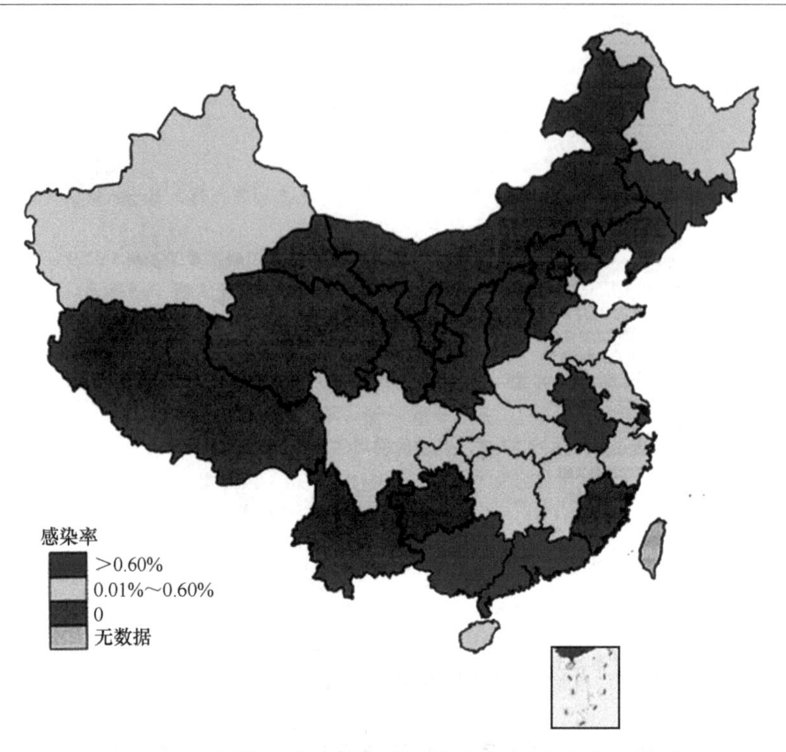

图 18-16 全国调查华支睾吸虫感染率分布图(引自王陇德)
此图可见文后彩图

全国调查出的 2065 例感染者中,轻度感染(EPG<1000)、中度感染(EPG 1000~10 000)、重度感染(EPG≥10 000)感染的构成比分别为 85.13%(1758 例)、11.82%(244 例)和 3.05%(63 例)。其中广西感染人群中度和重度感染者占 35.96%,其次为黑龙江,中度和重度感染者占 22.23%。17 省(区)人群华支睾吸虫感染度见表 18-8(王陇德等,2008)。

表 18-8 17 省(区)人群华支睾吸虫感染度

省(区、市)	实检人数	感染人数	不同感染度* 人数(构成比%)		
			轻度	中度	重度
广东	17 014	911	854(93.74)	57(6.26)	0
广西	15 455	573	367(64.05)	145(25.31)	61(10.65)
吉林	7589	362	333(91.99)	29(8.01)	0
安徽	14 873	100	98(98.00)	2(2.00)	0
黑龙江	7505	36	28(77.78)	6(16.67)	2(5.56)
其他 12 省	156 317	82	78(95.12)	4(4.88)	0
合计	218 753	2065	1 758(85.13)	244(11.82)	63(3.05)

* 轻度 EPG<1 000;中度 EPG1 000~9 999;重度 EPG≥10 000

两次全国调查结果显示,第 2 次调查华支睾吸虫总感染率(0.58%)比第 1 次调查(0.31%)上升了 74.85%。两次调查华支睾吸虫感染率均排在前 5 位的是广东、吉林、广西、安徽和黑龙江。第 1 次调查 5 省的感染人数占全国的感染总人数 74.62%,第 2 次占

95.98%。内蒙古、贵州、云南、西藏、陕西、青海和宁夏7省(自治区)两次均未查到感染者。

2. 流行区调查结果　在流行区共调查217 829人,查出华支睾吸虫感染者5320人,感染率为2.40%,标准化感染率为2.39%,推算全国有华支睾吸虫感染者约1249万人,平均EPG为2208。在被调查的27个省(市、自治区)中,有19个省(市、自治区)查出感染者。以广西感染人群的感染度最重,中度和重度感染比例占52.24%,其次为重庆44.44%、吉林35.71%、辽宁24.55%。广东的标化感染率最高,广东、广西和吉林三地流行区的感染率较第一次调查时分别升高了182%、164%和630%。流行区调查分省感染情况见表18-9和图18-17(王陇德等,2008)。

表18-9　第2次全国人体重要寄生虫病现状调查各流行省(市、自治区)华支睾吸虫病感染情况

省、市、自治区	检查人数	感染人数	感染率(%)	标化感染率(%)	感染度* 构成比(%)		
					轻度	中度	重度
广东	13 876	2278	16.42	17.48	88.32	11.50	0.18
广西	13 990	1365	9.76	9.44	47.77	37.00	15.24
黑龙江	13 458	636	4.73	4.54	95.28	4.72	0.00
吉林	15 523	392	2.90	2.80	64.29	35.71	0.00
湖南	4442	59	1.33	1.27	84.75	13.56	1.69
重庆	4590	54	1.18	1.16	55.56	40.74	3.70
辽宁	13 771	110	0.80	0.71	75.45	21.82	2.73
江苏	14 700	109	0.74	0.72	98.17	1.83	0.00
安徽	14 541	105	0.72	0.70	97.14	2.86	0.00
福建	4630	28	0.61	0.61	100.00	0.00	0.00
海南	4699	18	0.14	0.16	100.00	0.00	0.00
天津	4500	18	0.40	0.41	100.00	0.00	0.00
四川	13 676	28	0.21	0.18	96.43	3.57	0.00
河南	13 673	17	0.12	0.13	100.00	0.00	0.00
山东	13 701	6	0.04	0.04	66.67	16.67	16.67
湖北	4609	2	0.04	0.04	100.00	0.00	0.00
贵州	5195	2	0.04	0.04	100.00	0.00	0.00
新疆	4797	2	0.04	0.04	100.00	0.00	0.00
河北	4401	2	0.04	0.04	100.00	0.00	0.00
合计**	217 829	5230	2.40	2.39	78.93	17.40	3.67

* 轻度EPG<1000;中度EPG 1000～9999;重度EPG≥10 000

** 合计数含江西、上海、山西、北京、云南、陕西、甘肃、浙江8个省(市),检查人数分别为4576、4652、4584、4397、4578、4517、5180和4609人,共37 066人,均未查到感染者

(全国华支睾吸虫感染调查资料引自许隆祺、余森海和徐淑惠2000,王陇德2008)

(五) 我国各省(市、自治区)人群华支睾吸虫病流行状况

新中国成立后,尤其是20世纪70年代以来,除全国统一组织的二次寄生虫抽样调查

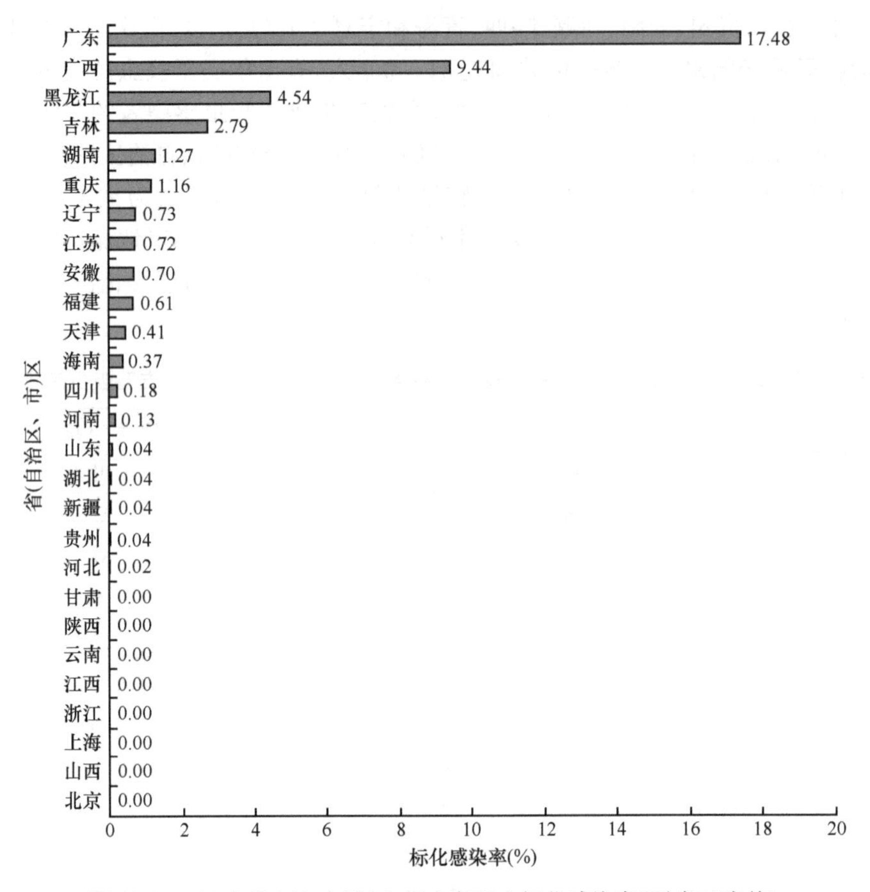

图 18-17 27 个省(市、自治区)华支睾吸虫标化感染率(引自王陇德)

外,各地都对华支睾吸虫病开展了广泛的调查,特别是山东、湖北、江西、广东、广西和北京市等省(市、自治区)已在全辖区范围内进行了全面的普查和防治。

海南省在建省后对该省华支睾吸虫病的流行情况进行了抽样调查(陈绩彰等 1995)。在全省范围内分东西南北中 5 个片采用随机整群调查方法,调查了琼海、昌江、三亚、临高和琼中 5 个县(市)的 15 个乡(镇),共 7958 农村居民,查到华支睾吸虫感染者 32 例,感染率为 0.4%。32 例分布在 4 个县市的 9 个乡镇,仅琼中县未查到感染者。感染者的年龄分布为 1～67 岁。2001～2004 年进行人体重要寄生虫病现状调查,仍分为东、西、南、北、中 5 个片区,共调查 5 个县(市),15 个点,7 924 人,查到华支睾吸虫感染者 11 人,感染率为 0.14%(胡锡敏 2006)。

广东省是发现华支睾吸虫最早和流行严重的省份。典型的流行案例是从 1971 年起,在广东省阳山县小江公社大莨村不断发现肝硬化、肝肿大和腹水病人,尤以 14 岁以下儿童为多,至 1975 年因患同样病症死亡者多达 16 例,在群众中造成恐慌。经现场调查证实该村存在华支睾吸虫病流行,感染率达 48.25%(69/143),16 例儿童均死于华支睾吸虫严重感染所引起的肝硬化,该村为华支睾吸虫病的重流行区(黄新华等 2006)。根据广东省 1973～1983 年的华支睾吸虫病普查资料,所调查的 47 个县市全部有华支睾吸虫病的流行,加上过去已调查过的广州市和潮阳县,共有 49 个县(市)有该病的流行,这 49 个县市分别属于珠江水系和韩江水系。调查的 450 263 人，平均感染率为 15.7%。珠江上游的 14 个县市调查 17 214 人，感染率为 8.5%；珠江三角洲及毗邻地区 19 个县市调查 338 611 人，感染率为 19.0%；韩江水系及毗邻地区调查 94 438 人，感染率为 5.1%。广东佛山市个别地区男性感染率可达 85.84%，EPG 平均为 1675，女性感染率为 32.11%，EPG 平均为 1125(防疫站 1985)。方悦怡等(1996)对广东顺德桂洲的流行情况调查结果表明，该地的感染率仍高达 54.6%(805/1473)。

第一次全国寄生虫分布调查，广东省人群总感染率为 1.83%(1122/61 517)。后在原第一次调查的 31 个县(市)中抽取 8 个县(8 个点)再进行检查，华支睾吸虫感染率升高至 4.07(335/8217)，较第一次调查的感染率上升 124%(方悦怡等 2000)。2002～2003 年再次按"全国人体重要寄生虫病现状调查实施细则"进行分层整群抽样调查，华支睾吸虫感染率又升高至 10.13%(2670/26 363)(张贤昌等，2009)。根据广东省统一部署，2004～2006 年，在江门市(李凤玲等 2005)、广州黄埔区(黄昱等 2007)、海珠区(赵丽庆 2006)、佛山市(梁子良等 2007)、肇庆市(郭艳玲等 2007)、高要市农村(鲁敏 2009)等地调查，人群华支睾吸虫感染率分别为 16.30%(881/5404)、7.71%(42/545)、11.26%(43/382)、23.13%(263/1137)、4.79%(498/10 386)和19.35%(167/860)。钟振伟和苏金翠(2010)于 2008 年 10 月在佛山市顺德区仍按上述方案进行人群华支睾吸虫感染现况调查，感染率达 38.7%(813/2100)。

广西华支睾吸虫病流行范围广，感染率高，感染度较重。1985 年确定的流行县(市)23 个，1223.8 万人受威胁。1991 年增加至 29 个县(市)，1994 年又增至 45 个，1999 年增至 48 个，2002 年增至 52 个。至 2004 年，累计发现流行县(市)59 个，其中北海市、防城港市、南丹县和博白县为新发现的流行县，受威胁人口 3852.6 万(阮廷清等 2004，2005)。按感染率由低到高及流行严重程度分区排列如下：①轻度流行区：北流 0.04%(1/2637)、合浦、德保、富川、靖西、合山 0.64%(20/3129)。再加上门诊及医院发现病例的县(市)，广西目前发现 18 个县(市)为华支睾吸虫病轻度流行区；②中度流行区(12 县、市)：巴马 1.67%(2/120)、钦州、隆安、田阳、天等、百色、隆林、灵山、宜州、玉林、桂林、梧州 8.50%(47/553)；③重度流行区(12 县市)：临桂 10.13%(85/839)、上思、象州、田东、平果、贵港、桂平、武宣、大化、苍梧、凭祥、南宁 17.43%(95/545)；④超重度流行区(13 县市)：宁明 21.02%(161/766)、横县、崇左、龙州、上林、宾阳、邕宁、大新、藤县、武鸣、龙胜、扶绥、及马山 74.81%(597/798)。重流行区主要分布在广西西部，其次为南部，尤以邕江水系流域为甚，右江水系流域次之。流行区以南宁盆地和百色盆地的江河两岸地区为核心向周围辐射，核心区人群的感染率高，感染度重。在广西百色地区 8 个县(市)的 23 个乡(镇)选择 47 个调查点共调查 19 578 人，经皮试筛选后粪检 5761 人，虫卵阳性者 1427 人，感染率为 7.27%，年龄范围在 9～70 岁。对部分虫卵阳性者进行虫卵计数，每克粪便虫卵数(EPG)全都低于 1 000，该地区属于低度感染区(陈德义等 1992)。横县是华支睾吸虫的重流行区，周世祜等(1979)在横县的两个乡各调查一个村，感染率分别为 55.83%和 67.8%，户感染率分别为 96.62%和 96.51%。感染者的年龄 2～83 岁。21 岁年龄组以上人群感染率明显增高，为 71.3%～93.6%。广西武鸣县壮族聚居区的居民的平均感染率为 17.81%(488/2744)，平均感染度 EPG 为 2024(42～13 686)个，轻度感染(EPG＜1000)占 49.25%，重度感染占(EPG＞5000)占 16.24%(朱群友 1995)。

第一次全国寄生虫分布调查，广西人群华支睾吸虫平均感染率为 1.20%(623/51 883)，轻、中、重度感染分别占73.68%、22.15和4.17%。第二次全国重要寄生虫病现状调查，华支睾吸虫平均感染率为3.71%(573/15 455)。轻、中、重度感染分别占59.34%、29.14%和11.52%，中、重度感染构成比分别是第一次调查的132%和276%。其中横县、上林、田东等地人群的平均感染率仍分别高达28.78%、29.10%和20.80%。广西华支睾吸虫感染以男性居多，但与第一次调查比较，女性感染率上升速度快。受壮族饮食文化影响，汉族居民感染率上升显著(黎学铭等 2007)。张鸿满等(2005)报道，调查广西9个县，人群华支睾吸虫感染者的EPG为24～360 000个，男性不仅平均感染率(13.09%)高于女性的感染率(5.89%)，其平均EPG(1320)也显著高于女性的平均EPG(658)。

唐仲璋等(Tang 1963)报道福建南安人群的感染率为7.04%(69/980)。陈泽深等(1963)报道南安、泉州一带有吃生虾的习惯，在该地区调查，发现77例华支睾吸虫感染者。福建闽南驻军华支睾吸虫的感染率为1.4%(33/2433)，被调查者中福建籍443人，其余分别来自江苏、安徽等9个省(黄其炯等 1992)。1987～1991年，应用分层整群随机抽样方法，调查9个地(市)的26个县(市)，104个村(点)，12 707户53 416人，华支睾吸虫的感染率为0.08%。2002～2003年再次抽样调查，在龙海、南靖、邵武3县(市)共粪检4633人，平均感染率为0.60%，感染度一般较轻(程由注 2005)。

在浙江省浦江县的三个公社检查670人，有23人感染了华支睾吸虫。21只猫有13只感染，检查3只狗，2只阳性(楼来德等 1982)。第一次全国寄生虫分布调查时，在抽样点未发现华支睾吸虫感染者，但在抽样点外的人群中查到感染者。第二次全国人体重要寄生虫病现状调查，全省共检查15 863人，共发现5例感染者，感染率为0.03%。

江西省在南起赣州，北至九江范围内的6个地(市)的19个县进行摸底调查，共检查13 920人，感染者1 586人，平均感染率为11.40%。其中宜春地区、九江市和赣州地区的感染率分别为11.35%、13.13%和16.63%，抚州地区一个调查点，感染率为0.72%(袁维华等 1988)。瑞昌县肖家村1979年居民的感染率为43.08%，经治疗病人和灭螺后，1986年对该村华支睾吸虫的感染情况再次进行调查，总感染率仍为33.51%(宁安等 1989)。感染者年龄最小的仅11个月，男性和女性的感染率无显著性差异，平均EPG为1794个，重度感染占27.27%。江西省华支睾吸虫病在全省范围内呈散在的小片状或点状分布，至1994年，已证实有35个县(市)存在华支睾吸虫感染者或华支睾吸虫病的自然疫源地。1988～1989年抽样检查52 042人，平均感染率为0.1%(潘炳荣 1994)。第二次人体重要寄生虫病现状调查全省共调查15个县(市、区)，48个点，20 154人，发现感染者7人，感染为0.03%。

上海市南汇县中心医院季顺仙(1981)曾报道，该县万祥公社有患者无食生鱼和半生鱼史，却有食半熟淡水螺的习惯，因而患病，并在其粪便中查到华支睾吸虫卵。第一次全国寄生虫分布调查时，共检查62 134人，仅发现2名感染者。

江苏省也是较早发现华支睾吸虫病的地区之一。该省北部地区如徐州、连云港两市所属几个县农村居民的感染率稍高。邳州市农村中学生的感染率为13.16(110/836)，男生和女生的感染率分别为11.76%(60/510)和15.34%(50/326)(刘宜升等 1993)。位于江南的江宁县农村小学生的感染率为2.0%(4/200)。扬州市郊区小学生的感染率为0.5%。尽管两地小河内麦穗鱼华支睾吸虫囊蚴的感染率都很高，由于食鱼的方法和习惯不同，可能是该地区感染率低的主要原因(吴中兴等 1980)。在淮阴地区调查6个县，

9 个点，平均感染率为 2.37%(160/6738)，各点的感染率为 0.30%～8.42%，感染者主要集中在 10～18 岁年龄段，男性和女性的感染率无显著性差异（淮阴地区华支睾吸虫病调查协作组 1982）。20 世纪 80 年代，在该省的兴化、高邮、靖江、姜堰等县（市）也都发现华支睾吸虫感染者。1987～1989 年分层随机整群抽样调查 32 个县（市），120 个点，共 63 699 人，平均感染率为 0.32%，感染者主要集中在徐州和淮阴 2 市，感染率分别为 1.9%和 0.5%，其他市仅为散在病例（杭盘宇 1994）。1999 年进行人体重要寄生虫病现状调查，共调查 33 个县（市），21 181 人，发现华支睾吸虫感染者 26 人，感染率为 0.12%。2002 年在该省华支睾吸虫流行区调查 9 个县（区），28 个点，14 700 人，查出感染者 109 人，感染率为 0.74%（孙凤华等 2005）。

根据 1986～1989 年分层随机整群抽样调查 24 个县（市），102 个点，共 54 392 人的结果，华支睾吸虫在安徽呈全省性分布，平均感染率为 1.44%，按感染率的高低排列依次为淮北平原、皖东丘陵、皖中平原、皖南及大别山区，其感染率分别为 3.55%、0.53%、0.52%、0.36%和 0.04%（徐伏牛等 1992）。该省的怀远县农村学生的感染率为 4.7%，男女学生的感染率无明显差异，82.7%(168/203)的感染者为轻度感染，EPG 小于 1000（郑诗莲等 1990）。按全国人体重要寄生虫病现状调查的统一要求，安徽省 2002 年共调查 10 个县（市），29 个点，14 874 人，华支睾吸虫的感染率为 0.67%，其中淮北平原、大别山区、江淮丘陵、沿江平原和皖南山区的感染率（检查人数）分别为 1.39%(6125)、0.08%(2540)、0.22%(3140)、0.33%(1504)和 0.06%(1565)，较第一次全国人体寄生虫分布调查的感染率有明显下降（郭见多等 2004）。

河南省卫生防疫站从 1964～1977 年对该省华支睾吸虫病调查结果表明，人群感染以豫东南地区较为严重，尤以商丘、周口和驻马店三个地区最为严重，豫西北的洛阳地区则很少有人发病。在该省淮阳县的 17 个公社进行调查，共粪检 26 520 人，平均感染率为 1.76%，每个公社均有病人或感染者。感染率最低的公社为 0.15%，葛店公社感染率最高，为 10.59%，而感染者又主要集中在该公社黑河两岸的一些村庄。如该公社小徐庄村有 251 人，患华支睾吸虫病的有 63 人(25.1%)，其中 6 人因未得到及时正确的诊断和治疗而死亡。在沈丘县进行全民调查，粪检 658 777 人，虫卵阳性者 8 517 人，全县每个公社，每个大队均有病人。以公社为单位，人群的感染率在 0.11%～6.8%之间（王运章 1994）。1988～1992 年分层随机整群抽样调查 39 个县（市），164 个点，共 85 557 人，该省的豫东北平原，豫东平原、淮南丘陵山区、南阳盆地和豫西北山地均查出感染者，21 个被调查县（市）的感染率为 0.04%～2.23%，全省的平均感染率为 0.2%（常江 1991，1995）。2002 年按全国调查的统一要求共抽查 17 个县，51 个点，检查 25 894 人，发现华支睾吸虫感染者 23 人，平均感染率为 0.089%（许汴利 2008）。

山东省 1962 年确定有华支睾吸虫病流行。经连续调查，至 1987 年查明全省 139 个县（市）有 107 个县（市）存在华支睾吸虫感染者或有该病流行，以村为单位统计，感染率一般为 1%～10%，个别村庄可达 30%。经过近 50 年的调查和采取有效防治措施，该省华支睾吸虫的感染明显下降，在全省范围内基本控制了华支睾吸虫病的传播（表 18-10）。1988、1990 和 2003 年分别抽查部分感染者，重度感染的比例减小，分别占 7.0%、4.9%和 0，轻度感染的比例增加，分别占 63.7%、79.4%和 88.2%（万功群 2008）。

表 18-10 1962～2003 年山东省人群华支睾吸虫感染率的变化

调查年份	调查县数	调查村数	调查人数	阳性人数	感染率(%)
1962～1979	96	9631	4 166 180	62 646	1.51
1980～1989	75	1904	683 936	7855	1.15
1990～2001	55	227	53 474	158	0.30
2002～2003	19	57	28 853	17	0.06

1987～1991 年湖北省在全省范围内调查了 62 个县(市)，在 52 个县(市)发现华支睾吸虫病的疫源地。在 31 个县(市)对 25 387 人进行了粪便检查，感染率为 0.09%～12.70%，平均感染率为 2.28%。感染者的年龄从 4～71 岁，男性的感染率高于女性的感染率。28 个流行华支睾吸虫病的县(市)分布在除鄂西北以外的 6 个地区。以感染率>10%、1%～10%和<1%作为重度、中度和轻度流行区的划分依据，重、中、轻度流行的县(市)分别为 2 个、10 个和 16 个(杨连第等 1994)。2001～2004 年的全国重要寄生虫病现状调查，共检查 15 524 人，仅发现 2 名感染者。

湖南省祁阳县大忠桥区为华支睾吸虫病特别严重流行区(高隆声等 1981)。随机抽查 2 所中学、1 所小学的部分学生，一个生产队的全体社员，7 个公社的部分干部及区属机关职工共 466 人，平均感染率为 48.28%。其中三口塘公社的感染率达 81.89%(77/94)，56 岁以上的 12 人全都感染。21 岁以上各年龄组的感染率为 50.0%～84.2%。其主要原因是该地区居民喜食生鱼。与广东交界临武县一个自然村村民的感染率为 6.77%(30/443)(李建军等 1982)。根据 1971～1990 年的调查资料，湖南省有 20 个县(市)存在华支睾吸虫病的流行，对永兴、桂阳、祁阳、武岗等 9 县(市)40 569 人粪检资料分析，平均感染率为 7.5%(2.1%～85.2%)。在永兴、桂阳、邵阳、武岗和涟源，15 岁以下和 15 岁以上人群感染率分别为 19.8%和 3.5%(王军华 1994)。段绩辉(2009)报道，2006 年在祁阳县大忠桥镇和冷水滩区竹山桥镇调查，感染率分别为 75.2%(261/347)和 75.6%(325/430)。0～9 岁和 10～19 岁年龄组的感染率分别为 31.9%和 61.7%，20 岁以上年龄组的感染率为 73.8%～84.7%，70～79 岁年龄组，感染率高达 85.7%。

1987～1992 年，湖南进行华支睾吸虫的分布与感染情况调查，共调查 30 个县(市)，120 个点，63 794 人，总感染率为 0.05%，除湘东低山丘陵外，湘西山地、湘南山地、湘北平原、湘中丘陵盆地等不同地形区均查到华支睾吸虫感染者，但人群平均感染率均低于 0.1%(张湘君 1994)。第二次全国重要寄生虫病现状调查，全省共调查 15 223 人，仅在株洲、莱阳二地发现感染者，全省平均感染率为 0.03%。而在该省流行区调查 4 442 人，感染者 59 例，感染率为 1.33%。

顾星和等(1988)报道了四川省绵阳地区 11 个县(市)农村居民华支睾吸虫的感染情况。11 个县(市)中的 9 个县(市)有华支睾吸虫病的流行，人群平均感染率为 10.90%(2479/22 734)。其中绵阳的感染率最高，为 22.6%(776/3433)，盐亭县感染率最低，为 2.54%(3/118)，各年龄组均有感染，男性的感染率高于女性的感染率。对 257 例感染者进行虫卵计数，51.75%为轻度感染(EPG<1000)。四川省乐至县天池九大队与仙鹤一大队相距不足 5 华里，前者华支睾吸虫感染率为 5.10%(52/1019)，而后者的感染率却高达 25.81%(40/155)。前者女性的感染率高于男性的感染率，而后者男女感染率无明显差异

(四川省寄生虫病研究所 1978)。曾明安等(1995)在四川省华支睾吸虫病重流行区调查小学生的感染情况,中江县中、小学生的感染率分别为 12.3%(70/570)和 3.6%(21/584),乐至县中、小学生的感染率分别为 9.9%(14/142)和 2.4%(2/124),安岳县中学生的感染率为 9.4%(13/139),其中 59.5%的为轻度感染。

1988～1992 年按全国统一的调查方法,四川省抽查了 44 个县,196 个点,97 159 人,结果在 14 个县发现感染者 385 人,全省平均感染率为 0.388%。其中有 3 个县是首次发现感染者,因此该省华支睾吸虫流行的县增加至 58 个(韩家俊 1994)。第二次全国重要寄生虫病现状调查,全省共调查 34 个县,84 个点,51 058 人,在攀枝花市任和区、岳池县、罗江县和安岳县发现感染者,感染率(检查人数)分别 0.07%(1502)、0.26%(1525)、0.43%(1626)、1.13%(1507)。

重庆市疾病预防控制中心蒋诗国(2003)报道,从 1988 年到 2002 年,在原重庆市范围调查 18 个县(区),112 个点,23 738 人,华支睾吸虫感染率在 0～15.92%之间,平均感染率为 4.13%,有 8 个县未查到感染者,而垫江县和潼南县的感染率却分别达到 10.40%和 15.92%。

王菊生等(1963)在贵州省从江县和黎平县检查 579 人,华支睾吸虫平均感染率为 5.07%,其中从江县新安侗族居民感染率为 11.26%。李鸣皋(1965)在贵州省从江县新安寨进行华支睾吸虫病流行因素调查时共发现 20 例感染者,EPG1～1000 者 17 例、1050～5000 者 3 例,所有感染者均曾食过生的或半生的鱼。夏曙华等(2003)报道当地一例因长期食生鱼而患华支睾吸虫病的患者。

云南省狗和猫感染华支睾吸虫已被证实,周本江(1990)检查昆明的家猫,感染率高达 91.7%,因当地居民无食生鱼习惯,故少有人体感染报道。新中国成立前曾有学者(朱、马二氏)对昆明市 1022 名儿童进行粪检,华支睾吸虫的感染率为 1.10%,此后未见人体感染的报道。大理医学院给学生进行粪便检查时,曾在一学生粪便中发现大量华支睾吸虫卵,后该生因患肝癌死亡。另根据大理医学院多年对学生检查的情况回顾,常可从来自云南省保山地区学生的粪便中查到华支睾吸虫卵(私人通信 1997)。

河北省磁县辛庄营大队华支睾吸虫的感染率为 11.23%,中间宿主虾的感染率为 8.51%(乔山等 1979)。河北省抚宁县水田大队居民华支睾吸虫的感染率为 8.99%(42/467),轻、中、重感染者分别占总感染人数的 61.91%、23.81%和 14.29%,感染者以青壮年为主,男性和女性感染人数之比为 1∶6。该地区为朝鲜族群众居住地,多数居民有生食鱼虾和以生鱼作为下酒菜的习惯(高勇等 1984)。1988～1992 年全国寄生虫分布调查,河北省共检查 65 803 人,仅发现 2 名感染者。第二次全国重要寄生虫病现状调查,流行区抽样检查 4401 人,仅发现 1 例感染者。

据孙成斋等(1981)报道,在北京服役的天津市郊武清县籍战士中有华支睾吸虫感染者。天津医学院寄生虫学教研室 1977 年在武清县检查了前淤河等 7 个自然村共 1277 人,在 74 人的粪便中查到华支睾吸虫卵,感染率为 0.97%～23.17%,平均感染率为 5.79%。陈曦等(1989)报道天津市杨柳青镇一男性居民因 2 次生食当地河内的青虾而患急性华支睾吸虫病。王磬等(2002)报道,第 1 次全国人体寄生虫分布调查时,该市共检查 22 144 人,华支睾吸虫平均感染率为 0.2%,感染者分布在宁海、武清、静海和宝坻 4 县,感染率(检查人数)分别为 0.1%(3979)、0.1%(4636)、0.2%(4452)和 0.6%(4548)。朱传芳等(2006)报道,2003 年 9 月～2004 年 5 月全市抽样调查 18 000 人,在蓟县和武清发现感染者,感染率(检查人数)分别为 0.51%(3500)和 0.1%(3500)。

钟惠澜于 1965 年在北京海淀区检查 421 名儿童粪便，虫卵阳性率为 2.1%，检查 2 个生产队的 1 365 名社员，粪便虫卵阳性率为 12.4%；1971 年在通县麦庄大队检查 299 人，粪便虫卵阳性率为 14.7%。北京市卫生防疫站于 1976～1978 年在该市的 11 个县(区)共调查 811 520 人，皮试阳性 119 323 人，皮试阳性率为 17.7%。粪检 113 399 人，虫卵阳性者 14 636 人，总感染率为 1.8%。房山区、朝阳区、昌平县、海淀区、大兴县和通县的感染率较高，分别为 6.05%(335/5538)、2.85%(6257/219 654)、2.07%(997/48 086)、1.94%(2523/130 142)、1.19%(2162/178 783)和 1.17%(1176/100 815)。15～29 岁年龄段人口感染率为高，男性的感染率为 2.8%，女性的感染率为 1.6%。在有河流和水网稻田地区的个别调查点，感染率可达 5%以上。第一次全国人体寄生虫分布调查，北京共检查 41 633 人，华支睾吸虫平均感染率为 0.52%。第二次全国重要寄生虫病现状调查，全市抽样检查 7906 人，未发现华支睾吸虫感染者。

陕西省发现了华支睾吸虫病的自然疫源地。薛季德(1981)在汉江流域的洋县发现 2 例华支睾吸虫病人，其中一例为 6 岁女孩，用血防 846 治疗后痊愈。以病人为线索，薛季德等(1985)调查了病人所在的 2 个自然村，共检查 614 名小学生，抗原皮试阳性率为 2.77%，但皮试阳性的 17 个学生粪便中都未能找到虫卵。检查在该村不同地点捕获的大家鼠，华支睾吸虫的感染率为 18.2%～50.0%，当地的猪肝中也查见华支睾吸虫的成虫。麦穗鱼、草鱼和棒花鱼等 4 种鱼体内查到华支睾吸虫囊蚴，其中麦穗鱼的感染率为 80.6%，棒花鱼的感染率为 60.0%。第一次全国寄生虫分布调查，陕西省分层随机整体抽样调查 26 个县(市)，100 个调查点，54 406 人，仅发现有 1 个县有该虫感染，总感染率为 0.002%(李同喜等 1993)。

甘肃省在第 1 次全国人体寄生虫分布调查时共检查 28 700 人，发现华支睾吸虫感染者 28 人，平均感染率为 0.1%，感染者分布在榆中县、会宁县、潭县、文县、清水县等 5 县(张守义 1994)。

新疆维吾尔自治区在 1988～1992 年的第一次全国人体寄生虫分布调查时，居民华支睾吸虫的总感染率为 0.039(9/26 301)。2001～2004 年的重要寄生虫病现状调查，华支睾吸虫的感染率为 0.04%(2/4797)。

根据李秉正等(1984)报道，在辽宁省铁岭县、辽阳市、新民县、沈阳市郊和开源县各调查 1 个朝鲜族居民点，感染率分别为 19.10%(208/1089)、38.60%(159/4120)、29.90%(61/204)、25.00%(183/733)和 1.58%(5/317)；在营口县调查 2 个朝鲜族居民点，感染率分别为 72.10%(44/61)和 10.50%(29/275)。周庆彬等(1987)对营口县新光村部分感染者进行虫卵计数，86.7%为轻度感染(EPG<500)。1988～1992 年的第一次全国人体寄生虫分布调查，辽宁省共检查 51 405 人，感染者 58 人，总感染率为 0.108%。2001～2004 年的重要寄生虫病现状调查，在土源性线虫调查点粪检 7610 人，未发现华支睾吸虫感染者；在流行区粪检 13 771 人，查出感染者 110 人，感染率为 0.80%。感染者主要分布在盘锦、营口和沈阳 3 个市，重流行区的感染率为 2.10%(64/3054)，中度流行区感染率为 0.74%(46/6124)，轻度流行区未查到感染者(0/4594)。

吉林省华支睾吸虫病的流行情况与辽宁省相似，也是以朝鲜族居民感染较为严重。调查吉林市郊、九台县、永吉县、海龙县各一个大队、桦甸县曙光大队和晓光大队朝鲜族居民，感染率分别为 16.9%(26/154)、25.1%(121/482)、30.3%(124/409)、15.9%(31/194)、

10.3%(11/107)和1.0%(2/201)(李秉正等 1984)。同在吉林市郊的汉族居民的感染率为0.4%(5/1235)。1988～1992年按全国统一布置，该省共检查50 023人，发现感染者291人，感染率0.582%。2001～2004年的第二次全国重要寄生虫病现状调查，该省在土源性线虫调查点检查7589人，362人感染华支睾吸虫，感染率为4.77%；在华支睾吸虫病流行区检查13 523人，感染者291人，感染率为2.90%。较第一次全面调查，吉林省华支睾吸虫的感染率上升了630%。该省局部地区居民的感染状况还较严重，高儒(2007)报道，2006年检查白城月亮湖水系周围居民，感染率达44.5%(251/564)。

黑龙江省于1966～1980年以松花江流域为重点，对省内13条江河流域的29个县(市)种植水稻的67个朝鲜族生产队进行调查。共调查朝鲜族居民20 396人，平均感染率为24.6%。按感染率高低排序，依次为松花江流域(29.9%)、呼兰河流域(29.3%)、拉林河流域(24.9%)、阿什河流域(24.7%)、蜚克图河流域(23.1%)、穆棱河流域(20.3%)、牡丹江流域(20.1%)、海浪河流域(18.5%)、嫩江流域(17.0%)、鸦鲁河流域(13.2%)、蚂蚁河流域(11.6%)；海拉尔河流域和甘河流域各检查212和120人，未查到感染者。从调查结果看，距松花江越近，华支睾吸虫感染率越高(李雄豪 1981)。在穆棱河流域也有感染率很高村庄，如鸡东县学模村，感染率高达34.84%(黄振范等 1985)。松花江下游沿岸一些城镇居民感染率也很高，同江三村的感染率高达49.39%，佳木斯农业局、佳木斯航运局和桦川水利局等机关单位，华支睾吸虫的感染率也分别高达20.77%、23.98%和35.39%(张文玉等 1994)。

1988～1992年第一次全国人体寄生虫分布调查，黑龙江省粪检52 131人，华支睾吸虫感染者617人，感染率1.184%。2001～2004年的第二次全国重要寄生虫病现状调查，该省在土源性线虫调查点检查7505人，华支睾吸虫感染者36人，感染率为0.48%；在华支睾吸虫病流行区检查13 458人，感染者636人，感染率为4.73%。

目前在黑龙江还存在华支睾吸虫病的超重流行区，据葛涛(2009)报道，2008年在黑龙江肇源县的18个乡(镇)各随机选择1个村作为调查点，18个村共粪检2677人，华支睾吸虫卵阳性1806人，感染率为67.46%。17个村查出感染者，5个村的感染率超过90%，最高达97.87%。9个村的感染率介于50%～80%之间，低于50%的仅3个村，最低的为25.91%。肇源县在2000年被确定“中韩蠕虫病控制策略合作项目”华支睾吸虫病控制策略示范区，2000年基线调查5个乡，10个村，2397人，感染率为79.80%。其中6个村确定为项目试点村，经过4年的化疗和健康教育，至2004年该6个村的感染率已降到4.6%～18.7%。2006年再次调查，人群的华支睾吸虫感染率又反弹至67.46%。在一个试点村，2004年感染率已降到11.6%，2006年又回升到91.20%。防治效果不巩固的主要原因是该地区居民嗜食生鱼，存在反复感染现象。

(六) 我国台湾地区、香港特别行政区及澳门特别行政区华支睾吸虫感染状况

1. 台湾地区居民华支睾吸虫感染状况　我国台湾地区华支睾感染吸虫和华支睾吸虫病的流行也很普遍。Ohoi在1915年和1916年报道，分别用直接涂片法和浓集法检查台中的病人及中小学生，华支睾吸虫的感染率(检查人数)分别为13.29%(301)和12.94%(541)。Fruichi(1919)报道台中病人华支睾吸虫的感染率为29%，Suzuki(1929)检查台中居民14 853人，感染率为0.26%。在台北，Yamasaki(1925)检查555名病人和161名中学生，华支睾吸虫感染率分别为10.60%和3.10%，Morioka(1936)检查259名学生，感染率为

1.16%。Ohoi(1927)在花莲检查 220 名病人，感染率为 3.20%。Huang(1947)在屏东检查 16 619 名居民，感染率为 0.07%。以后又陆续有许多学者在台湾地区各地进行华支睾吸虫感染的流行病学调查，部分结果见表 18-11，图 18-18。

表 18-11 台湾地区人群华支睾吸虫感染状况调查

调查地	调查对象	检查方法	检查人数	感染率(%)	报告者	报告年份
高雄	居民	浓集法	514	22.37	Hsieh	1959
	居民	浓集法	113	51.88	Chow	1960
	居民	MIF*	327	34.00	Kuntz	1961
	居民	MIF	297	8.00	Kuntz	1961
	居民		744	10.00	Huang	1965
	居民	直接涂片	172	0.58	Hsieh	1956
台北	学童	浓集法	1701	0.24	Fan	1956
	学生	浓集法	511	0.60	Fan	1956
台南	学童	浓集法	280	2.14	Hsieh	1956
	居民	浓集法	748	1.87	Hsieh	1959
	居民	MIF	329	4.00	Kuntz	1961
花莲	学童	浓集法	156	0.64	Kuntz	1967
屏东	居民	浓集法		12.20	Chen	1986
宜兰	山胞	直接涂片	1839	0.05	Huang	1952
	学童	浓集法	637	0.20	Fen	1986
彰化	居民	MIF	246	1.00	Kuntz	1961
	居民	MIF	50	2.00	Kuntz	1967
苗栗	居民	MIF	269	1.00	Kuntz	1961
	居民		108	1.00	Chang	1969
	学童	直接涂片	1749	0.06	吕森吉	1969
	小学生	醛醚法	1304	3.10	翁秀贞	1979
	初中生		112	7.10		
	高中生		101	7.90		
	公教人员		681	55.70		
	居民		350	14.00	张翠砡	1988
新竹	居民、学生	直接涂片浓集法	1470	0.2	Watten	1960
	居民	直接涂片	546	0.18	李松玉	1995
	居民	醛醚法	490	0.82		
南投	日月潭居民			59.00	Clarke	1971
	居民		162	51.00	Khaw	1969
云林	居民		224	2.00	Cross	1969

* MIF 汞碘醛离心沉淀法

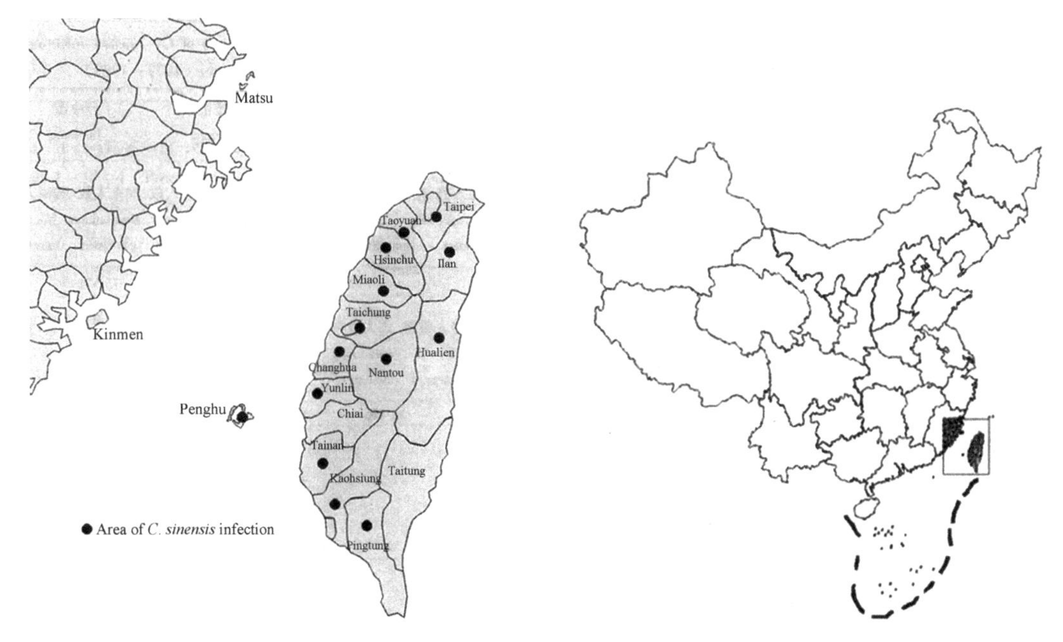

图 18-18　台湾地区华支睾吸虫感染分布(引自许隆祺)

检查美浓地区人群,感染率为 22.37%～51.88%(Dong,Kim 1964);苗栗县苗栗镇客家人、闽南人、广东人和其他省份人的感染率分别为 63.0%、20.0%、51.3%和 37.0%(翁秀贞 1979);日月潭地区人群粪检阳性率为 54.8%(871/1 590)(王俊秀 1980)。

1977～1987 年,台湾在小学进行广泛连续的华支睾吸虫感染的流行病学调查,累计检查 700 多万人次。根据报道,高雄县小学生 1978 年的感染率最高达 2.15%,而 1981 最低的不足十万分之一;彰化县从 1980～1985 年,感染率均低于十万分之一;桃园县、苗栗县、屏东县、宜兰县、澎湖县、台中市和台南市的感染率也均在非常低的水平。

2. 香港居民华支睾吸虫感染状况　香港是我国较早发现华支睾吸虫病例的地区之一。1990～1997 年香港的 2 所分区医院(各具 1500 张病床)用粪便直接涂片法或福尔马林-乙醚浓缩法检查出的寄生虫病例中,华支睾吸虫感染者 1162 例,占所有肠道寄生虫病例的 65.12%。1990、1991、1992、1993、1994、1995、1996、1997 年分别检查出 113、184、161、124、149、100、150、181 例。香港各诊所 1997 年共查出肠道寄生虫感染者 248 例,其中华支睾吸虫感染 118 例,占 47.58%。

3. 澳门居民华支睾吸虫感染状况　1958 年 Ferreira Gandara 在澳门进行第一次肠道寄生虫病调查,发现华支睾吸虫感染病例;1987 年 2 月至 1988 年 8 月,澳门卫生司公共卫生化验所寄生虫学组开展寄生虫病的流行病学调查,检查 1889 人,华支睾吸虫、鞭虫、蛔虫、蓝氏贾第鞭毛虫、钩虫的感染例数分别为 144、114、79、26 和 26 例,华支睾吸虫为当地感染率最高的寄生虫。澳门卫生司公共卫生化验所寄生虫学组总结 11 年临床粪便检查记录,华支睾吸虫仍是最主要的肠道寄生虫。澳门华支睾吸虫的感染调查资料见表 18-12。

表 18-12 澳门市民华支睾吸虫感染调查结果

调查年份	检查人数	感染率(%)	调查类型	调查年份	检查人数	感染率(%)	调查类型
1958	217	1.40	调查	1991	3277	13.16	临床检验
1970	50	12.00	调查	1992	2380	18.87	临床检验
1987～1988	667	9.45	临床检验	1993	2614	15.92	临床检验
1987～1988	1899	6.99	调查	1994	3928	17.50	临床检验
1989	1118	8.59	临床检验	1995	3601	13.00	临床检验
1990	1960	15.31	临床检验	1996	3880	13.65	临床检验
1990	405	2.22	调查	1997	4869	17.20	临床检验
1991	1226	19.09	调查				

注:台湾地区、香港特别行政区及澳门特别行政区华支睾吸虫感染状况引自许隆祺、余森海,徐淑惠 2000

四、华支睾吸虫感染的人群分布

(一) 年龄分布

1. 第 1 次全国人体寄生虫分布调查结果 第 1 次调查结果按年龄统计华支睾吸虫的平均感染率见表 18-13,图 18-19(许隆祺等 2000)。

表 18-13 第 1 次寄调华支睾吸虫感染的年龄分布

年龄组(岁)	检查人数	阳性人数	平均感染率(%)	加权感染率(%)	年龄组(岁)	检查人数	阳性人数	平均感染率(%)	加权感染率(%)
0～	128 980	44	0.066	0.094	45～	63 594	271	0.426	0.559
5～	169 420	249	0.147	0.195	50～	60 075	237	0.395	0.501
10～	165 817	337	0.203	0.291	55～	51 104	187	0.366	0.453
15～	142 303	483	0.339	0.455	60～	43 481	165	0.380	0.466
20～	129 498	518	0.400	0.486	65～	29 119	84	0.289	0.388
25～	123 196	477	0.387	0.522	70～	18 786	52	0.277	0.385
30～	125 050	550	0.440	0.533	75～	9 405	33	0.351	0.569
35～	123 921	513	0.414	0.492	80～	5 107	10	0.196	0.319
40～	88 886	355	0.399	0.496	合计	1 447 742	4 606	0.312	0.400

华支睾吸虫加权感染率的年龄分布有 3 个高峰。30～34 岁为第一高峰,与 0～19 各年龄组、65～69 岁组、70～74 组、55～59 岁组和 80 岁以上组相比,均具统计学意义。45～49 岁为第二高峰,与 0～19 各年龄组、65～69 岁组、70～74 岁组、20～24 岁组、55～59 岁组、60～64 岁组和 80 岁以上年龄组相比,均具统计学意义。第三高峰为 75～79 岁组,与0～14 各年龄组和 65～80 岁以上 3 个年龄组相比,均具统计学意义。

经线性趋势分析,华支睾吸虫加权感染率在 0～34 岁年龄段随年龄增长呈非常显著上升趋势(χ^2=637.924,P<0.0001),在 35～49 岁年龄段也随年龄增长呈非常显著上升趋势(χ^2=3.049,P<0.0001),在 50～74 岁年龄段随年龄增长呈非常显著下降趋势(χ^2=6.672,P=0.010)。

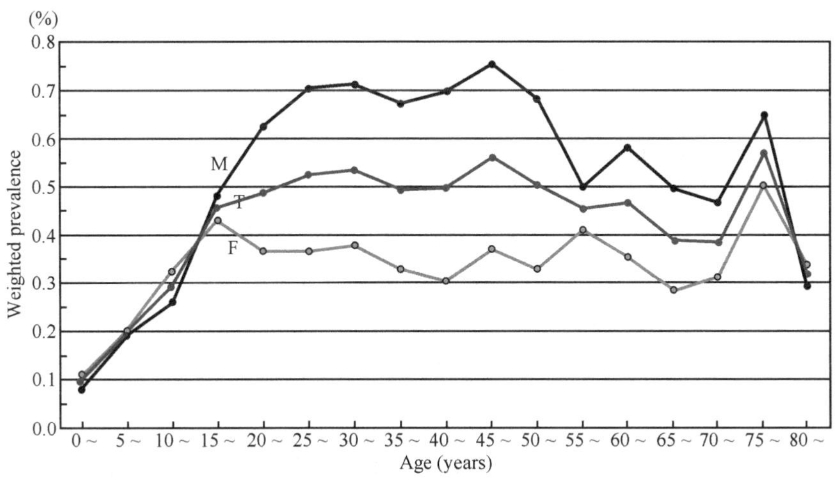

图 18-19 不同年龄、性别华支睾吸虫加权感染率(引自许隆祺)

M. 男性;F. 女性;T. 合计

2. 第 2 次全国人体重要寄生虫病现状调查结果 全国调查共发现 2065 例感染者,按年龄分级分析,感染率随年龄增长而上升,20～60 岁人群感染率在较高水平徘徊,其中 35～39 岁组最高,为 0.80%,0～4 岁组最低,为 0.10%。

流行区调查感染率以 35～39 岁组最高,为 3.16%,其次是 45～49 岁组,为 3.11%,0～4 岁组最低,为 0.81%。

广东、广西、吉林、辽宁和黑龙江 5 个省(区)人群感染率较高,不同年龄组感染状况见表 18-14(王陇德等,2008)。

表 18-14 广东、广西、吉林、辽宁和黑龙江 5 省(区)人群华支睾吸虫感染的年龄分布

年龄组(岁)	检查人数	感染人数	感染率(%)	感染度* 构成比(%)		
				轻度	中度	重度
0～	2573	70	2.72	94.29	5.71	0.00
5～	4538	133	2.93	84.21	12.78	3.01
10～	6355	240	3.78	82.08	15.83	2.08
15～	5364	233	4.34	83.26	14.59	2.15
20～	4587	288	6.28	84.72	12.15	3.13
25～	5445	407	7.47	79.36	16.95	3.69
30～	7057	586	8.30	73.72	21.67	4.61
35～	7055	570	8.08	70.70	24.56	4.74
40～	5292	446	8.43	70.85	24.44	4.71
45～	5854	522	8.92	73.37	19.73	6.90
50～	4858	451	9.28	70.95	23.28	5.76
55～	3179	285	8.97	72.28	22.81	4.91
60～	2283	210	9.20	70.48	25.24	4.29
65～	1816	151	8.31	74.83	19.21	5.96
70～	1202	94	7.82	76.60	19.15	4.26
75～	707	63	8.91	77.78	19.05	3.17
80～	453	32	7.06	84.38	9.38	6.25
合计	68 618	4781	6.97	75.40	20.10	4.50

* 轻度 EPG<1000;中度 EPG1000～10 000;重度 EPG≥10 000

五省区人群华支睾吸虫感染率为 6.97%，感染率随年龄的增加而升高，至 20～24 岁及以上的年龄组感染率维持在较高水平，以 50～54 岁组感染率最高，为 9.28%，5 岁以下组最低，为 2.72%。中度和重度感染的构成比也随年龄增长而升高，重度感染集中在 30 岁以上年龄组，以 45～49 岁组为最高(6.90%)。

3. 各地调查华支睾吸虫感染率的年龄分布 据广东省的调查资料(陈锡骐等 1985)，感染华支睾吸虫年龄最小的仅为 3 个月，最大的为 87 岁，在江苏淮阴还有 88 岁的感染者，段淑梅报道在黑龙江感染者最大年龄 89 岁。在多数流行区，华支睾吸虫感染与年龄有一定的关系，感染率的年龄分布又与生活习惯，主要是与吃鱼的习惯有密切关系。在以嬉食型的方式食入生的或半生的鱼多见于儿童，在这些地区，儿童的感染率一般较高，甚至高于成人。如广东阳山县，儿童喜在瓦块上晒鱼或用火烤鱼，然后吃这种半生的鱼，1975 年对该县一村庄调查时，5～9 岁儿童感染率达 87.5%，10～14 岁少年感染率高达 95.4%。儿童和青少年感染率高的地区有江苏、安徽、山东、北京、河南、江西和湖北等省份的一些流行区。在有吃生鱼或吃半生鱼习惯的地区，由于长期饮食习惯的影响，华支睾吸虫感染率随着年龄的增长而升高，成年人的感染率显著高于儿童，如东北朝鲜族居民聚居区、广东、广西以及湖南省的个别地区。辽宁省营口县水源公社新光大队华支睾吸虫感染的年龄分布呈正态分布，感染情况如下：0～6 岁为 0(0/30)、7～19 岁 3.6%(2/56)、20～29 岁 9.8%(6/61)、30～39 岁 20.7%(12/58)、40～49 岁 19.4%(7/36)、50～59 岁 9.1%(2/22)、60 岁以上 0(0/12)(李秉正等 1984)。在广东，华支睾吸虫的感染率随年龄的增加而增长，从 20～24 岁年龄组开始上升，25～29 年龄组起维持在较高水平，至 75 岁以上年龄组达到高峰(图 18-20)。

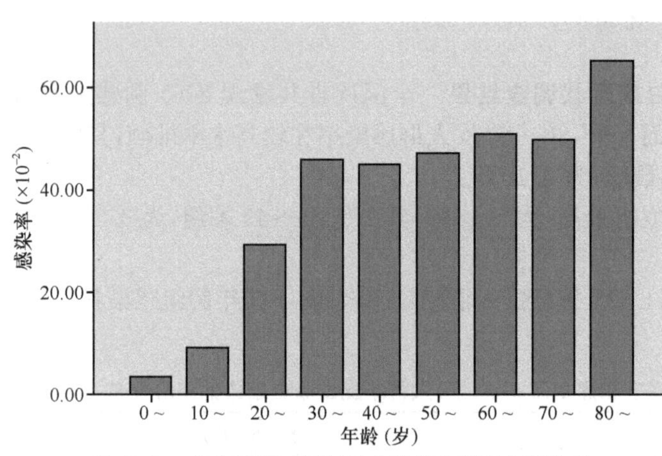

图 18-20 广东顺德不同年龄人群华支睾吸虫感染率
(引自钟振伟 2010)

据广西的调查，华支睾吸虫感染率随年龄的增加而增长，至 25～29 岁年龄组起已达较高水平，并一直稳定至 65～69 岁年龄组才呈下降趋势。EPG 也随年龄的增加而增多，至 30～34 岁年龄组已达 1150，55～59 组达高峰，平均 EPG 达 1656(张鸿满 2005)。

感染者的年龄分布可随着流行趋势的变化而发生改变，如山东省从 1962～1980 年调查 7119 人，华支睾吸虫感染者 448 人，15 岁以下儿童感染者占总感染人数的 95.8%，1981～1990 年调查 10 083 人，感染者 483 人，感染者主要集中在 16 岁以上年龄组，占总感染人数的 99.5%，1991～1997 年调查 36 630 人，16 岁以上年龄组感染人数占总感染人数的 91.9%(万功群 1997)。

在韩国，华支睾吸虫感染率随年龄的增加而升高，感染率最高的年龄段是 30～50 岁，至 59 岁，感染率有下降的趋势。由于健康教育的原因，儿童的感染率已明显降低(Bae 1983)。

在日本，华支睾吸虫的感染率也随年龄的增加而有所增加，其中以 30～50 岁年龄段感染最高，超过 50 岁，感染率趋于降低(Komiya 1964)。

根据我国国内调查资料总结，不同地区不同年龄段华支睾吸虫的感染情况见表 18-15。

表 18-15　不同地区不同年龄段人群华支睾吸虫感染率(%)

年龄段(岁)	感染率	感染率	年龄段(岁)	感染率	感染率	感染率	感染率	感染率	感染率	年龄段(岁)	感染率	感染率
1～	3.5	0	0～	1.8	5.79	0	7.6	2.07	0.90	1～	—	18.3
6～	6.4	25.0	5～	4.0	14.46	0.12	17.6	2.34	1.45	11～	—	38.3
11～	8.2	34.4	10～	7.5	16.60	0.22	12.7	3.27	1.54	≤15	31.6	—
16～	17.0	44.2	15～	8.5	12.05	0.21	8.4	5.38	2.66	16～	50.7	—
21～	35.1	50.0	20～	17.3	10.93	0.36	12.2	6.97	5.34	21～	63.4	73.8
26～	—	65.6	25～	18.4	6.60	0.86	11.0	10.21	8.91	31～	68.5	91.3
31～	39.6	84.2	30～	22.0	7.59	0.45	6.5	12.83	8.72	41～	57.6	90.0
36～	—	53.9	35～	23.1	4.62	0.74	4.2	14.17	8.36	51～	68.2	93.6
41～	44.7	65.6	40～	23.2	3.31	0.31	2.8	14.23	6.69	—	—	—
46～	—	81.8	45～	25.6	0.57	0.48	6.0	14.29	9.29			
51～	44.7	83.3	50～	26.7	5.17	0.38	3.7	14.02	8.71			
56～	—	100.0	55～	28.3	—	1.62	—	12.87	9.80			
61～	43.8	100.0	60～	15.3	—	0.40	—	13.74	6.84			
71～	35.8	—	65～	—	—	0	—	10.90	7.53			
—	—	—	70～	—	—	—	—	7.42	8.24			
			75～	—	—	—	—	—	11.80			
			80～	—	—	—	—	—	6.48			
报告人	陈锡骐	高隆声		朱群友	蒋诗国	许景田	顾星和	张鸿满	方悦怡		张文玉	周世祜
报告时间	1985	1981		1995	2003	1998	1988	2005	2008		1994	1979
调查地点	广东顺德	湖南祁阳		广西武鸣	重庆市	辽宁省	四川绵阳	广西 9 县(市)	广东省		黑龙江同江	广西横县

注:一为该年龄段未单独列出

（二）性别分布

1. 第1次全国人体寄生虫分布调查结果 本次共调查男性733 143人，虫卵阳性人数2758人，华支睾吸虫平均感染率为0.376，加权感染率为0.480%；调查女性744 599人，虫卵阳性人数1848人，平均感染率为0.248%，加权感染率为0.322%。男性和女性感染率之间的差异具有统计学意义（$\chi^2=231.253, P<0.0001$）。各性别年龄段感染情况见表18-16，表18-17。

表18-16 男性华支睾吸虫感染的年龄分布

年龄组(岁)	检查人数	感染人数	平均感染率(%)	加权感染率(%)
0～	69 619	39	0.056	0.080
5～	89 535	131	0.146	0.191
10～	86 937	160	0.184	0.260
15～	71 224	258	0.326	0.480
20～	60 356	301	0.499	0.622
25～	57 253	300	0.524	0.703
30～	58 312	350	0.600	0.711
35～	58 914	336	0.570	0.672
40～	43 352	245	0.563	0.697
45～	31 508	181	0.575	0.753
50～	29 408	157	0.534	0.681
55～	25 240	102	0.404	0.498
60～	21 545	99	0.460	0.581
65～	14 322	50	0.349	0.495
70～	8933	29	0.323	0.465
75～	4283	17	0.397	0.648
80～	2152	3	0.139	0.293
合计	733 143	2758	0.376	0.480

表18-17 女性华支睾吸虫感染的年龄分布

年龄组(岁)	检查人数	感染人数	平均感染率(%)	加权感染率(%)
0～	59 631	46	0.078	0.110
5～	79 885	118	0.148	0.200
10～	78 880	177	0.224	0.324
15～	71 079	225	0.317	0.430
20～	69 142	217	0.314	0.367
25～	65 943	177	0.268	0.366
30～	66 738	200	0.300	0.378
35～	65 007	177	0.272	0.328

续表

年龄组(岁)	检查人数	感染人数	平均感染率(%)	加权感染率(%)
40～	45 345	110	0.243	0.303
45～	32 086	90	0.281	0.369
50～	30 667	80	0.261	0.329
55～	25 864	85	0.329	0.410
60～	21 936	66	0.301	0.354
65～	14 787	34	0.230	0.284
70～	9793	23	0.235	0.311
75～	5122	16	0.312	0.503
80～	2955	7	0.237	0.338
合计	744 599	1848	0.248	0.322

2. 第2次全国人体重要寄生虫病现状调查结果　全国调查，男性标准化感染率为0.74%，女性为0.43%，男性的感染率为女性的1.64倍。

流行区调查，男性的感染率和感染度均显著高于女性($P<0.01$)(表18-18)。

表18-18　流行区人群华支睾吸虫感染的性别分布

性别	检查人数	感染人数	感染率(%)	标化感染率(%)	感染度*(构成比%)		
					轻度	中度	重度
男	111 262	3267	2.94	2.96	71.75	22.74	5.51
女	106 567	1963	1.84	1.81	85.02	13.00	1.99
合计	217 829	5230	2.40	2.39	78.93	17.40	3.67

* 轻度 EPG<1000；中度 EPG 1000～9999；重度 EPG≥10 000

3. 各地调查华支睾吸虫感染率的性别分布　比较各地的调查资料，在大多数流行区，男性的感染率高于女性的感染率，仅有少数地区华支睾吸虫的感染率在两性之间无显著性差异，在个别地区，女性的感染率高于男性的感染率。各地调查情况见表18-19。

表18-19　各地不同性别人群华支睾吸虫感染情况

地区	男性		女性		报告人	报告时间
	检查人数	感染率(%)	检查人数	感染率(%)		
广东佛山	—	45.3	—	32.1	翁约球	1984
广东顺德	10 480	32.5	11 875	16.1	陈锡骐	1985
广东广州	6539	27.22	7408	17.95	冯月菊	2004
广东佛山	573	27.05	564	19.15	梁子良	2007
广东肇庆	5343	6.01	5043	3.51	郭艳玲	2007
广东江门	1018	22.30	702	12.11	孙延双	2009
广东顺德	1029	46.94	1071	30.81	钟振伟	2010
广西横县	488	62.1	426	56.8	周世祐	1979

续表

地区	男性		女性		报告人	报告时间
	检查人数	感染率(%)	检查人数	感染率(%)		
广西百色	1096	60.4	414	15.9	陈德义	1992
广西武鸣	1529	22.0	1245	12.7	朱群友	1995
广西44县(市)	10 647	21.74	7238	9.30	李树林	2002
广西9县(市)	7517	13.09	6473	5.89	张鸿满	2005
湖南祁阳	376	51.6	90	34.4	高隆声	1981
湖南5县(市)	814	12.9	857	8.8	王军华	1994
湖南永州	411	76.9	366	73.8	段绩辉	2009
湖北省	3256	8.2	2849	5.7	杨连第	1991
湖北黄石	282	12.1	288	10.4	胡承雄	1991
江西吉水	266	1.1	236	3.0	杨清光	1980
江苏邳州	510	11.8	326	15.3	刘宜升	1993
安徽怀远	—	5.2	—	4.3	郑诗莲	1990
山东省	23 328	0.32	22 995	0.33	万功群	2000
河南周口	3337	0.2	3114	0.4	韩同焘	1993
四川乐至	512	3.1	507	7.1	寄研所	1977
同上	74	24.3	81	27.1	同上	同上
四川绵阳	7498	11.9	5675	9.9	顾星和	1988
四川省	27 588	8.8	25 474	7.3	屈振麒	1997
北京海淀	—	12.1	—	7.4	李慧珠	1978
北京市	31 269	2.8	35 222	1.6	防疫站	1982
辽宁营口	—	25.6	—	9.9	周庆彬	1987
吉林白城	335	49.25	229	37.55	高儒	2006
黑龙江同江	356	60.7	300	35.7	张文玉	1994
黑龙江肇源	6641	62.66	5460	50.70	葛涛	2003
黑龙江肇源	1472	66.37	1205	68.80	葛涛	2007

张鸿满对广西7517名男性和6473名女性调查结果显示男性的感染率为13.09%,感染者平均EPG(每克粪便虫卵数)为1320,女性的感染率为5.89%,感染者平均EPG为658。华支睾吸虫感染累积百分率与EPG的关系见图18-21。男性感染直线回归方程为$Y=1.634+1.114\mathrm{Log}X$,50%感染者EPG对数值($D_{50}$)=3.02,即50%感染者的EPG<1051;女性感染直线回归方程为$Y=2.027+1.019\mathrm{Log}X$,($D_{50}$)=2.92,即50%感染者的EPG<827。

在韩国,男性食生鱼的机会较女性要多,因此男性的感染率明显高于女性。据Bae(1983)的资料,人群的平均感染度EPG为4963,而男性平均EPG为6057,女性平均EPG为2257,男性的感染度明显重于女性。

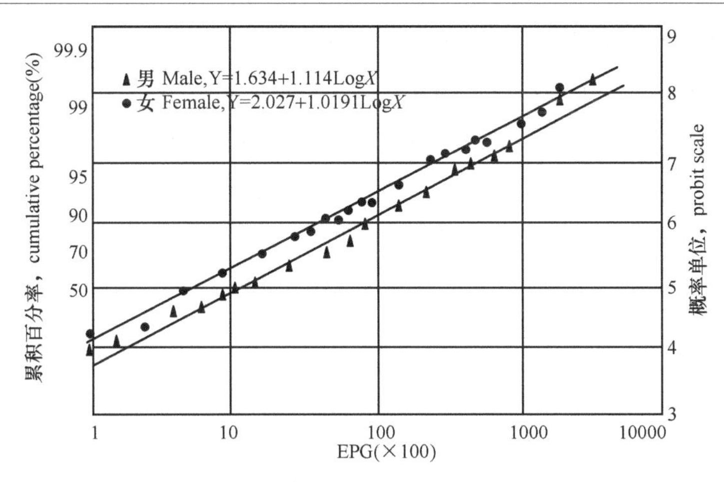

图 18-21　广西华支睾吸虫感染累积百分率与 EPG 的关系(引自张鸿满)

(三) 职业分布

1. 第 1 次全国人体寄生虫分布调查结果　本次调查，不同职业华支睾吸虫的感染率(检查人数)如下：半农半商者为 2.407%(914)、商人 0.787%(1991)、教师 0.593%(3686)、干部 0.500%(15 740)、农民 0.399%(803 584)、渔民 0.358%(2511)、工人 0.347%(50 453)、半工半农 0.279%(6799)、其他 0.277%(29 704)、半农半牧 0.217%(1836)、学生 0.209%(317 720)、林业工人 0.126%(1587)、学龄前儿童 0.088%(181 134)、牧民 0.000(5817)。14 种人群华支睾吸虫感染率的差异有非常显著的统计学意义(x^2=807.796,$P<0.0001$)(图 18-22)。

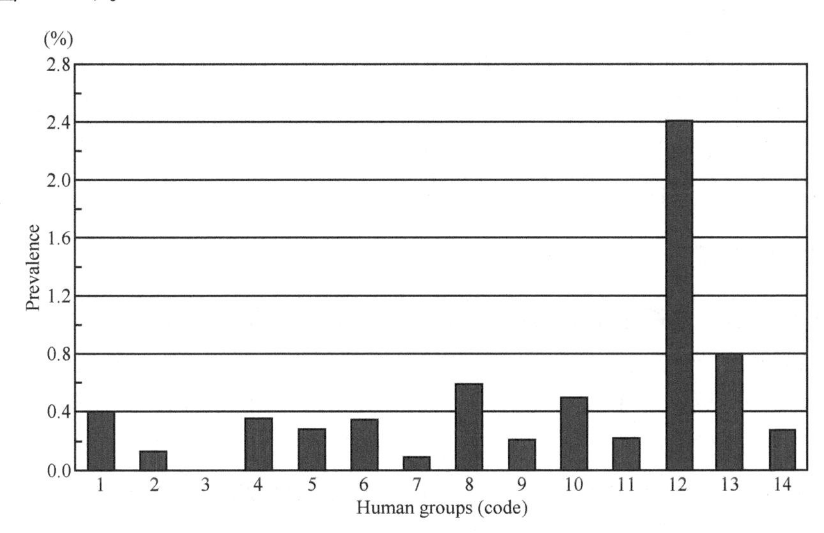

图 18-22　华支睾吸虫感染率在 14 种人群的分布(引自许隆祺)

1. 农民；2. 林业工人；3. 牧民；4. 渔民；5. 半工半农；6. 工人；7. 学龄前儿童；8. 教师；9. 学生；10. 干部；11. 半农半牧；12. 半农半商；13. 商人；14. 其他

2. 第 2 次全国人体重要寄生虫病现状调查结果　全国调查渔民的感染率最高，为 2.31%，其次为医师和教师(1.73%)和半农半商者(1.38%)，最低者为半农半牧者(0)。

流行区调查人群华支睾吸虫感染存在职业差异(表 18-20),商人感染率最高(13.53%),工人次之(7.98%)。

表 18-20 流行区人群华支睾吸虫感染的职业分布

职业	检查人数	感染人数	感染率(%)	职业	检查人数	感染人数	感染率(%)
商人	909	123	13.53	牧民	66	5	7.58
工人	3734	298	7.98	学生	1861	34	1.83
离退休人员	1327	70	5.28	家庭妇女	4157	70	1.68
医务、教师	1901	93	4.89	待业人员	1242	15	1.21
半工半农	1985	96	4.84	半农半牧	66	1	1.52
个、企、政(服务人员)	1564	74	4.73	军人	45	2	4.44
渔民	691	32	4.63	林业工人	15	2	13.33
行政干部	1448	58	4.01	其他	491	1	0.20
半农半商	1044	30	2.87	合计	156 469	4153	2.88
农民	133 926	3509	2.62				

3. 各地调查华支睾吸虫感染率的职业分布 广东顺德桂洲(方悦怡等 1996)居民的平均感染率为 54.6%,以本地工人、干部感染率较高,分别为 71.0%和 68.0%,而学生的感染率相对较低,为 30.0%。2000 年后的调查,在广东省依然是行政干部、教师等感染率明显高于其他人群。广西的农民、行政干部、医生和老师为高感染人群,感染率均在 10%以上,均高于平均感染率,且感染度也重,如行政干部的平均 EPG 为 4043,人群整体平均 EPG 为 1083(张鸿满 2005)。北京市朝阳区东部的黄杉木店农业人口华支睾吸虫的感染率为 5.8%(115/1992),同一地非农业人口居民的感染率则为 4.0%(36/905),差异具有显著性(张荣生等 1982)。辽宁省营口县新光村农民的感染率为 29.9%,同一村庄学生的感染率为 7.9%,此处可能还有年龄因素起作用(周庆彬等 1987)。四川省农村农民的感染率为 7.90%,中小学生的感染率为 15.13,其他人员的感染率为 1.28%(屈振麒 1997)。

(四) 民族分布

1. 第 1 次全国人体寄生虫分布调查结果 在所调查的 37 个民族中,有 9 个民族发现华支睾吸虫感染者,感染率(检查人数)如下:朝鲜族 4.549%(12 605)、蒙古族 1.831%(8519)、壮族 0.959%(21 165)、汉族 0.276%(1 319 361)、瑶族 0.258%(2328)、满族 0.160%(12 501)、回族 0.064%(14 035)、黎族 0.046%(2181)、苗族 0.022%(9145)。朝鲜族的感染率最高,与其他 8 个民族的感染率的差别有统计学意义($P<0.0001$)。以下民族(检查人数)未发现感染者,藏族(15 119)、维吾尔族(10 688)、彝族(5768)、布依族(3865)、侗族(5965)、白族(4741)、土家族(8536)、哈尼族(3430)、哈萨克族(3430)、傣族(2330)、傈僳族(1348)、佤族(432)、畲族(3048)、拉祜族(432)、水族(100)、纳西族(401)、景颇族(500)、柯尔克孜族(478)、土族(970)、达斡尔族(620)、撒拉族(523)、仡佬族(1038)、锡伯族(745)、普米族(578)、塔吉克族(458)、鄂温克族(117)、德昂族(820)、珞巴族(196)。

2. 第 2 次全国人体重要寄生虫病现状调查结果 本次全国调查共涉及 38 个民族,检查 356 629 人，查到华支睾吸虫感染者的有 6 个民族，其中壮族感染率最高(2.35%)，汉族次之(0.62%)，未查到华支睾吸虫感染者的民族有 32 个。

本次流行区调查人群华支睾吸虫感染存在民族差异，以赫哲族感染最高，为 13.96%，其次为壮族(8.15%)和朝鲜族(5.16%)。各民族感染情况见表 18-21。

表 18-21　流行区人群华支睾吸虫感染的民族分布

职业	检查人数	感染人数	感染率(%)	职业	检查人数	感染人数	感染率(%)
赫哲族	129	18	13.96	侗族	3845	2	0.05
壮族	6148	501	8.15	苗族	641	0	0.00
朝鲜族	5242	280	5.16	彝族	231	0	0.00
汉族	189 802	4373	2.30	哈尼族	1096	0	0.00
瑶族	516	8	1.55	哈萨克族	371	0	0.00
蒙古族	418	6	1.44	傣族	1033	0	0.00
满族	2215	19	0.86	布朗族	537	0	0.00
黎族	1567	12	0.77	其他	213	1	0.47
回族	2261	7	0.31	合计	217 829	5230	2.40
维吾尔族	1382	3	0.22				

3. 各地调查华支睾吸虫感染率的民族分布　黑龙江省同江市津口赫哲族居民的感染率为 16.9%(张文玉等 1994)。吉林市郊区汉族居民的感染率为 0.4%(5/1 235)，朝鲜族居民的感染率为 16.9%(26/154)(白功懋等 1984)。在黑龙江省朝鲜族和汉族居民杂居地区，前者的感染率为后者的 2.7 倍(李雄豪 1981)。广西在 9 县(市)调查 13 990 人，汉族、壮族、瑶族、蒙古族、回族和其他民族的感染率(检查人数)分别为 11.56%(7330)、8.17%(6 131)、1.75%(458)、16.67%(24)、11.76%(17)和 10.00%(30)(张鸿满 2005)。2002～2003 年广西抽样粪检 14 岁以下儿童 4647 人，华支睾吸虫的平均感染率为 0.56%，其中汉族儿童和壮族儿童的感染率分别为 0.41%和 1.10%(黄铿凌 2005)。黑龙江肇源县汉族居民感染率 67.56%(1733/2565)，蒙古族居民的感染率为 66.97%(73/109)。

(五) 文化程度分布

第 2 次全国人体重要寄生虫病现状调查，全国高中、中专组感染率最高，为 2.31%，大专及以上文化程度组的感染率为 0.91%，文盲组感染率最低，为 0.37%。

第 2 次全国人体重要寄生虫病现状调查，流行区高中、中专组感染率最高，为 4.88%，初中文化程度组为 3.16%，大专及以上文化程度组的感染率为 3.13%，小学文化程度组为 2.67%，文盲组感染率最低，为 1.16%(表 18-22)。

表 18-22　流行区不同文化程度人群华支睾吸虫的感染率

文化程度	检查人数	感染人数	感染率(%)	文化程度	检查人数	感染人数	感染率(%)
文盲	19 279	223	1.16	高中、中专	12 633	616	4.88
小学	54 022	1443	2.67	大专及以上	2271	71	3.13
初中	68 264	2160	3.16	合计	156 469	4513	2.88

在广东省，学龄前儿童、文盲、小学、初中、高中和中专、大专文化程度人群的感染率（检查人群）分别为1.16%（2747）、5.74%（941）、7.62%（6408）、6.48%（5014）、6.71%（1744）、1.88%（160），此感染率可能与年龄因素有一定关系。在黑龙江肇源县重流行区，文盲、小学、初中、高中和中专、大专文化程度人群的感染率（检查人群）分别为55.85%（143）、75.17%（858）、66.73%（1473）、50.77%（130）、47.95%（73），各年龄组感染状况均十分严重。

（六）华支睾吸虫感染的家庭聚集性

华支睾吸虫感染有一定的家庭聚集性，其主要受饮食和卫生习惯的影响。如北京郊区吃烙鱼饼，往往造成全家同时感染。一家感染2例以上的人数占总感染人数的41.8%。海南省调查7 958人，有32人感染了华支睾吸虫，其中有10人分布在3家，占总感染人数的近1/3。全家4人均感染的2户，全家2人感染的1户。根据黄范振等（1985）年调查，在黑龙江省鸡东县学模村，一家感染5人的1户，一家感染4人的3户，一家感染3人的户5，一家感染2人的23户。吴中兴在江苏省邳县调查时也曾发现一家4个小孩全都感染了华支睾吸虫。

对第1次全国人体寄生虫病分布调查的382 700个家庭、1 297 409位受检者、4229名感染者和第2次全国重要寄生虫病现状调查的27省（市、自治区）流行区63 458个家庭、185 137位受检者、4571名感染者用二项拟合法进行分析，结果均提示华支睾吸虫感染具有家庭聚集性（表18-23，表18-24）。

韩国学者Komiya和Sato（1955）对韩国华支睾吸虫感染的家庭聚集性进行了分析，见表18-25。

沈学明（2006）报道，江苏省全省华支睾吸虫的感染具有非常明显的家庭聚集性现象，对所调查的9个县（市）人群感染率和人群平均每克粪便虫卵的几何均数（GM EPG）进行检验分析，随着华支睾吸虫感染率的降低和GM EPG的降低，t值随之平行降低，人群的感染率为0.93%和GM EPG为0.03时是一个分界点，低于此数值，则不能体现出家庭聚集性。

（我国华支睾吸虫感染的人群分布部分资料引自许隆祺、余森海和徐淑惠2000，王陇德2008）

表18-23　第1次全国寄生虫分布调查华支睾吸虫感染家庭聚集性分析

阳性人数	不同人口家庭数									合计	理论数
	1	2	3	4	5	6	7	8	9		
0	54 313	69 499	85 681	81 945	47 934	23 093	10 110	4557	2208	379 340	378 560.428 424
1	182	297	613	693	504	254	133	55	32	2763	1 218.010 732
2		40	78	129	84	62	26	21	10	450	3.356 593
3			17	26	21	16	7	8	6	101	0.008 489
4				11	7	9	3	5	3	38	0.000 018
5					2	1	0	1	1	5	0.000 000
6						2	0	1	0	3	0.000 000
7							0	0	0	0	0.000 000
8								0	0	0	0.000 000
9									0	0	0.000 000
家庭数	54 495	69 386	86 389	82 804	48 552	23 437	10 279	4648	2260	382 700	379 781.804 255
人口数	54 495	139 672	259 167	331 216	242 760	140 622	71 953	37 184	20 340	1 279 409	
阳性人数	182	377	820	1073	773	479	286	152	87	4229	

χ^2=2 195 300 344.00，P<0.001（引自许隆祺、余森海和徐淑惠2000）

表 18-24　第 2 次全国重要寄生虫病现状调查流行区华支睾吸虫感染家庭聚集性分析

阳性人数	不同人口家庭数									合计	理论数
	1	2	3	4	5	6	7	8	9		
0	10 373	15 475	16 640	10 482	4612	1912	604	221	109	60 428	50 672.3
1	290	452	481	446	215	86	14	7	8	1999	11 544.8
2		143	191	162	105	34	18	5	5	663	1169.0
3			52	97	66	31	11	4	2	263	69.0
4				22	25	15	7	6	0	75	2.6
5					9	11	4	1	0	25	0.0
6						2	0	0	2	4	0.0
7							0	0	0	0	0.0
8								1	0	1	0.0
9									0	0	0.0
家庭数	10 663	10 070	17 364	11 209	5 032	2 091	658	245	126	63 458	
人口数	10 663	10 140	52 092	44 836	25 160	12 546	4606	1960	1134	185 137	
阳性人数	290	738	1019	1149	768	374	131	66	36	4 571	

注：$\chi^2=37\ 474.55$，$P<0.01$（引自王陇德 2008）

表 18-25　华支睾吸虫感染家庭聚集性分析

每个家庭感染人数	感染家庭数（理论期望值）												总计
	家庭人口数												
	1	2	3	4	5	6	7	8	9	10	11	12	
0	3(3.1)	5(3.0)	3(3.3)	7(6.2)	6(3.9)	2(2.9)	4(2.4)	2(1.1)	2(0.7)	1(0.3)	1(0.3)	1(0.1)	37(27.3)
1	1(0.9)	0(1.7)	2(2.8)	5(7.6)	6(5.7)	5(4.9)	2(4.8)	3(2.8)	0(1.9)	1(1.0)	1(1.0)	0(0.3)	26(35.3)
2		0(0.3)	1(1.6)	2(3.2)	2(3.3)	2(3.5)	4(4.1)	3(2.7)	1(2.3)	0(1.2)	1(1.4)	0(0.5)	16(24.1)
3			1(0)	3(0.6)	0(0.9)	3(1.3)	1(1.9)	1(1.6)	1(1.2)	1(0.9)	2(1.2)	0(0.5)	13(10.1)
4				1(0)	0(0.1)	1(0.2)	3(0.5)	0(0.5)	2(0.5)	1(0.4)	0(0.6)	0(0.3)	8(3.1)
5					0(0)	0(0)	0(0.1)	0(0.1)	0(0.1)	0(0.1)	0(0.2)	1(0.1)	1(0.7)
6						0(0)	0(0)	0(0)	0(0)	0(0)	0(0)	0(0)	0(0)
7							0(0)	0(0)	1(0)	0(0)	0(0)	0(0)	1(0)
家庭数	4	5	7	18	14	13	14	9	7	4	5	2	102
人口数	4	10	21	72	70	78	98	72	63	40	55	24	607
感染人数	1	0	7	22	10	22	25	12	20	8	9	5	141

注：表中数字为实际感染的家庭数，括号内数字为感染家庭的理论期望数（引自 Dawes 1966）

五、人体感染华支睾吸虫的方式和途径

我国地域辽阔，人们的生活方式、饮食习惯各不相同，但人体感染华支睾吸虫均因食入了活的华支睾吸虫囊蚴。华支睾吸虫的第二中间宿主种类多，分布广泛，鱼肉中的活囊蚴通

过不同食鱼方法被食入人体，引起人的感染。华支睾吸虫囊蚴感染人主要是通过以下几种方式。

（一）食生鱼虾

我国的绝大部分地区都无吃生鱼的习惯，仅有东北部分地区的部分居民、广东和广西的部分居民、江西和湖南极少数地区的部分居民有食生鱼的习惯。食入方法主要有吃鱼生、鱼生粥和鱼酢等。

吃鱼生一般选用大鱼，如黑鲩、白鲩、鲤鱼、鲢鱼、草鱼等。将鱼去头、去鳞，把鱼肉切成薄片，配以香油、白醋、甜酱、芝麻酱、炒花生米、梅酱、姜丝、萝卜丝、香菜等各种佐料拌匀后直接食用。此种食法主要见于广东珠江三角洲、香港、台湾省、广西百色等地的一些沿河居民、江西省于都等地的部分居民。作为传统菜肴，在许多地区鱼生被用来招待贵宾，流行区的饭店里也有鱼生提供。在广西民间甚至流传“没有鱼生不成宴”的说法，广西横县鱼生现已成为地方特色招牌名吃。亲友往来和逢年过节餐桌上必有鱼生，有些地方还过“鱼生节”，因此个别村庄 20 岁以上人群感染率可高达 89.9%（阮廷清 2006）。由于传统的饮食习惯很难克服，许多居民在家中自己制作鱼生，以供平时食用。食生鱼在我国东北较常见，主要是朝鲜族居民，制作和食用方法与广东相似，但一般在鱼生中加入辣椒。鱼生多为成年人所食用。

鱼生粥是将切好的鲩鱼或鳙鱼片放入碗中，淋以香油，与热的白米粥混合，加上香菜，稍微搅拌后食用。根据实验，1mm 厚鱼片中的囊蚴在 90℃的热水内 1 秒钟即可被杀死，在 70℃的热水内 5 秒钟可被杀死。如在 2～3mm 厚的鱼片中，则要 8 秒钟才被杀死。但所用粥的温度是否够高，鱼片量的多少，鱼片的厚薄，靠近碗底的鱼片是否能与粥充分混合，鱼肉与粥混合时间的长短等因素都直接影响着能否杀死囊蚴。鱼生粥主要见于广东省珠江三角洲、香港等地，也是成年人食用机会较多。

据高隆声等（1981）报道，在湖南省南部祁阳县、冷水滩等地的居民有吃“生鱼酢”的传统习俗。鱼酢有两种，一种为鲜鱼酢，将活鲜鱼（一般用草鱼）洗净，去头、尾、鳞和内脏，把鱼肉切成薄片，用井水漂洗 1 次，放在米筛上沥干水滴，置于菜盆内或大碗内，放盐、醋少许拌匀，放置 5～10 分钟后，倒掉盐醋水，再拌入红辣椒粉，生姜、大蒜籽和炒熟的黄豆粉即成。鲜鱼酢具有甜、香、鲜、脆、嫩五大特点，美味可口，不腻食，在该流行区男女老幼都爱食。干部、成年人吃得较多，妇女、儿童吃得较少。食用时间一般在 6～10 月份。另一种为腌鱼酢，鱼的选用和处理同鲜鱼酢，在米筛上沥干水滴后，置于菜盆内，撒上盐拌匀，7～8 小时后倒掉盐水，拌入辣椒粉、蒜籽、黑米粉（黑锅巴磨成粉或饭粒晒干后用锅炒黑后磨成粉）等装入坛内，3～5 天或长至半月后食用。腌鱼酢具有甜、香、鲜的特点，美味可口，主要用于农忙季节作为菜肴或用于招待客人，过去仅农村村民食用，现也已扩展至城市居民，有的城市还有专门的“生鱼酢馆”。调查湖南永州祁阳县大忠桥镇、冷水滩区山桥镇当地居民，95%以上有食生鱼史，即使是中小学生，也有超过一半的食生鱼，故当地华支睾吸虫感染率目前仍高达 75.4%（段绩辉 2009）。

在东北地区的一些汉族和朝鲜族居住区还有极少数人吞生鱼、活吞鱼，部分居民有吃盐拌生鱼的习惯（白功懋等 1984）。在韩国，人们在聚会时喜饮用米酒，并将生鱼作为佐酒佳肴，其中以男性多见（Bae 1983，Song 1983）。张文玉等（1994）调查了松花江下游部分城镇居民，调查对象主要为汉族，少数为朝鲜族、赫哲族和满族居民，共 5275 人，其中 1634 人感染了华支睾吸虫。在一些自然村，吃生鱼者占居民数的 48.75%～73.99%。如为大鱼，取鱼肉切片加佐料拌后食用，如是鲫鱼、船丁鱼和黄姑子鱼（当地俗称）等小鱼则去头和内脏，切成小段加青菜等佐料拌后直接食用；有的将小鱼剖开后晾至半干后生嚼食；有的小孩在江河边玩耍捕捉到小鱼后即放入嘴中食之。桦川县一个自然村有 102 个家庭，96 个家庭有食生鱼情况，包括婴儿在内共有 513 人，有食生鱼史者 322 人，占 64.9%。汤原县的一个农村小学有 201 名 8～12 岁的小学生，食生鱼者占 48.75%。同江县三村 223 名 13～16 岁的中学生食生鱼者占 73.99%。该地有食生鱼长达 30 年的居民，有的每年食生鱼数十次。黑龙江省鸡东县学模村查出 101 例华支睾吸虫感染者，其中有 91 人食生鱼（黄范振等 1985）。在黑龙江肇源县，吃生鱼为传统的饮食习惯，王艳红（2002）调查 2397 人，食生鱼者 2359 人，食生鱼年限最长的有 50 多年，食生鱼者平均感染率为 80.6%。江西赣州地区各县和宜春地区丰城县也有部分居民保持着不同程度的嗜食生鱼的习惯。有生食鱼传统或习惯的流行区，居民的感染率高，感染度一般较重，易发生重复感染。

根据第 1 次全国寄生虫分布调查，检查食生鱼者 100 568 人，感染率为 2.501%，检查食熟鱼者 1 369 281 人，阳性率为 0.151%，二者差异有统计学意义（$\chi^2=16\ 646.062, P<0.0001$）。黄新华（2010）报道广东阳山县 356 例华支睾吸虫感染者，有食生鱼习惯的 243 例，占感染人数的 75%。何刚等（1994）报道，在广西百色地区的沿河居民有食生鱼的习惯，所查到的 731 例华支睾吸虫卵阳性者有 709 人喜食生鱼；在不食生鱼的靖西县，华支睾吸虫的感染率<0.1%。李树林（2002）报道，在广西调查发现的 2836 例华支睾吸虫病人中，有食“鱼生”史的 2574 人（占 90.76%），吃过“鱼片粥”、“打边炉”或“炒鱼片”等半熟鱼虾的 188 人（占 6.63%）。阮廷清（2006）报道，在南宁市无食鱼生史、食鱼生史不详和有食鱼生史人群华支睾吸虫的感染率分别为 1.88%（4/213）、32.77%（77/235）和 58.83%（533/940）。黑龙江省卫生防疫站牛弘（2001）检查 206 例食生鱼者，华支睾吸虫感染率为 30.10%，不食生鱼者 71 例，感染率为 4.23%。

奚素琴（1996）报道中国医科大学 1979～1995 年共收治肝胆系疾病患者 4712 例，有 25 例确诊为华支睾吸虫病，该 25 例病人中 24 人曾生食过鱼虾或有生食鱼虾的习惯 。

福建省晋江地区南安县丰州区部分农村居民不食生鱼，却喜食生虾。当地居民在一定季节捕捞鱼虾作为副食，夏季儿童常在池塘洗澡，并在水沟中捕吃生虾及生蟹。此地居民认为虾味极鲜，他们在捕捞到生虾时，将鲜虾剥去头部，放在手掌中，以另一手掌连续作拍手状，使虾体稍呈红色（加热作用），然后食用。当地居民，包括广大闽南地区历来有食生虾的习俗，认为可以防治鼻出血。由于这种习俗，常常发生一家多人感染，最高的有一家 4 人感染。对从该地区捕捞的虾进行解剖，找到大量的囊蚴。用含有囊蚴的小虾喂食小猫，45 天后，从猫的大便中查到虫卵。86 天后解剖该猫，检出成熟华支睾吸虫成虫 247 条。该地区作为华支睾吸虫第二中间宿主的虾为米虾和沼虾。流行区常食生鱼的方式见图 18-23。

（二）食半生鱼

尽管我国绝大部分地区居民不食生鱼，但由于烹调方法不当，往往把鱼加工至半熟而食。如江苏北部、安徽北部的大部分居民喜欢吃麦穗鱼。传统的食用方法是将鱼洗净后，拌入少量面粉和细盐，在锅中用油简单煎焙，然后再加各种佐料加水彻底烧透食用。但鱼经初

图 18-23　几种华支睾吸虫流行区居民食用的鱼生和虾(B～F 引自林金祥)

A. 鱼生宴(方悦怡供图);B. 鱼生粥;C. 广东五华客家鱼生;D. 广西横县鱼生;E. 广西桐乡鱼生特色菜;F. 醉虾

步煎焙后,其表面的面糊已发黄,并有一定的香味,里面的鱼肉则基本上是生的,有时甚至还是凉的,小孩往往在这时已经开始吃这种初步加工的鱼,有的成年人也喜欢食用,使活的囊蚴被食入。北京郊县有烙鱼饼的习惯,也是将半生的鱼食入,易造成全家的感染。北京市卫生防疫站(1982)报道,吃过生鱼、火烧鱼和烙鱼饼居民的华支睾吸虫感染率为 12.7%,吃过生鱼虾或半生吃过鱼虾居民的感染率为 7.97%,而仅食炖鱼者的感染率为 2.3%。

杨连第等(1994)曾抽查油炸麦穗鱼团 30 个,12 个鱼团没熟透。湖北省开展全省普查时也曾随机抽样检查油炸面粉麦穗鱼团 10 个,有 4 个鱼团深部的鱼肉中仍可见到活的华支睾吸虫囊蚴。抽查 10 条取自各居民家自己烹制的烧全鱼(500 克左右大小的白鲢),其中有

6条鱼背深层肌肉带有鲜红血丝。在重度流行区抽查儿童野外烧烤的半生不熟小鱼12条，有6条小鱼背部深层肌肉内仍可见活动的囊蚴。珠江三角洲居民还有“打边炉”，即食火锅的习惯，将鱼片在火锅汤中迅速一涮即食。当地居民往往将鱼片切成2～4mm厚，仅鱼肉表面受热，内部鱼肉基本上仍然是生的。有时锅火不旺，汤温不够高，更可能使囊蚴在食入时依然是活的。烹调方法不当食入华支睾吸虫囊蚴是轻、中度流行区人群感染的主要原因。

位于江西北部的瑞昌县是华支睾吸虫病重流行区，当地居民有吃生炕鱼的习惯。生炕鱼是在冬季坑塘枯水时，将捕捉到的野生小鱼，如白条鱼、麦穗鱼等在锅中炕干保存，小孩常作为零食直接食入，成年人也常用于佐酒。姜唯声(1995)取当地居民家炕干麦穗鱼和新鲜麦穗鱼各50条，采用捣碎法分离获取华支睾吸虫囊蚴，然后分别感染豚鼠，每只豚鼠感染囊蚴300个，感染后40天解剖取虫。用取自生炕鱼囊蚴感染的3只豚鼠获华支睾吸虫成虫27、63和13条；用取自新鲜麦穗鱼囊蚴感染的3只豚鼠获华支睾吸虫成90、97和67条。姜唯声认为，用炕干方法处理，只能杀死鱼体表层的囊蚴。该地区吃生炕鱼机会多的村庄，麦穗鱼和人群的感染率均高(表18-26)。

表18-26　食生炕鱼频次与华支睾吸虫感染率

村庄	村民数	吃生炕鱼人数(%)	平均吃生炕鱼频次(次/人/年)	人群感染率(%)	麦穗鱼感染率(%)
肖家村	188	150(79.79)	3.81	33.51	100.00
王家村	258	157(60.58)	2.00	22.32	92.50
孙家村	74	25(33.78)	0.81	5.41	70.00

广西韩江上游居民习惯将小鱼放入锅中用余火焙烤，不干者再放入太阳下晒干，在此过程中，儿童喜取作零食。在粤北山区、淮河流域、黄淮平原等广大的农村，许多儿童在小河沟中抓获小鱼后，将鱼放在瓦片、砖块上，用火焙烤，或直接将鱼丢入火中烧之，经过这样处理，小鱼仅体表有些发黑发热，鱼肉基本上也是生的，小孩作为游戏和好玩，往往将这样的鱼食入。湖北蕲春县的青少年喜欢将小鱼用青菜叶包裹好在锅灰中略烧后食用。

将鱼切成大块或整鱼加佐料仅煎而不加水，或整条鱼清蒸都有可能因加工不透而杀不死囊蚴。

(三) 加工鱼过程中污染菜板菜刀等导致感染

大部分地区对鱼类的烹调比较透彻，但在处理鱼的过程中，由于没有很好的卫生习惯，使一些用具受到污染，从而使人获得感染。如山东省金乡县人民医院靳清汉等(1992)对用手处理鱼后的污染情况进行了观察。将255条华支睾吸虫囊蚴阳性的麦穗鱼和棒花鱼分成1、2、4、8、16、32、64和128条共8组。将8组鱼分别置于案板上用手挂去鱼的内脏和腮部污物，每组处理完毕后用生理盐水洗手。将8组洗手液分别摇匀，每组水分装10个试管，离心后从沉渣中检查华支睾吸虫的囊蚴。处理16～128条鱼的洗手水中分别有2管、3管、6管和9管中发现了华支睾吸虫囊蚴，处理1～8条鱼的洗手液没有发现囊蚴。用同样方法处理洗鱼的案板，每组的洗涤液也分别装在10个试管中，处理过32～128条鱼的洗案板液中发现华支睾吸虫囊蚴，阳性管数分别为1管、2管和5管。经常用这种方法处理鱼的家庭妇女有68%的在加工鱼的过程中，乱拿东西，造成囊蚴污染的范围扩大，从而增加感染机会。在加工过程中不洗手而吃食物者更易引起感染。在广大农村甚至一些城市的家庭，基本上是使用同一块菜板处理生的和熟的食物。在切过生鱼后，如不很好地清洗案板、菜板、菜刀等用具，再用这些用具切直接入口的熟食或凉拌菜，则有可能食入华支睾吸虫囊蚴。

用鱼头和鱼内脏模拟污染水源的实验也证实在洗鱼的过程中可能引起厨具的污染和人的感染。杨连第等(1991)将20条华支睾吸虫囊蚴阳性的麦穗鱼按人们常规的剖杀方式揪下鱼头，剖开鱼肚。将20个鱼头和鱼内脏分别放入盛有100ml清水的容器中，3小时后计数各水中的囊蚴数。结果所有放入鱼头或鱼内脏的水中均有华支睾吸虫囊蚴。一份鱼头洗液中最多检出囊蚴170个，最少的为11个；一份鱼内脏洗液中最多检出囊蚴74个，最少的检出2个。

杨荣宏等(1987)在广州调查了17个农贸市场。方法是用棉签拭擦售鱼者的手和各种用具，擦后将棉签放入保存液中搅动，弃去棉签，将保存液离心后取沉渣检查囊蚴。检查结果如下：售鱼者153人，有1人的手上查到华支睾吸虫囊蚴；在鱼栏附近检查苍蝇182只，有1只苍蝇华支睾吸虫囊蚴阳性；切鱼用的砧板217件，被囊蚴污染的4件(1.8%)；切鱼用的刀126把，被囊蚴污染的1把；盛鱼用具134件查到囊蚴的有2件；储鱼用水241份，每份取100ml离心沉淀，也有1份发现华支睾吸虫囊蚴。

(四) 捕鱼导致的感染

许多捕鱼者在较长时间的捕鱼过程中不洗手食入随身携带的食物或饮水，也是感染的重要因素。更有甚者是一些摸鱼者，往往将抓到的鱼用嘴叼住，以便腾出手游水或再抓另外的鱼，极可能将囊蚴直接食入。北京市黄杉木店115例华支睾吸虫感染者中，玩鱼、捕鱼后不洗手和用嘴叼鱼者占83.5%(96/115)。

(五) 华支睾吸虫囊蚴污染水源

有资料表明，在水中华支睾吸虫囊蚴确可从废弃的鱼内脏和鱼头中释出。韩国学者提出由于饮用被华支睾吸虫囊蚴污染的河水，而有可能获得感染，这种可能性在流行病学上的意义尚待证实(Komiya 1964, Song 1982)。

杨连第(1996)报道在湖北省的平原和丘陵地区，居民的房舍、厕所、畜圈围绕水源而建。人们饮水和用水多不分开，常见全村人共用一条渠沟或一个水塘，一边用来洗粪桶，另一边刷牙、漱口、淘米、洗菜、洗衣服，猪、牛也活动在同一水中。人们在同一河水中剖杀和洗鱼，并将鱼的内脏和鱼鳃丢入水中，污染了饮水，使宿主有因饮水而被感染的可能。杨连第在云梦县调查时曾见农妇在塘边将近百条麦穗鱼的鱼头和内脏逐一揪下丢入水中，而该调查点麦穗鱼的感染率为100%。如按杨氏的模拟污染水源试验，这100多条鱼的废弃物进入水中的囊蚴可有数千个。

六、华支睾吸虫病的传染源

华支睾吸虫病的传染源是指被华支睾吸虫感染，并能在粪便中排出虫卵的人和其他动物。华支睾吸虫成虫寄生在终宿主的肝胆管内，所产虫卵随宿主的粪便排出，通过不同途径入水，感染螺蛳，启动华支睾吸虫病流行的过程。

(一) 华支睾吸虫病人

在多数流行区,大部分感染者为轻度感染,体内虫荷为 1～200 条。如果一个人肝胆管内寄生的虫数超过千条甚至更多,则可产生严重的症状甚至引起死亡。人体内寄生华支睾吸虫数目多是来自尸体解剖的资料,Katsurada 曾在一例尸体解剖中获得华支睾吸虫成虫 9400 多条,Samback 和 Baujean 1913 年解剖一具尸体发现华支睾吸虫达 21 000 条之多(Faust 1927)。陈约翰等(1963)在对 9 例因华支睾吸虫病死亡的儿童尸检时,其中 5 例作了虫体计数,获虫数分别为 2962、6488、>3500、387 和 345 条,后 2 例因需要保留大部分虫体于胆管中,以便于作切片观察,仅挤出一小部分虫体。以上计数尚未包括部分残留在胆管内和尸检时被水冲走的虫体,因此实际虫体的数量要高于此数。同时在 3 例尸体的胰腺中也发现华支睾吸虫成虫,肝脏虫数为 6488 条尸体的胰腺中挤出虫体 1348 条。姚新(1979)在一例 3 岁患儿尸体的肝脏内获华支睾吸虫成虫 5318 条,胆囊内获虫 1273 条,共 6591 条,在肝内的小胆管内仍有少量虫体没有挤出。熊桂生(1990)报道 1 例因华支睾吸虫感染致肝、胰严重病变而死亡的 6 岁女童,分别从其肝内、胆囊内、胰腺和肠内获虫 26 150、3450、2500 和 23 500 条,总计多达 55 600 条。

近年来也不断有报道肝胆手术后引流发现华支睾吸虫成虫。如蔡连顺(2000)报告 1 例胆结石、胆管炎患者在胆囊切除手术中见到华支睾吸虫,术后置 T 型管引流,从引流管又自然排出数目较多的虫体,但具体数目不详。术后第三天给患者服吡喹酮驱虫,服药后连续 7 天收集引流液,进行虫体计数。每天排虫数分别为 11、1492、3186、1345、370、37 和 5 条,共计 6446 条。王国志(2001)报道一例手术切除胆囊患者,术后插 T 型管引流,20 天后带引流管出院。出院后患者发现引流液中排出虫体数十条,经佳木斯医学院寄生虫学教研室鉴定为华支睾吸虫。随后给予吡喹酮驱虫,剂量 16.6mg/kg 体重,每天 3 次,总剂量为 9000mg。服药后即开始收集虫体并记数,3 小时共获虫体 9974 条,虫体压积 75ml。除从引流液中获得 9974 条虫体外,尚有很大一部分虫体自 T 型管另一端排入肠道,加上服药前排出的虫体,所以本患者感染虫体的数量远多于 9974 条。

华支睾吸虫成虫在人体内可存活几年、十几年甚至数十年。在长期的寄生过程中,成虫不断产卵,患者粪便中持续排出虫卵。根据动物实验,每虫每天排卵约 2000～4000 个。尽管华支睾吸虫在人体内排卵数尚不清楚,但重度感染者粪便中的虫卵数仍十分惊人。如翁约球等(1985)对 696 例感染者进行分析,17%属重度感染者,EPG 均大于 10 000。朱群友等(1995)报道,其所调查感染者的 EPG 平均为 2024,最重者为 13 686。陈锡骐等(1985)在广东顺德发现感染最重者的 EPG 为 51 600。在湖北省(胡承雄等 1991)有患者 EPG 达 58 000。顾星和等(1988)报道四川绵阳一例重症感染者 EPG 高达 95 200。李秉正等(1984) 在吉林省永吉县一公社从粪检阳性者中随机抽取 16 名进行虫卵计数,EPG 平均为 13 479,大于 10 000 的 4 人,最高一例竟高达 119 900。马大德等(1990)在四川省盐亭调查 8 个村 1060 人,共查出虫卵阳性者 10 例,EPG 为 256～135 000。朱师晦(1988)报道儿童感染最重者 EPG 达 157 000。我国第 2 次重要寄生虫病现状调查,5230 例感染者 EPG 最低为 24,最高达 327 792,平均为 2028 个(方悦怡 2008)。

尽管极重度感染者是少数,但中度感染占有相当比例。当 EPG 达数千时,一个患者每天所排出的虫卵数量非常可观。华支睾吸虫病人是主要的传染源之一。

(二)带虫者

由于感染较轻,体内虫数少,感染者往往没有表现出明显的临床症状,这种轻度感染者称为带虫者。在大多数流行区,带虫者的数量多于病人的数量。我国第 2 次重要寄生虫病现状调查,全国调查发现 2065 例感染者,轻度感染占 85.13%;流行区调查现 5230 例感染者,轻度感染者占 78.93%(王陇德 2008)。翁约球等(1985)报道,在广东佛山所检查出的 2696 例虫卵阳性者中,47.7%属轻度感染。广西武鸣(朱群友等 1995)轻度感染者占总感染人数的 49.25%。辽宁营口(周庆彬等 1987)、河北抚宁(高勇等 1984)、广西百色(何刚等 1994)、江苏邳县(刘宜升等 1993)等流行区的轻度感染者分别占感染人数的 86.7%、61.9%、74.5%和 93.3%。在流行较严重的广西,全国统一组织的二次调查结果显示轻度感染所占比例分别为 73.68%和 59.34%。广西武鸣县轻度感染为 49.25%(朱群友 1995)。山东省 1988、1990 和 2003 年抽查部分感染者,轻度感染分别占总感染者的 63.7%、79.4%和 88.2%(万功群 2008)。

虽然轻度感染者每克粪便中虫卵较少,但其在所有感染者中所占比例大,绝对数量多,而多是在普查中发现。带虫者一般无明显的症状,往往不能主动就诊,长期处于带虫和持续排出虫卵状态,故带虫者也是华支睾吸虫病的重要的传染源。

(三)保虫宿主

华支睾吸虫病是人兽共患寄生虫病,华支睾吸虫有着广泛的保虫宿主,无论是家养还是野生的保虫宿主,其粪便都难以管理,给虫卵入水的机会也更多。保虫宿主是华支睾吸虫病的重要的和不易控制的传染源。在华支睾吸虫病流行区,凡是人群感染率高的地方,保虫宿主的感染率也高,反之亦然,因此保虫宿主在华支睾吸虫病的流行和传播上起着重要作用。作为人兽共患的寄生虫病,流行区保虫宿主的感染率常保持在较高水平,其感染率不能随着防治工作的深入与当地居民的感染率同步降低。如在山东省,在 20 世纪 60 年代,猫、狗和猪的华支睾吸虫感染率分别为 60.1%、16.1 和 6.0%,70 年代分别为 56.0%、17.7%和 0,90 年代分别为 65.2%、15.6%和 0.9%。但进入 90 年代后,山东省人群感染已得到很好控制,华支睾吸虫的感染率从 1970 年的 1.15%降至 0.30%,而猫和犬的感染率却未见降低,仍保持在 1970 年的水平(万功群 2002)。

1. 保虫宿主的种类 根据已报道的总结资料,华支睾吸虫的保虫宿主有猫、家犬、猪、水牛、黄牛、鸭、黄鼬、獾、野鼠、仓鼠、社鼠、貂鼠、褐家鼠、黄胸鼠、狐狸,水獭、水貂、野猫和麝鼠等动物(张传生 1986)。自然感染的,可以作为华支睾吸虫保虫宿主的动物还有夜苍鹭(Nycticorax nycticorax,Asada 1920)、大仓鼠、刺毛灰鼠(冯义生等 1965)、骆驼(Komiya 1964)、田鼠(高隆声等 1981)、家兔(张峰山等 1987)、长毛兔(温桂芝等 1987)、狼、豺(姜昌富等 1987)、小灵猫(林秀清等 1990)、草原黄鼠、黑线姬鼠和小家鼠(王典瑞等 1990)、家鸡、星布罗鸡(袁维华等 1994)、鸭(易明华 1992)。陈锡欣(1989)报道解剖天津塘沽动物园饲养的一只病死的雌性东北虎,在其胆管内发现了华支睾吸虫成虫。姚龙泉(2003)报道辽宁抚顺养殖场用生鱼喂养蓝狐,144 蓝狐有 32 只发病,从病狐粪便中查到华支睾吸虫卵,解剖死狐查见华支睾吸虫成虫。刘剑郁(2010)报道 2 只牧羊犬感染华支睾吸虫,其中 1 只死亡。

在实验室内感染成功,能够作为华支睾吸虫终宿主的动物还有河狸鼠(Wykoff 1958)、背纹仓鼠(冯义生等 1965)、小鼠(Tasai 1966)、大鼠(四川省寄生虫病研究所 1979)、沟鼠(李冬馥等 1983)、长爪沙鼠(许英桂 1985,高广汉等 1990)、恒河猴(赖富春 1987)、金色仓鼠(*Mesocricetus auratus*)(薛剑等 2009)。Kim(1992)用华支睾吸虫囊蚴分别感染 ICR、DDY、GPC、BALB/c、nude 和 DS6 等 6 种不同品系的小鼠,均获成功。李妍(2008)报道,昆明鼠、C57 小鼠、BALB/c 小鼠等也可实验感染华支睾吸虫,其中以 BALB/c 鼠最为敏感。FVB 小鼠对华支睾吸虫又较 BALB/c 小鼠更敏感(Choi 2003)。家兔和豚鼠也是常用的实验动物,对华支睾吸虫易感,同时亦能耐受较大的虫荷,是较理想的动物模型。

另根据 Chen(1994)总结的资料,豹猫、黑家鼠、达乌尔黄鼠、河狸和猕猴也可作为华支睾吸虫的保虫宿主或动物模型。

薛剑等(2009)发现,用每鼠 50 个华支睾吸虫囊蚴感染金色仓鼠 40 只,感染后 23 天,有个别仓鼠死亡,部分未死亡仓鼠的一般情况亦较差,部分出现巩膜黄染。剖检后见肝脏肿大、色深暗,有胆汁淤积,大部分虫体分布于肝内胆管分支中,引起胆管阻塞。而大鼠感染相同数量的囊蚴后 4～6 周,体重明显增加且鲜有死亡,肝脏的外观色泽与健康大鼠相似。华支睾吸虫在大鼠体内由囊蚴发育为成虫的数量与仓鼠相仿,但绝大部分成虫聚集于大鼠的胆总管及较大的胆管分支内,并常见胆总管局部膨大隆起,未见胆管阻塞现象。Choi 指出,FVB 小鼠对华支睾吸虫较 BALB/c 小鼠更敏感,可能与感染华支睾吸虫后 Th2 细胞因子的产生有关,特别是 IL-4。FVB 小鼠血清 IgE 的水平也显著高于 BALB/c 小鼠。可以认为不同的宿主对华支睾吸虫的敏感性和适应性均存在一定的差异。

2. 保虫宿主感染华支睾吸虫的原因　保虫宿主感染华支睾吸虫也是因为吃了含有华支睾吸虫囊蚴的鱼虾。有些居民用死鱼、鱼鳃、鱼内脏或洗鱼的水喂猪,放养的猪在河里、河边或垃圾堆里吃到死鱼,故猪常有华支睾吸虫的感染。在台湾地区用饭店里的剩菜喂猪,因菜中常有吃剩的鱼生,也是猪感染的重要原因之一。狗和猫都喜食生鱼,人们也习惯于用生鱼喂养它们,因而狗猫食鱼的机会多,感染率也高。家鼠与人类居住环境接触密切,常能偷食到生鱼,或吃到人们废弃的生鱼鳃、鱼肠、鱼鳞等,或能在池塘边觅寻到死鱼,其感染率也较高。一些野生的保虫宿主多是肉食类动物,可能会在半干涸的或是水浅的沟溪、小河里捕到鱼,或食入自然死亡的鱼虾而感染。至于食草类动物如牛、兔的感染则是因为食入夹有小鱼虾的水草而感染,浙江省一例家兔感染就是用水草作为饲料引起的。

(四) 保虫宿主的感染状况和传播潜能

1. 保虫宿主的感染率　保虫宿主的感染率在不同地区、同一地区不同动物种类都有很大差异,但一般来说,与人类接触密切又喜食鱼类的动物感染率较高,食草类动物因偶然食入囊蚴,感染率都很低。保虫宿主中以猫和狗的感染率最高,如黑龙江(段淑梅等,2000)报道猫和狗的感染率分别为 100%(31/31)和 60%(223/369);沈阳市检查 64 只猫,阳性率为 92.1%(59/64);北京郊县猫的感染率亦高达 98.3%(北京市卫生防疫站,1982)。Anh 等(2009)报道,在越南南定犬和猫华支睾吸虫的感染率分别为 8%(2/25)和 5%(1/20)。Sohn 等(2005)检查韩国釜山的流浪猫 438 只,在 51 只猫粪便中发现华支睾吸虫卵(11.6%),但仅在 24(5.5%)只猫的肝脏中找到成虫。

根据各地调查资料总结,我国部分地区保虫宿主的感染情况见表 18-27,表 18-28。

表 18-27 我国部分地区保虫宿主感染华支睾吸虫情况

地区		保虫宿主及感染率(%)					报告人	报告时间
		猫	狗	猪	鼠	鼬		
广东省	广州	100.0	80.0	—	—	—	陈心陶	1934
	广州	29.2	10.9	—	—	—	周庆均	1965
	佛山	97.3	61.4	15.0	—	—	翁约球	1984
	汕头	55.8	74.4	—	—	—	詹汉廷	1986
	佛山	89.7	84.2	7.9	家鼠 18.3,野鼠 1.0		翁约球	1993
	韶关	65.2	18.0	0	牛 0	—	李世富	1998
广西省	武鸣	6/11	2/12	—	—	—	朱群友	1995
福建省	福州	59.4	—	—	—	—	陈心陶	1934
	10 县市	22.4	0.7	—	—	—	林金祥	1986
	3 地区	33.3～44	—	13～28	豹猫 30～53 小灵猫 37.5～40		林秀敏	1990
湖北省	武昌	100.0	80.0				Faust	1921
湖南省	祁县	—	55.0	—	水牛 16.7	—	高隆声	1981
	澧县	4/4	4/5	—	水鸭 1/2	—	陈翠娥	1983
	湘潭	3/4	8/10	—	—	—	李家明	1986
	4 县综合	—	39.5	0	14.0	—	王军华	1994
江西省	上高	3/3	42.3	—	水鸭 2/2	—	易明华	1983
	九江	1/1	1/1	4/1	—	—	袁维华	1994
四川省	成都	38.0	5.0	—	—	—	鲁超	1941
	遂宁	—	—	9.7	—	—	王其南	1965
	金堂	80.0	—	—	—	—	屈振麒	1965
	乐至	—	50.0	15.0	—	—	封厚培	1965
	安岳	61.5	16.0	0	牛 0		防疫站	1983
	垫江	—	40.6	4.7	—	—	封厚培	1984
	简阳	24.0	6.8～11.1	3.6	—	—	任建新	1986
	绵阳	75.0	44.8	—	—	—	顾星和	1986
四川省 1961～1990 年综合		42.7	20.0	4.8	10.22		曾明安	1994
上海市		57.9	36.6				川名浩	1935
		78.9	15.3				Andrews	1936
		81.8	+	+	沟鼠 22.0	7.4	李冬馥	1983
浙江	绍兴	100.0	84.0				Faust	1925
	绍兴	37.0	84.6				Faust	1935
	杭州	100.0	25.0				陈超常	1935
江苏省	无锡	—	—	—	家鼠 25.0	—	沈一平	1964
	南京	—	—	—	家鼠 25.5	—	沈一平	1964

续表

地区		保虫宿主及感染率(%)					报告人	报告时间
		猫	狗	猪	鼠	鼬		
	新沂	9.1	—	—	貂 8.0	—	张佩义	1986
安徽省	阜阳	50.0	45.4	70.5	田鼠 5.7	20.0	李雪翔	1964
	阜南	100.0	—	29.4	—	10.0	李雪翔	1964
河南省	信阳	—	—	10.0	—	—	王运章	1963
	平舆	56.5	15.4	35.3	—	—	地病所	1964
	虞城	61.1	13.3	—	—	—	地病所	1964
	淮阳	—	94.1	22.0	—	—	防疫站	1973
山东省	邹县	100.0	60.0	38.8	—	—	宋觉民	1963
	莒县	70.0	23.0	—	—	—	寄研所	1974
	即墨	33.3	1/1	19.1	田鼠 5.7	20.0	王永琪	1985
	临沭	39.33	18.75	鸡 0	鸭 49.00	鹅 0	邱丙东	1998
	菏泽	60.0	15.60	7.90			孙援朝	1999
北京市			27.9				Hsu&Li	1941
			35.7				吴青黎	1956
		98.3	—	—	—	—	防疫站	1982
陕西省	洋县	0/5	0/2	0.8	18.2～50	—	薛季德	1984
吉林省	桦甸县	—	2/2	—	麝鼠＋	—	张传生	1984
辽宁省	东陵	42.7	74.4	—		—	刘柯	1986
黑龙江	鸡东	50.0	33.3	—	—	—	黄范振	1985
台湾地区	台北	7.4	—	—	0.24	—	Dong	1964
	安南	—	—	13.2	—	—	Chen	1980
	日月潭	—	—	31.6	—	—	Chen	1980

表 18-28　2000 年后部分地区保虫宿主华支睾吸虫的感染率(%)

调查地	猫	犬	猪	鸭	野鼠	报告人	报告时间
安徽淮南	—	—	87.5	—	—	朱玉霞	2001
黑龙江	50.0	27.3	—	—	—	于德海	2001
广西	64.10	56.36	—	—		李树林	2002
重庆垫江	60.00	38.03	17.99	—	—	蒋诗国	2003
四川成都	45.5	11.5	6.8	—	—	蓝晓辉	2002
广西	64.10	56.36	0	0	0	李树林	2002
黑龙江	100.0	60.53	—	—	—	段淑梅	2000
黑龙江东部	93.75	33.33	3/3	长毛兔 2/2	2/2	蔡连顺	2002
山东金乡	43.75	20.00	12.50	—	—	周若群	2004
江苏新沂	60.33	47.19	0.83	—	—	索歌华	2008
湖南永州	21.05	7.95	—	—	—	唐伟	2008
湖南祁阳	—	88.89	—	—	—	未发表	2009
广东韶关	51.52	18.60	0	牛 0	0	崔文娟	2009
江苏新沂	26.67	23.08	8.53	—	—	沈明学	2010

2. 保虫宿主的感染度 华支睾吸虫保虫宿主的感染轻重取决于该动物的食性、其食入华支睾吸虫囊蚴的机会和数量。从理论上讲，食草动物感染的机会少，一般感染较轻，华支睾吸虫的非适宜宿主感染也不会很重。但在偶然情况下也可能发生食入次数少，但感染囊蚴多。如在黑龙江省发生长毛兔自然感染华支睾吸虫，仅从死亡兔的肝左叶内获成虫700余条(温桂芝等 1987)。浙江省慈溪县农业局在该县调查时发现1只家兔肝胆管内寄生华支睾吸虫598条。在所有保虫宿主中，感染虫数较多的是家猫，北京市卫生防疫站报道一只猫肝管内寄生华支睾吸虫成虫3990条。王文兰(1987)报道北京市一只家猫解剖后获成虫7539条。狗的感染也相对较重。家鼠与人的生活环境接触密切，不但感染率高，有时感染度也重，薛季德等(1983)在1只大家鼠体内获华支睾吸虫成虫27条。

3. 家犬传播华支睾吸虫病的潜能 阮廷清(2008)对华支睾吸虫的主要保虫宿主家犬在华支睾吸虫病传播中的潜能进行研究。在广西上林县朝文村调查175户，有43户养犬，共养犬66只。收集犬粪41份，用改良醛醚法检查，有22份查到华支睾吸虫卵，阳性率为53.66%。随机抽取其中的11份粪便进行虫卵计数，有1份EPG为3288，其余犬的EPG均不足1000，最少的仅为24，平均EPG为322。17份整份收集的犬粪平均重64.33g。根据平均EPG、犬日平均排粪便量和养犬数，该村家犬平均每日向外环境排出华支睾吸虫卵73.4万个(322个×64.33g×66只×53.66%)。

七、虫卵在外界存活时间及入水途径

华支睾吸虫卵必须入水才能有机会被第一中间宿主淡水螺类食入，进而开始在螺体内的发育，因此虫卵入水是华支睾吸虫完成生活史的关键。由于人们的生产和生活活动，保虫宿主的活动，虫卵从终宿主的粪便中排出后，可通过不同的方式和途径进入水中。

(一) 虫卵的存活时间

翁约球等(1993)报道，8～9月在广东省室内自然条件下，将虫卵放入普通清水中，保存时间在20天内，其形态结构与新鲜虫卵的结构基本相同，卵内的毛蚴清晰可辨，约有5%的虫卵脱盖。保存30天，虫卵颜色稍微变暗，不如新鲜虫卵鲜艳，部分卵内毛蚴结构模糊。保存40天，虫卵内部出现空泡，绝大多数卵内毛蚴变得模糊不清，并出现肿胀。随着保存时间的延长，虫卵变化更为明显。保存至60天，虫卵变为黑色或灰黑色，毛蚴肿胀明显，更加模糊不清。室温下自然存放的阳性粪便，其内的虫卵变化速度较保存在清水中的虫卵快。存放10天，虫卵颜色开始变暗，毛蚴模糊；20天后，大部分虫卵已变为灰黑色或黑色，毛蚴结构难以辨认。因此，室温下虫卵在水中和粪便中存活的时间分别为20天以上和10天左右。

据Faust和Khaw(1927)报道，在干燥的环境中，虫卵立即死亡，在4～8 ℃的冰箱中可存活6个月，室温下1个月，在50℃的环境下仅能存活1小时。在26℃的粪便中，虫卵2天内死亡。在新排出的尿液中，37℃时虫卵可活2天，4℃时可活4天，28℃时仅可活9小时。

(二) 粪便管理不妥使虫卵入水

在绝大多数的农村，厕所多是简易、露天无棚盖。在天气晴好的情况下，居民能及时处理粪便。当下雨时，由于雨水冲刷，粪便随之流入池塘或小河中。在我国南方不但水塘边上建有露天厕所，使粪水极易进入塘中。水塘周围也以菜地为主，不少地方还将新鲜人粪直接施于菜地，下雨时虫卵随菜地里的粪肥一起被冲入池塘中。在农村，小的河塘多处在低洼处，各种生活污水多流入小河塘。儿童随地大便，在河内洗刷马桶、农具，或是厕所也建在塘边，特别是有的居民区地势低洼，暴雨后，池塘与洼地连成一片，都为虫卵入水提供了条件。

（三）鱼类饲养与饲料

用人粪喂鱼已有很长历史。在珠江三角洲一带，过去在鱼塘上建"吊楼厕所"，即将厕所直接建在池塘上面的现象比较普遍，粪便排出后进入水中（图 18-24）。在这些地区，也惯于将新鲜粪便直接投入鱼塘中作为鱼的饲料。如在广西武鸣县，当地居民不但在鱼塘周边或鱼塘上建造厕所，县城附近的城厢镇、城东乡居民除用自家粪便外，还从县城运来粪便喂养鱼。调查该地 15 种鱼，有 11 种感染了华支睾吸虫囊蚴，总感染率达 24.08%，其中麦穗鱼的感染为 80.37%（朱群友 2001）。将猪圈建在鱼塘边，冲刷猪圈的粪水也流入塘中。由于养鱼业逐渐向北方推广，北方鱼塘不断增多，也存在着用新鲜人粪作为鱼类饲料的现象。大量的人粪和猪粪进入鱼塘，将华支睾吸虫卵同时带进塘内，使螺有机会食入虫卵而感染，在此情况下，中间宿主感染较严重。

图 18-24　厕所建在鱼塘上

（四）保虫宿主和自然疫源地

华支睾吸虫具有多种保虫宿主，特别是与人类关系密切的家养动物，如猫、狗、猪等和一些活动在居民生活区的野生动物，如家鼠。这些动物相对于人类绝对数量多，一般感染也比较重。猪圈建在塘边，猪粪或冲洗猪圈的水排入河内，农村放养猪，猪粪亦随地可见，夏天猪常在河边活动，在河内洗澡、觅食，同时也在水中便溺，故虫卵随猪粪进入池塘的机会很多。狗、猫的活动范围更广，粪便污染的面积也更大。鼠类的活动也是造成虫卵扩散的重要因素。在人群感染率较低的地区，保虫宿主的粪便污染河水是最重要的传播环节之一。在这些地区，有保虫宿主作为传染源，水塘内有第一中间宿主和第二中间宿主，华支睾吸虫具备了完成生活史的所有条件，可形成华支睾吸虫病的自然疫源地。如陕西省洋县的 2 个自然村，未查见人的感染，但当地猪、大家鼠和淡水鱼的感染率均较高（薛季德 1981）。

八、华支睾吸虫的第一中间宿主

（一）第一中间宿主的种类

1. 豆螺科（Bithyniidae）　本科有 6 种螺可以作为华支睾吸虫的第一中间宿主。

（1）纹沼螺（*Parafossarulus striatulus*）：又名 *Parafossarulus manchouricus*，在台湾又称泥螺，大小为 10mm×6mm，贝壳中等大小，外形呈圆锥形，有 5～6 个螺层，略外凸，各层较缓慢增长；壳顶尖，但经常被磨损。缝合线浅。螺壳表面呈灰黄色、淡黄色或褐色，具有细的生长线及螺旋纹或螺棱，螺棱突出程度变异很大，湖沼地区螺的螺棱强，其他地区螺的螺棱细弱，有的甚至接近光滑。壳口呈卵圆形，坚厚，具有黑色或褐色的边框，内缘外折上方贴覆于体螺层上。脐孔无或是呈缝状。厣为石灰质的卵圆形的薄片，具有同心圆的生长纹，核位于内缘下侧中心附近。

纹沼螺生活在池塘、湖泊、沼泽、缓流的小溪及水草丛生的沟渠内。该螺广泛分布于黑龙江、吉林、辽宁、河北、河南、山东、浙江、江苏、安徽、江西、湖北、湖南、福建、台湾、广东、广西和四川等省区。在前苏联、日本、韩国和越南也有分布。

(2) 中华沼螺(*Parafossarulus sinensis*)：贝壳较纹沼螺细长、坚硬，呈长圆锥形。大小为 13mm×7mm，有 5～6 个螺层，各层不膨胀，增长缓慢；壳顶尖，常被磨损。体螺层略膨大，缝合线浅。壳面呈黄褐色或灰褐色，具有均匀分布的粗螺棱，螺棱数目变异较大，一般在体螺层上有 4 条，倒数第二、第三螺层为 3 条。壳口呈卵圆形，周缘完整，向外反折呈较宽的边缘，形成黑色或褐色的宽硬框边，内唇上部贴覆于体螺层上。无脐孔。厣为卵圆形的石灰质薄片，具有同心圆的生长纹，核位于内缘中心处。

该螺生活史和孳生环境与纹沼螺相同，栖息在湖泊、沟渠内。主要分布于湖北、湖南和江西等省。

(3) 曲旋沼螺(*Parafossarulus anomalospiralis* Liu，1983)：原命名为长螺旋沼螺(*Parafossarulus longispiralis*)，由李秉正等(1985)1983 年在吉林省海龙县李炉公社和盛大队附近的居民区首先发现。螺体大小为(15.2～16.9)mm×(7.7～8.3)mm，外形呈长卵圆形，壳质厚而坚固。有 4 个螺层，各螺层缓慢均匀增长膨胀，壳顶钝，螺旋部较长，其高度约为全部螺壳的 2/3，缝合线深。壳面棕黄色，在各螺层上均有螺棱，在体螺层上有一条明显的黄棕褐色纵线。壳口卵圆形，脐孔深，厣石灰质，边缘具有同心圆的生长线。

其生长环境为水草丛生，水质较浑，有机质丰富的池塘。在吉林省，其自然感染率为 3.0%(3/101)。杨连第等(1994)在湖北也发现该螺有华支睾吸虫尾蚴感染。

(4) 赤豆螺(*Bithynia fuchsianus*)：又名付氏沼螺、莲馨卜螺。贝壳中等大小，壳质较薄，呈宽卵圆锥形。大小为 11mm×7mm，有 5 个螺层，皆外凸，各螺层增长迅速，壳顶钝，螺旋部呈短圆锥状，体螺层膨大。壳质光滑，具有不明显的生长纹，呈灰褐色。壳口呈卵圆形，周缘完整，略外折，形成一个黑色框边，内唇上方边缘呈斜直线状，贴覆于体螺层上，与轴缘相交，形成一个略大于 90°的角度。无脐孔。厣为石灰质的薄片，有同心圆的生长纹。

赤豆螺生活在有水草的池塘及湖泊内，主要分布于河北、浙江、安徽、江苏、江西、湖北、湖南、福建、台湾、四川、广东和云南等省。

(5) 槲豆螺(*Bithynia misella*)：体型较小，成体壳高不超过 7mm，壳宽 4mm。壳质薄，外形呈长圆锥形，其高度占全部壳高的 2/3，体螺层膨大。缝合线浅。壳面呈淡褐色或淡灰色，光滑，具有明显的生长线。壳口呈宽卵圆形，周缘完整，锋锐，不扩张。厣为石灰质的卵圆形的薄片，与壳口同样大小，不能拉入壳口内，具有同心圆的生长纹。脐孔明显。

槲豆螺栖息在运河、溪流、沟渠、稻田及池塘内，附着在水草上或匍匐在泥底。本种主要分布在新疆、内蒙古、陕西、河北、江苏、湖南和广东等省区。其可以作为华支睾吸虫的第一中间宿主是由沈玉清等(1988)于 1977～1984 年在吉林省郊区大屯公社棋盘大队进行螺类调查时发现，该螺在当地的感染率为 0.19%(2/1068)。

(6) 长角涵螺(*Alocinma longicornis*)：又名长角豆螺(*Bithynia longicornis*)，贝壳较小，壳质较薄，较坚固透明，外形略呈球形。大小为 8mm×6mm，有 3.5～4 个螺层。各螺层增长迅速，壳顶钝，螺旋部短宽；体螺层膨大，其高度为上部各螺层总长度的两倍多。壳质呈灰白色，光滑。壳口呈圆形，周缘完整，稍黑，形成一黑色框边，上方有一锐角，内唇略向外反折。无脐孔。厣为卵圆形石灰质薄片，具有同心圆的生长纹，厣核偏于壳口下缘中心处。

长角涵螺生活在有水草的池塘、湖泊、沼泽地区，经常附着在水草上或在水底爬行。该螺主要分布于河北、河南、山东、山西、陕西、浙江、安徽、江苏、江西、湖北、湖南、福建和广东等地。

2. 黑螺科(Melaniidae)　本科有 3 种螺可作为华支睾吸虫的第一中间宿主。

(1) 方格短沟蜷(*Semisulcospira cancellata*)：大小为 28mm×8mm，螺壳呈长圆锥形，壳质厚、坚固，有 12 个螺层，各层缓慢均匀增长；壳顶尖，常被磨损蚀；螺旋部呈尖圆锥形，各层表面略外凸，体螺层不膨大，底部缩小。壳面呈黄褐色，具有不大不明显横的螺纹及很发达的纵肋，顶部各螺层上纵肋较少，渐至基部螺层纵肋较多，体螺层有 12～15 条纵肋，在体螺层下部有 3 条螺棱。壳口呈长椭圆形，上方呈角状，下方具有斜槽，周缘简单。厣为角质，呈椭圆形，核位于中央，有螺旋形的生长纹。

方格短沟蜷生活在湖泊、河流、沟渠内，栖息在水流较缓，水质清澈，pH6.0～8.0，水底部为沙底或泥底环境中。主要分布于黑龙江、吉林、河北、山东、江苏、浙江、安徽、江西、湖北、湖南、福建、广东和四川等地。

(2) 黑龙江短沟蜷(*Semisulcospira amurensis*)：大小为 27mm×11mm，有 5～6 个螺层。贝壳呈塔锥形，壳质厚，坚固，各层略外凸，缓慢均匀增长；壳顶钝，常被损蚀；体螺层不膨大，缝合线深。壳面呈黄褐色或黑褐色，在浅色的个体上可以看到深褐色色带；壳面具有瘤状结节连接起来的粗纵肋，纵肋数目随个体不同而有变化，在体螺层底部纵肋消失，而具有 2～3 条明显的螺棱。壳口呈卵圆形，周缘薄，上方呈角状，下方有一斜槽。无脐孔。厣为角质薄片。

本种分布在黑龙江、松花江及其支流、牡丹江和乌苏里江流域，以及镜泊湖和兴凯湖等湖泊内。在黑龙江省肇源县，该螺的感染率为 11.4%，方格短沟蜷的感染率为 2.8%(吴丽萍等 1990)。

(3) 瘤拟黑螺(*Melanoides tuberculata*)：又名中华长尾螺，壳质略厚，稍坚硬，外形呈尖圆锥形。有 8～12 个螺层，各层略外凸，螺层缓慢均匀增长。壳顶尖，常被磨损坏；螺旋部的高度大于全部壳高的 2/3，体螺层膨胀，缝合线深。壳面呈深褐色或棕褐色，具有横的螺棱和较粗的纵肋，二者交叉形成小的瘤状结节突起；纵肋较稠密，在体螺层上有 20 多条，在体螺层下部纵肋消失，而具有多条细致稠密的螺棱。壳口呈梨形，周缘薄，上方呈角状。无脐孔。贝壳的大小及花纹变异很大。该螺体大，最大者壳高可达 41mm，壳宽 12mm。

瘤拟黑螺栖息在水清透明，底部为岩石或砂底，水流较急的山溪。主要分布在福建、台湾、广东、广西和云南等地。日本、越南等亚洲国家和少数非洲国家也有分布。

3. 拟沼螺科(Assimineidae)　琵琶拟沼螺(*Assiminea lutea*)又名小河螺，大小为 6mm×3.5mm，贝壳呈卵圆锥形，有 4～5 个螺层，上面螺层不外凸，壳面常常被腐蚀；体螺层膨大，缝合线浅。壳口呈卵圆形，周缘薄。壳面光滑，呈黄褐色，但常被淤泥所掩盖，在体螺层上具有三条深褐色色带。

该螺生长在通海的咸淡水河道内及与其相通的支流和小的沟渠沿岸地带，匍匐在水底淤泥上或附着在砖瓦碎片上，分布在广东珠江口、河北海河口及其相通的小河和沟渠内。

在我国台湾地区，还有放逸短沟蜷(*Semisulcospira liberitina*)和瘊行螺属的 *Thiara granifen* 可以作为华支睾吸虫的第一中间宿主(Chen 1994)。作为华支睾吸虫第一中间宿主的上述螺蛳多为中小型螺蛳，栖息于坑塘、沟渠中，其适应环境能力强，其中以纹沼螺、长角涵螺和赤豆螺分布范围广泛，在华支睾吸虫病的流行和传播方面所起的作用更为重要。可作为华支睾吸虫第一中间宿的主要螺类见图 18-25。

（有关螺类形态和生态资料引刘月英等 1979）

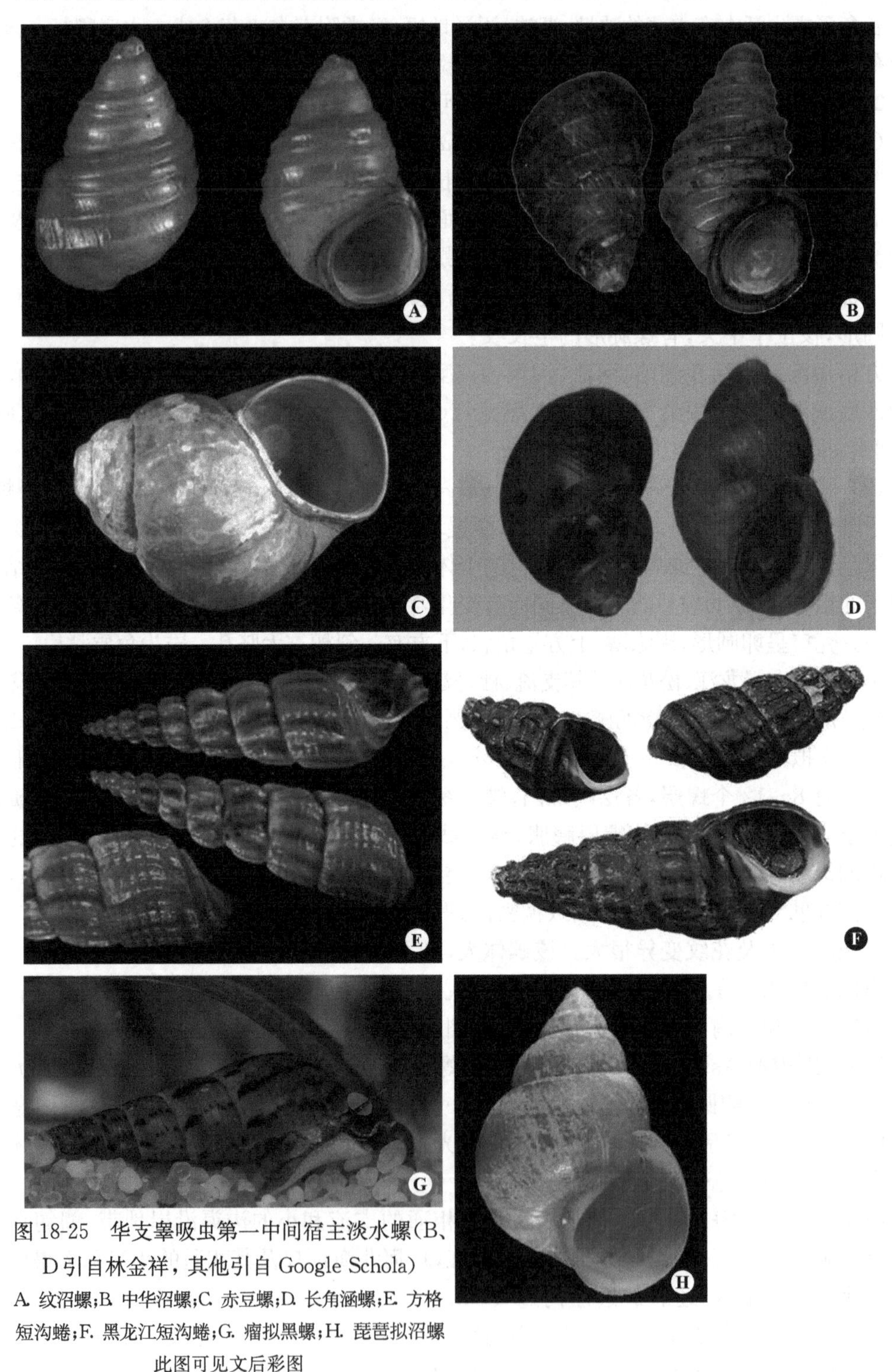

图 18-25　华支睾吸虫第一中间宿主淡水螺（B、D引自林金祥，其他引自 Google Schola）

A. 纹沼螺；B. 中华沼螺；C. 赤豆螺；D. 长角涵螺；E. 方格短沟蜷；F. 黑龙江短沟蜷；G. 瘤拟黑螺；H. 琵琶拟沼螺

此图可见文后彩图

（二）国内常见螺类感染华支睾吸虫尾蚴的情况

可作为华支睾吸虫第一中间宿主的几种螺蛳华支睾吸虫尾蚴感染率一般都很低，可能是因为在水中虫卵内毛蚴不能孵出，而必须被螺食入，在螺的消化道内才可孵出，毛蚴不能主动侵入第一中间宿主有关。根据已有资料和各地调查结果总结，国内常见的华支睾吸虫第一中间宿主感染情况见表 18-29 和表 18-30。

表 18-29　各地螺类感染华支睾吸虫尾蚴情况*

地区	纹沼螺		长角涵螺		赤豆螺	
	检查数	阳性率(%)	检查数	阳性率(%)	检查数	阳性率(%)
北京朝阳区	267	0.3	—	—	—	—
山东邹县	46	2.2	236	1.7	—	—
山东即墨	250	6.0	—	—	—	—
山东临沂	200	6.5	—	—	—	—
山东莒县	705	1.42	624	0.64	—	—
江苏徐州	450	2.0	770	0.3	—	—
江西瑞昌	—	3.0	—	—	—	—
江西九江	265	3.0	—	—	—	—
江西雩都	847	0.47	—	—	—	—
福建南安	213	1.4	—	—	—	—
广东五华	218	0.45	28	10.47	—	—
广东梅县	901	5.99	243	0.86	—	—
广东蕉岭	473	8.03	—	—	—	—
广东平远	485	2.47	—	—	—	—
广东兴宁	—	—	259	0.77	—	—
广东阳山	—	—	109	27.5	—	—
河南虞城	181	7.7	—	—	—	—
河南沈丘	546	1.09	—	—	—	—
豫东南 17 县	1560	8.14	—	—	—	—
豫虞城平舆	4999	3.22	1329	0	—	—
河南淮阳	1685	1.6	—	—	—	—
四川简阳	—	—	—	—	276	0.36
四川金堂	1222	0.9	—	—	320	0.6
四川遂宁	1877	0.7	—	—	903	0.11
四川乐至	1458	0.48	—	—	1829	1.15
安徽阜南	1737	13.1	2326	1.07	—	—
安徽阜阳	293	0.47	1733	0.98	—	—
吉林大安	736	2.72	—	—	—	—
辽宁东陵	460	3.26	—	—	—	—
辽宁铁岭	4432	3.3	80	3.75	Bithynia 属(0.38)	

* 新中国成立后至 1977 年资料，引自曹维霁(1979)，马云祥(1979)

表 18-30　国内常见螺类华支睾吸虫尾蚴感染率(%)*

报告地点	纹沼螺	长角涵螺	赤豆螺	报告人	报告时间
广东省	2.7	2.9	0.6	陈锡骐	1981
广东佛山	2.3	1.8	—	翁约球	1985
广东韶关	2.8	0.8	—	李世富	1998
广东江门	0.26	0.20	—	李凤玲	2005
广东韶关	0.29	0.91	—	邹学华	2008
广东深圳	2.00	0.82	1.23 中华沼螺 1.18	黄飞雁	2009
广西百色	0.45	1.5	—	陈德义	1992
广西 25 县	8.21	14.91	7.80	李树林	1995
广西武鸣	—	0.58	0.2	朱群友	1995
广西右江	0.47	1.69	—	关仲富	1998
广西	0.45	2.58	1.38 硬豆螺 1.99	李树林	2002
广西宾阳	0.44	2.52	1.28	梁海	2009
四川南充	1.13	—	0.13	陶斯象	1985
四川绵阳	0.98	—	0.15	顾星和	1988
四川盐亭	0.1	—	—	马大德	1990
四川 1961～1990 年	1.33	0	0.32	曾明安	1994
重庆垫江	3.38	—	0.84	蒋诗国	2003
湖南临武	3.57	—	—	李建军	1981
湖南祁阳	6.56	—	—	高隆声	1981
湖南祁阳	36.99	63.33	—	未发表	2009
湖南永州	17.40	7.40	—	段绩辉	2009
湖北黄石	5.85	1.22	—	胡承雄	1991
湖北省	2.99	3.3	+	杨连第	1994
河南淮阳	0.86	—	—	韩灿然	1990
江苏徐州	2.94	0.69	—	孙成斋	1981
江苏新沂	1.89	—	0.35	索歌华	2008
山东烟台	0.49	—	—	王永琪	1985
山东邹县	2.17	1.69	—	宋觉民	1994
北京市郊	—	—	20.0	防疫站	1982
辽宁营口	3.6	—	—	周庆彬	1987
吉林省	3.9	—	—	白功懋	1984
黑龙江省	0.73	—	1.1	李雄豪	1981
黑龙江 8 县(市)	1.92	黑龙江短沟蜷 8.79	5.18 方格短沟蜷 17.07	段淑梅	2000
黑龙江东部	0.13	黑龙江短沟蜷 0	田螺 0	蔡连顺	2002
台湾美浓	0.1～3.1	—	—	Kim	1964

* 1979 年后资料(台湾美浓除外)

（三）华支睾吸虫第一中间宿主螺类的染色体

现代寄生虫学研究认为，医学吸虫对中间宿主医学螺类之间存在易感性，这种易感性与动物相互之间的免疫识别、免疫相容及抵抗有关。大多数的医学吸虫只能感染一种甚至一个地理品系的螺蛳，故螺蛳在医学吸虫的地理分布上起着重要作用。但可以作为华支睾吸虫第一中间宿主的螺蛳种类较多，分布广泛，而有些螺蛳同时还可作为其他吸虫的中间宿主，这可能与螺类的遗传物质有关。为此何昌浩(1994)用采自湖北省应城市农村和武汉市郊区雄性纹沼螺和赤豆螺的生殖腺制备染色体，对其核型进行研究。

纹沼螺的染色体为 $n=17, 2n=34$。可配成 17 对，其中 1 对为性染色体。按其相对长度大小可将其分为 3 组，性染色体排在最后(见表 18-31)。

第一组：包括 3 对大型染色体，其中第 1、2 对为中部着丝粒染色体(M)，第 3 对为亚中部着丝粒染色体(Sm)。第一对相对长度明显大于第 2、3 对，第 2 对与第 3 对之间相对长度极接近，但臂比值相差较大，可以区别。

第二组：包括 12 对较小的染色体，其中第 4、7、8、10、13、15 对为中部着丝粒染色体，第 5 对为亚端部着丝粒染色体(St)，第 6、9、11、12、14 对为亚中部着丝粒染色体。其中第 8 对与第 9 对及第 10 对与第 11 对之间相对长度接近，但臂比值有明显差异，有助于区别。其他各对之间相差较大，区别简单。

第三组：为 1 对小型端部着丝粒染色体，明显小于其他染色体，且形态特殊，易于辨认。

性染色体：为一对异形对，即一条中部着丝粒染色体 X 和一条亚端部着丝粒染色体 Y。

赤豆螺的染色体为 $n=16, 2n=32$，可以配对成 16 对，其中一对为性染色体。按其相对长度大小也可将其分为 3 组，性染色体排在最后(见表 18-31)。

第一组：包括 3 对大型染色体，其中第 1、2 对为中部着丝粒染色体，第 3 对为亚中部着丝粒染色体。3 对之间可明显分辨。

第二组：包括 11 对较小的染色体，其中第 4、12 对为亚中部着丝粒染色体，其余均为中部着丝粒染色体。第 4 对与第 5 对、第 12 对和第 13 对之间相对长度接近，可借助臂比值进行区别。

第三组：形态与纹沼螺的染色体相似，亦为一对明显小于其他染色体的端部着丝粒染色体。

性染色体：为一对异形对，即一条中部着丝粒染色体 X 和一条亚端部着丝粒染色体 Y。

表 18-31　赤豆螺和纹沼螺染色体及测量数据

序号	纹沼螺			赤豆螺		
	相对长度(%)	臂比值	类型	相对长度(%)	臂比值	类型
1	8.18±0.74	1.36±0.09	M	9.62±0.18	1.10±0.05	M
2	7.02±0.65	1.21±0.13	M	8.34±0.80	1.13±0.08	M
3	7.02±0.65	1.83±0.08	Sm	7.92±0.63	1.86±0.19	Sm
4	6.34±0.60	1.35±0.07	M	6.50±0.50	1.87±0.11	Sm
5	6.23±0.47	3.12±0.03	St	6.49±0.50	1.24±0.09	M
6	6.03±0.40	1.86±0.15	Sm	5.79±0.25	1.26±0.09	M
7	5.93±0.56	1.43±0.10	M	5.59±0.18	1.28±0.14	M
8	5.47±0.52	1.24±0.16	M	5.41±0.17	1.34±0.13	M

续表

序号	纹沼螺			赤豆螺		
	相对长度(%)	臂比值	类型	相对长度(%)	臂比值	类型
9	5.47±0.10	1.91±0.10	Sm	5.24±0.14	1.25±0.14	M
10	5.19±0.51	1.38±0.18	m	5.01±0.26	1.31±0.26	M
11	5.19±0.38	1.96±0.16	M	4.83±0.28	1.25±0.07	M
12	4.78±0.43	2.08±0.21	Sm	4.60±0.47	1.84±0.10	Sm
13	4.69±0.33	1.42±0.12	M	4.59±0.35	1.29±0.14	M
14	4.42±0.33	1.96±0.14	Sm	4.24±0.48	1.21±0.13	M
15	4.38±0.36	1.33±0.16	M	3.45±0.45		t
16	3.63±0.35		T	—	—	—
X	6.92±0.35	1.91±0.23	M	7.55±0.78	1.58±0.04	M
Y	4.84±0.32	3.20±0.22	St	4.77±0.41	3.20±0.11	St

注:M 为中部着丝粒染色体,Sm 为亚中部着丝粒染色体,T 为端部着丝粒染色体,St 为亚端部着丝粒染色体

(四) 纹沼螺的生活史和生态

纹沼螺是分布范围最广的华支睾吸虫的第一中间宿主之一。根据对辽宁省铁岭县纹沼螺的自然生长环境进行观察,在该螺孳生的沟渠内,生长着宽叶大藻和雨久花等植物。沟渠的底质是富有腐殖质和硅藻类沉积的泥土。纹沼螺主要以某些藻类为食,栖息在泥土或附着在水生植物的茎叶上进行繁殖和发育(李秉正等 1983)。

1. 纹沼螺的生殖 从 4 月中旬开始,雄螺的睾丸变为鲜黄色,输精管变粗大,充满乳白色的精液。雌螺卵巢也变黄变大,并开始交配。至 4 月中旬,形成交配活动高峰。纹沼螺于 4～5 月开始产卵,至 9 月中旬停止,产卵时间持续 4～4.5 个月,在 5、7、8 三个月各有一个产卵高峰。螺卵是随着卵的成熟分次产出,在产卵高峰时,一个螺四天内可产卵三次,产出的卵袋里有螺卵几粒到十几粒。

(1) 产卵过程:在实验室内观察,螺在即将产卵之前,肉足紧紧附着在饲养缸的壁上,头部不断摆动。产卵时,螺头向左侧摆动,卵从产卵孔经足前缘产出,随后螺头摆回正中,紧附在缸壁上的螺足前端微微翘起,与缸壁之间形成一凹陷,借助足前端的运动,卵进入凹陷中,随后螺足恢复原位,卵便被固定在缸壁上。每产一粒卵都要重复一次上述过程,最后形成条索状卵袋。每卵产出时间最短需要 3.5 分钟,最长需要 11 分钟,平均为 5.3 分钟。

(2) 卵的形状和大小:卵的平均大小为 156.0μm×161.4μm。卵黄色,被包裹在五角形透明的胶质膜内,各卵囊嵌成二排(偶有三排)的卵袋。每个卵袋内的卵数量最少为 3 个,最多为 68 个,其中以含卵 20 个以下的卵袋为最多,占 72%。

(3) 产卵场所:纹沼螺产卵的地方广泛,在春季沟渠内的水生植物长出以前,卵多产在相互的螺壳上、石面上或漂浮在水面的物体上。在产卵的高峰时,几乎所有的螺壳上都有卵袋,在岩石上也有大量的卵袋。在夏秋季,螺卵多产在水生植物的茎叶上,而螺壳上、石面上和其他物体上则少有螺卵。

(4) 光线与产卵的关系:纹沼螺的产卵数量与光线有密切关系,夜间每螺平均产卵袋数

0.5个，平均产卵6.7粒；白天每螺平均产卵袋0.1个，平均产卵1.4粒。在实验室内，日光灯24小时照射，每螺每日平均产卵2.8粒，24小时黑暗条件下，每螺平均每日产卵8.7粒。

(5) 温度与产卵的关系：在产卵的高峰季节，将100个纹沼螺放入6～8℃的冰箱中，2周内未产卵，而在自然环境中作为对照的45个雌螺则产卵363粒。当上述100个螺再被移至22～24℃的环境中，于第二天即开始产卵，52个雌螺共产卵61粒。因此，纹沼螺的产卵明显受温度的影响。

(6) 螺卵的发育：螺卵在被产出后的发育也受温度的影响，温度高时发育快，幼螺孵出时间短，反之发育慢，幼螺孵出所需时间长。在实验室内观察，当水温为16～17℃时，螺卵开始分裂增殖，以旋裂的形式，于第4天发育为囊胚期；第5、6天为原肠期，开始微动，大小为196μm×215μm；水温升至18～20℃，第7天胚体进入担轮幼虫期，在胶体质膜内不停转动，大小达294μm×254μm；第8、9天为盘面幼虫期，触角和肉足开始形成，胚体392μm×294μm；第10、11天为扭转期，螺壳呈片状，眼点隐约可见，心博明显，大小为588μm×490μm；至12天，螺壳由片状形成碗状，以后到旋状，壳宽490μm，高294μm。第13天鳃和厣开始出现，触角基部的眼点增大非常明显，壳宽629μm、壳高431μm。第14天鳃裂明显，触角更长；第15～22天水温升至21～23℃，在第21天，壳宽为1070μm，壳高为784μm，有1.5个螺阶；第22天幼螺从卵袋内孵出，此时壳宽1280μm，壳高为789μm，从透明的螺壳可见到心脏、鳃、消化管等，还可以看到消化管内的排泄物。

将产出的螺卵置于22～25℃的水温中，卵细胞发育迅速，20小时发育成原肠期，第2～3天为担轮期幼虫，第3～4天以后开始为盘面幼虫期，第5天进入扭转期，幼螺分别在第10天和第12天从卵袋内孵出。

2. 幼螺的生长和发育　幼螺从卵袋内孵出后第5周，螺壳高7.5mm，第6周为9.0mm，第7周为10.5mm，至第8周达11.0mm，发育为成螺。螺壳高平均每周生长1.5mm左右。在螺壳高为6.0mm以下时，幼螺尚不能分清雌雄。6.0mm时，有25.9%的幼螺可分清雌雄，此时卵巢小叶和睾丸隐约可见，阴茎幼弱，乳白色半透明，呈分叉状。壳高7.0至9.0mm的幼螺，其卵巢和睾丸逐渐明显，阴茎也渐增大，有63.3%的幼螺可以区别出雌雄。壳高9.5mm以上的螺都可以区分出雌雄，阴茎由乳白色变为黑色。当长至11.0mm时，螺体已发育成熟，雄螺体内含有精子，部分雌螺含卵，有的体内有精子，即当年孵出的新螺可以进行交配。

3. 纹沼螺的越冬　在辽宁铁岭县，10月中旬灌溉沟渠水位变浅，水面变窄，水温10℃左右，距岸边较近处的沟床干涸，螺多集中在有水的地方。螺的活动开始减弱，厣部紧闭，大部分螺钻入泥土，准备冬眠。由于螺的爬行速度较慢，有部分螺滞留在干涸处死去。11月以后，水温降至0～5℃以下，部分水面有薄冰，在冰下的螺体仍然存活。次年4月中旬。冰土开始融化，泥土表面上有大批死螺，但距地表面下6.5～10.0 cm处的冰土层内仍有1/3的螺是活的，将其放入水中，厣部张开，腹足伸出。大多数的雄螺睾丸饱满，呈鲜黄色，输精管内含精子团，个别雌螺体内也有大量精子。因此，部分雌螺可以利用前一年交配时所储存的精子受精，早期排卵，产卵的时间亦可提前，早春在螺的孳生地即可发现少量螺卵。

4. 螺的寿命　有资料证明，当螺吞食华支睾吸虫卵后，在螺的肝内，华支睾吸虫经历了毛蚴、胞蚴至雷蚴的发育阶段，随着雷蚴的分裂、变大，使螺的肝组织发生肿胀，并直接压迫相邻的卵巢，因而使得被寄生的螺多在一年内死亡，死亡通常发生在尾蚴逸出后不久。而健康螺的寿命一般可达3年左右。李秉正等(1983)认为纹沼螺的寿命一般不超过1年4个月。

九、华支睾吸虫第二中间宿主的种类

(一) 淡水鱼类

华支睾吸虫的第二中间宿主十分广泛，在日本、韩国、越南、我国大陆和台湾地区发现可作为华支睾吸虫第二中间宿主的鱼类有 145 种，分属 19 科，74 属，其中在我国(含台湾地区)发现的有 112 种，分属 17 科，63 属。

已发现可作为华支睾吸虫第二中间宿主的鱼类名录如下，其中具 * 者为在我国(含台湾地区)发现的被华支睾吸虫囊蚴寄生的鱼种。

Ⅰ. 鲤科 Cyprinidae

(1) 棒花鱼属 *Abbottina*

1) 棒花鱼　*A. rivularis* *

(2) 似鳊属 *Acanthobrama*

2) 逆鱼(似鳊)　*A. simoni* *

(3) 刺鳑鲏属 *Acanthorhodeus*

3) 黑刺鳑鲏　*A. atranalis* * (=*Acanthorhodeus chankdensis*)

4) 细刺鳑鲏　*A. gracilis*

5) 寡鳞刺鳑鲏　*A. hypselonotus* * (=*Acanthorhodeus asmussi*)

6) 大鳍刺鳑鲏　*A. macropterus* *

7) 斑条刺鳑鲏　*A. taenianalis* *

8) 越南刺鳑鲏　*A. tonkinensis* *

(4) 鱊属 *Acheilognathus*

9) 青斑点鱊　*A. cyanostigma*

10) 无须鱊　*A. gracilis* *

11) 细鱊　*A. intermedia*

12) 矛形鱊　*A. lanceolata* (=*Acheilognathus signifer*)

13) 有边鱊　*A. limbata*

14) 北方鱊　*A. moriokae* (=*Acheilognathus melanogaster*)

15) 朝鲜鱊　*A. yamatsute*

(5) 白鱼属 *Anabarilus*

16) 银白鱼　*A. alburnops* *

(6) 细鲫属 *Aphyocypris*

17) 中华细鲫　*A. chinensis* *

18) 台湾细鲫　*A. kikuchii* *

(7) 鳙鱼属 *Aristichthys*

19) 鳙(花鲢)　*A. nobilis* *

(8) 琵琶湖鲍鮈属 *Biwia*

20) 琵琶湖鮈　*B. zezera*

(9) 二须鲃属 *Capoeta*

21）条纹二须鲃 *C. semifascialata* *

（10）鲫属 *Carassius*

22）鲫 *C. auratus* *

23）银鲫 *C. auratus gibelio* *

24）黑鲫 *C. carassius* *

（11）鲮属 *Cirrhina*

25）鲮 *C. molitorella* *（=*Cirrhinus molitorella*，*Labeo collaris*，*Labeo jordani*）

（12）高丽雅罗鱼属 *Coreoleuciscus*

26）高丽雅罗鱼 *C. splendidus*

（13）鲩属 *Ctenopharyngodon*

27）草鱼 *C. idellus* *

（14）鲌属 *Culter*

28）短尾鲌 *C. brevicauda* *

29）红鳍鲌 *C. erythropterus* *（=*Erythroculter erythropterus*）

（15）鲤属 *Cyprinus*

30）鲤鱼 *C. carpio* *

（16）圆吻鲴属 *Distoeheodon*

31）湖北圆吻鲴 *D. hupeinensis* *

（17）鳡属 *Elopichtys*

32）鳡 *E. bambusa* *

（18）红鲌属 *Erythroculter*

33）大眼红鲌 *E. hypselontus* *

34）翘嘴红鲌 *E. ilishaeformis* *

35）蒙古红鲌 *E. mongolicus* *

36）尖头红鲌 *E. oxycephalus* *

（19）颌须鮈属 *Gnathopogon*

37）银色颌须鮈 *G. argentatus* *（=*Squalidus argentatu*，*Gobio argentatus*）

38）黑斑颌须鮈 *G. atromaculatus*（=*Squalidus atromaculatus*）

39）朝鲜颌须鮈 *G. coreanus*（=*Squalidus japonicus coreanus*，*Leucogobio coreanus*）

40）长颌颌须鮈 *G. elongatus*

41）嘉陵颌须鮈 *G. herzensteini* *

42）多纹颌须鮈 *G. polytaenia* *

43）西湖颌须鮈 *G. squalidus* *（=*Gnathopogon sihuensis*，*Squalidus nitens*）

44）条纹颌须鮈 *G. strigatus* *（=*Paraleucogobio strigatus*）

（20）鮈属 *Gobio*

45) 鮈　　*G. gobio* *

46) 凌源鮈　　*G. lingyuanensis* *

(21) 䱻属 *Hemibarbus*

47) 须䱻　　*H. barbus*(=*Hemibarbus labeo*)

48) 唇䱻　　*H. labeo*

49) 长吻䱻　　*H. longirostris*

50) 花䱻　　*H. maculatus* *

(22) 鲦属 *Hemiculter*

51) 蒙古油鲦　　*H. bleekeri warpachskyi* *(=*Hemiculter warpchskyi*)

52) 似鲱鲦　　*H. clupeoides* *(=*Hemiculter leucis*, *Hemiculter culus*, *Hemiculter eigenmanni*, *Hemiculter kneri*, *Hemiculter schrencki*, *Cultriculus kneri*)

53) 黑尾鲦　　*H. nigromarginis* *(=*Hemiculter tchangi*)

(23) 锦波鱼属 *Hemigrammocypris*

54) 锦波鱼　　*H. rasborella*

(24) 鲢属 *Hypophthalmichthys*

55) 鲢　　*H. molitrix* *

(25) 石川鱼属 *Ischikauia*

56) 石川鱼　　*I. steenackeri*

(26) 鲂属 Megalobrama

57) 广东鲂　　*M. hoffmanni* *

58) 三角鲂　　*M. terminalis* *

(27) 小鳔鮈属 *Microphysogobio*

59) 朝鲜小鳔鮈　　*M. koreensis*

60) 鸭绿小鳔鮈　　*M. yaluensis*

(28) 鲻属 *Mugil*

61) 鲻　　*M. cephalus* *

(29) 青鱼属 *Mylopharyngodon*

62) 青鲩　　*M. piceus* *(=*Mylopharyngodon aethiops*)

(30) 白甲鱼属 *Onychostoma*

63) 南方白甲鱼　　*O. gerlachi* *(=*Barbus gerachi*, *Varicorhinus gerachi*)

(31) 马口属 *Opsariichthys*

64) 马口鱼　　*O. bidens* *(=*Opsariichthys uncirostris*, *Opsariichthys uncirostris amurensis*)

(32) 鳊属 *Parabramis*

65) 鳊　　*P. bramula* *(=*Parabramis pekingensis*)

(33) 副鱊属 *Paracheilognathus*

66) 副鱊鱼　　*P. rhombea*(=*Acanthorhodeus rhombea*)

67) 革条副鱊　　*P. himantegus* *(=*Acanthorhodeus himantegus*)

(34) 飘鱼属 *Parapelecus*

68) 银飘鱼　*P. argenteus* *(=*Pseudolaubuca sinensis*)

69) 尹氏飘鱼　*P. eigenmanni*

70) 寡鳞飘鱼　*P. engreulis* *

71) 定州飘鱼　*P. tingchowensis* *

(35) 鲅属 *Phoxinus*

72) 洛氏鲅　*P. lagowskii* *

73) 尖头鲅　*P. oxycephalus* *

74) 湖鲅　*P. percnurus percnurus* *

75) 东北湖鲅　*P. percnurus mantschuricus* *

(36) 似鮈属 *Pseudogobio*

76) 高鳍似鮈　*P. alitivelis* *

77) 长吻似鮈　*P. esocinus* *

78) 中华似鮈　*P. sinensis* *

(37) 拟𩷶属 *Pseudohemiculter*

79) 南方拟𩷶　*P. dispar* *

80) 金华拟𩷶　*P. kinghwaensis* *

(38) 石鲋属 *Pseudoperilampus*

81) 彩石鲋　*P. light* *

82) 印石鲋　*P. notatus*

83) 石鲋鱼　*P. typus*

(39) 麦穗鱼属 *Pseudorasbora*

84) 多芽麦穗鱼　*P. fowleri* *(=*Pseudorasbora parva*)

85) 长麦穗鱼　*P. elongata* *

(40) 卷口鱼属 *Ptychidio*

86) 卷口鱼　*P. jordani* *

(41) 扁吻鮈属 *Puntungia*

87) 扁吻鮈　*P. herzi*

(42) 细鳊属 Rasborinus

88) 台细鳊　*R. formosea* *

(43) 鳑鲏属 *Rhodeus*

89) 印鳑鲏　*R. notatus* *(=*Rhodeus ocellatus ocellatus*)

90) 高体鳑鲏　*R. ocellatus* *(=*Rhodeus wankinfui*)

91) 丝鳑鲏　*R. sericeus* *

92) 中华鳑鲏　*R. sinensis* *(=*Rhodeus atromius*)

(44) 鳈属 *Sarcocheilichthys*

93) 契氏鳈　*S. czerskii* *

94) 江西鳈　*S. kiangsiensis* *

95) 胁谷鳈　*S. kobayashii* *(=*Sarcocheilichthys morii*, *Sarco-*

cheilichthys wakiyae)

96）东北鳈 *S. lacustris* *
97）黑鳍鳈 *S. nigripinnis* *
98）华鳈 *S. sinensis* *
99）东北黑鳍鳈 *S. soldatovi* *
100）多色华鳈 *S. variegatus* *

（45）蛇鮈属 *Saurogobio*

101）蛇鮈 *S. dabryi* *

（46）华鲮属 *Sinilabeo*

102）桂华鲮 *S. decorus* *
103）华鲮 *S. rendahli* *

（47）倒刺鲃属 *Spinibarbus*

104）中华倒刺鲃 *S. sinensis* *

（48）银鮈属 *Squalidus*

105）朝鲜银鮈 *S. coreanus*
106）细银鮈 *S. gracilis*
107）日本银鮈 *S. japonicus*

（49）赤眼鳟属 *Squaliobarbus*

108）赤眼鳟 *S. curriculus* *

（50）似鲚属 *Toxabramis*

109）小似鲚 *T. hoffmanni* *

（51）雅罗鱼属 *Tribolodon*

110）珠星雅罗鱼 *T. hakonensis*

（52）鲴属 *Xenocypris*

111）银鲴 *X. argentea* *
112）黄尾鲴 *X. davidi* *

（53）鱲属 *Zacco*

113）淡氏鱲 *Z. temmincki* *
114）宽鳍鱲 *Z. platypus* *

Ⅱ鮠科 Bagridae

（54）鮠属 *Coreobagrus*

115）朝鲜鮠 *C. brevicorpus*

（55）鮠属 *Leiocassis*

116）粗唇鮠 *L. crassilabris* *（=*Pseudobagrus crassilabris*）
117）条纹鮠 *L. virgatus* *

（56）黄颡鱼属 *Pseudobagrus*

118）短体黄颡鱼 *P. brevicorpus*（=*Coreobagrus brevicorpus*）
119）黄颡鱼 *P. fulvidraco* *

Ⅲ. 斗鱼科 Belontiidae
　(57) 斗鱼属 *Macropodus*
　　120) 圆尾斗鱼　*M. chinensis* *
　　121) 岐尾斗鱼　*M. opercularis* *
Ⅳ. 鳢科 Channidae
　(58) 鳢属 *Ophicephalus*
　　122) 乌鳢　*O. argus* *
　　123) 斑鳢　*O. maculatus* *
Ⅴ. 丽鲷科 Cichlidae
　(59) 罗非鱼属 *Tilapia*
　　124) 非洲鲫鱼(莫桑比克罗非鱼) *T. mossambica* *
Ⅵ. 鲱科 Clupeidae
　(60) 鳓属 *Ilisha*
　　125) 鳓　*I. elongata*
Ⅶ. 鳅科 Cobitidae
　(61) 泥鳅属 *Misgurnus*
　　126) 泥鳅　*M. anguillicaudatus* *
　　127) 北方泥鳅　*M. bipartitus* *
Ⅷ. 塘鳢科 Eleotrididae
　(62) 黄蚴属 *Hypseleotris*
　　128) 黄蚴(史氏塘鳢)　*H. swinbonis* *(=*Eleotris swinbonis*)
　(63) 鲈塘鳢属 *Perccottus*
　　129) 鲈塘鳢　*P. glehni* *
Ⅸ. 虾虎鱼科 Gobiidae
　(64) 吻虾虎鱼属 *Rhinogobius*
　　130) 褐吻虾虎鱼　*R. brunneus* *(=*Ctenogobius brunneus*)
　　131) 克氏吻虾虎鱼　*R. cliffordpopei* *(=*Ctenogobius cliffordpopei*)
　　132) 子棱吻虾虎鱼(庐山石鱼) *R. giurinus* *(=*Ctenogobius giurinus*)
Ⅹ. 刺鳅科 Mastacembelidae
　(65) 刺鳅属 *Mastacenbelus*
　　133) 刺鳅　*M. aculeatus* *
Ⅺ. 沙塘鳢科 Odontobutidae
　(66) 沙塘鳢属 *Odontobutis*
　　134) 断纹沙塘鳢　*O. interrupta*
　　135) 沙塘鳢　*O. obscurus* *
Ⅻ. 蝙蝠鱼科 Ogcocephalidae(=Malthidae)
　(67) 蝙蝠鱼属 *Malthopsis*
　　136) 蝙蝠鱼　*M. luteus* *

XIII. 青鳉科 Oryziatidae

(68) 青鳉属 *Oryzias*

137) 青鳉 *O. latipos* *

XIV. 胡瓜鱼科 Osmeridae

(69) 公鱼属 *Hypomesus*

138) 池沼公鱼 *H. olidus*

XV. 胎鳉科 Poeciliidae

(70) 食蚊鱼属 *Gambusis*

139) 食蚊鱼 *G. affinis* *

XVI. 鲑科 Salmonidae

(71) 细鳞鱼属 *Brachymystax*

140) 细鳞鱼 *B. lenok* *

XVII. 鮨科 Serranidae

(72) 鳜属 *Siniperca*

141) 鳜鱼 *S. chuatsi* *

142) 大眼鳜 *S. kneri* *

143) 斑鳜 *S. schezeri* *

XVIII. 鲇科 Siluridae

(73) 鲇属 *Parasilurus*

144) 鲶 *P. asotus* *

XIX. 合鳃鱼科 Synbranchidae

(74) 鳝鱼属 *Monopterus*

145) 黄鳝 *M. albus* *

常见的部分可作为华支睾吸虫第二中间宿主的淡水鱼见图 18-26。

上述华支睾吸虫第二中间宿主鱼类名录主要依据 Dawes(1966)、曹维霁(1979)、林汉钟(林秀敏译,1988)、Chen(1994)、唐崇惕(2005),申海光(2010)等国内外公开发表的文献资料整理,并经中国科学院动物研究所张春光教授审阅核正。

(二) 淡水虾

虾可作为华支睾吸虫的第二中间宿主在 1960 年代已由唐仲璋、陈泽深、沈阳医学院寄生虫学教研室等分别报道,近年的一些调查结果也很明确。邱丙东(1998)在山东临沂大光镇检查 52 只虾,其中 15 只虾肉内查见华支睾吸虫囊蚴。黄苏明(1990)在福建龙海县梧浦村抓获 18 只巨掌沼虾,发现 1 只有华支睾吸虫囊蚴寄生。在实验室用华支睾吸虫尾蚴人工感染细足米虾也获成功。将人工感染米虾体内获得的 42 个囊蚴感染 1 只小猫,感染后 45 天解剖,获华支吸虫成虫 4 条。鲍方印(2001)在安徽蚌埠集贸市场购克氏螯虾,虾体长 7.8~11.2 cm,体重 9.4~25.4g,取其肌肉用压片法检查,共检查 60 只,从体重分别为 9.4 克和 9.5 克的 2 只螯虾体内共检获华支睾吸虫囊蚴 38 个,感染率为 3.3%,这是首次报道螯虾可以作为华支睾吸虫的第二中间主。袁红霞(2005)在苏州 2 个农贸市场调查华支睾吸虫的第二中间宿主感染状况,检查螯虾 50 只,在一只螯虾的体内发现华支睾吸虫的囊蚴。

图 18-26　可作为华支睾吸虫第二中间宿主的部分淡水鱼

A. 麦穗鱼;B. 鰲鲦;C. 草鱼;D. 鲫鱼;E. 鲤鱼;F. 棒花鱼;G. 高体鳑鲏;H. 鳙鱼;I. 鲢鱼;J. 黄颡鱼

此图可见文后彩图

已证实体内有华支睾吸虫囊蚴寄生的淡水虾有如下几种：

细足米虾	*Caridina nilotica gracilipes*
	Leander miyadii

巨掌沼虾　　*Macrobrachium superbum*
中华长臂虾　　*Palaemonstes sinensis*
克氏螯虾　　*Cambarus clarkii*

与淡水鱼相比，虾可被华支睾吸虫感染的种类不多，感染度一般也较轻，但是人们生吃虾较生食鱼更为普遍，陈泽深等(1963)报道福建南安和泉州地区因吃生虾感染华支睾吸虫77例。在不食生鱼的华东、中原等地，有不少居民将捉到的活虾去掉头尾而生食之。在一些饭店、酒楼，将活虾作为菜肴直接上桌，客人辅以佐料而生食之。因此虾作为华支睾吸虫的第二中间宿主在传播该病上的作用不能忽视。

但也有学者认为虾不能作为华支睾吸虫的第二中间宿主(刘思诚等 1988)。他们在辽宁沈阳于洪、沈阳新民、广东阳山和曾经报道过淡水虾感染的福建南安等地的池塘中捕捞麦穗鱼、沼虾和米虾。4 地共检查麦穗鱼 76 尾，囊蚴感染率为 46.2%～100%，感染度为 20～1600 个囊蚴/尾鱼。检查来自相同池塘的虾 703 只，无一阳性。

(三) 可能作为华支睾吸虫第二中间宿主的其他动物

华支睾吸虫除感染淡水鱼、虾外，可能还有其他的第二中间宿主。郝庆功于 1977 年 4 月在山东省平度县新河公社大苗家和三苗家进行华支睾吸虫病调查，检查了麦穗鱼等鱼类中间宿主，以麦穗鱼的感染率最高，为 46.5%。同时也检查 11 份淡水蛤，其中 2 份查到华支睾吸虫囊蚴。当地居民特别是青少年多喜下水捕捞淡水鱼、虾、蛤等，烹调方法多为烧、烙、烫，这些方法不可能将囊蚴全部杀死。对该地居民进行粪便检查虫卵，阳性率为 8.1%，其中 11～15 岁男性感染率达 18.48%。因此食入未熟透的鱼、蛤是感染华支睾吸虫的原因(郝庆功 1979)。杨彤翰(1992)报道一女性华支睾吸虫病患者，该病例曾有食半熟黄鳝和生蟹史，人体感染华支睾吸虫是否与食生蟹有关，值得进一步调查和研究。上海市曾报道食半熟淡水螺感染的病例，并在其粪便中查到华支睾吸虫卵(季顺仙 1981)。

徐秉锟(1979)认为，在特定条件下，华支睾吸虫尾蚴可以在寄生的同一螺蛳体内或体表形成囊蚴。张杰荣(1995)报道湖北黄石一例女性患者，因腹泻、恶心、呕吐和尿黄而住院。病人呈慢性重病容，巩膜深度黄染。肝右肋下未及，剑下 4cm，质软，腹水征阴性。尿胆红素 4+，尿胆原 2+，总胆红素 507μmol/L，ALT 正常，血清乙肝标志物均阴性，B 超检查示胆总管壁增厚，检查大便三次，均查到华支睾吸虫卵(每视野 3～5 个)。经反复追问病史，病人无食生鱼(包括干鱼和腌鱼)、生虾史，但在 3 个月前曾食半生螺蛳一盘。用吡喹酮 14mg/(kg 体重·天)治疗，疗程 5 天。治疗后 1 周，症状明显缓解，黄疸渐退，三次大便检查，虫卵均阴性，1 个月后黄疸消失。

十、鱼类感染华支睾吸虫囊蚴及影响因素

(一) 鱼类华支睾吸虫的感染率

华支睾吸虫对第二中间宿主选择不严格，故其第二中间宿主特别是鱼类的感染十分广泛，但在不同鱼种或同一鱼种在不同地区，甚至在不同季节，感染率都有所不同，感染度(鱼体内华支睾吸虫囊蚴的数量和密度)也不相同。根据有关文献和各地的调查资料，我国常见鱼类华支睾吸虫囊蚴感染情况见表 18-32、表 18-33。

表 18-32　部分地区常见淡水鱼华支睾吸虫囊蚴感染率(％)

地区	麦穗鱼	鲢鱼	鲫鱼	鲤鱼	棒花鱼	草鱼	鲶鱼	泥鳅	鱲鲦	鳑鲏	报告人	报告时间
广东佛山	52.8	1.6	7.1	21.1	—	53.9	—	12.5	—	9.5	翁约球	1984
广东综合	29.5	13.6	21.4	20.6	—	47.4	—	—	29.5	23.8	陈锡骐	1985
广西横县	95.8	3/9	—	—	—	9	—	—	2.5	—	周世祜	1979
福建龙海	50.8	—	5.5	13.6	—	28.6	—	6.0	12.0	—	程由注	1997
湖南祁阳	51.8	—	0	3/5	1/1	3/8	2/2	—	—	—	高隆声	1981
湖南综合	55.4	—	6.1	1/4	—	9.1	2/8	—	—	—	王军华	1994
湖北黄石	51.8	—	—	1.6	8.6	—	—	—	2.0	5.1	胡承雄	1991
江西九江	69.6	0	0	0	0	6.7	0	33.3	14.9	22.3	袁维华	1994
四川南充	84.7	—	2.3	6.7	29.2	—	—	—	16.7	2.6	陶斯象	1985
四川绵阳	29.9	—	1.5	—	18.4	—	—	15.0	5.0	—	顾星和	1988
四川省 1960～1994 年	43.6	4.8	1.5	—	31.2	18.0	中华细鲫 16.6		8.4	2.1	曾明安	1994
河南周口	41.3	0	3.5	—	—	—	0	0	—	15.8	韩国泰	1993
安徽合肥	100.0	0	30.0	33.3	54.0	0	—	—	66.6	—	王　宽	1987
江苏睢宁	29.9	—	—	—	4.4	—	—	—	—	—	吴中兴	1982
江苏邳县	75.0	—	—	—	—	—	—	—	—	—	吴中兴	1977
山东烟台	55.7	—	9.0	—	34.4	—	—	—	—	—	王永琪	1986
山东临沭	45.0	—	46.3	—	26.7	黄颡鱼 50.0		70.0	24.0	虾 28.8	邱丙东	1998
山东菏泽	46.4	—	11.4	—	28.6	—	—	0	—	—	孙援朝	1999
陕西洋县	80.1	—	—	—	3.2	60.0	—	—	24.5	—	薛季德	1984
北京市	74.8	—	3/6	—	—	—	—	—	—	—	易有云	1982
辽宁营口	23.7	—	—	—	25.0	—	—	—	—	—	李秉正	1984
吉林 9 县市	16.6	—	3.9	5.9	13.8	9.5	5.9	9.2	—	—	王典瑞	1990
黑龙江佳木斯	100.0	—	20.3	—	—	—	—	20.0	18.8	—	温桂芝	1991
台湾省台南	—	—	78.5	—	—	83.3	—	—	—	—	王俊秀	1981
台湾省美浓	—	—	75.0	—	—	28.5	—	—	—	—	王俊秀	1981

表 18-33　2000 年后调查部分地区常见淡水鱼华支睾吸虫囊蚴感染率(%)

地区	麦穗鱼	鲤鱼	鲫鱼	鲢鱼	草鱼	鳙鱼	鳊鱼	鲮鱼	棒花鱼	鳑鲏	报告人	报告时间
辽西 3 条河	82.7		61.3		翘嘴红鲌 59.3		鲈塘鳢 70.9		洛氏鱥 1.5	鲶鱼 6.8	刘孝刚	2011
广西柳江	21.5	8.1	8.3	10.7	12.7	8.4	7.5	8.6	罗非鱼 6.3	黄鳝 2.5	申海光	2010
辽宁锦州	98.4	20.8	44.9	8.6	10.4	21.2	鲈塘鳢 74.5	红鲌 61.3	鲶鱼 12.5	洛氏鱥 1.5	刘 刚	2010
广东阳山	55.6	34.6	—	—	51.3	0	—	—	—	黄鳝 29.2	黄新华	2010
吉林白城	100.0	—	0	—	—	—	银飘鱼 100.0—		尖头鱥 100		张小玲	2010
江西南昌	14.58	—	1.92	—	7.69	—	乌鳢 7.14		黄颡鱼 5.0		付翠华	2009
广西横县	—	0.12	3.66	7.69	9.48	—	3.57	—	鲈鱼 2.78		黄庆梅	2009
吉林白城	33.3	—	10.0	—	8.5	—	—	—	船丁鱼 29.6		叶春艳	2009
湖南祁阳	77..0	—	—	—	0	—	—	—	—	—	余新炳	2008
沈阳大连	77.8	5.0	—	0	—	虾虎鱼 13.3		—	95.8	12.5	陈风义	2008
浙江湖州	57.1	—	0	—	—	—	—	虾 0	—	14.8	夏弟明	2008
广东韶关	81.3	—	—	3.6	5.4	—	—	—	—	9.6	邹学华	2008
广东广州	—	—	0	—	4.0	6.0	—	—	0	—	陆小辉	2007
广东二地	81.3	—	—	15.0	89.7	非洲鲫鱼 11.1		52.1	野生小虾 3.1		刘晓丹	2007
湖北荆州	33.3	0	0	25.0	—	—	0	—	23.3	25.0	丁义玲	2007
广西南宁	—	23.3	10.0	5.0	0	5.0	—	0	—		马宇翔	2007

续表

地区	麦穗鱼	鲤鱼	鲫鱼	鲢鱼	草鱼	鳙鱼	鳊鱼	鲮鱼	棒花鱼	鳑鲏	报告人	报告时间
安徽淮南	33.3	30.0	15.8	8.33	2.50	—	6.6	黑鲩 7.5	虾 5.8		郭 家	2006
广东深圳	—	22.5	—	22.9	40.7	非洲鲫鱼 14.5		26.0	—	—	黄达娜	2006
广东五地	25.0	—	25.0	0	57.1	16.7	—	0	—	50.0	黄 骥	2006
江苏苏州	72.1	—	11.1	—	—	泥鳅 4.0		鳌虾 2.0		19.0	袁红霞	2005
山东金乡	33.3	13.0	15.6	11.3	鲦鱼 9.5—		乌鱼 9.4		—	—	文其岭	2004
珠三角	100.0	—	0	大头鱼 33.3～86.7			鲩鱼 9.4～75.0			—	陈结云	2004
重庆 18 县	36.8	0	0.52	0	2.63	—	—	—	—	—	蒋诗国	2003
湖北武昌	90.0	10.0	30.0	—	20.0	—	30.0	—	银飘鱼 13.3		黄 敏	2003
湖北武汉	30.7	12.5	20.4	8.6	—	6.5	0	9.72		沼虾 0	张国华	2002
天津市	24.2	—	0.2	—	—	—	—	—	—	—	王 毅	2002
黑龙江东部	100.0	—	20.3	泥鳅 20.0	蛇鮈 60.0	青鳉 100	湖鱥 95.0	䱗鲦 18.8	鲈塘鳢 89.8	80.1	蔡连顺	2002
广西武鸣	80.4	—	9.84	—	12.0	—	5.9	5.9	青鱼 8.3	10.2	朱群友	2001
安徽蚌埠	93.3	—	18.3	—	银飘鱼 100—		5.0	鳌虾 3.3		20.0	鲍方印	2001
黑龙江	69.3	4.3	8.1	36.5	—	鲶鱼 0		䱗鲦 11.1		—	段淑梅	2000

从鱼类感染情况分析，在人群华支睾吸虫感染率较高的地区，被感染鱼的种类多，鱼的感染率也高；在一些人群华支睾吸虫感染率很低的地区如陕西，或是过去华支睾吸虫感染率较高，现在已经得到很好控制的地区，如山东，鱼类的感染率依然维持在较高的水平。

韩国(Kim 2008)于2007～2008年在该国全国范围内的34个调查点捕获677条，共21种淡水鱼，其中有8种鱼感染了华支睾吸虫囊蚴，分别是麦穗鱼、细鳞、长吻似鮈、断纹沙塘鳢、淡氏鳜、宽鳍鱲和唇䱻。其中在4个不同地区捕获的40条扁吻鮈，全部感染了华支睾吸虫囊蚴，在11个地区的麦穗鱼体内发现华支睾吸虫囊蚴，感染率10%～100%。

（二）鱼类华支睾吸虫囊蚴感染度

淡水鱼感染华支睾吸虫后体内囊蚴数量差异很大，多者可达数千甚至上万，也可仅感染极少量的囊蚴(表18-34)。

表18-34 河南省15种淡水鱼感染华支睾吸虫情况

鱼种	阳性鱼尾数	总重量(克)	囊蚴总数	平均每克鱼肉含囊蚴数(个)	鱼体内最高囊蚴数	平均每条鱼含囊蚴数
船丁鱼	35	232	5 360	23.10	1040	153.1
麦穗鱼	60	233	9047	38.91	1344	150.8
白鲩	8	1862	51	0.03	17	6.4
短尾鲌	12	209	113	0.41	61	9.4
白条鱼	24	188	172	0.91	77	7.2
银飘鱼	1	45	2	0.47	2	2.0
史氏条鱼	13	125	142	0.63	63	10.9
克氏条鱼	5	54	22	0.41	26	4.4
黄颡鱼	6	809	207	0.26	89	34.5
乌鳢	1	9	2	0.22	2	2.0
鲶鱼	1	164	1	0.01	1	1.0
鲤鱼	1	659	4	0.01	4	4.0
鲫鱼	2	92	7	0.08	6	3.5
白鲢	5	81	17	0.21	10	3.4
鳊鱼	5	188	34	0.19	17	6.8

引自王运章(1994)

张小玲(2010)在吉林白城嫩江沿岸的鱼塘调查鱼类感染状况，共检查麦穗鱼、银飘鱼、尖头鲹、细鳞鱼等11种鱼，其中一个鱼塘仅此4种鱼有华支睾吸虫囊蚴寄生。鱼的体重为0.9～8.5克，平均每克鱼肉内的囊蚴数分别为838、417、167和100个，平均每条阳性鱼所感染的囊蚴数分别为2598、401、723和450个。检查6个鱼塘，不同鱼塘内麦穗鱼平均每克鱼肉内的囊蚴数分别为838、333、167、67、33和17个，平均每条阳性鱼所感染的囊蚴数为分别为2589、1032、776、218、112和92个，鱼类华支睾吸虫感染度既表现在每条鱼感染囊蚴数，也反映出平均每克鱼肉囊蚴数。刘孝刚(2011)在辽宁西部的女儿河、狗河和辽河检查野生鱼的感染状况，3 条河流麦穗鱼的感染率分别为 98.4%、89.2%和 56.4%，平均每条鱼感染囊蚴数分别为 2428、2169 和 1735 个，鲈塘鳢平均每条鱼感染囊蚴数分别为 2689、2393 和 1963 个，鲫鱼平均每条鱼感染囊蚴数分别为 321、417 和 267 个，鲶鱼平均每条鱼感染囊蚴数分别为 213、237 和 191 个，3 条河流中的 6 种 631 条阳性鱼平均感染囊蚴 868 个。朱群友(2001)在广西武鸣检查 10 条阳性麦穗鱼，平均体重 6.23 克，平均每克鱼有囊蚴 142.38 个，平均每尾鱼感染 887 个，最高单尾感染囊蚴 1534 个；10 条阳性叉尾斗鱼，平均体重 3.40 克，平均每克鱼有囊蚴 105.65 个，平均每尾鱼感染 359.2 个，最高单尾感染囊蚴 484 个。

在广东，麦穗鱼华支睾吸虫囊蚴的感染状况也较其他鱼类严重，如在广东三水，同是来源于小池塘，麦穗鱼华支睾吸虫的感染率为 100%，平均每克体重有囊蚴 60.55 个，平均每条鱼感染囊蚴 237.2 个；鲩鱼的感染率为 62.9%，平均每克体重有囊蚴 0.66 个，平均每条鱼感染囊蚴 3.7 个(陈结云 2004)。有学者报道，在广东南海市南庄镇养殖场发现鲩鱼的感染率和感染度均高于麦穗鱼(黄骥 2006)。在广东莲江、新会、肇庆、惠东、惠阳、清远、增城等地，鲩鱼和鳙鱼的平均感染率为多在 10%以下，少数地区超过 10%，在四会县感染率却高达 83.80%和 66.85%(陈雪瑛 2010)。鲩鱼和鳙鱼是我国养殖最普遍的淡水鱼种，也是珠江三角洲地区居民制作“鱼生”和“鱼生粥”的主要原料。“鱼生”和“鱼生粥”又是该地区居民传统食品，当地居民食入机会多，食入量大，可有较多囊蚴进入人体，引起严重感染。

在韩国，阳性麦穗鱼感染华支睾吸虫囊蚴数最少的仅为 1 个/条鱼，最多的为 1142 个/条鱼(Kim 2008)。

(三) 华支睾吸虫囊蚴在鱼体内的分布

华支睾吸虫囊蚴主要分布在鱼的肌肉内，如林孟初等(1986)调查江苏扬州地区的麦穗鱼、棒花鱼和白条鱼，肌肉内的囊蚴占全部寄生数量的 87%，而头部、鳞片和腮部的囊蚴分别占总数的 6.4%、2.1%和 4.5%。申海光(2010)曾在一条银飘鱼的 12 个鳞片上查获 86 个华支睾吸虫囊蚴。杨连第等(1991)取 31 条麦穗鱼，检查各部位华支睾吸虫囊蚴数，结果见表 18-35。

表 18-35 31 条麦穗鱼各部位重量及华支睾吸虫囊蚴感染度

部位	重量(克)	构成比(%)	囊蚴数	感染度(个/克)	部位	重量(克)	构成比(%)	囊蚴数	感染度(个/克)
头	10.0	12.7	671	67.1	前背肉	9.1	11.6	451	49.6
鳃	2.1	2.7	21	10.0	中背肉	12.2	15.9	1649	138.9
鳍	1.1	1.4	32	29.1	后背肉	9.9	12.7	363	36.7
皮	5.0	6.4	113	22.6	腹部肉	27.9	35.6	528	18.9
鳞	1.0	1.3	21	21.0	合计	78.3	100.0	3894	49.7

华支睾吸虫囊蚴在不同鱼种体内的寄生部位基本一致，仅存在微小差异。温桂芝等(1991)对黑龙江省佳木斯地区几种鱼体内华支睾吸虫囊蚴的分布进行了研究，结果见表 18-36。囊蚴的分布与 Komiya(1944)所观察的结果一致(表 18-37)。

表 18-36　3 种淡水鱼体内华支睾吸虫囊蚴的分布情况(个)

部位	麦穗鱼	青鳉	黑龙江鳑鲏	平均	部位	麦穗鱼	青鳉	黑龙江鳑鲏	平均
鳃盖下	2.2	0.5	0.7	1.1	鱼皮	34.5	42.6	13.1	30.1
前背肉	15.9	24.3	6.8	15.7	鱼鳞	3.6	2.9	1.5	2.7
中背肉	21.4	16.3	11.2	16.3	尾鳍	9.3	8.6	3.4	7.1
后背肉	16.2	13.1	7.0	12.1					

表 18-37　华支睾吸虫囊蚴在鱼体不同部位寄生数(个)

检查部位	麦穗鱼一		麦穗鱼二		中华鳈	
	囊蚴数	构成比(%)	囊蚴数	构成比(%)	囊蚴数	构成比(%)
鱼鳞	5	0.2	1	0.3	169	1.6
鱼鳃	16	3.6	13	3.6	125	1.2
尾鳍	185	10.8	3	0.8	651	6.2
背鳍	12	0.7	0	0	300	2.9
胸鳍	11	0.6	0	0		0
腹鳍	3	0.2	1	0.3	324	2.9
其他鳍	0	0	0	0		0
肌肉	1328	77.4	320	87.9	6616	63.4
头部	155	9.0	26	7.1	2550	21.6
内脏	0	0	0	0		0
合计	1715	100	364	100	10 735	100

注:麦穗鱼一检查 40 条,麦穗鱼二检查 15 条,中华鳈检查 15 条

徐秉锟(1979)认为,华支睾吸虫囊蚴可以寄生在鱼类宿主的体表和体内,几乎遍布全身。在鱼类的肌肉、内脏、鳃、腹鳍、背鳍、鳃盖表面、鳞片表面华支睾吸虫囊蚴寄生的量分别为++++、++++、++、++、++、+、+;在虾类的肌肉和甲壳表面的寄生数量基本一致;在螺蛳的体内和厣表面可形成囊蚴的量分别为++和+。

(四) 华支睾吸虫易感染麦穗鱼及原因分析

1. 麦穗鱼华支睾吸虫囊蚴感染率高于其他鱼类　程荣联等(2009)分析了国内 1960～2007 年间发表的关于同一地区、同一水域的麦穗鱼和其他淡水鱼华支睾吸虫感染状况的文献 54 篇,其中湖北 8 篇,安徽 6 篇,江苏 5 篇,黑龙江、山东、广东各 4 篇,四川、重庆、广西、江西、湖南各 3 篇,吉林、河南各 2 篇,北京、天津、陕西、浙江各 1 篇。54 篇文献中报道麦穗鱼感染率高于其他鱼类的有 50 篇,占 92.59%,麦穗鱼感染率低于其他鱼类的仅有 4 篇,占 7.41%。麦穗鱼是野生鱼类中华支睾吸虫囊蚴感染率最高,感染度最重的鱼种(表 18-38)。

表 18-38　同一水域麦穗鱼与其他鱼类华支睾吸虫囊蚴感染情况

感染率比	文献篇数	麦穗鱼			其他鱼类			P值
		调查尾数	感染尾数	感染率(%)	调查尾数	感染尾数	感染率(%)	
0.58～	4	140	36	25.71	792	204	25.76	0.99
1.00～	11	1410	575	40.78	2223	769	34.59	<0.001
2.00～	10	1934	1227	63.44	4095	902	22.03	<0.001
3.00～	10	2698	1120	41.51	5020	534	10.64	<0.001
4.00～	4	237	109	45.99	431	48	11.14	<0.001
5.00～	6	518	272	52.51	1471	164	11.15	<0.001
6.00～	5	8252	3833	46.45	8784	551	6.27	<0.001
10.00～19.96	4	1011	623	62.24	980	46	4.69	<0.001
合计	54	16 190	7795	48.15	23 796	3218	13.52	<0.001

注:感染率比＝麦穗鱼感染率/其他鱼类感染率;其他鱼类为鰲条、鲩鱼、棒花鱼、船丁鱼、食蚊鱼、鲫鱼、鲤鱼等

在我国绝大多数流行区,麦穗鱼华支睾吸虫囊蚴感染率高于其他鱼类,在同一地区麦穗的感染率最高可达其他鱼种 19.96 倍。申海光(2010)跟踪检查柳江河河道内 9 科 27 属 35 种鱼,麦穗鱼的感染率最高,感染度最重。已报道单尾麦穗鱼可查出囊蚴 166 个(北京,徐锡藩等)、984 个(南京,姜博仁)、1 096 个(四川,屈振麒等)、1347 个(福建,唐仲璋等)、2024 个(贵州,贵州省卫生防疫站)、3 429 个(湖南,湖南医学院)、3527 个(日本冈山县,伊藤义博)、6548 个(广东梅县,广东省卫生防疫站)、10 967 个(河南淮阳,马云祥等),袁维华等(1994)报道从江西九江地区的一尾重 8.6g 麦穗鱼中查到囊蚴 17 042 个。

程荣联(1993)于 1982～1991 年在原四川涪陵地区华支睾吸虫病流行区每年 5 月和 10 月定点捕获和检查麦穗鱼,以研究华支睾吸虫感染度与麦穗鱼体重的关系。共检查麦穗鱼 1386 条,发现如按整条鱼计算,每条鱼感染的囊蚴数随着鱼的体重增加而增多,不同体重组感染度的差异有统计学意义;如按体重计算,每克鱼平均的囊蚴数随着鱼的体重增加而减少,囊蚴数与体重呈负相关系,但不同体重组的差异并无统计学意义。

2. 麦穗鱼易感染华支睾吸虫的因素探讨　程荣先等(2005)通过实验观察,对麦穗鱼易感染华支睾吸虫的因素进行了初步研究后认为有以下几点:①与麦穗鱼的生活习性有关,将从散发性疫区同一鱼塘中捕获的麦穗鱼、鲢鱼和淡水螺带回实验室,放入水深 0.35 米的同一玻璃鱼缸内饲养。在鱼缸内,麦穗鱼同淡水螺相处密切,常活动及依偎在淡水螺周围。在投喂饲料时,麦穗鱼反应敏捷,抢食性强。而鲢鱼靠近淡水螺的机会少,活动性也较迟缓。在自然水体中,鲢鱼及其他鱼类,由于生活的水层及采食性不同,与淡水螺的距离较远,被华支睾吸虫尾蚴感染的机会较少。②与麦穗鱼生存期有关,麦穗鱼个体小、生存力强、不是经济鱼类,也不易被捕捞,造成了该鱼的生存期长,也是感染机会多的重要因素;鲢鱼及其他鱼类生长速度快、个体大、为经济鱼类,易捕捞,生存期相对较短,因此感染华支睾吸虫尾蚴的机会也大为减少。③鱼体的有机物及微量元素有一定影响,分别取在实验室饲养 5 天麦穗鱼和鲢鱼的肉各 40 克,用生化分析仪测定糖、蛋白质、胆固醇、钙、镁、磷、铁、锌的含量,发现麦穗鱼肉中糖、蛋白质、钙、镁、铁的含量明显高于鲢鱼(表 18-39),因此不排除鱼体内的有机物和微量元素含量的差异使华支睾吸虫尾蚴更趋向侵入麦穗鱼。

表 18-39 麦穗鱼和鲢鱼两种鱼体有机物及微量元素含量

检测项目	麦穗鱼	鲢鱼	检测项目	麦穗鱼	鲢鱼
糖(mmol/L)	1.96	0.98	镁(mmol/L)	2.51	1.86
总蛋白质(g/L)	16.80	15.00	磷(mmol/L)	10.58	10.82
胆固醇(mmol/L)	0.23	0.23	铁(μmol/L)	41.60	13.90
钙(mmol/L)	0.80	0.64	锌(μmol/L)	6.70	28.00

(五)影响鱼类感染华支睾吸虫的因素

文其岭(2004)在山东金乡县检查野生鱼280条,华支睾吸虫囊感染率为22.14%,检查养殖的鱼210条,感染率为12.38%,其差异具有统计学意义。王毅(2002)报道,在天津,水库和养鱼池内鱼的华支睾吸虫囊蚴感染率为5.47%(38/693),天然淡水河流中鱼的感染率为29.73%(165/555),二者差异也具统计学意义。

根据鱼类在水体中的活动范围,可分为上层、中层和下层三种类型。将广西柳江河道内中上层鱼归入上层鱼类,共8种,华支睾吸虫囊蚴感染率为14.6%(760/5196);中下层鱼归入中层鱼类,共10种,感染率为11.3%(564/4989);底层鱼归入下层鱼类,共17种,感染率为6.2%(372/6019)。3层鱼的感染率差异有统计学意义,各层间鱼的感染率两两比较,差异也均具统计学意义。按鱼类食性分统计分析,广西柳江河河道内草食性鱼6种,感染率为9.7%(284/2932);肉食性鱼9种,感染率为3.4%(29/866);杂食性鱼20种,感染率为11.2%(1384/12 406)。3种食性鱼的感染率差异有统计学意义,不同食性鱼的感染率两两比较,感染率差异具统计学意义。华支睾吸虫尾蚴有一定的向温性和向光性,多活动于较表浅的水面中,与中上层鱼接触机会多,致该类鱼感染率高。杂食性和草食性鱼多活动在有水草的水域,淡水螺也多滋生在此环境,尾蚴逸出后首先会感染这些鱼类。而肉食类鱼一般游动迅猛,活动范围大,受华支睾吸虫尾蚴侵入的机会要少。同一河流不同河段鱼类的感染也具有一定差异,如柳江河的象州县、融安县、融水县、柳城县、柳州市和三江县河段华支睾吸虫囊蚴感染率的差异有统计学意义(申海光 2010)。

许正敏等(2007)认为,社会、经济和文化发展,生产方式、生活习惯等社会因素的改变影响生态环境,生态环境变化又会影响鱼类感染华支睾吸虫囊蚴。他们对购自湖北襄樊地区同一农贸市场的麦穗鱼、花鲭、棒花鱼、鲫鱼、白条及鳑鲏等6种小型野生淡水鱼感染华支睾吸虫囊蚴情况进行调查(表18-40),发现感染率总体呈下降趋势,与多数地区调查结果有所不同。

表 18-40 襄樊市某区鱼体华支睾吸虫囊蚴感染状况

检查时间	检查鱼数(条)	阳性数(条)	感染率(%)	环比(%)	定基比(%)
1985	83	18	21.69	—	100
1989	63	22	34.92	161.00	161.00
1994	360	44	12.22	34.99	56.34
1999	80	7	8.75	71.60	40.34
2000	100	8	8.00	91.42	36.88

续表

检查时间	检查鱼数(条)	阳性数(条)	感染率(%)	环比(%)	定基比(%)
2001	118	9	7.63	95.37	35.18
2002	98	8	8.16	106.95	37.62
2003	120	6	5.00	61.27	23.05
2004	110	4	3.64	72.80	16.78
2005	132	3	2.27	62.36	10.47
2006	238	2	0.84	37.00	3.87

各年度鱼体华支睾吸虫囊蚴感染率在1989和2002年升高，其他年份环比总体呈下降趋势，1994和2006年下降幅度较大，分别比1985年下降65.01%和63.00%。定基比分析鱼体囊蚴感染率除1989年显著上升外，总体也呈下降趋势，至2006年感染率已降为0.84%，比1985年下降了96.13%。

许正敏比较分析湖北省襄樊地区的生态环境，20世纪80年代及以前，当地农业、养殖业基本上是原生态、无害化生产，华支睾吸虫中间宿主孳生地未受到破坏，鱼体的感染率高、感染度重。1990年代后，生产方式、生活习惯等发生了巨大的变化，种植业长期广泛地使用化肥、农药、杀虫剂、除草剂，污染了华支睾吸虫中间宿主的孳生地，影响其生长。应用化学消毒剂消毒养鱼水域，以防鱼病和清除野生小型淡水鱼，化肥养水等影响了第一中间宿主螺蛳的生存，波及螺体内及逸出的华支睾吸虫尾蚴的生长发育。养鸭数量大幅度增加，放养的鸭群以螺蛳为食，以及非法捕鱼(如毒鱼、电鱼)等导致华支睾吸虫第一中间宿主和第二中间宿主减少。大型养猪场增多，农民散养猪减少，并改喂复合饲料，使猪的华支睾吸虫感染率降低。毒鼠药的广泛使用致使鼠类密度下降。终宿主感染减少，致虫卵排出减少，第一中间宿主感染机会亦随之减少。因生态环境的变化与破坏，导致了该地区华支睾吸虫第一中间宿主螺蛳数量减少及淡水鱼囊蚴感染率及感染度下降。

十一、华支睾吸虫病的自然疫源性

在自然界中广泛存在着华支睾吸虫的第一、第二中间宿主和保虫宿主，所以华支睾吸虫病也是自然疫源性疾病。重庆市卫生防疫站(1981)根据孙成斋的有关论述，并结合四川省华支睾吸虫病的流行情况，总结了该病自然疫源性的形成及其特征。

(一) 流行区的分布特点

华支睾吸虫病的疫源地在一个较大范围内往往呈点状分布，其相互之间可无明显联系。华支睾吸虫病的流行具有多个环节，从构成疫源地的任何一个环节上进行深入研究，都有助于自然疫源地的发现。疫源地均具有共同的特征，即在低洼多水的地区，有合适的中间宿主与保虫宿主的存在。这符合一个生物在“微小环境”里有其自身发生和发展条件。如重庆市郊石桥乡有5个行政村，仅其中的白鹤村的8个组有华支睾吸虫病的流行。因其地处丘陵，池塘多，养鱼亦多。石桥乡附近的其他区(乡)当时尚未发现有华支睾吸虫病。表面看，这个疫点似乎是孤立的，但与重庆市的綦江、巴县、长寿县和江北县等疫区比较，流行也呈点状分布，各疫点的自然条件和流行因素都符合华支睾吸虫病自然疫源地的共同特征。

（二）次发型疫源地为主

华支睾吸虫病是以次发型疫源地为主，同时又常与原发型疫源地相互交叉而存在。凡是有家畜被感染的地方，一般均能发现野生哺乳动物也被感染。从保虫宿主的数量和作为传染源的意义分析，重庆市所有疫区均为次发型。在次发型疫源地，作为传染源的病人和保虫宿主（主要为家畜）与第一中间宿主螺类及第二中间宿主淡水鱼相互作用，相互影响，共同构成华支睾吸虫生存和发展的自然条件和因素。华支睾吸虫病"次发型"疫源地具有以下特征：

1. 螺类感染与疫源地的分布一致 能作为华支睾吸虫第一中间宿主的淡水螺类，依其自身的生物特性和生存规律分布很广。但有螺生长分布的地方并不都是自然疫源地，还要有终宿主粪便入水的机会和途径等，所以在靠近居民点的池塘或小河里，螺的感染率相对较高，而远离居民点的地方，则较难发现阳性螺或是螺的阳性率极低。

2. 鱼类感染与疫源地的分布平行 在靠近居民点的沟、塘或小河内捕获的淡水鱼感染率一般较高，而远离居民区，尤其是江或大河里鱼类的感染率往往很低。

3. 人、畜感染与疫源地的分布密切相关 鱼类是人的蛋白质重要来源之一，特别在一些相对贫困地区，数十年前捕获野生小鱼是补充动物蛋白质的最主要途径。无论以何种方式食用或接触带有囊蚴的鱼类，只要活的囊蚴被食入，都可引起感染。家养动物及某些野生的哺乳动物也可在同一疫源地获得感染。

人作为重要的传染源和被感染对象，从非流行区进入流行区，可能会通过某种途径而被感染。但在流行区已感染了的居民进入非流行区，因当地不存在华支睾吸虫病流行和传播的条件，所以虽为传染源，但不能传播华支睾吸虫病，不能产生新的疫源地，对非流行区的居民也不会带来威胁。在非流行区所查到的感染者均是在原疫源地感染。

值得注意的是，由于淡水养殖业的发展，某些经济鱼种从流行区被引进到另非流行区。在所引进的鱼苗中，有可能已被华支睾吸虫囊蚴感染，从而使当地居民有被感染的潜在危险，特别是保虫宿主受感染的机会也同步增多。或是流行区引进新的鱼种，其中某些鱼种可能对华支睾吸虫易感，到流行区后极易被感染，增加了原流行区华支睾吸虫第二中间宿主的种类和数量。由于兴修水利、南水北调等工程，改变了原有的水流和水系，或形成新的水系，也有可能使原疫源地扩大，或形成新的疫源地。

十二、影响华支睾吸虫病流行的因素

（一）自然因素

自然因素是华支睾吸虫病流行的基础，包括地理、气候、温度、水源、降雨量等，自然因素构成华支睾吸虫完成生活史的必需条件。

华支睾吸虫病的流行呈点、片状分布，小水体的变化对其有明显影响，除在本章第一节华支睾吸虫病的地理分布中所论述的自然因素外，气象因素与华支睾吸虫病的流行也有明显的相关关系，主要与降雨量有关。从1982～1986年，程云联（1996）在四川省对传染源未进行治疗的观察点，每年 5 月和 10 月在同一环境捕麦穗鱼 30 尾以上，用直接压片法检查每条鱼体内的囊蚴数。以每年每鱼感染囊蚴的几何平均数与当年各季度平均气温和降雨量进行相关分析。每鱼感染华支睾吸虫囊蚴的几何平均数与季度平均气温和年平均气温无相关关系，与年总降雨量无相关关系，仅与第二季度的平均降雨量呈正相关，并有显著性意义（$r=0.93$，$P<0.05$）。当地气温从第二季度开始转暖，雨量增加，华支睾吸虫第一、第二中间宿主繁殖旺盛。随着春播开始，施用含华支睾吸虫卵的人畜粪增多，大量虫卵被雨水冲入水田和池塘，使第一和第二中间宿主感染机会增多。如果春季雨少干旱，进入水中的虫卵量少，就会明显影响鱼类华支睾吸虫囊蚴的感染率。以鱼体华支睾吸虫囊蚴感染度与第二季度降雨量相关为依据，建立回归方程 $Y=1.398X-510.733$。Y 为每条麦穗鱼含华支睾吸虫囊蚴的理论数，X 为第二季度的平均降雨量。1979、1987、1988 和 1989 年第二季度的降雨总量分别为 637、411、389 和 446mm，按回归方程推算每条麦穗鱼含华支睾吸虫囊蚴的理论数分别为 380、64、33 及 113 个，而这 4 年实际测得的囊蚴数分别为 246、61、54 和 62 个，经一致性检验，推算值与实测值有显著性意义，两数一致性好（$r_c=0.808$，$u=2.444>1.96$，$P<0.05$）。

但在传统的中低度流行区，由于近年来气候变化，雨量减少，沟塘河流缺水甚至干涸，加之河水的严重污染，野生小鱼的生存条件发生很大改变，一些地区麦穗鱼数量减少，感染率降低，也是这些地区人群感染降低的重要原因之一。如湖北、山东、重庆、四川地都有学者提出该问题。

（二）社会因素

社会因素对华支睾吸虫病的流行起关键作用，包括人们的文化水平、对华支睾吸虫病的认知程度、人们长期养成的生活习惯、经济水平、当地所采用的防治措施等。

1. 食鱼方式　食生鱼是华支睾吸虫病流行最重要的环节，理论上也是最容易阻断的环节，但在某些流行区，最难解决的问题正是人们食鱼的方式和习惯。

华支睾吸虫病为主动感染型寄生虫病，根据人们食鱼习惯，可分为已知主动感染型和未知主动感染型两种类型（左胜利等 1999）。在广东、广西、黑龙江等地及湖南、湖北和江西的少数地方，居民喜食生鱼，为已知主动感染型。在未进行系统防治前，主动感染型地区多为重度流行区或超重度流行区。经过多年的现场调查、治疗和卫生宣教，当地已有部分居民基本上知道食生鱼有感染华支睾吸虫的危险，也知晓华支睾吸虫病对人体的危害，但传统的食生鱼习惯已根深蒂固，难以纠正，即使经过反复宣传教育，系统进行全民治疗，在短时间内可取得显著效果，但成果往往不能巩固。如黑龙江肇源县的 6 个防治试点村，经过 4 年的化疗和健康教育，至 2004 年，该 6 个村的感染率已从近 80%降到 4.6%～18.7%。2006 年再次调查，人群的华支睾吸虫感染率明显反弹，又高达 67.46%。其中一个试点村，2004 年感染率已降至 11.6%，2006 年回升到 91.20%（葛涛 2009）。广东和广西华支睾吸虫感染率升高亦有与此相似的因素，如广西横县鱼生为当地特色名菜，已进入南宁等城市的饮食市场。南宁及周边的部分居民也嗜食鱼生，甚至将鱼生当饭吃。饭店有鱼生食谱，有专门经营鱼生的饭店，更有城市居民专门到流行区吃正宗鱼生。广西的邕宁、武鸣和扶绥等地逢年过节、亲友聚会、婚庆丧葬酒席均要食鱼生。

在我国大多数地区，居民没有食生鱼的习惯，多因食鱼方法不当而误食华支睾吸虫囊蚴而感染。如山东、北京、安徽、江苏、河南等地，此为未知主动感染型。此类地区大多数为中、轻度流行区。未开始进行防治前，居民缺乏对华支睾吸虫和华支睾吸虫病的基本认识，因误食华支睾吸虫囊蚴而被感染。一旦了解华支睾吸虫的感染途径和该病的危害，都会自觉改进烹饪办法，不再食入未完全烧熟的鱼虾。未知主动感染型流行区的防治效果要明显优已知主动感染型流行区，如北京、山东、江苏、河南和四川等地，近年来华支睾吸虫的感染率已大幅度的降低，少数地区达到阻断传播。

2. 人们对华支睾吸虫的认知程度 人们对华支睾吸虫的认知可分为不认知和认知但不重视两种类型。

在广东，通过长期的宣传教育，有部分居民知道吃生鱼会感染华支睾吸虫，但不知道鱼肉中的囊蚴可以通过砧板、菜刀、盆碟碗筷或不洁的手传播。有的居民虽然知道鱼肉中可以有华支睾吸虫囊蚴，但错误地认为蒜茸、酱油、食醋多种佐料及饮酒能将其杀死。甚至有部分人明知食生鱼有害，但传统的生活习惯却很难改变，如广西南宁及附近的部分居民明知吃鱼生会感染华支睾吸虫仍要食用，甚至在感染后服驱虫药，然后继续食鱼生。黑龙江肇源县流行区感染华支睾吸虫的居民，经过治疗和接受了卫生宣教后，对华支睾吸虫病的危害仍认识不足，错误认为该病对身体没有太大妨碍，感染后吃药驱虫即可无事。因此在流行区存在少数感染者在没有出现明显的临床症状前，不愿接受粪便检查，查到虫卵后也不能很好配合驱虫治疗。

华支睾吸虫病流行区湖北省仙桃市郑场村组织具小学文化程度以上村民填写常见寄生虫病卫生知识问卷，询问人们对常见寄生虫病的了解程度。80%的村民对血吸虫、蛔虫和钩虫等卫生知识回答正确率为 40%～50%，而所有参加答卷的人对有关华支睾吸虫病毫无认识，说明人们感染华支睾吸虫的原因完全是由于无知，在无意中摄入囊蚴所致(杨连第 1996)。2006 年在广东怀集县调查(莫海英 2007)，当地居民对华支睾吸虫病知之甚少，甚至一无所知。湖南永州在 2006 年调查时，有 80%以上的居民未曾听说过华支睾吸虫病。在广东有很大一部分公务员甚至医务人员也不了解华支睾吸虫的危害及预防措施(孙立梅 2006，蒋丽娟等 2008)。

3. 社会经济发展和居民收入 2001～2004 年进行的全国重要寄生虫病现状调查，调查经济水平上等县 40 个，59 397 人，经济水平中等县 49 个，73 227 人，经济水平下等县 46 个，68 451 人，华支睾吸虫感染率分别为 3.91%、2.03%和 1.65%，其差别有统计学意义($\chi^2=767.77, P<0.01$)。随着社会和经济的发展，在喜食生鱼的地区，居民收入增加，水产养殖业发展，过去招待客人用的鱼生已成为当地居民非常普遍的菜肴，高收入人群有更多的机会吃鱼、食鱼生，因此感染的机会也随之增多。如在广东、广西，人群华支睾吸虫的感染率较 20 世纪 80 年代有所增高，其中机关干部、医生和教师的感染率远高于其他人群，因为这个群体食鱼生的机会更多。在东北，华支睾吸虫感染率上升与经济的发展也有一定关系，收入增多，绝大多数居民食鱼的机会亦随之增多。在黑龙江肇源县，调查经济收入上等村居民 833 人，收入中等村居民 906 人，收入下等村居民 938 人，华支睾吸虫感染率分别为 70.95%、67.88%和 63.97%，其差别具有统计学意义($\chi^2=10.71$，$P<0.05$)。

20 世纪 90 年代前在许多地区，经济不发达是华支睾吸虫感染率高的重要原因之一。如湖北省 80%的中度流行区都是经济落后地区，这些地区 1980～1990 年十年间农村人均年纯收入均不足 420 元，尤其是两个重度流行区阳新县和蕲春县都是湖北省的重度贫困地区，农村人均年纯收入不足 350 元。这些地区虽然也有少量家养大型鱼种，因大鱼具有经济效益，当地居民以食用水塘和河沟内的小鱼为主，同时也因吃法不当，如将鱼用面粉裹成团油炸，使感染率高、感染度重的野生小鱼没有烧熟而被食入（杨连第 1996）。苏北、皖北、山东、河南、北京郊区等流行区也曾有类似情况。捕捞和食用野生小鱼是贫困人口改善生活的重要方式。在这些地区，经济的发展使食大鱼机会随之增多，但因不食生鱼，而且烹调大鱼需较长时间，易烧熟煮透，减少了感染的机会，因而华支睾吸虫的感染率会随着经济的发展而降低。

4. 淡水养殖业发展迅速，对鱼类食品卫生检疫相对滞后　改革开放以来，我国的淡水养殖业得到极快的发展，包括西部内陆和北方地区，淡水鱼已普遍进入农贸市场和超市，进入寻常百姓的餐桌。但关于鱼类的卫生检疫即缺乏相应的法律法规和基本的卫生标准，同时也因鱼类个体太小，数量巨大，检疫实施难度太大，成本过高，逐条检疫很不现实，很难做到像肉类那样常规进行检疫，致使鱼类上市不可能经过必要的检验。

另一方面，随着养殖和流通的发展，在传统的非流行区，本来没有受感染的第二中间宿主，人群也没有感染，由于从流行区引进带有华支睾吸虫囊蚴的鱼苗投放水库或鱼塘，从而造成新的流行点，在人群中引起流行，这种流行在广东和四川都有报道。

5. 粪便管理　粪便管理不当，人兽粪便有机会进入水塘，虫卵获得发育及进一步繁殖的外部环境。如鱼塘边建厕所、用人粪便喂鱼、猪粪直接排入塘中，在池塘洗刷马桶、用未处理粪便施肥等，张贤昌等(2010)在广东顺德、新会、中山和龙川等 4 个县(市、区)采用分层多级抽样调查了 250 个鱼塘，了解塘上或塘边建有粪便直接入塘的厕所，或建饲养动物栏、使用人或动物粪便喂养淡水鱼的情况，有上述任一情况的鱼塘的比例为 47.6%，有的鱼塘同时存在 2 种或 2 种以上人兽粪便进入鱼塘的情况。有粪便能入塘的鱼塘中淡水鱼华支睾吸虫感染率最高，其中广东最主要做鱼生用的鲩鱼感染率也最高，说明人粪便污染可能是受调查地区养殖淡水鱼感染华支睾吸虫最重要风险因素。

（三）生物因素

生物因素主要是可以被华支睾吸虫感染的宿主。包括作为传染源感染了华支睾吸虫的人及各种保虫宿主，第一中间宿主螺和第二中间宿主鱼类。这些宿主的数量、感染率、感染度都直接影响华支睾吸虫病的传播。

（四）影响华支睾吸虫病流行因素的 Logistic 回归分析

艾玲保等(1995)以非条件 Logistic 多因素回归分析法对华支睾吸虫病调查资料进行分析，从而筛选影响人群华支睾吸虫病流行的主要因素。采用整群随机抽样方法，调查对象为广东省江门市当地居民。其中男性占 49.8%，女性占 50.2%。年龄范围为 18～60 岁，平均 32.1 岁。调查内容包括与华支睾吸虫病有关的个人社会经济特征和饮食卫生习惯、感染症状、既往经历等。同时采集手指血，做成滤纸干血滴，用 ELISA 法检测抗体。对以上资料进行非条件 Logistic 多因素回归分析结果见表 18-41。在 $P=0.05$ 水平，只有性别（女性 SEX）、吃鱼虾（EXP1）、打鱼边炉（EXP4）、家内厨具生熟不分（CUS1）和碗筷菜不分开洗（CUS7）5 个变量有显著性，与华支睾吸虫病的流行有密切关系。

表 18-41　华支睾吸虫病流行的 Logistic 多因素分析

变量名	回归系数	标准误	Z	P	比值比(95%可信限)
SEX	0.5644	0.1717	3.2869	0.0010	1.758(1.256,2.462)
EXP1	1.1871	0.2493	4.7608	0.0000	3.277(2.010, 5.343)
EXP4	0.8750	0.2249	3.8909	0.0001	2.399(1.544, 3.728)
CUS1	0.5145	0.1736	2.9645	0.0030	1.673(1.190, 2.351)
CUS7	0.7141	0.1772	4.0304	0.0001	2.042(1.443, 2.890)
常数	−2.1220	0.1653	−12.8369	0.0000	

注：G 值=879.2921，SCORE 值=80.2508，自由度=5，$P<0.001$；拟自然比值=77.2912，$P<0.001$

李戈明(2006)对南宁铁路职工华支睾吸虫感染的相关因素进行单因素 Logistic 回归分析，在性别、年龄、籍贯、职业、文化程度、经济水平、吃鱼习惯、菜刀和砧板使用习惯及居住片区几个因素中，性别、籍贯、文化程度、吃鱼习惯、菜刀和砧板使用习惯及居住片区等 6 项因素具有统计学意义。再用多因素非条件 Logistic 回归分析，影响所调查居民华支睾吸虫感染的首要因素是吃鱼习惯，其次为居住所在片区和性别，3 个因素联合作用的影响有统计学意义($\chi^2=349.198$，$P<0.001$)。

衡明莉(2010) 采用多水平 Logistic 回归分析了广东省在第 2 次全国人体重要寄生虫病现状调查时华支睾吸虫病流行区调查数据，包括 13 876 人，27 个村。多水平模型在处理层次结构的数据时考虑到数据误差的层次性，较传统单水平 Logistic 回归，可以有效地分析具有层次结构的数据。水平 1 解释对感染华支睾吸虫具有统计学意义的变量有：男性与女性比较，$OR=\exp(0.6894)\approx1.99$；成年人与未成年人比较，$OR=\exp(0.6639)\approx1.94$；文盲与非文盲比较，$OR=\exp(0.7217)\approx2.06$；小学及以上与非小学及以上比较，$OR=\exp(0.5923)\approx1.81$；农民与非农民比较，$OR=\exp(0.7049)\approx2.02$；干部与非干部比较，$OR=\exp(0.4145)\approx1.51$。水平 2 上的变量感染华支睾吸虫具有统计学意义的变量有：县经济水平越高，越易感染华支睾吸虫病，$OR=\exp(0.6419)\approx1.90$；吃生鱼与不吃生鱼比较，$OR=\exp(1.2958)\approx3.65$。对于华支睾吸虫病感染率在抽样点之间存在差别，多水平模型理论可解释为在村、个体这个系统结构数据中，由于系统结构的特性，村内人之间在华支睾吸虫感染特征上趋向于一致，具有相关性，而村之间在该特征上趋向于不一致，利用多水平模型所得的结果比普通模型更真实地反映了客观事实。

(五) 华支睾吸虫病流行因素概率累和法研究和综合评价

魏继炳(1997)从 1993 起在四川广安县悦来乡金光、茅坪 2 村开展以华支睾吸虫病流行因素调查和社区防治试点工作。2 个村共有 648 户，2451 人，村民华支睾吸虫病感染率为 3.73%，麦穗鱼感染率为 46.72%，赤豆螺感染率为 0.15%。在广泛细致调查的基础上，用概率累和法对该地华支睾吸虫病的流行因素进行分析。

1. 概率累和法　根据各种环境因素对华支睾吸虫病流行的影响，用影响程度值、可能度和权重 3 个独立指标进行描述，3 个指标的积反映环境因子对流行所产生的影响效果，所有环境因子 3 个指标连乘之和反映了对华支睾吸虫病流行影响的总体效应。

即：$Y=\sum_{n=1}^{n}E_iG_iD_i$

其中 Y 为概率影响度，E 为影响程度值，G 为可能度，D 为权重。

选择 33 个环境因子用以反映调查地广安县部分地区华支睾吸虫病流行因素的总体状态，确定各个因素的内涵，得到各因素的影响度及可能性(表 18-42)。

2. 权重　把权重分为价值权重和影响权重以提高判断的客观性和准确性。

(1) 价值权重：用层次分析法确定价值权重。华支睾吸虫病流行是连续的生态系统，各流行因素间相互关联，相互制约。各种因素的地位和重要性不同。将这些因素之间的关系条理化，层次化。假设系统中有 N 个环境因子，两两比较，可列出 $N \times N$ 阶矩阵 A(判断矩阵)。

$$A=\begin{vmatrix} a_{11} & a_{12} & \cdots & a_{1n} \\ a_{21} & a_{22} & \cdots & a_{2n} \\ a_{31} & a_{32} & \cdots & a_{3n} \\ \vdots & \vdots & & \vdots \\ a_{n1} & a_{n2} & \cdots & a_{nn} \end{vmatrix}$$

根据华支睾吸虫病流行情况，建立有 1 个目标，3 个子系统，14 个影响因素，33 个影响因子共 4 个层次的综合评价体系(图 18-27，表 18-42)。①层次 1：影响华支睾吸虫病流行的因素总体，即目标层；②层次 2：系统分类层，即自然因素、社会因素、生物因素三个子系统；③层次 3：因素层，自然因素包括气候、地理、水体、土壤、灾害共 5 个因素；社会因素包括生产方式、经济文化、知识态度、卫生设施、卫生行为、防治等 6 个因素；生物因素包括传染源、中间宿主、传播过程等 3 个因素；④层次 4：影响因子层，共有 33 个基本影响因子，其中自然因素 9 个，社会因素 15 个，生物因素 9 个。

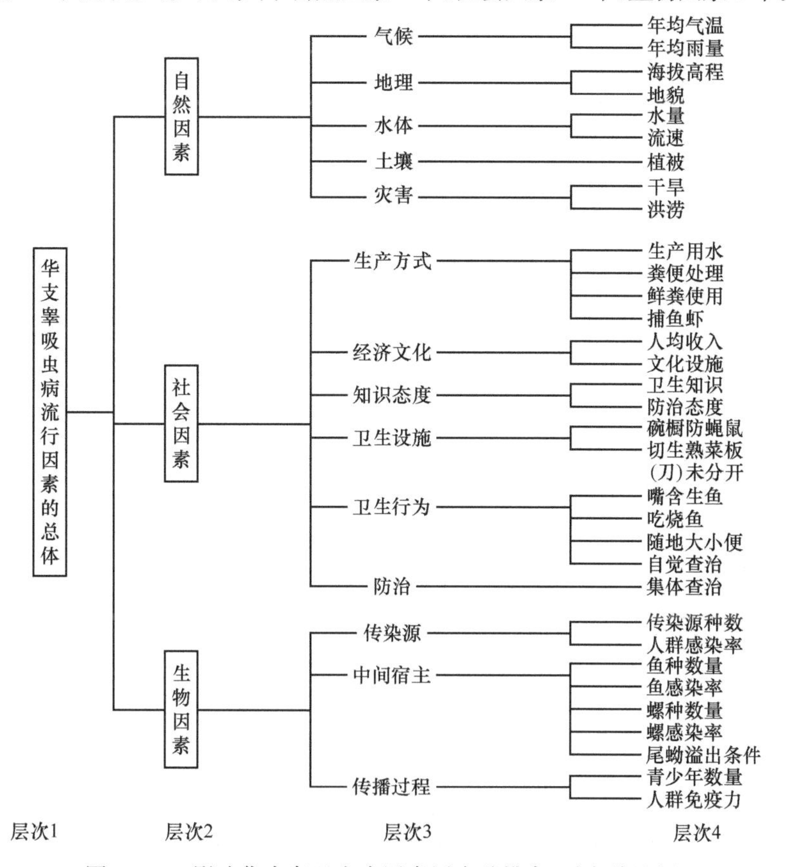

图 18-27　影响华支睾吸虫病因素层次总排序(引自魏继炳)

表 18-42　各种影响华支睾吸虫病流行因素的程度及可能性

大类	小类	编号	影响因素	影响极大	影响较大	影响大	影响一般	有影响	Ei/Gi 定量表示
自然因素	气候	111	年均气温		0.4				4　0.4
		112	年均雨量		0.4				4　0.4
	地理	121	海拔高度			0.2			3　0.2
		122	地貌	0.5					5　0.5
	水体	131	水量	0.6					5　0.6
		132	流速			0.1			3　0.1
	土壤	141	植被			0.2			3　0.2
	灾害	151	干旱		−0.4				−4　0.4
		152	洪涝		−0.5				−4　0.4
社会因素	生产方式	211	生产用水			0.2			3　0.2
		212	粪便处理		−0.5				−4　0.5
		213	鲜粪使用		0.8				4　0.8
		214	捕鱼虾			0.3			3　0.3
	经济文化	221	人均收入			−0.3			−3　0.5
		222	文化设施			−0.3			−3　0.4
	知识态度	231	卫生知识	−0.7					−5　0.7
		232	防治态度	−0.7					−5　0.7
	卫生设施	241	碗橱防蝇鼠				−0.1		−2　0.1
		242	菜刀、菜板生熟未分			0.4			3　0.4
	卫生行为	251	嘴含生鱼			0.2			3　0.2
		252	吃烧鱼	1.0					5　1.0
		253	随地便溺		0.5				4　0.5
		254	自觉查治	−0.7					−5　0.7
	防治	261	集体查治		−0.8				−4　0.8
生物因素	传染源	311	传染源总数			0.7			3　0.7
		312	人群感染率		0.8				4　0.8
	中间宿主	321	鱼种数量				0.5		2　0.5
		322	鱼感染率			0.6			3　0.6
		323	螺种数理			0.6			3　0.6
		324	螺感染率			0.6			3　0.7
		325	逸尾蚴条件				0.5		2　0.5
	传播过程	331	青少年数量					0.6	1　0.6
		332	人群免疫力					0.6	1　0.1

华支睾吸虫病流行因素采用相等、重要、明显重要、强烈重要和极端重要五级定量法判断，相应赋值为 1、3、5、7、9，介于两者之间则相应赋值为 2、4、6、8。用德尔菲法，经多次核实，报告者建立了各个层次的判断矩阵，以求各层次各因子的价值权重(表 18-43)。

(2) 影响权重：设有 B_1、B_2、…、B_n 共 n 个因素，用 a_{ij} 表示因素 B_i 对 B_j 的直接影响程度，则有影响矩阵：

$$A=\begin{vmatrix} a_{11} & a_{12} & \cdots & a_{1n} \\ a_{21} & a_{22} & \cdots & a_{2n} \\ a_{31} & a_{32} & \cdots & a_{3n} \\ \vdots & \vdots & & \vdots \\ a_{n1} & a_{n2} & \cdots & a_{nn} \end{vmatrix}$$

$a_{is}=\sum_{j=1}^{n}a_{ij}$ 表示第 i 个因素对所有其他因素的影响。$a_{js}=\sum_{i=1}^{n}a_{ij}$ 表示第 j 个因素受到其他所有因素的影响。将矩阵 A 乘一分级因子 S，得矩阵 D。$d_{ij}^{(2)}=\sum_{k=1}^{n}d_{ik}d_{kj}$ 反映因素 B_i 通过其他因素对 B_j 产生的第二步影响。$d_{ij}^{(3)}=\sum_{k=1}^{n}d_{ik}^{(2)}d(2)_{kj}$ 则反映因素 B_i 通过其他因素对 B_j 产生的第 3 步影响。依此类推可得到一个矩阵序列：$D,D^2,D^3,\cdots,D^m$。所有 1 到 m 次影响之和为 $\sum_{i=1}^{m}D^i=D+D^2+D^3+\cdots+D^m,i=1$。若 $m\geqslant\infty$ 有 $D^m\geqslant 0$，则有：$F=\sum_{i=1}^{m}D^i=D(1-D)^{-1}$，其中，$I$ 为单位矩阵，F 为直接影响与间接影响矩阵。影响权重为：$W_i=\frac{f_{is}}{\sum_{i=1}^{n}f_{is}}$，$i=1,2,3,\cdots,n$。

(3) 综合权重：为了全面反映各环境因子在环境总体中的相对重要程度，用下式将价值权重和影响权重综合起来，得到一个综合权重。

$$W_i=\alpha W_{i1}+(1\text{-}\alpha)W_{i2},$$

其中，W_i：综合权重，W_{i1}：价值权重，W_{i2}：影响权重，α 为比例因子 $\alpha|\mp 0,1\frac{1}{4}$。

表 18-43　自然、社会及生物因素在流行中的作用

	均值			$\sum Y$
	价值权重	影响权重	综合权重	
自然因素	3.3333	4.0464	3.6899	33.1003
社会因素	2.7420	3.3920	3.0670	−75.1739
生物因素	3.3333	1.4115	2.3724	45.2347

3. 结果分析　根据概率累和法的原理和权重确定方法，结合调查点华支睾吸虫病流行区情况，分级因子 S 取 0.23，比例因子 α 取 0.5 通过计算，得到如下结果：

(1) $\sum Y$ 为 3.1610>0，即 $\sum Y$ 的正值大于负值，$\sum Y$ 正值/$\sum Y$ 负值为 1.0288，说明广安华支睾吸虫病流行区的环境条件处于有利于该病流行的状况。

(2) 社会因素的 $\sum Y<0$，而自然因素和生物因素的 $\sum Y$ 都 >0，说明调查地广安的自然和生物等环境因素有利于华支睾吸虫病的流行，社会因素却不利于华支睾吸虫病的流行。表明当地实施的防治措施已在阻断流行方面发挥了重要作用，致使流行程度已大大减轻。

(3) 33个华支睾吸虫病流行因素的综合权重越大，对流行影响越大(表18-44)。列自然因素前3位的为平均雨量、年平均气温、水量；列社会因素前三位的为集体查治、防治态度、卫生知识，列生物因素前三位的为人群感染率、传染源种类、鱼感染率。按综合权重由大到小排序，影响最大的因素是集体查治。在前6位的因素中，社会因素占3个，生物因素占2个，自然因素占1个。对于食源性疾病华支睾吸虫病，防治措施、文化卫生、知识态度、生产、生活习惯和行为等因素在影响其病流行中起主要作用，感染关键是不良的生活习惯。

表18-44　33个因素在流行中的作用分析(按综合权重大小排序)

编号	因素	价值权重	影响权重	综合权重	影响度	可能度	概率影响度
261	集体查治	19.320 432	3.454 042	11.387 237	−4	0.8	−36.439 158
312	人群感染率	14.814 809	1.007 158	7.910 984	4	0.8	25.315 149
232	防治态度	4.406 936	9.584 229	6.995 583	−5	0.7	−24.484 540
112	年均雨量	6.088 581	4.770 034	5.429 308	4	0.4	8.686 893
231	卫生知识	0.881 388	8.850 908	4.866 148	−5	0.7	− 17.031 518
111	年均气温	6.088 581	3.007 133	4.547 857	4	0.4	7.276 571
131	水量	4.789 177	3.535 529	4.162 353	5	0.6	12.487 059
141	植被	4.944 924	2.841 393	3.893 159	3	0.2	2.335 895
122	地貌	2.595 975	4.878 310	3.737 143	5	0.5	9.342 858
222	文化设施	1.148 000	6.306 415	3.727 208	−3	0.4	−4.472 650
254	自觉查治	3.965 730	3.311 988	3.638 859	−5	0.7	−12.736 007
151	干旱	1.515 624	5.318 168	3.416 896	−4	0.4	−5.467 034
311	传染源种数	4.938 021	1.804 115	3.371 068	3	0.7	7.079 243
152	洪涝	1.515 624	4.943 734	3.229 679	−4	0.3	−3.875 615
121	海拔高度	0.865 281	4.974 354	2.919 817	3	0.2	1.751 890
252	吃过烧鱼	3.226 473	2.459 999	2.843 236	5	1.0	14.216 180
331	青少年数量	1.995 232	2.946 296	2.470 764	1	0.6	1.482 458
322	鱼感染率	2.828 614	1.733 222	2.280 918	3	0.6	4.105 652
221	人均收入	0.382 647	4.011 785	2.197 216	−3	0.5	−3.295 824
242	刀菜板未分生熟	2.630 701	1.633 143	2.131 922	3	0.4	2.558 306
132	流速	1.596 233	2.148 684	1.872 459	3	0.1	0.561 738
211	生产用水	1.243 198	2.327 244	1.785 221	3	0.2	1.071 133
321	鱼种数量	1.876 538	1.468 680	1.672 609	2	0.5	1.672 609
213	鲜粪使用	0.612 773	2.258 406	1.435 589	4	0.8	4.593 885
324	螺感染率	1.337 754	1.388 093	1.362 923	3	0.7	2.862 138
251	嘴含生鱼	0.977 200	1.511 359	1.244 279	3	0.2	0.746 567
241	碗柜防蝇鼠	1.315 351	1.088 762	1.202 056	−2	0.1	−0.240 411
323	螺种数量	0.992 425	1.067 627	1.030 026	3	0.6	1.854 047
212	粪便处理	0.265 516	1.621 498	0.943 507	−4	0.5	−1.887 014
214	捕鱼	0.262 716	1.528 752	0.895 734	3	0.3	0.806 161
325	尾蚴溢出条件	0.551 60	1.088 762	0.820 182	2	0.5	0.820 182
253	随地大小便	0.490 301	0.930 667	0.710 484	4	0.5	1.420 968
332	人群免疫力	0.665 011	0.199 554	0.432 283	1	0.1	0.043 228

十三、华支睾吸虫病流行动力学及关联分析

在一定空间内,华支睾吸虫种群数量和分布不是固定不变,而是处于一种动态的变化中。一定空间内华支睾吸虫种群数量,是指此空间中成虫、虫卵、胞蚴、雷蚴、尾蚴及囊蚴等生活史各期数量的总和。一条华支睾吸虫成虫可产许多虫卵,虫卵在螺体内孵化出毛蚴并发育为胞蚴,每个胞蚴可产生许多雷蚴,每个雷蚴(或有子雷阶段)又可产生许多尾蚴,尾蚴形成囊蚴,继而发育为成虫。从病原传递来看,如果这个过程加快,则病原在空间的数量增长就快;若这个过程减慢,病原在空间的数量增长则慢。如果每个生活史阶段虫体增长的数量多,则病原在空间内的数量增长快,反之则慢。尽管华支睾吸虫成虫产卵数量也较多,但虫卵死亡的也多,仅有少数虫卵能够入水并被螺食入,其中可能又只有部分虫卵在螺体内得以继续发育;从螺体内逸出的尾蚴虽然也很多,但也只有部分尾蚴能够有机会进入鱼体内继续发育;同样,鱼体内的囊蚴也仅有少部分有机会进入哺乳动物体内发育为成虫。因此,一个地区的华支睾吸虫的种群总量很大,但从流行病学角度看,并不是所有的虫体都在起传播作用。

病原传递,一代传一代,这个过程在动力学上可以比作流速和流量。流动的速度和流动的量决定了流行病学的动力学。如果流速加快,流量加大,则说明该寄生虫病在发展;如果流速减慢,流量减小,则说明该寄生虫病在一定程度上得到控制;流速及流量都无明显变化则表示该寄生虫病的流行依然维持在平衡或稳定状态。

影响病原传递速度与数量的因素很多,其中最主要的是宿主的转换。例如成虫虽然能排出多量的虫卵,但有多少虫卵能进入螺体内继续进行生活史则取决于螺蛳的种类、数量、分布范围及其与虫卵接触的机会等。同样,鱼类宿主的种群分布及其与尾蚴接触的机会等决定了鱼类的感染状态。终宿主的种群分布及其活囊蚴进入终宿主的机会等制约着华支睾吸虫后一段生活史期的传递。宿主转换可以比作华支睾吸虫种群繁衍长河中的“闸门”,直接影响着该病流行的流速和流量。其中人这道“闸门”不同于其他中间宿主或保虫宿主“闸门”,只要守住病从口入这一关,华支睾吸虫种群数量再多,也不可能进入人体(徐秉锟 1979)。

华支睾吸虫完成生活史需要 3 个宿主。经过长期进化,华支睾吸虫与宿主之间建立稳定的依存或寄生关系,形成一个完整的发育繁殖生物通道或生物链,犹如接力一般,使华支睾吸虫完成一代又一代的繁衍。

程荣联等(2007)收集 1949～2006 年国内发表的,同时报告人群、麦穗鱼、纹沼螺感染的流行病学调查资料,经查重和筛选,共有 28 篇纳入统计分析,发表时间为 1960～2006 年,涉及 11 个省(市、自治区),其中山东 8 篇,四川 4 篇,湖北、黑龙江各 3 篇,江西、广东和广西各 2 篇,河南、安徽、重庆和江苏各 1 篇。通过对这些资料的分析,可以明显看出,在华支睾吸虫发育繁殖的生物通道中,各宿主参与并不一致。同一疫区内第一中间宿主淡水螺尾蚴感染率很低,而第二中间宿主麦穗鱼囊蚴感染率很高。表 18-45 示人群、麦穗鱼和纹沼螺平均感染率分别为 4.47%(35 486/793 167)、57.55%(2664/4629)和 0.55%(134/24 203),宿主间感染率差异有统计学意义($P<0.001$)。

对宿主感染率比较,人群与麦穗鱼,除有 2 篇资料 $OR>1$ 外,其余 OR 均<1,说明华支睾吸虫病传播过程中,从第二中间宿主向终末宿主转换过程中传播动力基本上是减弱的;麦穗鱼与纹沼螺 OR 均>1,证实从第一中间宿主向第二中间宿主转换过程中传播动力明显增强;纹沼螺与人群除有 1 篇资料 $OR>1$ 而外,其余 OR 均<1,表明在大多数情况下,从终宿主向第一中间宿主转换

过程中传播动力减弱。各时点宿主感染率间除有 4 篇资料差异无统计学意义($P>0.5$)外,其余差异均有统计学意义($P<0.001$),同样证实华支睾吸虫在宿主间转换传播的动力有减弱与增强之分。

对数据进行两分类变量间关联程度的度量分析,分别计算优势比 OR($OR=\frac{ad}{bc}$)和 $OR95\%CL$($OR95\%CL=OR^{1\pm1.96\sqrt{X2}}$)。平均感染率间比较,$OR$ 和 $OR95\%CL$ 分别为:人群与麦穗鱼为 0.035、0.034~0.036,麦穗鱼与纹沼螺为 243.515、222.615~266.378,纹沼螺与人群为 0.119、0.103~0.137,证实宿主间转换传播动力有减弱与增强现象存在(表 18-45)。

表 18-45 华支睾吸虫感染宿主情况及相关分析

报告人	报告年份	人群感染(a)		麦穗鱼感染(b)		纹沼螺感染(c)		OR		
		感染人数	感染率(%)	感染鱼数	感染率(%)	感染螺数	感染率(%)	a∶b	b∶c	c∶a
董苌安	1960	362	28.19	32	94.12	5	0.44	0.025	3 642	0.011
吴中兴	1961	63	20.06	46	60.53	2	0.82	0.164	185	0.033
宋觉民	1963	31	6.55	12	21.82	1	2.17	0.251	13	0.317△
叶衍知	1963	133	12.72	61	98.39	3	0.73	0.002	8 337	0.050
陈子喜	1964	23	1.03	36	90.00	10	1.42	0.001	626	1.39▲△
许正敏	1982	11	2.35	13	23.21	1	1.00	0.079	30	0.421△
郑绪朋	1982	110	14.61	60	60.00	1	0.10	0.114	1 499	0.006
防疫站	1983	195	4.48	168	68.02	3	0.45	0.022	466	0.097
编辑部	1986	114	7.36	91	94.79	1	0.49	0.004	3 713	0.062
编辑部	1986	2479	10.90	25	29.76	1	1.00	0.289	42	0.083
编辑部	1986	328	6.45	29	25.66	2	2.90	0.200	12	0.433
吴丽萍	1990	51	35.92	17	50.00	23	3.45	0.560	28	0.064
马大德	1990	10	0.94	60	39.22	2	0.12	0.015	539	0.126
邵百万	1991	189	4.60	285	59.50	17	1.20	0.033	121	0.252
郝延玉	1992	207	5.01	33	44.59	1	0.83	0.066	96	0.159
石正富	1992	12	3.67	20	60.61	6	1.10	0.025	138	0.293
韩国叅	1993	10 882	1.65	119	41.32	12	0.95	0.024	73	0.573
吕大兵	1994	28	1.15	19	8.76	2	0.07	0.122	129	0.063
宋觉民	1994	180	11.39	280	54.05	1	2.17	0.109	53	0.173
张复成	1994	236	5.00	26	61.90	3	0.30	0.032	544	0.057
袁维华	1994	46	10.65	233	69.55	3	1.13	0.052	199	0.096
邹惠宁	1994	1195	65.48	27	87.10	1	0.56	0.281	1208	0.003
李登俊	1996	1	0.36	5	33.33	1	2.70	0.007	18	7.611△
程云联	1997	388	14.11	833	97.20	10	0.31	0.005	11 040	0.019
关仲富	1998	5196	25.72	8	3.90	13	0.82	8.524▲	5	0.024
孙援朝	1999	139	2.55	32	46.38	3	0.29	0.030	295	0.112
蔡连顺	2002	2841	31.51	31	100.00	2	0.13	0.015	23 655	0.003
苏林军	2006	10 036	28.11	63	22.11	4	0.18	1.378▲	157	0.005
合计		35 486	4.47	2664	57.55	134	0.55	0.035	244	0.119

注:▲ $OR>1$ 传播动力增强。△ 宿主感染率间,经卡方检验差异无统计学意义($P>0.05$)

2000 年以后报道的麦穗鱼感染率与纹沼螺感染率均较其他年代低,除纹沼螺感染率与 20 世纪 80 年代比差异无统计学意义($P>0.05$)外,其余各年代间差异均有统计学意义($P<0.001$)(表 18-46)。

表 18-46　不同年代华支睾吸虫感染率与传播动力指数

年度	文献篇数	人群				麦穗鱼				纹沼螺			
		感染人数	感染率(%)	传播动力指数	指数构成比(%)	感染鱼数	感染率(%)	传播动力指数	指数构成比(%)	感染螺数	感染率(%)	传播动力指数	构成指数比(%)
1960～	5	612	11.42	21	35.59	187	70.03	28	47.46	21	0.82	10	16.95
1980～	5	3123	9.35	20	35.09	295	49.17	27	47.37	8	0.41	10	17.54
1990～	16	18 874	2.66	14	27.45	2088	60.59	27	52.94	99	0.62	10	19.61
2000～2006	2	12 877	28.80	16	31.37	94	29.75	25	49.02	6	0.16	10	19.61
合计	28	35 486	4.47	71	32.57	2664	57.55	107	49.08	134	0.55	40	18.35

采用判别分析的优度法，将感染率换算为传播动力指数，以量化指标来描述宿主间相互转换的传播动力大小，各年代宿主传播动力指数之和分别为 59、57、51 和 51，总计为 218，其中人群为 71、麦穗鱼为 107、纹沼螺为 40，分别占 32.57%、49.07%和 18.35%。宿主间转换的传播动力，第二中间宿主最大，终末宿主次之，第一中间宿主最小。不同年代传播动力指数差异无统计学意义（$F=0.78$，$P>0.05$），证实华支睾吸虫在自然界完成生活史的过程中，宿主间转换传播动力比的变化规律基本保持一致。华支睾吸虫在终末宿主人与第一中间宿主纹沼螺的寄生转换过程中，传播动力损失明显；从第一中间宿主向第二中间宿主转换寄生过程中，传播动力不仅未减弱还成倍增加。关于形成这一生物学规律的原因，认为可能与华支睾吸虫在第一中间宿主体内的幼体无性生殖有关；华支睾吸虫囊蚴在麦穗鱼体内寄生存活时间很长，加之麦穗鱼长期生存在疫水中受到重复感染，可能也是华支睾吸虫第二中间宿主麦穗鱼囊蚴感染率高，寄生强度重的原因之一。

十四、华支睾吸虫人群感染数学模型建立和拟合分析

流行病学催化模型是以数学模型概括一些传染病的年龄分布，定量地测定某一疾病在某地的“感染力”，反映该病在人群中的传播速度，比较不同地区或者某地区防治前后某种疾病的流行情况，从而评价防治效果。张鸿满等（1999）用此模型对华支睾吸虫病在人群中的传播速度及流行特点进行了流行病学分析。

在广西上林县白墟镇和扶绥县扶南乡各选一个人口 1000 人左右的自然村，收集各年龄组人群粪便标本，粪样全部采用改良加藤厚涂片法检查，部分粪样同时用醛醚沉淀法检查，任一方法检出虫卵者即为华支睾吸虫感染。检查结果如表 18-47，白墟镇村民华支睾吸虫感染率为 38.39%（195/508），扶南乡村民为 11.33%（69/609）。白墟镇人群感染率明显高于扶南乡（$\chi^2=112.33$，$P<0.001$）。

表 18-47　白墟镇、扶南乡人群华支睾吸虫粪检结果

年龄(岁)	白墟镇			扶南乡		
	受检人数	阳性人数	阳性率(%)	受检人数	阳性人数	阳性率(%)
0～	81	7	8.64	122	7	7.74
10～	140	23	16.43	112	3	2.68
20～	60	29	48.33	69	10	14.99
30～	99	58	58.59	138	20	14.49
40～	78	47	60.26	80	13	16.25
50～	26	16	61.54	46	11	23.91
60～	24	15	62.50	42	5	11.90
合计	508	195	38.39	609	69	11.33

用 Muench 的两级催化曲线模型对华支睾吸虫感染的年龄分布资料进行拟合，求出“感染力”和“失去感染力”及曲线方程。方程式为 $y=\{a/(a-b)\}(e^{-bt}-e^{-at})$，式中 a 为“感染力”，b 为“失去感染力”，t 代表时间，y 即 t 时间段的感染率，如果 $b>a$，曲线方程为 $y=\{a/(b-a)\}(e^{-at}-e^{-bt})$。根据调查人群各年龄组的实际感染率和年龄分组情况，按

Muench 数学模型计算方法进行计算和拟合。

上林县白墟镇人群华支睾吸虫感染资料的两级催化模型曲线方程的拟合计算，结果如表 18-48。求出 $\sum 'A=45.18$，$t'=61.91$。用一透明直角三角板的两直角边对准 Muench 的两级催化模型图上相应的 $\sum 'A$ 和 t' 值处，其直角处为两值的相交点，读出此点的 a'、b' 值分别为 0.017 和 0.004，计算出 $a=0.0243$，$b=0.0057$ 和常数 $c=1.31$。曲线方程为 $y=1.31(e^{-0.0057t}-e^{-0.0243t})$。曲线的最高点即最高感染率的理论年龄为 77.96 岁。同理求出扶绥县扶南乡的 $a=0.01$，$b=0.0271$，因为 $b>a$，曲线方程为 $\hat{y}=\{a/(b-a)\}(e^{-at}-e^{-bt})$ 即为 $\hat{y}=0.58(e^{-0.01t}-e^{-0.0271t})$，曲线的最高点为 58.3 岁(图 18-28)。将 t 值代入曲线方程计算各年龄组理论感染率 $\hat{y}$，将 y 与 $\hat{y}$ 比较，χ^2 检验相差不显著，说明拟合良好。

表 18-48 白墟镇人群华支睾吸虫粪检结果的两级催化模型拟合计算表

年龄组(岁)	组中值(t)	组距(W)	实际阳性率(y)	$A(A=wy)$	tA	理论阳性率($\hat{y}$)	理论与实际比较(χ^2)
0～	5	10	0.0864	0.864	4.320	0.1127	0.28
10～	15	10	0.1643	1.643	24.645	0.2919	6.56
20～	25	10	0.4833	4.833	120.825	0.4211	0.54
30～	35	10	0.5859	5.859	205.650	0.5118	1.00
40～	45	10	0.6026	6.026	271.170	0.5729	0.11
50～	55	10	0.6154	6.154	338.470	0.6113	0
60～	65	10	0.6250	6.250	406.250	0.6324	0
合计			38.39%	31.629	1370.745	39.76%	0.20

$t=\sum tA/\sum A=43.34$　$t'=t/d^{*}=43.34/0.7=61.9$　$\sum 'A=\sum A/d=45.18$

$a'=0.017$　$a=a'/d=0.0243$　$b'=0.004$　$b=b'/d=0.0057$　$c=a/(a-b)=1.31$

曲线最高点：$(\ln a-\ln b)/(a-b)=77.96$　曲线方程：$\hat{y}=1.31(e^{-0.0057t}-e^{-0.0243t})$

$*d$=调查的最高年龄(岁)/100=70/100=0.7

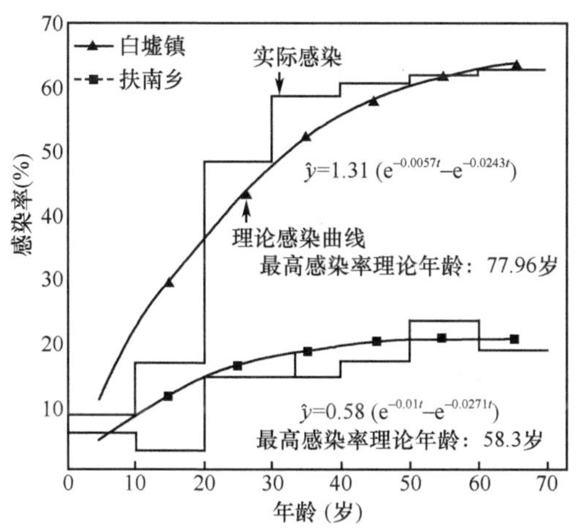

图 18-28 广西上林白墟镇、扶南乡不同年龄华支睾吸虫感染及其两级催化模型曲线(引自张鸿满)

一般情况下，同一地区的 a、b 值保持相对稳定，不同地区由于流行情况不同，或者同一地区在防治后流行情况发生改变等，a、b 值将会不同。a 值大，说明传播速度较快，b 值小表示阴转慢,感染维持在较高水平。如 a 值小,b 值大,表示传播速度慢,阴转率相对较高,人群感染呈现较低水平。通过比较 a、b 值,横向可以反映不同地区的流行特点,或纵向评价同一地区的流行趋势和防治效果。用此模型分析上林县白墟镇和扶绥县扶南乡两地的华支睾吸虫流行情况,感染力 a 值分别为 0.0243 和 0.01,失去感染力 b 值为 0.0057 和 0.0271,表示每年分别有 2.43%和 1%的人感染了华支睾吸虫,同时每年有 0.57%和 2.71%的受染者虫卵转阴。通过两级催化模型可以计算出两地华支睾吸虫感染的速率不同,即上林县白墟镇流行程度比扶绥县扶南乡为重。

十五、影响华支睾吸虫病流行病学调查的因素及注意问题

华支睾吸虫病的流行病学调查是十分重要的基础工作,详细而准确的流行病学调查资料是了解该虫在某地的感染率、传播情况,并在此基础上制定切实可行防治措施的依据。流行病学调查又是非常艰苦、细致和复杂的工作,每个环节都必须根据各地具体情况有针对性地制定规划和措施,才能减少误差,保证调查资料的科学性、准确性和及时性。根据李秉正(1989)提出的流行病学调查中的具体问题、各地经验和目前流行病学调查中遇到的新情况,为提高工作效率和调查数据的准确性,应做好以下工作。

(一)淡水螺的调查

1. 螺的尾蚴感染率与采螺地点 采螺地点应选择居民区附近的灌溉沟渠及池塘,因为居民区是华支睾吸虫重要终宿主人和保虫宿主猫、狗、猪的集居地和主要活动场所。李秉正曾在同一天、同一条水田沟渠的不同地段采纹沼螺、发现在居民区附近螺的尾蚴感染率为 15.8%,而距居民区较远的地方,螺的尾蚴感染率则很低。

2. 螺的尾蚴感染率与采螺季节 李秉正等(1983)在辽宁省铁岭县调查发现,6 月纹沼螺的尾蚴感染为 4.8%,7 月为 13.2%,8 月、9 月的感染率分别下降至 2.8%和 1.9%,10 月以后未见被感染的螺。李雪翔(1982)报告,在安徽疫区长角涵螺和纹沼螺 4~6 月份的感染率分别为 0.58%~1.51%和 1.05%~15.45%,9 月以后未发现阳性。周维光等(1985)在四川省岳阳县发现赤豆螺华支睾吸虫尾蚴的感染率也有这种情况。上述资料说明,纹沼螺和长角涵螺华支睾吸虫尾蚴感染率有明显的季节性变化。因此在进行流行病学调查时,要根据各地的气温条件,在适宜的季节采螺,这对年平均气温较低的地区尤为重要。对淡水螺的尾蚴感染率一次调查结果,仅能说明该地当时的感染情况。

3. 螺的感染率与螺龄 李秉正等(1983)对辽宁省铁岭县纹沼螺生态进行研究时发现,6 月份幼螺从卵内孵出,至 7 月末、8 月初发育为成螺,到次年 9 月大部分死亡。因此,在 8~9 月初这一个月内,成螺包括当年生的成螺和前一年生的老螺。当年生的成螺尾蚴的感染率远低于老螺的感染率。在对螺类进行调查时,要注意区分当年生成螺和前一年生老螺。

(二)淡水鱼的调查

作为华支睾吸虫第二中间宿主的淡水鱼种类多,分布广,感染率高,在华支睾吸虫病流行病学调查时,首先从鱼开始调查是十分有效的办法。

1. 鱼类的感染率及其季节性 李秉正 1975 年在辽宁省铁岭对麦穗鱼和棒花鱼调查时发现,这两种鱼华支睾吸虫囊蚴感染度以 8、9 两月最高,10 月份以后逐渐下降,至次年 1 月感染度已相当

低。山东省寄生虫病研究所1975年报道，该省鱼的感染率从9月逐渐上升，11月份达高峰。鱼的感染率和感染度与季节有密切关系，在同一地区不同季节捕获的鱼其感染情况会有很大差异。

2. 鱼体内囊蚴检出率和检出部位　华支睾吸虫囊蚴在鱼体内的分布已如前述(见本章华支睾吸虫的第二中间宿主)，华支睾吸虫囊蚴60%以上分布在鱼的肌肉内，特别是背部肌肉。因此在检查鱼时，应选取鱼背部的肌肉，检查大鱼时，更应如此。

3. 水洗沉淀分离囊蚴的时间　通过实验发现，将50个离体囊蚴放在盛满清水的500ml的量杯内，5分钟有15个囊蚴(30%)、10分钟有38个囊蚴(76%)、15分钟全部囊蚴(100%)沉入杯底(李秉正1989)。在清水中洗沉淀时，静置时间至少要在15分钟以上。消化后的第1次的过滤液的蛋白浓度高，液体的浮力较大，囊蚴下沉的速度相对慢，如果使用的量杯大，沉淀时间要延长至30～40分钟。待完全沉淀后，尽量将杯中的水轻轻倾去，保留沉渣，再加满清水，再沉淀，如此3～4次，直至水清，最后留杯底沉渣检查。夏季室温高，沉淀和分离囊蚴都必须注意在较低温度进行。

过滤时要选择孔径合适的分离筛，既可使囊蚴顺利滤过，又可阻挡杂质被滤下。

(三) 人群调查

免疫学检查只是一种辅助诊断方法，在粪便中发现华支睾吸虫卵才是确诊的依据。粪便中虫卵的检出率也受各种因素的影响。

1. 保证粪便标本的真实性　在流行病学调查中，强化受检者的依从性，获得受检者的配合十分重要，要保证粪便送检及时和标本的真实正确，才能保证检查结果的真实可靠。防止为完成任务，出现粪便标本与受检者不符的现象，要选择责任心强的粪便收集人，要加强宣传教育，使受检者知晓粪便检查对自身健康的重要性和采集粪便标本的要求，做到自觉按要求采集、主动及时送检。

2. 虫卵检出率与粪检方法　有关粪检方法已在病原学检查一章有详细叙述，总的原则是应根据现有条件，尽量选用简便、快速和敏感的检查方法，以提高检出率。在条件许可时，尽量对粪便中虫卵进行计数，估计感染度有助于制定正确的治疗方案。

3. 虫卵检出率与检查次数　由于华支睾吸虫卵特别小，虫卵在粪便中的分布不均匀，宿主排出虫卵的量也有明显的波动性。即使是同一份粪便由同一人检查，每次检出的虫卵数相差也较大。有时粪便中的虫卵要经过一送两检、三检，二送四检，甚至五送十检才能查出，特别在轻感染者更是如此。在检查粪便时，要充分搅拌，或在多处取材。对可疑的受检者，尤其是免疫学检查阳性者，可以采取多查几次，或让病人多送几次粪便进行检查。

(四) 保虫宿主的调查

与人们关系密切并生活在居民区的保虫宿主华支睾吸虫感染率通常较高，老龄动物较幼龄动物的感染率高。猫、犬和鼠均为易感宿主，在流行区，这些动物的感染率较高，能比较准确的反映当地保虫宿主感染华支睾吸虫的情况，应是调查的重点。猪对华支睾吸虫易感，其与人类的生产活动和生活关系十分密切，也是人类华支睾吸虫病的重要传染源。由于各地都有屠宰场或肉食加工厂，可为调查猪的感染情况提供了便利条件。

(刘宜升)

第十九章 华支睾吸虫病的预防和控制

华支睾吸虫病是经口感染的人兽共患寄生虫病，也是我国感染人数最多和感染最广泛的食源性寄生虫病，不仅流行区广泛广，有多种保虫宿主，而且还存在着自然疫源地。由于地理环境及人们生活习惯的不同，华支睾吸虫病在不同地区流行状况有所差异，要根据流行区特点，针对流行的关键环节，制定有效措施，采取综合性策略预防和控制华支睾吸虫病。

一、制定防治规划，建立防治组织

随着社会经济的发展，人们卫生水平的提高，对卫生保健的要求也随之提高。国家对寄生虫病的防治也提出更高的目标。

1992年8月卫生部颁布全国寄生虫病防治“八五计划”和“2000年规划”，明确“控制和消灭严重危害人民健康的寄生虫病，是实现人人享有卫生保健全球战略的组成部分，是20世纪90年代突出预防保健和农村卫生的主要内容”。同时指出“寄生虫病防治工作要贯彻预防为主，依靠科技进步，动员全社会参与和为人民服务的方针，总结和发扬新中国成立以来的成功经验，并根据各地社会经济发展的水平和寄生虫病的危害程度，实行因地制宜，分类指导，综合治理，制定与我国国情相适应的战略目标”。在严重危害我国人民身体健康的五大寄生虫病达到阻断传播或基本控制后，原来处在次要地位的寄生虫病对我国人民健康的威胁相对突出。我国2000年寄生虫病防治的总目标是“继续控制疟疾，实现基本消灭丝虫病，巩固和发展黑热病的防治成果，降低钩虫病等土源性蠕虫病及包虫病、绦虫病和囊虫病、华支睾吸虫病、肺吸虫病、旋毛虫病等的发病率和感染率”。对华支睾吸虫病的具体防治目标是：到2000年，以行政村为单位(下同)，目前人群感染率低于10%的，要降至1%以内；目前人群感染率为10%～20%的，要降至2%以内；目前人群感染率高于20%的，要降至5%以内。

2004年9月卫生部发布2004年第六次食品卫生预警公告，提出要谨防摄食生鲜水产品导致的食源性寄生虫病。公告指出“对人类健康危害严重的食源性寄生虫有华支睾吸虫(又称肝吸虫)、卫氏并殖吸虫(又称肺吸虫)、姜片虫、广州管圆线虫等。通常这类疾病是通过进食生鲜的(生鱼片、生鱼粥、生鱼佐酒、醉虾蟹)或未经彻底加热(如涮锅、烧烤)的水生动植物感染，而抓鱼后不洗手或用口叨鱼、使用切过生鱼的刀及砧板切熟食、或用盛过生鱼的器皿盛熟食也能使人感染”。公告要求“食品生产经营者和消费者应避免提供或食用被寄生虫污染的水产品，可采取以下预防措施：①避免进食生鲜的或未经彻底加热的鱼、虾、蟹和水生植物；②不喝生水，不吃生的蔬菜；③不用盛过生水产品的器皿盛放其他直接入口食品；④加工过生鲜水产品的刀具及砧板必须清洗消毒后方可再使用；⑤不用生的水产品喂饲猫、犬等”。

2006年卫生部又制定和颁布了《2006年～2015年全国重点寄生虫病防治规划》，指导思想为“坚持预防为主、科学防治的方针，实行因地制宜、分类指导的原则，重视和加强全民健康教育，切实提高群众自我防护的意识和能力，形成群防群控的工作局面；建立和完善政府领导、部门合作、全社会参与的工作机制，落实各项综合防治措施；加强科学研究和国际交流，不断提高防治工作水平，确保我国寄生虫病预防控制工作可持续发展”。防治的总体目标是“在2004年的基础上，全国蠕虫感染率到2010年底下降40%以上，到2015年底下降60%以上。采取切实有效措施控制土源性线虫病、包虫病、肝吸虫病、带绦虫病和囊虫病等重点寄生虫病在局部地区的流行，减少重点地区黑热病新发病例的发生”。并针对华支睾吸虫病的现状提出具体目标：“吉林、黑龙江、广东、广西等省、自治区在2004年的基础上，到2010年底，肝吸虫感染率下降30%以上，到2015年底下降50%以上”。要落实“采取药物驱虫、健康教育、改厕等综合防治策略。在肝吸虫感染率高于40%的重点流行地区，对3岁以上居民进行规范药物驱虫治疗；在感染率为10%～40%的流行区，可根据情况对青壮年等重点人群进行选择性驱虫治疗；在感染率低于10%的地区，通过健康教育鼓励群众自愿检查，对感染者进行驱虫治疗，有效控制传染源。以提倡不食‘鱼生’为重点，广泛宣传肝吸虫病防治知识，教育群众逐步养成不生食或半生食淡水鱼的饮食习惯。与有关部门配合，进一步规范餐饮加工，减少餐桌污染，确保饮食卫生和安全。积极推进农村改厕工作，防止未经无害化处理的人、畜粪便进入鱼塘”的措施。

华支睾吸虫的感染与自然因素密切相关，流行环节多，受影响的因素复杂，特别是人们的饮食习惯对华支睾吸虫的感染起关键作用，决定了华支睾吸虫病流行范围广，局部地区感染情况严重，也导致了华支睾吸虫病疫情的反复性及防治工作的艰巨性和长期性。华支睾吸虫病与肝胆疾病的发生有密切关系，可影响儿童的生长发育，一旦患病还要承担不菲的治疗费用，故必须重视和加强华支睾吸虫病的防治，保证国家中、长期防治规划的落实。华支睾吸虫病防治是涉及社会多领域的系统工程，要进行有效预防，降低该病的发病率，最终实现防治目标，必须按照国家颁布的防治规划，有各级政府的充分重视、积极领导和统一协调，把防治华支睾吸虫病作为全民保健，提高国民素质，促进地方经济发展的重要组成部分，加大投入，建立保障机制。特别是重流行区，要针对本地区的流行情况，防治的重点和难点，有专人领导协调，组织专门的工作机构，拨出专项防治经费，在专家的指导下，制定出防治规划和具体措施，培训专业防治人员，充分发挥县、乡、村三级卫生防疫网和社区基层诊所的作用，与新农村合作医疗结合，做好群防群治。

二、加强宣传教育，提高人们的防病意识

（一）开展卫生宣传教育，普及华支睾吸虫防治知识

华支睾吸虫病经口感染，感染的来源及途径主要是生的、未煮熟的鱼虾及与鱼虾有关的生产和生活活动，感染过程是华支睾吸虫囊蚴被人食入。但在流行区，大部分群众缺乏对华支睾吸虫病的认识，如深圳的公务员对华支睾吸虫病的知晓率仅为51%，有82%的人不知道华支睾吸虫对人有何危害，不知道如何预防华支睾吸虫病的近60%，感染了华支睾吸虫后，也不知道及时就诊(蒋丽娟等 2008，刘伟 2001)。因此要开展深入广泛的宣传，提高人民群众对华支睾吸虫病的认识，提高个体的防病意识。在流行区，可通过多种形式的宣传，系统介绍华支睾吸虫病的防治知识，使群众真正知道生吃鱼虾的潜在危险，认识到华支睾吸虫病的危害，做到自觉革除陋习，提高自我防范意识，经常主动进行华支睾吸虫病的有关检查，做到早期发现，及时治疗。

根据广东省调查，有相当部分医务人员，甚至从事疾病预防控制工作的人员对华支睾吸虫病的流行病学、临床知识和防治方法的认知度也不够，因而不能正确宣传华支睾吸虫病的

防治知识，不能正确地教育引导群众养成良好的饮食习惯，不能及时正确诊断华支睾吸虫病。此现象在基层医疗机构更为突出，因此更要加强对医务人员进行关华支睾吸虫防治知识的培训，特别是基层医务工作者(孙立梅 2006)，使其在华支睾吸虫病的预防、临床诊断、鉴别诊断和正确治疗上发挥主导作用。

（二）指导群众养成科学的食鱼习惯

经口感染是华支睾吸虫病的自然感染方式，防止误食囊蚴，把住“病从口入”关是预防该病的关键环节。要提倡吃熟的鱼虾，科学烹调鱼虾类食品。

1. 已知主动型感染地区 在有生食鱼虾习惯的地区，经过多年宣传，感染多为已知主动感染，但又因喜食生鱼的习俗难以改变，重复感染、重度感染和治疗后再感染的现象比较常见。此类地区的重点是防止反复感染，巩固防治效果，控制感染率的反弹。要加强科普宣传和饮食安全宣传，让群众知晓华支睾吸虫病的感染途径和华支睾吸虫的危害，自觉革除不良饮食习惯，不吃生鱼、生虾，不吃未经彻底烹调、半生的鱼虾或醉虾。对一些传统喜食鱼生粥的地方，要指导群众将鱼片切得尽可能薄，盛粥的容器先用开水预热，粥要沸腾，每次要少放鱼片，加粥后立即搅拌均匀，使囊蚴能够被杀死。如有条件，可先将鱼经射线或超高压处理，杀死囊蚴后再食用。食“火锅”时，鱼片一定要在沸汤中烫 2 分钟以上，杜绝一烫即食。

2. 未知主动型感染地区 在此类地区，人群的感染主要由于对华支睾吸虫病的无知，在食鱼或食虾的某些环节中注意不够。在这些地区，只要加强宣传，普及华支睾吸虫病的防治知识，可收到十分显著的效果。

(1) 在喜食“烙鱼饼”、“面拖鱼”、大块干煎鱼或清蒸鱼的地区，要让群众知道经这种方式处理过的鱼，如鱼肉内有华支睾吸虫囊蚴，囊蚴不可能全部被杀死，直接食人很可能被感染。必须进一步将鱼炖、煮、烧透等，才能把囊蚴杀死，保证食用安全。尤其要告知青少年在瓦片上或锅灰里烧鱼吃的危险性。

(2) 正确处理厨房用具，刀和菜板要生熟分开，不可混用。针对大部分家庭仅用一把菜刀和一块砧板，指导群众要先切熟菜，或先切直接入口的生菜，最后再处理生鱼生肉。切过生鱼的刀和菜板要彻底刷洗，晾干或晒干。洗鱼、抓鱼后要洗手，处理鱼的过程中，不要用手拿熟食。盛过生鱼的各种用具要用后要洗刷干净。

(3) 捕鱼时避免用嘴叼鱼，捕鱼后要将手洗干净再吃食物。不要用生的鱼鳞、鱼内脏、鱼鳃等喂狗、喂猫、喂猪，洗鱼的生水也不能用于喂猪或其他家养动物。

三、加强粪便管理防止虫卵入水

华支睾吸虫卵随人或其他动物粪便排至外界后，需入水才能被螺类食入，开始在中间宿主体内的发育。管理好粪便是切断华支睾吸虫病传播途径的第一个环节。

（一）做好厕所改造，加强鱼塘管理

禁止将厕所建在鱼塘上或鱼塘边，取消露天厕所，公共厕所和居民自家厕所要加盖，防止雨水冲刷粪便。经常清理粪坑，防止粪水溢出。广西在流行区农村采用粪尿分集式厕所，根据粪尿的不同生物特性，分别收集、处理和利用，结合药物治疗感染者，华支睾吸虫的感染

率较未改厕的对照点有明显下降(杨兰等 2004)。

清洗猪圈的污水要进行相应处理,禁止直接排入鱼塘,防止污水污染水塘。要结合环境卫生,对鱼塘进行改造并加强对鱼塘的管理。

(二) 加强粪便管理

不用新鲜粪便施肥,在北方要提倡堆肥,使粪便发酵杀死虫卵后再施用。在发酵的粪便中,华支睾吸虫卵仅能存活 48 小时。在南方应提倡和推广建立化粪池或沼气池,既可杀死虫卵,又能提供新能源,减少污染。不要用新鲜人粪或猪粪作为鱼的饲料,不要随地大便。

四、及时发现治疗患者和带虫者

患者和带虫者是华支睾吸虫病的重要传染源和受害者,对其进行有效地治疗,减少传染源的同时也解除或减少了患者的痛苦,减轻因病增加的经济负担。对于有明显症状的华支睾吸虫病患者,要做到及时正确诊断和进行有效治疗。

针对目前在流行病学调查时粪便收集困难,及粪便标本的真实性等问题,广东省多地采用华支睾吸虫抗体检测试剂盒,开展华支睾吸虫病的血清流行病学调查(孙延双等 2009)。血清学检测虽不能完全替代虫卵检查,但其检测结果与病原学检查密切相关,基本一致,作为华支睾吸虫病的初诊和普查筛选,监测重点人群的感染状况,评价当地华支睾吸虫的感染程度和流行趋势,是非常实用和高效的手段。

带虫者多是在普查时才被发现,因此在流行区,对重点人员、高发人群要重点检查、重点防治,在流行较为严重的地区,要开展全民性的普查普治。葛涛等(2004)在黑龙江省肇源县的重度流行区(人群感染率＞40%)开展全民服药,2 年服药 1 次感染率下降 51.5%,1 年服药 1 次感染率下降 63.6%。仅虫卵阳性者 1 年服药 1 次,感染率下降 60.1%,1 年服药 2 次感染率下降 88.6%。在中度流行区(人群感染率在 20%左右),仅虫卵阳性者服药,2 年服药 1 次感染率下降 69.4%,1 年服药 1 次,感染率下降 91.5%。

研发新药,改进现有药物剂型,制定合理的服药方案,方便群众服用。注重流行区现场的治疗,改进服药的依从性,提高感染者的服药率。广东省采用阿苯哒唑糖治疗感染,感染者易于接受,适于重流行区大规模防治,简便易行(方悦怡等 1995,陈祖泽等 1997)。

五、加强保虫宿主的管理

防止家养动物,如狗、猫、猪的感染,不用生鱼虾饲喂动物,鱼的内脏等下脚料和洗鱼水应烧开煮熟后再喂猪。定期检查家养动物,对宠物可定期驱虫。要提倡和发展圈养猪,加强猪粪便的管理。鸡和鸭也有被华支睾吸虫感染的报道,也应禁止用生鱼虾喂养。

家鼠是华支睾吸虫病重要的传染源之一,要妥善保管鱼类食品,防止鼠类偷食。要采取有效措施灭鼠。

六、适当控制第一中间宿主

对于呈点状分布的流行区,鱼塘处于相对封闭状态,塘内螺的密度较高,可考虑采用灭螺措施。

山东省寄生虫病研究所曾用“灭螺鱼安”在实验室和鱼塘研究其杀螺效果，在 0.2ppm 的药液中 48 小时和 96 小时，纹沼漯和长角涵的死亡率分别为 94%和 100%，在 0.4ppm 和 0.8ppm 的药液中 48 小时，螺的死亡率均为 100%。将 0.2ppm、0.4ppm 和 0.6ppm 等不同浓度的药液喷洒于池塘，喷洒 24 小时后，螺的死亡率分别为 97.1%、98.6%和 100%，至 48 小时，螺的死亡率均达 100%，药效可持续 1 周甚至更长时间。在超出灭螺量 5～20 倍的药物浓度时观察，未见鱼有中毒现象。以 100mg/kg 体重的剂量喂饲家鸭，也未见异常(邵其峰 1988)。也有报道在春季螺开始繁殖前，用五氯酚钠灭螺。

有学者报道生物灭螺的可能，邓立君(1997)在研究纹沼螺生态时，偶然发现耳萝卜螺有捕食纹沼螺幼螺的现象。耳萝卜螺(*Radix auriclaria*)是一类常见的淡水软体动物，在自然环境中，对低温和干旱有很强的适应性，繁殖力强，发育快，每只耳萝卜螺每年可产 50～60 个卵袋，每一个卵袋约含卵 120 个，即每螺每年可繁殖 6000～7200 个新螺，从卵发育到性成熟交配只需 2 个月。耳萝卜螺广泛分布于我国各地，种类及数量都很多，在湖泊、池塘、沟渠、水库等不同环境水域中都可以生存和繁殖。

将耳萝卜螺与纹沼螺放入同一模拟野外生存环境的烧杯中，不同大小的耳萝卜螺均捕食纹沼螺幼螺。在 24 小时内捕食能力最强，以后逐渐减弱。24 小时内捕食率为 50%～90%，至 72 小时总捕食率达 95%，平均每只耳萝卜螺捕食 28.5 只纹沼螺幼螺；18～20mm 的耳萝卜螺在 24 小时内捕食率为 20%～53%，至 72 小时总捕食率达 94%，平均每只耳萝卜螺捕食 28.3 只纹沼螺；15～16mm 的耳萝卜螺在 24 小时内捕食率为 13%～83%，至 72 小时总捕食率达 65%，平均每只耳萝卜螺捕食 19.4 只纹沼螺；个体小(15～16mm)的耳萝卜螺捕食能力较弱。

当环境中的纹沼螺较多时，随着纹沼螺的密度加大，耳萝卜螺的捕食率增高，单位时间内捕食纹沼螺的绝对数量可增加 22 倍。耳萝卜螺捕食的纹沼螺幼螺，大部分在其胃内被消化，捕食后 6 小时消化率为 60%～80%，12 小时为 87%～100%，24 小时达 100%。耳螺卜螺肠管和排出的粪便中，可见被磨碎的螺壳，未发现活的纹沼螺。

利用耳萝卜螺捕食华支睾吸虫第一中间宿主纹沼螺，是一种既经济、又无污染的生物学灭螺方法，如果能在华支睾吸虫病流行区的自然环境中利用耳萝卜螺作为纹沼螺的天敌，将有利于阻断华支睾吸虫病的流行环节。但耳萝卜螺可作为某些禽、畜寄生虫的中间宿主，间接对人有不利的一面，对大规模应用的可能性和可行性还需更深入细致的研究。

七、开展淡水鱼类产品处理和检验检疫

开展鱼类产品检验检疫和处理，可从源头上阻断华支睾吸虫感染，从而减少因食鱼不当对人体产生的危害。

（一）生鱼肉处理

在喜食生鱼的地区，彻底改变传统饮食习惯，完全禁止食用“鱼生”、“鱼生粥”等可能食入活囊蚴的饮食方式很难做到。可试行对主要的食用大鱼先进行必要的处理，然后再进入餐馆。

1. γ 射线照射　Lee 等(1989)用经照射量为 0.01kGy、0.03kGy 和 0.05kGy 的钴-60 照射过的囊蚴感染大鼠，感染后 2 周，成虫回收率分别为 44%、1%和 0，未照射对照组的回收率为 50%；感染后 6 周成虫回收率分别为 44%、8%和 0，未照射对照组的回收率为 63%，照

射的半致死量(LD_{50})为 0.017kGy。先用 0.01～0.05kGy 的射线照射过麦穗鱼，再从其体内分离囊蚴感染大鼠，虫体回收率为 28%～80%。经 0.1kGy 照射，虫体回收率仅 1%，照射剂量的 LD_{50} 为 0.048kGy。另一实验是分别在感染后第 2、第 5 和第 9 天，对感染了正常囊蚴大鼠的肝区进行照射，6 周后解剖，照射量为 0.01kGy 的 11 只感染鼠虫体回收率为 21%～39%，1 只鼠照射后死亡。在 0.025kGy 组，12 只大鼠在 2 周内死亡 10 只，存活的 2 只至感染后 6 周，回收率为 2%和 34%。

被 γ 射线照射过囊蚴的形态和活动性均无可见的变化，感染后能回收到的虫体形态也正常。但先感染再照射，大鼠体内的虫体的睾丸和受精囊发育不全。试验者认为，对鱼类给予剂量为 0.1kGy 的伽马射线可以作为控制华支睾吸虫的措施之一(谢觅 译 1991)。

段芸芬等(1993)用钴-60γ 射线照射离体华支睾吸虫囊蚴或鱼内的华支睾吸虫囊蚴，以抑制其在终宿主体内的发育能力。离体华支睾吸虫囊蚴或鱼体内的华支睾吸虫囊蚴在照射剂量为 0.01～1.5 kGy 时，与未照射组相比，囊蚴外形和内部结构看不出异常，在照射剂量为 4 kGy 时，囊蚴则很快死亡。在照射剂量为 0.25～1.50 kGy 时，囊蚴对豚鼠已无感染力，在照射剂量为 0.01～0.10 kGy 时，囊蚴对豚鼠的感染性随着射线剂量的加大而下降，至 0.05 kGy 时，已不能成功感染动物。

方悦怡等(2003)将感染华支睾吸虫囊蚴的新鲜活鱼苗分别放于盒子内进行照射，钴-60 照射剂量分别为 0.05、0.10、0.15、0.20 和 0.25 kGy。将照射后鱼肉经胃蛋白酶人工消化液进行消化，收集囊蚴感染新西兰兔，每只兔感染 200 个囊蚴。饲养 45 天后解剖，观察每只实验兔内的华支睾吸虫成虫、童虫和肝胆病变情况。经钴-60 辐照的各组鱼肉中囊蚴口腹吸盘清晰，排泄囊清楚，致密度良好，活动正常。辐照过囊蚴感染兔的结果为 0.05kGy 组虫卵阳性率为 100%(6/6)，获虫率为 51.0%；0.10 kGy 组虫卵阳性率为 66.7%(4/6)，获虫率为 7.5%；0.15 kGy、0.20kGy 和 0.25 kGy 组的虫卵阳性率和获虫率均为 0。当照射量达 0.15 kGy 时，尽管囊形态正常，但已失去感染终宿主的能力。

2. 微波照射　张国华等(2001)将含华支睾吸虫囊蚴的麦穗鱼和鲫鱼，置微波炉(工作频率 2450MHz，输入功率 1300W，输出功率 950W)内的托盘中，用大火分别照射 0.5、1、2、3、4、6、8 分钟，然后从鱼体内分离囊蚴，置显微镜下检查并感染动物。经微波照射 0.5、1、2 分钟的华支睾吸虫囊蚴形态完整、结构清晰；照射 3 分钟和 4 分钟的囊蚴部分变小变扁，其他变化不明显；照射 6 分钟和 8 分钟的囊蚴囊壁破裂，内容物溢出，结构模糊。

将 7 组经不同照射时间的囊蚴分别感染大鼠，每组 15 只，感染 45 天后，剖检动物观察感染情况。照射 0.5、1、2 分钟感染组分别在 7 只、3 只、1 只大鼠的肝胆管检出华支睾吸虫，照射 3 分钟及以上的各组均未回收到虫体。

微波炉已是中国家庭最常用的厨房设备之一，微波的杀菌、杀虫作用除热效力外，还有非热效应，即微波作用。在喜食生鱼的地区，为了食用安全，可使用微波炉处理鱼肉，较大的鱼应切成小片。在烤全鱼时，要翻转 1～2 次，大火总时间不少于 6～8 分钟，弱火时，时间需延长。

3. 超高压处理　将含华支睾吸虫囊蚴的鱼肉剪成 10 mm×10 mm×5 mm 薄片(经镜检，每片含囊数量为 10～20 个) 并装入高密度聚乙烯袋中，无菌条件下抽真空封装，在 10～15℃条件下分别在 100、200、300MPa 下作用 15、30、45 分钟，进行超高压处理。

经 100MPa 高压作用，肉质外观无变化，经 200MPa 作用，触之鱼肉弹力下降，肉色变白，肉质细腻，300MPa 时肉质弹力明显下降，肉质呈胶冻状。显微镜可观察到在 200MPa

时鱼肉肌纤维变粗且松散，间距加宽，300MPa 时肌纤维断裂。

鱼肉经过 300MPa 超高压作用 30 或 45 分钟后，17 种氨基酸的含量无明显变化。鱼肉内挥发性盐基氮超高压前为 27.8mg/100mg，300MPa 超高压 30 分钟后，为 28.4mg/100mg，300MPa 超高压 45 分钟后为 28.9mg/100mg，也无明显改变。经 200MPa30 分钟，鱼肉内菌落总数显著减少，经 300MPa 作用 45 分钟，大肠埃希菌＜30 个/100mg，未检出致病菌。

显微镜下观察 100MPa 高压后华支睾吸虫囊蚴，形态未见明显变化，部分幼虫呈运动状态，300MPa 作用后囊蚴结构混浊，不运动。用经不同压力、不同时间超高压处理的华支睾吸虫囊蚴经口感染豚鼠，感染后 30 天和 40 天剖杀动物回收华支睾吸虫。用 100MPa 作用 15、30 和 45 分钟的囊蚴感染，虫体回收率分别为 100%、68.2%和 47.6%；200MPa 作用 15、30、和 45 分钟，虫体回收率分别为 40.0%、0 和 10.3%；当压力为 200MPa，作用 45 分钟，或 300MPa，作用 15 分钟时，囊蚴已失去感染终宿主的能力，不能在宿主体内发育为成虫。淡水鱼经超高压处理后，不仅保持了原肉质的营养、新鲜度，而且可杀死华支睾吸虫囊蚴和致病菌。可以考虑在喜食生鱼的地区，试用超高压处理鱼肉(孙秀琴等 2000)。

（二）利用分子生物学技术检疫鱼类

由于分子生物学技术的发展，检测方法的敏感性和特异性不断增高，样品中痕量的物质都能被检测出，我国的学者已试用 PCR 和基于 PCR 的方法检测华支睾吸虫及鱼肉中华支睾吸虫的 DNA。

1. PCR 和实时荧光 PCR 利用 PCR 和实时荧光 PCR 可检测到鱼肉内是否含有华支睾吸虫。从成虫提取 DNA 模板，检测时将模板系列稀释，其浓度分别为 30ng、3ng、0.3ng、30pg、3pg、0.3pg、30 fg、3 fg、0.3fg。从基因库中检索华支睾吸虫的 ITS2 基因序列，设计特异性 PCR 引物，正向引物为 5′-ACTATCACGAACGCCCAAA -3′，反向引物为 5′-CTGAAGCCTCAACCAAAG-3′；扩增产物片段长度为 265 bp。使用 primer express 3.0 软件在变化区寻找华支睾吸虫实时荧光 PCR 的特异性引物和探针，正向引物为 5′-TGCGGCCATGGGTTTG-3′，反向引物为 5′-TGCGGCCATGGGTTTG-3′，探针为 5′-(FAM) ACCCTCGGACAGGCGGGCC(TAMARA)-3′。应用华支睾吸虫特异性引物，常规 PCR 方法能特异性检测出华支睾吸虫 DNA，最低检测阈值为 0.3pgDNA；实时荧光 PCR 最低检测阈值为 3fg 华支睾吸虫 DNA，其灵敏度比常规 PCR 高出 2 个数量级。PCR 特别是实时荧光 PCR 检测华支睾吸虫的准确性和特异性均高，操作简便，可能会发展成检测鱼类感染华支睾吸虫的技术手段(张媛等 2008)。

2. FTA 法 FTA(filter paper FTA 滤膜，FTA 卡)是一种特制的滤纸。它经专用强力变性剂和螯合剂浸泡，使纤维基质上含有特殊的化学物质。当此纤维基质捕捉到细胞后自动将其裂解，并与核酸结合，维持样品中 DNA 的完整性，保护核酸免于降解，免受核酸酶、氧化剂和紫外线损坏，还能够阻止细菌和其他微生物的生长。

大分子 DNA 与 FTA 基质的结合率大于 90%，无 DNA 断裂，DNA 吸附在 FTA 卡上，不发生断裂，经干燥后可长期保存。用 FTA 纯化试剂清洗影响 DNA 分析的污染物，即可纯化结合的 DNA。在纯化过程中 DNA 仍然保留在 FTA 滤膜上，并可用于 PCR 检测。用 FTA 纯化试剂轻柔洗脱能够减少常规 DNA 抽提方法所引起的机械损伤，保持 DNA 大分子形式。

将不同数量的华支睾吸虫囊蚴分别加入至 1 克鱼肉中，匀浆打碎，吸取匀浆液 20μl 滴在 FTA 卡上，自然干燥(或 56℃5 分钟)直接提取 DNA。从清洗晾干后的 FTA 卡上取直径 6mm 滤膜,剪碎后置PCR反应管中,作为模板DNA进行PCR扩增,检测华支睾吸虫囊蚴的ITS2基因CS1/CS2。华支睾吸虫囊蚴ITS2引物CS1为5-′CGAGGGTCGGCTTATAA AC-3′,CS2为5′-GGAAAGTTAAGCACCGA C-3′,扩增产物长度为315bp。

以FTA法从每克含1个、3个、5个和10个囊蚴的鱼肉匀浆分别提取华支睾吸虫的DNA,再进行PCR扩增,含不同囊蚴数的鱼肉样本扩增产物在315 bp均可见明显的条带,与用试剂盒提取的囊蚴DNA和成虫DNA模板结果完全一致。

FTA技术具有以下特点:①无需低温运输和低温保存样品;②能使有机体快速失活,避免操作过程中污染样品;③处理样品、分离DNA只需一个简单的洗脱过程,仅需15～30分钟;④样品需求量最小化,敏感性极高,达到能检测出每克鱼肉样品中仅有1个华支睾吸虫囊蚴的水平,检测快速准确,有可能用于食用鱼类的卫生检验检疫。

3. 环介导等温扩增技术 环介导等温扩增技术(loop-mediated isothennal amplification,LAMP)始于2000年,该技术是利用链置换反应在恒温下使靶基因高效扩增,只需简单的反应设备,普通水浴加热即可,但较普通PCR更高效方便。其特异性高,4条精确设计的引物严格地识别靶核酸序列上的6个独立区域,不受反应混合物中的非靶序列DNA影响,还可另加入环引物。环引物可以杂合到环状DNA,并且为合成DNA提供开始位点,促进LAMP反应。LAMP灵敏度高,扩增模板量可低至10个拷贝或更少,而产物扩增可达10^9～10^{10}个拷贝,比普通PCR法普遍高1～2个数量级。由于是恒温扩增,30～60分钟内即可完成反应过程,如在其反应体系中加入环引物,反应时间更短。在大量DNA合成的同时产生大量的副产物焦磷酸,形成白色的焦磷酸镁沉淀物,因而用肉眼观察反应管内沉淀的混浊度来判定结果,或者通过SYBR GreenI颜色变化判断结果,或通过电泳观察DNA的条带及碱基数。

Cai(2010)用LAMP技术了建立快速检测鱼肉中的华支睾吸虫囊蚴的方法。DNA模板来自华支睾吸虫成虫和华支睾吸虫囊蚴,为特异性扩增7个特定区域的靶DNA,根据华支睾吸虫组织蛋白酶B3基因设计LAMP引物,1对外引物为F3(5′-CGGCTACAAATCTGGTGT-GT -3′)和B3(5′-GCGGTGACCTCATCTTCAA-3′),长度分别为20和19个碱基;1对内引物为FIP(F1c+F2)和BIP(B1c+B2),碱基数分别为41和42个,碱基序列分别为5′-TCTTC-CCCCCAGCCCAAAATG-TTTCCATTCTGATGGCACGC -3′和5′-ATTCATGGAACGATG-GCTGGGG -CTCATTTTTTCCGCGCAACA-3′;另设计1条22个碱基的环引物:5′-CGAAT-GGCATGACCACCAAGAA -3′。反应在小试管内进行,反应体系总量25μl。

用LAMP扩增从华支睾吸虫成虫或囊蚴提取的DNA,无论是用肉眼观察试管内的产物,还是进行凝胶电泳,均呈阳性反应。反应体系中不加华支睾吸虫DNA,而是分别加入麝猫后睾吸虫、肝片吸虫、巨片吸虫、曼氏血吸虫和日本血吸虫的DNA作为对照,用LAMP扩增均为阴性。

LAMP可检测到浓度为10^{-8} ng/μl华支睾吸虫DNA;用常规PCR作为对照,同样以F3和B3引物扩增,可检测到华支睾吸虫DNA的浓度为10^{-6} ng/μl,LAMP的灵敏度较常规PCR高100倍。

对11条经显微镜检查感染了华支睾吸虫和3条未感染华支睾吸虫鱼的肌肉标本进行LAMP扩增,结果11条感染鱼全部阳性,在感染度最低的鱼,每克鱼肉中仅有9个囊蚴。3条未感染的鱼均为阴性。

因增加了环引物,整个扩增在40分钟内可以完成。LAMP法适合在简单条件下对鱼肉进行快速检测,以确定是否感染了华支睾吸虫囊蚴。该法实用性强,有在流行区基层实验室,或是食品卫生检验检疫部门推广的价值。

八、综合防治措施及案例

自20世纪70年代以来,我国各地开始重视华支睾吸虫病的防治工作,并开展了一系列的调查工作。在部分流行范围比较广泛的省份,进行了全省范围的普查普治,或在重点地区进行普查普治,如山东、广西、广东、河南、四川、湖北、北京等省(市、自治区)。对系统防治的地区进行抽查考核,证明采用综合防治措施能取得明显效果。

万功群(2005)总结山东省的主要防治过程:①1962～1975年进行了大规模的流行病学调查,以六氯对二甲苯(血防-846,当时吡喹酮尚未上市)治疗虫卵阳性者,以控制传染源,减少对人体危害;②1976～1990年在摸清华支睾吸虫病在该省的流行情况和相关因素后,对平原低洼和村内外常年积水的不同类型村庄进行分层调查,重点查治,同时进行全民卫生防病知识的普及,加强药物治疗实验和诊断方法的研究;③1991～2003年,重点利用多种媒体、采用多种形式,加大对人群健康教育的宣传力度。树立和提高人们"我要防病"的卫生观念。改变不良的饮食习惯,把好"病从口入"关,减少感染机会。

山东省自1962年发现有华支睾吸虫病流行以来,通过广泛调查、重点查治,控制传染源和健康教育等综合防治措施,经过40年的努力,人群感染率由原来的1.51%降至0.04%,下降率为97.4%。未再查出有华支睾吸虫感染者的县由20世纪90年代初的40%扩大为60%,未再查出有感染者的村庄由20世纪90年代初的66.5%扩大至85%。各项指标的下降与居民生活水平不断提高,由食用野生小鱼转向食用人工养殖大型鱼为主,改变了烧、烤、烙、煎等半生不熟的食鱼方式有直接关系。

如山东省邹县(宋觉民等1994)从1980年开始对全县学生和居民宣传华支睾吸虫病的危害和预防方法,做到不制作、不食用不熟的鱼虾。结合治理环境卫生,拆迁鱼塘边的厕所,将旧的坑塘改建成鱼池和藕塘。至1990年,累计粪检66 827人,皮试普查100 006人,接受药物治疗3328人。治疗药物在1986年前为血防846,1986年起采用吡喹酮,除个别重症者住院治疗外,一般感染者均由村卫生室医生治疗。几个流行较重的村庄防治前后华支睾吸虫感染情况见表19-1。

表19-1　山东省邹县防治前后华支睾吸虫感染情况

调查地点		华支睾吸虫感染率(%)					
		防治前(1979年)			防治后(1990)年		
乡(镇)	村	检查人数	阳性人数	阳性率(%)	检查人数	阳性人数	阳性率(%)
匡庄	二道河	385	51	13.2	467	0	0
番城	小山阴	463	32	6.9	562	0	0
城前	城前	484	51	10.5	519	2	0.4
张庄	小学	248	46	18.5	120	0	0
合计		1580	158	11.4	1668	2	0.1

广西壮族自治区人民政府从1980年起,对已达到基本消除血吸虫病的县(市)要求同时开展华支睾吸虫病防治工作。1990年代以后,先后下发《1995年全区地方病、寄生虫病防治

工作要点》和《广西壮族自治区1996～2000年寄生虫病防治规划》，明确提出积极开展华支睾吸虫病防治工作，大幅度降低其感染率和发病率，至2000年，人群感染率要比1995年下降20%以上。要求加大华支睾吸虫病防治力度，通过媒体进行预防华支睾吸虫病的宣教，严重流行地区的县(市)要对乡村医生进行培训，将华支睾吸虫病防治工作纳入农村合作医疗网及乡村医生的职责范围。

广东省从1993年起全面部署重点进行华支睾吸虫病防治工作，提出要继续开展卫生宣传教育，提倡不吃鱼生；结合新农村建设建立卫生厕所，防止人畜粪便进入鱼塘；推广使用快速诊断试剂盒，大范围应用阿苯哒唑药糖和药盐，积极开展门诊查治和重点地区集体防治，力争人群感染率逐年下降。到2000年高度流行区人群感染率比1995年下降50%，在中、低度流行区，25%以上的村庄要达到控制指标。2005年规划要求到2010年全省华支睾吸虫的感染率要在2004年的基础上下降40%以上，到2015年下降50%以上。2007年建立了6个省级示范区，至2008年，示范区已粪检14 896人，治疗4748人，全民服药2万人。深圳楼村在实施预防华支睾吸虫感染综合措施前，74%的村民不了解华支睾吸虫病的传播途径，27%的被调查者每月吃1～2次鱼生或鱼生粥，54%的村民将厕所和养猪栏建立在鱼塘上，88%的村民不主动进行寄生虫感染的检查和治疗。综合措施实施后2年，95%的村民知晓华支睾吸虫的感染途径，仅有3%的人群还吃淡水鱼生，100%的村民愿意改建在鱼塘上的厕所，人群的抗体阳性率、第一中间宿主和第二中间宿主的感染率都有不同程度降低(彭朝琼等2010)。

河南省淮阳县原为华支睾吸虫病的重流行区。从1973年以来，大力开展预防华支睾吸虫病的宣传教育，防治华支睾吸虫的卫生知识在群众中得到普及，多数群众的食鱼方式由1973年前的焙、炒、烧等方法改为炸熟、闷透，使华支睾吸虫病的流行得到有效的控制，其中13岁以下儿童未发现有新的感染(韩灿然等1990)。各项考核指标见表19-2。

表19-2　淮阳县二村庄防治前后不同宿主感染华支睾吸虫病情况

检查对象	1973年			1987年		
	检查数	阳性数	阳性率(%)	检查数	阳性数	阳性率(%)
居民	2045	226	10.56	2656	18	0.68
纹沼螺	1685	27	1.60	347	3	0.86
麦穗鱼	73	43	58.90	304	38	2.50
家犬	17	16	94.12	46	1	2.17
猪	50	11	22.00	33	1	3.03

河南沈丘县从1975年来，全民普查普治与坚持进行广泛的卫生宣传教育相结合，并通过中小学生扩大华支睾吸虫病预防知识的宣传范围。1975年，该县粪检658 733人，华支睾吸虫感染者10 882人，全县平均感染率为1.65%。1990年抽样粪检12 413人，仅发现华支睾吸虫感染者25人，感染率为0.20%。其中居民感染率为0.29%，中小学生的感染率为0.10%。

重庆涪陵地区防疫站(程云联等1993，1988)在垫江县采用宣传防治知识，重点人群查治及阻止新感染等综合举措控制华支睾吸虫病。观察点白家乡吉祥村人群华支睾吸虫感染率在1982、1984年和1986年分别为15.20%(50/329)、4.60%(15/329)和0.90%(3/330)，平均每克粪便虫卵数(EPG)分别为872、230和<100；纹沼螺华支睾吸虫尾蚴检出率分别为0.068%(3/4328)、0.039%(4/10 150)和0；麦穗鱼的感染率也明显降低，见表19-3。与对照点相比，观

察点人群的感染率和感染度大幅度地降低，纹沼螺和麦穗鱼的感染率及感染度也随之明显降低，说明在以人为主要传染源的流行区，控制人群感染是十分有效的措施。他们认为，在大规模的普查中进行多次粪检，工作量太大不易做到。而在做好防病知识宣传，阻断新感染的基础上，通过一次粪便检查，发现中、重度感染的病例，加上全民普服药物效果较好。

表 19-3　白家乡吉祥村麦穗鱼华支睾吸虫囊蚴感染情况

年份	观察点				对照点			
	检查尾数	阳性尾数	阳性率(%)	囊蚴数个/g 鱼	检查尾数	阳性尾数	阳性率(%)	囊蚴数个/g 鱼
1982	749	723	96.53	489	238	238	100.00	248
1983	508	508	100.00	474	123	123	100.00	900
1984	300	237	79.00	54	260	260	100.00	1164
1985	219	64	29.22	13	111	108	97.30	454
1986	180	30	16.67	17	108	104	96.30	153

对垫江县 5 个乡 8 个村进行较大规模的防治(程云联 1997)，居民华支睾吸虫的平均感染率由 1980 年的 14.1%(3.2%～44.5%)分别降至 6.1%(1984 年)、0.9%(1986 年)、0.3%(1990 年)和 1.0%(1995 年)。除 1984 年外，每年均无新感染者，7～14 岁人群感染率的变化见表 19-4。观察区螺类感染率 1980 年为 3.13%(10/3191)、1982 年为 0.68%(3/4382)、1984 年为 0.39%(4/10 150)，其余各年分别查螺 5000～10 000 多只，未见阳性螺。观察区麦穗鱼的感染率也呈明显下降的趋势，见表 19-5。

表 19-4　垫江县华支睾吸虫病防治前后 7～14 岁人群感染情况

年份	观察区			对照区			流行率比值*
	感染率(%)	下降率(%)	EPG	感染率(%)	下降率(%)	EPG	
1980	23.5(178/756)	—	1063	12.1(28/231)	—	837	—
1984	8.3(17/205)	64.7	265	29.8(54/181)	↑146.3	1027	0.279
1986	1.8(1/56)	92.3	100	24.4(41/168)	↑101.7	578	0.074
1990	0(0/38)	100.0	0	11.2(20/179)	7.4	339	0.000
1995	0(0/43)	100.0	0	1.2(3/248)	90.1	100	0.000

* 流行率比值=观察区感染率/对照区感染率，括号内为阳性人数/检查人数

表 19-5　垫江县麦穗鱼华支睾吸虫囊蚴感染率及感染度

年份	观察区			对照区		
	阳性率(%)(阳性数/检查数)	平均囊蚴数(个/尾)	检查鱼数	阳性率(%)(阳性数/检查数)	平均囊蚴数(个/尾)	检查鱼数
1980	97.2(833/857)	52	174	100.0(31/31)	87	31
1984	92.9(828/891)	36	245	100.0(56/56)	134	56
1986	23.7(94/397)	4	86	96.8(211/219)	29	172
1990	91.7(199/217)	40	142	98.1(105/107)	28	97
1995	10.5(16/153)	7	16	100.0(22/22)	442	22

垫江华支睾吸虫病感染的主要方式是因吃烧鱼和烙麦粑鱼，防治前调查 386 例患者，有 356 例有吃烧鱼或烙麦粑鱼的病史。在防治过程中，注重健康教育，通过广泛、连续的多种形式的宣

传，普及华支睾吸虫病防治知识，居民有了自我保护意识，杜绝上述吃鱼方法。在对照区，仅在学生中进行宣传教育，居民对防治知识了解不多，以致7～14岁高感染年龄组感染率不如观察区下降显著，甚至出现上升。如将健康知识宣传作为暴露因素，根据表19-4的数据可以计算出相对危险度(RR)=2.9，归因危险度(AR)=9.9%，病因分数(EF)=65.4%。

进一步采用判别分析的优度法，分析垫江县华支睾吸虫病防治前后传播动力。程云联等以表19-4、19-5中人群感染率及感染度和麦穗鱼感染率及感染度为类别(Y_i)，年度指标为判别指标(X_j)，用指数值(L_i)进行比较分析。Y_{11}、Y_{21}为人群感染率，Y_{12}、Y_{22}为每克粪便虫卵数(EPG)定基比率，Y_{13}、Y_{23}为麦穗鱼囊蚴感染率，Y_{14}、Y_{24}为麦穗鱼囊蚴感染度定基比率，按概率值和指数值的换算表，换算为指数值，定基比大于100.0%者按100.0%换算，各数值见表19-6。从表中可看出，除防治当年外，其余各年度X_j，观察区$\sum Y_{1i}$均比对照区小；L_i栏的各Y_i值也是观察区比对照区小，说明观察区的传播动力已较对照区为弱。为消去负值以便于计算，程云联等为每个指数值加10。经计算比率，宿主种群传播动力指数之和为207($Y_{11}+Y_{12}+Y_{21}+Y_{22}$)，观察区为70($Y_{11}+Y_{12}$)，占33.8%，对照区为137($Y_{21}+Y_{22}$)，占66.2%；寄生物种群流行动力指数之和为351($Y_{13}+Y_{14}+Y_{23}+Y_{24}$)，观察区为161($Y_{13}+Y_{14}$)，占45.9%；对照区为190($Y_{23}+Y_{24}$)，占54.10%。$\sum Y_{1i}$定基比分别为100.0、82.4、48.6、52.7、28.4，$\sum Y_{2i}$定基比分别为100.0、105.6、94.4、87.3、73.2。以上数据可说明观察区的传播动力比对照区下降幅度大，表明在垫江县，通过15年连续防治监测，人群感染率得到有效控制，效果稳定。宿主种群传播动力指数占37.1%(207/558)，寄生物种群传播动力指数占62.9%(351/558)，与宿主种群数量相关($r=6.618$，$P<0.05$)，二者间相互影响。开展防治6年后，感染率降至0.9%，在防治开展后10年和15年复查，感染率均在1.0%以下。

表19-6　垫江县华支睾吸虫病防治前后传播动力指数值

年份	观察区					对照区				
	7～14岁感染率(%)(Y_{11})	EPG定基比(Y_{12})	鱼体囊蚴感染率(%)(Y_{13})	囊蚴数定基比(Y_{14})	$\sum Y_{1j}$	7～14岁感染率(%)(Y_{21})	EPG定基比(Y_{22})	鱼体囊蚴感染率(%)(Y_{23})	囊蚴数定基比(Y_{24})	$\sum Y_{2j}$
1980 X_1	23.6 (4)	100.0 (10)	97.2 (10)	100.0 (10)	34	12.1 (1)	100.0 (10)	100.0 (10)	100.0 (10)	31
1984 X_2	8.3 (−1)	24.8 (4)	92.9 (10)	69.2 (8)	21	29.8 (5)	117.6 (10)	100.0 (10)	154.0 (10)	35
1986 X_3	1.8 (−7)	9.4 (0)	23.7 (4)	7.7 (−1)	−4	24.4 (4)	66.2 (8)	96.8 (10)	33.3 (5)	27
1990 X_4	0 (−10)	0 (−10)	91.7 (10)	76.96 (9)	−1	11.2 (1)	38.8 (6)	98.1 (10)	32.2 (5)	22
1995 X_5	0 (−10)	0 (−10)	10.5 (1)	13.5 (1)	−19	1.2 (−9)	11.5 (1)	100.0 (10)	508.0 (10)	22
L_i	−24	−6	34	27	31	2	35	50	40	127

采用查治感染者，消灭传染源，在人群中开展防治知识宣传，减少或阻断新感染发生，是降低传播动力的有效防治对策。程云联同时也提出，是否可考虑将人群感染率降至1.0%，EPG<100定为阻断流行的阈值(程云联等1997)。

江西省寄生虫病研究所在该省瑞昌县九源乡肖家村和王家村两个自然村采用不同的防治措

施进行连续5年的纵向观察。两村卫生条件差，村内有养鱼塘，野粪、厕所外溢粪水和居民洗粪桶造成鱼塘严重污染。塘中生有大量纹沼螺、赤豆螺和麦穗鱼，猪和狗为主要的保虫宿主。当地居民的感染方式是半熟食塘内捕获的野生小鱼。针对两村不同情况，采用不同方式防治。

1. 人群化疗与家畜管理 根据肖家村人群感染率高，人口流动少，经济、文化和生活水平落后，生活习惯难以改变的特点，采取控制和减少传染源的措施。每年5～6月份，用水洗沉淀法，司氏计数法和间接血凝法(IHA)检查居民，感染者按其感染轻重分别用不同剂量的吡喹酮进行治疗。第一年将IHA阳性者作为扩大化疗对象，按轻度感染治疗。第一年同时捕杀家犬，组织实施牲畜圈养。防治后人群的感染率逐年下降，1986～1990年的感染率分别为33.51%、9.52%、3.20%、2.96%和0 。第二中间宿主麦穗鱼的感染率1986年为98.4%，1990年降至81%；每克鱼肉和每条鱼内的囊蚴数由670个、273个降至33个和12个。猪野粪虫卵阳性率由1986的20.4%降至1990年的7.84%，家犬野粪虫卵阳性率由1986年的32.3%降至1987年的4.5%。

2. 净化鱼塘与人群查治结合 在王家村，除对人群进行连续4年查治外，因该村水塘沿水线孳生大量赤豆螺和纹沼螺，于1989年3月和1990年3月2次用五氯酚钠浸杀。1990年8月和12月检查，未发现活螺存在。综合防治后，王家村人群的感染率由1987年的22.09%降至1990年的2.98%，感染度(每克粪便虫卵数)由1 212降至260；小学生的感染率由50.57%降至5.88%。麦穗鱼的感染率从1987年的100%降至1991年的84%，每克鱼肉和每条鱼内的囊蚴数由349个和82个降至81个和16个。

第二中间宿主的感染率没有控制在理想的水平，因为未同时对第一和第二中间宿主采用有效措施，保虫宿主的管理措施也不够得力，另鱼塘与上游水田相通，可能带进新的受感染的中间宿主。防治效果还是对人群治疗起关键作用(宁安 1994)。

2006年我国在黑龙江肇源县和广东阳山县建立华支睾吸虫病综合防治示范区，防治工作由当地政府统一领导，相关部门密切配合，注重宣传，群防群控。二地分别制定了《华支睾吸虫病综合防治示范区项目工作实施方案》、《寄生虫病综合防治项目服药驱虫工作方案》等规范性文件。肇源县华支睾吸虫平均感染率在防治前超过40%，采用全民服药；阳山县的平均感染率低于20%，采用重点人群服药的方案。至2008年，肇源县共查治241 924人，华支睾吸虫感染率由2006年基线调查时的67.43%下降到15.84%。阳山县在示范区基线调查2 541人，感染率14.01%，20～59岁的人群为重点防治对象。2008年全县分东、西、南、北、中五片，调查重点人群共16 399人，采用阿苯哒唑治疗13 139人，服药率80.12%。2007年中期评估，人群感染率下降至9.03%，下降率为35.55%。在阳山县国家级综合防治示范区的基础上，广东省卫生厅2007年又推出6个省级综合防治示范区，至2008年，共粪检14 896人，平均感染率为31.87%，治疗感染者4748人，全民服药驱虫逾2万人。

南水北调工程的实施，水系水流和自然环境的改变，经济的快速发展和人们生活水平提高，餐饮业的发展和饮食文化的互相渗透，淡水养殖业的发展和家畜家禽综合饲养，宠物数量增加和流浪动物增多，野生动物的保护，华支睾吸虫是否会产生耐药性，物流业、长途运输业及保鲜技术的发展等诸多因素都会直接或间接影响华支睾吸虫病的流行和防治效果。因此，除切实落实国家颁布的防治规划和条例外，还应积极进行科学研究，在防治技术和防治策略上不断改进，不断创新，做到有效控制直至最终阻断华支睾吸虫病的传播。

(刘宜升)

第二十章　有关华支睾吸虫研究的实验室技术

一、华支睾吸虫病的实验动物模型

华支睾吸虫成虫可以寄生在多种动物的肝胆管内，包括食肉类、杂食类、食草类和部分鸟类动物。这些动物大部分都可以自然感染，但不同的动物对华支睾吸虫的敏感性有所差异。在进行有关华支睾吸虫的实验研究需要复制动物模型时，一般要选择来源方便，易于饲养和管理，便于观察各项实验指标及可以在市场上购到相关检测试剂的动物。

（一）实验动物的选择

华支睾吸虫病常用的实验动物模型主要为家兔、豚鼠、大鼠、小鼠等。这些动物个体小，成本低，质量指标易控制，适于大批量的感染和观察。用这些动物进行华支睾吸虫病的免疫学、病理学、生化指标的实验研究，特别是动态观察某些指标时，容易采集各种标本。

大鼠和小鼠是进行华支睾吸虫感染免疫研究的首实验动物，因其不但对华支睾吸虫有较好的敏感性，而且有较强的耐受性，适于感染后的长时间观察。市场上针对大鼠和小鼠的商品化试剂品种多，方便进行华支睾吸虫感染免疫学和分子生物学方面的研究。但小鼠肝脏小，胆管细，华支睾吸虫在其肝脏内发育成熟较慢，一般在感染后30天才能在粪便中查到虫卵，但阳性率也仅有50%左右。不同品系小鼠的敏感性也有所差异，如FVB和BALB/c小鼠相对易感。

豚鼠对华支睾吸虫敏感性高，容易感染，但感染后，肝脏病变发展较快，病变相对严重，针对豚鼠的商品化免疫学试剂品种也较少。猫和狗是最常见的保虫宿主，个体大，不但对华支睾吸虫敏感，易于感染，而且耐受性强，能承受大剂量的感染，欲获得大批虫体，狗或猫是最适宜的动物。猕猴的生理状态更接近于人类，也可作为华支睾吸虫病的动物模型，但因来源困难，价格太高，很少采用。

（二）动物模型的感染量

根据动物个体的大小，感染的目的，应选择合适的囊蚴感染量，以达到最佳感染效果。

屈振麒(1984)用10、15、20、25、30和100个囊蚴分别感染15、15、10、38、35和10只大鼠，除25个囊蚴组的感染率为78.9%外，其余均为100%。感染后21天，粪便中发现虫卵，感染后45天左右解剖大鼠，所获虫体全部发育成熟。再用每鼠感染30个囊蚴的剂量先后分10批感染671大鼠，实检查668只，总感染率为94.3%(82.5%～100%)。张晓丽(2006)用每鼠50、100和200个囊蚴等3种不同剂量感染大鼠，每组11只，至感染后45天，33只大鼠粪便虫卵检查全部为阳性，未发生死亡。因此对于大鼠，200个华支睾吸虫囊蚴可以作为动态观察免疫和病理变化过程、生理生化指标变化规律的感染剂量。

付琳琳等(2008)分别用10、20和30个囊蚴感染小鼠，除按实验设计定时处死外，部分小鼠饲养至感染后 12 周,未发生小鼠因感染剂量大而死亡的现象,认为 30 个囊蚴是小鼠较为合适的感染量。

梁小虹(1983)曾用 2100 个/兔囊蚴的剂量感染 5 只家兔,感染后 16 天死亡 1 只(100 个囊蚴组亦死亡 1 只),因动态观察,分别于感染后 2 周、6 周、28 周剖杀,说明兔可耐受 2000 个囊蚴以上的感染剂量。

高广汉等(1990)报道,每只长爪沙鼠感染 30~50 个华支睾吸虫囊蚴时,感染成功率为 82.1%(32/39),死亡率为 11.4%(5/44)。如感染囊蚴数超过 100 时,沙鼠很容易死亡,对于长爪沙鼠,感染量应控制在 100 个囊蚴以内。Wykoff(1958) 观察,豚鼠的致死感染量为 1000 个囊蚴。据徐州医学院寄生虫学教研室在教学和科研中多次实验感染观察发现,为获得较多发育良好的华支睾吸虫成虫,每只豚鼠可感染 500 个囊蚴,当虫体成熟时(约在感染后的 40 天),豚鼠一般不会死亡。若用家兔,感染量可酌情加大。

如实验需要长期动态观察某些指标,实验动物感染后饲养时间较长,为保证长周期实验的完成,每只小鼠的适宜感染剂量为 20~30 个囊蚴,豚鼠或大鼠的感染量最好控制在 100 个左右,家兔应控制在 500 个囊蚴之内。上述剂量能复制出符合实验要求的病理状态和免疫应答的动物模型。

(三) 实验动物对华支睾吸虫的敏感性和成虫回收率

尽管已有 40 多种动物可以作为华支睾吸虫的保虫宿主,但实验室内作为动物模型的动物以大鼠、小鼠、家兔、豚鼠、猫、狗较为适宜。实验动物模型与华支睾吸虫之间的关系可从 5 个方面反映出来:①感染率:即经华支睾吸虫囊蚴感染的动物中,感染成功的动物数占被感染动物总数的百分比;②虫体回收率:即动物体内获取的成虫数占所感染囊蚴数的比例;③虫荷:即动物体内华支睾吸虫成虫的数量,这可以说明虫体对动物体内环境的适应程度和动物对华支睾吸虫的耐受程度;④虫体的发育:华支睾吸虫在动物体内的发育过程、虫卵开始阳性时间、虫体寿命、虫体发育成熟的程度和虫体大小;⑤虫体产卵:虫卵开始产卵的时间、产卵周期和产卵量等(Chen 1994)。

虫体回收率一方面与囊蚴自身的生物学特性有关,如囊蚴的成熟程度、活力如何均会直接影响囊蚴的感染力,与不同实验动物胆道的解剖学结构,胆道内环境的差异,实验动物年龄的大小等因素有关;另一方面,囊蚴的处理方法,如消化液的成分、消化时间、分离过程中的环境条件,囊蚴分离后放置时间和保存介质等都对囊蚴的活力也有一定影响。

徐州医学院寄生虫学教研室在每年教学过程中都要感染大批豚鼠,每只豚鼠感染 60 个囊蚴,在进行科研时也用过不同数量的囊蚴感染多批豚鼠,只要保证囊蚴真正饲入,所有动物均能感染成功。在感染 60 个囊蚴时,每只豚鼠获虫数一般为 25~40 条。段芸芬等(1993)以豚鼠为模型,感染成功率为 100%,感染不同数量囊蚴豚鼠的获虫率为 57.0%~61.2%。大鼠的感染成功率也为 100%,获虫率为 48.8%。四川省寄生虫病研究所(1979)分别用 10、15 和 20 个囊蚴/鼠感染 3 组大鼠,3 组的感染率成功率均为 100%,3 组的获虫率分别为 48.0%、56.4% 和 52.5%。长爪沙鼠的获虫率为 6.4%~21.7%(高广汉等 1990)。华支睾吸虫囊蚴感染不同动物成虫检获率见表 20-1 和表 20-2。

表 20-1 华支睾吸虫感染动物成虫回收情况

	成虫检获率(%)			成虫检获率(%)	
猫	—	52.3	地鼠	21.3	17.3
狗	16.8	20.4	大鼠	28.8	25.6
兔	35.9	34.2	小鼠	1.7	0.9
豚鼠	49.8	51.6	报告人	Yoshimura & Ohmori(1972)	徐秉锟(1979)

表 20-2 不同实验动物对华支睾吸虫感染的敏感性

实验动物	感染动物数	囊蚴数/单只动物	感染率(%)	虫体回收率(%)	报告人报告时间
家兔		>10	76.9	35.0	
	18	300~500	100.0	31.1	屈振麒,1984
	30	50~2100	100.0	—	梁小虹,1983
新西兰兔	6	200	6/6	56.6	方悦怡,2003
豚 鼠		>10	91.7	32.0	
	3	30	3/3	60.0	段芸芬,1990
	2	20、25	2/2	100.0	孙秀琴,2000
	5	50±5	5/5	40.0	左胜利,1994
大 鼠		>10	100.0	—	
		5	80.0	12.1~34.0	
	15	10	100.0	48.0	屈振麒,1984
	15	15	100.0	56.4	屈振麒,1984
	10	20	100.0	52.5	屈振麒,1984
	38	25	78.9	40.0	屈振麒,1984
	35	30	100.0	58.9	屈振麒,1984
	10	100	100.0	32.5	屈振麒,1984
	35	100	100.0	51.3~63.4	张鸿满,2006
	12	20、40、80	100.0	85.0	梁 炽,2009
河 狸 鼠		>20	100.0	—	
小鼠		30~50	26.4~100.0	—	
金鼠		5~50	—	48.4~92.0	
		10	80.0	15.6	
		50	100	32.0	
恒河猴	2	968、1317	2/2	9.9、31.6	赖春福,1987
猫	2	100	2/2	71.0	屈振麒,1984
	4	120	4/4	93.8	梁 炽,2009
狗	9	共 10 683 个	100	33.6	屈振麒,1984

注:部分数据引自 Chen 1994

（四）实验动物的感染方法

在实验室内感染动物，除研究华支睾吸虫童虫是如何进入肝胆管的需经腹腔感染外，均采用经口感染，这种感染途径简单、实用、安全，成虫回收率高。

1. 喂食法（杨文远 1983，周梓林 1983） 从鱼背部前部取米粒大小鱼肉一块，在二张玻片间压薄后在显微镜下或解剖镜下检查，如有华支睾吸虫囊蚴，可粗略估计囊蚴数量。确定实验动物需感染囊蚴量，取适量的阳性鱼直接喂猫或喂狗。此法仅可用来感染食肉动物，而且定量不准确。也可将一定量的囊蚴注入饲料中（如肉包子内、小鱼腹中），让动物自行吞食，但往往不能保证囊蚴全部食入。

2. 灌注法 将欲感染的动物如猫、狗、兔等固定，取一长 20cm、宽 3cm 的竹板或金属板（板的中央有一能通过胃管的小孔），将板平放于动物的口中，然后将板竖起，撑开口腔，将胃管穿过小孔，插入动物食管。用注射器（或吸管）定量吸取已分离纯净的囊蚴，注入胃管，再吸取生理盐水冲洗，使囊蚴尽量进入胃内（杨文远 1983，周梓林 1983）。

对小动物，如大鼠和小鼠一般采用灌胃针灌胃感染。要选择型号合适的灌胃针，正式感染前应先用同种动物进行预实验，以熟悉和掌握灌胃的技巧。灌胃要注意避免损伤动物的食道，保证所有囊蚴均进入动物胃内。灌胃感染时，注射器前端和灌胃针头内易滞留囊蚴。根据张鸿满的经验，给小鼠灌胃可采用 1ml 注射器，吸取含囊蚴的保存液 0.2ml，第一次灌注后，吸取保存液，再重复冲洗灌注 2 次，每次仍为 0.2ml，基本上能保证所有囊蚴均可被灌入。

根据徐州医学院寄生虫学教研室多年的经验，对于比较温顺的动物，如豚鼠、家兔，可由一人固定动物头部，捏其下巴使其口张开，另一人用吸管吸取预先已计数的囊蚴，从动物口角一侧注入口腔深部，待咽下后再吸取少量生理盐水冲注一次，也能取得可靠的感染结果。此法可避免在使用注射器灌胃时，因注射器前端有死腔而残留少量囊蚴，及因灌胃手法不当损伤动物食道。感染最好在动物喂食喂水前进行。

二、华支睾吸虫囊蚴采集、分离与保存

在进行华支睾吸虫的形态、超微结构、生理生化、免疫学、分子生物学等研究，进行临床免疫学检测和现场血清流行病学调查等所需虫体抗原，都要以华支睾吸虫成虫或幼虫作为观察对象或实验材料，这些虫体均是从鱼体分离出囊蚴，再以囊蚴感染动物所得。故取得囊蚴是进行有关华支睾吸虫研究的基础。

（一）淡水鱼的检查

一般取鱼背部的肌肉。用剪刀挑开局部的鱼皮，从皮下剪取黄豆大小鱼肉一块，注意不要带有鱼皮。对麦穗鱼等小型鱼种，每鱼取 1～2 块，对白鲩等大型鱼，可在不同部位多取几块。将鱼肉置于载玻片或玻璃板上，摆放整齐，其位置与已剪过的鱼的摆放位置一致。在玻片上面再覆一块同样大小的玻璃，做好标记。用力轻压玻璃，使鱼肉变薄呈半透明状，放在体视显微镜（解剖镜）下观察。

华支睾吸虫囊蚴多为椭圆形，壁薄，体积较小，排泄囊呈黑色，集中成一小团。囊内虫体运

动活泼。鱼肉内常有其他吸虫囊蚴，如钩棘单睾吸虫囊蚴、扇棘单睾吸虫囊蚴和台湾次睾吸虫囊蚴等，但它们与华支睾吸虫的形态差别较大。与华支睾吸虫囊蚴形态最为接近的是东方次睾吸虫囊蚴，该囊蚴比华支睾吸虫囊蚴略大，在解剖显微镜下可见其有纤细发亮的囊壁，而华支睾吸虫囊蚴的壁很薄，在解剖镜下一般看不见。在显微镜下放大 100 倍观察，东方次睾吸虫囊蚴的囊壁厚而明显，无色，而华支睾吸虫囊蚴仅可见一层薄壁，无色或略呈浅棕黄色。在华支睾吸虫或东方次睾吸虫囊蚴壁的外面，均可有一层鱼肉组织形成的不规则的壁。

在有囊蚴鱼肉位置的玻璃上做记号，待整张玻片观察完后，根据记号将阳性鱼挑出，以备下一步处理。将观察过的阳性鱼肉从玻璃上刮下消化，亦可获取部分囊蚴。

（二）鱼肉的处理与消化

将阳性鱼用清水洗涤几次，以去除鱼体表面的泥沙。用剪刀剪去鱼的背鳍、腹鳍和尾鳍，将鱼从腹部剪开直至尾端，小心分离鱼肉，弃去鱼头鱼刺。分离时应将鱼刺剔除干净，新鲜的鱼刺与鱼肉不易分开，可在室温下适当放置一段时间，再进行处理。用绞肉机或直接用剪刀将鱼肉加工成肉泥，以备消化。剔下的鱼头、鱼骨和鱼鳍等可不丢弃，不用剪碎单独直接消化，仍可获取部分囊蚴(约为鱼肉中囊蚴数的 1/5～1/4)。

按每克鱼肉加 10ml 人工胃液对鱼肉进行消化。消化时，可先将消化液预热至 40℃左右，在三角烧瓶中加入少量消化液，放入鱼肉，晃动烧瓶或用玻棒使鱼肉与消化液混匀，再补足消化液，盖上瓶口，放入 37℃温箱中消化。消化过程中要摇动数次，以使鱼肉和消化液充分作用。消化时间应在 10 小时左右，一般于傍晚放入，次晨取出。也可在恒温摇床内进行消化，但摇动的频率要慢，幅度应小。在恒温摇床内消化鱼肉，可酌情缩短消化时间。

消化后的鱼肉经孔径>200μm 的分离筛过滤到大锥形量杯中，一般选用 60 目筛网(孔径为 245 或 250μm)。用小毛刷轻刷并同时用清水冲洗筛内的残渣数次后，弃去筛上粗渣，过滤液静置沉淀。也可先用孔径较大的筛网过滤一遍，过滤液再用孔径不低于 200μm 的分离筛过滤。

过滤液首次沉淀 40 分钟后，轻轻倾去上清液，留沉渣并加满清水。再静置 30 分钟，再次倾去上液，同上加水静置沉淀，如此反复，一般需换水 4～5 次，直至水变清。此时转入小锥形量杯，静置沉淀后取沉渣检查囊蚴。最后两次沉淀最好换用生理盐水，以防囊蚴在清水中时间过长发生脱囊。如室温偏高，宜在 4℃冰箱内静置沉淀，所用清水和生理盐水也应预冷后再用。

（三）囊蚴的分离

吸取适量静置沉淀后的沉渣放入表玻璃中，在解剖镜下操作检查。用手持住表玻璃，轻轻回旋晃动，囊蚴、未分离干净被剪碎的鱼刺和一些细砂沉于表玻璃的中央，消化后的絮状物则浮于水面上，用小吸管小心地从水面吸去絮状物。如絮状物较多，可再加入生理盐水，重复上述过程。吸时不要用力过猛，以免将囊蚴吸走。反复几次，表玻璃中央仅剩下囊蚴、细砂和碎鱼刺。此时将表玻璃稍微倾斜，轻轻抖动，细砂沉在最后，如有其他吸虫囊蚴，因其个体相对较大，位于前面，华支睾吸虫囊蚴基本集中在二者之间。但东方次睾吸虫囊蚴多与华支睾吸虫囊蚴在相同位置。在视野干净清晰时，在解剖镜下可见东方次睾囊蚴壁较厚，无色透明，容易与华支睾吸虫囊蚴鉴别。用细的解剖针将华支睾吸虫囊蚴与其他囊蚴分开并计数，用小吸管吸出放入小试管中。

天气炎热时分离囊蚴要用预冷的生理盐水，并置于冰盒或碎冰上操作，避免温度过高囊蚴脱囊。分离出的囊蚴应及时放入4℃冰箱。

分离干净的华支睾吸虫囊蚴如在1周内感染动物或进行其他试验，保存在生理盐水中即可，如短时间内不用，最好放入阿尔塞弗液(Alsever's solution)，保存于4℃环境中。

(四) 影响囊蚴分离和脱囊的因素

囊蚴的分离主要受人工消化液的影响。陈锡慰等(1984)用生理盐水和自来水分别配制每升含胃蛋白酶7g、浓盐酸1ml的消化液，每1g鱼肉加25 ml消化液，在37℃温箱中不时搅拌，使鱼肉充分消化。经一定时间后，水洗沉淀检查囊蚴，分离结果表明，用生理盐水配制的消化液消化鱼肉所获囊蚴数，无论是消化3小时、6小时或是16小时，均多于用自来水配制消化液所得囊蚴数。但经2种消化液消化获取的囊蚴中后尾蚴存活率均为100%，脱囊率也均为100%。

华支睾吸虫囊蚴外壁需经胃蛋白酶和胰蛋白酶的先后作用才能被消化，经胃蛋白酶作用后的囊蚴外壁仍维持原有形态，加入胰液后，外壁溶解消失，其内壁虽然存在，但已不能保持原有的椭圆形。经胃蛋白酶消化过的囊蚴接触胰液后，囊内虫体运动加剧，作用1～2分钟后，其外层囊壁很快变薄及消失，内壁由原来的椭圆形而随虫体的运动变长或缩短，随后幼虫破囊而出。幼虫的脱囊还受消化液浓度、温度等因素的影响(陈锡慰等1984)。在37℃的条件下，加入5%的胰液后，华支睾吸虫囊蚴很快脱囊，不同胰酶浓度脱囊液对脱囊的影响见表20-3。用0.5%胰液作为脱囊液，在37℃条件下6小时，华支睾吸虫囊蚴的脱囊率为93.3%，温度保持在18～21℃，脱囊率也可达93.3%。如果将囊蚴放入生理盐水中，同样在37℃条件下，华支睾吸虫囊蚴则少有脱囊。

表20-3 不同浓度胰液对华支睾吸虫囊蚴脱囊的影响

胰酶浓度(%)	检查囊蚴数	不同时间脱囊数							
		1分钟	3分钟	5分钟	10分钟	20分钟	30分钟	60分钟	120分钟
0.05	30	0	2	9	10	15	16	26	28
5	30	6	23	29	29	30	30	30	30

三、华支睾吸虫成虫的体外培养

(一) 培养液的制备

取经灭菌后的台氏(Tyrode)液10ml，加入等量的灭活动物血清(兔、猫、牛、马或人血清均可)，再加入肝素化兔血浆1ml，混合后，每毫升加入青霉素100U和链霉素100μg，分装于卡氏瓶或培养皿中。也可用199培养液，每毫升加入青霉素50U和链霉素100μg。也可用洛克液或林格液。

(二) 虫体的获取

除人工感染实验动物外，重流行区的狗或猫感染一般较高，到流行区收购或捕获犬或猫，剖杀后常可直接获取华支睾吸虫成虫。将感染华支睾吸虫的动物杀死，小心取出完整的肝脏，将肝脏用无菌生理盐水洗涤数次。用双手拇指、食指和中指从肝脏边缘处向肝门方向轻轻压迫推挤，虫体则会沿着胆管随胆汁从肝总管涌出，用小镊子或毛笔轻轻挑起虫体放入无菌生理盐水中。当挤压不出虫体时，从肝门处按叶将肝脏分解，对每叶肝脏同上法推挤，仍可见虫体从肝胆管内被挤出。如再无虫体出现，用剪刀将肝脏从肝门端垂直于胆管方向剪去一小条，再同上挤压剩余肝脏，挤不出虫后再剪去一小条，反复数次，直到剪至肝脏边缘。对于小动物的肝脏，也可采用将肝脏撕碎找虫的方法。如感染时间长，并感染较重的动物肝脏往往纤维化明显，不易撕碎。小鼠肝脏内的虫体一般发育较差，故而虫体很小，可置解剖镜下找虫。

（三）虫体培养

用吸管吸取生理盐水冲洗虫体，吸去生理盐水和动物的组织，再加入生理盐水清洗 4～5 次，再用台氏液洗 2 次。挑选发育成熟、运动活泼、无损伤的虫体放入装有培养液的培养瓶或培养皿中，在 35℃的温箱内培养。每 1～2ml 培养液可培养 1 条成虫，每周要更换一次培养基。在这种条件下，虫体可存活 6～8 个月(陈佩惠 1988)。从虫体获取到培养，所有的操作都必须在无菌的条件下进行。

（四）虫体在无血清培养液的存活情况

方钟燎等(1995)用不含血清的台氏液、洛克氏液和林格氏液培养华支睾吸虫成虫，每毫升培养液放 4 条虫，培养温度 37℃，每 12 小时培养液 1 次。每天记录虫体存活情况，当有一半虫体死亡时，终止培养。分别将不同时段的各培养液合并，25 000*g* 离心 20 分钟后收集上清液，用紫外分光光度计(280nm)测定培养液的蛋白含量。虫体在不同培养液中的存活情况及分泌排泄蛋白质的情况分别见表 20-4 和表 20-5。

在培养开始后的前 2 天，虫体在各种培养液中均较活跃，第 3 天活动力开始下降，林格氏液中虫体的活动力始终弱于台氏液和洛克液。台氏液中虫体活跃且存活时间长，林格氏液中的虫体不活跃，且存活时间短，可能与该液不含 Ca^{++} 有关，因 Ca^{++} 对维持虫体表面的完整与渗透性有重要作用。

表 20-4　华支睾吸虫成虫在不同培养液中死亡情况(条)

培养液	培养天数												
	4	5	6	7	8	9	10	11	12	13	14	15	16
台氏液	0	0	3	7	4	2	0	2	3	3	13	5	8
洛克液	2	6	4	4	5	4	5	4	9	—	—	—	—
林格液	19	5	16	10	—	—	—	—	—	—	—	—	—

表 20-5　支睾吸虫成虫在不同培养液中排出蛋白情况

培养液	培养虫数(条)	培养天数	培养液量(ml)	*OD* 值	培养液蛋白含量(mg/ml)	总蛋白量(mg)	虫均蛋白量(mg/条)	虫均日产蛋白量(mg)
台氏液	96	16	500	0.239	0.5532	276.62	2.88	0.18
洛克液	80	12	405	0.234	0.5417	219.38	2.74	0.23
林格液	100	7	215	0.156	0.3611	77.64	0.78	0.11

四、螺类宿主的检查

华支睾吸虫第一中间宿主纹沼螺、长角涵螺等螺壳比较坚硬,需用合适钳子将螺壳轻轻夹碎,置于载玻片上,加清水数滴,用小镊子和解剖针取去碎螺壳,撕碎螺的组织,在体视显微镜下检查有无华支睾吸虫的胞蚴、雷蚴或尾蚴。华支睾吸虫的幼虫期寄生在螺的肝脏,当螺组织被撕碎时,幼虫即可出现在水滴内。华支睾吸虫尾蚴体长约 0.2mm,尾长约为体长的 2~3 倍。体前部有眼点 1 对,尾部表面有皱褶,后 2/3 具有背鳍、腹鳍和尾鳍。可用小吸管将轻轻尾蚴吸取放入小玻璃皿内备用。

五、华支睾吸虫室内生态系统的建立

梁炽(2009) 在广州中山大学实验室内构建模拟华支睾吸虫生活史的自然生态环境,实验室顶部采用透明塑料板,以保证采光。在室内一端建造蓄水池和 6 个呈梯级状分布的养殖缸,其内下半部为混凝土结构,上半部为透明玻璃,养殖缸的底部铺垫 8~10cm 泥土,种植华南地区特有的水韭草(*Valisneria spiralis*)。将池内水抽到最高位的养殖缸内,使水从高缸向低缸流动,最终流回蓄水池,形成闭合式水循环系统,并保持缸内水位在一定高度(图 20-1)。养殖缸内养有纹沼螺、长角涵螺及麦穗鱼和鲫鱼等 8 种鱼。饲养缸内的水温在 1~2 月最低,为 7.8~23.2℃,7~8 月最高,为 25.0~37.2℃。

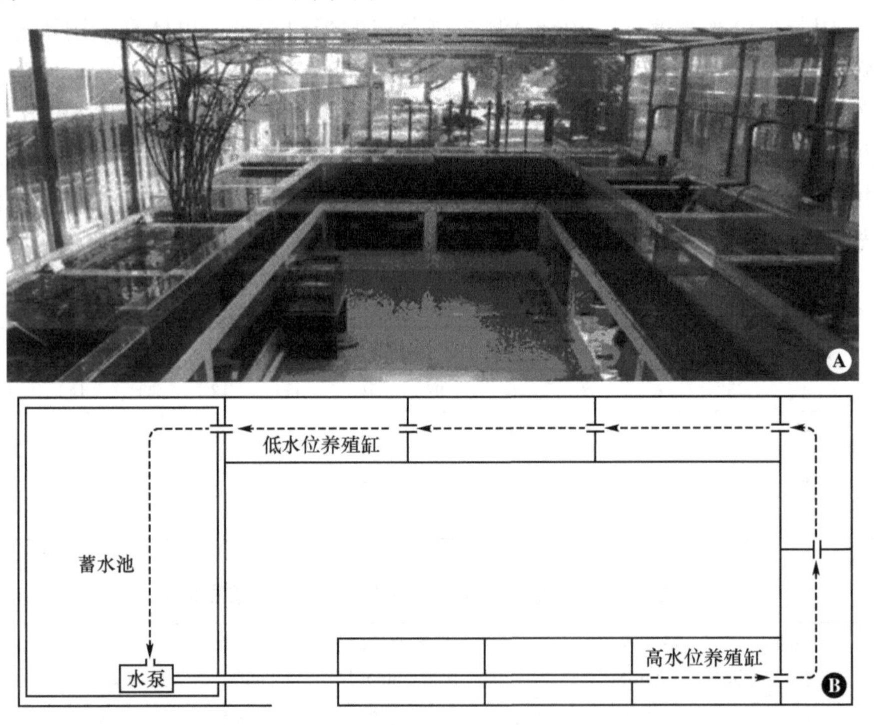

图 20-1 华支睾吸虫生活史室内生态系统全景图(A)和简图(B)(引自梁炽)

解剖感染家猫收集华支睾吸虫虫卵,将虫卵放入养殖缸,自然感染螺类。在螺感染后的不同时间随机取纹沼螺 100 只,长角涵螺 50 只,置培养皿中,白炽灯下静置 24 小时,用解剖镜观察逸出尾蚴情况，记录尾蚴开始逸出时间。感染后第95天起即有发育成熟的尾蚴间歇性逸出，纹沼螺和长角涵螺的感染率分别为12.5%(25/200)和18.0%(9/50)。将阳性螺放入养殖缸内，与鱼类共同饲养，以感染鱼类。

将能逸尾蚴的螺与鱼共同饲养30天后，8种鱼均检查到华支睾吸虫囊蚴，但囊蚴尚未成熟，其囊壁不清晰且排泄囊内未见排泄物；共同饲养45天后，囊蚴的壁清晰透亮，排泄囊内充满黑色颗粒。反复感染6个月后，抽查麦穗鱼、草鱼、鳑鲏鱼、鳙鱼、鲮鱼、鲫鱼、鲤鱼和罗非鱼，每克鱼肉平均寄生的囊蚴数分别为1792、16、8、6、5、4、4和2个。用从鱼体内分离出的囊蚴定量感染家猫和大鼠，获虫率分别为83.8%(402/480)和85.0%(476/560)。

华支睾吸虫模拟生态池成功建立，可随时从中捕捞阳性鱼，保证科研和实验教学随时能得到足够华支睾吸虫囊蚴，较好地解决了华支睾吸虫囊蚴来源问题。

六、华支睾吸虫标本制作

(一) 成虫标本

1. 标本的采集和固定　成虫标本的采集如前述。挑选发育成熟，大而完整的虫体夹于2张载玻片之间，用5%福尔马林或鲍氏固定液固定12～24小时。将固定后的虫体从载玻片上取下，用福尔马林固定的虫体可转换入新的5%福尔马林保存，或经换水2次后，由低浓度(30%、40%、50%)乙醇溶液逐渐置换于70%的乙醇溶液中保存。鲍氏液固定的虫体要用50%～70%的乙醇溶液换洗2次后，保存于70%的乙醇溶液中。每次更换乙醇溶液间隔时间约30分钟。

2. 染色与封片

(1) 盐酸乙醇卡红液染制法

1) 染色：保存在70%乙醇溶液中的虫体可直接染色，保存在福尔马林中的虫体则需用水洗数次后，再依次置换于30%、40%、50%、60%和70%的乙醇溶液各30分钟，然后才可用于染色。将虫体放入染液中8～24小时，一般要求过夜。

2) 分色：将过染的虫体用70%乙醇溶液清洗1次，再用含2%盐酸溶液的70%乙醇溶液分色。分色时应注意观察，当虫体内部结构清晰，如生殖系统、消化系统、吸盘等器官显示清楚后，吸去分色液，用70%乙醇溶液换洗2次，目的是洗去盐酸，防止继续褪色。如染色偏深，在乙醇内浸泡时间可稍长。

3) 脱水透明：将虫体依次更换置于80%、90%、95%、95%的乙醇溶液各30分钟以上，100%乙醇溶液2遍各30分钟，在纯乙醇溶液和二甲苯(或冬青油)混合液(二者各50%)、二甲苯(或冬青油)中各30分钟左右使虫体透明。二甲苯透明较快，虫体透明后应立即封片，因在二甲苯内浸泡过久，虫体易发脆变硬。如用冬青油，放置时间可稍长。

4) 封片：滴适量加拿大树胶(或中性树胶)于载玻片中央，用小镊子轻轻将虫体移至树胶中，摆正虫体，加盖玻片。加盖片时要使盖片一侧先与胶液接触，然后徐徐放下，避免产生气泡。注意加胶量，使胶刚好充满盖片与载玻片之间而不外溢为宜。将玻片平放待完全干燥。

(2) 明矾卡红染液染制法

将从70%乙醇溶液中取出的虫体依次浸入60%、50%、40%、30%乙醇溶液中逐渐过渡至蒸馏水，每次约20分钟左右，然后将虫体放入明矾卡红染液中染色过夜。用2%钾明矾水溶液分色，分色要求同盐酸乙醇卡红染制法。依次置换于30%、40%、50%、60%、70%、

80%、90%、95%、95%的乙醇溶液中各30分钟逐步脱水，从100%乙醇溶液起的脱水、透明和封片步骤要求同盐酸乙醇卡红染制法(杨文远 1983)。

（二）尾蚴标本

1. 标本的采集和固定 用小吸管将从螺体内收集的尾蚴置于载玻片上，吸去过多水滴，盖上盖玻片。将载玻片在酒精灯上稍烤一下，使尾蚴体伸直。从盖片的一侧滴入鲍氏固定液，从另一侧用吸水纸吸去水分，直至固定液布满盖片。将载玻片放入垫有湿棉花或湿海绵的容器中2～6小时或过夜。将载玻片放入盛有清水的培养皿中，盖片与载片在水中分开，尾蚴即可脱落于水中。可用吸管吸水轻冲，或用小毛笔轻轻挑下粘在玻片上的尾蚴。将尾蚴集中于小玻皿内，依次用20%、30%、40%、50%、60%、70%的乙醇溶液各置换30分钟，最后保存在70%乙醇溶液中。

如采用福尔马林固定，将尾蚴滴于载玻片上后，用1%的福尔马林生理盐水从玻片的一侧滴加，另一侧用吸水纸吸去水分，虫体会慢慢伸直死亡，固定5分钟。再用5%福尔马林溶液从一侧加入置换，同上法固定、收集虫体和置换各级乙醇，最后保存在70%乙醇溶液中。

2. 染色、分色、透明和封固 将待染色的尾蚴放入专用小型玻璃染色缸中，吸去乙醇，加入盐酸乙醇卡红染色液染色2～12小时。

吸去染液，加入70%乙醇溶液，待尾蚴自动沉淀后，吸去乙醇，加入0.5%的盐酸乙醇溶液分色。分色应在解剖镜下进行，以便观察褪色情况，或吸取尾蚴数条滴于载玻片上，在低倍显微镜下观察。当尾蚴内部结构清晰时，立即吸去分色液，加入70%乙醇溶液中止分色。

依次置换于80%、90%、95%、100%乙醇溶液、纯乙醇和二甲苯混合液(二者各50%)、二甲苯各20分钟。虫体透明后应立即封片。

用毛细吸管小心吸取形态完整的尾蚴3～5条置载玻片中央，滴加一小滴树胶，用解剖针将尾蚴移至树胶中心并摆正虫体，加盖玻片，平放待干。

尾蚴标本制作难度大，更换试剂要待虫体自然沉淀后再吸去液体，然后加入新试剂。脱水要彻底，封片应在干燥环境中进行(杨文远 1983)。

（三）囊蚴标本

华支睾吸虫囊蚴按常规固定染色方法制作容易变形，效果不好。通常将囊蚴保存在5%的福尔马林中，临用时吸出，观察后放回。

如封制玻片标本，可将保存于福尔马林中的囊蚴逐级置换于20%、30%、40%、50%、60%、70%的乙醇中各20～30分钟。吸取囊蚴放入有盖小试管，加70%乙醇溶液至管1/3处，以后每日加入甘油3～5滴并摇匀，直至加入的甘油量与乙醇相等为止。将打开塞子的试管放入37℃温箱，使乙醇挥发至纯甘油即可用于封片。

可采用甘油封片法，加1滴甘油于载玻片中央，用毛细吸管吸囊蚴数个放入甘油滴中，为防止囊蚴被压坏，要用2～3小块碎盖玻片垫在甘油中，覆以盖片，盖片周边用树胶密封。也可采用甘油明胶封片法，将玻片在酒精灯上烤热，加已溶化的明胶1～2滴，用毛细吸管吸取囊蚴数个放入明胶中，加盖片，待明胶凝固后，用树胶从盖片周边密封(杨文远 1983)。

许正敏(1994)报道将鱼皮内的囊蚴染制为永久性保存标本，效果理想。选取感染了华支睾吸虫囊蚴的麦穗鱼、花鲟、棒花鱼或鳑鲏等小鱼，用手术刀将小鱼鳞片刮净，剥离鱼皮和肌肉，然后将鱼皮置显微镜下观察，如发现鱼皮内有囊蚴，将该鱼皮展平夹在两张载玻片中间，并捆扎载玻片，但不要用力压挤，以免囊蚴变形。将带有鱼皮的玻片放入8%福尔马林中固定2天。

染色前取出夹捆固定的鱼皮，用自来水冲洗2分钟，然后依次用30%、40%、50%、60%、70%乙醇溶液脱水各3小时，盐酸卡红染色2～3小时，分色10～20分钟。染色和分色时间，因不同种类鱼皮而异。鳑鲏皮薄嫩需时稍短，棒花鱼、麦穗鱼、花鲋的鱼皮需时依次稍长。分色后置80%、90%和100%乙醇溶液中各1.5小时，二甲苯透明，加拿大树胶封片。此法制备的标本鱼皮花纹清晰，囊蚴完整并保持原有形态不变，囊壁及虫体结构清晰。

七、用于华支睾吸虫研究的有关试剂

阿尔塞弗液(Alsever's 溶液 周梓林 1983)

葡萄糖	2.05g
枸橼酸钠(柠檬酸钠)	0.80g
氯化钠	0.42g
枸橼酸(柠檬酸)	0.055g
蒸馏水	100.00ml

复方氯化钠溶液(周梓林 1983)

氯化钠	0.85g
氯化钾	0.03g
氯化钙	0.033g
蒸馏水	100.00ml

人工胃液(陈锡慰 1984)

胃蛋白酶(1∶3000)	7.0g
盐酸	1.0ml
生理盐水	1000.0ml

人工肠液

1. 猪胆汁粉	1.0g
胰蛋白酶	1.0g
氯化钠	0.4g
碳酸钠	0.2g
蒸馏水	100.0ml
(李秉正 1984)	
2. 猪胆汁	65.0ml
胰蛋白酶	0.5g
氯化钠	0.2g
碳酸钠	0.1g
蒸馏水	35.0ml
(pH 8.0)	
(陈有贵 1988)	

3. 猪胆汁　25.0ml
胰蛋白酶　0.5g
氯化钠　0.2g
碳酸钠　0.1g
蒸馏水　75.0ml
(pH 7.0)
(陈有贵 1988)

人工胰液(陈锡慰 1984)

无水碳酸钠　0.2g
胰蛋白酶　0.5g
蒸馏水　100.0ml

台氏液(Tyrode's solution)一(韩家俊 周梓林 1983)

甲液NaCl　4.0g
KCl　0.1g
CaCl　0.1g
$MgCl_2 \cdot 6H_2O$　0.05g
葡萄糖　2.5g

以上试剂逐一加入,一种溶解后,再加入另一种,最后加水至400ml。

乙液　$NaH_2PO_4 \cdot 2H_2O$　0.025g
加水至　50.0ml
丙液　$NaHCO_3$　0.5g
加水至　50.0ml

以上三种溶液分别包装好后放入高压消毒锅内,8磅10分钟消毒后混合,再按要求加入青霉素和链霉素。

台氏液二(韩家俊 周梓林 1983)

NaCl　8.0g
KCl　0.2g
$MgCl_2$　0.1g
$CaCl_2$　0.2g
NaH_2PO_4　0.05g
$NaHCO_3$　1.0g
葡萄糖　1.0g
加双蒸馏水至　1000ml

洛克液(Locke's solution)一(韩家俊 周梓林 1983)

NaCl　8.0g
KCl　0.2g
$CaCl_2$　0.2g
$MgCl_2$　0.01g
Na_2HPO_4　2.0g

KH_2PO_4	0.3g
加双蒸馏水至	1000ml

洛克液二(韩家俊-周梓林 1983)

NaCl	9.0g
KCl	0.4g
$CaCl_2$	0.2g
$MgCl_2$	0.01g
$NaHCO_3$	0.2g
葡萄糖	2.5g
加双蒸馏水至	1000ml

林格液(Ringer's solution)(杨文远 1983)

NaCl	6.0g
KCl	0.1g
$MgCl_2$	0.1g
$NaHCO_3$	0.1g
葡萄糖	0.1g
加双蒸馏水至	1000ml

固定液和染色液配制(杨文远 1983)

鲍氏固定液

饱和苦味酸溶液	75ml
福尔马林	25ml
冰乙酸	5ml

本固定液最好随配随用,饱和苦味酸溶液可预先配制,备随时取用。

盐酸乙醇卡红染液

卡红粉	4g
盐酸(HCl)	2ml
蒸馏水	15ml
85%乙醇溶液	95ml

先将盐酸与蒸馏水混合,再将卡红粉溶于其中,然后加热,边加热边搅拌,直至煮沸,再加入乙醇加热至 80℃左右。冷却后过滤,加氨水数滴中和。该染液染色过深要用含 0.5%~2%盐酸溶液的 70%乙醇溶液分色。

明矾卡红染液

红粉	1g
铵明矾	4g
蒸馏水	100ml

将卡红粉和铵明矾溶于蒸馏水其中,煮沸 30 分钟,冷却后过滤,加苯酚数滴或福尔马林 1ml 以防腐。该染液染色过深要用 2%钾明矾水溶液分色。

(刘宜升)

主要参考文献

鲍方印,康健,王松.2001.蚌埠地区几种常见淡水鱼虾华支睾吸虫囊蚴感染情况的调查.中国兽医寄生虫病,9(1):17～18

曹雅鲁,王磊.1997.华支睾吸虫病合并肝(胆管)癌关系的临床观察(附14例报告).实用寄生虫病杂志,5(1):44～45

陈代雄,陈结云,叶葆青等.2005.唾液检查诊断华支睾吸虫感染的效果观察.中国人兽共患病杂志,21(12):1120～1121

陈惠恩,姜泰俊,杨健勤等.1995.华支睾吸虫肝病的CT诊断(附139例报告).中华放射学杂志,29(9):620～623

陈建雄,霍枫,汪邵平等.2009.华支睾吸虫性胆管炎的临床特点及治疗.肝胆胰外科杂志,18(3):217～218

陈结云,陈翠珊,叶葆青等.2004.珠江三角洲不同地区淡水鱼华支睾吸虫感染情况.热带医学杂志,4(4):418～420

陈韶红,张永年,李树清等.2010.应用FTA法检测水产品中吸虫囊蚴的初步研究.中国人兽共患病学报,26(10):931～934

陈小桃.1998.胆管炎型华支睾吸虫病96例.实用医学杂志,14(4):258～259

陈雪瑛,卢金英,邱志超等.2010.肇庆地区淡水鱼感染华支睾吸虫囊蚴情况检查.医学动物防制,26(1):1～2

陈永兴,郑笑娟,黄雪兰等.2001.组织谐波频移成像在华支睾吸虫病的临床应用.中国人兽共患病杂志,17(1):114～115

陈祖泽译.1983.肝吸虫感染作为人胆管癌的致病因素.华南预防医学,2:148～155

程荣联,曹勇,喻珊等.2007.华支睾吸虫宿主间传播动力分析.寄生虫病与感染性疾病,5(4):203～205

程荣联,张仁平,程廷涛等.2010.华支睾吸虫胞囊蚴生物学作用的实验观察.寄生虫病与感染性疾病,8(4):173～176

程荣联,张仁平,杨焰等.2009.华支睾吸虫第二中间宿主胞囊蚴的发现与实验观察.寄生虫病与感染性疾病,7(1):1～5

程荣先,肖启琼,郑自立等.2005.野生麦穗鱼易感华支睾吸虫尾蚴的原因探讨.中国寄生虫病防治杂志,18(2):155

程艳洁,姚丽君.2010.华支睾吸虫与肝/胆癌发病机制.中国人兽共患病学报,26(3):275～278

程由注,许龙善,陈宝建等.2005.福建省人体重要寄生虫感染调查分析.中国寄生虫学与寄生虫病杂志,23(5):283～287

程云联,夏传福,程荣先.2004.不同龄期华支睾吸虫囊蚴对猫寄生力的分析.动物学杂志,39(3):82～83

崔冰,胡秋根,王岩等.2003.肝吸虫性胆管炎的磁共振胰胆管成像诊断.中华放射学杂志,37(8):742～746

崔惠儿,胡绍良,潘波等.2004.华支睾吸虫病快速诊断试剂盒质量控制10年分析.热带医学杂志2004,4(1):56～57

崔惠儿,裴福全,长野功等.2004.华支睾吸虫重组蛋白应用于ABC-ELISA检测特异性循环抗体的研究.热带医学杂志,4(2):136～138

崔巍巍.2007.华支睾吸虫病血清酶学肝脏病理学实验研究.临床和实验医学杂志,6(4):15～16

戴其锋,付琳琳,刘宜升等.2009.华支睾吸虫成虫抗原致敏树突状细胞诱导免疫应答的研究.中国病原生物学杂志,4(8):283～285

邓立君.1997.耳萝卜螺捕食华支睾吸虫第一中间宿主纹沼螺的实验研究.中国人兽共患病杂志,13(6):47～48

杜洪臣,刘忠智,武立杰.2008.华支睾吸虫病2 840例临床分析.中国实用医药,3(5):96

段绩辉,唐小雨,王巧智等.2009.湖南省永州市华支睾吸虫病高度流行区的流行病学调查.中国寄生虫学与寄生虫病杂志,27(6):467～451

方悦怡,陈颖丹,黎学铭等.2008.我国华支睾吸虫病流行区感染现状调查.中国寄生虫学与寄生虫病杂志,26(2):99～103,109

方悦怡,陈祖泽,霍丽婵等.1995.阿苯达唑驱虫糖防治华支睾吸虫病的应用研究.广东卫生防疫,21(4):7～9

方悦怡,潘波,史小楚等.2000.广东省两次人体寄生虫分布调查对比分析.海峡预防医学杂志,6(2):32～33

付琳琳,李妍,刘宜升等.2008.华支睾吸虫感染小鼠模型的建立及比较.中国病原生物学杂志,3(1):46～48

傅礼洪,张军,邹松青等.2009.多层螺旋CT肝脏灌注成像技术在华支睾吸虫所致不同程度肝硬化中的应用.临床医学工程,16(2):22～23

傅诚强.2003.肝吸虫伴发的胆管癌.国外医学外科学分册,30(3):151～152

高翔,刘平,李懿宏等.2006.华支睾吸虫感染患者血清Th1/Th2细胞因子水平检测及意义.国际免疫学杂志,29(1):55～57

葛涛,李承红,袁爽等.2004.不同化疗方案防治华支睾吸虫病的比较研究.中国寄生虫学与寄生虫病杂志,22(2):128

葛涛,王宾有.2009.黑龙江省肇源县华支睾吸虫病流行现状调查分析.医学动物防制,25(1):3～4

葛涛,袁爽,纪卓等.2009.1967例华支睾吸虫病患者超声波检查肝胆的临床分析.医学动物防制,25(12):948～949
古梅英,裴福全,霍丽蝉等.2010.华支睾吸虫感染兔模型治疗前后抗体消长规律的研究.热带医学杂志,10(1):37～39
郭倩倩,付琳琳,汤仁仙等.2009.ESA刺激华支睾吸虫感染小鼠脾细胞分泌Th1/Th2的动态观察.中国热带医学杂志,9(7):1187～1189
何丽洁,邹学华,陈良贵等.2004.2032例华支睾吸虫病超检查肝胆的临床分析.热带医学杂志,4(5):606,628
何丽洁,邹学华,罗金萍.2005.重组华支睾吸虫26 kDa GST蛋白用于检测特异抗体的研究.热带医学杂志,5(2):197～199
衡明莉,王泓午,马林茂等.2010.多水平模型在分层抽样研究中的优越性.首都医科大学学报,31(3):373～376
胡凤玉,胡旭初,马长玲.2009.华支睾吸虫分泌/排泄抗原致大鼠肝纤维化.南方医科大学学报,29(3):393～396
胡凤玉,赵俊红,胡旭初等.2009.华支睾吸虫组织蛋白酶D样天冬氨酸蛋白酶全长基因的生物信息学分析.南华大学学报·医学版,37(1):21～24
胡文庆,秦小虎,田春林等.2007.不同宿主来源的华支睾吸虫同工酶比较观察.广西医科大学学报,24(1):29～32
胡文庆,秦小虎,田春林等.2007.华支睾吸虫不同发育期同工酶及蛋白质的研究.中国病原生物学杂志,2(6):433～437
胡旭初,李艳文,徐劲等.2008.华支睾吸虫组织蛋白酶Cathepsin L1样基因全长序列的克隆和生物信息学分析.中国病原生物学杂志,3(7):508～513
胡旭初,徐劲,陈守义等.2003.华支睾吸虫病金标诊断试剂盒的研制和现场初步实验.中国寄生虫病防治杂志,16(3):152～154
胡旭初,徐劲,吕刚等.2007.华支睾吸虫乳酸脱氢酶(CsLDH)基因的识别及其结构与功能分析.热带医学杂志,12(2):1146～1147
胡艳妍.2008.华支睾吸虫感染的声像图特征及临床价值.临床医学,28(10):82～83
华万全,曹国群,许永良等.2006.华支睾吸虫未脱脂和脱脂成虫抗原的免疫印迹分析.中国病原生物学杂志,1(5):369～371
华万全,曹国群,许永良等.2007.华支睾吸虫成虫14～33 kDa抗原诊断价值的研究.中国病原生物学杂志,2(6):437～439
黄灿,胡旭初,余新炳等.2008.华支睾吸虫乳酸脱氢酶(CsLDH)亚细胞及虫体组织定位.中国人兽共患病学报,24(10):3～4
黄灿,王乐旬,胡旭初等.2010.华支睾吸虫乳酸脱氢酶E10-20及E94-102表位的克隆表达与生物学特性初步研究.中山大学学报,31(4):2
黄嘉殷,方小衡.2010.广东省华支睾吸虫感染所致肝胆疾病经济负担研究.广东药学院硕士研究生学位论文:1～40
黄铿凌,许洪波,杨益超等.2005.2002～2003年广西儿童人体重要寄生虫感染调查.广西预防医学,11(6):331～334
黄敏君,张龙,李师勇等.1994.应用单克隆抗体检测华支翠吸虫病人的循环抗原.北京医学,16(1):11～13
黄若密,何登贤,赵邦权.2001.慢性华支睾吸虫病338例临床分析.广西预防医学,7(2):93～95
黄苏明.1990.闽南华支睾吸虫病的流行学及米虾的人工感染.厦门大学学报(自然科学版),29(2):218～222
黄素芳,袁丽杰,张羽忠等.1998.华支睾吸虫亚显微结构的研究Ⅳ.卵黄细胞发育过程中的形态变化.中国寄生虫病防治杂志,11(1):26～28
黄素芳,张强,袁丽杰等.1999.华支睾吸虫亚显微结构的研究Ⅲ.雌性生殖系统卵巢、卵模、梅氏腺、子宫.中国寄生虫病防治杂志,12(4):272～274
黄素芳,张羽忠,袁丽杰等.1998.华支睾吸虫亚显微结构的研究Ⅴ.精细胞的分化.中国人兽共患病杂志,145(4):15～17
黄素芳,张羽忠,袁丽杰等.1999.华支睾吸虫亚显微结构的研究Ⅵ.精子的形成.中国人兽共患病杂志,15(1):32～34
黄细霞,蔡文安,马千里等.1999.阿苯达唑驱虫糖和吡喹酮治疗华支睾吸虫病的效果比较.中国寄生虫学与寄生虫病杂志,17(6):376
黄新华,钟文钊、池伟坚等.2006.石灰岩山区华支睾吸虫病流行特点与防治效果分析.中国热带医学,6(3):408～409,393
黄绪强,周碧琪,何广元等.1999.IEST和快速ELISA诊断华支睾吸虫病效果的比较.广东药学院学报,15(1):73～74
黄耀星,贾林.2006.寄生虫相关性胰腺疾病.胰腺病学,2:116～118,122
蒋忠军,李建军,虢国泰.2005.抗华支睾吸虫代谢抗原单克隆抗体的制备及鉴定研究.中国人兽共患病杂志,21(1):70～71,78
黎发雄.2004.华支睾吸虫病2650例临床分析.现代预防医学,31(5):742～743
黎学铭,欧阳颐,许洪波等.2007.广西两次华支睾吸虫人群感染调查的对比研究.中国病原生物学杂志.2(6):440～442

李莉,郭少冰,何卓南.2010.肝吸虫性胆管炎的CT表现与误诊分析.放射学实践,25(4):417～419

李妍,郑葵阳,付琳琳等.2008.不同品系小鼠感染华支睾吸虫后IgG及亚类的动态观察.中国热带医学杂志,8(5):707～708,732

李秉正,王翠霞,李得垣等.1986.纹沼螺感染华支睾吸虫尾蚴的季节性动态观察.中国医科大学学报,15(1):47～48

李建辉,李泉水,李琦等.2006.华支睾吸虫致胆道阻塞的超声诊断.中国超声医学杂志,22(9):692～694

李树林,何刚,韦美壁等.2002.广西华支睾吸虫病流行病学调查研究.中国寄生虫病防治杂志,15(4):214～216

李文桂,陈雅棠,刘成伟等.2002.肝吸虫病患者血清TNF-α和IL-1β及NO水平检测.地方病通报,17(1):12～14

李运泽,张启芳,易珊林.2001.华支睾吸虫病38例声像图表现与临床分析.临床会萃,16(10):454～455

李宗良.1998.680例华支睾吸虫病临床分析.广东医学院学报,16(1～2):114～115

练炳生,陈喜圭.1990.华支睾吸虫在豚鼠体内发育观察.同济医科大学学报,19(4):258～260,285

梁沛杨,陈守义,胡旭初等.2005.华支睾吸虫对自然感染动物模型猫肝脏/胆管及生理生化指标的影响.热带医学杂志,5(5):637～638,641

梁小虹,万展如.1983.家兔感染华支睾吸虫病实验观察.华南预防医学,2:156～159

林金祥,李莉莎,陈宝建等.2006.人体5种小型吸虫病原形态观察.热带医学杂志,6(2):194～196

林绍强,肖锡昌.1998.感染华支睾吸虫的豚鼠胆道扫描电镜观察.临床与实验病理学杂志,14(5):482～483

林绍强,肖锡昌.1998.感染华支睾吸虫的豚鼠胆道超微结构研究.暨南大学学报(医学版),19(2):37～41

刘国兴,吴秀萍,王子见等.2010.三种吸虫感染与胆管癌发病关系的研究进展.中国寄生虫学与寄生虫病杂志,28(4)301～305

刘娟,李雍龙.2011.不同地域株华支睾吸虫基因差异的研究.中国病原生物学杂志,(6):443～445,附页2

刘平,李懿宏,王丽群.2004.阿苯达唑治疗华支睾吸虫病人血清细胞因子的变化及临床意义.国外医学免疫学分册,22(4):246～248

刘新,王亚琴.2008.山东省华支睾吸虫病分布及流行趋势分析.中国热带医学杂志,8(1):4～5

刘北利,梁伟强,陈柏灵等.2009.肝吸虫病的CT诊断.中国医药指南,7(22):132～133

刘登宇,胡文庆,张鸿满.2001.斑点金免疫渗滤法检测华支睾吸虫病患者血清抗体的研究.中国寄生虫学与寄生虫病杂志,19(2):97～99

刘国兴,陈根源,于建利等.2011.华支睾吸虫吉林分离株的鉴定.动物医学进展,32(3):37～40

刘海明,袁国奇,李清水等.2004.肝吸虫病的CT表现特征.放射学实践,19(7):510～512

刘思诚,钟惠澜,李友松等.1988.关于淡水虾感染华支睾吸虫囊蚴可能性的调查报告.中国医科大学学报,12(1):44～46

刘孝刚,刘刚,张文雯.2011.辽西地区野生淡水鱼华支睾吸虫囊蚴感染情况.中国寄生虫学与寄生虫病杂志,29(2):157～158

陆冰冰,苏庆海.2007.华支睾吸虫感染的超声诊断分析.中国寄生虫学与寄生虫病杂志,25(4):348～349

潘赛贻,周洁娴,黄健康.1998.抗华支睾吸虫单克隆抗体的制备和鉴定.中国寄生虫学与寄生虫病杂志,16(1):42～44

裴福全,方悦怡,崔惠儿等.2004.ABC-ELISA法检测华支睾吸虫特异性IgG及其亚类.中国寄生虫病防治杂志,17(2):100～102

裴福全,崔惠儿,长野功等.2008.重组抗原应用于SPG-ELISA检测华支睾吸虫循环抗体的效果评价.中国病原生物学杂志,3(4):300～302

乔 铁,马瑞红,张阳德等.2009.华支睾吸虫感染与胆囊结石研究报告.中国现代医学杂志,19(14):2094～2097,2101

秦小虎,胡文庆,张鸿满.2006.华支睾吸虫感染大鼠超氧化物歧化酶的动态观察分析,广西预防医学,12(2):65～67

阮廷清,黄福明,张鸿满等.2006.B超疑诊华支睾吸虫感染者实验室检测结果分析.热带病与寄生虫学,4(3):167～169

阮廷清,黎学铭,蓝春庚等.2005.广西华支睾吸虫病分布及流行趋势.中国寄生虫病防治杂志,18(4):295～296

阮廷清,黎学铭,张鸿满等.2006.南宁市人群华支睾吸虫感染调查.中国热带医学,6(3):417～418,414

阮廷清,张鸿满,谭裕光等.2008.广西上林县家犬传播华支睾吸虫病潜能调查.中国病原生物学杂志,3(10):773～774

阮廷清.2004.广西华支睾吸虫病的地域分布.中国人兽共患病杂志,20(5):452～453

邵永,董家鸿,王曙光等.2008.华支睾吸虫感染供肝在肝脏移植中的应用(附3例报告).徐州医学院学报,28(5):335～337

邵其峰,张佃波,韩士良.1988.灭螺鱼安杀灭华支睾吸虫第一中间宿主螺的研究.中国寄生虫学与寄生虫病杂志,S1:92～93

申海光,周振座,何曲波等.2010.广西柳江河鱼类华支睾吸虫囊蚴感染情况.中国寄生虫学与寄生虫病杂志,28(2):157～159

沈学明,孙凤华,钱益新等.2006.江苏省人体重要寄生虫感染家庭聚集性分析,中国血吸虫病防治杂志;18(1):60～63
史小楚,崔惠儿,阮彩文等.1997.快速ELISA、快速斑点ELISA和IHA检测华支睾吸虫病效果的比较.广东卫生防疫,23(3):7～9
苏海庆,李锦球.2002.B超评分法诊断华支睾吸虫感染.广西中医学院学报,5(3):75～76
苏惠业,卓凡,何炳联等.2002.华支睾吸虫病患者1182例肝功能调查分析.职业与健康,18(3):88～89
孙秀琴,王家玮,刘爱芹等.2000.超高压对生鲜肉类寄生虫杀灭效应的研究.中国寄生虫病防治杂志,13(1):75～76
谭敬辉,肖广辉,王敏君等.2001.B超在华支睾吸虫感染的诊断意义.黑龙江医药科学,24(1):94
谭亚军,陈丽莎.2008.SPA协同凝集快速检测华支睾吸虫感染方法研究.中国卫生检验杂志,18(11):2309～2310
唐颖,路义鑫,韩彩霞等.2011.东北地区华支睾吸虫ITS1基因序列分析.中国预防兽医学报,33(5):405～407
唐崇惕,唐仲璋.2005.中国吸虫学.福州:福建科学技术出版社,570～588
田春林,胡文庆,刘登宇等.2005.亲和层析法纯化华支睾吸虫抗原的研究.中国寄生虫病防治杂志,18(4):270～272
万功群,傅斌,李登俊等.2002.山东省华支睾吸虫病及流行因素分析.地方病通报,17(1):27～30
万功群,李登俊,刘新.1997.山东省华支睾吸虫病流行与感染者年龄变化趋势分析.实用寄生虫病杂志,5(4):182
万功群,刘新,赵长磊.2005.山东省华支睾吸虫病防治40年回顾.热带病与寄生虫学3(1):24～26
王丽虹,赵成信,王凤英等.2003.华支睾吸虫病的超声诊断研究.中国医学影像学杂志,11(5):374～376
王陇德.2008.全国人体重要寄生虫病现状调查.北京:人民卫生出版社,58～66
王仕伟,刘展东.2002.华支睾吸虫所致胆道梗阻的诊断和治疗.岭南现代临床外科,2(2):37～38
魏继炳,冯超,屈振麟等.1997.四川广安县华支睾吸虫病流行因素概率累和法研究.中国寄生虫病防治杂志,10(4):259～263
文革.2000.华支睾吸虫病及其胆道成虫的超声诊断.湖南医学,17(6):443～445
文其岭,周若群,张清正等.2004.山东省金乡县华支睾吸虫动物宿主感染调查.中国寄生虫病防治杂志,17(3):插页8
吴军,阮彩文,崔惠儿等.2004.鱼体华支睾吸虫囊蚴自然感染状态及保存液中存活情况.中国人兽共患病杂志,20(2):132～134
吴瑞兰,姚月梅,邹丽华等.1998.华支睾吸虫病病人红细胞免疫功能测定的探讨.中国寄生虫病防治杂志,11(2):104～106
肖树华,薛剑,Marcel Tanner M等.2008.三苯双脒、青蒿琥酯、蒿甲醚和吡喹酮单剂、多剂或联合用药治疗大鼠华支睾吸虫感染的实验研究.中国寄生虫学与寄生虫病杂志,26(5):321～326
肖树华,薛剑,吴中兴.2009.三苯双脒、青蒿琥酯和蒿甲醚抗华支睾吸虫及其他吸虫的实验研究进展.中国寄生虫学与寄生虫病杂志,27(1):65～66
谢敏译.1991.伽马射线对华支睾吸虫囊蚴存活和发育的影响.国外医学寄生虫病分册,1:37～38
辛华,蔡连顺,肖景莹等.2002.华支睾吸虫病患者血清IL-2、sIL-2R、TNF-α的测定及临床意义.中国寄生虫学与寄生虫病杂志,20(5):319
邢有东.2007.华支睾吸虫病影像诊断的实验研究.临床和实验医学杂志,6(4):13～14
徐凤全,时法茂,张志华等.2003.应用DASS-FAT诊断华支睾吸虫病.中国公共卫生,19(4):420～421
徐莉莉,薛剑,张永年等.2011.7种抗蠕虫药物的体外抗华支睾吸虫作用.中国寄生虫学与寄生虫病杂志,29(1):10～15
徐庆华,朱广兴,梁慕贞.2003.华支睾吸虫病超声诊断对鉴别诊断的价值.广州医药,34(2):49～51
徐田云,汤仁仙,刘转转等.2011.华支睾吸虫感染小鼠肝脏中TLR2 mRNA动态表达的初步研究.中国病原生物学杂志,8(6):591～593,623
许隆祺、余森海,徐淑惠.2000.中国人体寄生虫分布和危害.北京:人民卫生出版社,146～148,268～273,375～392,473～476,511～512,589～590,625～626,636～639,646～647,650～654,657
许正敏,刘国强.2002.家兔人工感染华支睾吸虫病后血清γ-GT、γ-GT同工酶活性及γ-GT/ALT比值的观察.中国兽医寄生虫病,10(3):4～5
许正敏,周振座,武小樱等.2007.华支睾吸虫第2中间宿主囊蚴感染率变化与生态环境分析.中国病原生物学杂志,2(1):61,66
薛剑,徐莉莉,强慧琴等.2009.三苯双脒、青蒿琥酯和吡喹酮治疗感染华支睾吸虫金色仓鼠的疗效观察.中国寄生虫学与寄生虫病杂志,27(3):215～218
薛剑,徐莉莉,强慧琴等.2010.用三苯双脒、吡喹酮和青蒿琥酯临床给药方案治疗感染华支睾吸虫大鼠的研究.中国寄生虫学与寄生虫病杂志,28(3):166～171

杨六成,黄宝裕,薛桂芳 . 2004. 华支睾吸虫感染与肝胆胰外科疾病的关系(附650例临床分析). 中华肝胆外科杂志,10(3):165～166

杨六成,黄宝裕,薛桂芳等 . 2003. 外科治疗合并华支睾吸虫感染的胆道疾病125例 . 消化外科,2(2):138～140

杨六成,孙学军,石景森 . 2004. 华支睾吸虫感染并发胆道细菌感染的调查及药敏试验 . 西安交通大学学报(医学版),25(4):415～416

杨绮红,舒建昌,黎铭恩等 . 2009. 十二指肠胆汁引流术诊断隐匿型华支睾吸虫感染 . 中国热带医学,9(12):2244,2271

杨伟萍,李航,丁战玲等 . 2000. 华支睾吸虫病影像表现与实验室检查的关系 . 中国寄生虫防治杂志,13(2):封二

叶彬,郎所 . 1993. 华支睾吸虫神经系统的初步研究 . 重庆医科大学学报,8(1):4～7

叶彬,郎所 . 1994. 华支睾吸虫神经系统的发育观察 . 重庆医科大学学报,19(3):200～203

叶彬 . 1996. 华支睾吸虫童虫体表发育的扫描电镜观察 . 中国人兽共患病杂志,12(6):17～19

叶春艳,王峰,吴秀萍 . 2008. 华支睾吸虫成虫虫体与排泄-分泌物抗原在ELISA检测中的评价 . 实用诊断与治疗杂志,22(4):241～243

叶春艳,吴秀萍,刘明远等 . 2008. 华支睾吸虫囊蚴在大鼠不同消化液的脱囊试验 . 中国人兽共患病学报,24(9):868～869

叶春艳 . 2009. 华支睾吸虫cDNA文库的构建及其免疫学筛选和EST测序 . 吉林大学博士学位论文,111

叶以健,刘家菊,伍国毛 . 1998. 纤维内窥胃镜诊断华支睾吸虫病的探讨 . 中国寄生虫学与寄生虫病杂志,16(2):17

尹小菁,林绍强 . 1994. 华支睾吸虫病腺瘤样增生经吡喹酮治疗后的变化观察 . 广东医学,15(6):411～412

余杨,刘宜升,付琳琳等 . 2007. 华支睾吸虫模拟抗原表位的筛选和鉴定 . 中国热带医学, 7(5):672～674

俞慕华,陈代雄,王轶等 . 2000. 抗华支睾吸虫噬菌体抗体库的构建 . 中国人兽共患病杂志,16(6):9～12

俞慕华,陈代雄,詹希美 . 2004. 抗华支睾吸虫CAg噬菌体抗体表达与活性鉴定 . 中国公共卫生,20(11):1320～1322

俞慕华,何蔼,黄文繁等 . 2002a. 抗华支睾吸虫循环抗原Fab抗体克隆的筛选及序列分析 . 中国人兽共患病杂志,18(4):5～7

俞慕华,黄文繁,雷智刚等 . 2002b. 抗华支睾吸虫循环抗原噬菌体抗体基因分析 . 中国公共卫生,18(12):1418～1419

曾明安,徐亮,李佑娟等 . 1999. 华支睾吸虫代谢抗原应用研究价值 . 实用寄生虫病杂志,7(2):82～83

曾山崎,刘宏杰,王 辉等 . 2005. 华支睾吸虫病外科并发症的诊断与治疗 . 热带医学杂志,5(3):350～352

张灯,崔晶,王中全等 . 2006. 华支睾吸虫成虫特异性诊断抗原分析 . 郑州大学学报(医学版),41(1):80～81

张媛,童睿,郑秋月等 . 2008. PCR和实时荧光PCR方法检测华支睾吸虫 . 寄生虫病与感染疾病,6(1):9～11

张国华,陈修文,黄涛 . 2002. 微波照射对华支睾吸虫囊蚴的杀伤作用 . 中国血吸虫病防治杂志,14(6):435

张鸿满 黎学铭,蓝春庚等 . 1999. 人群华支睾吸虫感染的两级催化模型拟合分析 . 广西预防医学,5(2):110～111

张鸿满, 黎学铭, 蓝春庚等 . 2005. 广西人体华支睾吸虫感染现状调查分析 . 中国寄生虫病防治杂志,18(5):348～351

张鸿满,洪性台,李顺玉等 . 2008. 华支睾吸虫感染大鼠血清和胆汁抗体水平动态变化分析 . 中国病原生物学杂志,3(9):685～689

张鸿满,黎学铭,谭裕光等 . 2006. 大鼠抵抗华支睾吸虫重复感染的实验研究 . 广西医科大学学报,23(5):768～769

张鸿满,李顺玉,黎学铭等 . 2005. 组胺H2受体抑制剂西咪替丁对大白鼠抵抗华支睾吸虫再感染拮抗作用的实验研究 . 广西预防医学,11(1):3～6

张顺科,曾宪芳,易新元等 . 2002. ELISA检测华支睾吸虫病患者血清特异性IgG4的诊断价值 . 中国寄生虫学与寄生虫病杂志,20(5):289～291

张锡林,徐文岳,段建华等 . 2000. 斯氏肺吸虫和华支睾吸虫基因组多态DNA的初步分析 . 第三军医大学学报 . 22(9):865～867

张夏英,陈捷平,刘明方等 . 1988. 用酶联免疫吸附试验评价不同华支睾吸虫成虫抗原在免疫诊断中的价值 . 中国寄生虫病防治杂志,1(1):25～28

张贤昌,方悦怡,裴全福等 . 2009. 广东省2002～2003年人体重要寄生虫感染调查 . 中国病原生物学杂志,4(1):48～50

张贤昌,裴全福,张启明等 . 2010. 广东省部分地区淡水养殖环境卫生及华支睾吸虫中间宿主感染情况分析 . 华南预防医学杂志,36(3):9～13

张晓丽,崔洪波,李懿宏等 . 2006. 不同剂量的华支睾吸虫囊蚴感染大鼠的实验研究 . 哈尔滨医科大学学报,40(1):27～29

张晓丽,李懿宏,王凯慧等 . 2005. 华支睾吸虫病大鼠肝细胞凋亡的实验研究 . 哈尔滨医科大学学报,39(1):55～57

张咏莉,吴忠道,余新炳 . 2005. 华支睾吸虫3-磷酸甘油醛脱氢酶重组蛋白的纯化、酶学活性及免疫学研究 . 中国寄生虫学与寄生虫病杂志,23(4):231～235

赵昆,付琳琳,杜文平等.2010. 两种方法纯化的抗体筛选华支睾吸虫模拟抗原表位的比较. 中国病原生物学杂志,5(6):443～445,附2

赵俊红,胡旭初,徐劲等.2008. 华支睾吸虫组织蛋白酶D样天冬氨酸蛋白酶基因的克隆表达和重组蛋白的免疫学分析. 中国人兽共患病学报,24(1):5～8

智发朝,李晓林,杨六成等.2003. 华支睾吸虫病的逆行胰胆管造影和乳头括约肌切开治疗. 中华消化杂志,23(5):279～281

周岩,许学年,姚恺龄.2010. 华支睾吸虫PPMP Ⅰ型抗原重组Cs2蛋白免疫诊断价值的评价. 中国寄生虫学与寄生虫病杂志,29(3):172～176

周景峰,闫玉文,朱丽贤等.1998. 华支睾吸虫病患者血清CIC与相关Ig水平及意义. 中国寄生虫病防治杂志,11(2):156

朱群友,李树林,何刚等.2001. 武鸣县华支睾吸虫第二中间宿调查分析. 广西预防医学,7(2):118

朱师晦,钟杏裳,罗章炎.1981. 中华分支睾吸虫与其共存病(附2214例临床分析). 广东医学,1:1～3

左胜利,桂爱芳,杨连第.1999. 华支睾吸虫病流行现状与防治对策. 中国人兽共患病杂志,15(5):92～93,115

左胜利,杨连弟,桂爱芳等.1994. 华支睾吸虫囊蚴生存时限及感染力的观察. 中国人兽共患病杂志,10(3):51,49

Ancian P, Lambeau G, Mattei MG, et al. 1995. The human 180-kDa receptor for secretory phospholipases A2. Molecular cloning, identification of a secreted soluble form, expression, and chromosomal localization. J Biol Chem, 270: 8963～8970

Anh NTL, Phuong NT, Johansen MV et al. 2009. Prevalence and risks for fishborne zoonotic trematode infections in domestic animals in a highly endemic area of North Vietnam. Acta Tropica, 112:198～203

Antalis TM, Lawrence DA. 2004. Serpin mutagenesis. Methods, 32(2):130～140

Beaver PC, Jung RC, Cupp EW. 1984. Clinica parasiteologu 9th ed Lea & Febiger, Philadelpaia USA:733～746

Bergquist NR, Colley DG. 1998. Schistosomiasis vaccines: research to development. Parasitol Today, 14: 99～104

Boulanger D, Water A, Sellin B, et al. 1999. Vaccine potential of a recombinant glutathine S-transferase cloned from Schistosoma haematobium in primates experimentally infected with an homologous challenge. Vaccine, 17: 319～326

Cai XQ, Xu MJ, Wang YH, et al. 2010. Sensitive and rapid detection of *Clonorchis sinensis* infection in fish by loop-mediated isothermal amplification(LAMP). Parasitol Res, 106:1379～1383

Cam TDT, Aya Y, Viet KN, et al. 2008. Prevalence, intensity and risk factors for clonorchiasis and possible use of questionnaires to detect individuals at risk in northern Vietnam. Trans Royal Soc Trop Med Hyg, 102:1263～1268

Chen W, Wang X, Li X, et al. 2011. Molecular characterization of cathepsin B from *Clonorchis sinensis* excretory/secretory products and assessment of its potential for serodiagnosis of clonorchiasis. Parasit Vectors, 27;4:149

Cho SH, Lee KY, Lee BC, et al. 2008. Prevalence of clonorchiasis in southern endemic areas of Korea in 2006. Korean J Parasitol, 46(3): 133～137

Cho WL, Raikhel AS. 1992. Cloning of cDNA for mosquito lysosomal aspartic protease. Sequence analysis of an insect lysosomal enzyme similar to cathepsins D and E. J Biol Chem, 267(30):21823～21829

Choi MH, Ge T, Yuan S, et al. 2005. Correlation of egg counts of *Clonorchis sinensis* by three methods of fecal examination. Korean J Parasitol, 43(3):115～117

Choi YK, Yoo BI, Won YS, et al. 2003. Cytokine responses in mice infected with *Clonorchis sinensis*. Parasitol Res, 91:87～93

Choit D, Hong ST, Li SY, et al. 2004. Bile duct changes in rats reinfected with *Clonorchis sinensis*. Korean J Parasitol, 42(1):7～17

Chung BS, Zhang HM, Choi MH, et al. 2004. Development of resistance to reinfection by *Clonorchis sinensis* in rat. Korean J parasitol, 42(1):19～26

Chung YB, Chung BS, Choi MH, et al. 2000. Partial characterization of a 17kDa protein of *Clonorchis sinensis*. Korean J Parasitol, 38(2): 95～97

Chung YB, Lee M, Yang HJ, et al. 2002. Characterization of partially purified 8 kDa antigenic protein of *Clonorchis sinensis*. Korean J Parasitol, 40(2): 83～88

Esteves A, Dallagiovanna B, Ehrlich R. 1993. A developmentally regulated gene of Echinococcus granulosus codes for a 15.5-kilodalton polypeptide related to fatty acid binding proteins. Mol Biochem Parasitol, 58(2):215～222

Fan. 1998. Viability of metacercariae of *Clonorchis sinensis* in frozen or salted freshwater fish. Inter J Parasitol, 28:

603～605

Fried B, Abruzzi A. 2010. Food-borne trematode infections of humans in the United States of America. Parasitol Res, 106: 1263～1280

Fritz-Wolf K, BeckerA, Rahlfs S, et al. 2003. X-ray structure of glutathione S-transferase from the malarial parasite Plasmodium falciparum。Proc Natl Acad Sci USA, 100: 13821～13826. Epub 2003 Nov 17

Fumio Ohyama. 1998. Effects of acid pepsin pretreatment, bile acids and reductants on the excystation of *Clonorchis sinensis* (Trematoda: Opishorchiidae) metacercariae in vitro. Parasitol Int, 47: 29～39

Glickman JN, Kornfeld S. 1993. Mannose 6-phosphate-independent targeting of lysosomal enzymes in I-cell disease B lymphoblasts. J Cell Biol, 123(1): 99～108

Gray DJ, Williams GM, Li Y, et al. 2008. Transmission dynamics of *Schistosoma japonicum* in the lakes and marshlands of China. PLoS One, 3: e4058

Hanasaki K. 2004. Mammalian phospholipase A2: phospholipase A2 receptor. Biol Pharm Bull, 27: 1165～1167

Harwaldt P, Rahlfs S, Becker K. 2002. Glutathione S-transferase of the malarial parasite *Plasmodium falciparum*: characterization of a potential drug target. Biol Chem, 383: 821～830

Hong SJ, Lee JY, Lee DH, et al. 2001. Molecular cloning and characterization of a mu-class glutathione S-transferase from *Clonorchis sinensis*. Molecular & Biochemical Parasitology, 115: 69～75

Hong SJ, Kim TY, Kang SY, et al. 2002. *Clonorchis sinensis*: immunolocalization of 26 kDa glutathione S-transferase in adult worms. Exp Parasitol, 102: 191～193

Hong SJ, Kim TY, Song YG, et al. 2001. Antigenic profile and localization of *Clonorchis sinensis* proteins in the course of infection. Korean J Parasltol, 39(4): 307～312

Hong SJ, Lee JY, Lee DH, et al. 2001. Molecular cloning and characterization of a mu-class glutathione S-transferase from *Clonorchis sinensi*. Mol Biochem Parasitol, 115(1): 69～75

Hong SJ, Seong KY, Sohn WM, et al. 2000. Molecular cloning and immunological characterization of phosphoglycerate kinase from *Clonorchis sinensis*. Mol Biochem Parasitol, 108: 207～216

Hong SJ, Yun Kim T, Gan XX, et al. 2002. *Clonorchis sinensis*: glutathione S-transferase as a serodiagnostic antigen for detecting IgG and IgE antibodies. Exp Parasitol, 101(4): 231～233

Hong ST, Lee M, Sung NJ, et al. 1999. Usefulness of IgG4 subclass antibodies for diagnosis of human clonorchiasis. Korean J Parasitol, 37(4): 243～248

Hong ST, Choi MH, Kim CH, et al. 2003. The Kato-Katz method is reliable for diagnosis of *Clonorchis sinensis* infection. Diagn Microbiol Infect Dis, 47: 345～347

Hong ST, Lee SH, Lee SJ, et al. 2003. Sustained-release praziquantel tablet: pharmacokinetics and the treatment of clonorchiasis in beagle dogs. Parasitol Res, 91: 316～320

Hu F, Hu X, Ma C, et al. 2009. Molecular characterization of a novel *Clonorchis sinensis* secretory phospholipase A(2) and investigation of its potential contribution to hepatic fibrosis. Mol Biochem Parasitol, 167: 127～134

Huang L, Hu Y, Huang Y, et al. 2011. Gene/Protein expression level, immunolocalization and binding characteristics of fatty acid binding protein from *Clonorchis sinensis*. Mol Cell Biochem (in press)

HwangYJ, Kim YI, Yun YK, et al. 2000. Use of liver graft infested with *Clonorchis sinensis* for living related liver transplantation: a case report. Transplant Proc, 32(7): 2182～2183

Jedeszko C, Sloane BF. 2004. Cysteine cathepsins in human cancer. Biol Chem, 385(11): 1017～1027

Joo CY, Chung MS, Kim SJ, et al. 1997. Changing patterns of *Clonorchis sinensis* infections in Kyongbuk, Korea. Korean J Parasitol, 35(3): 155～164

Ju JW, Joo HN, Lee MR, et al. 2009. Identification of a serodiagnostic antigen, legumain, by immunoproteomic analysis of excretory-secretory products of *Clonorchis sinensis* adult worms. Proteomics, 9(11): 3066～3078

Kanemasa T, Arimura A, Kishino J, et al. 1992. Contraction of guinea pig lung parenchyma by pancreatic type phospholipase A2 via its specific binding site. FEBS Lett, 303: 217～220

Kang JM, Bahk YY, Cho PY, et al. 2010. A family of cathepsin F cysteine proteases of *Clonorchis sinensis* is the major secreted proteins that are expressed in the intestine of the parasite. Mol Biochem Parasitol, 170(1): 7～16

Kang SY, Ahn IY, Park CY, et al. 2001. *Clonorchis sinensis*: molecular cloning and characterization of 28-kDa glutathione S-transferase. Exp Parasitol, 97(4): 186～195

Kim BJ, Yeoi JW, Ock MS. 2001. Infection rates of *Enterobius vermicularis* and *Clonorchis sinensis* of primary school children in Hamyang-gun, Gyeongsangnam-do(Province), Korea. Korean J Parasitol, 39(4): 323～325

Kim EM, Verweij JJ, Jalili A, et al. 2009. Detection of *Clonorchis sinensis* in stool samples using real-time PCR. Ann Trop Med Parasitol, 103(6): 513～518

Kim EM, Kim JL, Choi SY, et al. 2008. Infection status of freshwater fish with metacercariae of *Clonorchis sinensis* in Korea. Korean J Parasitol, 46(4): 247～251

Kim HG, Han JM, Kim, MH, et al. 2009. Prevalence of clonorchiasis in patients with gastrointestinal disease: A Korean nationwide multicenter survey. World J Gastroenterol, 15(1): 86～94

Kim SI. 1998. A *Clonorchis sinensis*-specific antigen that detects active human clonorchiasis. Korean J Parasitol, 36(1): 37～45

Kim TI, Yoo WG, Li S, et al. 2009. Efficacy of artesunate and artemether against *Clonorchis sinensis* in rabbits. Parasitol Res, 106: 153～156

Kim TY, Kang SY, Ahn IY, et al. 2001. Molecular cloning and characterization of an antigenic protein with a repeating region from *Clonorchis sinensis*. Korean J Parasitol, 39: 57～66

Kim YJ, Choi MH, Hong ST, et al. 2009. Resistance of cholangiocarcinoma cells to parthenolide-induced apoptosis by the excretory-secretory products of *Clonorchis sinensis*. Parasitol Res, 104(5): 1011～1016

Kim YJ, Lee SM, Choi GE, et al. 2010. Performance of an Enzyme-linked immunosorbent assay for detection of *Clonorchis sinensis* infestation in high- and low-risk groups. J clin microbiol, 48(7): 2365～2367

Kino H, Inaba H, De NV, et al. 1998. Epidemiology of *Clonorchis sinensis* in Ninh Binh province, Vietnam. Southeast Asian J Trop Med Public Health, 29(2): 250～254

Kornfeld S. 1990. Lysosomal enzyme targeting. Biochem Soc Trans, 18(3): 367～374

Lai DH, Wang QP, Chen W, et al. 2008. Molecular genetic profiles among individual *Clonorchis sinensis* adults collected from cats in two geographic regions of China revealed by RAPD and MGE-PCR methods. Acta Trop, 107: 213～216

Law RH, Zhang Q, McGowan S, et al. 2006. An overview of the serpin superfamily. Genome Biol, 7(5): 216

Lee HJ, Lee CS, Kim BS et al. 2002. Purification and characterization of a 7kDa protein from *Clonorchis sinensis* adult worms. J Parasitol, 88(3): 499～504

Lee JS, Kim IS, Sohn WM, et al. 2006a. A DNA vaccine encoding a fatty acid-binding protein of *Clonorchis sinensis* induces protective immune response in sprague-dawley rats scandinavian. J Immunol, 63: 169～176

Lee JS, Kim IS, Sohn WM, et al. 2006b. Vaccination with DNA encoding cysteine proteinase confers protective immune response to rats infected with *Clonorchis sinensis*. Vaccine, 24: 2358～2366

Lee JS, Yong TS. 2004. Expression and cross-species reactivity of fatty acid-binding protein of *Clonorchis sinensis*. Parasitol Res, 93(5): 339～343

Lee JY, Kim TY, Gan XX, et al. 2003. Use of a recombinant *Clonorchis sinensis* pore-forming peptide, clonorin, for serological diagnosis of clonorchiasis. Parasitol Int, 52(2): 175～178

Lee KW, Joh JW, Kim SJ, et al. 2003. Living donor liver transplantation using graft infested with *Clonorchis sinensis*: two cases. Transplant Proc, 35(1): 66～67

Lee M, Chung YB, Lee SK, et al. 2005. The identification of a *Clonorchis sinensis* gene encoding an antigenic egg protein. Parasitol Res, 95: 224～226

Lee SU, Huh S. 2004. Variation of nuclear and mitochondrial DNAs in Korean and Chinese isolates of *Clonorchis sinensis*. Korean J Parasitol, 42: 145～148

Li S, Kim TI, Yoo WG, et al. 2008. Bile components and amino acids affect survival of the newly excysted juvenile *Clonorchis sinensis* in maintaining media. Parasitol Res, 103: 1019～1024

Li S, Chung BS, Choi MH, et al. 2004. Organ-specific antigens of *Clonorchis sinensis*. Korean J Parasitoly, 42(4): 169～174

Li S, Chung YB, Chung BS, et al. 2004. The involvement of the cysteine proteases of *Clonorchis sinensis* metacercariae in excystment. Parasitol Res,93:36～40

Li S,Kim TI,Yoo WG. 2008. Bile components and amino acids affect survival of the newly excysted juvenile *Clonorchis sinensis* in maintaining media. Parasitol Res,103 : 1019～1024

Li SY,Kang HW,Choi MH. 2006. Long-term storage of *Clonorchis sinensis* metacercariae in vitro. Parasitol Res,100:25～29

Li Y, Hu X, Liu X,et al. 2009. Molecular cloning and analysis of stage and tissue-specific expression of Cathepsin L-like protease from *Clonorchis sinensis*. Parasitol Res,105(2):447～452

Liebau E, Bergmann B, Campbell AM et a1. 2002. The glutathione S-transferase from Plasmodium falciparum. Mol Biochem Parasitol, 124: 85～ 90

Liu WQ,Liu J,Zhang JH,et al. 2007. Comparison of ancient and modern *Clonorchis sinensis* based on ITS1 and ITS2 sequences. Acta Tropica,101:91～94

Lun ZR,Gasser RB, Lai DH, et al. 2005. Clonorchiasis: a key foodborne zoonosis in China. Lancet Infect Dis. 5(1): 31 ～41

Lv X,Chen W,Wang X, et al. 2011. Molecular characterization and expression of a cysteine protease from *Clonorchis sinensis* and its application for serodiagnosis of clonorchiasis. Parasitol Res. 2011 Dec 15

Makhatadze GI, Kim KS, Woodward C,et al. 1993. Thermodynamics of BPTI folding. Protein Sci,2(12):2028～2036

Mei B,Kennedy MW,Beauchamp J,et al. 1997. Secretion of a novel, developmentally regulated fatty acid-binding protein into the perivitelline fluid of the parasitic nematode, Ascaris suum. J Biol Chem , 272(15):9933～9941

MH,Park C,Li S. 2003. Excretory-secretory antigen is better than crude antigen for the serodiagnosis of clonorchiasis by ELISA. Korean J Parasitol,41(1) : 35～39

Na BK,Kang JM,Sohn WM. 2008. CsCF-6,a novel cathepsin F-like cysteine protease for nutrient uptake of *Clonorchis sinensis*. Int J Parasitol, 38:493～502

Nontasut P,Thong TV,Waikagui J,et al. 2003. Social and behavioral factors associated with *Clonorchis sinensis* infection in one commune located in the Red River Delta of Vietnam. Southeast Asian J Trop Med Public Health,34(2):269～273

Ohshima H,Bandaletova TY,Brouet I,et al. 1994. Increased nitrosamine and nitrate biosynthesis mediated by nitric oxide synthase induced in hamsters infected with liver fluke(*Opisthorchis viverrini*). Carcinogenesis,15(2):271～275

Pak JH,Kim DW,Moon JH,et al. 2009. Differential gene expression profiling in human cholangiocarcinoma cells treated with *Clonorchis sinensis* excretory-secretory products. Parasitol Res,104(5):1035～1046

Park GM, Yong TS. 2001. Geographical variation of the liver fluke, *Clonorchis sinensis*, from Korea and China based on the karyotypes, zymodeme and DNA sequences. Southeast Asian J Trop Med Public Health, 32:12～16

Park GM, Yong TS, Im K,et al. 2000. Isozyme electrophoresis patterns of the liver fluke, *Clonorchis sinensis* from Kimhae, Korea and from Shenyang, China. Korean J Parasitol, 38: 45～48

Park GM, Yong TSG. 2001. Eographical variation of the liver fluke, *Clonorchis sinensis*, from Korea and China based on the karyotypes, zymodeme and DNA sequences. Southeast Asian J Trop Med Public Health,32 Suppl 2: 12～16

Park GM. 2007. Genetic comparison of liver flukes, *Clonorchis sinensis* and *Opisthorchis viverrini*, based on rDNA and mtDNA gene sequences. Parasitol Res, 100: 351～357

Pei FQ,Isao N,Wu ZL,et al. 2005. Moecular expression of a *Clonorchis sinensis* cystien proteinase and its application in ELISA for clonorchiasis diagnosis. 中国寄生虫病防治杂志,18(2):103～107

Pei FQ,Nagano I,Wu J,et al. 2004. Cloning expression and charaterization of two cysteine proteinase of *Clonochis sinensis*. J Trop Med,2004,4(1):10～14

Quan FS, Lee HJ, Chung MS,et al. 2000. Chemotherapeutic efficacy of praziquantel in rats with protective immuneity to *Clonorchis sinensis* infection. 中国寄生虫学与寄生虫病杂志,18(2):98～102

Rawlings ND, Barrett AJ. 1994. Families of cysteine peptidases. Methods Enzymol, 244:461～486

Rawlings ND,Barrett AJ. 1993. Evolutionary families of peptidases. Biochem J, 290:205～218

Saijuntha W, Sithithaworn P, Wongkham S et al. 2007. Evidence of a species complex within the food-borne trematode *Opisthorchis viverrini* and possible co-evolution with their first intermediate hosts. Int J Parasitol,37: 695～703

Satarug S, Haswell EMR, Tsuda M, et a1. 1996. Thiocyanate-in-dependent nitrosation in humans with carcinogenic parasite infection. Carcinogenesis, 17(5):1075～1081

Seah SKK. 1973. Intestinal parasites in Chinese immigrants in a Canadian city. J Trop Med Hyg,76:291～293

Sheehan D, Meade G, Foley VM,et al. 2001. Structure, function and evolution of glutathione transferases: implications for classification of non-mammalian members of an ancient enzyme superfamily. Biochem J, 360: 1～16

Shen CH,Lee JA,Allam SRA,et al. 2009. Serodiagnostic applicability of recombinant antigens of *Clonorchis sinensis* expressed by wheat germ cell-free protein synthesis system. Diagn Microbiol Infect Dis,64:334～339

Sithithaworn P, Haswell-Elkins M. 2003. Epidemiology of *Opisthorchis viverrini*. Acta Trop, 88:187～194

Smooker PM,Jayaraj R,ike RN,et al. 2010. Cathepsin B proteases of flukes: the key to facilitating parasite control? Trends Parasitol,26(10):506～514

Sohn WM and Chai JY. 2005. Infection status with helminthes in feral cats purchased from a market in Busan,Republic of Korea. Korean J Parasitol,43(3):93～100

Song CY,Dresden MH,Rege AA. 1990. *Clonorchis sinensis*:purification and characterization of a cysteine proteinase from adult worms. Comp Biochem Physiol B,97:825～829

Song WM,Zhang HM,Choi MH,et al. 2006. Susceptibility of experimental animals to reinfection with *Clonorchis sinensis*. Korean J Parasitol,44(2):163～166

Stauffer WM, Sellman JS, Walker PF. 2004. Biliary liver flukes(Opisthorchiasis and Clonorchiasis) in immigrants in the United States: often subtle and diagnosed years after arrival. J Travel Med, 11:157～159

Tada K, Murakami M, Kambe T,et al. 1987. Induction of cyclooxygenase-2 by secretory phospholipases A2 in nerve growth factor-stimulated rat serosal mast cells is facilitated by interaction with fibroblasts and mediated by a mechanism independent of their enzymatic functions. J Immunol, 161: 5008～5015

Triggiani M, Granata F, Balestrieri B,et al. 2003. Secretory phospholipases A2 activate selective functions in human eosinophils. J Immunol, 170: 3279～3288

Turk B, Turk D,Turk V. 2000. Lysosomal cysteine proteases: more than scavengers. Biochim Biophys Acta,1477(1～2): 98～111

Turk V,Turk B,Turk D. 2001. Lysosomal cysteine proteases: facts and opportunities. EMBO J,20(17):4629～4633

Wang X, Chen W, Huang Y, et al. 2011. The draft genome of the carcinogenic human liver fluke *Clonorchis sinensis*. Genome Biol, 12: R107

Woo PCY,Lie AKW,Yuen KY. 1998. Clonorchiasis in bone marrow transplant recipients. Clin Infect Dis,27:382～384

Wu D ,Yu XB, Wu ZD, et al. 2004. Amplification ,cloning and expression of cysteineprotease gene from *Clonorchis sinensis*. 中国人兽共患病杂志,20(3):173～176

Wu ZL,Hu XC,Wu D,et al. 2007. *Clonorchis sinensis*: molecular cloning and functional expression of a novel cytosolic glutathione transferase. Parasitol Res, 100: 227～232

Xiao SH,Keiser J,Xue J,et al. 2009. Effect of single-dose oral artemether and tribendimidine on the tegument of adult *Clonorchis sinensis* in rats. Parasitol Res,104:533～541

Xiao SH,Xue J,Xu LL,et al. 2010. Effectiveness of mefloquine against *Clonorchis sinensis* in rats and *Paragonimus westermani* in dogs. Parasitol Res,107:1391～1397

Yang G, Jin CX, Zhu PX,et al. 2006. Molecular cloning and characterization of a novel lactate dehydrogenase gene from *Clonorchis sinensis*. Parasitology Research,99: 55 ～64

Yang Y, Hu D, Wang L,et al. 2009. Molecular cloning and characterization of a novel serpin gene of *Clonorchis sinensis*, highly expressed in the stage of metacercaria. Parasitology Research, 106(1):221～225

Yeung CK, Ho JK,Lau WY,et al. 1996. The use of liver grafts infested with CLONORCHIS SINENSIS FOR orthotopic liver transplantation. Postgrad Med J,72(849): 427～428

Yong TS,Park SJ,Lee DH,et al. 1999. Identification of IgE-reacting *Clonorchis sinensis* antigens. Yonsei Med J,40(2): 178～183

Yong TS, Yang HJ, Park SJ, et al. 1998. Immunodiagnosis of clonorchiasis using a recombinant antigen. Korean J Parasitol,36:183～190

Yoo WG, Kim DW, Ju JW, et al. 2011. Developmental transcriptomic features of the carcinogenic liver fluke, *Clonorchis sinensis*. PLoS Negl Trop Dis, 5: e1208

Yossepowitch O, Gotesman T, Assous M, et al. 2004. Opisthorchiasis from imported raw fish. Emerg Infect Dis, 10: 2122～2126

Youn H. 2009. Review of zoonotic parasites in medical and veterinary fields in the republic of Korea. Korean J Parasitol, 47, Supplement: 133～141

Young ND, Campbell BE, Hall RS, et al. 2010. Unlocking the transcriptomes of two carcinogenic parasites, *Clonorchis sinensis* and *Opisthorchis viverrini*. PLoS Negl Trop Dis, 4: e719

Zhang HM, Chung BS, Li SY, et al. 2008. Factors in the resistance of rats to re-infection and super-infection by *Clonorchis sinensis*. Parasitol Res, 102: 1111～1117

Zhang HM, Lee CH, Li SY, et al. 2003. Lethal effect of ammonia on metacercariae of *Clonorchis sinensis*. Parasitol Res, 90: 421～422

Zhang XL, Jin ZF Da R, et al. 2008. Fas/FasL-dependent apoptosis of hepatocytes induced in rat and patients with *Clonorchis sinensis* infection. Parasitol Res, 103: 393～399

Zhao QP, Moon SU, Lee HW, et al. 2004. Evaluation of *Clonorchis sinensis* recombinant 7-kilodalton antigen for serodiagnosis of clonorchiasis. Clin Diagn Lab Immunol, 11(4): 814～817

Zheng M, Hu K, Liu W, et al. 2011. Proteomic analysis of excretory secretory products from *Clonorchis sinensis* adult worms: molecular characterization and serological reactivity of a excretory-secretory antigen-fructose-1, 6-bisphosphatase. Parasitol Res, 109: 737～744

彩图

图 2-1　华支睾吸虫成虫

A. 活体（引自安春丽）；B. 死亡后自然状态（未染色）；D. 染色标本（引自 Thomas）

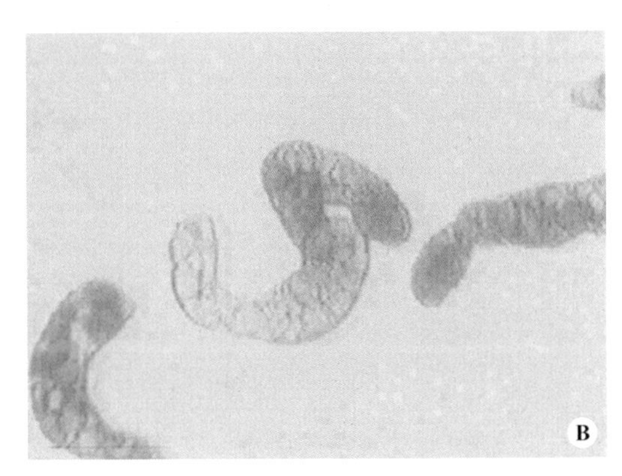

图 2-5　华支睾吸虫胞蚴活体照片

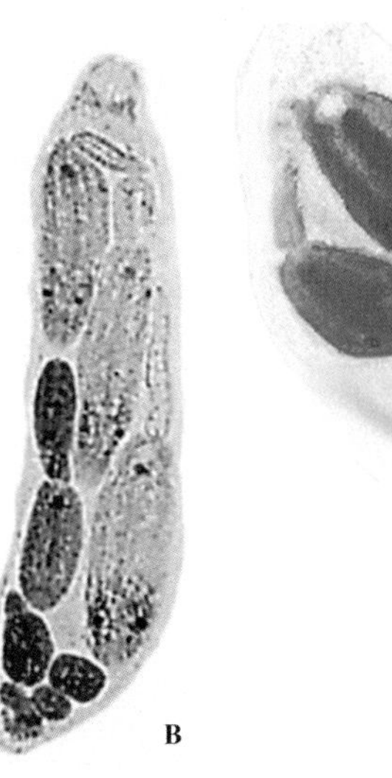

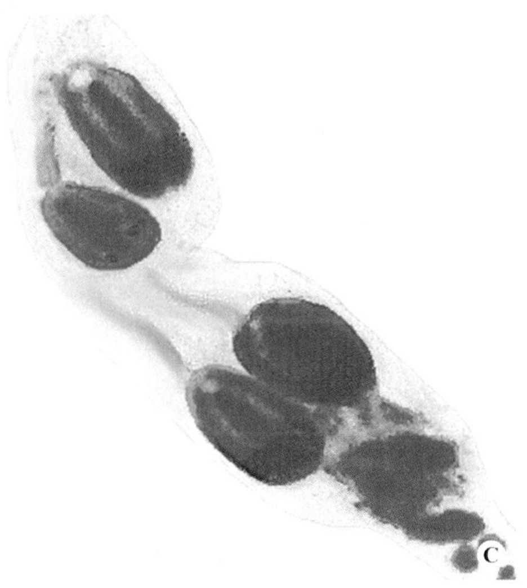

图 2-6　华支睾吸虫雷蚴

B、C. 染色标本

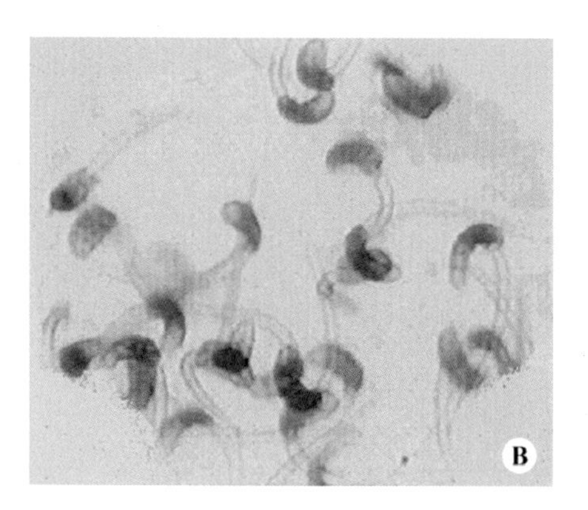

图 2-8　华支睾吸虫尾蚴

B. 自然形态；C. 染色标本

（引自高兴致）

C

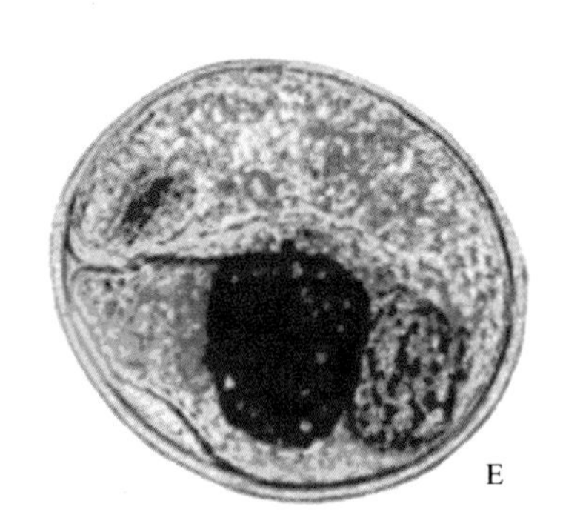

图 2-9　华支睾吸虫囊蚴

E. 囊蚴卡红染色照片（引自安春丽）

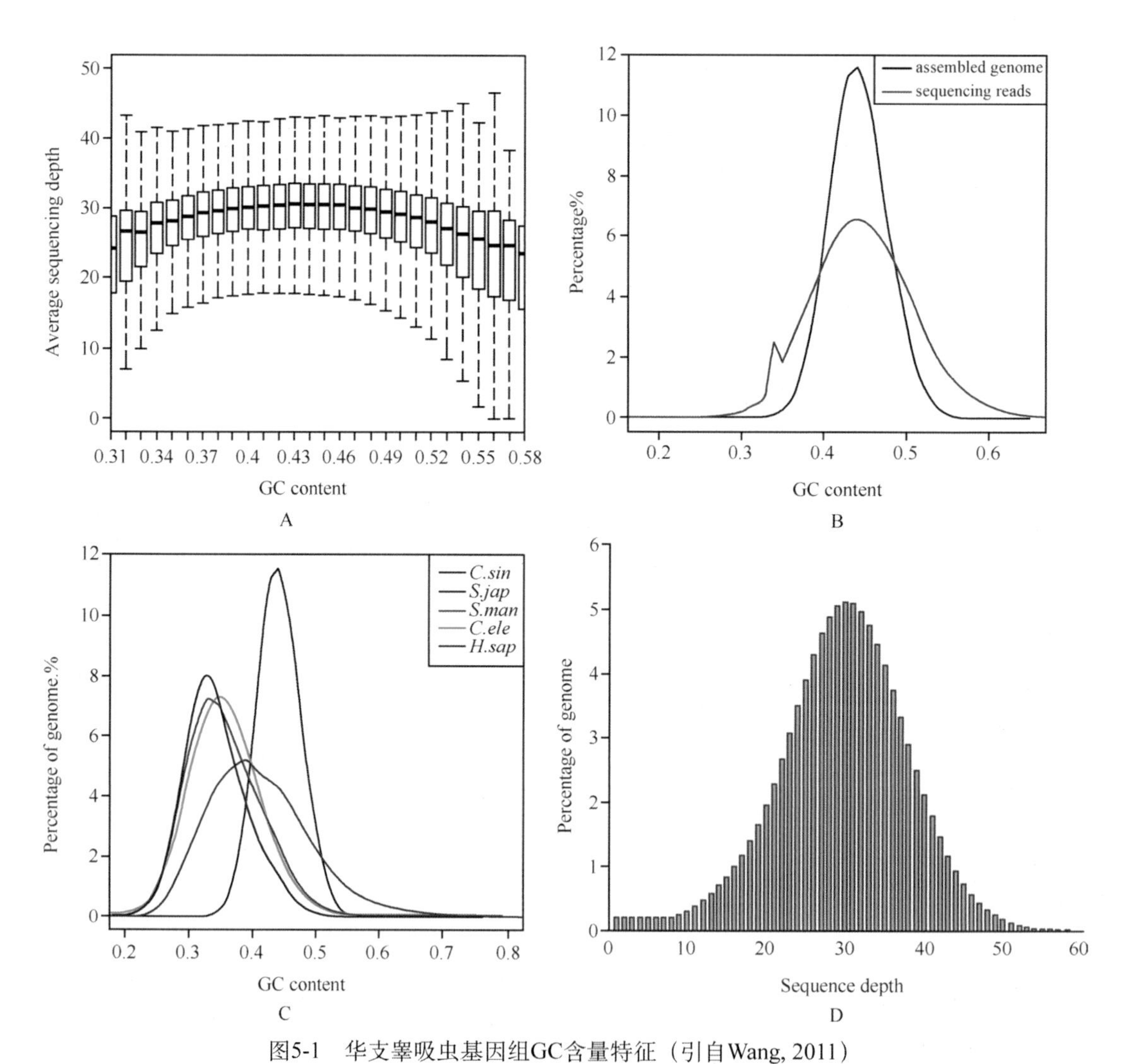

图5-1　华支睾吸虫基因组GC含量特征（引自Wang, 2011）

A. 华支睾吸虫不同测序深度的局部GC含量；B. 华支睾吸虫测序读长（红色）与组装基因组（黑色）的GC含量；C. 不同物种基因组GC含量；D. 华支睾吸虫组装基因组测序深度分布

S.jpn. 日本血吸虫；*S.man.* 曼氏血吸虫；*C. ele.*秀丽隐杆线虫；*H.sap.*人类

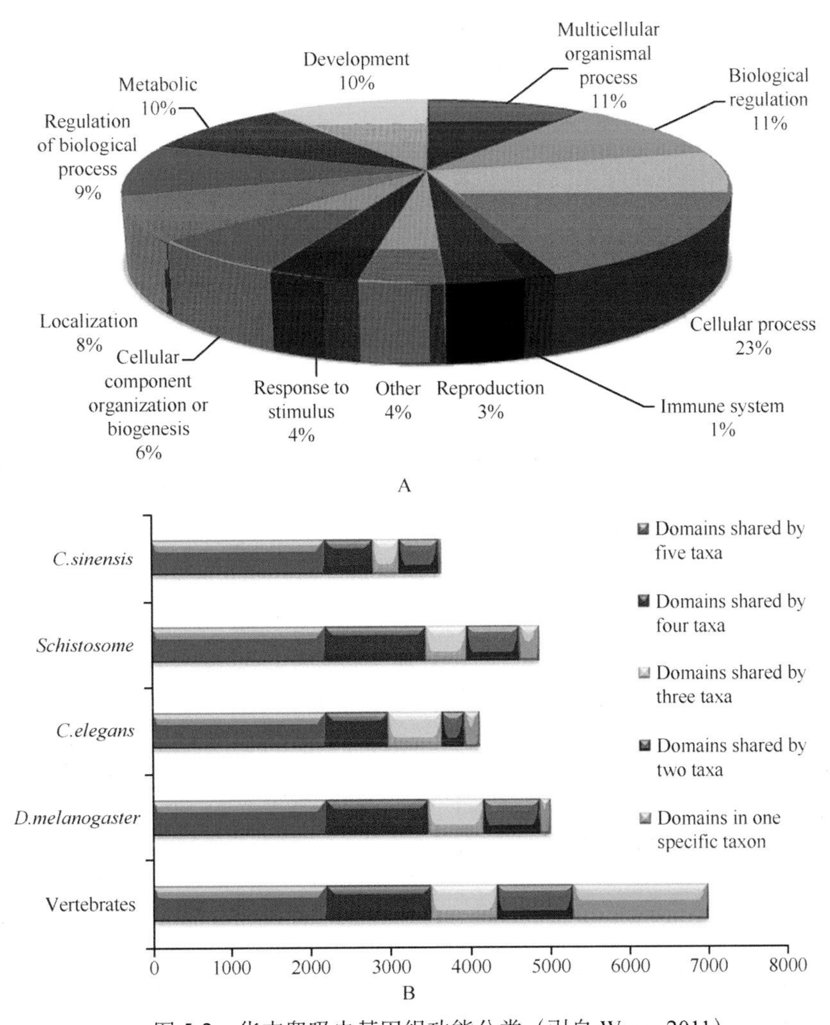

图 5-2 华支睾吸虫基因组功能分类（引自 Wang, 2011）

A. 华支睾吸虫功能蛋白分类；B. 华支睾吸虫与其他物种蛋白功能域相关性分析

C. sinensis. 华支睾吸虫；*Schistome.*血吸虫；*C. elegans.*秀丽隐杆线虫；*D. melanogaster.*果蝇；Vertebrates脊椎动物

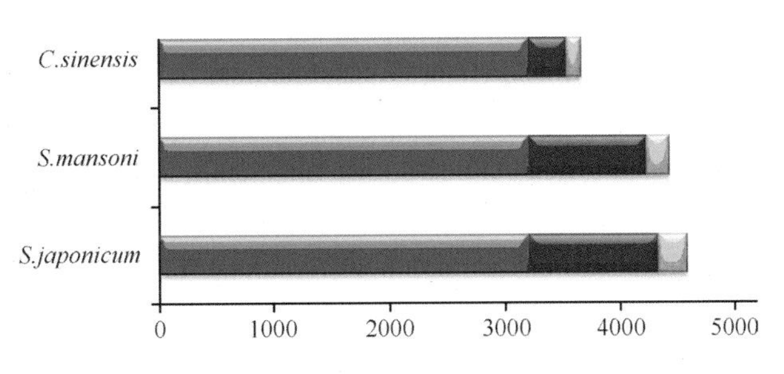

图 5-3 三种吸虫保守功能区比较分析（引自 Wang, 2011）

*C. sinensis.*华支睾吸虫；*S. japonicum.*日本血吸虫；*S. mansoni*曼氏血吸虫

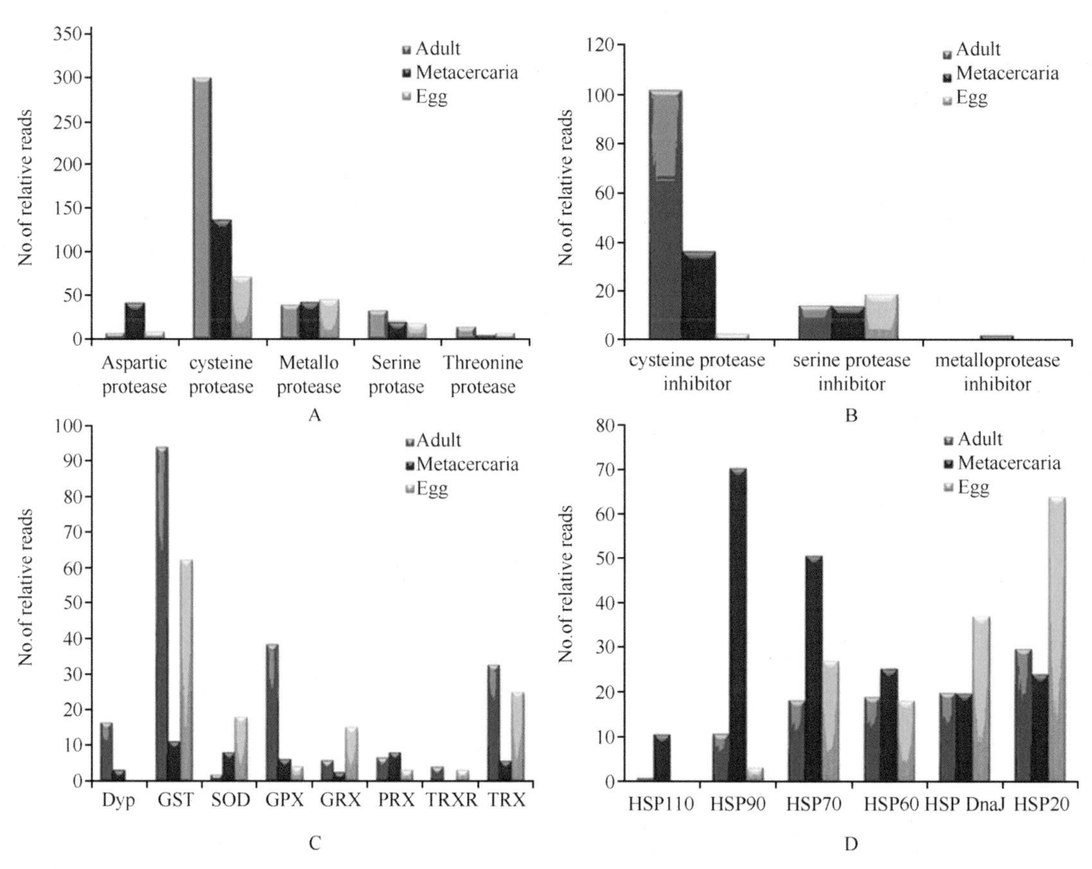

图 5-7　华支睾吸虫成虫、囊蚴和虫卵部分酶和蛋白表达的比较（引自 Yoo et al, 2011）

A.蛋白酶；B.蛋白酶抑制剂；C.抗氧化酶；D.应激蛋白

Dyp.着色-去色过氧化物酶；GST.谷胱甘肽S转移酶；SOD.超氧化物歧化酶；GPX.谷胱甘肽过氧化物酶；GRX.谷氧还蛋白；PRX.过氧化物还原酶；TRXR.硫氧还蛋白还原酶；TRX.硫氧还蛋白；HSP.热休克蛋白；Adult.成虫；Metacercaria.囊蚴；Egg.虫卵

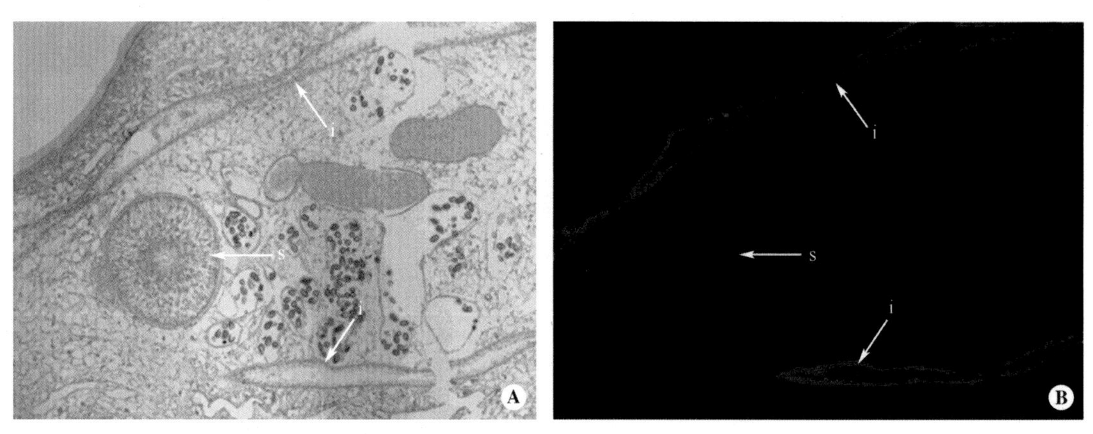

图 5-9　华支睾吸虫 *Cs*CB1 在成虫组织中的定位（引自 Chen, 2011）

i. 肠支；s. 吸盘

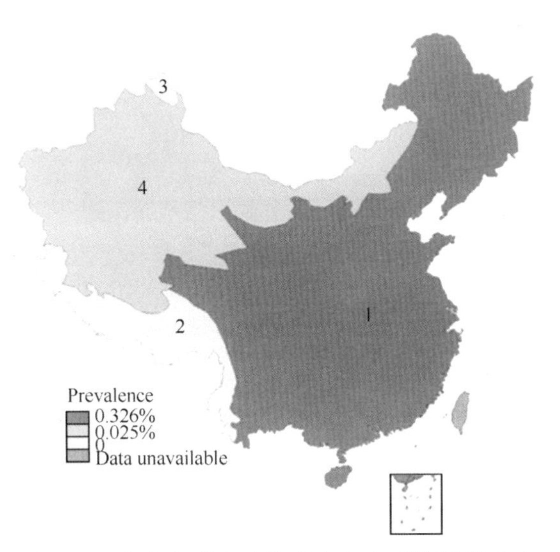

图 18-3　华支睾吸虫感染率在各水系流域的分布（引自许隆祺）

1.太平洋流域；2.印度洋流域；3.北冰洋流域；4.内流区域

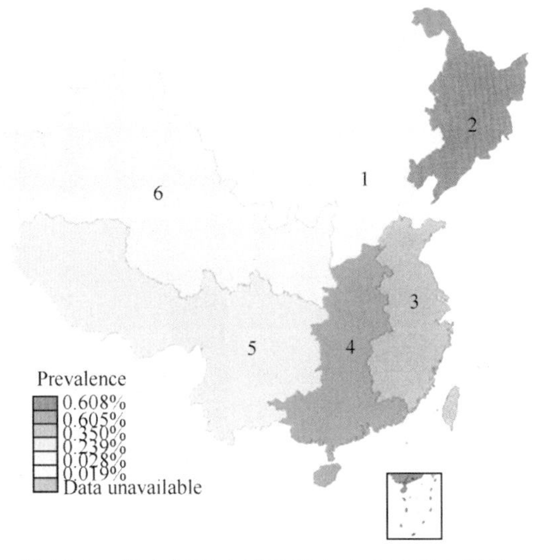

图 18-5　华支睾吸虫感染率在 6 个地理大区的分布（引自许隆祺）

1.华北区；2.东北区；3.华东区；4.中南区；5.西南区；6.西北区

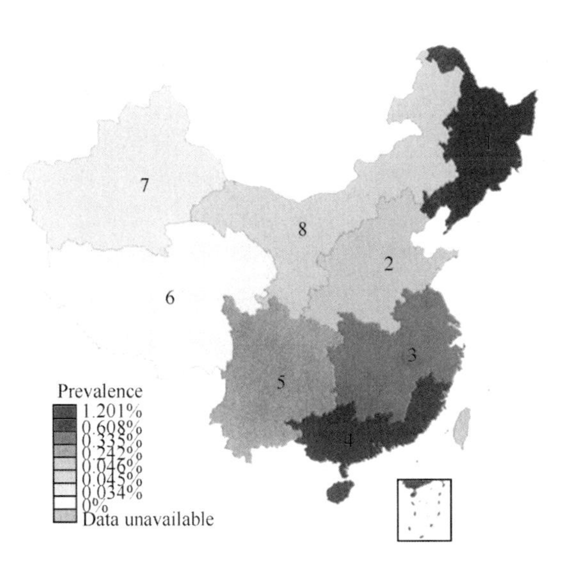

图 18-7　人群华支睾吸虫感染率在 8 个自然、人文区域的分布（引自许隆祺）

1.东北；2.黄河中下游；3.长江中下游；4.南部沿海；5.西南；6.青藏高原；7.新疆；8.北部内陆

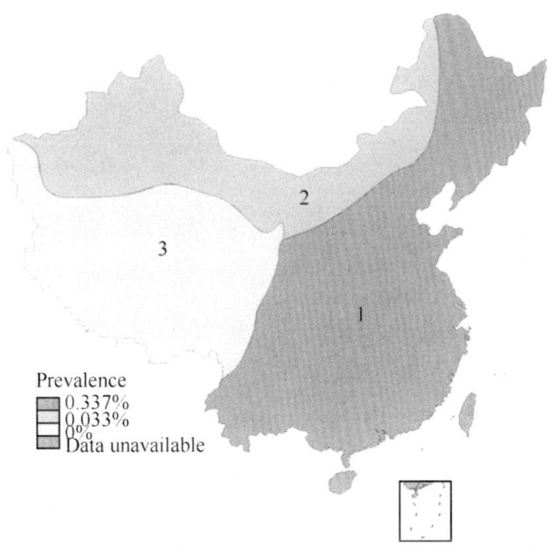

图 18-9　人群华支睾吸虫感染率 3 个农业气候区域的分布（引自许隆祺）

1. 东部季风区；2.西北干旱、半干旱区；3.青藏高寒区

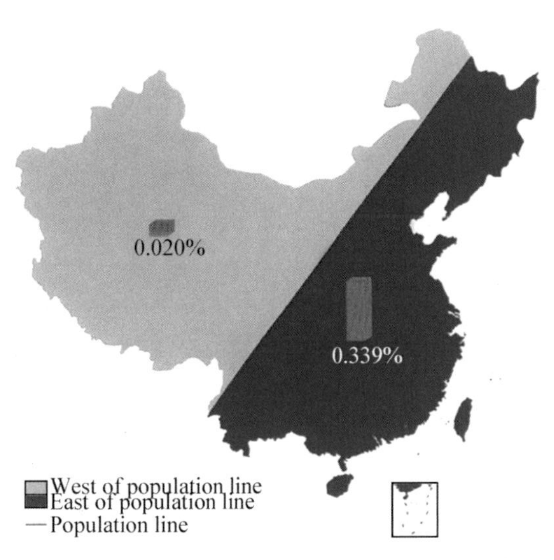

图 18-10　华支睾吸虫感染在中国人口线图上的分布（引自许隆祺）

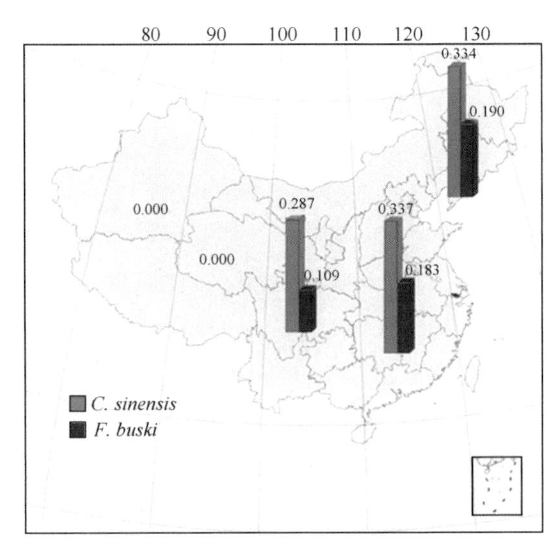

图 18-11　不同经度地区华支睾吸虫感染率分布（引自许隆祺）

图中蓝色为华支睾吸虫感染率（%），红色为布氏姜片虫感染率（%）

图 18-12　第 1 次全国人体寄生虫分布调查中签县（市）分布（引自许隆祺）

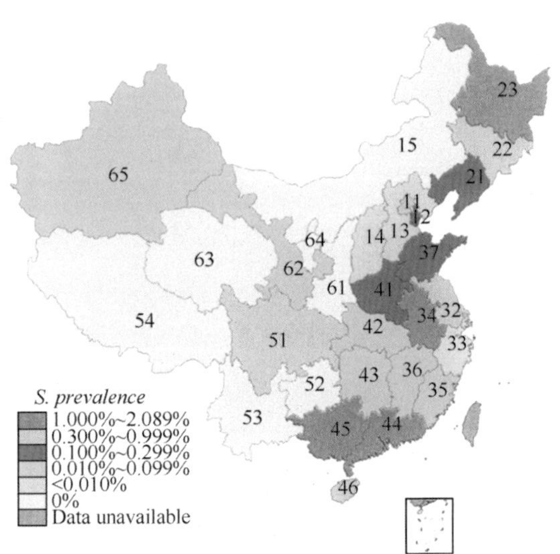

图 18-13　华支睾吸虫感染率的地区分布（引自许隆祺）

图中数字为省（市、自治区）编码

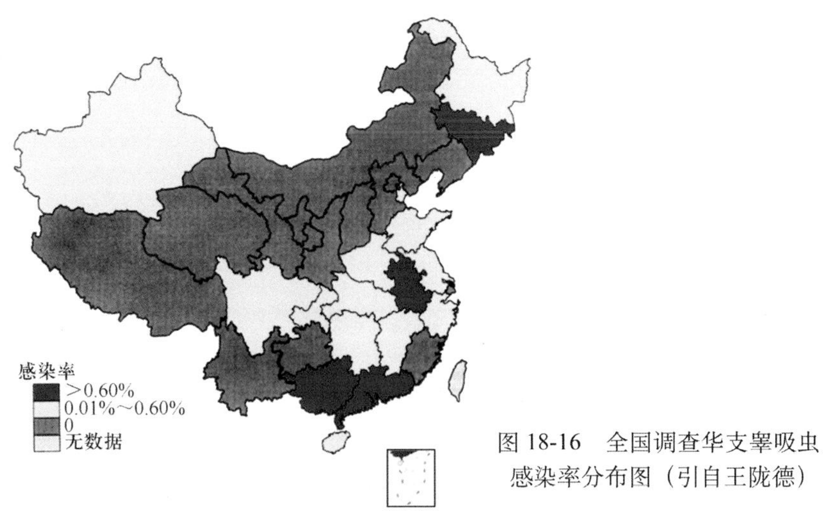

图 18-16　全国调查华支睾吸虫感染率分布图（引自王陇德）

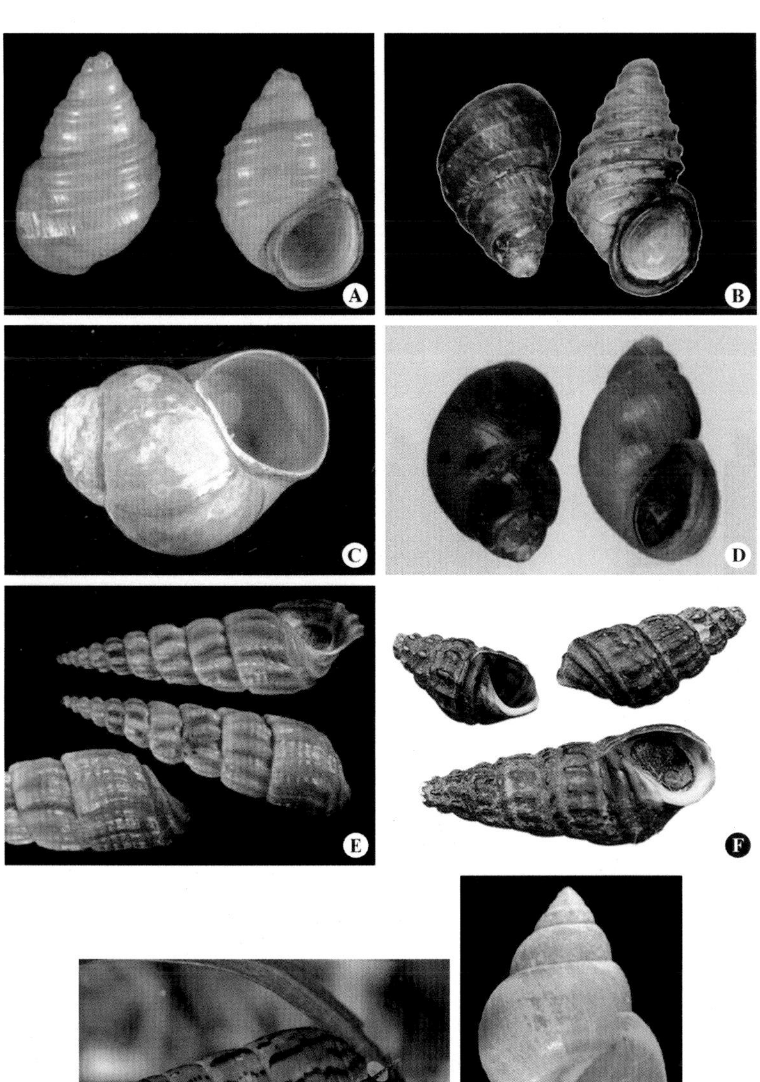

图 18-25　华支睾吸虫第一中间宿主淡水螺（B、D 引自林金祥，其他引自 Google Schola）

A.纹沼螺；B.中华沼螺；C. 赤豆螺；D. 长角涵螺；E.方格短沟蜷；F.黑龙江短沟蜷；G.瘤拟黑螺；H.琵琶拟沼螺

图 18-26　可作为华支睾吸虫第二中间宿主的部分淡水鱼

A.麦穗鱼；B. 鰲鲦；C.草鱼；D.鲫鱼；E.鲤鱼；F.棒花鱼；G.高体鳑鲏；H. 鳙鱼；I.鲢鱼；J. 黄颡鱼